新工科·普通高等教育机电类系列教材

单片机原理与应用

（C51 编程+Proteus 仿真）

主　编　刘　霞　李　文　王忠东

副主编　李玉爽　张玉波

参　编　高琳琳　刘　伟　张　岩

机 械 工 业 出 版 社

本书以 ATMEL（爱特梅尔）公司的 AT89S52 单片机为例，结合单片机的硬件结构介绍了单片机的工作原理，重点介绍了单片机的输入/输出功能、中断系统、定时器/计数器、串行口、模/数（A/D）与数/模（D/A）转换接口设计、串行扩展技术以及应用系统综合设计等。本书以单片机系统的虚拟仿真平台 Proteus 作为设计与开发工具，结合 C51 编译软件 KeilμVision，采用 C51 语言编程。本书结合各种应用，给出了较多典型案例设计，让读者通过学习案例逐步掌握单片机电路设计和程序编写方法，为读者的软硬件设计提供参考与借鉴。

本书可作为各类工科院校及职业技术学院的机械类、电气与电子信息类、计算机类等各专业单片机技术课程的教材，也可作为从事单片机应用设计的工程技术人员的培训教材和自学参考书。

本书配有 PPT 课件，采用本书作为教材的教师可登录 www.cmpedu.com 注册下载。本书中部分仿真实例配有二维码，读者可扫二维码进行观看。

图书在版编目（CIP）数据

单片机原理与应用：C51 编程+Proteus 仿真/刘霞，李文，王忠东主编. —北京：机械工业出版社，2023.3（2025.2 重印）
新工科·普通高等教育机电类系列教材
ISBN 978-7-111-72337-0

Ⅰ.①单… Ⅱ.①刘… ②李… ③王… Ⅲ.①单片微型计算机-高等学校-教材 Ⅳ.①TP368.1

中国国家版本馆 CIP 数据核字（2023）第 046648 号

机械工业出版社（北京市百万庄大街 22 号 邮政编码 100037）
策划编辑：宋学敏　　责任编辑：宋学敏　王　荣
责任校对：张晓蓉　张　薇　　封面设计：张　静
责任印制：张　博
北京建宏印刷有限公司印刷
2025 年 2 月第 1 版第 3 次印刷
184mm×260mm · 26 印张 · 644 千字
标准书号：ISBN 978-7-111-72337-0
定价：79.00 元

电话服务　　网络服务
客服电话：010-88361066　　机　工　官　网：www.cmpbook.com
010-88379833　　机　工　官　博：weibo.com/cmp1952
010-68326294　　金　书　网：www.golden-book.com
封底无防伪标均为盗版　　机工教育服务网：www.cmpedu.com

前　言

随着人们生活和生产方式的自动化及智能化程度的提高，单片机技术已融入社会的每一个角落，成为现代工业自动化、电子、电气、通信及物联网等领域的一门主流技术。尽管各种新型的8位、16位以及32位单片机不断推出，但在目前应用中，以8051为内核的各种8位单片机仍然被广泛使用。生产51系列单片机的生产厂家比较多，积累的资料也非常多，作为单片机入门，学习51系列单片机无疑是一个最佳选择。本书以ATMEL（爱特梅尔）公司的AT89S52单片机为例介绍单片机的工作原理及应用，既注重单片机理论体系的完整，又针对知识点设计了大量实例，使读者在了解单片机理论的基础上边学边练，并通过实例由浅入深地学习C51语言编程技巧和Proteus仿真方法，以及电路设计和编程思路。本书的主要特色有：

1. Proteus仿真软件与Keil μVision工具，使单片机的软硬件设计与调试工作不受时间地点的限制，并且通过仿真调试和运行，使读者能更好地理解单片机的工作原理，体会由程序控制的单片机的工作过程，让抽象难理解的单片机开发过程变得生动有趣。

2. 每章根据知识点设计了实例，由浅入深地讲解单片机的电路设计、C语言编程及技巧和Proteus仿真方法，便于读者边学边练。所有实例中的电路和程序都通过了编译调试，确保读者可以复现，并提供所有例题的源代码。

3. 针对很多读者在学习例题时理解困难的问题，本书对实例中的软件设计的关键环节给出了详细的说明，并在程序中有详细的注释，便于理解。

4. 将单片机的理论与实用技术相结合，重点讲解单片机的常用功能以及与C语言相关的内容；对于不常用的内容只做简单介绍，以提高本书的精华度。

5. 每章配有习题，以加强知识点的巩固。在仿真类习题中设置基本要求、扩展要求，便于分层次教学。每章仿真类习题的基本要求、扩展要求是随着知识的不断积累由基础到综合逐渐深化，实现能逐步设计比较完整、综合的项目的目标。

6. 采用新形态教材，除了纸质书本之外，还采用微视频的方式，将配套教材的视频教程全部上传到云端服务器，读者只需通过扫描书上的二维码即可观看教学视频，便于碎片化学习。

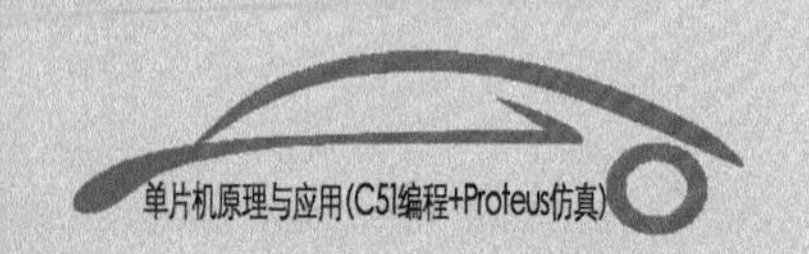

本书“虚实结合”及“做中学、学中做”的模式使学生学思结合、知行统一，提高学生发现问题、分析问题和解决问题的能力；激发学生科技报国的家国情怀和使命担当；培养学生严谨求实的科学精神、精益求精的大国工匠精神及勇于探索的创新精神。

本书共10章：第1章为单片机概述，主要介绍单片机的基本概念、开发步骤以及单片机仿真开发环境的搭建；第2章为AT89S52单片机的硬件结构，从应用的角度介绍AT89S52单片机的引脚功能、单片机的CPU（中央处理器）和存储器结构；第3章为单片机的输出显示控制，介绍单片机并行I/O端口的内部结构以及单片机与LED（发光二极管）、数码管、LED点阵显示屏、LCD（液晶显示器）的接口设计与软件编程；第4章为单片机输入检测，主要介绍键盘的工作原理、接口设计与软件编程以及物理量转换为开关量的信号检测；第5章为单片机的中断系统，介绍中断的基本概念、基本结构、相关的SFR（特殊功能寄存器）以及对外部中断编程；第6章为单片机的定时器/计数器，介绍单片机片内T0、T1和T2的结构与基本原理、工作方式及其应用；第7章为单片机的串行口，介绍单片机串行通信的基本概念、串行口的结构、工作方式、双机通信、多机通信以及单片机与计算机之间的通信；第8章为单片机与A/D、D/A转换接口设计，介绍单片机与典型的并行A/D、D/A转换芯片的接口电路设计以及程序设计；第9章为单片机的串行扩展技术，介绍单片机系统中常用的单总线、I^2C总线以及SPI总线串行扩展技术；第10章为单片机应用系统综合设计，主要介绍几个综合设计案例，每个案例都详细介绍所用的主要器件的工作原理、系统设计方案、硬件设计、软件设计以及仿真。

全书参考学时为32~64学时，教师可根据实际情况，对讲授内容进行取舍或补充。

本书由东北石油大学刘霞教授、李文教授和广西科技师范学院王忠东教授担任主编；东北石油大学李玉爽副教授和张玉波副教授担任副主编。刘霞教授编写了第1、2章并负责全书的统稿工作，李文教授完成了全书整体架构与目录确定以及第3章的编写，王忠东教授完成了第7章的编写；李玉爽副教授完成了第4、5章的编写，张玉波副教授完成了第6章的编写；东北石油大学刘伟老师完成了第9章的编写，张岩老师完成了第10章的编写，常熟理工学院高琳琳老师完成了第8章的编写。

由于编者学识有限，书中错误及疏漏之处在所难免，敬请读者批评指正，并请与主编联系（邮箱：liuxia2k@163.com）。

编　者

目 录

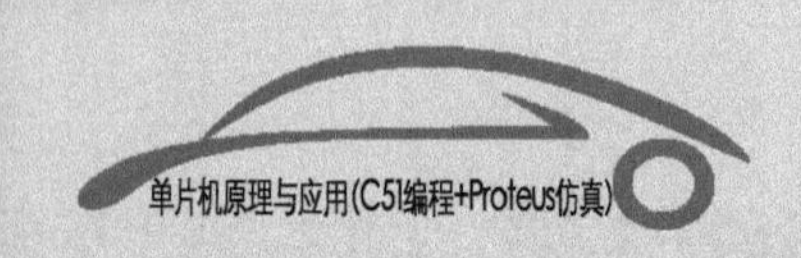

第1章　单片机概述

内容概述

单片机的问世是计算机技术发展史上的一个重要里程碑，标志着计算机正式形成了通用计算机系统和嵌入式计算机系统两大分支，单片机属于嵌入式计算机系统范畴。目前，单片机已广泛应用到工业过程控制、智能控制、数据采集和传输、仪器仪表、消费类电子产品、武器装备、汽车电子设备、计算机的网络通信与传输、医疗器械等领域。也就是说，单片机已渗透到我们生活的各个领域，几乎很难找到哪个领域没有单片机的踪迹。因此，单片机的开发与应用能力已成为电子信息工程、自动控制等专业领域工程技术人员必备的能力。本章将主要介绍单片机的基本概念、开发步骤以及单片机虚拟仿真开发环境的搭建。

1.1　单片机的基本概念

1.1.1　什么是单片机

单片机是单片微型计算机的简称，也就是在一块芯片上集成了微型计算机的基本功能部件，如：中央处理器（CPU）、程序存储器、数据存储器、输入/输出接口（I/O）、定时器/计数器、中断系统、系统时钟电路、系统总线以及各种外围功能部件。

单片机是一个芯片，需要外接电路才能完成一定的功能。因此，单片机在使用时，通常需要嵌入到智能化产品或测控系统中，国际上通常把单片机称为嵌入式微控制器（Embedded Micro-Controller Unit，EMCU）或微控制器（Micro-Controller Unit，MCU），而国内习惯称其为单片机（Single Chip Microcomputer，SCM）。

单片机按照其用途可分为通用型和专用型两大类。通用型单片机是将内部可开发的资源（如存储器、I/O及各种外围功能部件等）全部提供给用户，用户可根据实际需要，设计一个以通用型单片机为核心，再配以外围接口电路及其他外围设备，并编写相应的软件来满足各种不同功能的应用系统，平常所说的单片机指的都是通用型单片机。而专用型单片机是专门针对某些产品的特定用途而制作的，由产品厂家与单片机制造商合作，设计和生产专用的单片机，应用于特定产品，例如智能家用电器的控制器。专用型单片机的基本结构和工作原理都是以通用型单片机为基础的，所以本书以通用型单片机为例介绍单片机的基本结构、工作原理及其应用。

1.1.2 单片机类型

目前，单片机生产厂商和型号非常多，产品性能各异。在使用单片机前，要先了解其类型。下面将单片机分成51系列单片机和非51系列单片机进行介绍。

1. 51系列单片机

51系列单片机是指Intel（英特尔）公司的MCS-51系列单片机以及以51为内核扩展出来的单片机，这类单片机的基本结构和指令系统都是兼容的。只要掌握其中一种，其他单片机也就都会使用了。

（1）MCS-51系列单片机　MCS-51系列单片机是Intel公司早期产品，是最早进入我国，并在我国应用最为广泛的单片机机型，主要包括基本型产品和增强型产品，内部资源见表1-1。

表1-1　MCS-51系列单片机的内部资源

型号		片内ROM	片内RAM	I/O口(位)	定时器/计数器(个)	中断源(个)
基本型	8031	无	128B	32	2	5
	8051	4KB ROM	128B	32	2	5
	8751	4KB EPROM	128B	32	2	5
增强型	8032	无	256B	32	3	6
	8052	8KB ROM	256B	32	3	6
	8752	8KB EPROM	256B	32	3	6

由表1-1可以看到，51系列基本型中8031没有片内ROM，使用时需外部扩展ROM芯片；8051片内集成了4KB掩膜ROM，用户程序由厂商制作芯片时代为烧制，主要用在程序已定且批量大的单片机产品中；8751片内集成了4KB的紫外线可擦可编程只读存储器（EPROM），EPROM中的内容可反复擦写修改。基本型都集成了128字节（128B）的片内RAM、32位I/O口、两个定时器/计数器以及5个中断源。52增强型内部资源较51系列都有提高。

20世纪80年代中期以后，Intel公司重点研发高档CPU芯片，以专利转让或技术交换的形式把8051的内核技术转让给了其他半导体芯片生产厂家。因此，Intel公司淡出单片机市场，也由此衍生出了许多51系列单片机。

（2）衍生51系列单片机　习惯上将采用8051内核结构、指令系统的衍生单片机称为51系列单片机。近年来，世界上单片机生产厂商推出的51系列单片机主要产品见表1-2。

表1-2　51系列单片机主要产品

厂商	产品
ATMEL(爱特梅尔)公司	AT89C5x系列、AT89S5x系列
Philips(飞利浦)公司	80C51系列、8xC552系列
Cygnal(新华龙)公司	C80C51F系列等

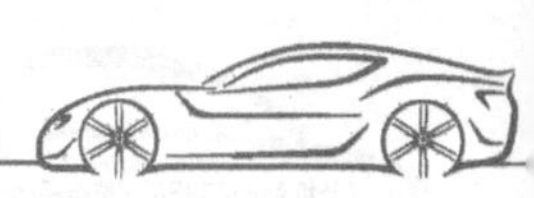

（续）

厂　商	产　品
LG（乐金）公司	GMS90 系列、GMS97 系列等
ADI（亚德诺半导体技术有限公司）	ADμC8xx 系列高精度单片机
华邦电子股份有限公司	W78C54、W78C58、W78E54 和 W78E58 等
Siemens（西门子）公司	SAB80512、SX 系列等
STC（宏晶科技）公司	STC89C51x 系列 、STC89S5x 系列等

在 20 世纪 90 年代初，ATMEL 公司率先把 MCS-51 内核与其擅长的 Flash 技术相结合，推出了轰动业界的 AT89 系列单片机，其具有 4/8KB Flash 存储器，支持在系统可编程（ISP），可写入/擦除 1000 次以上。

下面以 ATMEL 公司的单片机为例了解单片机的型号含义，见表 1-3。

表 1-3　单片机的型号含义

字母或数字		含　义
前缀	AT	厂家名称缩写
型号	8	内核为 8051
	9	内部含有 Flash 存储器
	S/C/LV	S：含有串行下载的 Flash 存储器
		C：表示 CMOS（互补金属氧化物半导体器件）产品
		LV：表示低电压产品，可在 2.5V 电压下工作
	5	固定不变
	1/2	1：基本型
		2：增强型
后缀	12/16/20/24	最高时钟频率为 12MHz/16MHz/20MHz/24MHz
	P/D/Q/J/A/S	双列直插封装（DIP）/陶瓷封装/PQFP 封装/PLV 封装/TQFP 封装/SOIC 封装
	C/I/A/M	C：商业用产品，温度范围为 0~70℃
		I：工业用产品，温度范围为-40~85℃
		A：汽车用产品，温度范围为-40~125℃
		M：军用产品，温度范围为-55~150℃
	空/883	空：标准工艺
		883：MIL-STD-883 标准

例如：单片机型号 AT89S52-24PI，则表示该单片机是 ATMEL 公司的以 8051 为内核、内部有 Flash ROM、支持 ISP 下载的增强型单片机，最高时钟频率为 24MHz，双列直插封装的工业用产品。

2. 非 51 系列单片机

除了 51 系列单片机外，单片机还有 PIC 系列、AVR 系列以及 STM32 系列等非 51 系列单片机。

PIC 系列单片机是美国 Microchip（微芯）公司的产品，采用精简指令集（RISC）、哈佛

总线结构，指令执行效率大为提高。PIC 系列单片机分为低档型、中档型和高档型。低档型有 PIC12C5xxx/16C5x 系列；中档型有 PIC12C 系列、PIC16C 系列以及 PIC18 系列；高档型有 PICI7Cxx 系列。此外，Microchip 公司还推出了高性能的 16 位和 32 位单片机。

AVR 系列单片机是 ATMEL 公司的产品，Flash ROM 擦写可达 1 万次以上，采用精简指令集，取指令周期短，可预取指令，实现流水作业，是高速 8 位单片机。片内有通用的异步串行口、SPI（串行外设接口）以及 A/D（模/数）转换器、PWM（脉宽调制）等丰富的片内外设。AVR 系列单片机分为低档型、中档型和高档型。低档 Tiny 系列有 Tiny11/12/13/15/26/28 等；中档 AT90S 系列有 AT90S1200/2313/8515/8535 等；高档 ATmega 系列有 ATmega8/16/32/64/128 以及 ATmega8515/8535 等。

STM32 系列单片机是 STMicroelectronics（意法半导体）公司的产品，专为高性能、低成本和低功耗的嵌入式应用而设计，以 ARM Cortex-M0、M0+、M3、M4 和 M7 为内核。按内核架构分为不同产品：主流产品（STM32F0、STM32F1、STM32F3）、超低功耗产品（STM32L0、STM32L1、STM32L4、STM32L4 +）和高性能产品（STM32F2、STM32F4、STM32F7、STM32H7）等。

除了 8 位单片机得到广泛应用外，一些厂家的 16 位单片机也得到了用户的青睐。例如，美国 TI（德州仪器）公司 16 位的 MSP430 系列单片机、凌阳科技公司 16 位的 SPEC061A 单片机。这些单片机本身带有 A/D 转换器，一片芯片就构成了一个数据采集系统，使用非常方便。

目前在大多数应用场合中，8 位单片机的性能已经能够满足大部分实际需求，性价比较高。因此，本书以 ATMEL 公司推出的 AT89S52 单片机为例进行介绍。

1.2 单片机的开发步骤

通用型单片机只是一个芯片，在设计单片机应用系统时，应根据需要配以输入/输出、显示、通信以及各种外设接口电路和相应的软件才能实现确定的功能。因此，单片机应用系统主要由硬件和软件两部分组成，其中，硬件由单片机和接口电路组成。单片机应用系统组成框图如图 1-1 所示。

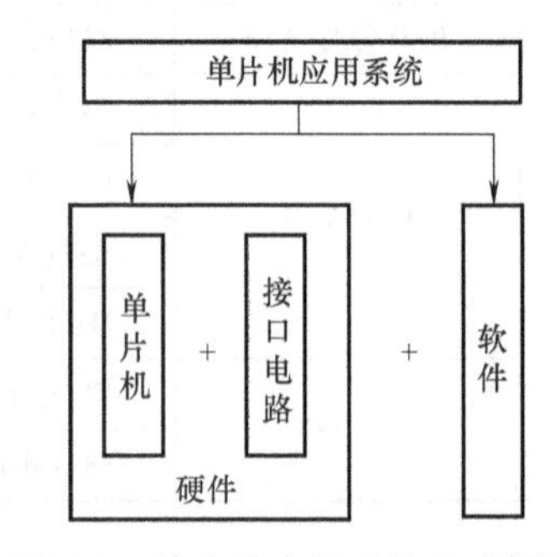

图 1-1 单片机应用系统组成框图

对于一个实际项目的研发，需要经历从调研、提出任务到系统的选型、确定、研制等一系列的过程。单片机应用系统开发过程如图 1-2 所示。

1. 调研、提出项目

首先要进行调研，根据目前的市场需求，提出项目。

2. 项目论证

细致分析、研究实际问题，明确各项任务和要求。从考虑系统的先进性、可靠性、可维护性以及成本、经济效益出发，确定系统的功能和技术指标，分析项目的可行性。

3. 方案设计

在应用系统进行方案设计时，可根据应用系统提出的各项功能和技术性能指标，将任务细化为一个个具体化的功能模块，拟定出性价比最高的方案。总体设计方案一旦确定，系统的规模及软件的基本框架就确定了。这一过程需要考虑以下问题：

1）机型选择：根据应用系统的复杂程度、使用场合以及精度要求等确定选择 8 位、16 位还是 32 位机。

2）外设：根据功能确定该系统需要哪些外设、要实现哪几项控制功能、每个控制功能模块要控制哪些物理量（被控参数）。

3）确定参数与数字信号的转换方法：应用系统不同，控制参数、被控参数也不同，而单片机只能接收、处理、输出数字信号，所以必须进行信号转换。

4）划分硬件和软件功能：某些功能必须由硬件或软件完成，但有些功能软硬件都可实现。对于软硬件都能实现的功能，若使用硬件完成，则线路复杂，增加硬件成本，若用软件方法完成，则增加编程难度。原则上，能够由软件来完成的任务，就尽可能用软件来实现，以降低硬件成本，简化硬件结构。在总体方案设计过程中，必须对软件和硬件综合考虑。

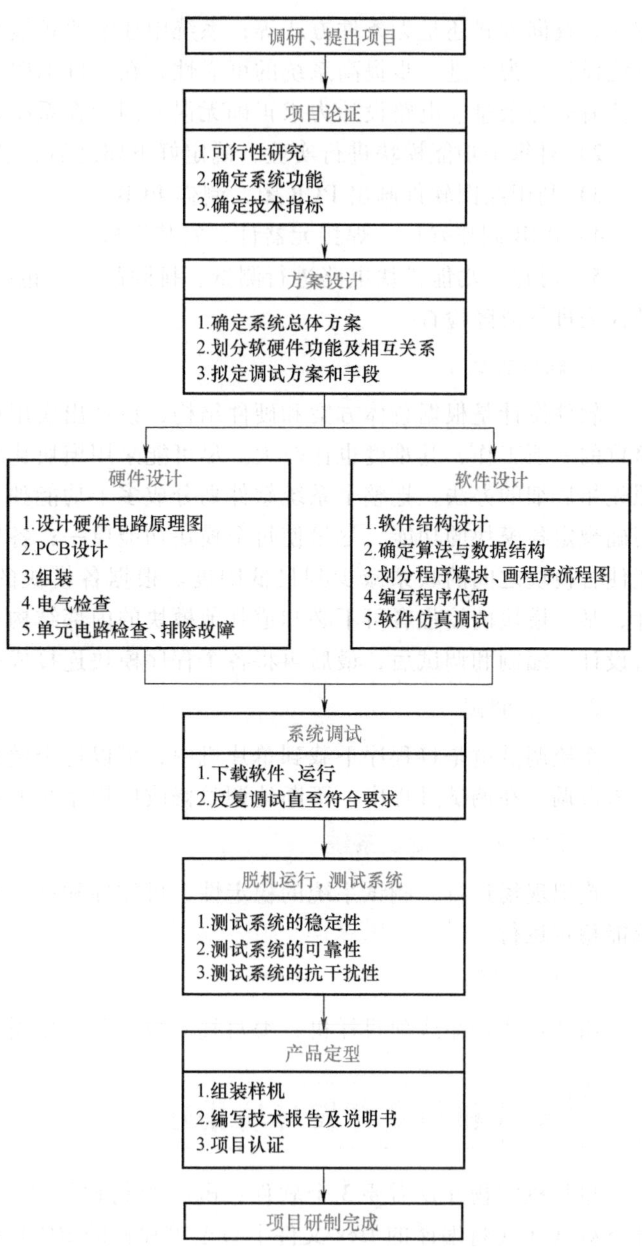

图 1-2　单片机应用系统开发过程

5）大致规定各接口电路的地址、软件的结构和功能、上下位机的通信协议、程序的驻留区域及工作缓冲区等。

6）拟定调试方案和具体方法。

4. 硬件设计

硬件设计是指应用系统的电路设计，包括原理图设计和 PCB（印制电路板）设计。这一过程需要考虑以下问题：

1）设计电路原理图，更加细化每个功能模块的硬件组成部分：各输入、输出信号分别使用哪个并行口、串行口、中断及定时/计数器；确定各输入、输出数据的传送方式是中断方式、查询方式还是无条件方式等；系统中还需要扩展哪些芯片、电路等；单片机电源供电系统设计。为了进一步提高系统的可靠性，在硬件电路设计时，应采取一些抗干扰措施，考虑留有充分余量。电路设计力求正确无误，因为在系统调试中不易修改硬件结构。

2）对每个功能模块进行实验，确定好电路之后，利用绘图软件画出电路原理图。

3）利用绘图软件画出 PCB 图，制作 PCB。

4）PCB 制作好后，焊接元器件、安装整机。

5）对每一功能模块电路进行测试，排除故障，包括设计性错误和工艺性故障。通常借助仪表进行故障检查。

5. 软件设计

软件设计是根据总体方案和硬件结构，设计出实用程序。软件设计是研制过程中任务最繁重的一项工作，其难度也比较大。尽可能采用模块化结构，根据系统软件的总体构思，按照先粗后细的办法，把整个系统软件划分成多个功能独立、大小适当的模块。划分模块时要明确规定各模块的功能，尽量使每个模块功能单一；各模块间的接口信息简单、完备，尽可能使各模块之间的联系减少到最低限度。根据各模块的功能和接口关系，可以分别独立设计，某一模块的编程者可不必知道其他模块的内部结构和实现方法。在各个程序模块分别进行设计、编制和调试后，最后再将各个程序模块连接成一个完整的程序进行总调试。

6. 系统调试

系统调试就是将程序下载到单片机中，可以逐个模块、逐个子程序地进行调试，最后连起来总调。在调试过程中，不断地调整修改应用系统的硬件和软件，直到正确为止。

7. 脱机运行，测试系统

模拟现场运行，测试系统的稳定性、可靠性和抗干扰性，有针对性地解决问题，直至系统能稳定运行。

8. 产品定型

组装正式产品或项目样机，编写技术报告及使用说明书，完成项目验收。

1.3 单片机仿真开发环境搭建

单片机实物开发需要 3 个软件：电路绘制软件（制作开发板）、编程软件（编写程序）和下载软件（将编译的 Hex 文件下载至单片机的 ROM 中）。实物开发需要制作硬件开发板，在没有硬件的条件下，可以采用虚拟仿真的方式开发系统，单片机虚拟仿真开发环境只需要编程软件和虚拟仿真软件即可。本书使用单片机虚拟仿真 Proteus 平台进行单片机硬件设计，使用 Keil μVision C51 平台进行软件编程与编译，使用 Keil C51 和 Proteus 进行联合调试实现单片机的仿真运行。下面介绍 Keil μVision C51 与 Proteus 软件的安装及使用方法，按照下述步骤操作可实现点亮一个发光二极管（LED）的仿真控制效果。

1.3.1 Keil C51 的使用

1. Keil C51 简介

单片机的程序设计需要在特定的编译器中进行，编译器完成对程序的编译、链接等工作，并生成可执行文件。Keil C51 是 51 单片机的 C51 语言编程的集成开发环境，集成了文件编辑处理、编译、链接、项目管理、工具引用、仿真软件模拟器以及硬件目标调试器等多种功能，支持汇编语言、PLM 语言和 C 语言的程序设计，是使用 C51 语言开发编程所必须掌握的软件开发工具。

2. Keil C51 的安装与启动

1）准备 Keil μVision3 安装源文件，双击安装文件，弹出安装欢迎界面，如图 1-3 所示。

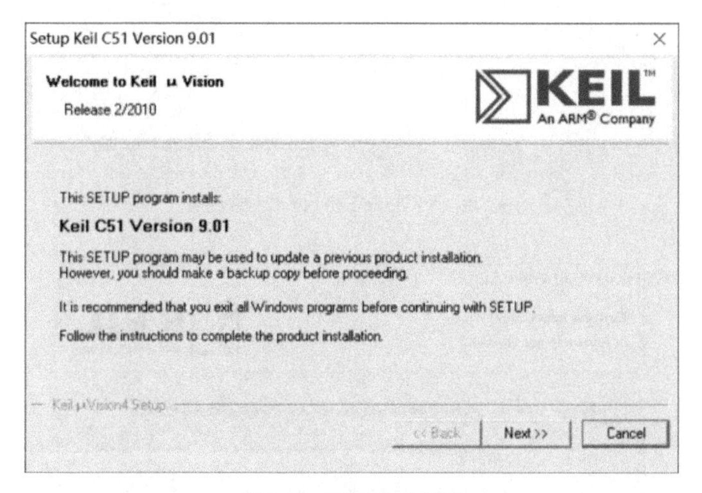

图 1-3 安装欢迎界面

2）单击“Next”按钮，弹出“License Agreement”对话框，如图 1-4 所示。需要勾选“I agree to all the terms of the preceding License Agreement”项。

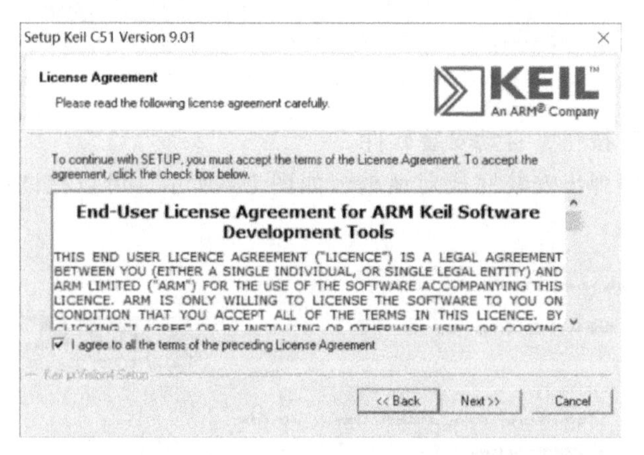

图 1-4 “License Agreement”对话框

3）单击“Next”按钮，弹出“Folder Selection”对话框，如图 1-5 所示。在该对话框设置安装路径，默认安装路径在“C:\Keil”文件夹。单击“Browse”按钮，可以修改安装路径。建议用默认的安装路径，如果要修改，也必须使用英文路径，不要使用包含有中文字符的路径。

4）单击“Next”按钮，弹出“Customer Information”对话框，如图 1-6 所示。输入用户名、公司名称以及电子邮件地址即可。

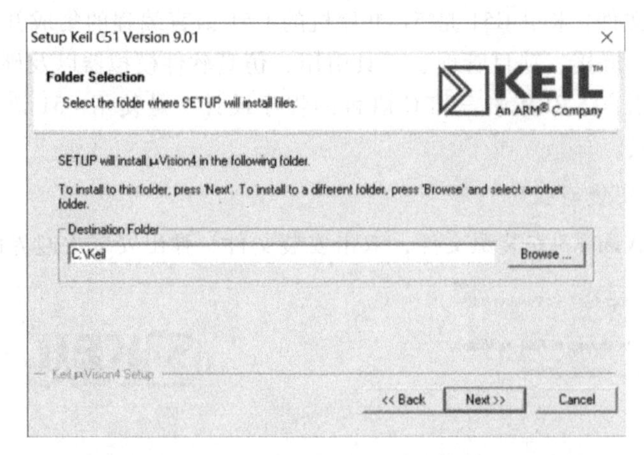

图 1-5 “Folder Selection”对话框

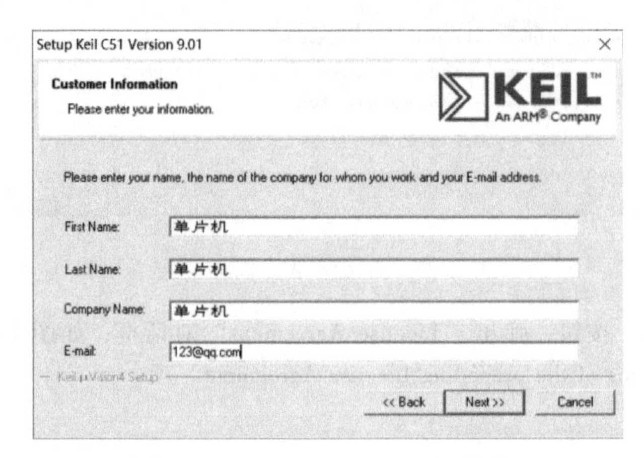

图 1-6 “Customer Information”对话框

5）单击“Next”按钮，自动安装软件。

6）安装完成后将弹出安装完成对话框，如图 1-7 所示，可以把图中几个选项的勾全部去掉。

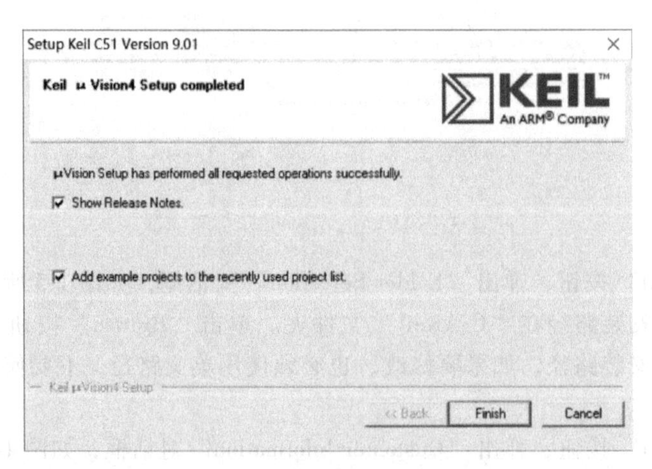

图 1-7 安装完成对话框

7）单击“Finish”按钮，Keil 编程软件开发环境安装成功，桌面上会出现 Keil C51 的快捷图标。

8）双击快捷图标，启动该软件，Keil C51 软件开发环境界面如图 1-8 所示，图中标出了 Keil C51 软件开发环境界面各窗口的名称。各窗口是否在界面中显示，可通过“View”菜单进行设置。

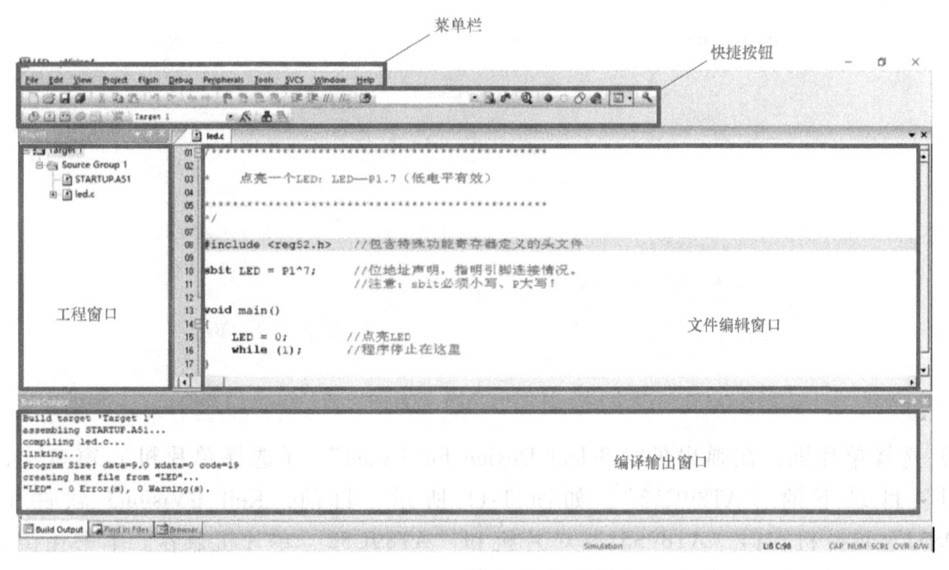

图 1-8　Keil C51 软件开发环境界面

3. Keil C51 的使用步骤

（1）创建工程　Keil C51 用工程管理的方法把程序设计中所需要用到的、互相关联的程序链接在同一工程中。这样，打开一个工程时，所需要的关联程序也都跟着进入了调试窗口，方便用户对工程中各个程序进行编写、调试和存储。因此，编写一个新的应用程序前，首先要建立一个新的工程（Project）。具体步骤如下：

1）单击菜单栏中的“Project”→“New μVision Project”，新建一个工程，如图 1-9 所示。

Keil C51 的使用步骤（视频）

Keil C51 的使用步骤（PPT）

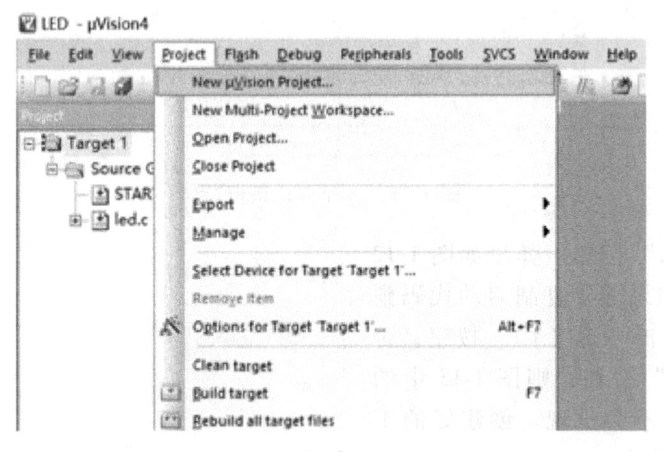

图 1-9　新建一个工程

2）弹出“Create New Project”窗口，如图1-10所示。在“文件名（N）”中输入工程名称，保存后的文件扩展名为“.uvproj”，建议把工程放在一个事先建好的文件夹内，然后单击“保存（S）”按钮。之后，单击此文件就可打开先前建立的工程。

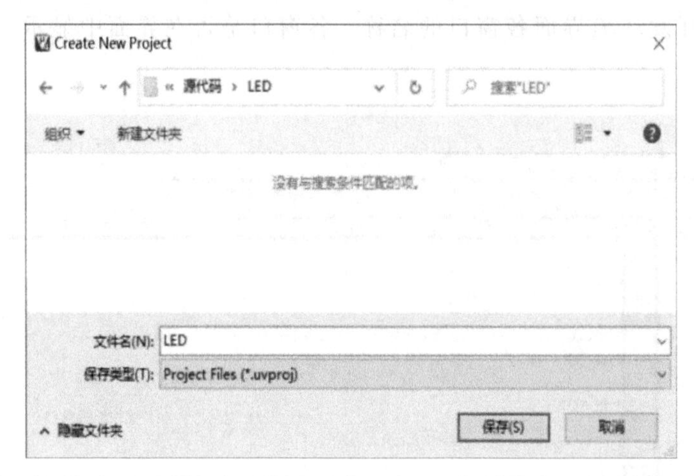

图1-10 “Create New Project”窗口

3）选择单片机，在弹出的“Select Device for Target”（选择单片机）窗口中，选择“Atmel”目录下的“AT89C52”，如图1-11所示。目前，Keil μVision3软件中没有“AT89S52”单片机，但“AT89S52”单片机和“AT89C52”单片机兼容。本书在仿真时都选用“AT89C52”单片机代替“AT89S52”单片机。

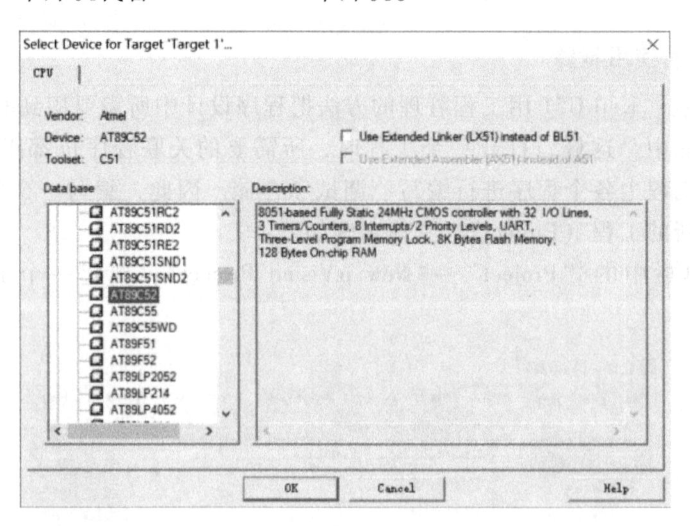

图1-11 选择单片机窗口

4）单击“OK”按钮，弹出如图1-12所示的对话框。如果需要复制启动代码到新建的工程，则单击“是（Y）”按钮；否则单击“否（N）”按钮，则图1-13中的“STARTUP.A51”不会出现。创建好的工程文件如图1-13所示。

图1-12 启动代码选择

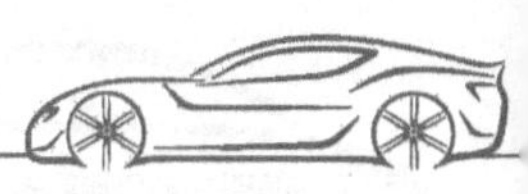

（2）添加用户源程序文件

1）新建文件：工程建好后，要建立编写代码的文件。单击“File”→“New”新建文件，如图 1-14 所示。然后单击“File”→“Save As”保存文件，如果采用 C 语言编程，则保存时把它命名为“led. c”，扩展名为“. c”，如图 1-15 所示。如果采用汇编语言编程，则保存为“led. asm”，扩展名为“. asm”。文件名可以自定义，本书所有实例都采用 C 语言编程，所以扩展名都为“. c”。

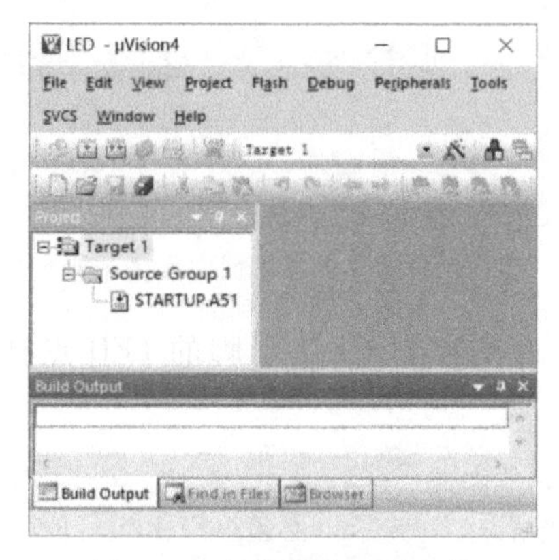

图 1-13　创建好的工程文件

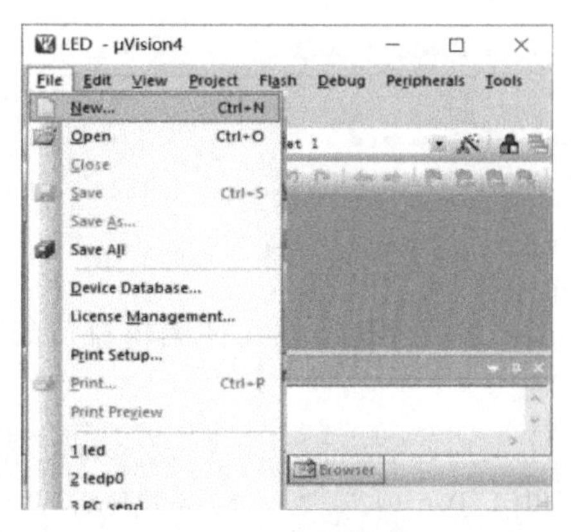

图 1-14　新建文件

图 1-15　保存文件

2）添加文件到工程：在工程窗口中，右击“Source Group 1”，选择“Add Files to Group ‘Source Group 1’”选项，如图 1-16 所示。完成上述操作后会出现如图 1-17 所示的“Add Files to Group ‘Source Group1’”对话框，选择要添加的文件，这里只有刚刚建立的文件“led. c”，单击这个文件后，单击“Add”按钮，再单击“Close”按钮，文件添加完成。这时的工程窗口如图 1-18 所示，用户程序文件“led. c”已经出现在“Source Group 1”目录下。

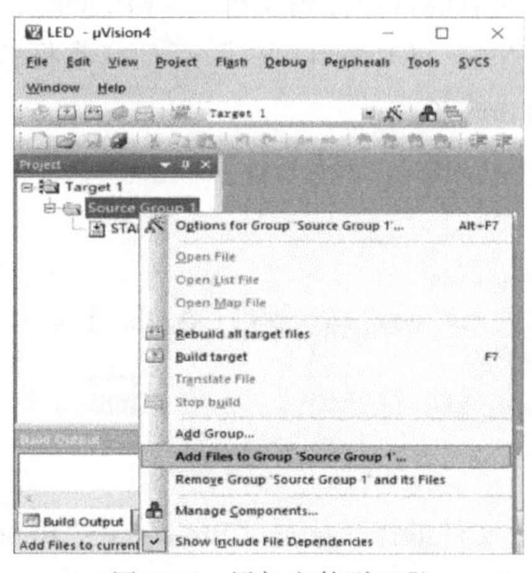

图 1-16　添加文件到工程

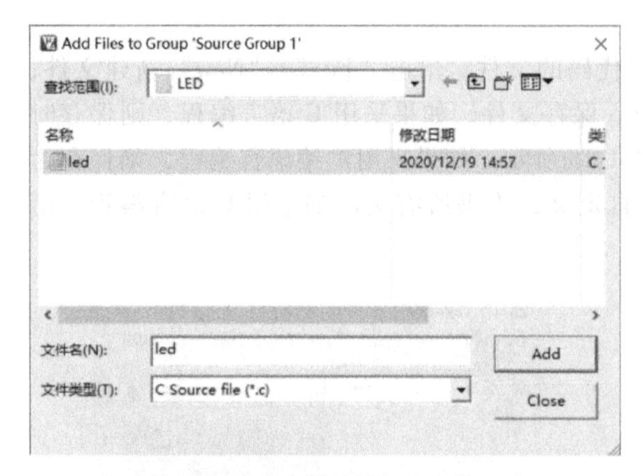

图 1-17　选择要添加的文件

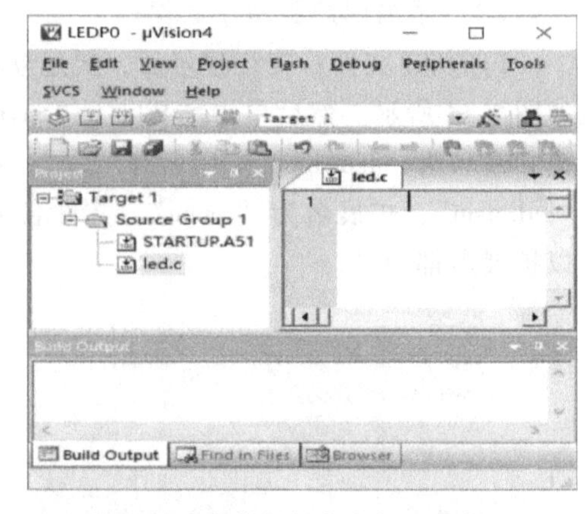

图 1-18　文件添加完成的工程窗口

（3）编写代码　在文件编辑窗口编写代码。下面是控制 P1.7 引脚的 LED 点亮的参考程序。

```
#include <reg52. h>            //包含特殊功能寄存器定义的头文件
sbit LED = P1^7;               //位地址声明,指明引脚连接情况。注意:sbit 必须小写、P 大写!
void main( )                   //任何一个 C 语言程序都必须有且仅有一个 main 函数
{
    LED = 0;                   //点亮 LED
    while (1);                 //程序在该语句死循环
}
```

（4）程序的编译

1）设置 Hex 文件输出选项：程序代码编好后，需要对程序进行编译，生成可以下载到单片机里的 Hex 文件。在编译之前，要先单击“Project”→“Options for Target ‘ Target1 ’”或者直接单击图 1-19 框内的快捷按钮（工程选项图标）。在弹出的对话框中，单击“Output”选项，在该选项卡中勾选“Create HEX File”复选按钮，其他选择默认，Hex 文件设置如图 1-20 所示，单击“OK”按钮。设置好后，系统在对程序进行编译时，就会自动生成十六进制的目标代码文件“LED. hex”，默认的文件名和工程名称是一样的，如需修改，可在“Name of Executable:”后的文本框修改。单击“Select Folder for Objects”可修改 Hex 文件所在路径。

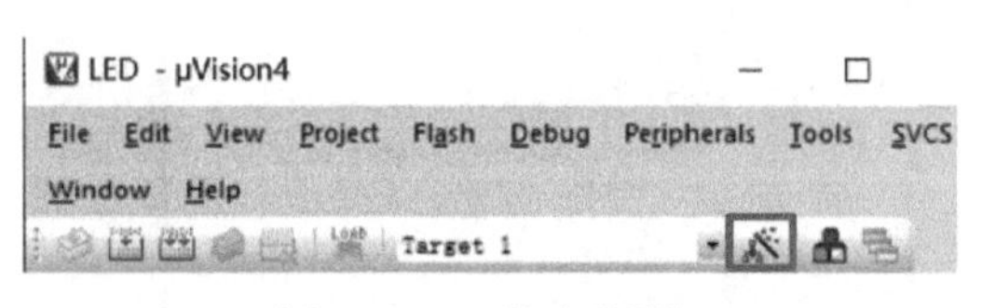

图 1-19　工程选项图标

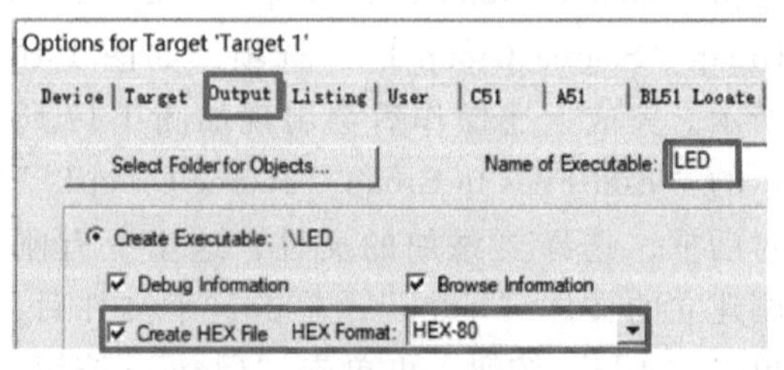

图 1-20　Hex 文件设置

2）文件编译。单击“Project”→“Rebuild all target files”，或单击图 1-21 框内的快捷按钮，即可编译程序，编译后在编译输出窗口会出现编译输出信息，如图 1-22 所示。编译结果“data=9.0”表示程序代码使用了单片机片内 RAM 中的 9 个字节；“code=19”表示程序使用了 Flash ROM 中的 19 个字节；“creating hex file from "LED" ”表示是从当前工程生成了一个 Hex 文件，该 Hex 文件可以下载到单片机中；“0 Error(s), 0 Warning(s)”表示程序没有错误和警告，如果出现错误和警告提示，Error 和 Warning 就不是 0，这时就要对程序进行检查，要从第一个错误查起，找出问题，解决好后，再重新编译生成 Hex 文件。把这个 Hex 文件下载到单片机中，单片机就可以运行代码了。

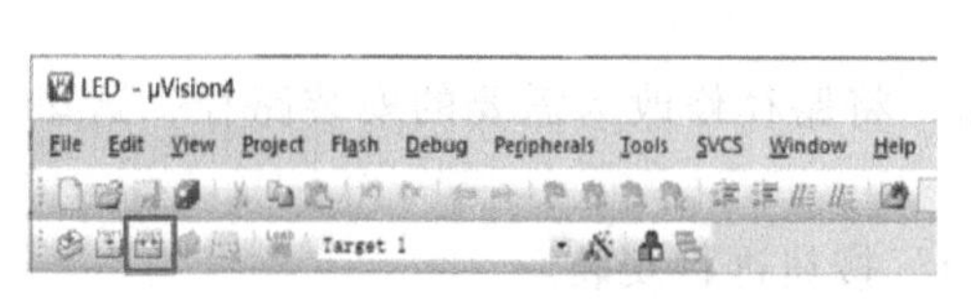

图 1-21　编译程序

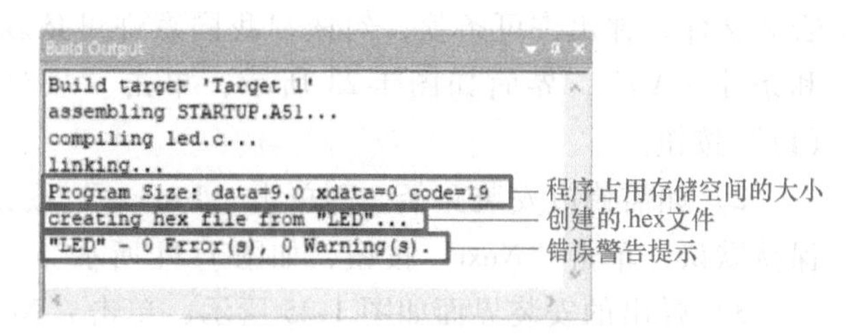

图 1-22　编译输出信息

1.3.2　Proteus 仿真软件的使用

1. Proteus 软件简介

Proteus 是英国 Lab Center Electronics（电子实验中心）公司开发的嵌入式系统仿真开发平台，是世界上唯一将电路仿真软件、PCB 设计软件和虚拟模型仿真软件三合一的设计平台。可仿真模拟电路、数字电路、8051 系列、PIC12/16/18 系列、AVR 系列、MSP430 等各主流系列单片机，ARM7、ARM9 等型号的嵌入式微处理器，以及各种外围可编程接口芯片。

Proteus 元器件库中具有几万种元器件模型，可直接对单片机的各种外围元器件及电路进行仿真，如 RAM、ROM、总线驱动器、各种可编程外围接口芯片、LED 数码管显示器、LCD 显示模块、按键以及多种 D/A 和 A/D 转换器、RS232 总线、I^2C 总线、SPI 总线进行动态仿真。Proteus 提供了各种信号源、虚拟仿真仪器，并能对电路原理图的关键点进行虚拟测试；还提供了丰富的调试功能，在虚拟仿真中具有全速、单步和设置断点等调试功能，同时可观察各变量、寄存器的当前状态。

可以在 Proteus ISIS（智能原理图输入）界面，利用 Proteus 元器件库中的元器件模型绘制单片机系统的电路原理图。当电路连接无误后，利用 Proteus 的虚拟仿真功能，不需要用户样机硬件，就可直接在计算机上对单片机系统进行虚拟仿真，将系统的功能及运行过程形象化，可以像焊接好的 PCB 一样看到单片机系统的执行效果。

尽管 Proteus 具有开发效率高、不需要硬件开发装置和成本低等优点，但是不能进行用户样机硬件的诊断。所以在单片机系统的设计开发中，一般先在 Proteus 环境下绘制系统的硬件电路图，在 Keil C51 环境下编写代码并编译程序，然后在 Proteus 环境下仿真调试。依照仿真结果，完成实际的硬件设计，并把仿真通过的程序代码烧写到单片机的 ROM 中，然后运行程序观察用户样机的运行结果，如有问题，再连接硬件仿真器或直接在线修改程序并分析、调试。

2. Proteus 软件安装和启动

Keil C51 软件是程序设计开发的平台，不能直接进行单片机的硬件仿真。将 Keil C51 软件开发功能和 Proteus 软件的硬件仿真功能结合起来，可实现单片机软硬件联合调试，检验电路硬件及软件的设计正确与否。本书 Proteus 仿真软件采用 Proteus 8.9 版本，该版本可以在 Windows 8 和 Window 10 系统中运行。

1）首先准备 Proteus 8.9 的安装源文件，双击安装文件，弹出许可条款，勾选“我同意许可条款和条件（A）”，界面如图 1-23 所示，单击“安装(I)”按钮。

图 1-23　许可条款界面

2）如需修改安装路径，则单击“Browse”按钮，将路径修改为需要的安装路径，这里保持默认，单击“Next”按钮，如图 1-24 所示。

3）弹出的安装界面如图 1-25 所示，单击“Next”按钮进行安装。

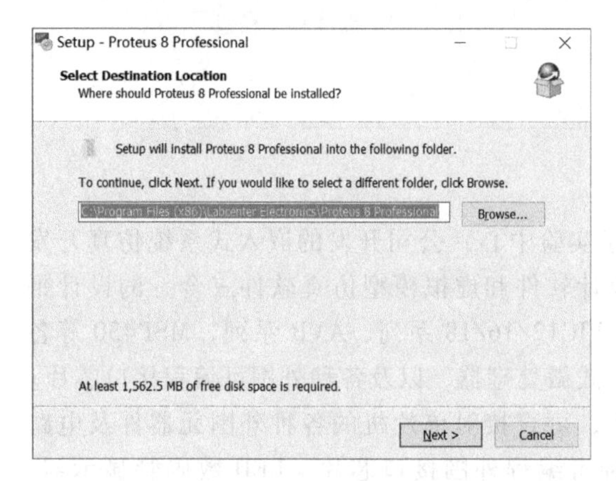

图 1-24　安装路径

图 1-25　安装界面

4）单击“Next”按钮，软件安装中，如图 1-26 所示。

5）安装完成弹出如图 1-27 所示界面，单击“Finish”按钮。Proteus 软件安装成功，桌面上会出现 Proteus 的快捷图标。

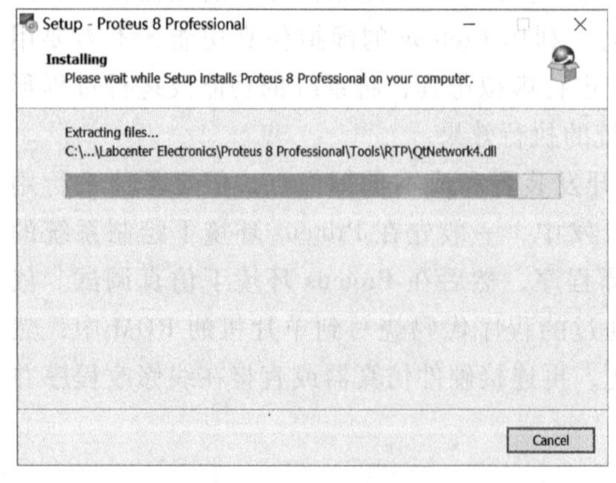

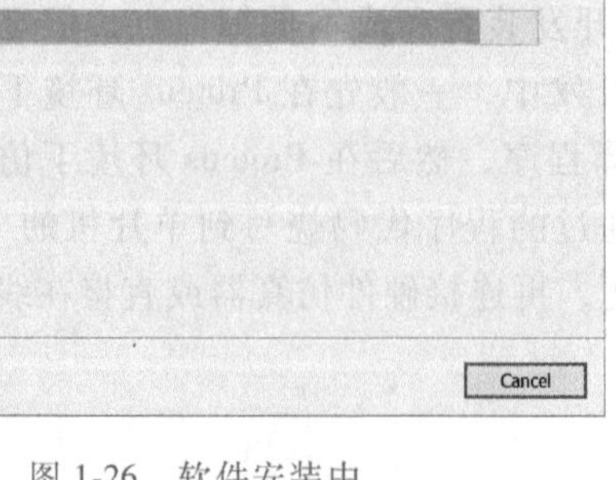

图 1-26　软件安装中

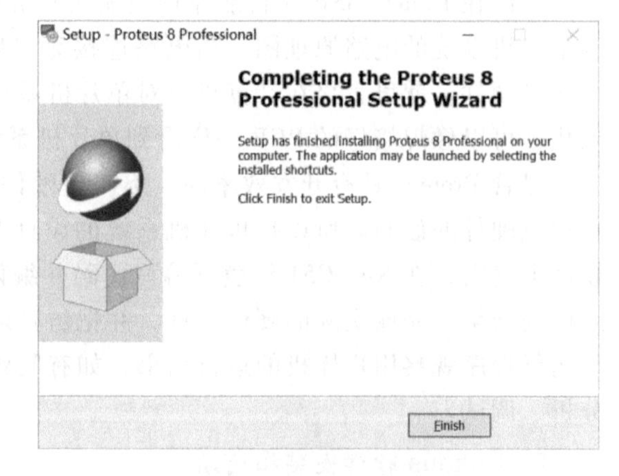

图 1-27　安装完成界面

6）双击快捷图标，启动该软件，Proteus 软件启动界面如图 1-28 所示，可以用英文版，也可使用汉化版本。

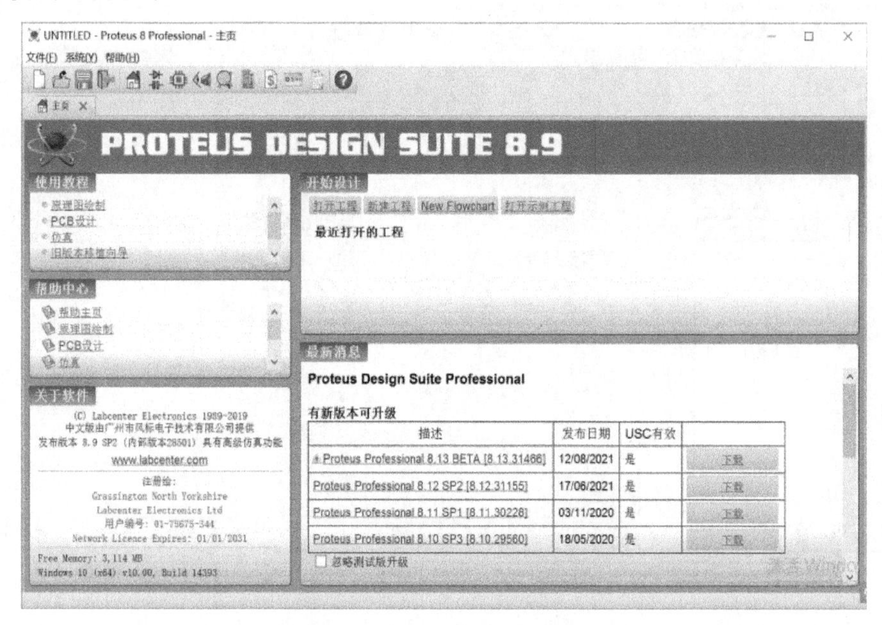

图 1-28　Proteus 软件启动界面

3. Proteus 软件的使用步骤

1）在 Proteus 主界面，单击“文件”→“新建工程”，弹出如图 1-29 所示的 Proteus 工程命名界面，修改工程名称和路径，工程名和路径自定义。单击“下一步”按钮，在弹出界面中可选择 Proteus 原理图模板，如图 1-30 所示。单击“下一步”按钮，在弹出界面中可选择 Proteus PCB 模板，如图 1-31 所示。本书不涉及 PCB 制作，所以选择默认的“不创建 PCB 布板设计”。然后直接单击“下一步”按钮，直至完成。

图 1-29　Proteus 工程命名界面

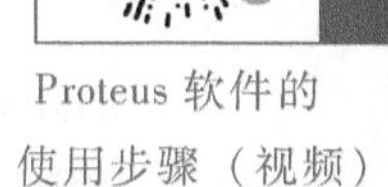

Proteus 软件的使用步骤（视频）

Proteus 软件的使用步骤（PPT）

图 1-30　Proteus 原理图模板选择

新建工程向导: PCB Layout
不创建PCB布版设计。
基于所选模板，创建PCB布版设计。
Layout Templates
Arduino MEGA 2560 rev3
Arduino UNO rev3
DEFAULT
Double Eurocard (2 Layer)
Double Eurocard (4 Layer)

图 1-31　Proteus PCB 模板选择

2）进入 Proteus 原理图绘制界面，界面各部分功能如图 1-32 所示。

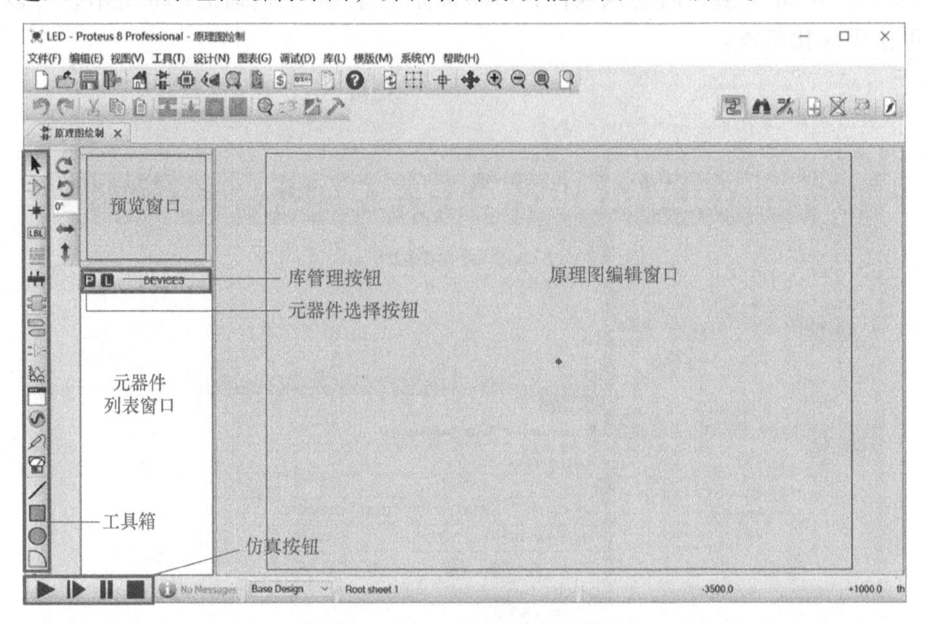

图 1-32　Proteus 原理图绘制界面

3）将所需元器件加入到元器件列表区：单击图 1-32 中的元器件选择按钮P，弹出元器件选择界面如图 1-33 所示，各部分功能如图所示。可以在元器件库列表中选择元器件库"Microprocessor ICs"，在子库列表中选择元器件子库"8051 Family"，子库中的元器件就显示在元器件搜索结果列表"Results"中，找到需要的元器件"AT89C52"，该器件原理图和PCB 图显示在相应的预览区。

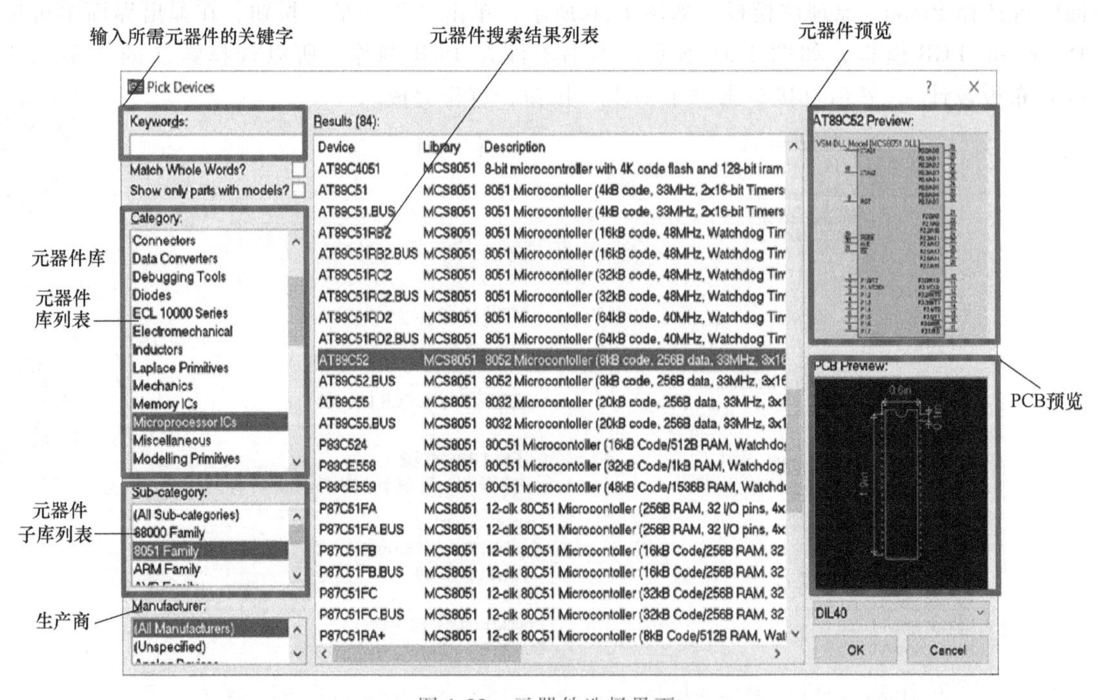

图 1-33　元器件选择界面

也可以在“Keywords”中输入需要的元器件关键字“AT89C52”，该器件显示在元器件搜索结果列表中，搜索元器件界面如图 1-34 所示。双击搜索列表框中的元器件，“AT89C52”出现在图 1-32 界面左侧的元器件列表窗口中，元器件库里没有“AT89S52”单片机，本书选择“AT89C52”代替。

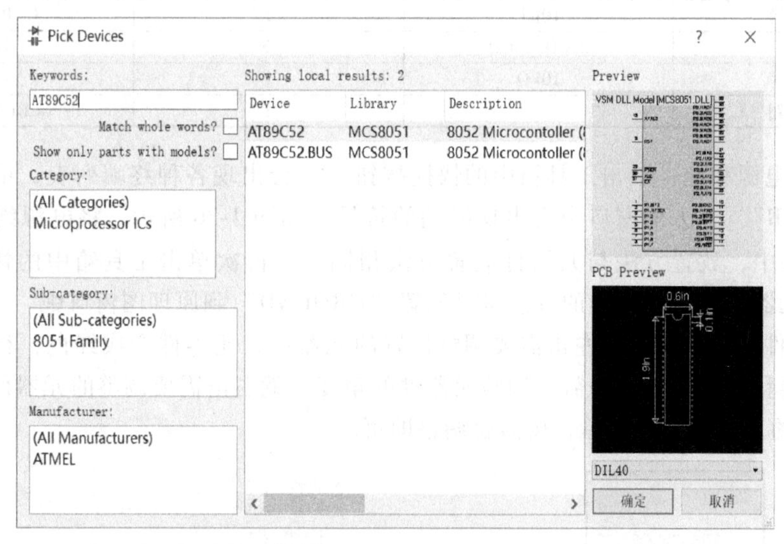

图 1-34　搜索元器件界面

4）元器件的放置：在原理图编辑窗口（图 1-32）左击，出现一个粉色框表示的单片机，如图 1-35 所示。拖动鼠标选定合适的位置再左击，便放置好了单片机。

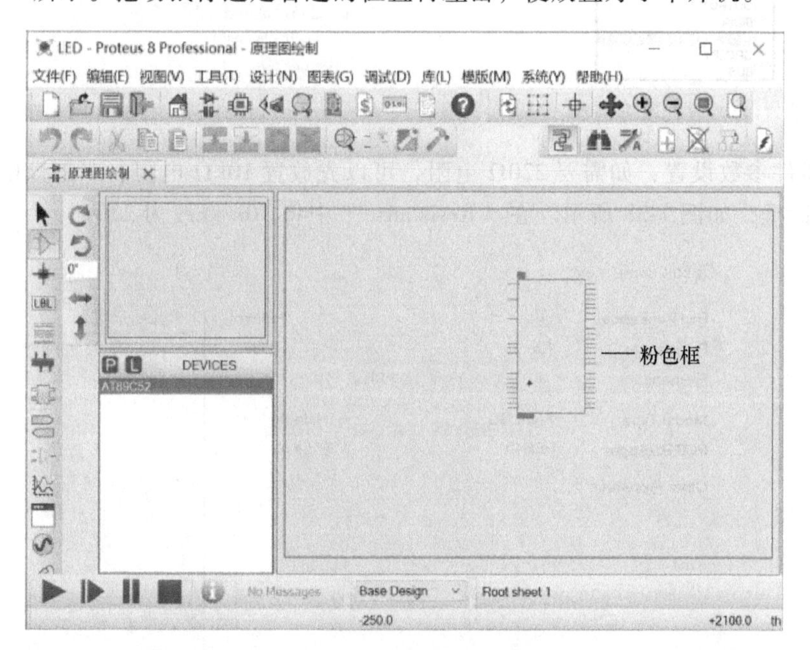

图 1-35　元器件的放置

用单片机点亮一个 LED 的硬件电路设计中，所需要的元器件见表 1-4。按照上述步骤把表中的元器件都放置在 Proteus 原理图绘制界面中。

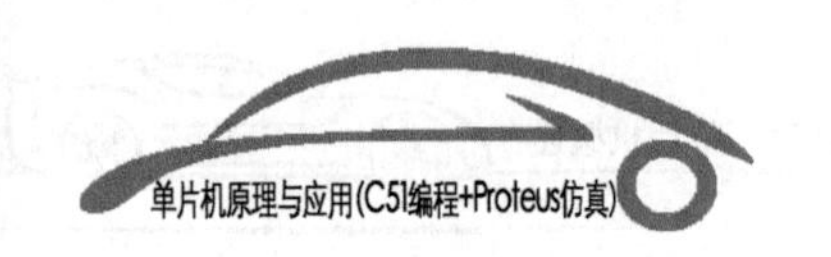

表 1-4　所需要的元器件

元器件名称	型　　号	数　　量	Proteus 的关键字
单片机	AT89C52	1	AT89C52
晶振	11.0592MHz	1	CRYSTAL
电容	22pF	2	CAP
电解电容	10μF	1	CAP-ELEC
电阻	220Ω/330Ω	2	RES
电阻	10kΩ	1	RES
复位按钮		1	BUTTON

5）添加电源和地：单击工具箱中的快捷按钮，会出现各种终端列表，单击终端中的电源“POWER”，上方的窗口中会出现终端的符号，如图 1-36 所示。将电源终端放置到电路原理图窗口中，放置方法与元器件放置方法相同。当再次单击工具箱中的快捷按钮，便可切换到元器件列表；同样的方法可以放置“GROUND”到原理图窗口中。

6）元器件位置的调整：左击需要调整位置的元器件，元器件变成红色，移动鼠标到合适的位置，再释放鼠标。如果需要调整元器件的角度，就右击需要调整的元器件，会出现如图 1-37 所示的元器件调整菜单，按需要调整即可。

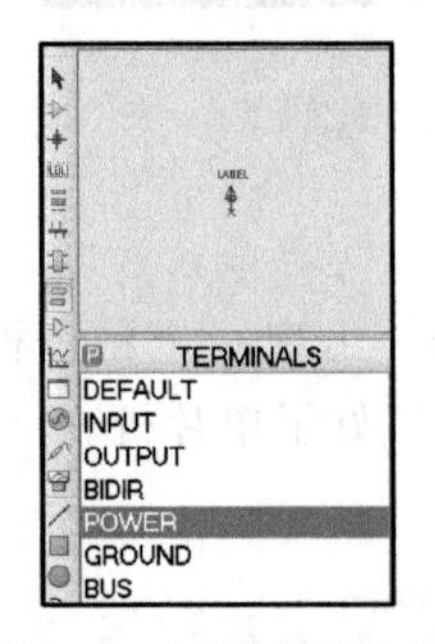

图 1-36　放置电源终端

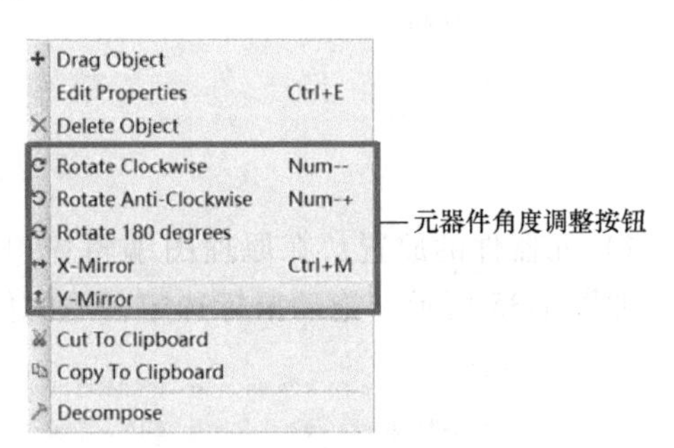

图 1-37　元器件调整菜单

7）元器件参数设置：如需要 220Ω 电阻，可以先放置 10kΩ 电阻，双击该电阻，弹出编辑元器件对话框，如图 1-38 所示。在“Resistanse”中将 10k 修改为 220。

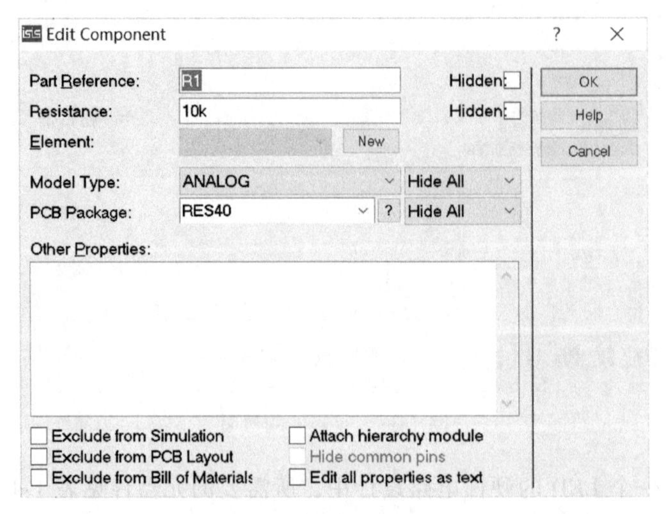

图 1-38　编辑元器件对话框

8）连线：将鼠标移到需连线的元器件节点并单击，然后移到下一元器件节点再单击，就可以将两个元器件连接起来，点亮 LED 原理图如图 1-39 所示。

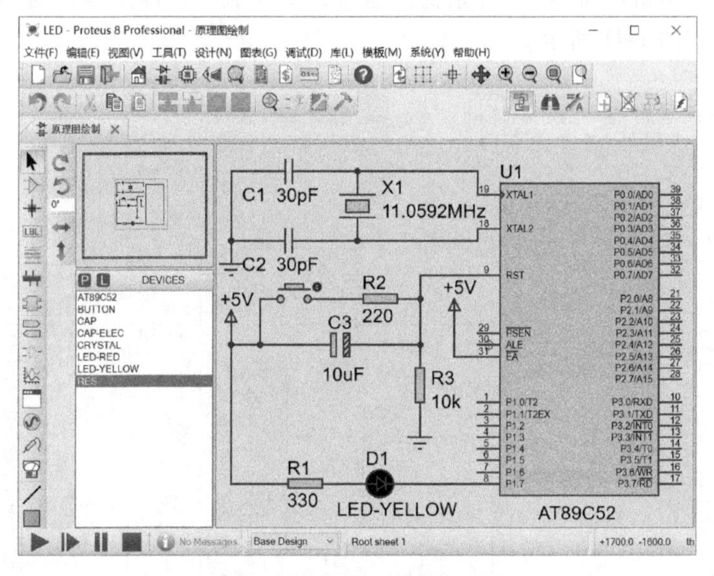

图 1-39　点亮 LED 原理图

9）为单片机添加 Hex 文件：在原理图中双击单片机 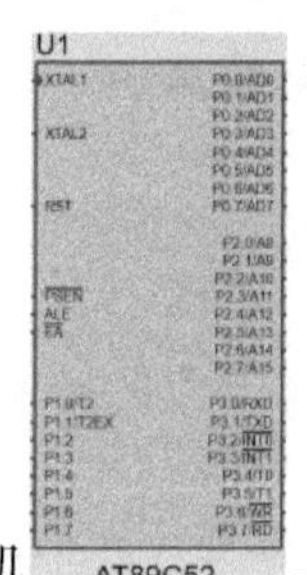

，单击弹出的对话框中 “Program File” 选项后面的按钮，添加 Hex 文件，如图 1-40 所示。

图 1-40　添加 Hex 文件

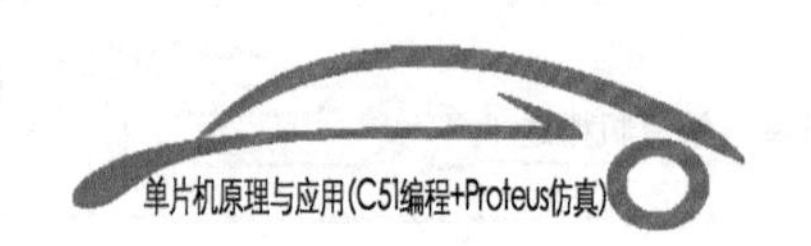

10）仿真：原理图绘制界面中仿真工具栏 的功能分别为运行、单步运行、暂停和停止。单击按钮 ，开始仿真运行，LED 点亮；停止运行则单击按钮 。仿真运行结果界面如图 1-41 所示。

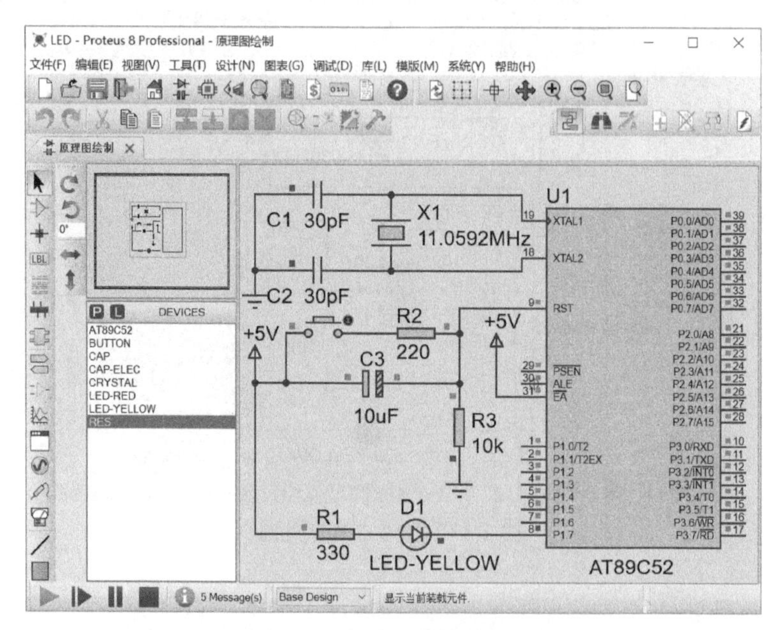

图 1-41　仿真运行结果界面

本章小结

1. 单片机就是单片微型计算机，在一片半导体硅片上集成 CPU、存储器（RAM、ROM）、并行 I/O、串行 I/O、定时器/计数器、中断系统、系统时钟电路及系统总线等部件。

2. 单片机按照其用途可分为通用型和专用型两大类。通用型单片机是将内部可开发的资源（如存储器、I/O 及各种外围功能部件等）全部提供给用户；专用型单片机是专门针对某些产品的特定用途而制作的。

3. 51 系列单片机包括 Intel 公司的 MCS-51 系列单片机以及以 51 为内核扩展出来的单片机，这类单片机的基本结构和指令系统都是兼容的。

4. 单片机应用系统主要由硬件和软件两部分组成。

5. 了解单片机的开发过程。

6. 单片机仿真所需要的软件为：编程软件 Keil μVision 的 51 版本；仿真软件采用 Proteus 平台。掌握这两个软件的安装及基本使用方法。

习题

一、填空题

1. 单片机将微型计算机的主要部件________、________和________3 部分，通过内部

________总线连接在一起，集成于一块芯片上。

2. 单片机是________的简称。又称________和________。

3. AT89S52-24PI 单片机的 ROM 为________、工作频率上限为________ MHz、封装形式为________。

4. AT89S52 单片机片内集成________ KB 的 ROM、________ B 的 RAM、________个中断源、________个定时器/计数器。

5. 单片机应用系统主要由________和________两部分组成。

二、选择题

1. AT89S52 是____位单片机。

A. 1 位　　B. 4 位　　C. 8 位　　D. 16 位

2. 下列____不表示单片机的英文缩写。

A. MCU　　B. EMCU　　C. SCM　　D. ATMEL

3. 在家用电器中使用的单片机应属于微型计算机的____。

A. 辅助设计应用　　B. 测量、控制应用

C. 数值计算应用　　D. 数据处理应用

三、问答题

1. AT89S52 单片机相当于 MCS-51 系列单片机中的哪一型号的产品？“S”的含义是什么？

2. 解释什么是单片机的在系统可编程（ISP）。

3. 举例说明单片机的主要应用领域。

第2章　AT89S52单片机的硬件结构

内容概述

要利用单片机进行系统开发设计，就要了解单片机的硬件结构，然后编写控制硬件电路的程序，实现相应的功能。因此，本章从应用的角度介绍 AT89S52 单片机的引脚功能、单片机片内硬件结构。本章主要介绍 CPU 和存储器结构，片内的其他资源在后续章节中介绍。本章要求掌握单片机最小系统组成，了解单片机执行指令的工作过程以及单片机的存储结构和 C51 数据结构之间的关系。

2.1　AT89S52 单片机的硬件组成

AT89S52 单片机在一块芯片上集成了 CPU、ROM、RAM、定时器/计数器以及 I/O 接口等一台计算机所需要的基本功能部件和作为控制应用所必需的基本外设部件。片内硬件结构如图 2-1 所示，各部件功能见表 2-1。

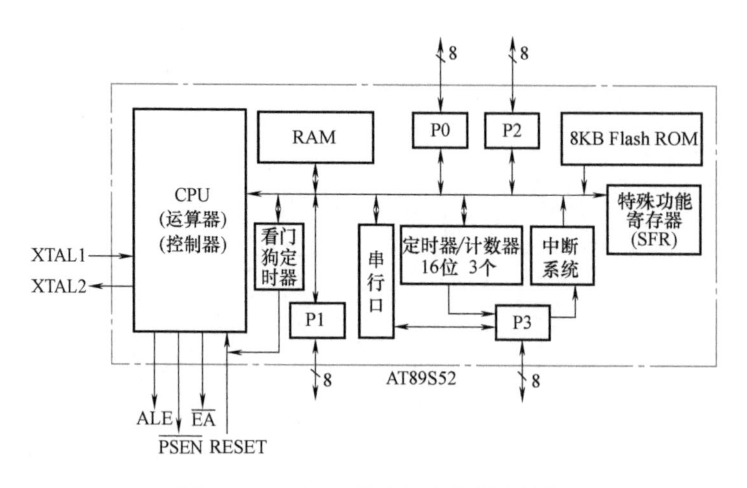

图 2-1　AT89S52 单片机片内硬件结构

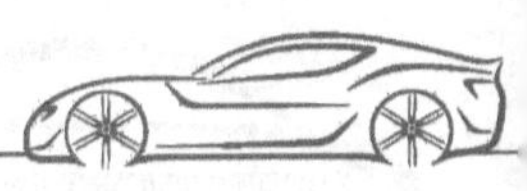

表 2-1　AT89S52 单片机片内各部件功能

序号	部件名称	功　　能
1	8 位 CPU	包括控制器、运算器和位处理器
2	振荡器和定时电路	片内，最高工作频率可达 24MHz
3	RAM	片内 256B，片外最多可扩至 64KB
4	Flash ROM	片内 8KB 片外最多可扩至 64KB，片内+片外总容量不超过 64KB
5	64KB 总线扩展控制	可寻址 64KB 外部 RAM 及 64KB 外部 ROM 的控制电路
6	可编程并行 I/O 口	32 条双向可按位寻址的 I/O 口线（P0、P1、P2 和 P3）
7	16 位定时器/计数器	3 个定时器/计数器 T0、T1 和 T2
8	串行口（UART）	1 个全双工的通用异步收发串行口，4 种工作方式
9	中断系统	6 个中断源，6 个中断向量
10	特殊功能寄存器（SFR）	32 个，CPU 对片内部件进行管理、控制和监视
11	看门狗定时器（WDT）	1 个，由于干扰而使程序陷入死循环或“跑飞”时，引起单片机复位，使程序恢复正常运行
12	低功耗节电	待机模式、掉电保护模式

注：AT89S52 单片机完全兼容 AT89C51/AT89S51 单片机，使用 AT89C51/AT89S51 单片机的系统，在保留原来软硬件的基础上，可用 AT89S52 直接替换。

2.2 AT89S52 单片机的引脚

AT89S52 单片机与各种 8051 单片机的引脚兼容，不同封装方式，其引脚号不同，但功能和使用方法相同。本书以 40 引脚的 DIP 封装方式为例介绍各引脚功能。

2.2.1 单片机的外形及引脚分布

AT89S52 单片机多采用 40 引脚的 DIP 封装方式或 44 引脚的贴片式（PLCC 或 TQFP）封装方式。40 引脚的 DIP 封装方式外形如图 2-2a 所示，引脚分布如图 2-2b 所示；44 引脚的

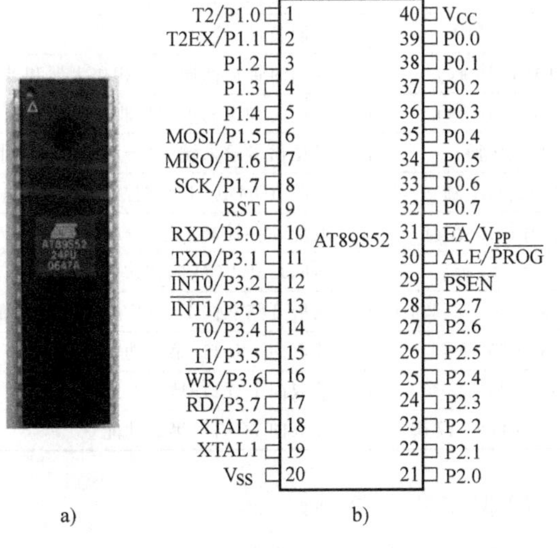

图 2-2　DIP 封装方式单片机的外形及引脚分布

a）40 引脚的 DIP 封装方式外形　b）引脚分布

贴片式封装方式外形如图 2-3a 所示，PLCC 封装、TQFP 封装引脚分布如图 2-3b、c 所示，其中各有 4 个引脚无用，标记为“NC”。

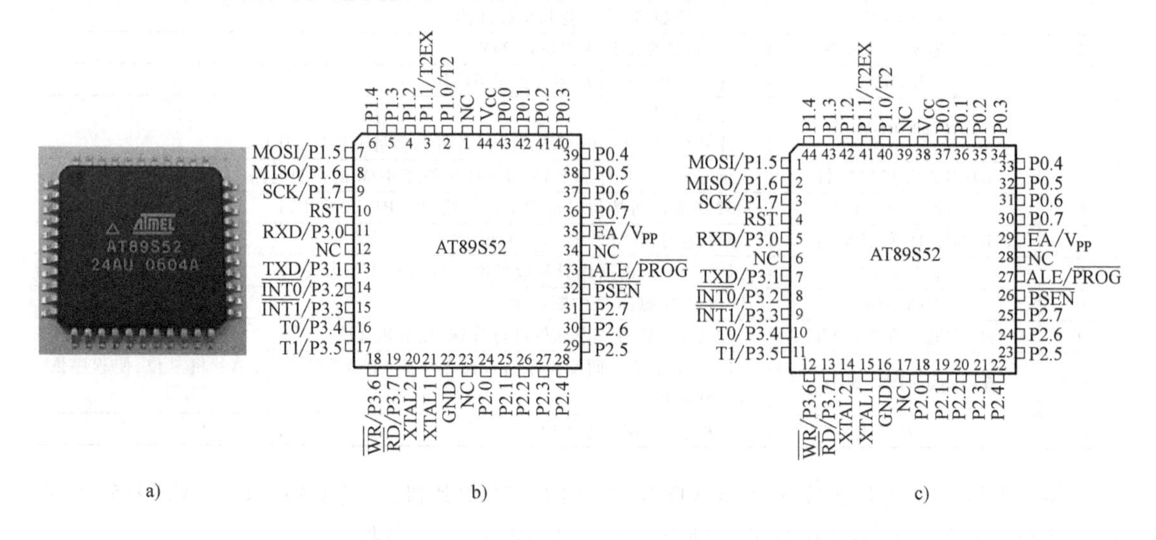

图 2-3　44 引脚的贴片式封装方式单片机的外形及引脚分布

a）44 引脚的贴片式封装方式外形　b）PLCC 封装引脚分布　c）TQFP 封装引脚分布

2.2.2　引脚功能

了解单片机 40 个引脚功能对单片机应用系统电路设计十分重要。40 个引脚按功能可分为电源引脚、时钟引脚、控制引脚和 I/O 引脚 4 类，对应的引脚名称及功能见表 2-2。

表 2-2　引脚名称及功能

序号	分类	引脚名称和引脚号	引脚功能
1	电源引脚	V_{CC}(40 脚)	电源正极，接+5V 电源
		V_{SS}(20 脚)	电源负极，接地
2	时钟引脚	XTAL1(19 脚)	片内时钟振荡器的反相放大器和外部时钟发生器输入端
		XTAL2(18 脚)	片内时钟振荡器的反相放大器输出端
3	控制引脚	RST(9 脚)	复位信号输入端，大于两个机器周期的高电平复位
		$\overline{EA}/V_{PP}$(31 脚)	外部 ROM 访问允许控制端/编程电压输入端
		ALE/$\overline{PROG}$(30 脚)	地址锁存控制信号端/编程脉冲输入端
		$\overline{PSEN}$(29 脚)	访问片外 ROM 的读选通信号
4	I/O 引脚	P0 口(32 脚~39 脚)	漏极开路双向 I/O 口/数据/地址(低 8 位)总线复用
		P1 口(1 脚~8 脚)	准双向 I/O 口/第二功能
		P2 口(21 脚~28 脚)	准双向 I/O 口/地址总线(高 8 位)
		P3 口(10 脚~17 脚)	准双向 I/O 口/第二功能

1. 电源引脚（V_{CC}，40 脚和 V_{SS}，20 脚）

单片机在使用时，需要给其提供电源。AT89S52 单片机的工作电压为+5V，即 V_{CC} 接+5V，V_{SS} 接地。

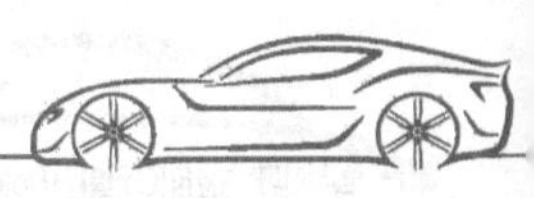

注：设计单片机电路时，需要设计+5V 直流电源电路。

2. 时钟引脚（XTAL1，19 脚和 XTAL2，18 脚）

必须为 AT89S52 单片机提供时钟信号，单片机才能正常工作。有两种方式：一种是内部时钟方式，XTAL1 和 XTAL2 引脚外接石英晶体和微调电容，由片内振荡器提供时钟信号；另一种是外部时钟方式，XTAL1 引脚外接时钟源，XTAL2 悬空，由片外振荡器提供时钟信号。两种方式的具体工作原理见 2.4 节。

注：在设计单片机电路时，常采用内部时钟方式，时钟引脚常用电路连接如图 2-4 所示，此时单片机的振荡频率（f_{osc}）为 11.0592MHz。

3. 控制引脚（RST、$\overline{EA}/V_{PP}$、ALE/$\overline{PROG}$、$\overline{PSEN}$）

（1）复位引脚（RST，9 脚） 单片机在正常工作时，该引脚应保持低电平（≤0.4V，记为“0”）。单片机需要复位时，应在该引脚加上持续时间大于两个机器周期的高电平（≥2.4V，记为“1”）。看门狗定时器溢出时，该引脚将输出长达 96 个振荡周期的高电平。

注：设计单片机电路时，该引脚要外接复位电路。单片机常用的上电和按键复位电路如图 2-5 所示。

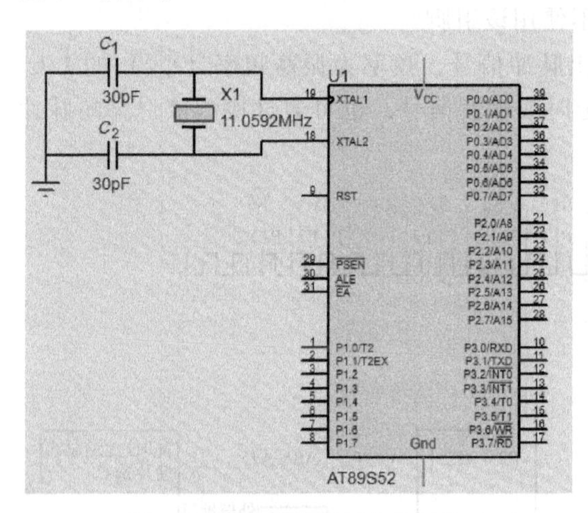

图 2-4 时钟引脚常用电路连接

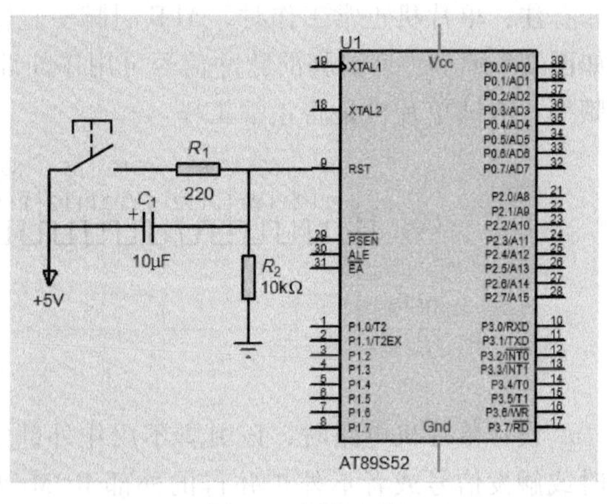

图 2-5 复位电路

（2）外部 ROM 访问允许控制端/编程电压输入端（$\overline{EA}/V_{PP}$，31 脚）

1）第一功能：外部 ROM 访问允许控制端。该引脚外接高电平时，单片机读片内 ROM（0x0000～0x1FFF，8KB）中的程序，若程序代码超过 8KB，将先读取片内 ROM 中的程序，再自动读取片外 ROM（0x2000～0xFFFF）中的程序。

该引脚外接低电平时，只读取外部 ROM（0x0000～0xFFFF）中的程序，片内的 8KB Flash ROM 不起作用。$\overline{EA}$ 引脚与内外 ROM 的关系如图 2-6 所示。

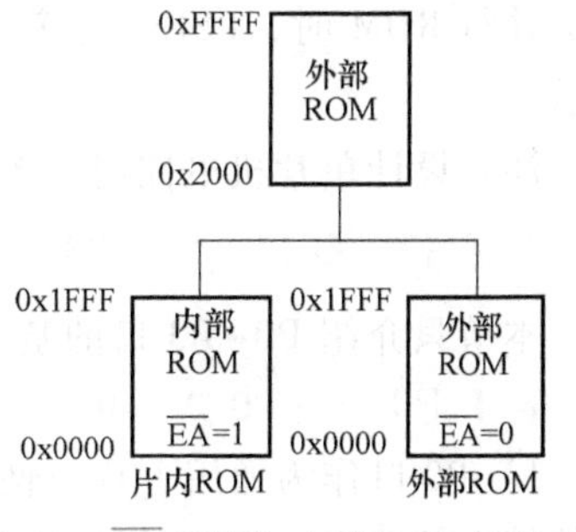

图 2-6 $\overline{EA}$ 引脚与内外 ROM 的关系

2）第二功能：编程电压输入端。对片内 ROM 编程指的是往 ROM 中下载代码，该引脚需接高电压。若使用

ISP 在线下载方式，则不使用该引脚。

注：设计单片机电路时，若程序代码不超过 8KB，$\overline{EA}$ 引脚接高电平即可。

(3) 地址锁存控制信号端/编程脉冲输入端（ALE/$\overline{PROG}$，30 脚）

1）第一功能：地址锁存控制信号端。当单片机扩展并行的外部 ROM 或外部 RAM 芯片时，单片机需要扩展 16 位地址总线和 8 位数据总线与并行芯片连接。而单片机引脚的数目有限，低 8 位地址总线与 8 位数据总线是由 P0 口分时复用的，因此，需要外扩地址锁存器，通过锁存器 ALE 引脚的下跳沿将单片机 P0 口发出的低 8 位地址锁存至地址锁存器中，由 P2 口输出的高 8 位地址和锁存器输出的低 8 位地址一起构成 16 位地址，这时，P0 口就可以作为 8 位数据总线使用。每当 AT89S52 访问外部 RAM 时，要丢失一个 ALE 脉冲。并行总线扩展示意图如图 2-7 所示。

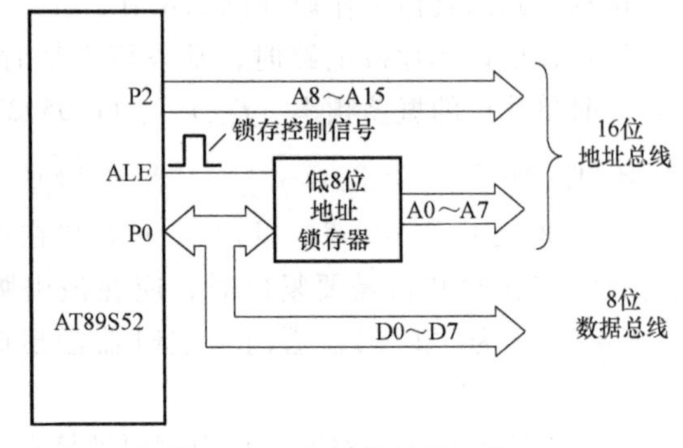

图 2-7 并行总线扩展示意图

2）第二功能：对片内 ROM 编程，为编程脉冲输入端。若使用 ISP 在线下载方式，则不使用该引脚。

注：单片机正常工作时，ALE 引脚一直输出脉冲信号，频率为振荡频率（f_{osc}）的 1/6，如图 2-8 所示。该引脚的脉冲信号可用作外部定时或触发信号，也可通过检测该引脚的脉冲频率，测试单片机是否正常工作。

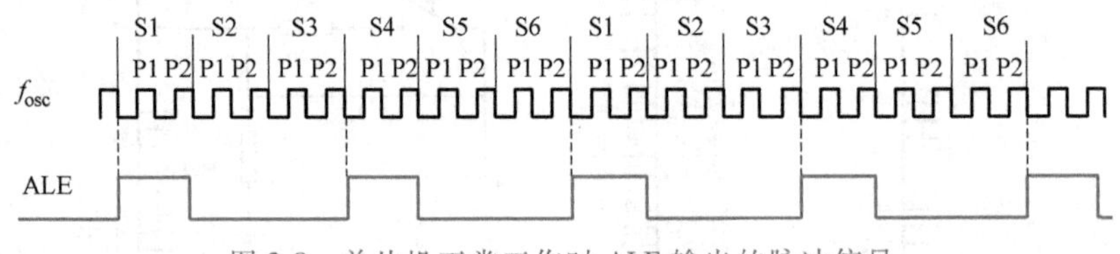

图 2-8 单片机正常工作时 ALE 输出的脉冲信号

设计单片机电路时，该引脚不用作外部定时或触发信号或者不外扩并行的外部 ROM/外部 RAM 芯片时，该引脚悬空。

(4) 访问片外 ROM 的读选通信号（$\overline{PSEN}$，29 脚） 片外 ROM 读选通信号，低电平有效。外扩并行 ROM 时，$\overline{PSEN}$ 连接示意图如图 2-9 所示。

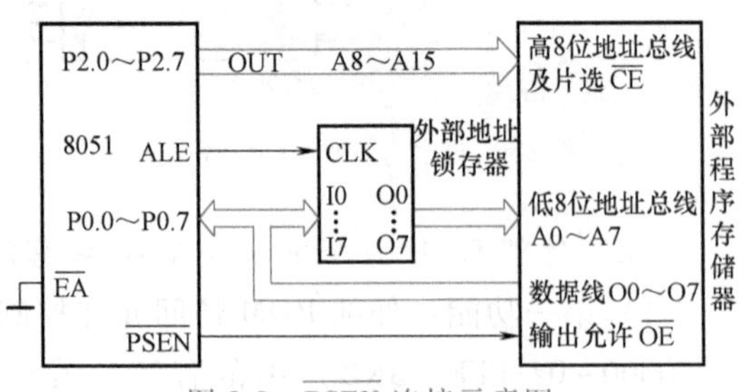

图 2-9 $\overline{PSEN}$ 连接示意图

注：设计单片机电路时，若不扩展片外并行 ROM，则该引脚悬空。

4. 并行 I/O 口（P0~P3）

本节只介绍 P0~P3 口的基本使用情况，具体工作原理见 3.1 节。

(1) P0 口（P0.0~P0.7，32 脚~39 脚）

1）P0 口作为通用 I/O 口使用时，为准双向口：由于内部漏极开路，作为输出口使用时需外接上拉电阻；作为输入口使用时，一定要向该口先写入“1”；可驱动 8 个 LS 型 TTL

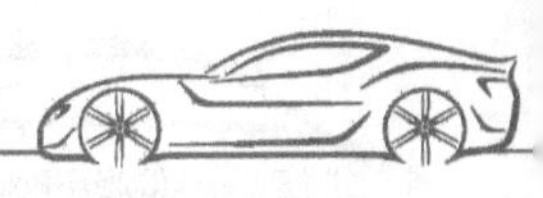

(Transistor-Transistor Logic，晶体管-晶体管逻辑）负载。

2）作地址总线（低8位）及数据总线分时复用时，P0口内部没有上拉电阻，有高阻悬浮态，此时，P0口为双向三态I/O口。P0口作为数据总线使用时，多个数据源都挂在数据总线上，当P0口不需要与其他数据源打交道时，需要P0口与数据总线上的其他数据源高阻悬浮隔离。

注：注意双向口与准双向口的差别。双向口有高电平、低电平和悬浮三个状态，而准双向口仅有高电平和低电平两个状态。

设计单片机电路时，若使用P0口作为输出口，一定要外接上拉电阻。

(2) P1口（P1.0~P1.7，1脚~8脚）

1）第一功能：作为通用I/O口，P1口内部有上拉电阻，没有高阻悬浮态，为准双向口；作输入口使用时，一定要向该口先写入“1”；可驱动4个LS型TTL负载。

2）第二功能见表2-3。

表2-3　P1口的第二功能

序号	引脚	第二功能	说　明
1	P1.0	T2	T2的外部计数信号输入端
2	P1.1	T2EX	T2的捕捉/重新装载触发及方向控制端
3	P1.5	MOSI	用于对片内Flash存储器的串行编程和校验
4	P1.6	MISO	用于对片内Flash存储器的串行编程和校验
5	P1.7	SCK	用于对片内Flash存储器的串行编程和校验移位脉冲输入引脚

如果不使用P1.0和P1.1引脚的第二功能，则AT89S52单片机和各种8051兼容机的引脚功能完全相同，它们的外部硬件接口电路也完全相同。但是如果使用T2的外部计数信号输入T2（P1.0）和捕捉输入T2EX（P1.1）的功能，则AT89S52单片机的P1.0和P1.1引脚就不能作为通用I/O口使用。

注：设计单片机电路时，P1口作为输出口使用，可直接连接外设，若控制大功率器件，需考虑加驱动电路、隔离电路等；作为输入口使用时，根据输入信号是模拟量还是数字量，考虑加A/D转换电路或整形电路等。

(3) P2口（P2.0~P2.7，21脚~28脚）

1）作为通用I/O口使用时，P2口内部有上拉电阻，为准双向口；作为输入口使用时，一定要向该口先写入“1”；可驱动4个LS型TTL负载。

2）当外扩并行ROM或RAM及并行I/O接口时，P2口作为高8位地址总线使用，输出高8位地址，与P0口输出的低8位地址共同构成16位地址总线。

注：设计单片机电路时，P2口作为I/O口使用时，方法同P1口。

(4) P3口（P3.0~P3.7，10脚~17脚）

1）第一功能：作为通用I/O口使用时，P3口内部有上拉电阻，为准双向口；作为输入口使用时，一定要向该口先写入“1”；可驱动4个LS型TTL负载。

2）第二功能见表2-4。

表 2-4 P3 口的第二功能

序号	引脚	第二功能	说 明
1	P3.0	RXD	串行数据接收端
2	P3.1	TXD	串行数据发送端
3	P3.2	$\overline{INT0}$	外部中断 0 输入端
4	P3.3	$\overline{INT1}$	外部中断 1 输入端
5	P3.4	T0	T0 外部计数输入端
6	P3.5	T1	T1 外部计数输入端
7	P3.6	$\overline{WR}$	外部 RAM 的写选通控制信号
8	P3.7	$\overline{RD}$	外部 RAM 的读选通控制信号

注：设计单片机电路时，P3 口作为 I/O 口使用时，方法同 P1 口。

2.2.3 单片机的最小系统

要想使单片机能够工作，首先要设计单片机最小系统，然后根据具体要求，再设计外围电路。

单片机最小系统也称单片机最小应用系统，是指用最少的元器件组成的单片机可以工作的系统，由电源、时钟电路、复位电路和 ROM 选择电路组成，如图 2-10 所示。

在上述最小系统中，采用 5V 电源，40 引脚接+5V，20 引脚接地；时钟电路中晶振采用 11.0592MHz 和两个 30pF 的瓷片电容；复位电路中电容 C_3 为 10μF 的电解电容，R_1 为 220Ω，R_2 为 10kΩ；ROM 选择电路中 $\overline{EA}$ 引脚接+5V，表示程序代码要存在片内 ROM 里。最小系统接好后，单片机就可以工作了。

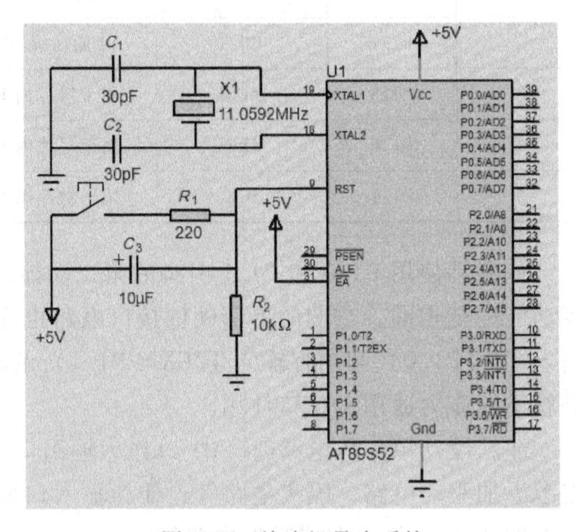

图 2-10 单片机最小系统

单片机最小系统的这部分电路设计只能保证单片机可以正常工作，但要具体实现什么功能，还需要在 4 个 I/O 口处按照需求设计电路，例如设计 LED 灯、数码管和液晶等外设电路，再通过程序来控制这些外设实现相应的功能。最小系统各部分电路的工作原理详见 2.4 节和 2.6 节。

2.3 AT89S52 单片机的 CPU

AT89S52 单片机的 CPU 是一个高性能的中央处理器，由运算器和控制器构成，其中还包括若干个特殊功能寄存器（SFR）。CPU 的主要作用是读入并分析每条指令，根据指令的功能实现操作数的读取、运算、存储以及传送等，依据时序控制单片机各功能部件，从而保证单片机各部分能自动协调地工作。

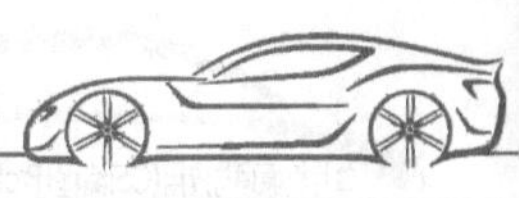

2.3.1　运算器

运算器主要功能是对操作数进行算术、逻辑和位操作运算。运算器主要部件包括算术逻辑运算单元（ALU）、位处理器、累加器（ACC或A）、寄存器（B）、程序状态字寄存器（PSW）及两个暂存器等。

1. 算术逻辑运算单元（ALU）

ALU是运算器的核心，能完成两种运算：8位二进制数的加、减、乘、除等基本算术运算；8位二进制数的逻辑与、或、异或以及循环、求补和清零等逻辑运算。

2. 位处理器

位处理器是一般计算机没有的部件，可实现位操作：对一个二进制位（bit）进行位处理，如置“1”、清零、求补、测试转移及逻辑与、或等操作。位操作对应用单片机实现控制功能非常方便。

3. 累加器（ACC或A）

ACC是CPU中使用最频繁的一个8位SFR，位于SFR区，字节地址为0xE0。ACC的主要作用有3个：CPU中的数据传送大多通过ACC完成；ALU进行运算时，其中大部分数据都来自ACC；ALU运算结果的存放单元。

4. 寄存器（B）

寄存器B是一个8位SFR，位于SFR区，字节地址为0xF0。主要用于乘法和除法运算。在乘法运算时，乘数和被乘数先存入A和B，乘积存放在BA中，B中存放乘积的高8位，A中存放乘积的低8位。除法运算时，被除数和除数先存入A和B，A中存放商，B中存放余数。

5. 程序状态字寄存器（PSW）

PSW是一个8位SFR，位于SFR区，字节地址为0xD0。PSW的各位包含了程序运行状态的信息，每一位都有位地址，可以位寻址。PSW的各位定义见表2-5，各位的功能描述见表2-6。

表2-5　PSW的各位定义

位号	PSW.7	PSW.6	PSW.5	PSW.4	PSW.3	PSW.2	PSW.1	PSW.0
符号	CY	AC	F0	RS1	RS0	OV	-	P
位地址	0xD7	0xD6	0xD5	0xD4	0xD3	0xD2	0xD1	0xD0

表2-6　PSW各位的功能描述

位号	符号	功能描述
PSW.7	CY	进位/借位标志位。当执行加法/减法时，有进位/借位时CY=1，否则CY=0。由硬件自动完成。在进行位操作时，是位累加器，CY在指令中常简记为C
PSW.6	AC	辅助进位/借位标志位。运算时D3位向D4位进位/借位时AC=1，否则AC=0。由硬件自动完成。主要用于BCD码运算时进行十进制调整
PSW.5	F0	用户标志位。用户可以根据需要用指令将该位置“1”或清零，也可用指令测试该标志位，根据测试的结果控制程序的流向。该位由软件设置

（续）

位号	符号	功能描述
PSW. 4	RS1	RS1 RS0 所选的工作寄存器区 0 0 0区(片内 RAM 地址 0x00~0x07) 0 1 1区(片内 RAM 地址 0x08~0x0F) 1 0 2区(片内 RAM 地址 0x10~0x17) 1 1 3区(片内 RAM 地址 0x18~0x1F) 这两位由软件设置
PSW. 3	RS0	
PSW. 2	OV	溢出标志位。由硬件自动完成 补码运算:结果超出-128~+127 范围时,溢出,OV=1,否则 OV=0 乘法:乘积超出 255 时,OV=1,乘积高 8 位存于 B,低 8 位存于 ACC,否则 OV=0 除法:除数为 0 时,OV=1,表示除法不能进行;否则,OV=0
PSW. 1	—	保留位,未用
PSW. 0	P	奇偶校验位。指出指令执行完后累加器 ACC 中“1”的个数是奇数还是偶数。若 ACC 中有奇数个“1”,则 P=1,否则 P=0。由硬件自动完成。此标志位常在串行通信的奇偶校验中使用,检验传输数据的可靠性。

上电复位后，RS1 RS0=00，CPU 自动选择 0 区为当前工作寄存器区。根据需要，可对 PSW 整字节操作或用位操作指令改变 RS1 和 RS0 的状态，以切换当前工作寄存器区。

【例 2-1】 采用 1 区作为当前工作寄存器区，写出指令。

【解】 整字节指令：PSW=0x04；//0b0000 1000，RS1 RS0=01，其他位都为 0

或位操作指令：RS1=0；RS0=1；

CY、AC、OV 和 P 标志位的值在运算过程中由硬件自动产生。累加器 ACC 中的内容只要发生变化都会影响 P 标志位的值。在串行通信方式 2 和方式 3 中可以利用 PSW 中的奇偶位 P 进行奇偶校验。将数据装入 ACC，硬件自动计算奇偶位的值，并将其装入 P。

当进行有符号加减运算时，OV 的状态可以利用异或逻辑表达式算出：

$$OV = Cy6 \oplus Cy7$$

式中，Cy6、Cy7 是 D6 和 D7 的进位/借位状态，有进位/借位时为 1，否则为 0。

【例 2-2】 两个无符号数 171（0xAB）和 86（0x56），执行加法运算后，求 CY、AC、OV 和 P 的值。

分析：由下列竖式可知，D7 位有进位，CY=1；D3 位有进位，AC=1；D6 有进位，Cy6=1，D7 有进位，Cy7=1，则 $OV=Cy6 \oplus Cy7=1 \oplus 1=0$，表示运算结果没有溢出；和（0b0000 0001）存在 ACC 中，则 ACC 中 1 的个数为 1，是奇数，则 P=1。

	D7	D6	D5	D4	D3	D2	D1	D0	
	1	0	1	0	1	0	1	1	(171)
+)	0	1	0	1	0	1	1	0	(86)
1	1	1	1	1	1	1			
	0	0	0	0	0	0	0	1	(257)

【解】 运算结果的标志位：CY=1、AC=1、OV=0、P=1。

最终无符号加法的运算结果是 CY=1 以及 ACC=0x01，化成十进制数为 1×256+1=257，结果正确。

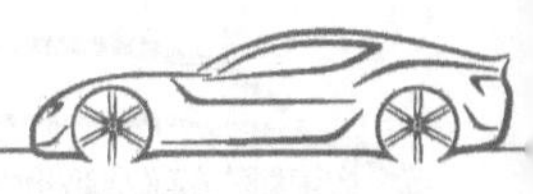

【例 2-3】 两个有符号数+71（0x47）和+86（0x56），执行加法运算后，求 CY、AC、OV 和 P 的值。

分析：有符号数的最高位 D7 位为符号位。由下列竖式可知，D7 位没有进位，CY = 0；D3 位没有进位，AC = 0；D6 有进位，Cy6 = 1，D7 没有进位，Cy7 = 0，则 OV = Cy6⊕Cy7 = 1⊕0 = 1，表示运算结果溢出了；和（0b1001 1101）存在 ACC 中，则 ACC 中 1 的个数为 5，是奇数，则 P = 1。

	D7	D6	D5	D4	D3	D2	D1	D0	
	0	1	0	0	0	1	1	1	(+71)
+)	0	1	0	1	0	1	1	0	(+86)
	1				1	1			
	1	0	0	1	1	1	0	1	(+157)

【解】 运算结果的标志位：CY = 0、AC = 0、OV = 1、P = 1。

最终有符号数加法的运算结果是 CY = 0 以及 ACC = 0x9D，D7 位符号位为 1，表明和是一个负数，两个正数相加结果变为负数，结果错误。

【计算机知识点】 有符号数和无符号数

计算机里的数据分成有符号数和无符号数两种表示方法。

（1）有符号数　有符号数具有原码、反码和补码 3 种表示法。

1）原码：原码是有符号数的原始表示法，即最高位为符号位，“0”表示正，“1”表示负，其余位为数值部分。8 位二进制原码的表示范围为 0b1111 1111 ~ 0b0111 1111（-128 ~ +127）。其中，原码 0b0000 0000 与 0b1000 0000 的数值部分相同，但符号位相反，它们分别表示+0 和-0。

例如，有符号数 0b0111 1011，最高位为 0，是正数，对应的十进制数为+123，0b1111 1011，最高位为 1，是负数，对应的十进制数为-123。

2）反码：正数的反码与其原码相同；负数的反码为：符号位不变，原码的数值部分各位取反。例如，原码 0b0000 0100 的反码仍为 0b0000 0100，而原码 0b1000 0100 的反码为 0b1111 1011。其中，+0 和-0 的反码分别为 0b0000 0000 和 0b1111 1111。

3）补码：正数的补码与其原码相同；负数的补码为：符号位不变，原码的数值部分各位取反，末位加 1（即反码加 1）。例如，原码 0b0000 0100 的补码仍为 0b0000 0100，而原码 0b1000 0100 的补码为 0b1111 1100。其中，+0 的补码代表 0，-0 的补码代表-128。

总之，正数的原码、反码和补码都是相同的，而负数的原码、反码和补码各有不同。

（2）无符号数　若上述二进制数中的最高位不是作为符号位，而是作为数值位，则称其为无符号数。8 位无符号二进制数的表示范围为 0b0000 0000~0b1111 1111（0~255）。

2.3.2　控制器

控制器主要部件包括程序计数器（Program Counter，本书简称 PC）、指令寄存器、指令译码器、定时及控制电路等。控制器主要功能是从 ROM 中读出指令，送入指令寄存器保存，然后送到指令译码器对指令进行译码，译码结果送到定时及控制电路，定时及控制电路产生

各种定时信号和控制信号，再送到单片机的各个部件去执行相应的操作，保证单片机各部分都能自动协调地工作。

控制器读取哪条指令执行，由 PC 的内容决定。程序中的每条指令都存放在 ROM 的某一单元内，ROM 的每一单元都有自己的地址，PC 内就存放着 CPU 下一条要执行的指令地址，即指令所在的 ROM 地址。

当单片机复位时，PC 中的内容被复位为 0x0000，即单片机每次开机或复位后 CPU 都从 ROM 的 0x0000 单元开始取指令并执行。执行顺序程序时，CPU 就把 PC 内的该条指令所在单元的地址送上地址总线，发送给 ROM，然后 ROM 按此地址输出该地址内的指令，同时，PC 的内容会自动加“1”，又指向 CPU 下一条要执行的指令地址；执行转移程序、子程序或中断子程序时，由运行的指令自动将 PC 内容更改成所要转移的目标地址。因此，PC 的内容就决定了程序的流向。由于 PC 是控制器的一个基本寄存器，不是特殊功能寄存器，因此用户不能直接使用指令对 PC 的内容进行修改。

PC 本质上是一个 16 位计数器，PC 的计数位数决定了访问 ROM 的地址范围。因此，AT89S52 单片机的 ROM 可寻址范围是 0x0000～0xFFFF，共 64KB。

2.4 时钟电路与时序

单片机之所以能有条不紊地工作，是因为 CPU 的控制器实质上是一个复杂的同步时序电路，所有工作都是在时钟信号控制下进行的。每执行一条指令，CPU 的控制器都要发出一系列特定的控制信号，这些控制信号在时间上的相互关系就是 CPU 的时序。CPU 发出的时序控制信号有两类：一类用于单片机内部各部件的协调与控制，用户不直接接触这些信号，不必了解太多；另一类时序控制信号是通过单片机控制总线对片外存储器或 I/O 端口的控制，这部分时序对于分析、设计硬件接口电路至关重要，是用户应重视的问题。本节主要介绍单片机时钟电路的设计以及关于单片机时序的基本概念。

2.4.1 时钟电路设计

时钟电路用于产生 AT89S52 单片机工作时所必需的时钟信号，单片机的内部电路正是在时钟信号的控制下，严格地按时序执行指令进行工作。

AT89S52 单片机内部集成了一个振荡器，由高增益反相放大器构成，放大器的输入端为 XTAL1 引脚，输出端为 XTAL2 引脚。单片机所需要的时钟信号可以由内部时钟电路或外部时钟电路产生。

1. 内部时钟电路

在 XTAL1 和 XTAL2 这两个引脚跨接石英晶体（无源晶振）和微调电容构成并联谐振电路，单片机内部振荡器就会产生稳定的自激振荡，该振荡信号直接送入内部时钟发生器。内部时钟发生器实质上是一个二分频的触发器，其输出信号是单片机工作所需的时钟信号。图 2-11 为内部时钟电路的典型接法。

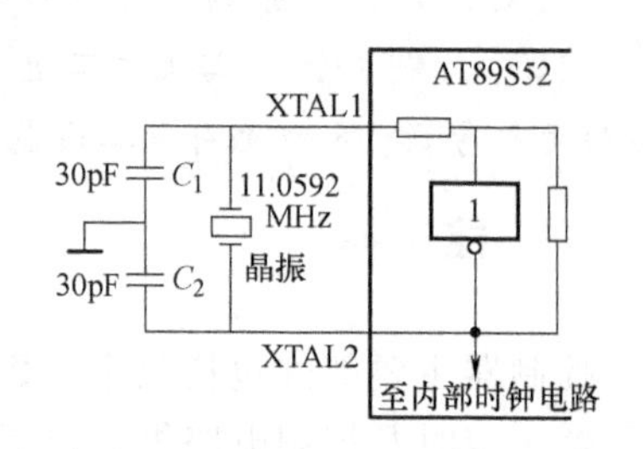

图 2-11　内部时钟电路的典型接法

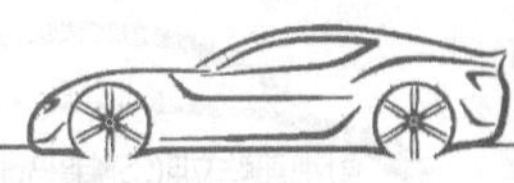

晶振通常选择 6MHz、12MHz 或 11.0592MHz 的石英晶体。12MHz 可得到准确的定时，而 11.0592MHz 可得到准确的串行通信传输速率。时钟频率直接影响单片机的速度，晶振频率越高，单片机速度就越快。

电路中的电容 C_1 和 C_2 对频率有微调作用，一般其电容值为 10～40pF，通常可选择 30pF 的瓷片电容。为了减少寄生电容，更好地保证振荡器稳定可靠地工作，在设计 PCB 时，晶振和电容应尽可能靠近单片机芯片 XTAL1 和 XTAL2 这两个引脚。

2. 外部时钟电路

外部时钟电路是在 XTAL1 引脚外接一个振荡器（有源晶振），振荡频率一般低于 12MHz，产生的振荡信号由 XTAL1 引脚送入内部时钟发生器，XTAL2 引脚悬空，电路如图 2-12 所示。通常这种有源晶振比无源晶振要贵很多，但信号质量和精度比无源晶振要好一些。这种方式常用于多片单片机同时工作，便于多片单片机之间的同步。

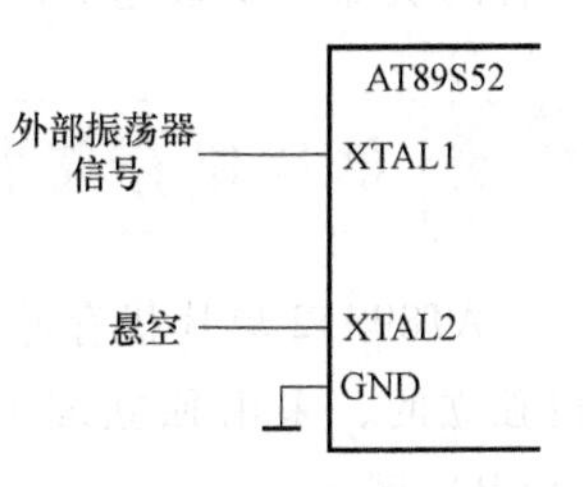

图 2-12　外部时钟电路

2.4.2　时序

时序就是 CPU 总线信号在时间上的顺序关系，也就是指令执行中各控制信号在时间上的相互关系。单片机执行的指令均是在时钟电路控制下进行的，各种时序均与时钟周期有关，本节先介绍单片机和时序相关的 4 个周期的概念。单片机周期之间的关系如图 2-13 所示。

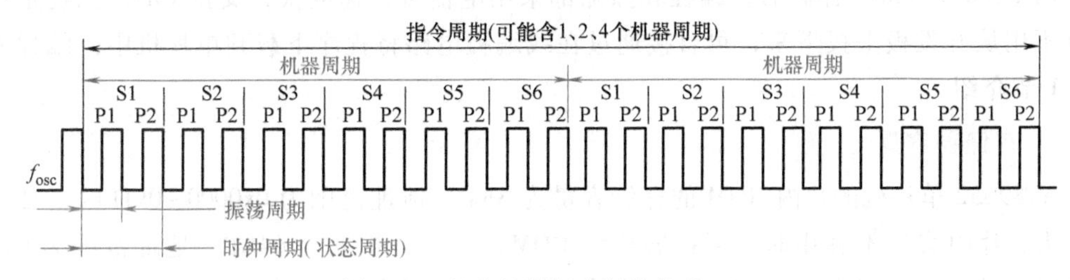

图 2-13　单片机周期之间的关系

1. 振荡周期

振荡周期是指为单片机提供时钟信号的振荡源的周期，也就是晶振的振荡周期，或是外部振荡脉冲的周期。振荡周期是单片机中最小的时序单位，用 P 表示。若晶振频率记为 f_{osc}，则振荡周期 $T_{osc}=1/f_{osc}$。

2. 状态周期或时钟周期

振荡信号经过内部时钟电路的二分频后，得到单片机的时钟信号，该信号的周期称为状态周期或时钟周期，为振荡周期的两倍，用 S 表示。一个时钟周期包含两个振荡周期，分别记为 P1 和 P2。时钟周期是单片机中最基本的时间单位，在一个时钟周期内，CPU 仅完成一个最基本的动作。

3. 机器周期

通常把 CPU 完成一个基本操作所需要的时间称为机器周期。一个机器周期由 6 个时钟周期或 12 个振荡周期组成。当振荡频率为 12MHz 时，一个机器周期为 1μs。

4. 指令周期

指令周期就是执行一条指令所需要的时间。单片机汇编指令按字节可分为单字节、双字节与三字节指令。指令按执行时间可分为单周期指令、双周期指令和四周期指令。因此，执行一条指令需要的机器周期数也不相同。对于单字节指令，取出指令立即执行，只需 1 个机器周期的时间。而有些复杂的指令，如乘、除指令，则需 4 个机器周期的时间。指令周期所包含的机器周期数越少，指令执行速度就越快。

2.5 单片机存储器结构

AT89S52 单片机存储器采用的是哈佛结构，程序存储器和数据存储器在物理空间上是各自独立的，采用独立编址。按功能可划分为程序存储器、数据存储器和特殊功能寄存器（SFR）区。

2.5.1 程序存储器

程序存储器用于存放单片机程序和一些固定常数。关于程序存储器需要了解以下内容：

1. 编程（下载程序）

编写好的单片机程序代码需要下载（也称编程）到单片机的 ROM 中。AT89S52 单片机的片内 ROM 为 Flash 存储器，编程和擦除都采用电信号，速度快，支持 ISP，也就是单片机可以不用从开发板上拔下来，可直接通过在线编程电路将程序下载到单片机中。编程方法在 2.6.1 节介绍。

2. 存储器容量

AT89S52 单片机的片内 ROM 的存储容量为 8KB，地址范围为 0x0000～0x1FFF。如果程序比较大，片内容量不够用时，可扩展片外 ROM，最多可扩展至 64KB，地址范围为 0x0000～0xFFFF。此时，既有片内 ROM，又有片外 ROM，片内片外 ROM 统一编址。CPU 究竟是访问片内还是片外的 ROM，可由 $\overline{EA}$ 引脚上所接的电平来确定，$\overline{EA}$ 引脚是外部 ROM 访问允许控制端，片内片外 ROM 选择见表 2-7。

表 2-7 片内片外 ROM 选择

$\overline{EA}$ 引脚电平	代码长度	片内片外 ROM 选择
1(高电平)	<8KB	CPU 只读取片内 ROM 中的代码
	>8KB	CPU 先读片内 ROM 中的 0x0000～0x1FFF 代码，然后自动读取片外 ROM 中的 0x2000～0xFFFF 内的程序代码
0(低电平)	无关	只读取片外 ROM 的代码。CPU 不理会片内 ROM

3. 特殊 ROM 地址

ROM 中有 7 个特殊地址，其中 0x0000 为启动地址，单片机上电或复位后，ROM 地址指针 PC 的内容为 0x0000，程序从 ROM 地址 0x0000 开始执行。汇编语言编程时 0x0000 为程序的第一条指令的地址，通常在 0x0000 单元存放一条跳转指令，转向主程序的入口地址，C 语言编程无须考虑该地址。其他 6 个地址为中断入口地址，汇编语言编程时，通常在这 6

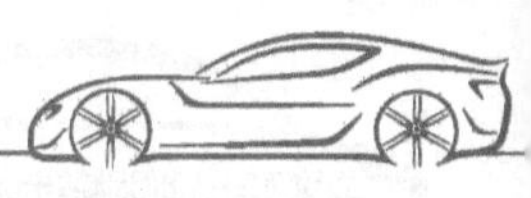

个中断入口地址处都放 1 条跳转指令跳向对应的中断服务子程序，C 语言编程时中断服务函数用中断类型号表示是哪个中断源。中断源的中断入口地址和对应的中断类型号见表 2-8。

表 2-8　中断源的中断入口地址和对应的中断类型号

序号	中断源	中断入口地址(汇编语言用)	中断类型号(C 语言用)
1	外部中断 0(INT0)	0x0003	0
2	定时器/计数器 T0	0x000B	1
3	外部中断 1(INT1)	0x0013	2
4	定时器/计数器 T1	0x001B	3
5	串行口	0x0023	4
6	定时器/计数器 T2	0x002B	5

注：C51 编程时，用户无须考虑起始地址和中断源在 ROM 中的存放地址，C51 编译器会按照上述规定，自动安排程序的存放地址。例如，C51 程序是从 main 函数开始执行的，编译器会在 ROM 的 0x0000 处自动存放一条转移指令跳转到 main 函数存放的地址；编译器也会根据中断类型号自动将中断函数放在 ROM 相应的中断入口地址中。

2.5.2　数据存储器

数据存储器用于存放运算的中间结果、数据暂存和缓冲、标志位等。单片机掉电，则 RAM 数据会丢失。关于 RAM 需要了解以下内容：

1. 片内 RAM 的结构划分

AT89S52 片内 RAM 容量为 256B，地址范围为 0x00~0xFF，分成 3 个区域：0x00~0x1F 为工作寄存器区，0x20~0x2F 为位寻址区，0x30~0xFF 为通用 RAM 区。地址分配情况见表 2-9。

表 2-9　片内 RAM 地址分配情况

字节地址	内部 RAM								SFR
0xFF 0x80	通用 RAM 区(堆栈、数据缓存) 只能通过间接寻址访问								SFR 区只能通过直接寻址访问
0x7F 0x30	通用 RAM 区(堆栈、数据缓存)								
0x2F	0x7F	0x7E	0x7D	0x7C	0x7B	0x7A	0x79	0x78	
0x2E	0x77	0x76	0x75	0x74	0x73	0x72	0x71	0x70	
0x2D	0x6F	0x6E	0x6D	0x6C	0x6B	0x6A	0x69	0x68	
0x2C	0x67	0x66	0x65	0x64	0x63	0x62	0x61	0x60	
0x2B	0x5F	0x5E	0x5D	0x5C	0x5B	0x5A	0x59	0x58	
0x2A	0x57	0x56	0x55	0x54	0x53	0x52	0x51	0x50	
0x29	0x4F	0x4E	0x4D	0x4C	0x4B	0x4A	0x49	0x48	
0x28	0x47	0x46	0x45	0x44	0x43	0x42	0x41	0x40	
0x27	0x3F	0x3E	0x3D	0x3C	0x3B	0x3A	0x39	0x38	
0x26	0x37	0x36	0x35	0x34	0x33	0x32	0x31	0x30	
0x25	0x2F	0x2E	0x2D	0x2C	0x2B	0x2A	0x29	0x28	
0x24	0x27	0x26	0x25	0x24	0x23	0x22	0x21	0x20	
0x23	0x1F	0x1E	0x1D	0x1C	0x1B	0x1A	0x19	0x18	
0x22	0x17	0x16	0x15	0x14	0x13	0x12	0x11	0x10	
0x21	0x0F	0x0E	0x0D	0x0C	0x0B	0x0A	0x09	0x08	
0x20	0x07	0x06	0x05	0x04	0x03	0x02	0x01	0x00	

（续）

字节地址	内部 RAM		SFR
0x1F 0x18	R7 R0	3 区工作寄存器	
0x17 0x10	R7 R0	2 区工作寄存器	
0x0F 0x08	R7 R0	1 区工作寄存器	
0x07 0x00	R7 R0	0 区工作寄存器	

（1）工作寄存器区　工作寄存器区地址范围为 0x00~0x1F，分成 4 组，每组占用 RAM 8 个字节，记为 R0~R7。可通过指令设置 PSW 中的 RS1、RS0 两位切换当前使用的工作寄存器区。

（2）位寻址区　位寻址区字节地址范围为 0x20~0x2F，共 16B，128 个位，每位具有一个位地址，位地址范围为 0x00~0x7F。这个区域除了可以作为一般 RAM 单元按字节进行读写外，还可以对每个字节内的每一位进行位操作。位地址和字节地址统一编址，但访问指令不同，不会出现地址冲突问题。

（3）通用 RAM 区　通用 RAM 区地址范围为 0x30~0xFF，其中 0x80~0xFF 区和 SFR 区（0x80~0xFF）的地址重叠，但这是两个独立的物理区域，汇编语言中采用不同的寻址方式进行区分，SFR 只能用直接寻址方式，通用 RAM 0x80~0xFF 区只能用间接寻址方式。所以，不会出现地址冲突问题。

片内 RAM 的 0x30~0xFF 区域可以作为数据区或堆栈区域，堆栈主要是为子程序调用和中断操作而设立的。堆栈具有两个作用：保护断点和现场保护。

1）保护主程序的断点：无论是执行子程序调用还是中断服务子程序调用指令，主程序都会被“打断”，在主程序中就会形成断点，主程序的这个断点会自动放到堆栈中保护起来。然后跳转执行子程序或中断服务子程序，执行完子程序或中断服务子程序后再自动返回主程序断点处继续执行。

2）现场保护：在单片机执行子程序或中断服务子程序时，很可能要用到单片机中的一些寄存器单元，这就会破坏主程序运行时这些寄存器单元中的原有内容。所以在执行子程序或中断服务子程序之前，要把单片机中有关寄存器单元的内容送入堆栈保存起来，执行完子程序或中断服务子程序后自动恢复寄存器内容，即现场保护。

不管是保护断点还是现场保护，都有两个操作，一是断点地址或寄存器内容入栈，二是断点地址或寄存器内容出栈。因此堆栈的操作有两种，一是数据入栈（PUSH），二是数据出栈（POP）。

AT89S52 单片机的堆栈结构属于向上生长型的堆栈，后进先出，即每次当 1B 数据压入堆栈时，堆栈指针（SP）的内容先自动加 1，再把 1B 数据压入堆栈；1B 数据弹出堆栈后，SP 的内容自动减 1。

具体从 0x30~0xFF 的哪个地址开始作为堆栈区域，由 SP 的内容指出堆栈顶部在内部 RAM 中的位置。SP 是一个 SFR，位于 SFR 区，地址为 0x81，见表 2-10。

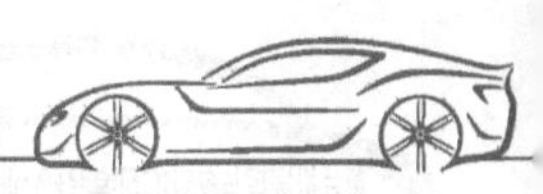

表 2-10　SP（地址 0x81）

位	D7	D6	D5	D4	D3	D2	D1	D0
符号	—	—	—	—	—	—	—	—
复位值	0	0	0	0	0	1	1	1

单片机复位后，SP 中的内容为 0x07，堆栈默认是从 0x08 单元开始，但 0x08～0x1F 单元是工作寄存器区的 1 区～3 区，工作寄存器区是频繁使用的区域。因此，采用汇编语言编程时最好将 SP 值修改为 0x30～0xFF 内的值，避免堆栈区与工作寄存器区发生冲突。C51 编程中，由编译软件自动分配堆栈区域，用户不用设置。

2. 片外 RAM

AT89S52 单片机片内有 256B 的 RAM，用来存放可读/写的数据。当片内 RAM 不够用时，可在片外扩展最多 64KB 的 RAM，地址范围为 0x0000～0xFFFF。用户根据实际需要来定扩展多少容量的 RAM。

2.5.3　特殊功能寄存器

AT89S52 单片机有 32 个 SFR，单元地址映射在片内 RAM 区的 0x80～0xFF 区域中，离散地分布在该区域中，其他单元没有定义，读取将得到一个不确定的随机数。C51 编程中通过关键字 sfr 或 sfr16 来定义 SFR。SFR 的名称和地址见表 2-11。

表 2-11　SFR 的名称和地址

SFR 符号	名　称	字节地址	位地址							
P0	P0 口	0x80	0x87	0x86	0x85	0x84	0x83	0x82	0x81	0x80
			P0.7	P0.6	P0.5	P0.4	P0.3	P0.2	P0.1	P0.0
SP	堆栈指针	0x81	—							
DP0L	DPTR0 低字节	0x82	—							
DP0H	DPTR0 高字节	0x83	—							
DP1L	DPTR1 低字节	0x84	—							
DP1H	DPTR1 高字节	0x85	—							
PCON	电源控制寄存器	0x87	—							
TCON	T0/T1 控制寄存器	0x88	0x8F	0x8E	0x8D	0x8C	0x8B	0x8A	0x89	0x88
			TF1	TR1	TF0	TR0	IE1	IT1	IE0	IT0
TMOD	T0/T1 方式控制寄存器	0x89	—							
TL0	T0（低字节）	0x8A	—							
TL1	T1（低字节）	0x8B	—							
TH0	T0（高字节）	0x8C	—							
TH1	T1（高字节）	0x8D	—							
AUXR	辅助寄存器	0x8E	—							
P1	P1 口寄存器	0x90	0x97	0x96	0x95	0x94	0x93	0x92	0x91	0x90
			P1.7	P1.6	P1.5	P1.4	P1.3	P1.2	P1.1	P1.0

（续）

SFR 符号	名　称	字节地址	位地址							
SCON	串行口控制寄存器	0x98	0x9F	0x9E	0x9D	0x9C	0x9B	0x9A	0x99	0x98
			SM0	SM1	SM2	REN	TB8	RB8	TI	RI
SBUF	串行发送/接收数据缓冲器	0x99	—							
P2	P2 口寄存器	0xA0	0xA7	0xA6	0xA5	0xA4	0xA3	0xA2	0xA1	0xA0
			P2. 7	P2. 6	P2. 5	P2. 4	P2. 3	P2. 2	P2. 1	P2. 0
AUXR1	辅助寄存器	0xA2	—							
WDTRST	看门狗复位寄存器	0xA6	—							
IE	中断允许控制寄存器	0xA8	0xAF	0xAE	0xAD	0xAC	0xAB	0xAA	0xA9	0xA8
			EA	—	ET2	ES	ET1	EX1	ET0	EX0
P3	P3 口寄存器	0xB0	0xB7	0xB6	0xB5	0xB4	0xB3	0xB2	0xB1	0xB0
			P3. 7	P3. 6	P3. 5	P3. 4	P3. 3	P3. 2	P3. 1	P3. 0
IP	中断优先级控制寄存器	0xB8	0xBF	0xBE	0xBD	0xBC	0xBB	0xBA	0xB9	0xB8
			—	—	PT2	PS	PT1	PX1	PT0	PX0
PSW	程序状态字寄存器	0xD0	0xD7	0xD6	0xD5	0xD4	0xD3	0xD2	0xD1	0xD0
			CY	AC	F0	RS1	RS0	OV	—	P
A（ACC）	累加器	0xE0	0xE7	0xE6	0xE5	0xE4	0xE3	0xE2	0xE1	0xE0
			ACC. 7	ACC. 6	ACC. 5	ACC. 4	ACC. 3	ACC. 2	ACC. 1	ACC. 0
B	B 寄存器	0xF0	0xF7	0xF6	0xF5	0xF4	0xF3	0xF2	0xF1	0xF0
T2CON	T2 控制寄存器	0xC8	0xCF	0xCE	0xCD	0xCC	0xCB	0xCA	0xC9	0xC8
			TF2	EXF2	RCLK	TCLK	EXEN2	TR2	C/$\overline{T2}$	CP/$\overline{RL2}$
T2MOD	T2 方式控制寄存器	0xC9	—							
RCAP2L	T2 陷阱寄存器低字节	0xCA	—							
RCAP2H	T2 陷阱寄存器高字节	0xCB	—							
TL2	T2 低字节	0xCC	—							
TH2	T2 高字节	0xCD	—							

从表 2-11 中可以看出，有 12 个 SFR 具有位地址和位名称，这里位地址和位名称等价，这些位称为特殊功能位。例如位地址 0x80 和位名称 P0. 0 都表示 P0 口的最低位。凡是字节地址的末位是 0 或 8 的 SFR 都可以进行位寻址，最低位地址和字节地址相同。

2. 5. 4　C51 中的数据结构与存储器之间的关系

在 C51 程序中使用常量/变量都必须先对其进行定义，这样编译系统才能为它们分配相应的存储单元。单片机的 ROM 和 RAM 的存储容量有限，因此，采用 C51 编程时，单片机对数据类型的选择就非常关键。合理地定义数据类型、存储类型可减少不必要的编译代码，提高单片机的运行速度。

1. C51 的数据类型

C51 编程中经常使用常量和变量：常量是指在程序运行过程中其值不能改变的量，变量是指在程序运行过程中其值可以改变的量。

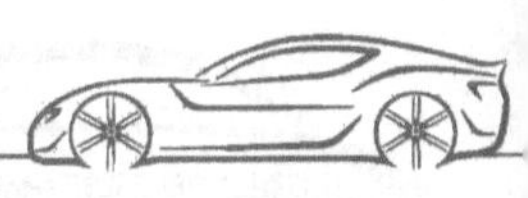

（1）变量定义形式

数据类型符　变量名1[=初值],变量名2[=初值],…;

其中，变量名对应RAM存储单元地址，变量值存放在该地址内；数据类型符指出该变量值的取值范围。

（2）C51基本数据类型　C51基本数据类型见表2-12。为了更有效地利用51单片机的内部结构，C51还增加了4个特殊的数据类型，关键字为sfr、sfr16、sbit和bit。

表2-12　C51基本数据类型

数据类型符	字节数	位数	表示数的范围
unsigned char(无符号字符型)	1	8	0~255
signed char(有符号字符型)	1	8	-128~+127
unsigned int(无符号整型)	2	16	0~65535
signed int(有符号整型)	2	16	-32768~+32767
unsigned long(无符号长整型)	4	32	0~4294967295
signed long(有符号长整型)	4	32	-2147483648~+2147483647
float(单精度实型)	4	32	$\pm 1.175494\times10^{-38}\sim\pm 3.402823\times10^{38}$
double(双精度实型)	8	64	$\pm 1.175494\times10^{-38}\sim\pm 3.402823\times10^{38}$
普通指针*	1~3	8~24	
bit(位型)		1	0或1
sfr	1	8	0~255
sfr16	2	16	0~65535
sbit		1	可位寻址的SFR的位地址

注：AT89S52单片机的片内RAM容量只有256B，因此，用户不能随意给一个常量（变量）赋任意数据类型的值。常量（变量）大小不同，所占据的空间就不同，为了合理利用单片机内部RAM空间，在编程时就要给常量（变量）设定合适的数据类型，不同的数据类型也就代表了十进制中不同的数据大小。所以，在定义常量（变量）时，必须要声明这个常量（变量）的数据类型，以便让编译软件在单片机RAM内存中给这个常量（变量）分配合适的存储单元。通常根据实际数据的大小范围，遵循用小不用大的原则，能用一个位型解决的问题，就不要定义成1个字节的字符型或2个字节的整型等。编程时，应尽可能使用无符号字符型变量或位型变量。

常量（变量）名不能是C51的关键字，开头必须是字母或下画线，命名形式符合标准C语言中的命名规则。

（3）C51语言的SFR及位变量定义　SFR实际上是片内各外设部件的控制寄存器及状态寄存器。在程序设计时需要根据实际情况配置SFR的值或特殊功能位的值，这些SFR和特殊功能位使用前必须要先定义才可以使用。C51语言使用关键字sfr、sfr16和sbit对SFR和功能位进行定义。

1）8位SFR的C51定义：

sfr SFR名称=SFR地址;

2）16位SFR的C51定义：

sfr16 SFR名称=SFR地址;

AT89S52 单片机 16 位的 SFR 只有两个，DPTR0 和 DPTR1。DPTR0 由 DP0L 和 DP0H 两个独立的 8 位 SFR 组成，DPTR1 由 DP1L 和 DP1H 两个独立的 8 位 SFR 组成，对应的字节地址见表 2-13。如要访问这两个 16 位的 SFR，可使用关键字“sfr16”定义，16 位 SFR 的低字节地址必须为“sfr16”的定义地址。

表 2-13　16 位 SFR

SFR 符号	名　　称	字节地址	SFR 符号	名　　称	字节地址
DP0L	DPTR0 低字节	0x82	DP1L	DPTR1 低字节	0x84
DP0H	DPTR0 高字节	0x83	DP1H	DPTR1 高字节	0x85

3）特殊功能位的 C51 定义：

sbit 特殊功能位名/用户定义名称=特殊功能位地址；

其中，特殊功能位名指的是表 2-11 中给出的位名称；用户定义名称指的是对 32 个 I/O 口进行位定义时，需要用户自定义名称。特殊功能位地址有 3 种表示方法：SFR 名^位置；字节地址^位置；位地址。

【例 2-4】　定义 SFR P0、IE 和 DPTR0。

【解】　sfr P0 = 0x80;　　//定义 I/O 端口 P0，地址 0x80

sfr IE=0xA8;　　　　　　//定义中断允许控制寄存器 IE，地址 0xA8

sfr16 DPTR0=0x82;

//DPTR0 的低 8 位地址为 0x82，高 8 位地址为 0x83，定义时用低 8 位地址

【例 2-5】　将 P1 的最低位定义为 key0。

分析：P1 的字节地址为 0x90，P1 的最低位的地址可以表示为 P1.0（SFR 名^位置）、0x90.0（字节地址^位置）和 0x90（位地址），因此可以用下面 3 种方式定义 key0。

【解】　① sbit key0=P1^0;

//定义 key0（用户自定义），SFR 名^位置，C51 中“.”用“^”表示

② sbit key0=0x90^0;　　//定义 key0（用户自定义），字节地址^位置

③ sbit key0=0x90;　　　//定义 key0（用户自定义），位地址

这 3 种定义方式作用相同，习惯采用第 1 种方式定义。

【例 2-6】　定义 IE 的最高位 EA。

分析：IE 的字节地址为 0xA8，可位寻址，IE 的最高位有规定的位名称 EA，该位的位地址可以表示为 IE.7（SFR 名^位置）、0xA8.7（字节地址^位置）和 0xAF（位地址），因此，可以用下面 3 种方式定义 EA。

【解】　① sbit EA=IE^7;　　//定义 EA，SFR 名^位置，C51 中“.”用“^”表示

② sbit EA=0xA8^7;　　　//定义 EA，字节地址^位置；

③ sbit EA =0xAF;　　　　//定义 EA，位地址

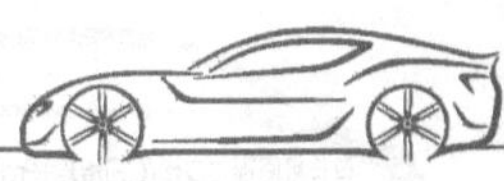

【例 2-7】 对例 2-4、例 2-5 中定义的 SFR 和特殊功能位进行读写。

【解】
```
P0=0x01;
              //往 P0 口写入“0000 0001”，P0.0 引脚输出高电平，其他引脚输出低电平
IE=0x81;      //往 IE 寄存器写入“1000 0001”，使能外部中断 0，开放总中断
if (key0==0)   {·}              // 读取 P1.0 引脚的电平值，判断是否为低电平
```

注：为了用户编程方便，C51 把 52 单片机常用的 SFR 和可寻址的特殊功能位进行了定义，放在 reg52.h 头文件中，如图 2-14 所示。在程序中使用预处理命令“#include<reg52.h>”，把这个头文件包含到程序中，无须再定义就可以使用其中的 SFR 名称和可寻址位名称。其中 P0~P3 口的特殊功能位在 reg52.h 文件中没给出定义，需要用户根据实际情况自行定义。

```
REG52.H*
001 /*---------------------------
002 REG52.H
003 Header file for generi
004 Copyright (c) 1988-200
005 All rights reserved.
006 ---------------------------
007 #ifndef __REG52_H__
008 #define __REG52_H__
009 /*  BYTE Registers  */
010 sfr P0    = 0x80;
011 sfr P1    = 0x90;
012 sfr P2    = 0xA0;
013 sfr P3    = 0xB0;
014 sfr PSW   = 0xD0;
015 sfr ACC   = 0xE0;
016 sfr B     = 0xF0;
017 sfr SP    = 0x81;

050 /*  TCON  */
051 sbit TF1   = TCON^7;
052 sbit TR1   = TCON^6;
053 sbit TF0   = TCON^5;
054 sbit TR0   = TCON^4;
055 sbit IE1   = TCON^3;
056 sbit IT1   = TCON^2;
057 sbit IE0   = TCON^1;
058 sbit IT0   = TCON^0;
059
060 /*  IE  */
061 sbit EA    = IE^7;
062 sbit ET2   = IE^5; /
063 sbit ES    = IE^4;
064 sbit ET1   = IE^3;
065 sbit EX1   = IE^2;
066 sbit ET0   = IE^1;
067 sbit EX0   = IE^0;
```

图 2-14　reg52.h 头文件

【例 2-8】 通过头文件访问 SFR 和特殊功能位。

【程序代码】
```
#include<reg52.h>        //包含头文件,可以使用文件中所定义的 SFR 和特殊功能位
sbit LED0=P0^0;          // reg52.h 中没有定义 P0.0 位,需用户定义
void main()
{
    EX0=1;               // 不用定义,直接使用外部中断 0 使能位 EX0,在 reg52.h 中定义了
    EA=1;                //不用定义,直接使用中断总开关 EA,在 reg52.h 中定义了
    while(1)
    {
        P1=0x01;         //不用定义,直接使用 P1,在 reg52.h 中定义了
        LED0=0;          // 给 P0.0 引脚赋值 0,该引脚就输出低电平
    }
}
```

（4）基本数据类型与存储器空间之间的对应关系　采用 C51 编程时，编译器会根据变量的数据类型自动分配存储单元的地址。

【例 2-9】 观察下列变量的数据类型和存储器地址之间的关系：
```
bit x=1;                     //定义位型变量 x，初值=1，x 只能赋值为 0 或 1
unsigned char y=0x05;        //定义无符号字符型变量 y，初值=5，y 的范围为 0~255
unsigned int z=0x0005;       //定义无符号整型变量 z，初值=5，z 的范围为 0~65535
```

【解】 通过图 2-15 可以看到，上述 3 条指令经编译器编译后，自动给变量 x、y 和 z 进行了地址分配。x 是位型，只占一个位，分配的位地址为 0x20，即字节地址 0x20 的最低位 0x20.0，该位地址内存入一个“1”。y 是无符号字符型，1 个字节，因此，给变量 y 分配的地址为 0x08，在该字节地址内存入 0x05，即 8 个二进位“0000 0101”；z 是无符号整型，占 2 个字节，因此，给变量 y 分配的 2 个地址为 0x09、0x0A。在 0x09 内存入 0x00，即 8 个二进位“0000 0000”；在 0x0A 内存入 0x05，即 8 个二进位“0000 0101”。

```
Disassembly
     4: void main()
     5: {
     6:     bit x = 1;
C:0x0800    D200      SETB     0x20.0
     7:         unsigned char y=0x05;
C:0x0802    750805    MOV      0x08,#0x05
     8:         unsigned int z=0x0005;
     9:
C:0x0805    750900    MOV      0x09,#0x00
C:0x0808    750A05    MOV      0x0A,#0x05
```

图 2-15 编译器给变量分配的地址

注：编程时，为了书写方便，经常使用缩写形式定义变量的数据类型。方法是在源程序开头使用#define 语句。例如：

```
#define uchar unsigned char        //宏定义 uchar 替换 unsigned char
#define uint unsigned int          //宏定义 uint 替换 unsigned int
uchar y=0x05;                      //定义无符号字符型变量 y
uint z=0x0005;                     //定义无符号整型变量 z
```

这样，在源程序中就可以用 uchar 代替 unsigned char、用 uint 代替 unsigned int 定义变量，其中 uchar 和 uint 可以自定义。本书在后续程序代码中，为方便书写都用缩写形式定义变量。

在例 2-9 中，定义变量只声明了数据类型，并没有指定存在哪个存储空间，这时就由编译器自动分配存储空间地址。若想指定变量具体存储到哪些存储空间，可以通过定义存储类型进行指定。

2. C51 的存储类型

用户可以由存储类型符指定存储空间。变量存储类型的定义形式如下：

数据类型符 [存储类型] 变量名 1 [=初值]，变量名 2 [=初值]，…；

C51 编译器完全支持 52 单片机的硬件结构，可访问 52 硬件系统的所有部分。该编译器通过将变量（常量）定义成不同的存储类型的方式，将它们定位在不同的存储区中。单片机能够存储数据的存储区包括片内片外统一编址的 ROM、片内 256B 的 RAM 和片外 64KB 的 RAM。为了更好地利用这些存储空间的特点，C51 定义了 6 种存储类型使其对应到不同的存储空间。存储类型和存储空间的对应关系如图 2-16 所示，对应关系说明见表 2-14。

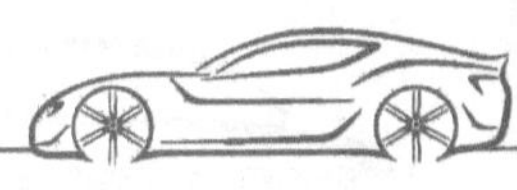

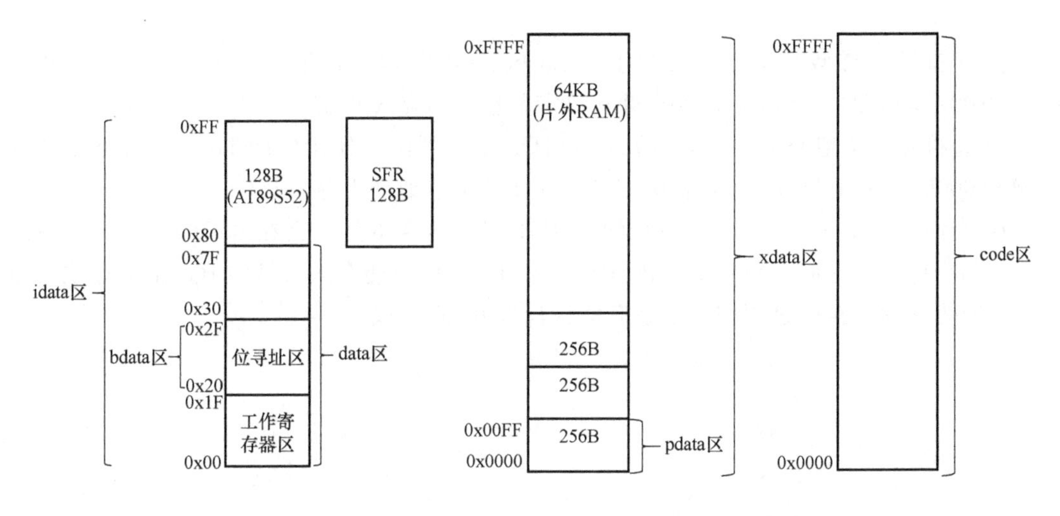

图 2-16 存储类型和存储空间的对应关系

表 2-14 存储类型与 52 单片机实际存储空间的对应关系说明

存储类型符	字节	数据范围	存储空间区域	字节地址	说明
data	1	0~255	片内 RAM 低 128B	0x00~0x7F	直接寻址访问,访问速度最快
bdata	1	0~255	片内 RAM 位寻址区	0x20~0x2F	用 bit 定义
idata	1	0~255	片内 RAM 256B	0x00~0xFF	必须间接寻址存储区
pdata	1	0~255	片外 RAM 的低 256B	0x0000~0x00FF	间接寻址@ Ri 访问
xdata	2	0~65535	片外 RAM 的 64KB	0x0000~0xFFFF	间接寻址@ DPTR 访问
code	2	0~65535	ROM 区共 64KB	0x0000~0xFFFF	MOVC A,@ A+DPTR 访问,只能存常量

【例 2-10】 观察下列变量的数据类型、存储类型和存储空间之间的关系：

uchar data a=0x05； //无符号字符型变量 a，存在片内 RAM 0x00~0x7F 的某一单元

uchar bdata b=0x05；//无符号字符型变量 b，存在片内 RAM 0x20~0x2F 的某一单元

uchar idata c=0x05；//变量 c，间接寻址方式存在片内 RAM 0x00~0xFF 的某一单元

uchar pdata d=0x05；//变量 d，使用@ Ri 方式存在片外 RAM 0x00~0xFF 的某一单元

uchar xdata e=0x05；//变量 e，使用@ DPTR 方式存在片外 RAM 0x0000~0xFFFF 某一单元

uchar code tab [ ] = {0x01，0x02，0x03，0x04}；//数组 tab 存放到 ROM 中

【解】 通过图 2-17 可以看到：

① 无符号字符型变量 a 定义到了 data 区，C51 编译器给 a 分配到了片内 RAM 0x00~0x7F 空间的一个地址 0x08，并在该字节地址内存入 0x05。

② 无符号字符型变量 b 定义到了 bdata 区，编译器给 b 分配片内位寻址区 RAM 0x20~0x2F 的一个地址 0x20，并在该字节地址内存入 0x05。

③ 无符号字符型变量 c 定义到了 idata 区，编译器给 c 以间接寻址方式分配了片内 RAM 0x00~0xFF 的一个地址 0x09，并在该字节地址内存入 0x05。

④ 无符号字符型变量 d 定义到了 pdata 区，编译器给 d 使用@ Ri 方式分配了片外 RAM 0x00～0xFF 的一个地址 0x00，并在该字节地址内存入 0x05。

⑤ 无符号字符型变量 e 定义到了 xdata 区，编译器给 e 使用@ DPTR 方式分配了片外 RAM 0x0000～0xFFFF 的一个地址 0x0001，并在该字节地址内存入 0x05。

⑥ 当使用 code 存储类型定义数据时，C51 编译器会将其定义在 ROM 空间。tab 数组的值将和程序代码一起下载到单片机 ROM 中。ROM 中只能存放常量的值，不能存放变量的值，因为在程序执行过程中，不会有信息写入 ROM 区域。

```
Disassembly
     6:
     7:          unsigned char data   a=0x05;
C:0x0800    750805    MOV       0x08,#0x05
     8:          unsigned char bdata  b=0x05;
C:0x0803    752005    MOV       0x20,#0x05
     9:          unsigned char idata  c=0x05;
C:0x0806    7809      MOV       R0,#0x09
C:0x0808    7605      MOV       @R0,#0x05
    10:          unsigned char pdata  d=0x05;
C:0x080A    7800      MOV       R0,#0x00
C:0x080C    7405      MOV       A,#0x05
C:0x080E    F2        MOVX      @R0,A
    11:          unsigned char xdata  e=0x05;
C:0x080F    900001    MOV       DPTR,#0x0001
C:0x0812    F0        MOVX      @DPTR,A
```

图 2-17　编译器给变量分配的存储空间地址

注：单片机读写片内 RAM 比读写片外 RAM 的速度相对快一些，所以应当尽量把频繁使用的变量置于片内 RAM，即采用 data、bdata 或 idata 存储类型；而将容量较大的或使用不太频繁的数据置于片外 RAM，即采用 pdata 或 xdata 存储类型。常量可采用 code 存储类型存在 ROM 中，可节省片内 RAM 资源。

如果在变量定义时略去存储类型符，则编译器会自动选择默认的存储类型。默认的存储类型由 Small、Compact 和 Large 存储模式限制。例如，若声明 char varl，则在使用 Small 存储模式下，varl 被定位在 data 存储区中；在使用 Compact 存储模式下，varl 被定位在 pdata 存储区中；在使用 Large 存储模式下，var1 被定位在 xdata 存储区中。Keil C 编译软件中在“Project”→“Options for Target ‘Target 1’”的 Target 选项界面中可设置存储模式，如图 2-18 所示。

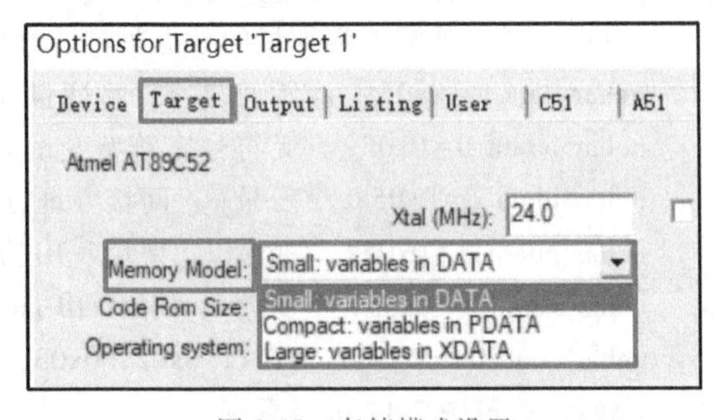

图 2-18　存储模式设置

采用存储类型定义变量时，只是指定了变量的存储区域，并没有指定存在哪个具体地址（绝对地址）里，绝对地址将由编译器自动分配。若想指定绝对地址，可采用绝对地址访问指令。

3. 绝对地址访问

通过存储类型和数据类型的声明，编译器能将变量分配到相应的存储空间，并占据相应的字节。但具体占用哪个存储单元，则由编译器自动分配。如果想对单片机的片内 RAM、

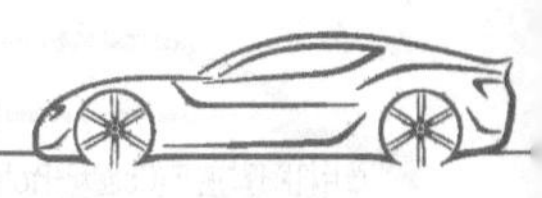

片外 RAM 及 I/O 空间的一个绝对地址进行访问，C51 提供了两种常用的访问绝对地址的方法。

（1）绝对宏 C51 编译软件提供了一组宏定义 CBYTE、CWORD、DBYTE、DWORD、XBYTE、XWORD、PBYTE、PWORD 来对 code、data、pdata 和 xdata 空间进行绝对地址访问。绝对宏定义格式为：

#define 变量名 宏定义［绝对地址］

这组宏定义是在“absacc.h”中声明的，在程序中，用“#include <absacc.h>”指令进行包含。宏定义和寻址区域的对应关系见表 2-15。

表 2-15 宏定义和寻址区域的对应关系

宏定义	寻址区域	字节长度	位　数	存储数据范围
CBYTE	以字节形式对 code 区寻址	1	8	0~255
CWORD	以字形式对 code 区寻址	2	16	0~65535
DBYTE	以字节形式对 data 区寻址	1	8	0~255
DWORD	以字形式对 data 区寻址	2	16	0~65535
XBYTE	以字节形式对 xdata 区寻址	1	8	0~255
XWORD	以字形式对 xdata 区寻址	2	16	0~65535
PBYTE	以字节形式对 pdata 区寻址	1	8	0~255
PWORD	以字形式对 pdata 区寻址	2	16	0~65535

【例 2-11】 采用宏定义绝对地址访问，编程将 0x01 存入片内 RAM 0x30 地址里，读取片外 RAM 0xFFF0 地址的内容。

【程序代码】

```
#include<absacc.h>                 //包含头文件
#define PORTA XBYTE[0xFFF0]        //将 PORTA 定义为片外 RAM 地址 0xFFF0,1 个字节
#define NRAM DBYTE[0x30]           //将 NRAM 定义为片内 RAM 地址 0x30,1 个字节
unsigned char READ_PORTA;          //定义变量,存储读取的片外 RAM 数据
void main()                        //主函数
{
    NRAM=0x01;                     // 将数据 0x01 写入片内 RAM 的 0x30 单元
    READ_PORTA= PORTA;             //读取片外 RAM 地址 0xFFF0 内容送给变量 READ_PORTA
    while(1);                      //程序在这里死循环
}
```

（2）_at_关键字 使用关键字_at_可对指定的存储器空间的绝对地址进行访问，由_at_定义的变量只能为全局变量，格式如下：

数据类型［存储类型］变量名 _at_ 地址常数

其中，地址常数用于指定变量的绝对地址，必须位于有效的存储器空间之内；位型的变量及函数不能使用_at_。

【例 2-12】 编程将 0x01 存入片内 RAM 0x50 地址里。

【程序代码】

```
#include<reg52.h>                    //包含 52 单片机头文件
unsigned char data NRAM _at_ 0x50;   //定义 NRAM 为无符号字符型变量,对应片内 RAM 0x50 地址
void main( )                         //主函数
{
    NRAM=0x01;                       // 将数据 0x01 写入片内 RAM 0x50 地址内
    while(1);                        //程序在这里死循环
}
```

【例 2-13】 编程将片外 RAM 0x40 单元开始的 8 个单元内容清零。

【程序代码】

```
#include<reg52.h>                   //包含 52 单片机头文件
#define uchar unsigned char         //宏定义 uchar 缩写形式
uchar xdata buffer[8] _at_ 0x40;    //将 buffer[8]定义为片外 RAM 首地址为 0x40 的一个数组
void main(void)
{
    uchar j ;                       //定义循环次数变量
    for(j=0;j<8;j++)                //8 次 for 循环
    {
        buffer[j]=0;                //数组清零,即将片外 RAM 0x40~0x47 的连续 8 个单元内容清零
    }
    while(1);                       //程序在这里死循环
}
```

2.6 单片机工作方式

AT89S52 单片机有 4 种工作方式：片内 ROM 编程（包括校验）方式、复位方式、程序执行方式和低功耗方式。

2.6.1 片内 ROM 编程方式

AT89S52 单片机的程序代码需要下载到单片机 ROM 中才可以执行，下载方式有两种：编程器方式和 ISP 方式。

1. 编程器方式

编程器方式由专门的编程器将目标代码烧写入片内 ROM，在该种编程方式下，需要用到单片机的 30 脚 ALE/$\overline{PROG}$ 和 31 脚 $\overline{EA}/V_{PP}$ 的第二功能。此时，需要在 30 脚接入编程脉冲，在 31 脚接入+12V 编程电压。在开发过程中，程序每改动一次就要拔下开发板上的单片

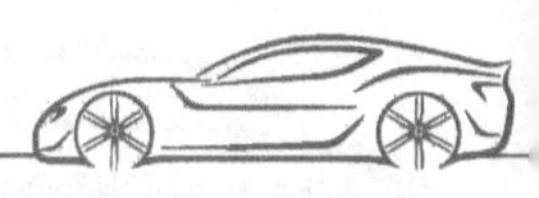

机芯片，插到编程器上编程后再插回开发板，这样不但麻烦也很容易对芯片和开发板造成损伤。该种方式现在已不常用了。

2. ISP 方式

ISP 是一种在系统可编程方式。ISP 一般是通过单片机专用的串行编程接口对单片机内部的 Flash ROM 进行编程，下载程序时不需要从开发板上取下单片机芯片，避免了调试时由于频繁地插拔单片机芯片对芯片和开发板造成的损伤。

AT89S52 单片机提供了一个 SPI 对 Flash ROM 进行 ISP 编程。这个 SPI 使用的是 P1.5、P1.6 和 P1.7 引脚的第二功能，见表 2-16。用户可在开发板上设计 ISP 下载电路，也可留出 P1.5、P1.6 和 P1.7 口，购买专门的下载电路连接即可。

表 2-16　AT89S52 单片机 SPI 接口

序号	引脚	第二功能	说　明
1	P1.5	MOSI	用于对片内 Flash 存储器的串行编程和校验
2	P1.6	MISO	用于对片内 Flash 存储器的串行编程和校验
3	P1.7	SCK	用于对片内 Flash 存储器的串行编程和校验移位脉冲输入引脚

2.6.2　复位方式

复位操作是单片机的一个重要工作状态。当单片机上电时会复位，使 CPU 进行初始化操作，PC 指针初始化为 0x0000，使单片机从 ROM 的 0x0000 开始执行程序。当程序出错、跑飞或误操作使系统处于死锁状态时，也需要复位，使程序从 0x0000 开始执行。

1. 复位条件

欲使 AT89S52 单片机复位，只需在 RST（9 脚）加上大于两个机器周期的高电平就可使单片机复位。如果振荡频率为 12MHz，每个机器周期为 1μs，则 RST 引脚只需 2μs 以上的高电平即可实现单片机的复位操作。

2. 复位电路

AT89S52 单片机的复位是由外部复位电路实现的，上电和按键复位电路如图 2-19 所示。利用 RC 构成微分电路实现单片机上电自动复位，在上电瞬间 RST 端得到一个微分脉冲，只需选好电阻和电容的参数，则可保证产生的微分脉冲宽度大于两个机器周期的高电平信号。除了上电自动复位，有时也需要按键实现手动复位。当按下 SB_R 按键时，R_S 和 R_K 两个电阻对 5V 电源的分压输入到 RST 引脚。R_S 的阻值远小于 R_K 的阻值，则得到的分压即为高电平。RST 引脚检测到高电平，单片机的内部寄存器清零或恢复初始状态，PC 指针清零，程序从头开始执行。

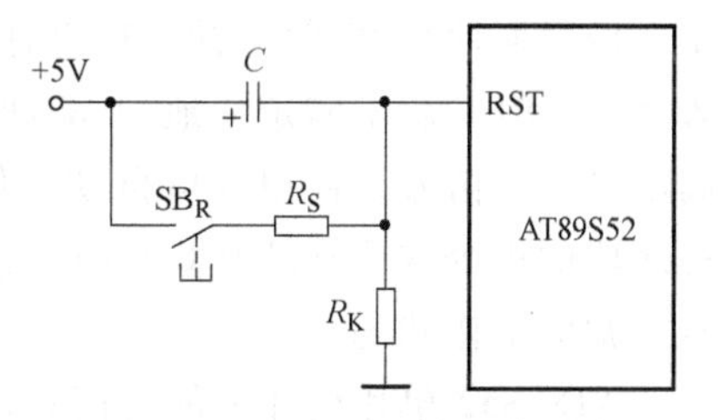

图 2-19　上电和按键复位电路

当电路处于稳态时，由于电容 C 具有隔离直流的作用，而按键处于弹起状态，这样加在 RST 引脚的电位就与 GND 相等，为低电平。RST 引脚为低电平期间，AT89S52 单片机正常工作。单片机上电后或按键弹起后，就从复位后的初始状态开始正常工作。

当晶振为6MHz时，电容 C 常用取值为10μF，R_K 为2kΩ，R_S 为220Ω。当晶振为12MHz或11.0592MHz时，若 C 取10μF，则 R_S 取220Ω、R_K 取10kΩ；若 C 取22μF，则 R_S 取220Ω，R_K 取4.7kΩ或5.1kΩ。如果 C、R_S、R_K 取值过大或过小，则会引起单片机复位时间过长或过短，不利于单片机启动。

3. 复位后状态

单片机复位后，PC指针被初始化为0x0000，内部RAM的内容保持不变，内部的SFR也会被初始化，复位后片内SFR的状态见表2-17。

表2-17 复位后片内SFR的状态

寄存器	复位状态	寄存器	复位状态	寄存器	复位状态
ACC	0x00	IE	0b0 * 00 0000	TH0、TL0	0x0000
PSW	0x00	DP0H、DP0L	0x0000	TH1、TL1	0x0000
B	0x00	WDTRST	0b **** ****	SCON	0x00
SP	0x07	DP1H	0x00	SBUF	0b **** ****
DPTR	0x0000	DP1L	0x00	PCON	0b0 *** 0000
P0~P3	0xFF	TMOD	0x00	AUXR	0b *** 0 0 ** 0
IP	0b ** 00 0000	TCON	0x00	AUXR1	0b **** ****

注：单片机的P0~P3口的32个引脚复位后输出高电平，如果引脚外接电路是高电平驱动的，则单片机上电或复位后电路就开始工作。通常，为避免意想不到的后果，外接电路可设计为低电平驱动。表中“*”表示值为随机，可能为0或1。

4. 看门狗定时器（WDT）

单片机应用系统受到干扰时，PC指针的状态可能会被破坏，导致程序跑飞或死循环，使系统失控。如果操作人员在场，可按复位按键，强制系统复位。但操作人员没有及时复位可能会引起不良后果，为避免人为的影响，AT89S52单片机采用了“看门狗”技术来解决这个问题。

“看门狗”技术就是使用一个定时器不断计数，监视程序的运行。在程序正常运行过程中，应定期地把WDT（看门狗定时器）清零，以保证WDT不溢出。当单片机程序跑飞或陷入死循环时，就不能定期地把WDT清零。这样，WDT就会计满溢出，由硬件自动产生一个高电平复位信号，使单片机自动复位。在系统的复位入口0x0000处安排一条跳向出错处理程序段的指令或重新从0x0000执行程序，从而使程序摆脱跑飞或死循环状态，让单片机恢复正常的工作状态。

AT89S52单片机片内的看门狗部件，包含1个14位定时器和看门狗复位寄存器（即表2-11中的WDTRST，地址0xA6）构成。开启WDT后，14位定时器会自动对系统振荡信号12分频后的信号计数，即每16384（2^{14}）个机器周期溢出一次，将在AT89S52的RST引脚上输出一个正脉冲（宽度为98个振荡周期），使单片机复位。采用12MHz的晶振时，则每16384μs产生一个复位信号。

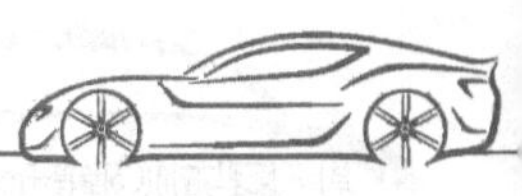

WDT的启动和清零的方法是一样的。实际应用中，用户只要向WDTRST先写入0x1E，接着写入0xE1，WDT便启动计数。为防止WDT启动后产生不必要的溢出，在执行程序的过程中，应在16384μs内不断地复位清零WDT，即向WDTRST写入数据0x1E和0xE1。

【例2-14】 WDT的使用举例。

```
#include<reg52.h>
sfr WDTRST=0xA6;          // reg52.h中没有声明WDTRST，所以必须先声明WDTRST
…
void main ( )
{
    WDTRST=0x1E;          //启动WDT
    WDTRST=0xE1;
    …;
    while ( 1 )           //无限循环
    {
        WDTRST=0x1E;//清零WDT并启动运行
        WDTRST=0xE1;
        …;                //执行时间必须小于16384μs (系统时钟为12MHz时)
    }
}
```

上述程序在做一个无限循环的运行，通过WDT可防止程序在执行过程中跑飞或死循环。因为只要程序跑出while ( ) 循环，不执行清零WDT的两条命令，使得WDT不能及时清零，WDT就会溢出使单片机复位，使程序从main ( ) 处开始重新运行。所以使用WDT时一定要在WDT启动后的16384μs (系统晶振12MHz) 之内将WDT及时清零，防止溢出导致单片机复位。

2.6.3 程序执行方式

程序执行方式是单片机的基本工作方式，即CPU依次从ROM读取指令执行程序的工作过程。

2.6.4 低功耗方式

AT89S52单片机低功耗方式有两种节电工作模式：待机（空闲）模式和掉电保护模式，在V_{CC}为+5V、晶振频率为12MHz时，正常工作时电流约为20mA；待机模式时，电流约为5mA；而掉电保护模式时，电流约为75μA。在掉电保护模式时，V_{CC}可由后备电源供电。低功耗方式的内部控制电路如图2-20所示。

AT89S52单片机的低功耗方式可通过指令对PCON的IDL位和PD位设置来实现。PCON的格式见表2-18，字节地址为0x87，位描述见表2-19。

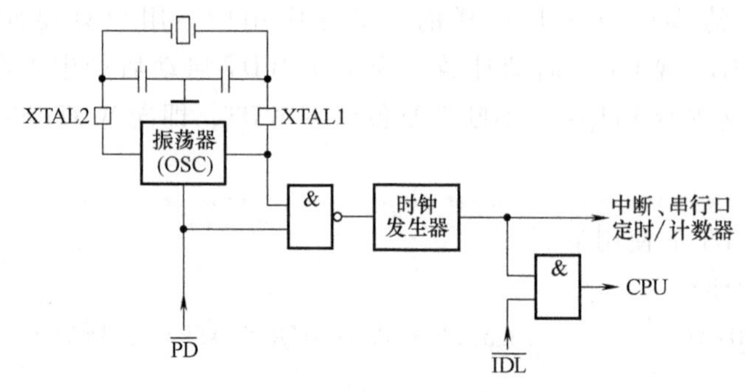

图 2-20 低功耗方式的内部控制电路

表 2-18 PCON 的格式

位序号	D7	D6	D5	D4	D3	D2	D1	D0
符号	SMOD	—	—	—	GF1	GF0	PD	IDL

表 2-19 PCON 的位描述

位序号	符号	功能	描述
D7	SMOD	传输速率加倍位	SMOD=1,传输速率加倍;SMOD=0,传输速率不加倍
D6~D4	—	保留位	未定义
D3、D2	GF1、GF0	通用标志位	用户可作为测试位等使用
D1	PD	掉电保护模式控制位	PD=1,掉电保护模式;PD=0,正常工作模式
D0	IDL	待机模式控制位	IDL=1,待机模式;IDL=0,正常工作模式

1. 待机模式

(1) 待机模式进入　根据图 2-20 可以看出，当把 PCON 中的 IDL 位置 1 时，$\overline{IDL}=0$，作为与门的输入，则与门不管另一输入端为何值，输出都为 0，则把通往 CPU 的时钟信号关断，CPU 不工作，单片机进入待机模式。

待机模式下 CPU 不工作，振荡器仍然运行，片内所有外围电路（中断系统、串行口和定时器）仍继续工作，指针 PC、SFR 和片内 RAM 状态均保持进入待机模式前的状态。CPU 耗电量通常要占芯片耗电的 80%~90%，因此 CPU 停止工作则会大大降低功耗。

C51 编程时可写指令：PCON=0x01;

(2) 待机模式退出　系统进入待机模式后有两种方法可退出，一种是响应中断方式，另一种是硬件复位方式。

1) 在待机模式下，若任何一个允许的中断请求被响应，则 IDL 位被片内硬件自动清零，从而退出待机模式，单片机恢复正常工作方式。当执行完中断服务程序返回时，将从设置待机模式指令的下一条指令（断点处）开始继续执行程序。

2) 当使用硬件复位退出待机模式时，在复位逻辑电路发挥控制作用前，有长达两个机器周期的时间，单片机要从断点处（IDL 位置 1 指令的下一条指令处）继续执行程序。在这期间，片内硬件阻止 CPU 对片内 RAM 的访问，但不阻止对外部端口（或外部 RAM）的访问。

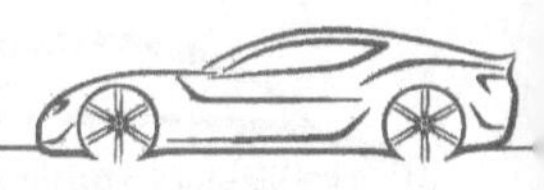

为了避免在硬件复位退出待机模式时出现对端口（或外部 RAM）的不希望的写入，系统在进入待机模式时，紧随 IDL 位置 1 指令后面的指令不应是写端口（或外部 RAM）的指令。

2. 掉电保护模式

（1）掉电保护模式进入　根据图 2-20 可以看出，当把 PCON 中的 PD 位置 1 时，$\overline{PD}=0$，作为与非门的一个输入信号，使进入时钟发生器的信号被封锁，单片机进入掉电保护模式。

在掉电保护模式下，振荡器停止工作。由于没有了时钟信号，内部的所有部件均停止工作，但片内 RAM 和 SFR 的原来内容都被保留，有关端口的输出状态值都保存在对应的 SFR 中。

C51 编程时可写指令：PCON = 0x02；

（2）掉电保护模式退出　掉电保护模式的退出有两种方法，一种是硬件复位方式，另一种是外部中断方式。

1）硬件复位时要重新初始化 SFR，但不改变片内 RAM 的内容。只有当 V_{CC} 恢复到正常工作水平时，硬件复位信号维持 10ms，便可使单片机退出掉电模式，程序从头开始运行。

2）外部中断唤醒单片机时，应使中断输入保持足够长时间的低电平，以使振荡器达到稳定。当中断变为高电平后，该中断被执行。由中断使单片机退出掉电模式，程序从原来停止处继续运行。

本章小结

1. 单片机最小系统也称单片机最小应用系统，是指用最少的元件组成的单片机可以工作的系统，由电源、时钟电路、复位电路和 ROM 选择电路组成。掌握单片机最小系统常用电路设计。

2. 单片机的 CPU 由运算器和控制器构成，主要作用是读入并分析每条指令，根据指令的功能实现操作数的读取、运算、存储以及传送等功能，依据时序控制单片机各功能部件，从而保证单片机各部分能自动协调地工作。

3. 了解振荡周期、状态周期、机器周期和指令周期。

4. 单片机的存储器结构包括 4 个独立的物理空间：片内 RAM（256B）、片外 RAM（64KB）、片内 ROM（8KB）和片外 ROM（64KB）。重点掌握片内 RAM 的空间分布。

5. AT89S52 单片机有 32 个 SFR，单元地址映射在片内 RAM 区的 0x80～0xFF 区域中。C51 编程中 SFR 以及特殊功能位必须通过关键字 sfr、sbit 定义才可使用。SFR 的定义在头文件 reg52. h 里，使用时包含该头文件，但 I/O 口的特殊功能位需要自定义。

6. 了解 C51 中的数据结构与存储空间之间的关系。

7. 了解单片机的工作方式。

习题

一、填空题

1. 在 AT89S52 单片机中，如果采用 12MHz 晶振，则一个机器周期为________。

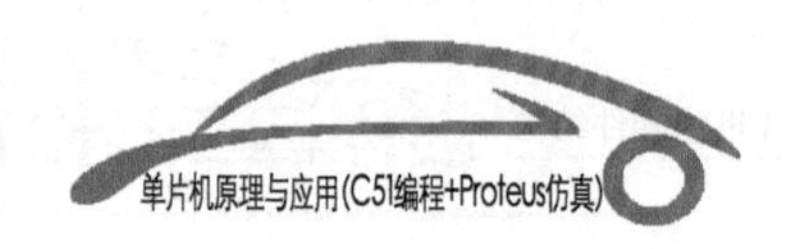

2. 单片机常采用的时钟电路为________。

3. AT89S52 单片机的机器周期等于________个振荡周期。

4. 内部 RAM 中，位地址为 0x20 所在字节的字节地址为________。

5. AT89S52 单片机复位时，指针 PC 中的内容为________。

6. 使 AT89S52 单片机复位，需在 RST 引脚加上大于________机器周期的高电平。

7. 若 ACC 中的内容为 0x63，则 P 标志位的值为________。

8. 两个无符号数 0x43 和 0x8A 进行加法运算后，则 CY = ________、AC = ________、OV = ________和 P = ________。

9. 若 PSW = 0x10，这时的工作寄存器区是________区工作寄存器。

10. AT89S52 单片机 ROM 的寻址范围为________ KB。

二、选择题

1. 程序在运行中，当前 PC 的值是____。

A. 当前正在执行指令的前一条指令的地址　　B. 当前正在执行指令的地址

C. 当前正在执行指令的下一条指令的首地址　D. 控制器中指令寄存器的地址

2. AT89S52 单片机要使用片内 ROM，$\overline{EA}$ 引脚____。

A. 必须接+5V　　B. 必须接地　　C. 必须悬空　　D. 没有限定

3. 单片机上电复位后，SP 的内容为____。

A. 0x00　　B. 0x07　　C. 0xFF　　D. 随机数

4. 单片机上电复位后，P0~P1 的内容为____。

A. 0x00　　B. 0x07　　C. 0xFF　　D. 随机数

5. MCS-51 单片机的复位信号是____有效。

A. 下降沿　　B. 上升沿　　C. 低电平　　D. 高电平

6. 定义特殊功能位使用的关键字为____。

A. sfr　　B. sfr16　　C. sbit　　D. bit

7. 将常数存储到 ROM，使用的存储类型为____。

A. data　　B. xdata　　C. bdata　　D. code

8. 采用绝对宏方式定义片内 RAM 0x30 绝对地址的语句为#define NRAM ____ [0x30]

A. XBYTE　　B. CBYTE　　C. DBYTE　　D. PBYTE

9. P1.0 引脚外接一个按键，该特殊功能位的定义语句为 sbit key = ____。

A. P1.0　　B. P1^0　　C. P1.0;　　D. P1^0;

10. 哪个选项不适于填在 sbit CY = ____; 里。

A. PSW^7　　B. 0xD0　　C. 0xD0.7　　D. 0xD7

三、简答题

1. AT89S52 单片机片内都集成了哪些功能部件？

2. AT89S52 单片机的 64KB ROM 空间有 6 个单元地址，对应 AT89S52 单片机 6 个中断源的中断入口地址，写出这些单元的入口地址及对应的中断源。

3. 说明 AT89S52 单片机的 $\overline{EA}$ 引脚接高电平或低电平的区别。

4. AT89S52 单片机有哪两种低功耗节电模式？说明两种低功耗节电模式的异同。

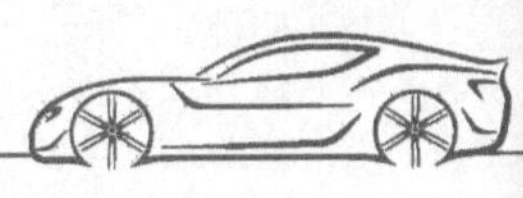

5. 当单片机运行出错或者程序陷入死循环时，如何摆脱困境？

6. 什么是单片机最小系统？请画出由AT89S52单片机构成的最小系统电路图。

7. 使用宏来访问绝对地址时，一般需要包含的库文件是什么？

8. 根据指定的存储类型和数据类型，写出下列变量的定义形式。

（1）在data区定义无符号字符型变量value1。

（2）在idala区定义无符号整型变量value2。

（3）在xdata区定义无符号字符型数组val3［4］。

（4）定义SFR P3。

（5）定义可位寻址变量flag。

（6）定义指向外部RAM的地址0x1020。

第3章　单片机的输出显示控制

内容概述

单片机的输入输出功能是通过单片机的 I/O 端口（P0~P3）实现的。P0~P3 口是单片机与外设进行信息交换的桥梁，可通过读取 P0~P3 口的状态来了解外设的状态，也可向 P0~P3 口送出命令或数据来控制外设。因此，本章介绍单片机 I/O 端口的内部结构，根据 I/O 端口在结构上的差别设计输出显示电路，采用 C51 进行编程实现输出控制。主要介绍单片机与 LED、数码管、LED 点阵显示屏、LCD（液晶显示器）的接口设计与软件编程。

3.1　单片机并行 I/O 端口的内部结构

AT89S52 单片机共有 4 个双向的 8 位并行 I/O 端口，即 P0~P3，表 2-11 中的 SFR P0、P1、P2 和 P3 就是这 4 个端口的输出锁存器。4 个端口除了按字节输入/输出外，还可按位寻址，以实现位控功能。

3.1.1　P0 口

P0 口是 8 位并行 I/O 端口，P0 口某一位的位电路结构如图 3-1 所示。端口的输出锁存器就是 SFR P0，字节地址为 0x80，位地址为 0x80~0x87。P0 口有两个功能：一是通用 I/O 功能，二是地址（低 8 位）总线和数据总线分时复用功能。

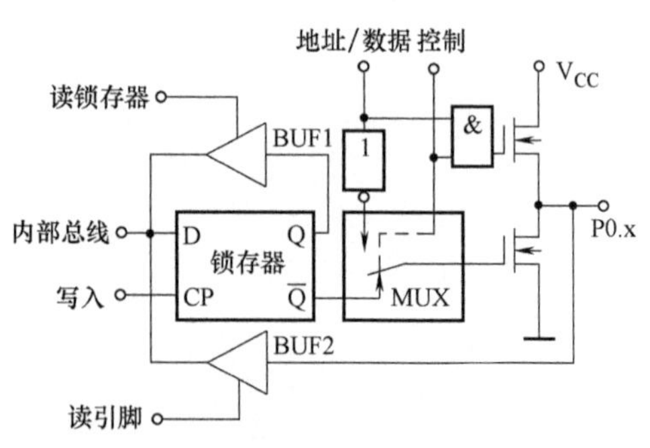

图 3-1　P0 口某一位的位电路结构

1. P0 口的通用 I/O 功能

P0 口作为通用 I/O 口使用时，图 3-1 中的“控制”信号为“0”，与门输出为“0”，上方场效应晶体管截止，同时，“MUX”开关打到下方，接通锁存器的 $\overline{Q}$ 端。

1）P0 口作通用输出口时，来自 CPU 的

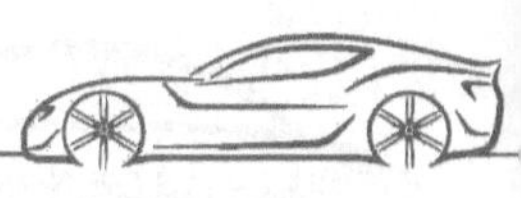

“写脉冲”加在D锁存器的CP端，“内部总线”上的数据写入D锁存器的D端，当向锁存器D端写入“1”时，$\overline{Q}$端为“0”，下方场效应晶体管截止，此时上方场效应晶体管也截止，输出为漏极开路，引脚P0.x无法输出高电平“1”，因此，必须外接上拉电阻才能有高电平输出；当向锁存器D端写入“0”时，$\overline{Q}$端为“1”，下方场效应晶体管导通，P0.x输出低电平“0”。

2）P0口作通用输入口时，有两种读入方式：“读锁存器”和“读引脚”。当CPU发出“读锁存器”指令时，锁存器的状态由Q端经上方的三态缓冲器“BUF1”进入“内部总线”；当CPU发出“读引脚”指令时，需使锁存器的输出状态Q为“1”（即$\overline{Q}$端为“0”），从而使下方场效应晶体管截止，引脚的状态经下方的三态缓冲器“BUF2”进入内部总线。

2. P0口的地址/数据总线功能

1）P0口作为地址/数据总线输出时，图3-1中的“控制”信号为“1”，与门打开，同时，“MUX”开关打到上方，接通反相器的输出。

“地址/数据”线上输出“1”，经反相器后加到下方场效应晶体管的栅极，该场效应晶体管截止；与门的两个输入端都为“1”，输出的高电平“1”加到上方场效应晶体管的栅极，该场效应晶体管导通，V_{CC}就通过上方场效应晶体管输出到P0.x引脚，即输出高电平“1”。

“地址/数据”线上输出“0”，经反相器后使下方场效应晶体管导通，与门的两个输入端有一个“0”，输出为低电平“0”使上方场效应晶体管截止，P0.x引脚上就输出低电平“0”。

由以上分析可知，P0口作为地址/数据总线输出时，P0.x引脚的输出状态随着地址/数据信号的状态变化而变化，上方场效应晶体管起到上拉电阻的作用。

2）当P0口作为数据总线输入时，仅从外部存储器（或外部I/O）读入信息，对应的“控制”信号为“0”。由于P0口作为地址/数据复用方式访问外部存储器时，CPU自动向P0口写入“0xFF”，使下方的场效应晶体管截止；由于“控制”信号为“0”，上方的场效应晶体管也截止，从而保证数据信息的高阻抗输入，从外部存储器或I/O输入的数据信息直接由P0.x引脚通过三态缓冲器“BUF2”进入内部总线。

因此，P0口作为地址/数据总线使用时是一个真正的双向端口，简称双向口，也就是具有高电平、低电平和高阻抗输入3种状态的端口。

3. P0口总结

1）当P0口用作通用I/O口时，需要在片外接上拉电阻，此时端口不存在高阻抗的悬浮状态，是一个准双向口。

2）当P0口用作地址/数据总线使用时，是一个真正的双向口，用作与外部扩展的存储器或I/O接口芯片连接，输出低8位地址和输入/输出8位数据。

3）如果单片机片外扩展了并行ROM、并行RAM和I/O接口芯片，则P0口此时应作为复用的地址/数据总线口使用；如果没有片外扩展并行ROM、并行RAM和I/O接口芯片，则此时可作为通用I/O口使用。

3.1.2 P1 口

P1 口是 8 位并行 I/O 端口，P1 口某一位的位电路结构如图 3-2 所示。端口的输出锁存器就是 SFR P1，字节地址为 0x90，位地址为 0x90 ~ 0x97。P1 口有两个功能：一是通用 I/O 功能，二是作为定时器/计数器 T2 的输入端和 ISP 编程端，T2 的使用在 6.4 节详细介绍。

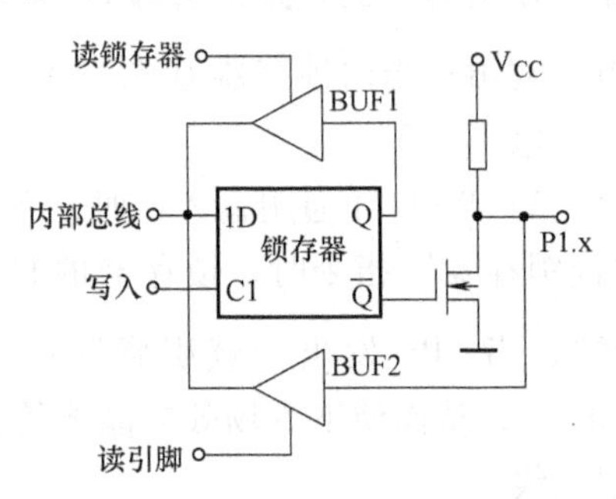

图 3-2　P1 口某一位的位电路结构

1. P1 口作为通用 I/O 口

1）P1 口作为输出口时，若“内部总线”输出“1”，$\overline{Q}$ 为“0”，场效应晶体管截止，P1.x 引脚的输出为“1”；若“内部总线”输出“0”，$\overline{Q}$ 为“1”，场效应晶体管导通，P1.x 引脚的输出为“0”。

2）P1 口作为输入口时，分为“读引脚”和“读锁存器”两种方式。“读锁存器”时，锁存器输出端 Q 的状态经三态缓冲器“BUF1”进入“内部总线”。“读引脚”时，当 P1.x 引脚输入低电平“0”时，不管场效应晶体管是否导通，P1.x 引脚输入的低电平“0”都经缓冲器“BUF2”进入“内部总线”；当 P1.x 引脚的输入为高电平“1”时，如果场效应晶体管处于截止状态，则 P1.x 引脚输入的高电平“1”经缓冲器“BUF2”进入“内部总线”，读取正确；如果场效应晶体管处于导通状态，P1.x 引脚的高电平“1”被拉低为低电平“0”，经三态缓冲器“BUF2”进入“内部总线”，这时读取的状态就与引脚的状态不一致了。为了正确读取引脚的高电平“1”，应先向引脚写入“1”，使场效应晶体管截止，然后再读取引脚状态。

2. P1 口总结

1）P1 口由于内部有上拉电阻，没有高阻抗输入状态，故为准双向口。作为输出口使用时，不需要在片外接上拉电阻。

2）P1 口读引脚输入时，必须先向锁存器 P1 写入“1”。

3.1.3 P2 口

P2 口是一个双功能口，字节地址为 0xA0，位地址为 0xA0 ~ 0xA7。P2 口某一位的位电路结构如图 3-3 所示。P2 口有两个功能：一是通用 I/O 功能，二是地址（高 8 位）总线。

1. P2 口用作通用 I/O 口

在内部“控制”信号作用下，“MUX”与锁存器的 Q 端接通。

1）作为输出口时，“内部总线”输出“1”时，Q 为“1”，经反相器后场效应晶体管截止，P2.x 引脚输出“1”；“内部总线”输出“0”时，Q 为“0”，经反相器后场效应晶体管导通，P2.x 引脚输出“0”。

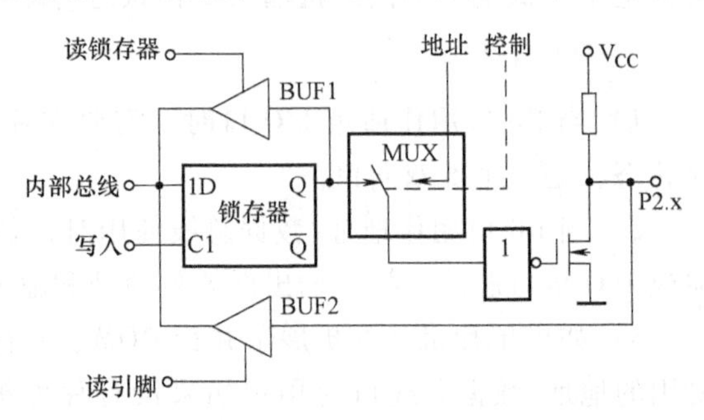

图 3-3　P2 口某一位的位电路结构

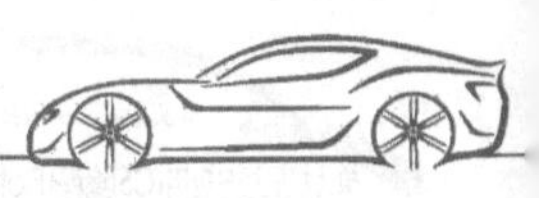

2）作为输入口时，分为“读锁存器”和“读引脚”两种方式。“读锁存器”时，Q端信号经三态缓冲器“BUF1”进入“内部总线”；“读引脚”时，原理和P1口相同，为可靠读取引脚的状态，先向锁存器写“1”，使场效应晶体管截止，P2. x引脚上的状态经三态缓冲器“BUF2”进入“内部总线”。

2. P2口用作地址总线口

在内部“控制”信号作用下，“MUX”与“地址”线接通。当“地址”线为“0”时，经反相器后场效应晶体管导通，P2. x引脚输出“0”；当“地址”线为“1”时，场效应晶体管截止，P2. x引脚输出“1”。

3. P2口总结

1）作为通用I/O口时，P2口为一个准双向口。功能与P1口一样：作为输出口时，不需要在片外接上拉电阻；作为输入口时，必须先向锁存器P2写入“1”。

2）作为地址输出线使用时，P2口输出高8位地址，与P0口输出的低8位地址一起构成16位地址，可寻址64KB的地址空间。

3）若P2口作为高8位地址总线口使用，就不能再作为通用I/O口；如果不作为地址总线口使用，则可作为通用I/O口使用。

3.1.4　P3口

由于AT89S52的引脚数目有限，因此在P3口电路中增加了引脚的第二功能（第二功能定义见表2-4）。P3口的每一位都可以分别定义为第二输入功能或第二输出功能。P3口的字节地址为0xB0，位地址为0xB0～0xB7。P3口某一位的位电路结构如图3-4所示。

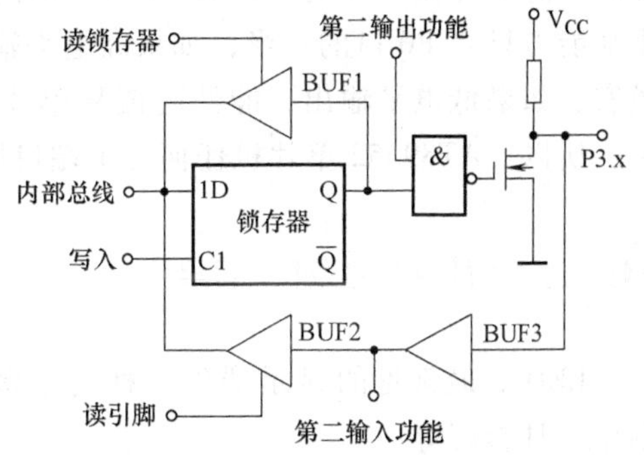

图3-4　P3口某一位的位电路结构

1. P3口用作通用I/O口

当P3口用作通用I/O时，“第二输出功能”端由硬件自动输出“1”，与非门为开启状态。

1）作为输出口，“内部总线”输出“1”时，Q为“1”，与非门输出“0”，场效应晶体管截止，P3. x引脚输出为“1”；“内部总线”输出“0”时，Q为“0”，与非门输出“1”，场效应晶体管导通，P3. x引脚输出为“0”。

2）作为输入口时，为可靠读取引脚状态，应使场效应晶体管截止，“第二输出功能”端已由硬件自动置“1”，所以需向P3. x位的输出锁存器先写入“1”，使与非门输出为“0”，从而使场效应晶体管截止，P3. x引脚信息就通过三态缓冲器“BUF3”和“BUF2”进入“内部总线”，完成读引脚操作。也可以执行读锁存器操作，此时Q端信息经过三态缓冲器“BUF1”进入“内部总线”。

2. P3口用作第二输入/输出功能

1）当选择第二输出功能时，该位的锁存器Q由硬件自动置“1”，使与非门为开启状态。当“第二输出功能”端输出“1”时，与非门输出“0”，场效应晶体管截止，P3. x引

脚输出为“1”；当“第二输出功能”端输出“0”时，与非门输出“1”，场效应晶体管导通，P3.x 引脚输出为“0”。

2）当选择第二输入功能时，该位的锁存器 Q 端和“第二输出功能”端由硬件自动置“1”，使与非门输出“0”，保证场效应晶体管截止，P3.x 引脚的状态经三态缓冲器“BUF3”进入“内部总线”。

3. P3 口总结

1）P3 口内部有上拉电阻，不存在高阻抗输入状态，为准双向口。功能与 P1 口一样：作为输出口时，不需要在片外接上拉电阻；作为输入口时，须先向锁存器 P3 写入“1”。

2）P3 口的每一个引脚都有第一功能与第二功能，使用哪个功能由单片机的指令控制，自动切换，用户不需要进行任何设置。

3）引脚输入部分有两个三态缓冲器，第二功能的输入信号取自三态缓冲器“BUF3”的输出端，第一功能的输入信号取自三态缓冲器“BUF2”的输出端。

4）若 P3 口作为第二功能使用，就不能再作为通用 I/O 口；如果不作为第二功能，则可作为通用 I/O 口使用。

3.1.5 单片机 I/O 口的驱动能力

P0 口作为通用 I/O 口使用，每位可驱动 8 个 TTL 负载。当 P0 口的某位输出高电平时，可提供 400μA 的拉电流；当 P0 口某位输出低电平时，可提供 3.2mA 的灌电流，由于漏极开路，需要外接上拉电阻；而 P1~P3 口内部有 30kΩ 左右的上拉电阻，P1~P3 口每一位的驱动能力只有 P0 口的一半，如果高电平输出，则从 P1、P2 和 P3 口输出的拉电流仅为数百微安，如果低电平输出，能使电流从单片机的外部流入内部，则将大大增加流过的灌电流值。所以，AT89S52 单片机任何一个端口要想获得较大的驱动能力，要采用低电平输出。

3.2 单片机控制 LED

LED 是最常见的显示器件，种类很多，参数也不相同，可用来指示系统的工作状态、制作节日彩灯等。

3.2.1 LED 简介

直插式和贴片式 LED 的实物如图 3-5 和图 3-6 所示。直插式 LED 引脚长的为阳极，短的为阴极；或者观察头部，体内金属极较小的是阳极，较大、片状的是阴极；也可用万用表的通断档（二极管档），将红黑表笔分别接在两个引脚上，若有读数且不为“1”，则红表笔

图 3-5 直插式 LED

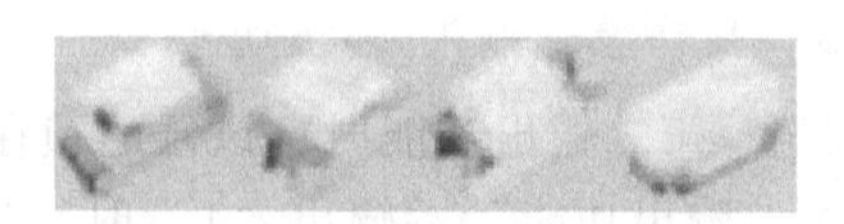

图 3-6 贴片式 LED

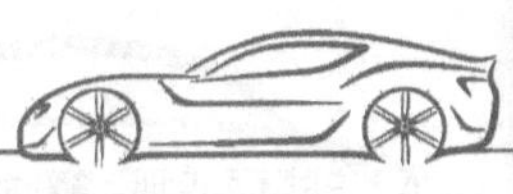

一端为阳极，若读数为“1”，则黑表笔一端为阳极。贴片式 LED 正面的一端有彩色标记，通常有标记的一端为阴极。

LED 的正向导通电压通常是 1.7～2.2V，工作电流一般在 1～20mA。电流在 1～5mA 变化时，电流越大，灯越亮；电流在 5～20mA 变化时，LED 的亮度变化就不太明显了；当电流超过 20mA 时，LED 就会有烧坏的危险，电流越大，烧坏的速度也就越快。因此，在设计时需加限流电阻。LED 驱动电路如图 3-7 所示，LED 阳极接 V_{CC}（+5V），阴极接 GND（0V），LED 正向导通，则根据欧姆定律，限流电阻阻值在 150Ω～3kΩ 可选。

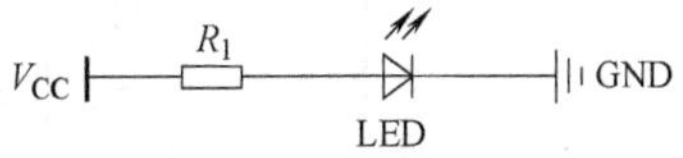

V_{CC}　R_1　LED　GND

图 3-7　LED 驱动电路

3.2.2　LED 的控制方法

1. LED 与单片机连接

LED 可以连接到单片机的任何一个 I/O 口（32 个）上。但由于 I/O 口内部结构不同，因此，在设计输出电路时稍有不同。

（1）LED 与 P0 口的引脚连接　P0 口作输出口时为漏极开路，需外接上拉电阻，一般上拉电阻越小，驱动能力越强，但功耗越大，设计时应注意两者之间的平衡。通常上拉电阻在 1～10kΩ 之间选取。连接电路如图 3-8 所示，其中 R_1 为上拉电阻，R 为限流电阻。

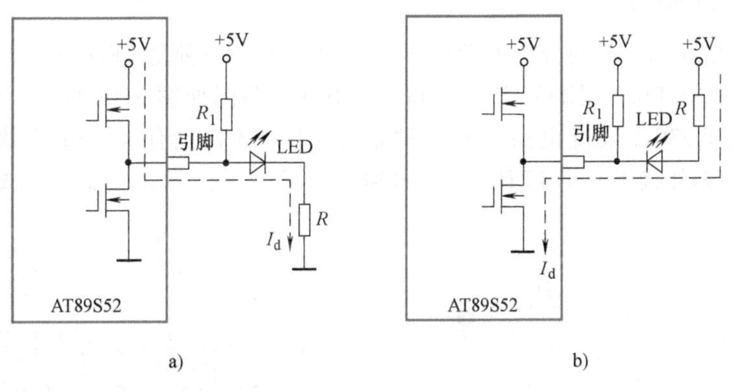

图 3-8　LED 与单片机 P0 口的连接电路

a）高电平输出　b）低电平输出

（2）LED 与 P1～P3 口的引脚连接　P1～P3 口的某一位无须外接上拉电阻，可直接驱动 LED，如图 3-9 所示，R 为限流电阻。

注：LED 与 I/O 引脚连接时，可采用高电平输出，如图 3-8a 和图 3-9a 所示，拉电流仅为数百微安，驱动 LED 的能力较弱，亮度较差；并且，单片机上电或复位后，LED 就会点亮（I/O 引脚初始化电平为高电平）。也可采用低电平输出，如图 3-8b 和图 3-9b 所示，灌电流较大，LED 较亮，且上电或复位后，LED 不会点亮，需要程序控制。

2. 单片机控制 LED 亮灭原理

LED 的亮灭需要根据具体电路连接，通过引脚输出高低电平进行控制。图 3-8a 和图 3-9a 的高电平输出方式中，LED 阴极已接地，则 I/O 引脚输出高电平点亮 LED，输出低电平熄

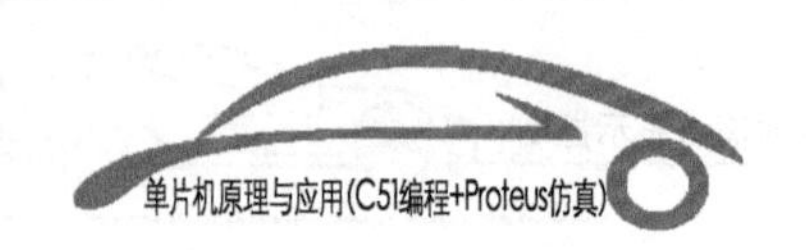

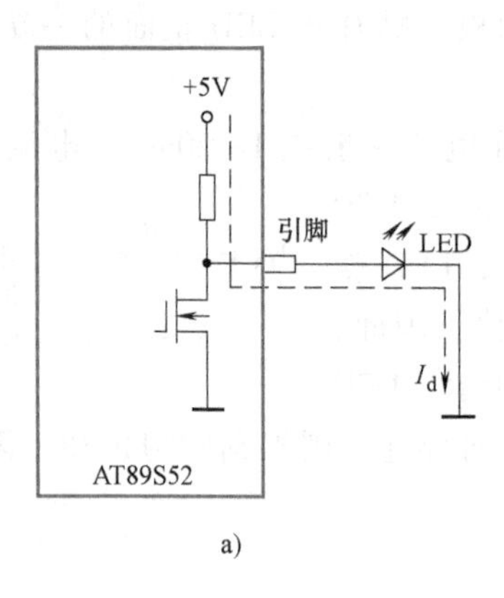

a)

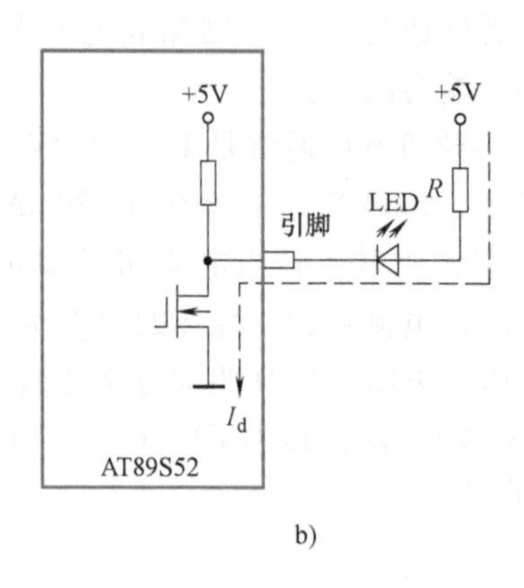

b)

图 3-9　LED 与 P1～P3 口的引脚连接

a）高电平输出　b）低电平输出

灭 LED。同理，图 3-8b 和图 3-9b 的低电平输出方式中，LED 阳极已接+5V，则 I/O 引脚输出低电平点亮 LED，输出高电平熄灭 LED。

点亮一个发光二极管（视频）

3.2.3　点亮一个 LED 仿真实例

点亮一个发光二极管（PPT）

任务要求：控制一个 LED 点亮。

1. 硬件电路设计

根据 3.2.2 节的分析可设计两种 LED 电路：一种是 LED 与 P0 口的任一引脚连接，本例在 P0.0 引脚外接一个 LED，仿真电路图如图 3-10 所示，外接 10kΩ 的上拉电阻和 330Ω 限流电阻；另一种是与 P1～P3 口的任意一个引脚连接，本例在 P1.7 引脚外接了一个 LED，仿真电路图如图 3-11 所示，限流电阻选为 330Ω。

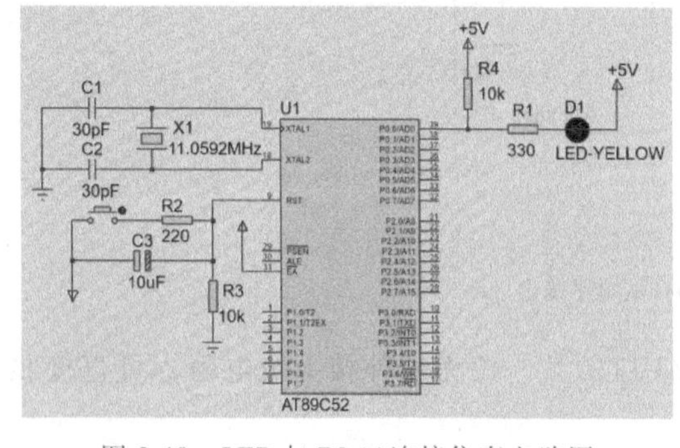

图 3-10　LED 与 P0 口连接仿真电路图

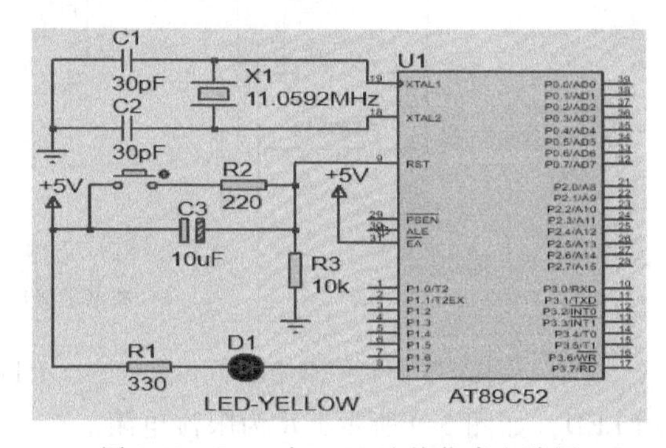

图 3-11　P1 口与 LED 连接仿真电路图

说明：在 Proteus 中单击“P”按钮挑选元器件 AT89C52、RES（电阻）、LED-YELLOW（发光二极管）、BUTTON（按键）、CRYSTAL（晶振）、CAP（电容）、CAP-ELEC（电解电容）。

2. 软件设计

点亮 LED 的关键：图 3-10 和图 3-11 的 LED 都是采用阳极接电源（高电平）、阴极与单片机引脚连接，所以单片机输出低电平“0”时，LED 点亮，输出高电平“1”时，LED 熄灭。按照图 3-10 编写代码。

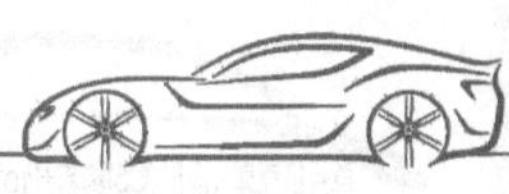

【参考程序 1】

```
#include <reg52. h>      //包含 SFR 定义的头文件 ①
sbit LED = P0^0;        //位地址声明,指明引脚连接情况。sbit 必须小写、P 大写! ②
void main( )            //③
{
    LED = 0;            //点亮 LED,执行一次
    while (1);          //程序在这死循环
}
```

【参考程序 2】

```
#include <reg52. h>      //包含 SFR 定义的头文件 ①
sbit LED = P0^0;        //位地址声明,指明引脚连接情况。sbit 必须小写、P 大写! ②
void main( )            //③
{
    while (1)
    {
        LED = 0;        //点亮 LED,循环执行
    }
}
```

程序说明：

① 对单片机 I/O 口进行编程控制时，需要对 I/O 口的 SFR 进行声明，在 C51 的编译器中，这项声明包含在头文件 reg52. h 中，编程时，可通过预处理命令“#include <reg52. h>”把这个头文件包含进去。

② P0～P3 口的特殊功能位在 reg52. h 中没有声明，所以使用每一个 I/O 引脚都要由用户自己声明。

③ main 是主函数的函数名字，每一个 C 程序都必须有且仅有一个 main 函数。void 是函数的返回值类型，本程序没有返回值，用 void 表示。{ } 在这里是函数开始和结束的标志，不可省略。

注 1：每条 C 语句都是以“;”结束的，并且“;”是通过英文输入法输入的，如果是中文输入法，编译时会报错。

注 2：参考程序 1 和参考程序 2 运行后在视觉效果上是一样的：P0. 0 引脚外接的 LED 点亮。但从代码执行效率上看，参考程序 1 更加简洁，“LED=0;”这条指令只执行一次，P0. 0 引脚向外输出低电平，点亮 LED。该低电平保存在 P0 口的最低位 P0. 0 里，不修改这位的值，就会一直保持低电平输出。而参考程序 2 中“LED=0;”这条指令循环执行。

下面介绍一下在本例中需要掌握的知识点。

【C51 知识点】 reg52. h 头文件的作用

在 C51 编程时，若需要用 AT89S52 的 SFR，则应进行声明，这些声明包含在头文件 reg52. h 中；在代码中引用头文件，其实际意义就是将这个头文件中的全部内容放到引用头文件的位置处，免去每次编写程序时都要声明 SFR。在编程时可以通过预处理命令把这个头文件包含进去，有两种方式。

第一种方式：#include <reg52. h>

这种包含方式，编译器先进入到软件安装文件夹处开始搜索这个头文件，也就是搜索“Keil C51 \ INC”这个文件夹，如果这个文件夹内没有 reg52. h 头文件，编译器将会报错。一般安装 Keil C 软件时，reg52. h 会自动放在软件安装文件夹内，所以第一条代码一般写成该种包含形式。

第二种方式：#include “reg52. h”

这种包含方式，编译器先进入到当前工程所在文件夹处开始搜索该头文件，如果当前工程所在文件夹下没有该头文件，编译器将继续回到软件安装文件夹处搜索这个头文件，若找不到该头文件，编译器将报错。

在 Keil C 编译软件中，将鼠标移动到程序代码“#include<reg52. h>”上，右击，选择“Open document<reg52. h>”，即可打开该头文件，查看文件中的 SFR 声明和特殊功能位的声明。

【C 语言知识点】 main（ ）函数的写法

单片机在上电或复位后，总是从 main 主函数开始运行，它是整个程序开始执行的入口。因此，单片机 C 程序有且仅有一个 main 函数，格式为：

```
void main（）
{
  需要执行的语句；
}
```

main（ ）函数无返回值，无参数。所有的可执行代码都写在这个函数的两个大括号内，每条语句结束后都要加上分号，语句与语句之间可以用空格或<Enter>隔开。

【C 语言知识点】 while 循环语句

while 循环的语句格式如下：

```
while（表达式）
{
  循环体语句（可为空）；
}
```

while 循环执行过程为：先判断表达式条件是否成立，若表达式非 0，即为真，则执行大括号内的循环体语句；若表达式等于 0，即为假，则跳出 while 语句，执行 while 后面的语句。

【C 语言知识点】 while（1）的两种用法

1） while（1）；while（1）后面有个分号，是使程序停留在这条指令上，除非响应中断，否则主程序将一直在该条指令死循环。参考程序 1 采用该种方法，“LED＝0；”语句执行一次，然后程序直接停留在“while（1）；”指令处死循环。

2） while（1）{…；}。while（1）后面有个大括号，是反复循环执行大括号内的程序段。参考程序 2 采用该种方法，程序在反复不断地无限次执行“LED＝0；”这条指令。

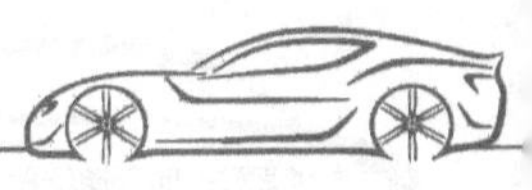

注：while（1）由于条件表达式是1，为真，所以程序将一直执行while循环，是一种死循环结构，这种死循环结构在单片机程序设计中至关重要，这条指令保证了单片机在开机或复位后能够按照编写好的代码循环运行。若没有这个结构，则单片机执行完main{}函数中的所有指令后，就没有明确的下一条指令是什么了，单片机运行有可能会出错。

while（1）死循环结构也可由for（;;）结构代替。

3. 仿真运行

1）在Keil C软件中将代码进行编译，编译结果如图3-12所示，生成Hex文件（LEDP0.hex）。

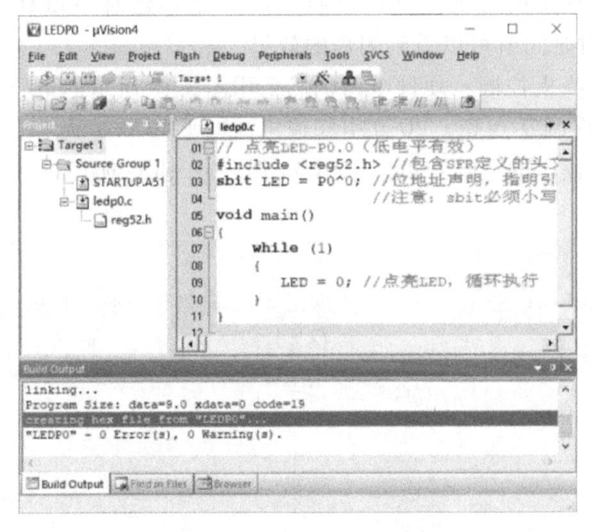

图3-12 Keil C软件编译结果

2）在Proteus软件中按图3-13绘制电路图。

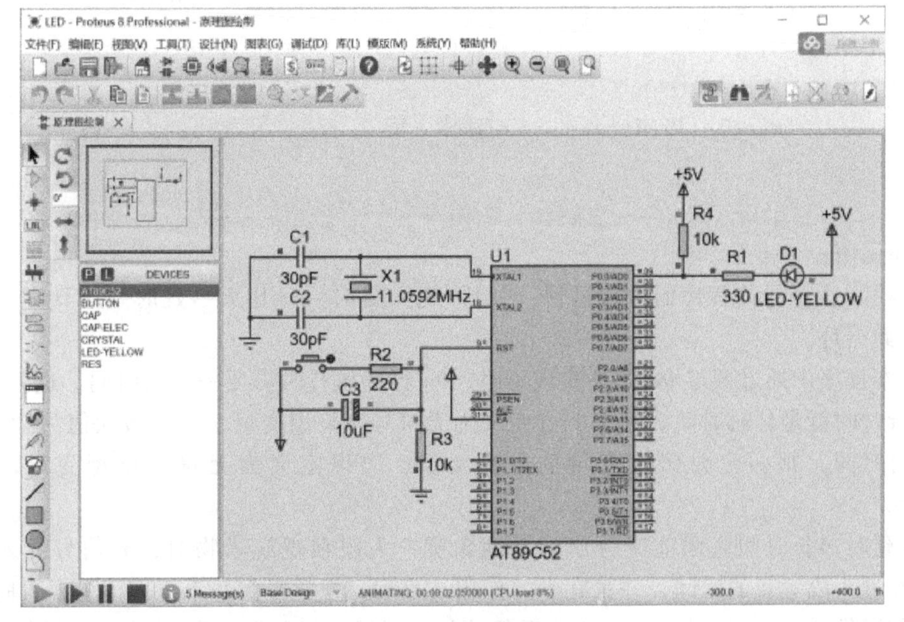

图3-13 绘制电路图

3）双击 Proteus 电路图中的单片机，在“Program File”处添加“LEDP0. hex”文件。

4）在 Proteus 软件中单击运行按钮 ▶，黄色 LED 点亮，单击 ■ 按钮，LED 熄灭，运行效果图如图 3-13 所示。实际效果图中蓝色小方块表示低电平输出状态，红色小方块表示高电平输出状态。

扩展训练（LED 灯闪烁）（视频）

扩展训练（LED 灯闪烁）（PPT）

4. 扩展训练

任务要求：控制 P0. 0 引脚的 LED 按一定时间间隔闪烁。

分析：

1）LED 闪烁的关键：LED 按照“LED 亮→延时→LED 灭→延时”的规律循环，调整延时时间就可以看到闪烁的效果。

2）LED 亮灭控制：硬件电路仍然采用图 3-10 所示的电路，由图可知，P0. 0 引脚输出低电平 LED 点亮，P0. 0 引脚输出高电平 LED 熄灭。

3）延时程序的设计：可以采用 for 循环或 while 循环设计。

【参考程序 1】

```
#include <reg52. h>
#define uchar unsigned char                    //宏定义 uchar 代替 unsigned char
sbit LED = P0^0;                               //位地址声明
void main( )                                   //主函数
{
    while(1)
    {
        uchar i,j;
        LED=0;                                 //LED 亮
        for(i=0;i<247;i++)
            for(j=0;j<100;j++);                //延时
        LED=1;                                 //LED 灭
        for(i=0;i<247;i++)
            for(j=0;j<100;j++);                //延时
    }
}
```

程序说明：

1）while 大括号内程序的执行过程：“LED 亮→延时→LED 灭→延时→LED 亮→延时→…”，如此循环。

2）本程序中通过两层 for 循环实现延时，for 循环执行时需要一定的时间，这两层 for 循环的执行时间就是延时时间。其中 i、j 定义为无符号字符型变量，所以最大值为 255；若想加长延时时间，则一定要修改变量的数据类型，可以定义为无符号整型变量，最大值为 65535。

3）延时多长时间人眼能区分出闪烁现象呢？人眼在观察景物时，光信号传入大脑神经，需经过一段短暂的时间，并且在光的作用结束后，视觉影像并不立即消失，人眼仍能继续保留其影像 0. 1~0. 4s 的时间，这一现象被称为“视觉暂留”。通常情况下当闪烁的频率

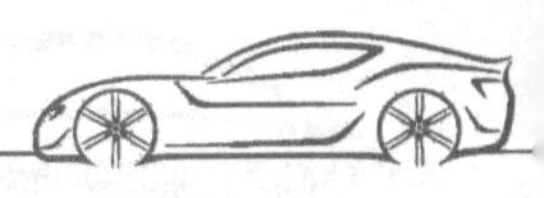

高于50Hz时，看到的信号就是常亮的，即延时时间低于20ms的时候，人的肉眼就分辨不出来LED是在闪烁还是常亮，可能看到的最多是小灯亮暗稍微变化了一下。要想清楚地看到小灯闪烁，延时的时间必须长一点，不同LED的延时时间可能不完全一样，须根据实际情况测试。本例的延时时间大约为200ms。

下面介绍一下本例中出现的知识点。

【C语言知识点】 #define宏定义

在程序设计中为了使变量书写方便，增加程序的可读性、可移植性和可维护性，常采用宏定义的方式进行变量名替换，格式如下：

#define 宏替换名 宏替换体

例如程序中“#define uchar unsigned char”这条指令，在C51编译过程中就用uchar替换unsigned char，这样就可以用一个简写的名称代替烦琐的内容。在一个程序代码中只要宏定义过一次，那么在整个代码中都可以直接使用宏替换名；若定义两次，编译时会出现重复定义的错误；宏替换名可由用户自定义。

【C语言知识点】 for循环语句

for循环是程序中实现循环运算的常用语句，语句格式如下：

```
for(表达式1;表达式2;表达式3)
{
    需循环执行的语句(内部可为空);
}
```

for循环执行过程如下：

第1步 表达式1执行且只执行一次，表达式1通常是变量赋初值。

第2步 执行表达式2，通常是一个判断条件的表达式，若表达式2条件成立，即为真（非0即为真），则执行for大括号内需要执行的语句，然后执行第3步；若表达式2条件不成立，则结束for语句，直接跳出，不再执行第3步。

第3步 执行表达式3，表达式3通常是变量的变化规律表达式，按规律更新变量值，然后跳到第2步重复执行。

本例中“for(j=0;j<100;j++);”这条指令的执行过程如下：

第1步 将0赋值给变量j，j=0。执行一次。

第2步 判断表达式2，即j<100是真是假，此时j<100为真，条件成立，执行一次for循环体内语句，因为for内部语句为空，即什么也不执行。

第3步 执行表达式3，j自增1，j=1。返回第2步，判断表达式2，即j<100是真是假，此时j<100为真，条件成立，执行一次for循环体内语句，因为for内部语句为空，即什么也不执行，接着进入第3步。j自增1，j=2。再返回第2步，判断表达式2的条件，直至条件不成立，即j自增到100，结束for循环。

【C51知识点】 软件延时程序的编写

在程序设计中延时程序通常用于LED、数码管、液晶显示、按键去抖动以及各种时序模拟中。C51编程中常用的延时程序设计方法有4种，见表3-1。

表 3-1　C51 延时程序设计方法

序号	设计方法	例　　句	说明
1	for 循环结构	for(i=0;i<100;i++);	不精确定时
2	while 循环结构	i=250;while(i--);	不精确定时
3	定时器定时	TMOD=0x01;TH0=0xEE;TL0=0x00;TR0=1;(f=12MHz)	精确定时
4	库函数	_nop_();//一个机器周期的时间	精确定时

本节介绍 for 循环和 while 循环结构的延时函数的编写方法，这两种结构都可以通过修改 i 变量的值来改变延时时间。在程序设计中，通常把延时程序写成一个函数形式，便于调用和移植。下面介绍不带参数和带参数延时函数的写法：

(1) 不带参数延时函数的写法　在程序设计中，如果有一些语句不止一次用到，而且语句内容都相同，就可以把这样的一些语句写成一个不带参数的函数；当在主函数中需要用到这些语句时，直接调用这个函数就可以了。

在扩展训练中的两条 for 循环语句，在程序中出现了两次，因此，可以把这两条指令封装成一个函数。

```
void delay()//200ms 延时函数
{
    uint i,j;
    for(i=0;i<247;i++)
        for(j=0;j<100;j++);
}
```

其中，void 表示这个函数执行完后不返回任何数据，即它是一个无返回值的函数。delay 是函数名，可由用户自定义，但是不要和 C 语言中的关键字相同，一般写成方便记忆或读懂的名字，也就是一看到函数名就知道此函数实现的内容是什么。这里一看到 delay 就知道是一个延时函数；delay 后面是一个括号，括号里没有参数，这是一个无返回值、不带参数的函数。有了 delay 函数后，上例程序可修改为：

【参考程序 2】

```
#include <reg52.h>
#define uint unsigned int       //宏定义 uint 代替 unsigned int
sbit LED = P0^0;                //位声明
void delay( )                   //200ms 延时函数
{
    uint i,j;
    for(i=0;i<247;i++)
        for(j=0;j<100;j++);
}
void main()                     //主函数
{
    while(1)
    {
```

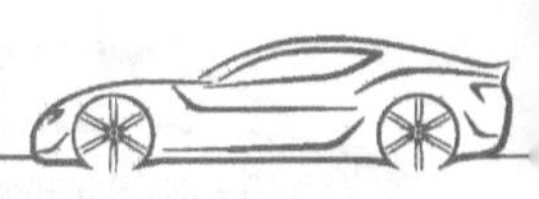

```
            LED=0;      //LED 亮
            delay();    //调用延时函数
            LED=1;      //LED 灭
            delay();    //调用延时函数
        }
    }
```

不带参数的延时函数时间是固定的，不能修改。很多情况下需要根据实际情况调整延时时间，所以可以采用带参数的延时函数。

（2）带参数延时函数的写法

```
void delayms (uint xms)          //ms 延时函数
{
    uint i,j;
    for(i=0;i<xms;i++)
        for(j=0;j<120;j++);//延时
}
```

其中 xms 是一个 unsigned int（宏替换为 uint）型变量，是函数的形参（形式参数），在调用此函数时要用一个具体真实的数据也就是实参（实际参数）代替此形参，形参被实参代替之后，在函数内部所有和形参名相同的变量都被实参代替。这样有了带参数的延时函数，就可以通过调用函数时修改实参的值来决定延时的时间长短。

带参数延时函数的 LED 闪烁程序可修改为：

【参考程序 3】

```
#include <reg52.h>
#define uint unsigned int            //宏定义 uint 代替 unsigned int
sbit LED = P0^0;                     //位声明
void delayms(uint xms);              //delayms 延时函数声明
void  main()                         //主函数
{
    while(1)
    {
        LED=0;                       //LED 亮
        delayms(200);                //调用延时函数
        LED=1;                       //LED 灭
        delayms(200);                //调用延时函数
    }
}
void delayms (uint xms)              //函数定义
{
    uint i,j;
    for(i=0;i<xms;i++)
        for(j=0;j<120;j++);  //延时
}
```

需要延时 200ms 就可以在调用时写成“delayms（200）;”，要延时 300ms 就写成“delayms（300）;”，使用起来就方便很多。

不管是带参数的还是不带参数的函数，都属于自定义函数，这种自定义函数在程序中有两种放置方法：一种是放在 main（）函数前面，如参考程序 2；一种是放在 main（）

函数后面，但在 main（）函数前面需要进行函数声明，如参考程序 3。

注：while 循环结构的延时程序写法如下。

不带参数的延时程序：

```
void delayms( )                        //ms 延时函数
{
    uint i,j;
    i=1;
    while(i--)
        for(j=0;j<120;j++);            //延时
}
```

带参数的延时程序：

```
void delayms(uint xms)                 //ms 延时函数
{
    uint j;
    while(xms--)
        for(j=0;j<120;j++);            //延时
}
```

for 循环结构和 while 循环结构的延时程序具体延时了多长时间，在程序中是无法看出来的，但是可以通过 Keil C 软件的仿真功能确定一下延时程序的大概时间。这种结构的延时时间是不精确的。

【C51 知识点】 利用 Keil C 软件的仿真功能确定延时程序的延时时间

具体步骤如下：

1）在 Keil C 编辑界面，选择菜单“Project”→“Options for Target‘Target1’”或单击快捷按钮，弹出“Options for Target‘Target 1’”对话框。在“Target”选项卡下的“Xtal（MHz)”后将默认的“24.0”修改为“12.0”，即 12MHz，仿真晶振频率应保持和实际硬件的晶振频率一致，如图 3-14 所示。

2）在 Keil C 编辑界面，选择菜单“Debug”→“Start”→“Stop Debug Session”，或单击快捷按钮，进入到软件模拟调试模式，仿真调试界面如图 3-15 所示。界面中的窗口可通过菜单“View”的相应选项打开或关闭；界面上几乎所有子窗口的位置都可以调整，只需用鼠标拖动子窗口的标题栏，这时在屏幕上就会出现多个指示目标位置的箭头图标，拖着窗口把鼠标移到相应的箭头图标上，松开鼠标，窗口就到新的位置了。

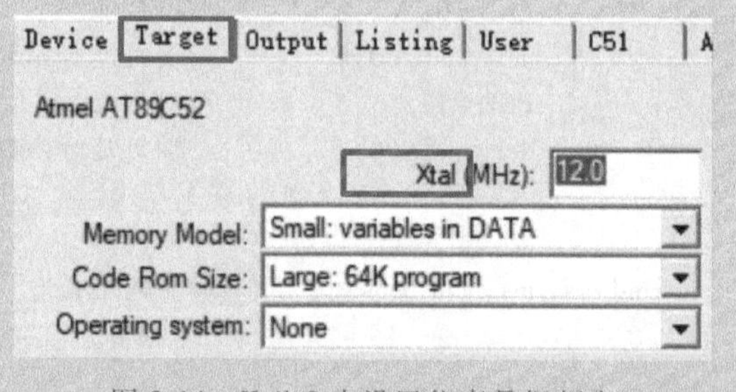

图 3-14 Keil C 中设置仿真晶振频率

3）插入断点。在代码编辑窗口，可以在需要的代码行序号处双击鼠标插入断点，图 3-15 中，在“LED=0;”和“LED=1;”两行序号处双击鼠标插入断点，若该处出现两个红色的方块，则表示已插入断点。

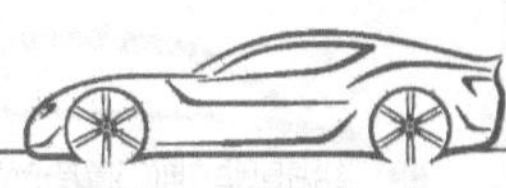

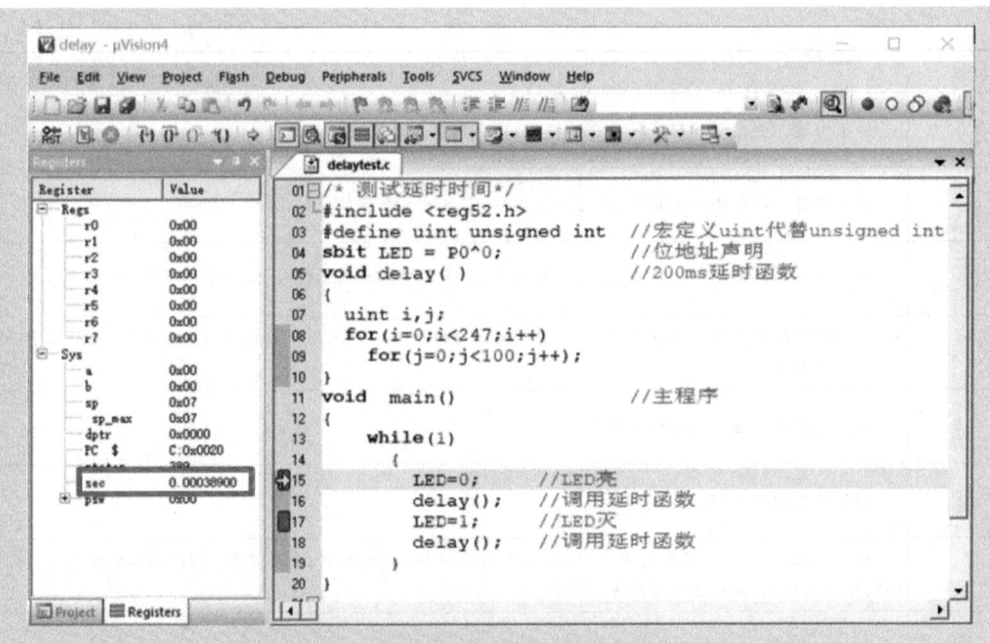

图 3-15 Keil C 仿真调试界面

4）全速运行。在调试界面，单击按钮，全速运行后，停在第一个断点处，即“LED=0;”处，若在代码编辑窗口的该断点处出现黄色的箭头，将表示这条指令是程序下一条要执行的指令。此时，记录寄存器窗口中“sec”这个变量的值，“sec”后面的数据就表示程序代码执行所用的时间，单位为 s（秒）。图 3-15 中，程序启动运行至“LED=0;”的上一条指令用了 0.000389s。

5）再单击按钮，程序继续全速执行到下一个断点处，即“LED=1;”处，记录 sec=0.200714s，减去上一条指令的 0.000389s，二者之差就是两条 for 循环的延时时间，大约 200ms。可通过调整 i 和 j 变量的上限（247 和 100）的值来调整延时时间。

调试状态下的调试运行按钮如图 3-16 所示，断点操作按钮如图 3-17 所示。调试快捷按钮功能描述见表 3-2。

图 3-16 调试运行按钮

图 3-17 断点操作按钮

表 3-2 调试快捷按钮功能描述

按钮	功能描述
RST	复位 CPU。将程序复位到主函数的最开始处，准备重新开始运行程序
	全速运行。运行程序时中间不停止，若设置断点，将运行至断点处

（续）

按钮	功能描述
	停止全速。全速运行程序时单击该按钮，用来停止正全速运行的程序
	单步跟踪。每单击一次按钮，执行一条指令，可以进入子函数内部执行
	单步运行。每单击一次按钮，执行一条指令，不进入子函数内部执行，跳过子函数
	使用单步跟踪进入子函数内部时，使用本按钮可跳出当前进入的子函数，使程序返回到调用此子函数的下一条指令
	程序直接运行至当前光标所在行
	调试状态的进入/退出
	插入/清除断点。用鼠标选中一行，然后单击此按钮，插入断点；或在欲插入断点行的序号处双击鼠标，可加入断点，再双击清除断点
	使能/禁止断点。开启/暂停光标所在行的断点功能
	禁止所有断点。暂停所有断点
	清除所有的断点设置

3.2.4 流水灯仿真实例

任务要求：控制 8 个 LED 按照一定的时间间隔依次轮流点亮。

设计思想：把 8 个 LED 连接至 P0～P3 的任意一个端口上，采用整字节控制 LED 的亮灭。关键环节为：

1）本例中将 8 个 LED 接在 P2 口上。

2）8 个 LED 的字节控制：通过对 P2 口整字节赋值实现对 8 个 LED 的控制。例如：让偶数引脚 LED 亮（低电平点亮），奇数引脚 LED 灭，则 8 个引脚的电平为 1010 1010，由低位到高位对应的引脚为 P2.0～P2.7，十六进制编码为 0xAA。写指令“P2＝0xAA;”即可实现。

3）8 个 LED 依次轮流点亮可以用 for 循环或其他循环语句实现。

1. 硬件电路设计

P2 口连接 8 个 LED，P2 口作为输出口不用外接上拉电阻，限流电阻为 330Ω。流水灯仿真电路图如图 3-18 所示。

说明：在 Proteus 中单击“P”按钮挑选元器件 AT89C52、RES（电阻）、LED-YELLOW（发光二极管）、BUTTON（按键）、CRYSTAL（晶振）、CAP（电容）、CAP-ELEC（电解电容）。

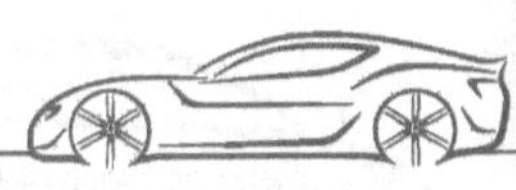

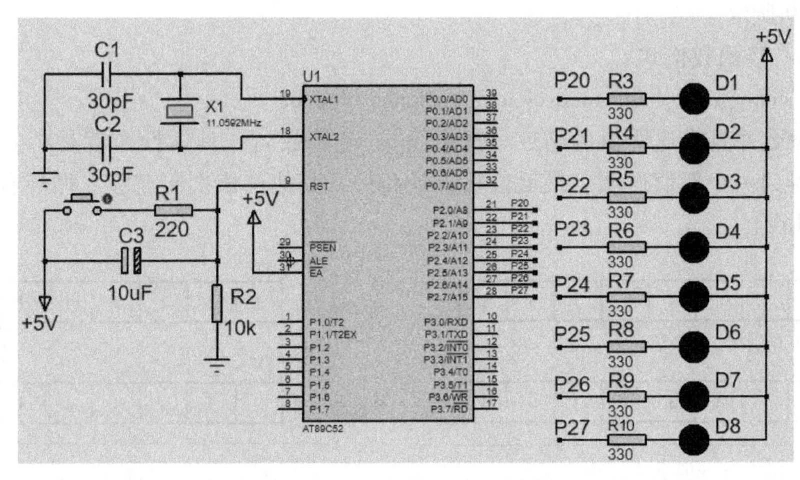

图 3-18　流水灯仿真电路图

流水灯仿真实例（视频）

流水灯仿真实例（PPT）

2. 软件设计

实现效果：P2.0 的 LED 先亮，然后 P2.1～P2.7 的 LED 依次亮。根据电路图 3-18，P2 口的引脚输出低电平点亮 LED，输出高电平熄灭 LED。流水灯的引脚电平状态见表 3-3。

表 3-3　流水灯的引脚电平状态

状态	P2.7	P2.6	P2.5	P2.4	P2.3	P2.2	P2.1	P2.0	编码
1	1	1	1	1	1	1	1	0	0xFE
2	1	1	1	1	1	1	0	1	0xFD
3	1	1	1	1	1	0	1	1	0xFB
4	1	1	1	1	0	1	1	1	0xF7
5	1	1	1	0	1	1	1	1	0xEF
6	1	1	0	1	1	1	1	1	0xDF
7	1	0	1	1	1	1	1	1	0xBF
8	0	1	1	1	1	1	1	1	0x7F

从表 3-3 可以看出，8 个 LED 依次点亮，对应了 8 个状态。而 8 个状态中，8 个引脚电平之间是循环左移（或循环右移）的关系。实现流水灯的算法有多种，下面介绍 3 种方法：基于库函数、逻辑运算符和数组的流水灯程序设计。

（1）基于库函数的流水灯程序设计　C 语言本身没有循环左移（或右移）运算，但在“intrins. h”库中有循环左移和循环右移函数。使用这两个函数，必须在程序的开头处包含“intrins. h”这个头文件。

1）循环左移函数格式：

```
unsigned char _crol_(unsigned char c,unsigned char b)
```

这是一个带参数并具有返回值的函数。其中_ crol_ 是函数名，具体操作就是将 c 的内容循环左移 b 位后得到一个新值返回。最高位移入最低位，其他位依次向左移。循环左移 1 位示意图如图 3-19 所示。

2）循环右移函数格式：

unsigned char _cror_(unsigned char c,unsigned char b)

这是一个带参数并具有返回值的函数。其中_cror_是函数名，具体操作就是将 c 的内容循环右移 b 位后得到一个新值返回。最低位移入最高位，其他位依次向右移。循环右移 1 位示意图如图 3-20 所示。

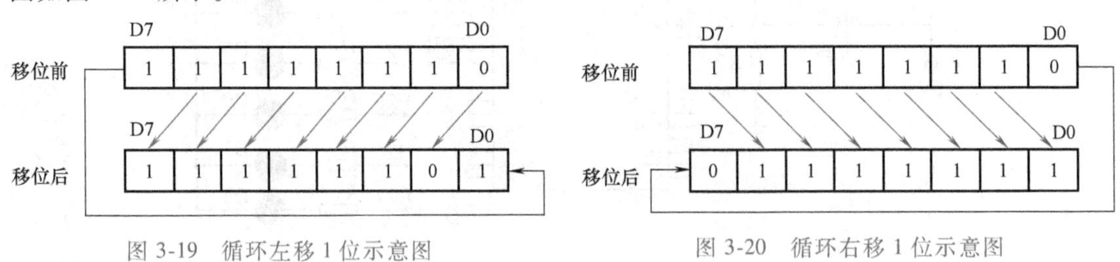

图 3-19　循环左移 1 位示意图　　图 3-20　循环右移 1 位示意图

【采用循环左移函数实现的流水灯程序代码】

```
#include <reg52.h>
#include <intrins.h>                //包含循环移位函数的头文件
#define uchar unsigned char         //宏定义 uchar 代替 unsigned char
#define uint unsigned int           //宏定义 uint 代替 unsigned int
void  delayms(uint  i)              //ms 延时函数
{
    uchar t;
    while(i--)
    {
        for(t=0;t<120;t++);
    }
}
void  main()                        //主函数
{
    P2=0xFE;                        //初值,P2.0 LED 亮
    while(1)
    {
        delayms(500);               //延时 500ms,可根据实际情况在 0~65535 间调整
        P2=_crol_(P2,1);            //_crol_(P2,1)把 P2 的数据循环左移一位,送给 P2
    }
}
```

（2）基于逻辑运算符的流水灯程序设计　C51 中没有循环移位的运算符，但有左移“<<”和右移“>>”逻辑运算。

1）左移：C51 中操作符为“<<”，每执行一次左移指令，被操作的数将最高位移入 PSW 中的 CY 位，最低位补 0，其他位依次向左移动一位，左移示意图如图 3-21 所示。

2）右移：C51 中操作符为“>>”，每执行一次右移指令，被操作的数将最低位移入 PSW 的 CY 位，最高位补 0，其他位依次向右移动一位，右移示意图如图 3-22 所示。

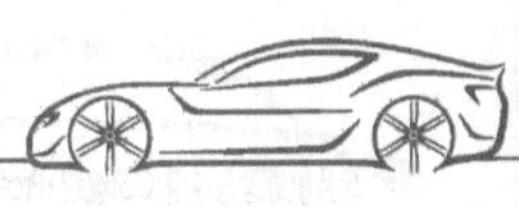

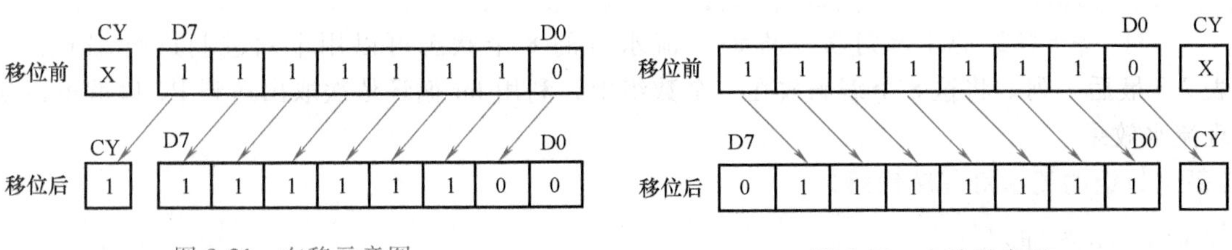

图 3-21 左移示意图

图 3-22 右移示意图

【基于逻辑运算符的流水灯程序代码】

```
#include <reg52.h>
#define uchar unsigned char                    //宏定义 uchar 代替 unsigned char
#define uint unsigned int                      //宏定义 uint 代替 unsigned int
void   delayms(uint i)                         //延时函数
{
    uchar t;
    while(i--)
    {
        for(t=0;t<120;t++);
    }
}
void   main()                                  //主函数
{
    while(1)
    {
        uchar i,temp=0x01;                     //左移初值赋给 temp 变量
        for(i=0;i<8;i++)
        {
            P2=~temp;                          //temp 中的数据按位取反后送 P2 口
            temp=temp<<1;                      //temp 中的数据左移一位
            delayms(500);                      //延时 500ms
        }
    }
}
```

【C 语言知识点】取反运算符“~”

“~”：按位取反。

【例 3-1】 temp=0x01；P2=~temp；这两条指令执行后 P2 口的值是多少？

【解】 指令执行过程是：

temp= 0b0000 0001（对应十六进制 0x01）

~temp= 0b1111 1110（对应十六进制 0xFE）

P2=0b1111 1110（对应十六进制 0xFE）

这两条指令执行后 P2 口的值是 0xFE，接至 P2.0 的 LED 亮，其他 LED 灭。

（3）基于数组的流水灯程序设计　流水灯的 8 个状态可以用十六进制进行编码，见表 3-3 最后一列。将这 8 个编码放在一个数组中，利用 for 循环依次取出送到 P2 口就可以实现流水效果。

【基于数组的流水灯程序代码】

```
#include <reg52.h>
#define uchar unsigned char                                          //宏定义 uchar 代替 unsigned char
#define uint unsigned int                                            //宏定义 uint 代替 unsigned int
uchar code tab[ ] = {0xFE,0xFD,0xFB,0xF7,0xEF,0xDF,0xBF,0x7F};       //左移点亮 LED 编码
void  delayms(uint i)                                                //ms 延时函数
{
    uchar t;
    while(i--)
    {
        for(t=0;t<120;t++);
    }
}
void  main()                                                         //主函数
{
    while(1)
    {
        uchar i;
        for(i=0;i<8;i++)
        {
            P2=tab[i];                                               //取 8 个状态值赋给 P2 口
            delayms(500);                    //延时 500ms,可根据实际情况在 0~65535 间调整
        }
    }
}
```

【微机原理知识点】　二进制到十六进制的转换

单片机芯片是数字电路，内部由成万上亿个开关管组合而成，每一个开关管都只能有开和关两种稳定状态，由二进制的“1”和“0”来表示。这里，逻辑“1”等价于+5V，称为高电平，逻辑“0”等价于 0V，称为低电平。这种电平标准也称为 5V TTL 电平标准。所以单片机只能识别“0/1”二进制数。书写二进制数据时需加前缀 0b，但是二进制数书写麻烦，因此编写程序时常采用十六进制数来表示，书写十六进制数时需加前缀 0x。在本质上十六进制和二进制是一样的，十六进制是二进制的一种缩写形式。二进制、十进制和十六进制之间的转换见表 3-4，进制表示不区分大小写。

二进制数是“逢二进一，借一当二”，十六进制数就是“逢十六进一，借一当十六”。十六进制就是把 4 个二进制位组合为一位来表示，于是它的每一位有 0b0000~0b1111

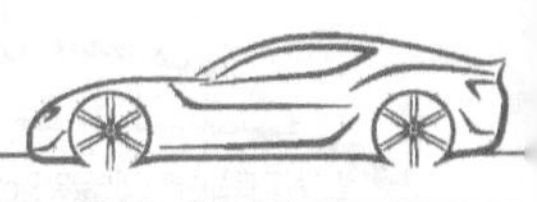

共 16 个值，用 0~9 再加上 A~F（或 a~f）表示。可以采用权的方法把二进制转换为十六进制数、二进制 4 位一组，4 位对应的权为 8/4/2/1。

表 3-4　进制转换

十进制	二进制	十六进制	十进制	二进制	十六进制
0	0	0	8	1000	8
1	1	1	9	1001	9
2	10	2	10	1010	A
3	11	3	11	1011	B
4	100	4	12	1100	C
5	101	5	13	1101	D
6	110	6	14	1110	E
7	111	7	15	1111	F

【例 3-2】　将 0b1010 转换为十六进制数。

【解】　转换过程：按权进行运算，从最高位开始算，8×1+4×0+2×1+1×0=10，查表 3-4 可知，二进制数 0b1010 对应的十进制数是 10，对应的十六进制数是 0xA。

在单片机中数据的基本单位是一个字节，即 8 个二进制位。一个字节的二进制数的表达范围是 0b0000 0000~0b1111 1111，在程序中用十六进制表示的时候就是 0x00~0xFF。

【例 3-3】　将 0b1111 1110 转换为十六进制数。

【解】　转换过程：0b1111 1110 有 8 个二进制位，分成 2 组，高 4 位 1111，低 4 位 1110；每 4 位对应一个十六进制数，分别转换，然后查表 3-4 对照。

1111：8×1+4×1+2×1+1×1=15，对应的十六进制为 0xF。

1110：8×1+4×1+2×1+1×0=14，对应的十六进制为 0xE。

0b1111 1110 对应的二进制数为 0xFE。

3. 仿真运行

将程序编译生成 Hex 文件，加载到单片机中，单击运行按钮，流水灯仿真效果图如图 3-23 所示，LED 从上到下依次点亮。

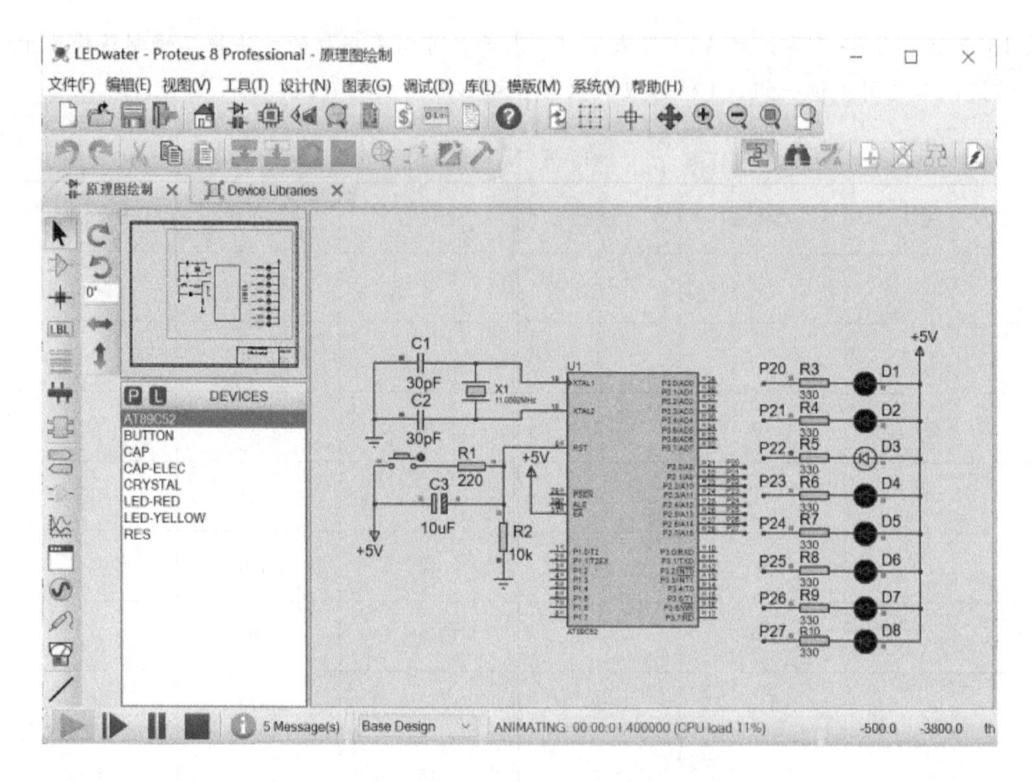

图 3-23　流水灯仿真效果图

3.3 单片机控制数码管

数码管是常见的显示器件，数码管为“8”字形的，共计 8 段（包括小数点段在内）或 7 段（不包括小数点段），每一段对应一个 LED。市面上常见的有单个、2 个、4 个和 6 个等数码管一体的数码管显示器，外形如图 3-24 所示。本节主要介绍单个和 4 个数码管的使用方法。

图 3-24　数码管外形

3.3.1　单个数码管的显示原理

1. 单个数码管的内部结构及引脚

单个数码管的引脚分布如图 3-25 所示。数码管有共阴极和共阳极两种，内部结构图如图 3-26 所示。

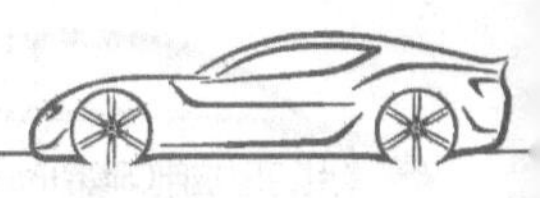

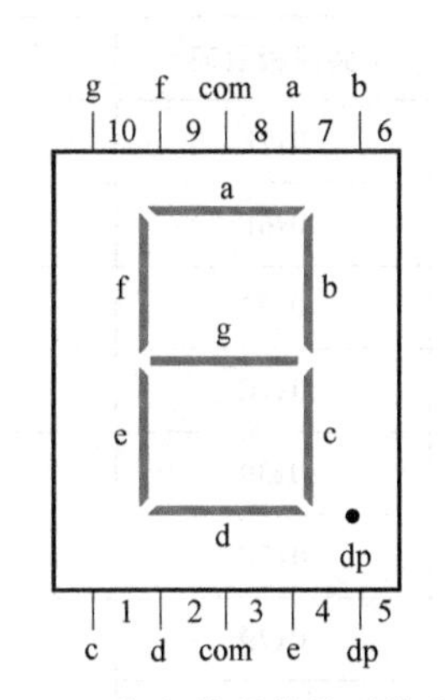

图 3-25　单个数码管的引脚分布

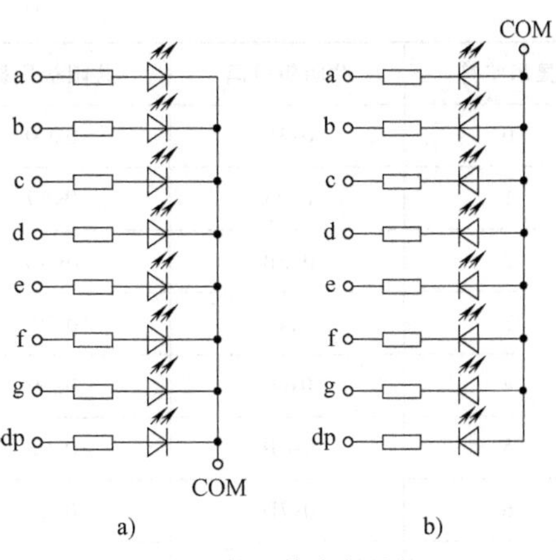

图 3-26　数码管内部结构图

a）共阴极　b）共阳极

共阴极数码管是 8 个 LED 的阴极都连接在一起，即图 3-26a 中的公共端 COM；8 个阳极引出作为引脚，即图 3-26a 中的 a、b、c、d、e、f、g、dp 8 个引脚端，这 8 个引脚称为段码端。

共阳极数码管是 8 个 LED 的阳极都连接在一起，即图 3-26b 中的公共端 COM；8 个阴极引出作为引脚，即图 3-26b 中的 a、b、c、d、e、f、g、dp 8 个引脚端，这 8 个引脚称为段码端。

按照内部结构，数码管应该有 9 个引脚，而实际封装是 10 个引脚。由图 3-25 可以看出 3、8 脚都是公共端，这 2 个引脚在内部是接在一起的，一是为了对称，二是 8 个 LED 支路并联在一起，每条支路电流都会通过公共端，有两个公共端，公共电流就会平均到 2 个引脚上以降低单条线路承受的电流。

2. 单个数码管显示原理

共阴极数码管公共端 COM（阴极）接低电平，当段码端（阳极）接高电平时，该段 LED 就被点亮；当段码端（阳极）接低电平时，该段 LED 的两端都是低电平，则该段 LED 就不会被点亮。同理，共阳极数码管公共端 COM（阳极）接高电平，段码端（阴极）接低电平时，该段 LED 被点亮；段码端（阴极）接高电平时，该段 LED 的两端都是高电平，该段 LED 熄灭。所以，使用单个数码管时，只需把公共端接好，控制 8 个段码端的高低电平就可控制该段 LED 的亮灭。

结合图 3-25，以共阳极数码管为例，显示数字“0”，则“a、b、c、d、e、f”这 6 段 LED 点亮，“g、dp”这 2 段 LED 不亮。所以，给公共端接高电平，段码端“a、b、c、d、e、f”这 6 个引脚都送低电平，“g、dp”这 2 个引脚送高电平，这样就显示“0”了。习惯上以“a”段对应字形编码字节的最低位，这样 8 个阴极引脚电平就对应了一个字节的二进制码，称为段码。数字“0”的段码为“1100 0000”，十六进制表示为 0xC0；若显示“0.”，则段码为“0100 0000”，十六进制表示为 0x40。

为了使数码管显示不同的字形，要把某些段点亮，就要为 LED 数码管的各段提供一个字节的二进制码，即段码。共阴极和共阳极数码管的各种字符的段码（“a”段对应段码的最低位）见表 3-5。

表 3-5　共阴极、共阳极数码管的段码表

显示字符	共阴极段码	共阳极段码	显示字符	共阴极段码	共阳极段码
0	0x3F	0xC0	8	0x7F	0x80
1	0x06	0xF9	9	0x6F	0x90
2	0x5B	0xA4	A	0x77	0x88
3	0x4F	0xB0	b	0x7C	0x83
4	0x66	0x99	C	0x39	0xC6
5	0x6D	0x92	d	0x5E	0xA1
6	0x7D	0x82	E	0x79	0x86
7	0x07	0xF8	F	0x71	0x8E

3.3.2　一位数码管显示仿真实例

一位数码管显示仿真实例（视频）

一位数码管显示仿真实例（PPT）

任务要求：在 1 位共阳极数码管上循环显示“0~F”。

分析：共阳极数码管公共端可以直接接高电平（+5V），段码端根据显示的字形不同，需要给高、低电平，而单片机的 I/O 引脚正好可以输出高、低电平，因此，可由单片机的 I/O 口与数码管的段码端连接，通过单片机输出电平控制数码管的字形。

1. 硬件电路设计

本例中将共阳极数码管的段码端与 P2 口相连接，电阻起到限流的作用，调整电阻的阻值可调整数码管的亮度。1 位数码管显示电路如图 3-27 所示。

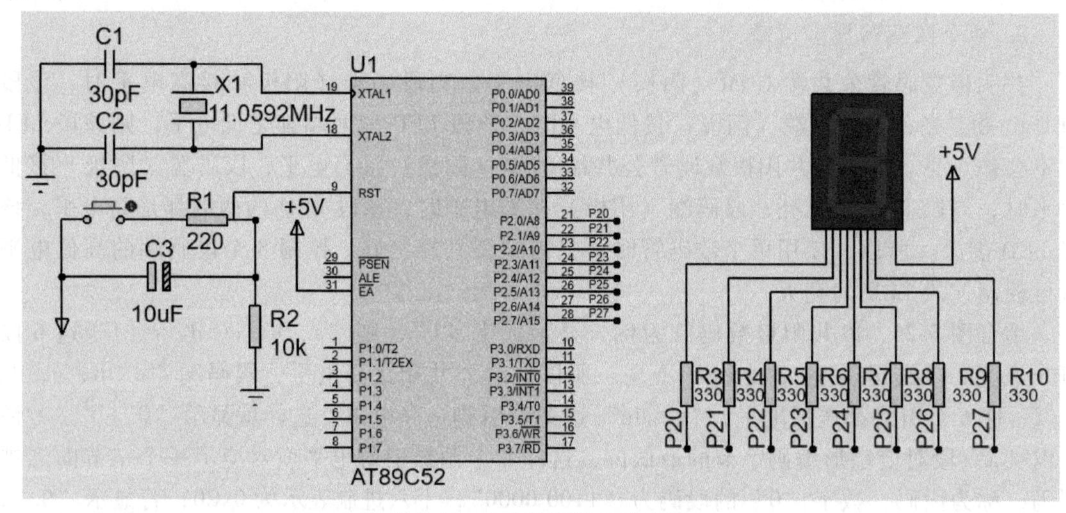

图 3-27　1 位数码管显示电路

说明：在 Proteus 中单击“P”按钮挑选元器件 AT89C52、RES（电阻）、BUTTON（按键）、CRYSTAL（晶振）、CAP（电容）、CAP-ELEC（电解电容）、7SEG-MPX1-CA（红色共阳极数码管）。

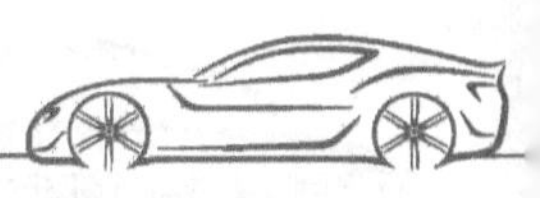

【Proteus 知识点】 Proteus 中绘制网络标号

在本例原理图绘制中，P2 口与数码管段码端的连接采用了网络标号。相同的网络标号，在电气上是连接在一起的，避免了用线相连使电路太乱。绘制网络标号的具体步骤如下：

1）在需要添加网络标号的引脚或元器件上先画一根短线。

2）在短线处右击，在弹出的快捷菜单中选择“Place Wire Lable”或选择快捷菜单中的图标LBL，弹出编辑网络标号窗口，如图 3-28 所示。在“String”后的框中输入网络标号“P20”，标号名称可以根据需要由用户自定义。用同样的方法添加其他网络标号。

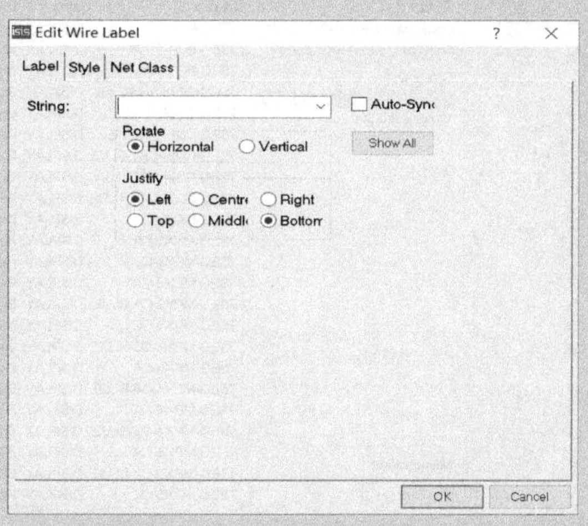

图 3-28　编辑网络标号窗口

逐个添加比较麻烦，可以采用批添加的方式，具体如下：

选择菜单“Tool”→“Property Assignment Tool”，或按下键盘“A 键”，弹出属性分配工具对话框，批添加网络标号设置如图 3-29 所示。在“String”后的框中输入“NET=P0#”，这里“#”表示从“Count”后的序号开始，“Count”后的值为“0”；所以第一个标号就是 P00，然后每次递增为“Incremen”后的值，“Count”和“Incremen”的值可修改。设好参数后，单击“OK”按钮关闭对话框。把鼠标放置在需要添加网络标号的线上，鼠标箭头处会出现一个绿色的“=”，单击一下需要标号的线即可自动添加一个网络标号，只要单击所有需要标号的线即可完成添加网络标号。

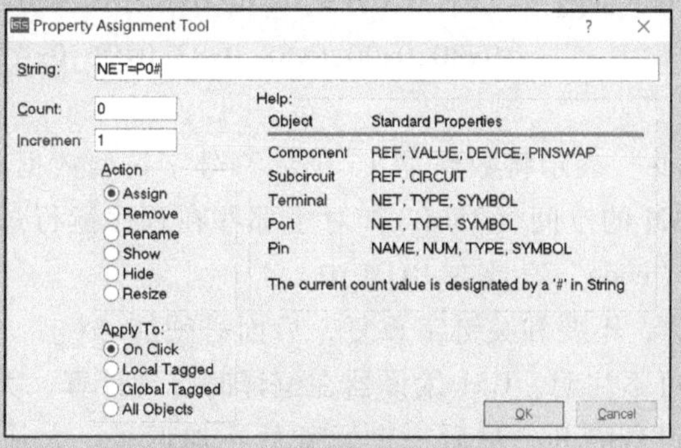

图 3-29　批添加网络标号设置

【Proteus 知识点】 Proteus 中数码管的添加

单击挑选元器件按钮P，弹出“Pick Devices”窗口，在“Keywords”中输入“7seg”，在搜索结果中会出现相关的数码管类型，如图 3-30 所示。数码管型号说明如下：①7SEG-MPX1-CA，七段码-1 个-共阳极（默认红色）；②7SEG-MPX1-CC，七段码-1 个-共阴极（默认红色）；③7SEG-MPX2-CA-BLUE，七段码-2 个-共阳极-蓝色；④7SEG-MPX2-CC-BLUE，七段码-2 个-共阴极-蓝色。还有 4 个、6 个和 8 个共阳极和共阴极数码管，可根据需要进行选择。

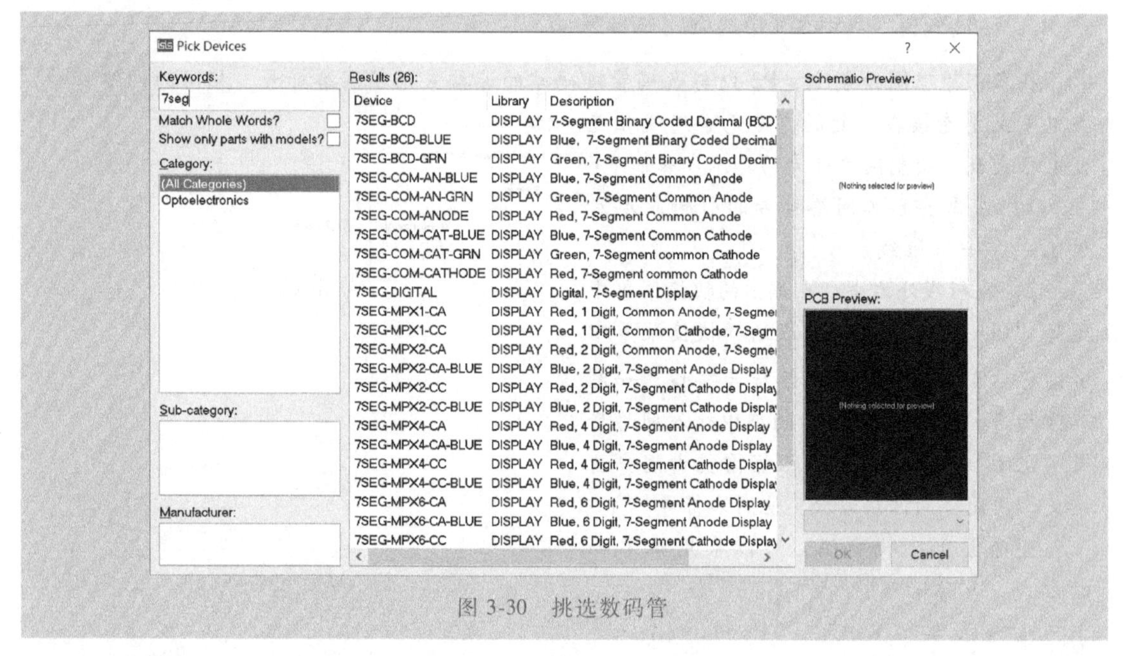

图 3-30　挑选数码管

2. 软件设计

设计思想：把“0～F”的段码放到数组 seg 中，用 for 循环依次取出数组中的段码送到数码管的段码端 P2 口，就可在数码管上循环显示。软件设计中的关键环节如下。

1）共阳极数码管“0～F”的段码：在表 3-5 中有共阳极数码管的“0～F”的十六进制编码，编码有 16 个，可以放在一个数组中，相应语句为：

```
unsigned char code seg[ ] = {0xC0,0xF9,0xA4,0xB0,0x99,0x92,0x82,0xF8,
                             0x80,0x90,0x88,0x83,0xC6,0xA1,0x86,0x8E};
```

说明：

① 该语句中的“code”表示将数组的 16 个无符号字符型数据存在 ROM 中，这样可以大大节省单片机内部 RAM 的空间（256B）。对于那些在程序运行过程中只使用而不改变其值的数据，就可以通过“code”存放在 ROM 中。

② seg 是数组的名称，不要和关键字重复，后面必须加“[ ]”，中括号内部要注明当前数组内的元素个数，也可不注明，C51 编译器在编译时自动计算。大括号内是包含的所有元素，元素与元素之间用逗号隔开，最后一个元素后不加逗号。大括号后要加分号“;”，表示数组定义结束。

③ 调用数组时，中括号内要写下标，数组下标从 0 开始，例如：seg［0］对应的元素为 0xC0，即数字“0”的段码。

2）数码管显示“0～F”中的一个：P2 口与段码端相连，所以只需把相应的段码送给 P2 即可，相应的语句为：“P2 = seg［i］; //i 为数组的下标”。

3）循环显示“0～F”：可采用 for 语句构成 16 次循环，或其他循环语句实现。

4）延时：数码管每显示 2 个字符之间要加一定的延时。因为 LED 从导通到发光需要一定的时间，如果点亮时间太短，则发光会太弱，应根据实际情况确定数码管显示的时间间隔。

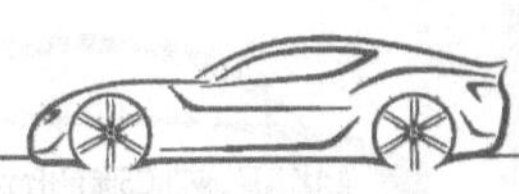

【参考程序】

```
#include<reg52. h>
#define uchar unsigned char                              //宏替换 uchar 代替 unsigned char
#define uint unsigned int                                //宏替换  uint 代替 unsigned int
uchar code seg[ ] = {0xC0,0xF9,0xA4,0xB0,0x99,0x92,0x82,0xF8,
                     0x80,0x90,0x88,0x83,0xC6,0xA1,0x86,0x8E};
                                                         //共阳极"0~F"段码
void delayms( uint xms)                                  //延时函数
{
    uint i,j;
    for( i=0;i<xms;i++)
        for( j=0;j<120;j++);
}
void main( )
{
    while( 1)
    {
        uchar i;
        for( i=0;i<16;i++)                               //16 次循环
        {
            P2=seg[ i];                                  //取"0~F"段码送给 P2,数码管上显示字形
            delayms( 500);                               //延时时间决定了刷新速度,根据需要调整
        }
    }
}
```

3. 仿真运行

将程序编译生成 Hex 文件，加载到单片机中，单个数码管仿真效果如图 3-31 所示，单击运行按钮，数码管上循环显示“0~F”。

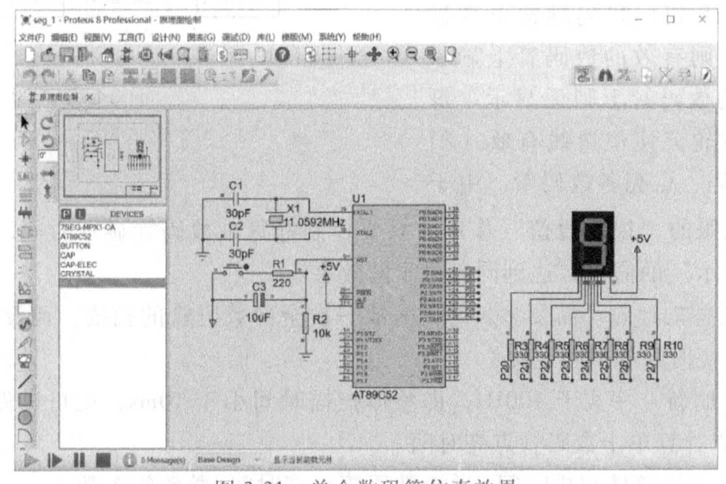

图 3-31　单个数码管仿真效果

3.3.3 多个数码管的显示原理

单片机控制多个数码管显示有两种方式：静态显示和动态显示。

1. 静态显示方式

（1）与单片机连接　各个数码管的公共端（COM）连接在一起接地（共阴极数码管）或接+5V（共阳极数码管），每个数码管的段码端（a～dp）分别与单片机的一个 I/O 口相连。1 个数码管需要 1 组 I/O 口，4 个数码管就需要 4 组 I/O 口，占用口线多。4 个数码管静态显示示意图如图 3-32 所示。

（2）显示原理　通过 4 个 I/O 口分别给 4 个数码管送欲显示字形的段码，则相应 I/O 口锁存器锁存的段码维持不变，数码管将稳定显示该字符，直到送入下一个显示字符的段码。静态显示就是无论使用多少位数码管，这些数码管都同时处于显示状态。

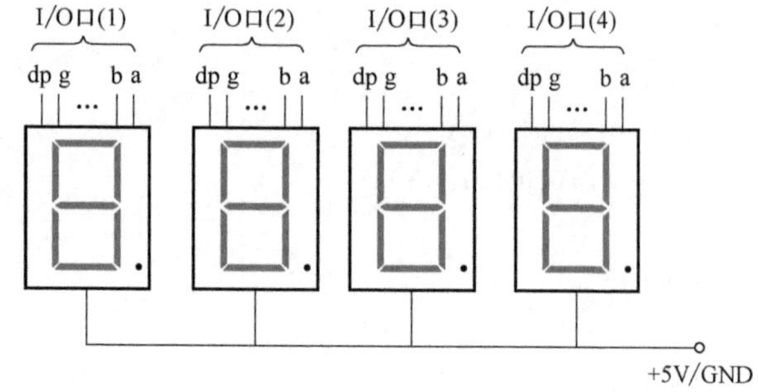

图 3-32　4 个数码管静态显示示意图

（3）特点　静态显示无闪烁，亮度高，软件编程也比较容易；但占用口线多，更适用于 1 个或 2 个数码管的控制。

2. 动态显示方式

（1）与单片机连接　动态显示方式也称为动态扫描方式。所有数码管的段码端（a～dp）并联与单片机的一组 I/O 口线相连，各个数码管的公共端（COM，也称位选端）分别和另一组 I/O 口线的引脚连接，4 个数码管动态显示示意图如图 3-33 所示。

（2）显示原理　首先，每一时刻只让 1 位数码管的位选线有效（共阳极数码管公共端高电平有效，共阴极数码管公共端低电平有效），即先选中某一个数码管使其位选线有效，而其他位选线都无效；然后，单片机向段码端输出欲显示字符的段码，则有效的数码管上显示字符，而无效的数码管上则无显示。每隔一定时间逐位轮流使位选线有效（扫描），再输出段码，点亮各数码管。由于数码管余辉和人眼的“视觉暂留”作用，只要控制好每个数码管显示时间，则可造成“多位数码管同时显示”的假象，达到同时显示的效果。

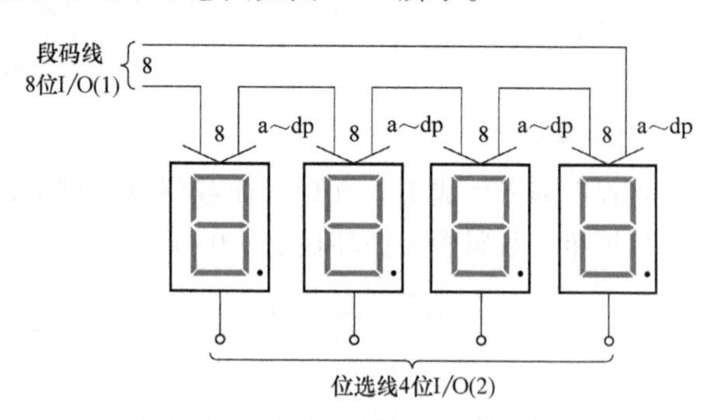

图 3-33　4 个数码管动态显示示意图

（3）扫描时间的计算　需要多长时间完成一次全部数码管的扫描，而没有闪烁现象呢？即 1 个数码管点亮时间如何确定呢？

只要扫描（刷新）率大于 100Hz，即整体扫描时间小于 10ms，就可以做到无闪烁。根据式（3-1）可以计算单个数码管点亮时间。

$$整体扫描时间=单个数码管点亮时间\times数码管个数 \quad (3-1)$$

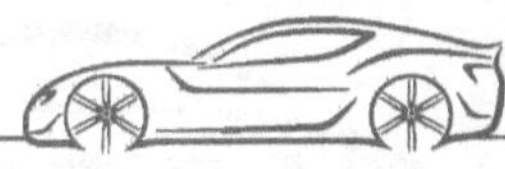

例如 4 个数码管动态显示，则每个数码管的点亮时间为 2.5ms 左右就无闪烁。

（4）特点　动态显示占用口线少，但有闪烁，扫描占用 CPU 大量的时间。

3.3.4　两位数码管静态显示仿真实例

两位数码管静态显示仿真实例（视频）

两位数码管静态显示仿真实例（PPT）

任务要求：采用 2 个共阳极数码管静态显示方式显示 25。

1. 硬件电路设计

2 个共阳极数码管采用静态显示方式，就需要 2 组 I/O 口线与 2 个数码管的段码端相连，本例中 2 个数码管的段码端分别和单片机的 P0 口和 P2 口相连，公共端都直接接高电平（+5V），仿真电路图如图 3-34 所示。图中 RP1 为 8 个 10kΩ 上拉电阻（排阻），RN1 和 RN2 为 8 个 330Ω 的限流电阻，电路中单片机最小系统电路省略。

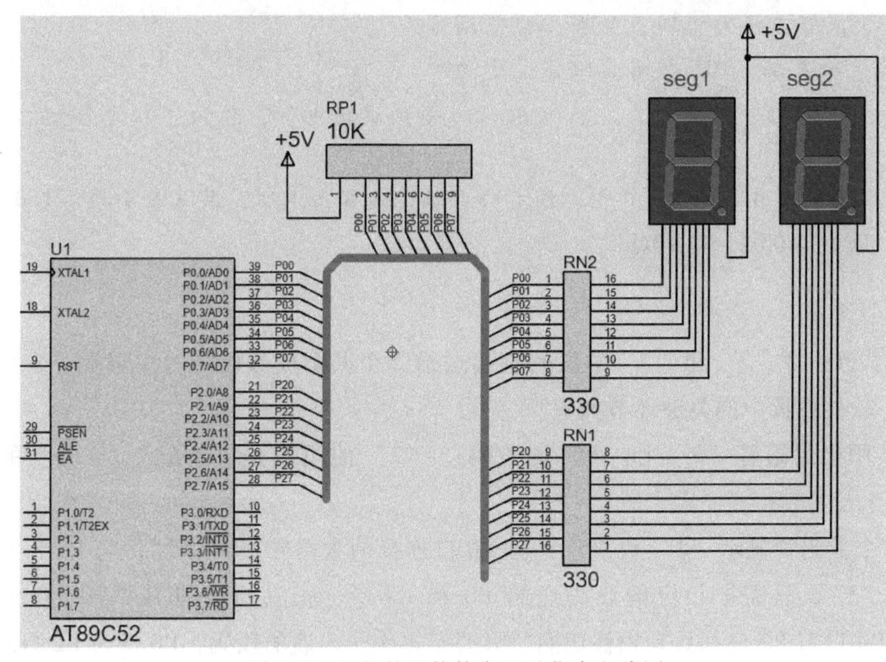

图 3-34　2 位数码管静态显示仿真电路图

说明：在 Proteus 中单击“P”按钮挑选元器件 AT89C52、7SEG-MPX1-CA（红色共阳极数码管）、RESPACK（排阻）、RX8（8 个电阻）。

【Proteus 知识点】　Proteus 中总线的画法

在复杂的电路图中使用总线，可简化电路图的连线，快速理解多连线元器件间的关系。绘制总线步骤如下：

1）进入绘制总线模式：单击 Proteus 左侧工具栏按钮，或在 Proteus 绘制电路图空白区域右击，在弹出菜单中选择“Place”→“bus”。

2）绘制方法：进入总线绘制模式后，在适当位置单击为总线起始点，在终点处双击，结束此段总线绘制，此种方式可以绘制直总线。为了美观，拐角处都采用 45°偏转方式绘制。在需要偏转处，单击后按<Ctrl>键，总线及电路连线会按鼠标移动方向进行偏转，单击，松开<Ctrl>键后结束偏转方式绘制。

【元器件知识点】 排阻

在给 P0 口外接上拉电阻时，每个引脚接一个电阻，电阻的另一端接高电平。这 8 个电阻阻值和接法都相同，所以将若干个参数完全相同的电阻集中封装在一起，它们的一个引脚都连到一起，作为公共引脚，其余引脚正常引出，称为排阻。

排阻分成 A 型和 B 型。A 型排阻由奇数个电阻组成，若由 n 个电阻构成，那么它就有 $n+1$ 只引脚，一般来说，最左边的那个是公共引脚，一般用一个色点标出来。B 型排阻由偶数个电阻组成，没有公共端，就是 n 个电阻，有 $2n$ 个引脚。直插式和贴片式排阻实物图如图 3-35 所示。

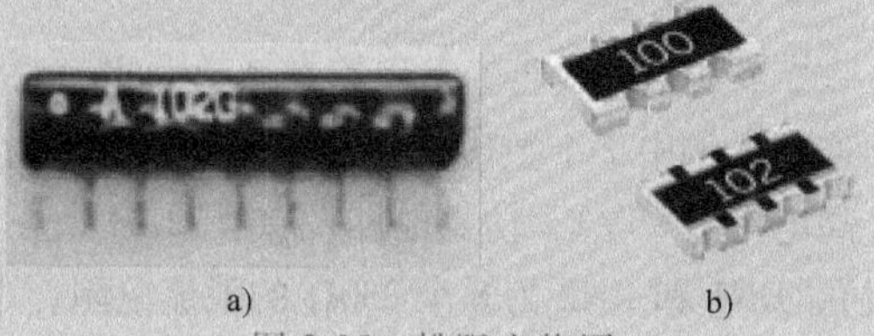

a)　　b)

图 3-35　排阻实物图

a）直插式排阻　b）贴片式排阻

图 3-35a 是直插式排阻，A 型，白色圆点对应的是公共端，102 表示其阻值大小为 $10\times10^2\Omega$，即 1kΩ。排阻作为上拉电阻时，公共端接电源；作为下拉电阻时，公共端接地。

图 3-35b 是贴片式排阻，B 型，没有公共端，是 4 个电阻，共 8 个引脚。100 表示其阻值大小为 $10\times10^0\Omega$，即 10Ω。

2. 软件设计

设计思想：将“2”和“5”的段码直接送给 2 个共阳极数码管的段码端，实现稳定显示“25”。软件设计中的关键环节如下。

1）共阳极数码管“2”和“5”的段码：“2”的段码是“0xA4”，“5”的段码是“0x92”。

2）2 个数码管显示“2”和“5”：与 P0 口连接的数码管显示“2”，与 P2 口连接的数码管显示“5”，只需把相应的段码送给 P0 和 P2 口，相应的语句为“P0 = 0xA4; P2 = 0x92;”。P0 口与 P2 口都具有锁存功能，只要不再次送入新的段码，P0 口与 P2 口就会保持原来的段码。

【参考程序】

```
#include<reg52.h>
void main(void)
{
    P0=0xA4;       //显示“2”
    P2=0x92;       //显示“5”
    while(1);      //在这死循环
}
```

3. 仿真运行

将程序编译生成 Hex 文件，加载到单片机中，仿真效果图如图 3-36 所示，单击运行按钮，2 个数码管上显示“25”。

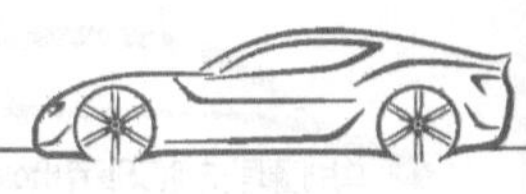

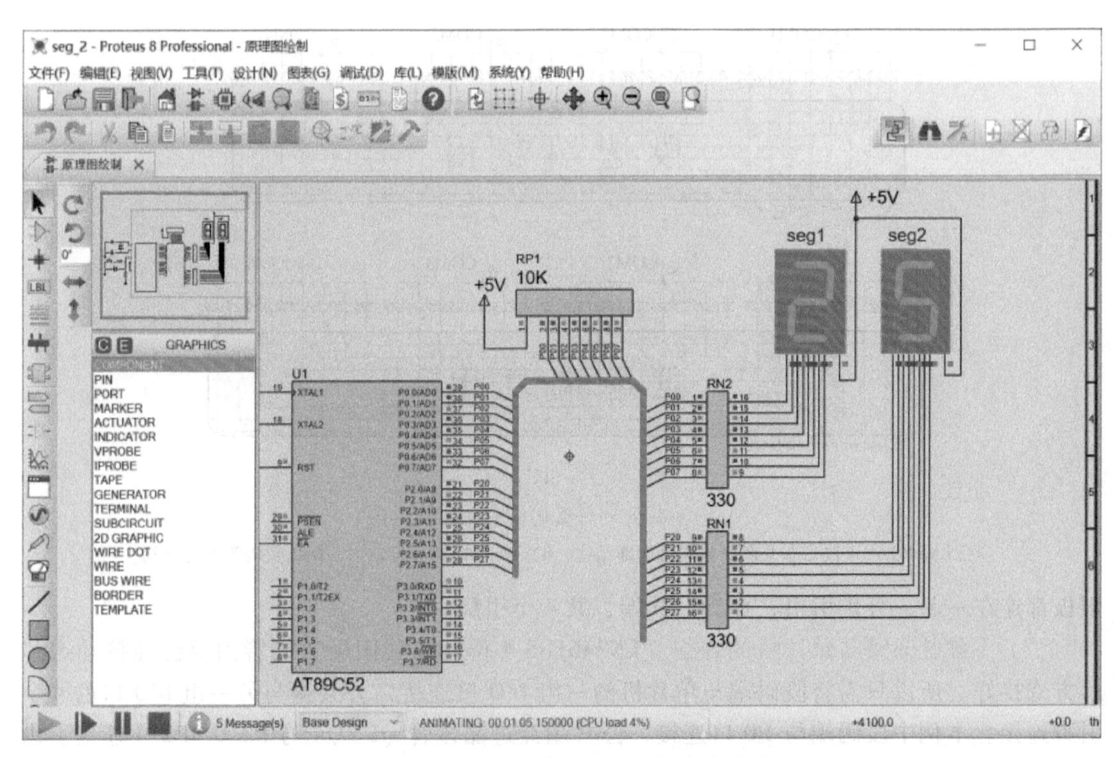

图 3-36　2 个数码管静态显示仿真效果图

3.3.5　4 位数码管动态显示仿真实例

任务要求：采用 4 位共阳极数码管动态显示方式稳定显示“3210”。

4 位数码管动态显示仿真实例（视频）

1. 硬件电路设计

为实现在 4 位共阳极数码管上循环显示“3210”，硬件设计中的关键环节如下。

（1）4 位数码管的形式　市面上有 1 位数码管、2 位一体、4 位一体和 8 位一体等形式的数码管，本例中选取 4 位一体的数码管，实物图和引脚图如图 3-37 所示。

4 位数码管动态显示仿真实例（PPT）

a)

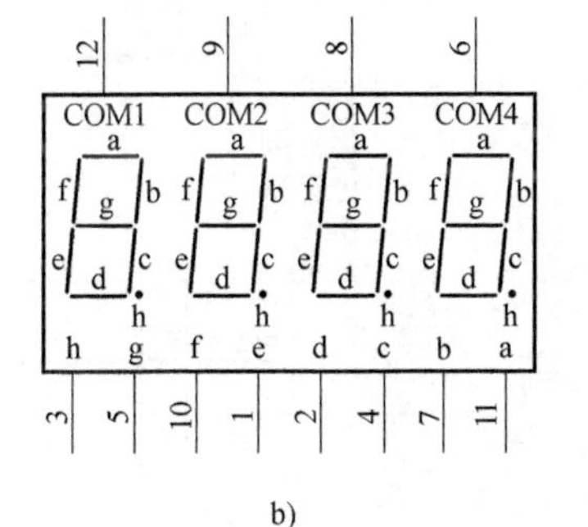

b)

图 3-37　4 位一体数码管

a）实物图　b）引脚图

4 位一体的数码管分成共阴极和共阳极 2 种，动态数码管内部结构如图 3-38 所示。内部采用的动态显示接法，4 个数码管的段码端并联后引出，共 8 个引脚；每个数码管的阴极或

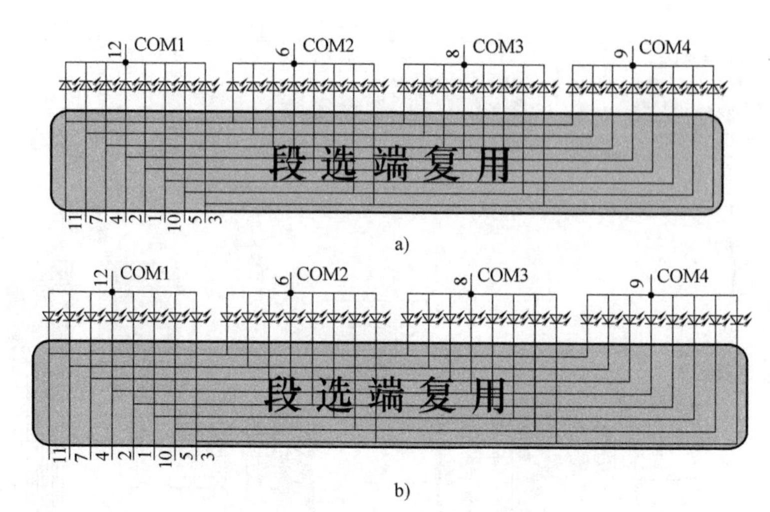

图 3-38　动态数码管内部结构

a）LN3461AS 4 位动态共阴极数码管内部结构　b）LN3461BS 4 位动态共阳极数码管内部结构

阳极都连在一起，分别引出，作为公共端，共 4 个引脚。

（2）4 位数码管与单片机的连接　LN3461BS 4 位动态共阳极数码管内部已经按动态显示方式接好，所以只需将段码端与单片机的一组 I/O 口连接，公共端与另一组 I/O 口的 4 个引脚连接。本例中段码端与 P0 口连接，公共端经过晶体管 Q1～Q4 与 P2.0～P2.3 连接。由于单片机的 I/O 口输出电流比较微弱，为使数码管有足够的亮度，通常要给数码管加驱动电路，本例采用晶体管驱动电路，也可以采用驱动芯片，例如采用 74HC245 等驱动芯片设计驱动电路。RP1 是 10kΩ×8 上拉排阻，RN1 是 8 个 330Ω 限流电阻。Q1～Q4 是 NPN 晶体管给数码管提供足够的电流，动态显示电路图如图 3-39 所示，最小系统电路省略。

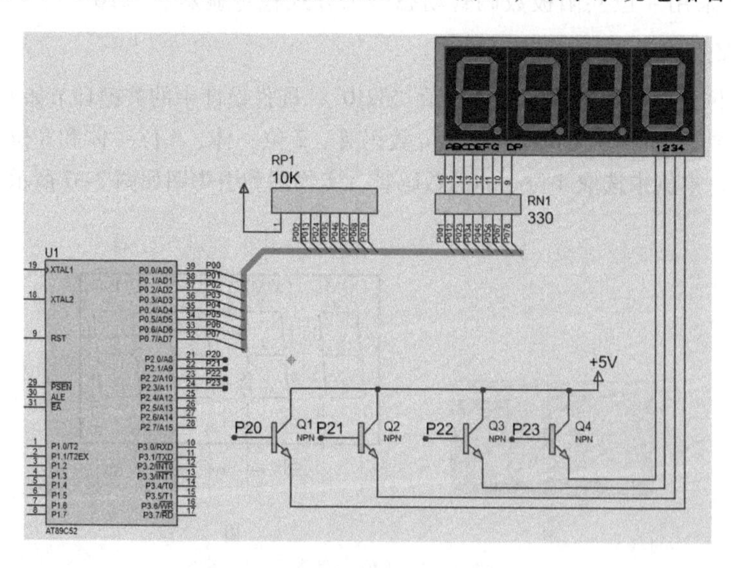

图 3-39　4 位数码管的动态显示电路图

说明：在 Proteus 中单击“P”按钮挑选元器件 AT89C52、7SEG-MPX4-CA（4 位共阳极数码管，红色）、RESPACK（排阻）、RX8（8 个电阻）、NPN（晶体管）。

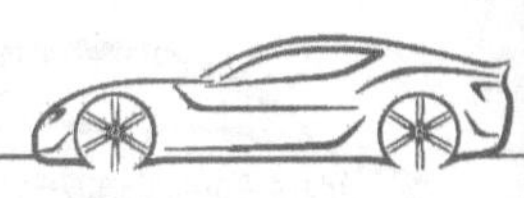

2. 软件设计

设计思想：动态扫描主要由“送位选码→送段码→延时→消隐→关闭位选”这 5 步实现。稳定显示“3210”的关键环节为：

1）共阳极数码管“3210”的段码分别为“0xB0，0xA4，0xF9，0xC0”。

2）动态显示过程：

① 送位选码。P2.0 输出高电平“1”，使 Q1 晶体管导通，高电平加到左数第 4 位数码管的公共端，由于是共阳极数码管，所以公共端是高电平时该位数码管有效；P2.1～P2.3 输出低电平“0”，这 3 个引脚控制的数码管公共端都为低电平“0”，无效。由于单片机复位后 I/O 口都输出高电平“1”，因此在使用 P2 口输出扫描码时，需要先把 P2 口清零，以免单片机上电后数码管都处于有效状态。这里的晶体管起到同相驱动的作用。也可以把晶体管设计成反相驱动的形式，这时，单片机输出低电平有效。

② 送段码。往段码端 P0 口输入“0xC0”，最低位数码管就显示字形“0”。

③ 延时。数码管点亮需要一定的时间。这个延时时间就是单个数码管点亮的时间，整体扫描时间只要小于 10ms，就可以做到无闪烁，即稳定显示。根据动态显示中整体扫描时间的计算公式［式（3-1）］可知，单个数码管点亮时间小于 2.5ms 即可。本例延时时间选为 2ms。

④ 消隐。数码管动态显示时，有时会出现数码管不应该亮的段，似乎有微微发亮。这种现象主要是数码管在切换时，输出位选和段选的瞬态造成的。在刚送完段码数据后，P0 口仍然保持着上次的段码数据，再执行下一位数码管的送位选数据指令后，原来保持在 P0 口的段码数据将直接加在数码管上，接下来才是再次通过 P0 口送出的段码数据。虽然这个过程非常短暂，但是在数码管高速显示状态下，仍然可以看见数码管出现显示重影的现象。解决的方法就是在送入下一位数码管的位选数据前，关掉段码端，即加上“P0＝0xFF;”，这样 P0 口数据全为高电平，4 个数码管都不显示，就可达到消隐的效果。

⑤ 关闭位选码。P2.0 输出低电平“0”，使 Q1 截止，该位数码管无效。

⑥ 依次扫描 P2.1、P2.2 和 P2.3，重复①～⑤步。

【参考程序】

```
#include<reg52.h>
#define uchar unsigned char
#define uint unsigned int
sbit w0=P2^0;                                                   //第 4 位数码管位选端(左数)
sbit w1=P2^1;                                                   //第 3 位数码管位选端
sbit w2=P2^2;                                                   //第 2 位数码管位选端
sbit w3=P2^3;                                                   //第 1 位数码管位选端
uchar code seg[]={0xC0,0xF9,0xA4,0xB0,0x99,0x92,0x82,0xF8,0x80,0x90};
                                                                //共阳极 0~9 段码
void delayms(uint xms)                                          //ms 延时函数
{
    uint i,j;
    for(i=0;i<xms;i++)
        for(j=0;j<120;j++);
}
void main()
```

```
{
    P2=P2&0xF0;                                  //清位选端为0,保留高4位的值,"&"按位与运算符
    while(1)
    {
        w0=1;                                    //送第4位数码管位选信号
        P0=seg[0];                               //送0的段码
        delayms(2);                              //延时2ms
        P0=0xFF;                                 //消隐
        w0=0;                                    //关闭第4位位选

        w1=1;                                    //送第3位数码管位选信号
        P0=seg[1];                               //送1的段码
        delayms(2);                              //延时2ms
        P0=0xFF;                                 //消隐
        w1=0;                                    //关闭第3位位选

        w2=1;                                    //送第2位数码管位选信号
        P0=seg[2];                               //送2的段码
        delayms(2);                              //延时2ms
        P0=0xFF;                                 //消隐
        w2=0;                                    //关闭第2位位选

        w3=1;                                    //送第1位数码管位选信号
        P0=seg[3];                               //送3的段码
        delayms(2);                              //延时2ms
        P0=0xFF;                                 //消隐
        w3=0;                                    //关闭第1位位选
    }
}
```

上述代码中4个数码管显示的程序结构一样，因此可以采用循环结构优化代码。P2口的扫描码第一次为0b1111 0001=0xF1，第二次为0b1111 0010=0xF2，第三次为0b1111 0100=0xF4，第四次为0b1111 1000=0xF8，将扫描码放在数组seg_scan［］中。

【优化参考程序】

```
#include<reg52.h>
#define uchar unsigned char
#define uint unsigned int
uchar code seg_scan[]={0xF1,0xF2,0xF4,0xF8};                           //数码管位选码
uchar code seg[]={0xC0,0xF9,0xA4,0xB0,0x99,0x92,0x82,0xF8,0x80,0x90};  //共阳极0~9段码
void delayms(uint xms)                                                 //ms延时函数
{
    uint i,j;
    for(i=0;i<xms;i++)
```

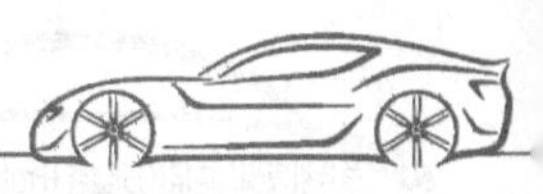

```
        for(j=0;j<120;j++);
}
void main()
{
    uchar k;
    while(1)
    {
        P2=P2&0xF0;                     //清位选端为0,保留高4位的值,"&"按位与运算符
        for(k=0;k<4;k++)                //4次循环
        {
            P2=P2&seg_scan[k];          //给P2口低4位送位选信号,P2口高4位状态保持不变
            P0=seg[k];                  //送段码
            delayms(2);                 //延时2ms
            P0=0xFF;                    //消隐
        }
    }
}
```

说明：由于P2的高4位在本例中没有用到，为了不影响高4位的使用，在P2口的低4位送出扫描码的同时，不希望改变高4位的值。所以采用了按位与“&”运算，“P2=P2&seg_scan［k］;”这条指令的效果是只给P2口低4位送位选信号，P2口高4位状态保持不变。

3. 仿真运行

将程序编译生成Hex文件，加载到单片机中，单击运行按钮，仿真效果如图3-40所示，稳定显示“3210”。

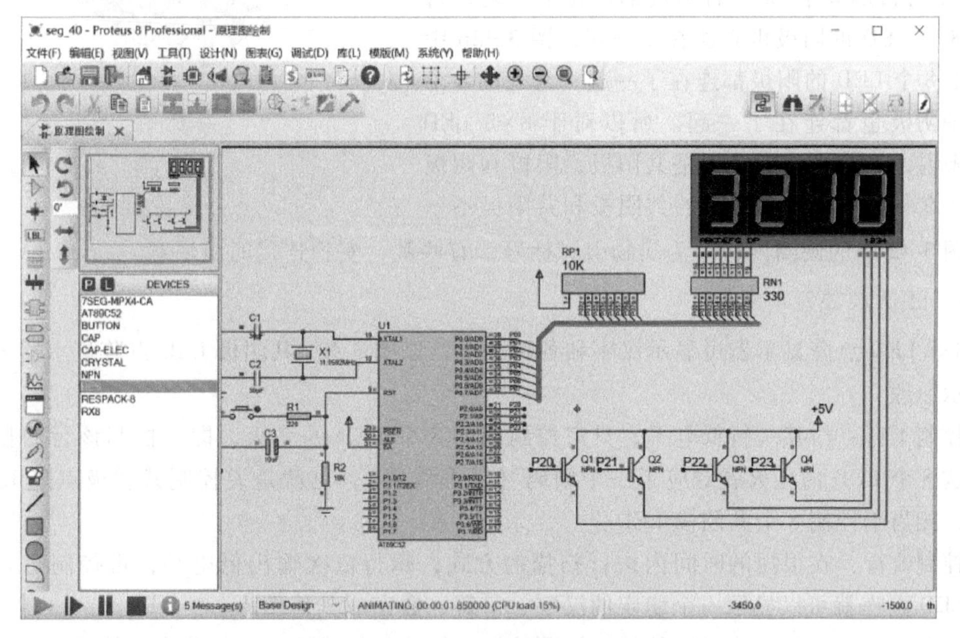

图3-40　4位数码管动态显示仿真效果

若将每个数码管点亮的时间延长为10ms，重新编译调试，此时可隐约看见4个数码管上同时显示着数字“3210”字样，但是看上去有些晃眼；若将每个数码管点亮的时间延长为200ms，重新编译调试，可看见数码管是一位一位轮流点亮的。

每一位数码管点亮都需要“送位选码→送段码→延时→消隐→关闭位选码”这5个步骤，利用数码管的余辉和人眼视觉暂留作用，只需设计好延时的时间，就会使人感觉好像各位数码管同时都在显示。而实际上多位数码管是一位一位轮流显示的，只是轮流的速度非常快，人眼已经无法分辨出来，造成“多位同时亮”的假象，达到4位数码管同时显示的效果。

3.4 单片机控制LED点阵显示

LED点阵显示器由若干个LED按矩阵方式排列而成，按阵列点数可分为5×7、5×8、6×8、8×8点阵，还可以拼接成16×16点阵、32×32点阵等不同的显示面积，有单色显示和彩色显示，有图文显示器和视频显示器；具有高亮度、寿命长、数字化和实时性等特点，广泛应用在商场、银行、车站、机场和医院等公共场合。本节主要介绍单片机控制单色8×8和16×16 LED点阵显示器的工作原理和软硬件设计。

3.4.1 8×8 LED点阵显示器的结构与显示原理

1. 8×8 LED点阵结构

8×8 LED点阵显示器就是由64个LED组成，实物图如图3-41所示，内部结构示意图如图3-42所示，按极性排列可分为共阴极和共阳极，每个LED都处于行线和列线之间的交叉点上。图3-42a中每行的8个LED的阴极都连在了一起，每列的8个LED的阳极也都连在了一起；图3-42b中每行的8个LED的阳极都连在了一起，每列的8个LED的阴极也都连在了一起。所以对于8×8 LED点阵来说，不管是共阴极还是共阳极，阳极和阴极都是连在一起的，和数码管的共阴极和共阳极不一样。图3-42中的圆圈内标号为实物引脚标号，有些乱，实物连接时应注意。

图3-41 8×8 LED点阵实物图

2. LED点阵显示原理

8×8 LED点阵显示器可显示汉字和各种图形，以图3-42a共阴极LED点阵显示器为例介绍显示原理。

控制1行：给某一行低电平，只需控制列的8个LED的亮灭，即可控制该行的显示效果。这8个LED的亮灭就对应了一个编码（字形编码），也就是说控制共阴极点阵LED的一行，相当于控制8个共阴极LED。

控制8行：在很短的时间内按行扫描的方式，每行依次输出低电平，再控制每列的电平，LED点阵就可以显示一个稳定的汉字、字符、数字或其他图形。

因此，8×8 LED点阵显示的核心问题就是：行接收扫描码，列接收字形编码。字形编码

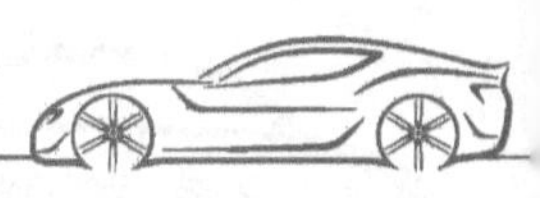

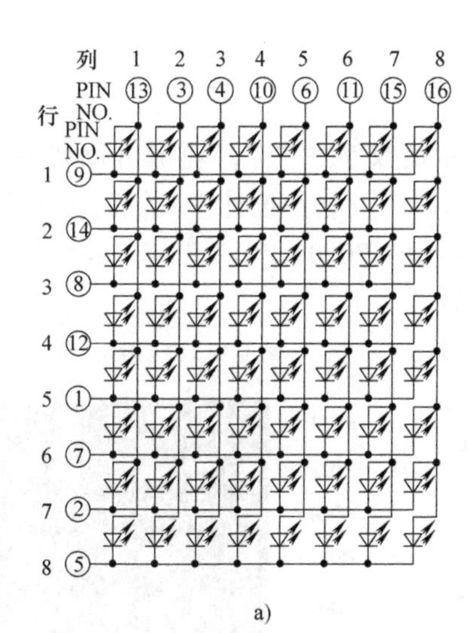

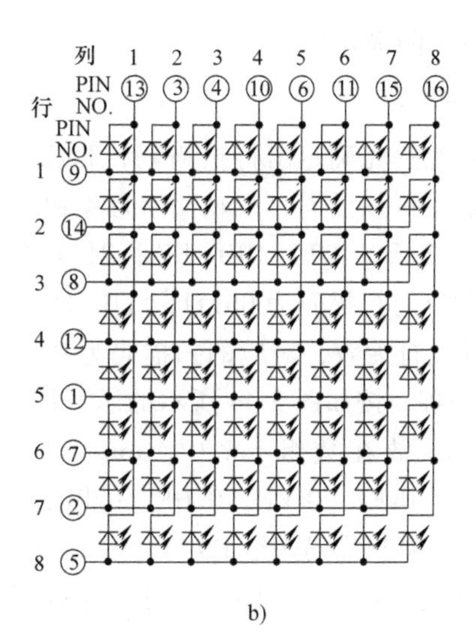

图 3-42　8×8 LED 点阵内部结构示意图

a）共阴极 8×8 LED 点阵　b）共阳极 8×8 LED 点阵

控制点亮某些 LED，从而显示出由不同发光的点组成的各种图案。想显示不同的图案，就给不同的编码。一行对应一个编码，所以 8×8 LED 点阵需要 8 个编码。

8×8 LED 点阵的显示方式是一行一行地显示。每一行的显示时间大约为 4ms，由于人类的视觉暂留现象，将感觉到 8 行 LED 是同时显示的。若显示的时间太短，则亮度不够；若显示的时间太长，将会感觉到闪烁。

3.4.2　8×8 LED 点阵显示仿真实例

任务要求：在 8×8 LED 点阵（共阴极）上显示汉字“三”。

1. 硬件电路设计

在 Proteus 中选择绿色 8×8 LED 点阵。该点阵有 16 个引脚，上面 8 个引脚作为行扫描，与单片机 P0 口相连，低电平有效，网络标号 R0 控制上数第一行，R7 控制上数最后一行；下面 8 个引脚作为编码端，与单片机 P2 口相连，网络标号 C0 控制左数第一列，C7 控制左数最后一列，高电平点亮。仿真电路图如图 3-43 所示。

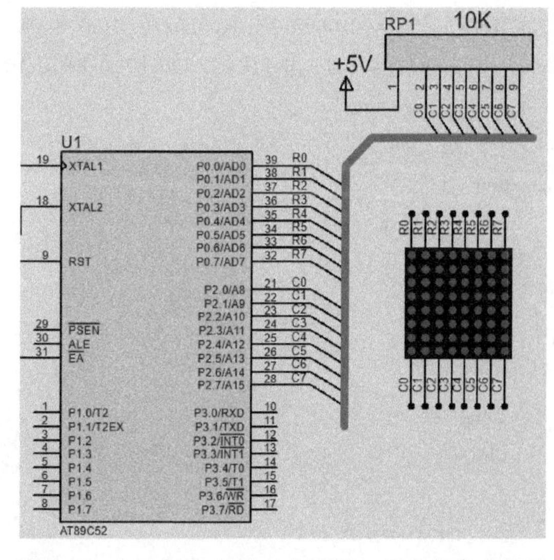

图 3-43　8×8 LED 点阵（共阴极）显示仿真电路图

说明：在 Proteus 中需要放置的元器件为 AT89C52（单片机）、RESPACK-8（排阻）、MATRIX-8X8-GREEN（8×8 LED 点阵）。最小系统元器件省略。

注：在 Proteus 中有不同颜色的 8×8 点阵，没有给出是共阴极还是共阳极，可在使用前给行列加上电源和地测一下，看看行和列的电平，以此判断其连接型式。本例把

8×8 点阵按共阴极连接。

2. 软件设计

设计思想：先确定出行扫描码，再根据要显示的汉字“三”，确定出每列的字形编码，然后逐行输出行扫描码，列输出字形编码即可显示汉字。软件设计中关键的环节为：

（1）确定行扫描码　R0~R7 行对应接至单片机的 P0.0~P0.7 引脚。R0 行有效，其他行无效，对应的扫描码为 0b1111 1110（0xFE）；R1 行有效，其他行无效，对应的扫描码为 0b1111 1101（0xFD）。同理，按如图 3-44 所示的示意图可得到 8 行的扫描码，放在数组 row 中，row [ ] = {0xFE，0xFD，0xFB，0xF7，0xEF，0xDF，0xBF，0x7F} 。然后，再依次将扫描码送给 P0 口。

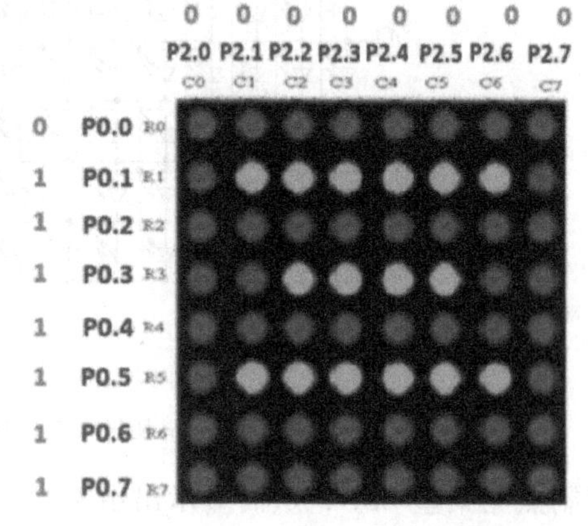

图 3-44　8×8 点阵编码示意图

（2）确定列编码　C0~C7 列对应接至单片机的 P2.0~P2.7 引脚。显示汉字“三”，第一行 LED 都熄灭，对应的列编码为 0b0000 0000（0x00）；第二行 LED 点亮 6 个，对应的列编码为 0b0111 1110（0x7E）。依此类推，按图 3-44 可得到 8 个编码。将 8 个列编码存放在数组 col 中，col [ ] = {0x00，0x7E，0x00，0x3C，0x00，0x7E，0x00，0x00}，再依次将编码送给 P2 口。

（3）一行的显示过程　送行扫描码→送列编码→延时→消隐。

（4）显示汉字　显示一个汉字需要行扫描 8 次，再送出 8 个列编码，可用 for 循环或其他循环语句实现 8 次循环。

【参考程序】

```
#include<reg52.h>
#define uchar unsigned char
#define uint unsigned int
uchar code col[ ] = {0x00,0x7E,0x00,0x3C,0x00,0x7E,0x00,0x00};      //列字形编码
uchar code row[ ] = {0xFE,0xFD,0xFB,0xF7,0xEF,0xDF,0xBF,0x7F};  //行扫描码
void delayms(uint xms)                                              //ms 延时函数
{
    uint i,j;
    for(i=0;i<xms;i++)
        for(j=0;j<120;j++);
}
void main()
{
    uchar i;
    while(1)
    {
        for(i=0;i<8;i++)                                            //8 行
        {
```

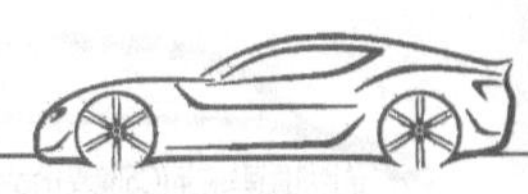

```
            P0=row[i];  //送行扫描码
            P2=col[i];  //送列字形编码
            delayms(4); //延时
            P2=0x00;    //消隐
        }
    }
}
```

3. 仿真运行

将程序编译生成 Hex 文件，加载到单片机中，单击运行按钮，运行效果图如图 3-45 所示，稳定显示汉字“三”。

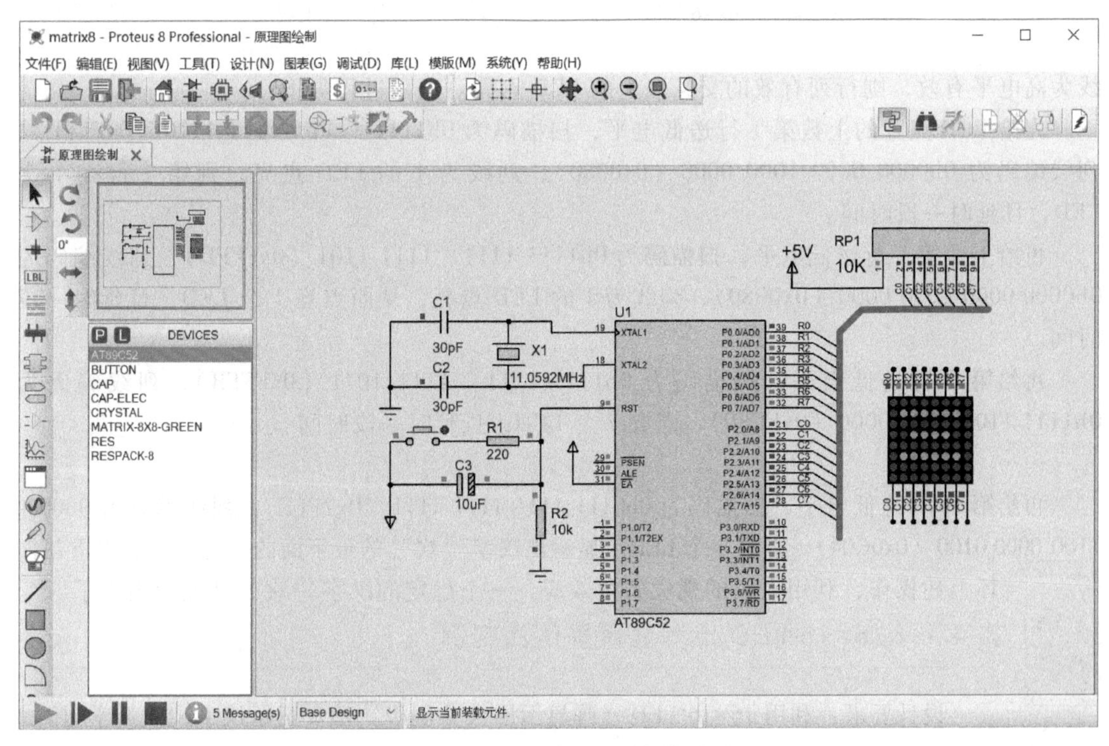

图 3-45　8×8 点阵显示运行效果图

3.4.3　16×16 LED 点阵显示器结构及显示原理

1. 16×16 LED 点阵结构

16×16 LED 点阵由 4 个 8×8 LED 点阵组成，每个 LED 放置在行线和列线的交叉点上，每行每列都有 16 个 LED。所以，16×16 LED 点阵有 16 根行扫描线、16 根列编码线。16×16 LED 点阵显示器与 8×8 LED 点阵显示模块内部结构及显示原理是类似的。

2. 16×16 LED 点阵显示原理

下面以显示字符“欢”为例介绍 16×16 共阴极 LED 点阵显示器的显示原理，“欢”的显示效果图如图 3-46 所示。共阴极 LED 点阵显示器的行扫描线为低电平有效，列字形编码

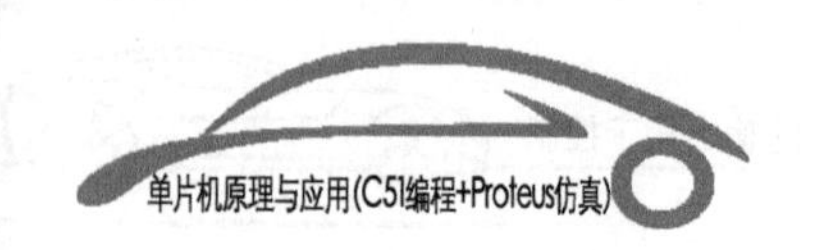

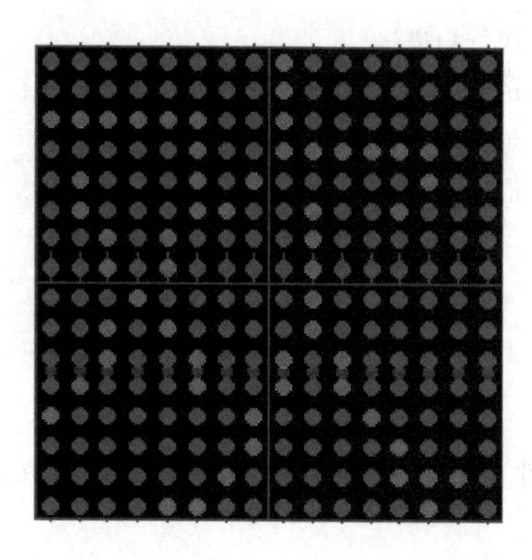

图 3-46　16×16 LED 点阵（共阴极）显示“欢”效果图

线为高电平有效，则行列有效的交叉点上的 LED 点亮。显示过程如下：

先给 LED 点阵的上数第 1 行送低电平，扫描码为 0b1111 1111　1111 1110（0xFFFE），列线编码为 0b0000 0000 1000 0000（0x0080），列线为 1 的 LED 点亮，则第 1 行亮 1 个 LED，且延时一段时间。

再给上数第 2 行送低电平，扫描码为 0b1111 1111　1111 1101（0xFFFD），列线编码为 0b0000 0000 1000 0000（0x0080），列线为 1 的 LED 点亮，从而点亮 1 个 LED，且延时一段时间。

再给第 3 行送低电平，扫描码为 0b1111 1111　1111 1011（0xFFFB），列线编码为 0b1111 1100 1000 0000（0xFC80），点亮 7 个 LED，且延时一段时间。

……

再给第 16 行送低电平，扫描码为 0b0111 1111 1111 1111（0x7FFF），列线编码为 0b0000 1100 0000 0100（0x0C04），点亮 3 个 LED，显示出汉字“欢”的最下面的一行。然后再重新循环上述操作，利用人眼的视觉暂留效应，一个稳定的汉字“欢”就显示出来了。

3.4.4　16×16 LED 点阵显示屏仿真实例

16×16 LED 点阵显示屏仿真实例（视频）

设计要求：利用 16×16 LED 点阵显示屏（共阴极）滚动显示汉字“欢迎学习”。

1. 硬件电路设计

16×16 LED 点阵显示屏仿真实例（PPT）

采用 16×16 共阴极 LED 点阵，有 16 根行扫描线、16 根列编码线，所以需要 32 个 I/O 口线与其连接。为节省口线，选择 4—16 译码器 74HC154，由单片机的 P1.0～P1.3 和 74HC154 的 4 个输入端（A～D）相连，将 4 个输入译成 16 个互斥的低电平有效输出 L0～L15；为使 LED 有足够的亮度，再接 6 通道同相驱动器 74HC07（本例需要 3 个 74HC07）。将 L0～L15 经 74HC07 同相驱动后的输出线 R0～R15 作为 16×16 共阴极 LED 点阵的 16 根行扫描线。16×16 共阴极 LED 点阵的 16 根列编码线连接到 P2 口和 P3 口。P2 口接列线 C0～C7，P3 口接列线 C8～C15，注意网络标号的顺序。仿真电路图如图 3-47 所示。

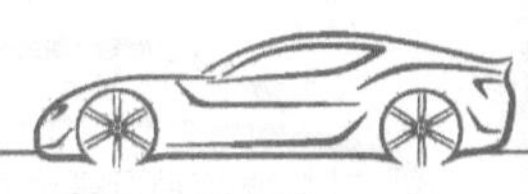

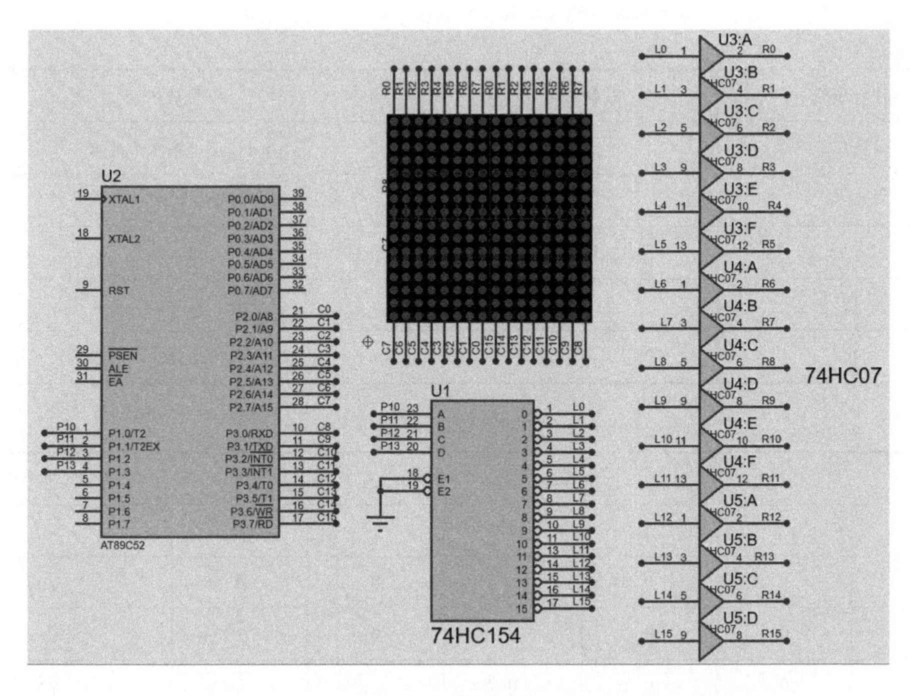

图 3-47　16×16 LED 点阵（共阴极）显示仿真电路图

说明：在 Proteus 中需要放置的元器件为 AT89C52（单片机）、74HC07（同相驱动器）、74HC154（4-16 译码器）、MATRIX-8X8-GREEN（8×8 LED 点阵）。最小系统元器件省略。

【元器件知识点】　74HC154（4-16 译码器）

74HC154 是一款高速 CMOS 器件，可作为 4-16 译码器，其外形和引脚如图 3-48 所示，引脚功能见表 3-6，真值表见表 3-7。

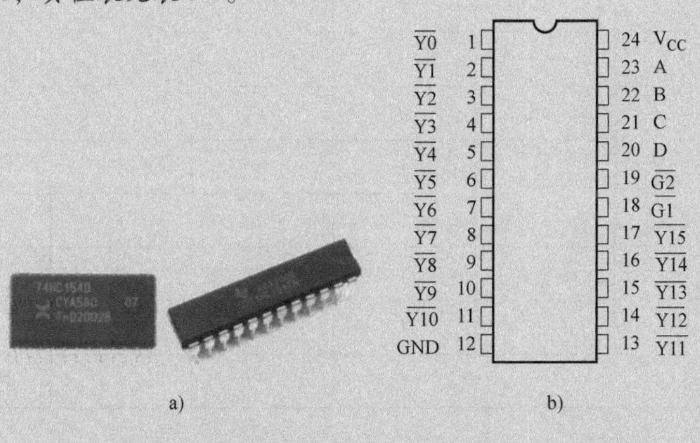

图 3-48　74HC154 外形和引脚

a）外形　b）引脚

表 3-6　74HC154 引脚功能

引脚序号	引脚符号	功能描述
1～11、13～17	$\overline{Y0}$～$\overline{Y15}$	16 个输出,低电平有效
18、19	$\overline{G1}$、$\overline{G2}$	使能输入,低电平有效
23、22、21、20	A、B、C、D	输入
12	GND	接地
24	V_{CC}	电源

表 3-7　74HC154 真值表

输入						输出(低电平)
$\overline{G1}$	$\overline{G2}$	A	B	C	D	
0	0	0	0	0	0	$\overline{Y0}$
0	0	0	0	0	1	$\overline{Y1}$
0	0	0	0	1	0	$\overline{Y2}$
0	0	0	0	1	1	$\overline{Y3}$
0	0	0	1	0	0	$\overline{Y4}$
0	0	0	1	0	1	$\overline{Y5}$
0	0	0	1	1	0	$\overline{Y6}$
0	0	0	1	1	1	$\overline{Y7}$
0	0	1	0	0	0	$\overline{Y8}$
0	0	1	0	0	1	$\overline{Y9}$
0	0	1	0	1	0	$\overline{Y10}$
0	0	1	0	1	1	$\overline{Y11}$
0	0	1	1	0	0	$\overline{Y12}$
0	0	1	1	0	1	$\overline{Y13}$
0	0	1	1	1	0	$\overline{Y14}$
0	0	1	1	1	1	$\overline{Y15}$
	1					NONE

当 74HC154 用作 4-16 译码器时，两个选通输入 $\overline{G1}$ 和 $\overline{G2}$ 端接地，A、B、C、D 输入端接单片机的 4 个 I/O 口线，可将 4 个二进制编码的输入译成 16 个互斥的低电平有效输出，该输出在本例中作为行扫描信号。

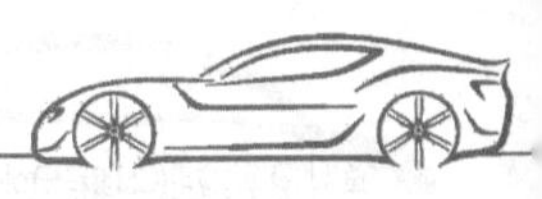

【元器件知识点】　74HC07（同相驱动器）

74HC07包含6通道同相缓冲器/驱动器。6路输入为1A～6A，6路输出为1Y～6Y。输出为集电极开路，所以在应用时需外接2～10kΩ的上拉电阻。本例仿真电路图中省略上拉电阻。74HC07外形和引脚如图3-49所示。

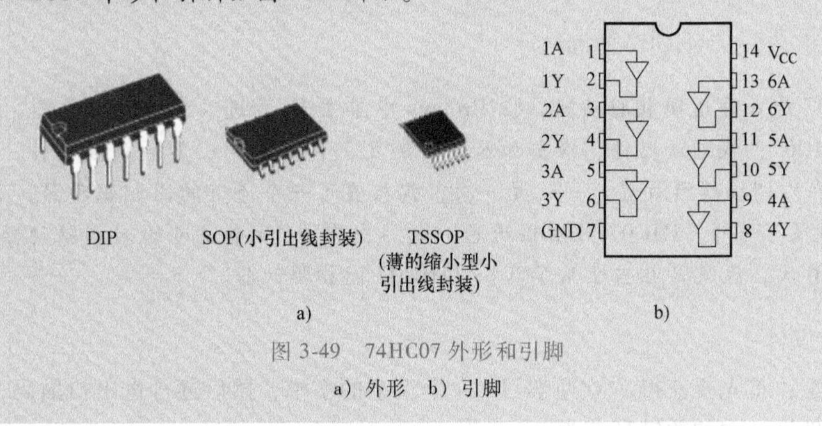

图3-49　74HC07外形和引脚

a）外形　b）引脚

【Proteus知识点】　16×16 LED点阵制作

Proteus中只有5×7和8×8 LED点阵，并没有16×16 LED点阵，而在实际应用中，要良好地显示一个汉字，则至少需要16×16点阵。16×16点阵制作有2种方法：

1）4个8×8 LED点阵连接制作。从Proteus元器件库中找“MATRIX-8X8-GREEN”元器件，并将4个该元器件放入Proteus文档区编辑窗口中。该元器件保持初始的位置，那么此时它的上面8个引脚是其行线，下边8个引脚是其列线。然后将4个元器件对应的行线和列线分别进行连接，使每一条行线引脚接16个LED，列线也相同。并注意要将行线和列线引出一定长度的引脚，标注相应的网络标号，以便使用。4个8×8 LED点阵如图3-50所示。

分开的4个LED点阵显示效果不好，要将其进一步组合。选中图3-50中右上侧的8×8 LED点阵，然后拖动并使其与左侧的相并拢，然后拖动下侧的8×8 LED点阵并使其与上侧的相并拢，再拖动右下侧的8×8 LED点阵和前3个并拢，组成一个16×16 LED点阵，如图3-51所示。此时需注意上侧的16根线其实只是行线的8根线R0～R7，另8根线

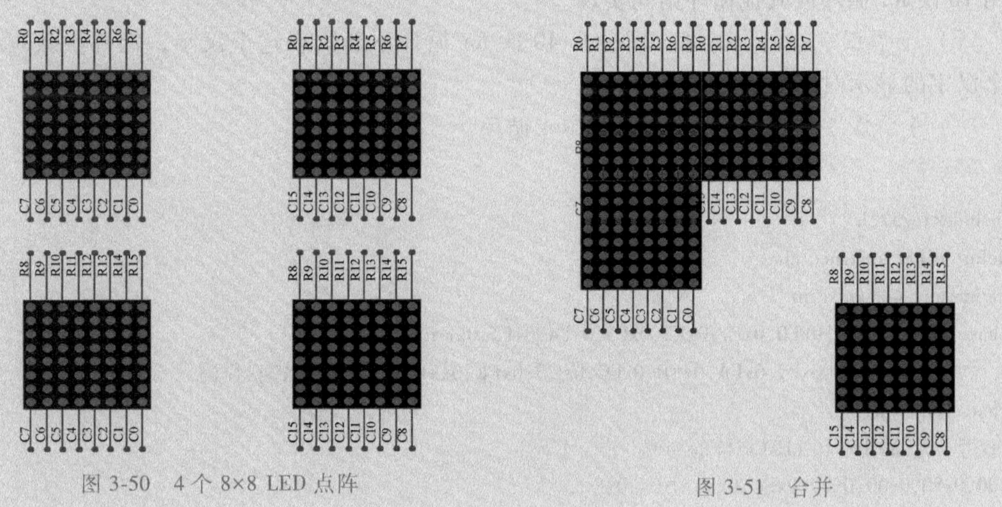

图3-50　4个8×8 LED点阵　　　　图3-51　合并

R8~R15 隐藏了。16×16 LED 点阵的行线为上侧的 16 个引脚，下侧的 16 个引脚为其列线，行线为低电平有效，列线为高电平有效。

2）用 1 个 8×8 LED 点阵制作 16×16 LED 点阵仿真器件，该种方法可参考相关资料，本书不详细介绍。

【Proteus 知识点】 74HC07 的画法

74HC07 是 6 通道同相驱动器，在 Proteus 中单击 P ，进入元器件挑选器，在关键字下输入 74HC07，找到该器件，双击加入到左侧元器件列表中；然后放置器件，单击左侧 74HC07，在右侧编辑器放置，每放置一次，就放置了一个通道的同相驱动器，放置 6 次，就相当于放置了一个 74HC07 同相驱动器。本例中需要 16 个通道的同相驱动器，所以再连续放置 10 次，也就是相当于用了 3 个 74HC07 同相驱动器。

2. 软件设计

设计思想：首先要获得“欢迎学习”4 个汉字的字模，然后逐行送出扫描码，再送每行的字模。软件设计中的关键环节为：

（1）4 个汉字的编码　即字模，可以自己编码，但是很烦琐，也可以采用字模生成软件进行提取。本例中的字模采用软件生成，这里的字模是共阴极字模，即高电平 LED 亮、横排方式。要注意字模的编码排列顺序和列线要对应好，否则会出错。

（2）行扫描码　单片机通过 P1 口的低 4 位输出扫描码，经 4-16 译码器 74HC154 的输出端 L0~L15 输出 16 个译码信号，低电平有效。这 16 个译码信号再经 74HC07 同相驱动后的输出 R0~R15 作为行扫描线，扫描码为 0xF0~0xFF，放在数组 row 中，然后输出给 P1 口。

（3）列编码　汉字的字模就是列编码。每个汉字有 32 个编码，将字模的第一个字节送给 P2 口，第二个字节送给 P3 口，依次循环。

（4）一行的显示过程　送行扫描码→送 P2、P3 列码→延时→消隐，这里要控制好每一屏逐行显示的扫描速度（刷新频率），也就是延时时间，每一行的延时时间为 4ms 以内。

（5）一个汉字的显示　显示“欢”需要 32 个列编码，1 行需要 2 个列编码，共 16 行，可用 16 次 for 循环或其他循环语句实现。

（6）一个汉字的显示时间　用一个 40 次 for 循环不断刷新这个汉字，循环次数可调整一个汉字的显示时间。

（7）4 个汉字的显示　用一个 4 次 for 循环。

【参考程序】

```
#include<reg52. h>
#define uchar unsigned char
#define uint unsigned int
uchar code row[ ] = {0xF0,0xF1,0xF2,0xF3,0xF4,0xF5,0xF6,0xF7,0xF8,
                     0xF9,0xFA,0xFB,0xFC,0xFD,0xFE,0xFF};   //16 个行扫描码
uchar code string[ ] = {
//汉字“欢”的 16×16 LED 点阵的列码
0x00,0x80,0x00,0x80,0xFC,0x80,0x04,0xFC,
```

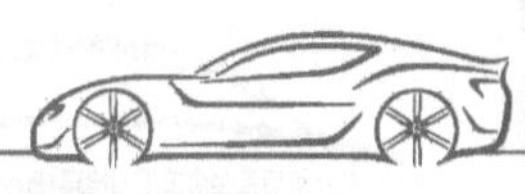

```
0x45,0x04,0x46,0x48,0x28,0x40,0x28,0x40,
0x10,0x40,0x28,0x40,0x24,0xA0,0x44,0xA0,
0x81,0x10,0x01,0x08,0x02,0x0E,0x0C,0x04,
//汉字"迎"的 16×16 LED 点阵的列码
0x00,0x00,0x41,0x84,0x26,0x7E,0x14,0x44,
0x04,0x44,0x04,0x44,0xF4,0x44,0x14,0xC4,
0x15,0x44,0x16,0x54,0x14,0x48,0x10,0x40,
0x10,0x40,0x28,0x46,0x47,0xFC,0x00,0x00,
//汉字"学"的 16×16 LED 点阵的列码
0x22,0x08,0x11,0x08,0x11,0x10,0x00,0x20,
0x7F,0xFE,0x40,0x02,0x80,0x04,0x1F,0xE0,
0x00,0x40,0x01,0x84,0xFF,0xFE,0x01,0x00,
0x01,0x00,0x01,0x00,0x05,0x00,0x02,0x00,
//汉字"习"的 16×16 LED 点阵的列码
0x00,0x00,0x00,0x04,0xFF,0xFE,0x00,0x04,
0x08,0x04,0x04,0x04,0x02,0x04,0x02,0x24,
0x00,0xC4,0x03,0x04,0x0C,0x04,0x30,0x04,
0x10,0x04,0x00,0x44,0x00,0x28,0x00,0x10,
};
void delayms(uint xms)                                    //延时函数
{
    uint i,j;
    for(i=0;i<xms;i++)
        for(j=0;j<100;j++);
}
void main()
{
    uchar i,n,j;
    while(1)
    {
        for(j=0;j<4;j++)                                  //共显示 4 个汉字
        {
            for(n=0;n<40;n++ )                            //每个汉字整屏扫描 40 次
            {
                for(i=0;i<16;i++)                         //逐行扫描 16 行
                {
                    P1=row[i];                            //行扫描码
                    P2=string[i*2+j*32];                  //列码
                    P3=string[i*2+1+j*32];                //列码
                    delayms(3);
                    P2=0x00;                              //消隐 P2 口
                    P3=0x00;                              //消隐 P3 口
```

3. 仿真运行

将程序编译生成 Hex 文件，加载到单片机中，单击运行按钮，运行效果图如图 3-52 所示，循环显示汉字“欢迎学习”。

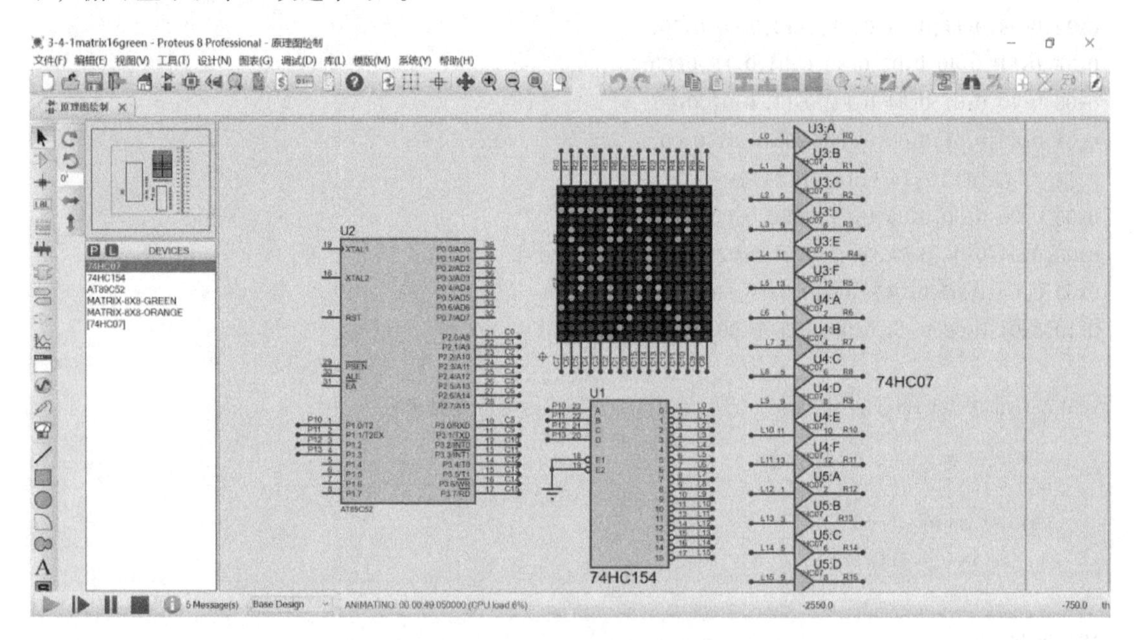

图 3-52　16×16 LED 点阵显示运行效果图

注：运行时各引脚会有蓝色和红色的电平标记，这些标记会影响显示效果，可以单击 Proteus 的“System”菜单下的“Set Animation Options”选项，弹出对话框，引脚电平状态标记如图 3-53 所示，将“Show Logic State of Pins?”的复选按钮的钩去掉。

Animated Circuits Configuration
Simulation Speed
Frames per Second: 20
Timestep per Frame: 50m
Single Step Time: 50m
Max. SPICE Timestep: 25m
Step Animation Rate: 4
Voltage/Current Ranges
Maximum Voltage: 6
Current Threshold: 1u
Animation Options
Show Voltage & Current on Probes?
Show Logic State of Pins?
Show Wire Voltage by Colour?
Show Wire Current with Arrows?
SPICE Options
OK
Cancel

图 3-53　引脚电平状态标记

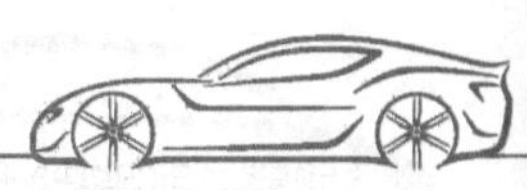

3.5 单片机控制 LCD

LCD 是单片机应用系统中常使用的显示器件。液晶是一种高分子材料，因为其特殊的物理、化学和光学特性，20 世纪中叶开始广泛应用在轻薄型显示器上。LCD 的主要原理是以电流刺激液晶分子产生点、线、面并配合背部灯管构成画面。LCD 分为字段型、字符型和点阵图形型。字段型主要用于数字显示，广泛用于电子表、计算器和数字仪表中；字符型专门用于显示字母、数字和符号等；点阵图形型广泛用于图形显示，如笔记本计算机、彩色电视和游戏机等。根据客户需要，厂家可以设计出任意数组合的点阵液晶。液晶体积小、功耗低、显示操作简单，但是其使用的温度范围很窄，通用型液晶正常工作温度范围为 0~55℃，存储温度范围为-20~60℃，即使是宽温级液晶，其正常工作温度范围也仅为-20~70℃，存储温度范围为-30~80℃。因此在设计产品时，务必要考虑周全，选取合适的液晶。

本节主要介绍 LCD1602 的工作原理和使用方法。

3.5.1 LCD1602 液晶显示模块特性与引脚

LCD1602 是最常见的字符型液晶显示模块。厂商将 LCD 和 LCD 控制器、驱动器、RAM、ROM 等器件做在一起，称为液晶显示模块（LCM），单片机只要向 LCM 写入相应的命令和数据就可显示需要的内容。

LCD1602 每行显示 16 个字符，可显示 2 行且只能显示 ASCII 码字符，如数字、大小写字母和各种符号等；工作电压为 4.5~5.5V，最佳工作电压为 5V，工作电流 2mA（5V）。

LCD1602 有标准 14 引脚（无背光）或 16 引脚（有背光）两种，本例以 16 引脚的显示器为例进行介绍，其外形及引脚如图 3-54 所示，各引脚名称和功能见表 3-8。

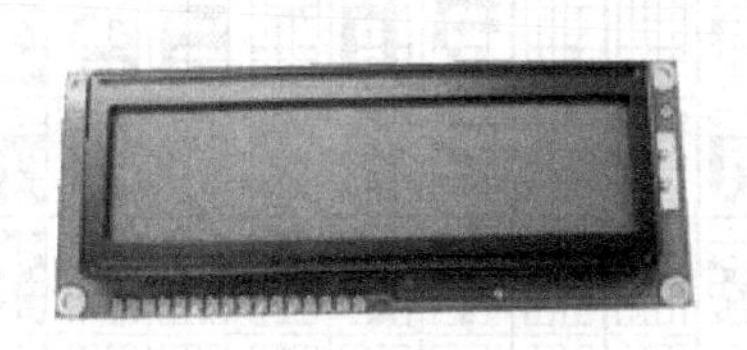

a)

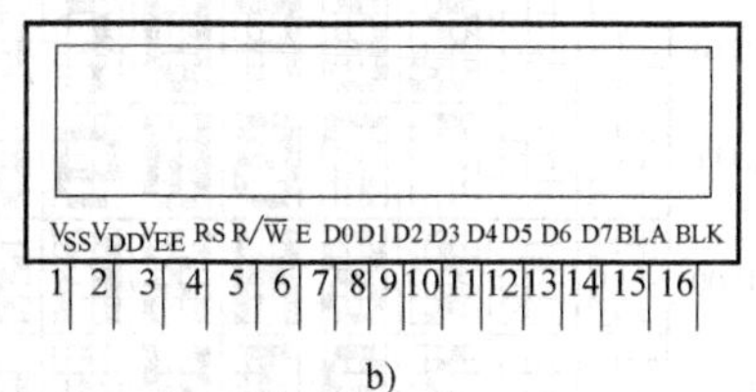

b)

图 3-54 LCD 1602 外形及引脚

a）LCD1602 的外形 b）LCD1602 的引脚

表 3-8 LCD1602 各引脚名称和功能

引脚号	引脚名称	引脚功能
1	V_{SS}	电源地
2	V_{DD}	+5V 逻辑电源
3	V_{EE}	液晶显示偏压（调节显示对比度）
4	RS	寄存器选择（1—数据寄存器，0—命令/状态寄存器）
5	$R/\overline{W}$	读写操作选择（1—读，0—写）
6	E	使能信号

（续）

引脚号	引脚名称	引脚功能
7~14	D0~D7	数据总线，与单片机的数据总线相连、三态
15	BLA	背光板电源，通常为+5V，串联1个电位器，调节背光亮度；如接地，此时无背光但不易发热
16	BLK	背光板电源地

3.5.2 LCD1602液晶显示模块显示原理

LCD1602显示字符有两个关键环节：一是如何确定显示字符的ASCII码，二是如何确定显示字符的位置。

1. 显示字符的ASCII码

LCD1602内部具有字符库ROM（CGROM），能显示出192个字符，每个字符用5×7点阵表示，字符库如图3-55所示。

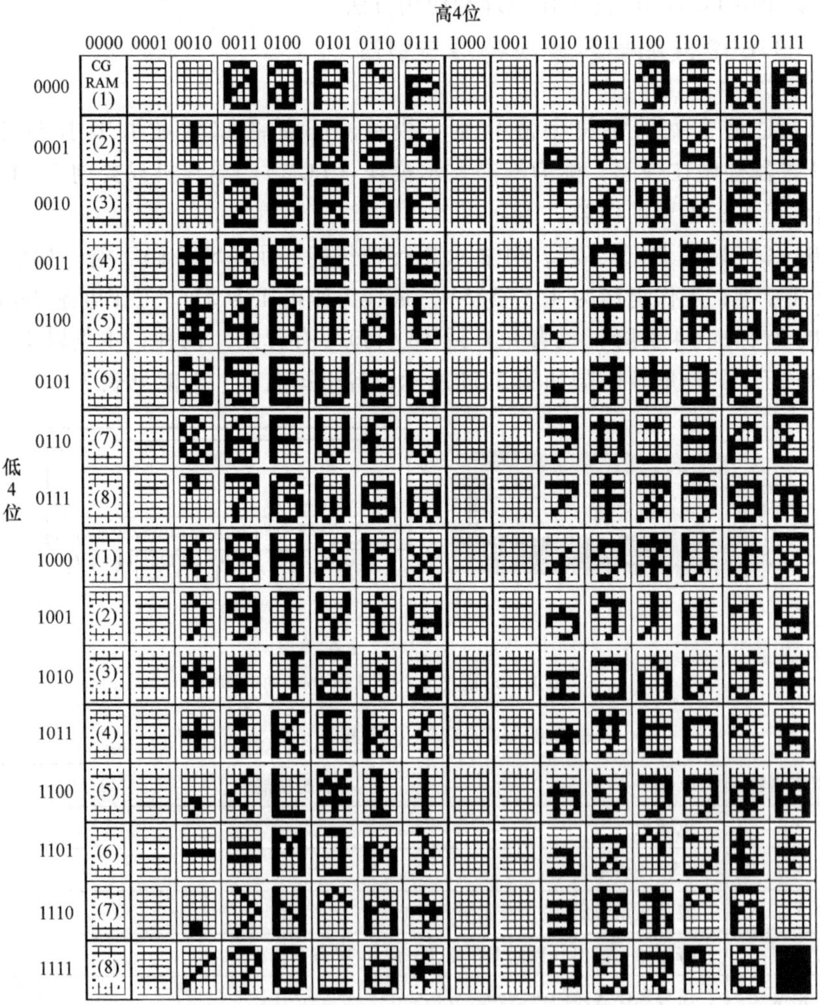

图3-55 ROM字符库

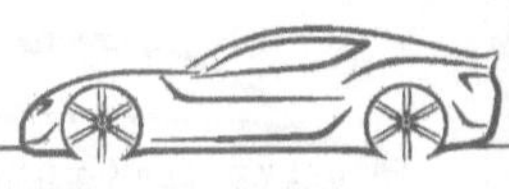

由字符库可看出，如字母“A”的二进制编码为“0100 0001”，对应的十六进制编码为“0x41”，正好是ASCII码表中“A”的编码，所以字符库中给出的编码都是能够显示的数字和字母的标准ASCII码。用户想在显示器上显示字符，无须在图3-55中查找该字符对应的编码，只需在C51程序中写出要显示的数字的ASCII码、字符常量或字符串常量，C51程序在编译后会自动生成字符常量或字符串常量标准的ASCII码。然后将ASCII码送入显示数据随机存储器DDRAM，DDRAM是LCD1602内部80B的显示数据随机存储器。ASCII码送入DDRAM后，内部控制电路就会自动将该ASCII码对应的字符在LCD1602上显示出来。

另外，模块内还有64B的自定义字符库RAM（CGRAM），用户可自行定义8个5×7点阵字符。

2. 字符在LCD1602上的显示位置

如何将字符显示到LCD1602相应的位置？LCD1602内部80B的DDRAM的地址是与显示屏上字符显示位置一一对应的，DDRAM地址映射图如图3-56所示。

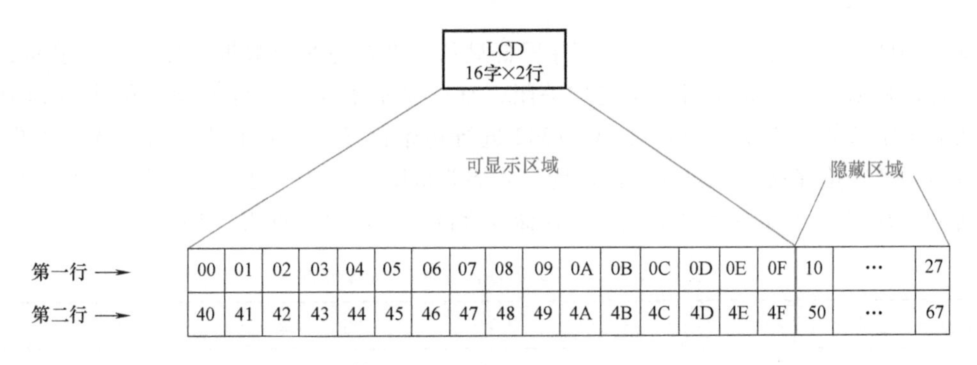

图3-56 DDRAM地址映射图

第一行的地址是0x00~0x27，其中0x00~0x0F是与LCD上第一行16个字符显示位置相对应的，字符写到这16个地址里，LCD立即就显示出来，该区域也称为可显示区域。字符若写到0x10~0x27这24个地址里，则字符不会显示出来，该区域也称为隐藏区域，这是为显示移动字幕设置的。第二行与第一行相同，只不过地址是0x40~0x67。可以看出DDRAM地址就对应了显示位置，也称DDRAM地址为定位数据指针。

所以，在向DDRAM写入字符时，首先要设置DDRAM地址，此操作可通过表3-9中的命令8来完成。

表3-9 LCD1602的命令字

编号	命 令	RS	$R/\overline{W}$	D7	D6	D5	D4	D3	D2	D1	D0
1	清屏	0	0	0	0	0	0	0	0	0	1
2	光标返回	0	0	0	0	0	0	0	0	1	*
3	光标和显示模式设置	0	0	0	0	0	0	0	1	I/D	S
4	显示开/关及光标设置	0	0	0	0	0	0	1	D	C	B
5	光标或字符移位	0	0	0	0	0	1	S/C	R/L	*	*
6	功能设置	0	0	0	0	1	DL	N	F	*	*

（续）

编号	命　令	RS	$R/\overline{W}$	D7	D6	D5	D4	D3	D2	D1	D0
7	CGRAM 地址设置	0	0	0	1	字符发生存储器地址					
8	DDRAM 地址设置	0	0	1	显示 RAM 地址						
9	读忙标志或地址	0	1	BF	计数器地址						
10	写数据	1	0	要写的数据							
11	读数据	1	1	读出的数据							

注：表中“*”表示该位为 0 或 1 均可。

3.5.3 LCD1602 液晶显示模块基本操作

LCD1602 的基本操作主要包括初始化设置、写命令、写数据和读状态。

1. 初始化设置

LCD1602 上电后复位的状态为：清除屏幕显示，设置为 8 位数据长度，单行显示，5×7 点阵字符，显示屏、光标和闪烁功能均关闭，整屏显示不移动。也就是复位状态 LCD1602 是无法显示字符的。所以首先要对 LCD1602 进行初始化设置，对有无光标、光标方向、光标是否闪烁及字符移动的方向等进行设置，才能获得所需的显示效果。这些设置都是通过单片机向 LCD1602 写入命令字来实现的，各命令字的特殊位含义见表 3-10。

表 3-10　LCD1602 各命令字的特殊位含义

编号	命　令	含　义
1	清屏	清屏，光标返回地址 0x00 位置（显示屏左上方）
2	光标返回	光标返回地址 0x00 位置（显示屏左上方）
3	光标和显示模式设置	S=0，I/D=1，读/写一个字符后地址指针加 1，整屏显示不移动 S=0，I/D=0，读/写一个字符后地址指针减 1，整屏显示不移动 S=1，I/D=1，写一个字符后，整屏显示左移 S=1，I/D=0，写一个字符后，整屏显示右移
4	显示开/关及光标设置	D=0 关显示，D=1 开显示 C=0 无光标，C=1 有光标 B=0 光标不闪烁，B=1 光标闪烁
5	光标或字符移位	S/C=1 移动显示的字符，S/C=0 移动光标 R/L=0 移位方向是左移，R/L=1 移位方向是右移
6	功能设置	DL=1 为 8 位数据线接口，DL=0 为 4 位数据线接口 N=0 单行显示，N=1 两行显示 F=0 显示 5×7 点阵字符，F=1 显示 5×10 点阵字符
7	CGRAM 地址设置	CGRAM 地址设置
8	DDRAM 地址设置	通过它访问 80B 的 DDRAM，数据格式为：0x80+地址码
9	读忙标志或地址	BF=1 表示 LCD 忙，此时 LCD 不能接收命令或数据 BF=0 表示 LCD 不忙

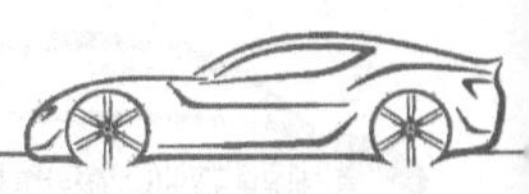

【例 3-4】　根据 LCD1602 下列初始化要求，写出命令字。

① 16×2 显示，5×7 点阵，8 位数据接口。

② LCD 开显示，不显示光标，光标不闪烁。

③ 写一个字符后地址指针加 1，字符右移，但整屏不移动。

④ 清屏。

【解】　命令字确定方法为：

要求①根据表 3-9、表 3-10 中的命令 6 设置为 DL＝1、N＝1 和 F＝0，命令字为 0b0011 1000，十六进制编码为 0x38。

要求②根据表 3-9、表 3-10 中的命令 4 设置为 D＝1、C＝0 和 B＝0，命令字为 0b0000 1100，十六进制编码为 0x0C。

要求③根据表 3-9、表 3-10 中的命令 3 设置为 I/D＝1、S＝0，命令字为 0b0000 0110，十六进制编码为 0x06。

要求④根据表 3-9 中的命令 1，命令字为 0b0000 0001，十六进制编码为 0x01。

2. 写命令

命令字确定好后，单片机要把命令字写入到 LCD1602，LCD1602 接收到命令字后，根据命令字的要求完成设置。所以要根据 LCD1602 的数据手册提供的时序图和时序参数表来进行编程，只有满足了 LCD1602 写命令的时序，命令字才能被它接收。看懂时序图是学习单片机所必须掌握的一项技能，LCD1602 写命令时序图如图 3-57 所示。

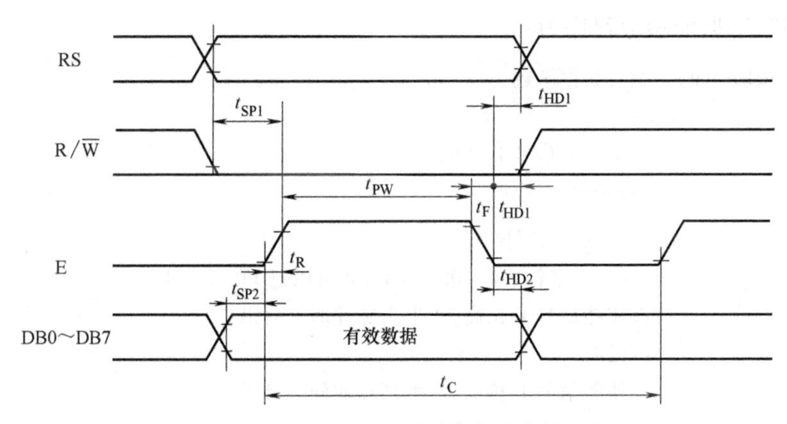

图 3-57　LCD1602 写命令时序图

RS 引脚接收寄存器选择控制信号，高电平选择内部数据寄存器，低电平选择命令/状态寄存器。当进行写命令时，RS 引脚为低电平，$R/\overline{W}$ 引脚为低电平，单片机把命令字送到 DB0～DB7 数据线上，经过 t_{SP1} 时间后，使能引脚 E 才能从低电平到高电平发生变化。而使能引脚 E 拉高经过了 t_{PW} 时间，LCD1602 接收到命令字后，RS、$R/\overline{W}$ 和 DB0～DB7 数据线才可以变化继续为下一次写命令做准备。

时序图中出现的 t_{SP1}、t_{PW} 等时间都是 ns 数量级的，而单片机执行一条指令的时间都是 μs 数量级的，所以时间条件完全满足。

写命令的基本操作时序为：

E=0，RS=0，R/$\overline{W}$=0，DB0~DB7=命令字，E=高脉冲

按照时序写命令的参考程序为：

```
void write_cmd(uchar cmd)   //写命令函数
{
    lcden=0;                //把使能信号 E 拉低
    lcdrs=0                 //RS=0,写命令
    lcdrw=0;                //R/W=0,写操作
    out=cmd;                //cmd 是命令字,送到 out,out 可以是 P0~P3 口
    lcden=1;                //使能信号 E 拉高,产生高脉冲的上升沿
    delay(1);               //延时
    lcden=0;                //使能信号 E 拉低,产生高脉冲的下跳沿
    delay(1);               //延时
}
```

3. 写数据

具体要显示的字符，就是数据了，要把字符数据写入到内部的 DDRAM 里。LCD1602 识别写入的是命令字还是要显示的字符数据，是由 RS 引脚的电平决定的，RS=1，就是写的数据，其他引脚时序和写命令相同。

写数据的基本操作时序为：

E=0，RS=1，R/$\overline{W}$=0，DB0~DB7=字符数据，E=高脉冲

按照时序写数据的参考程序为：

```
void write_data(uchar dat)  //写数据函数
{
    lcden=0;                //把使能信号 E 拉低
    lcdrs=1;                //RS=1,写数据
    lcdrw=0;                //R/W=0,写操作
    out=dat;                //dat 是字符数据,送到 out,out 可以是 P0~P3 口
    lcden=1;                //使能信号 E 拉高,产生高脉冲的上升沿
    delay(1);               //延时
    lcden=0;                //使能信号 E 拉低,产生高脉冲的下跳沿
    delay(1);               //延时
}
```

4. 读状态

LCD 有一个状态字字节，通过读取这个状态字的内容，就可以知道 LCD1602 的一些内部情况，状态字见表 3-11。

表 3-11　LCD1602 状态字（1 个字节）

D7(BF)	D6	D5	D4	D3	D2	D1	D0
BF=1,LCD 正忙,禁止读写数据或命令 BF=0,LCD 不忙,可以进行读写	当前数据地址指针的位置						

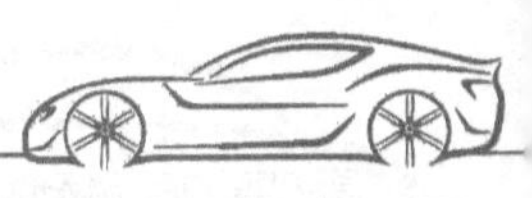

LCD是慢显示器件，所以在写每条命令或数据前，一定要查询状态字的最高位BF，BF是忙标志位，若BF=0，表示LCD不忙；若BF=1，表示LCD处于忙状态，需要等待。

这一字节的状态字需要用读操作时序将其读出，读操作时序图如图3-58所示。

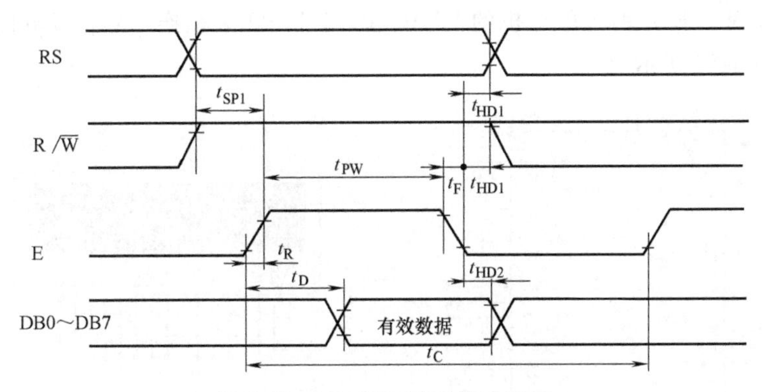

图3-58 LCD1602读操作时序图

读状态的基本操作时序为：

E=0，RS=0，R/$\overline{W}$=1，E=1，变量=DB0~DB7，延时，E=0

读状态的参考程序如下：

```
void check_busy(void)/  /检查忙标志函数
{
    uchar dt;
    out=0xFF;           //I/O 口做输入时,要先写"1"
    do
    {
        dt=0xFF;        //存储状态字变量,初值为 0xFF
        lcden=0;        //把使能信号 E 拉低
        lcdrs=0;        //RS=0
        lcdrw=1;        //R/W=1,读操作
        lcden=1;        //把使能信号 E 拉高
        dt=out;         //out 为数据口,可为 P0~P3 口的一个,状态送入 dt 变量
    }while(dt&0x80);    //判断 BF=1,继续循环检查,等待 BF=0 退出 while
    lcden=0;            //BF=0,LCD 不忙,结束检测
}
```

该函数的作用就是检测LCD1602是否忙，若忙，则在该函数内查询等待，若不忙，则结束该函数的执行，向下执行。

在写命令和写数据函数中应先进行忙检测，所以在void write_cmd（uchar cmd）和void write_data（uchar dat）函数中加入check_busy()；详见仿真实例。

3.5.4 单片机控制LCD1602显示字符串仿真实例

任务要求：在LCD1602上显示“Welcome to learn MCU”，分两行显示。

LCD1602 显示字符串仿真实例(视频)

LCD1602 显示字符串仿真实例(PPT)

1. 硬件电路设计

在 Proteus 仿真中，用 LM016L 代替 LCD1602，它们的引脚是相同的。LM016L 的 D0~D7 与 P2 口的 P2.0~P2.7 相连，注意一对一相连，不要接错。LM016L 的 RS、R/$\overline{W}$、E 分别与单片机的 P3.0、P3.1 和 P3.2 相连，V_{EE} 接电位器。仿真电路图如图 3-59 所示。

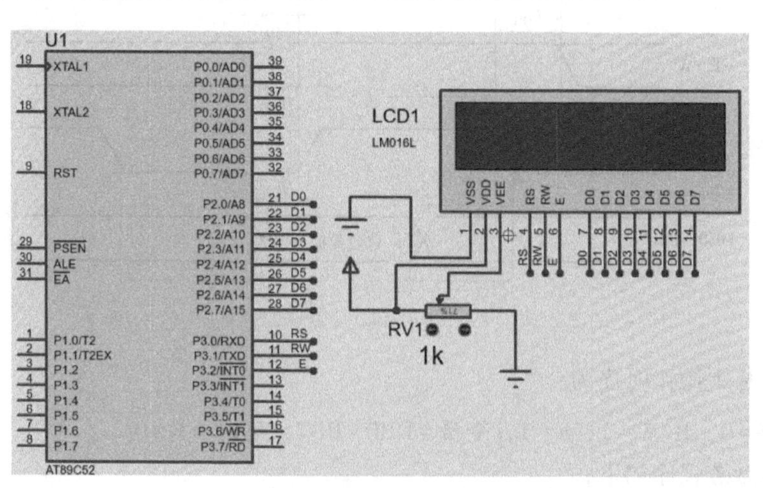

图 3-59 单片机与 LCD1602 接口仿真电路图

说明：在 Proteus 中单击“P”按钮挑选元器件 AT89C52、LM016L（代替 LCD1602）、POT-HG（电位器）。单片机最小系统电路省略。

2. 软件设计

设计思想：首先初始化 LCD，然后设置要显示的位置，再送要显示字符的 ASCII 码。软件编程的关键环节为：

1）LCD 初始化：见 3.5.3 节 LCD1602 显示基本操作的初始化设置。

2）确定显示位置：用命令 8，格式为“0x80+地址码”确定初始显示位置。如果从第 1 行第 5 个位置开始显示，第 1 行对应的地址码为 0x00~0x0F，那么，第 5 个位置的地址码为 0x04，可得到命令字为 0x80+0x04=0x84。如果从第 2 行第 3 个位置开始显示，第 2 行对应的地址码为 0x40~0x4F，那么，第 3 个位置的地址码为 0x42，命令字为 0x80+0x42=0xC2。初始化时用语句“write_cmd (0x06);”将 LCD1602 设置为写一个字符后地址指针加 1 模式，那么只需设置初始位置，无须对每个字符都设置显示位置，LCD1602 会自动从初始位置依次显示字符。

3）写命令字：用“write_cmd (uchar cmd)”函数写命令，“cmd”指的是命令字。例如设置在第 1 行第 5 个位置显示，命令字是“0x84”，代码为“write_cmd (0x84);”。

4）写一个字符：用“write_data (uchar dat)”函数写数据，“dat”指的是字符的 ASCII 码。例如显示大写的“W”，可用“write_data ('W');”，C51 编译器会自动换算“W”的 ASCII 码。

若写一个数字“5”，代码为“write_data (0x05+0x30);”或“write_data (0x05+48);”都可以，主要是要把数字转换成相应的 ASCII。其中 0x30 是数字 0 的 ASCII 的十六进制表示，48 是数字 0 的 ASCII 的十进制表示。

5）写一个字符串：可用指针实现。

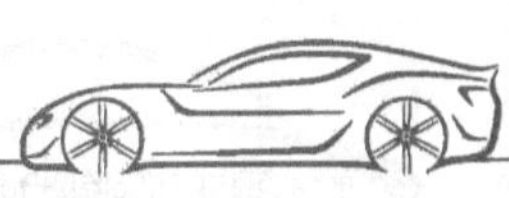

【参考程序】

```
#include<reg52.h>
#define uchar   unsigned char
#define uint   unsigned int
#define out P2                          //LCD1602 的数据端口 P2 宏替换为 out
sbit lcdrs=P3^0;                        //LCD1 的 RS 端接 P3.0 口
sbit lcdrw=P3^1;                        //LCD1 的 R/W 端接 P3.1 口
sbit lcden=P3^2;                        //LCD1 的 EN 使能端接 P3.2 口
void delay(uint z);                     //延时函数
void check_busy(void);                  //检查忙标志函数
void lcd_init();                        //初始化 LCD1602
void write_cmd(char cmd);               //写命令函数
void write_data(uchar dat);             //写数据函数
void write_str(uchar * str);            //写字符串函数
/ ******************************主函数******************************* /
void main()
{
    lcd_init();//LCD1602 初始化
    while(1)
    {
        write_cmd(0x80+0x04);           //把光标移到第 1 行第 5 个位置
        write_str("Welcome");           //显示"Welcome"字符串
        write_cmd(0x80+0x42);           //把光标移到第 2 行第 3 个位置
        write_str("to learn MCU");      //显示"to learn MCU"字符串
    }
}
/ ***************************** 延时函数,延时 ms ***************************** /
void delay(uint z)
{
    uint x,y;
    for(x=112;x>0;x--)
        for(y=z;y>0;y--);
}
/ ***************************** 检查忙标志函数 ***************************** /
void check_busy(void)
{
    uchar dt;
    out=0xff;                           //I/O 口做输入时,要先写"1"
    do
    {
        lcden=0;                        //把使能信号 E 拉低
```

```
        lcdrs=0;                        //RS=0
        lcdrw=1;                        //R/W̄=1,读操作
        lcden=1;                        //把使能信号 E 拉高
        dt=out;                         //out 为数据口,可为 P0~P3 口的一个
    }while(dt&0x80);                    //判断:BF=1,继续循环检查,等待 BF=0
    lcden=0;                            //BF=0,LCD1 不忙,结束检测
}
/******************************初始化函数******************************/
void lcd_init()
{
    write_cmd(0x38);                    //显示模式设置
    write_cmd(0x0C);                    //显示开,光标没有闪烁
    write_cmd(0x06);                    //写一个字符后地址指针加 1,字符右移,整屏不移动
    write_cmd(0x01);                    //清除屏幕
    delay(1);
}
/******************************写命令函数******************************/
void write_cmd(uchar cmd)
{
    check_busy();                       //检查 LCD1 是否忙
     lcden=0;                           //把使能信号 E 拉低
    lcdrs=0;                            //RS=0,写命令
    lcdrw=0;                            //R/W̄=0,写操作
    out=cmd;                            //cmd 是命令字,送到 out,out 可以是 P0~P3 口
    lcden=1;                            //使能信号 E 拉高,产生高脉冲的上升沿
    delay(1);                           //延时
    lcden=0;                            //使能信号 E 拉低,产生高脉冲的下跳沿
    delay(1);                           //延时
}
/******************************写数据函数******************************/
void write_data(char dat)
{
    check_busy();                       //检查 LCD1 是否忙
     lcden=0;                           //把使能信号 E 拉低
    lcdrs=1;                            //RS=1,写数据
    lcdrw=0;                            //R/W̄=0,写操作
    out=dat;                            //dat 是字符数据,送到 out,out 可以是 P0~P3 口
    lcden=1;                            //使能信号 E 拉高,产生高脉冲的上升沿
    delay(1);                           //延时
```

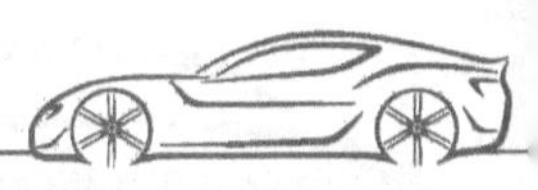

```
    lcden=0;                    //使能信号E拉低,产生高脉冲的下跳沿
    delay(1);                   //延时
}
/****************************写字符串函数*******************************/
void write_str(uchar *str)
{
    while(*str! ='\0')          //字符串的一个字符不等于"\0",说明没到字符串的最后一
                                //个字符,执行while循环,若等于"\0",则退出while循环
    {
        write_data(*str++);     //输出字符串,指针增1
        delay(5);
    }
}
```

3. 仿真运行

将程序编译生成Hex文件，加载到单片机中，单击运行按钮，运行效果图如图3-60所示。

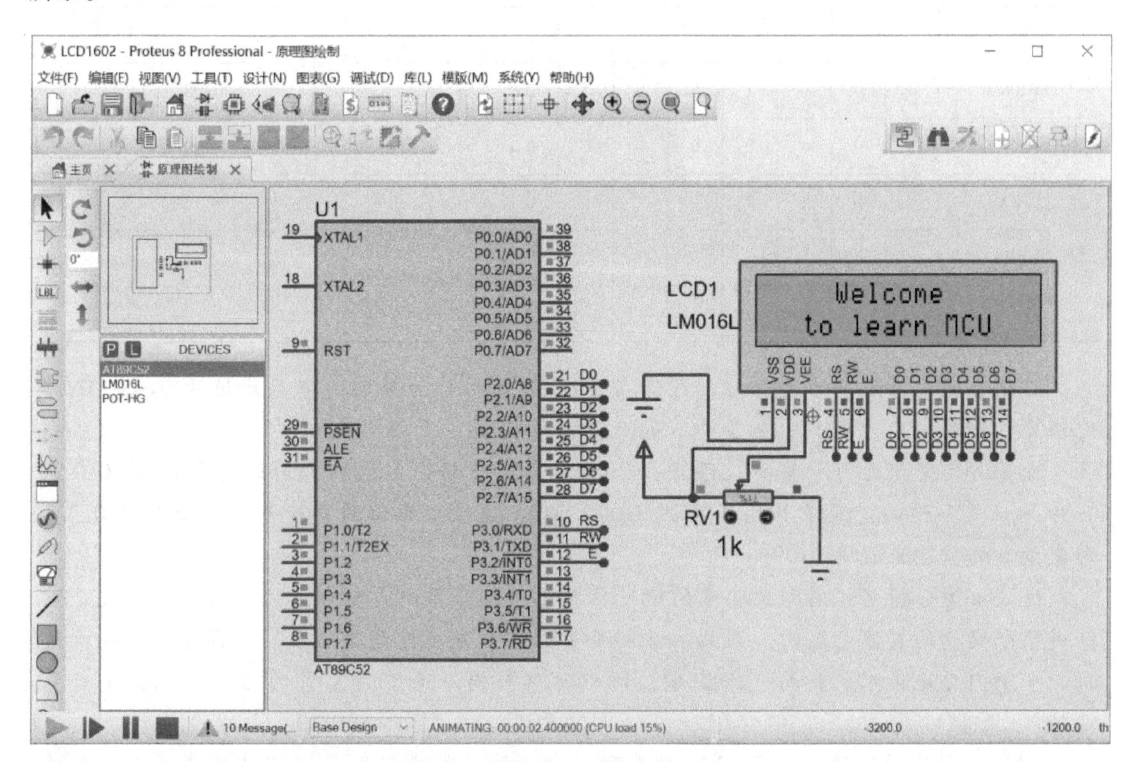

图3-60　LCD1602仿真运行效果图

【C语言知识点】指针的应用

指针是C语言中的一个重要的概念，利用指针可以直接且快速地处理内存中各种数据结构的数据，特别是数组、字符串和内存的动态分配等，它为函数间各类数据的传递提

供了简捷的方法。简单的程序不需要指针也可以，但当代码写到成千上万行的时候利用指针就可以使程序简洁、紧凑和高效。灵活使用指针是非常重要的。

(1) 内存单元和地址　指针是处理数据的，而数据存储在单片机内部的 RAM 中，简称内存。内存中存储数据是按字节存储的，一个字节占用一个内存单元。为了正确地访问内存单元，给每个内存单元一个编号，该编号称为该内存单元的地址。不同的数据类型所占用的内存单元数不同，如整型量占 2 个内存单元，字符型量占 1 个内存单元等。AT89S52 单片机共有 256B 的 RAM，即内存单元。

(2) 变量与地址（指针）　程序中的每个变量都要存储到内存单元中，这个内存单元的地址也就是变量的地址。编译系统会按照变量的数据类型分配内存。

【例 3-5】　分析下列 2 条指令，指出变量的定义与内存地址之间的对应关系。

```
unsigned char a = 0x12;
unsigned int b = 0x34;
```

分析：变量地址和内存地址之间的关系见表 3-12。

表 3-12　变量地址和内存地址之间的关系

内存地址	存储内容								变量名	变量地址(指针)
…										
0x08	0	0	0	1	0	0	1	0	a	0x08
0x09	0	0	0	0	0	0	0	0	b	0x09
0x0A	0	0	1	1	0	1	0	0		
0x0B										
…										

变量 a 定义为无符号字符型，存储占 1B，编译时自动分配的内存地址为 0x08，0x08 地址里存储的内容为 0x12，则变量 a 的地址就是 0x08。

变量 b 定义为无符号整型，存储占 2B，编译时自动分配的内存地址为 0x09 和 0x0A，0x09 地址里存储的是变量 b 的高 8 位 0x00，0x0A 地址里存储的是变量 b 的低 8 位 0x34，则变量 b 的首地址就是 0x09。

通过上述分析可以看到，变量的地址往往都是编译系统自动分配的，对用户来说是不知道某个变量的具体地址的。因此，访问变量时，首先应找到其所在的内存地址，也就是说，一个内存地址唯一指向一个变量，所以称这个内存地址为变量的指针，也就是变量地址。

(3) 指针变量　通过表 3-12 可以看到，变量地址即指针也是一些数据，所以如果将变量地址也保存在内存单元里，再用一个变量来存放这些地址，这样的变量就是指针变量。通过指针对所指向变量的访问方式是一种间接访问方式。

指针就是变量的地址，是一个常量，就是内存地址。而指针变量是一个变量，这个变量的内容可以被赋予不同的内存地址，这些内存地址可以是变量的地址，也可以是其他数

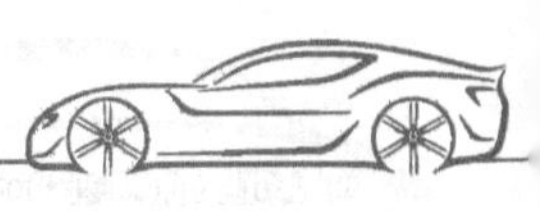

据结构的地址，例如数组的首地址。通常把指针变量简称为指针。这里要注意：以后，指针就是指针变量，而不是指内存地址了；指针的内容是内存地址。

（4）指针变量的定义、赋值和使用

1）指针变量定义的一般格式为：

类型说明符 *变量名；

说明：指针变量在使用前必须先定义。

① 类型说明符：指针变量所指对象（变量、数组或函数等）的数据类型。

② *表示一个指针变量。

③ 变量名即为定义的指针变量名。

【例3-6】 定义指针变量。

```
unsigned char *ptr1;        //定义名为ptr1的指向无符号字符型变量的指针变量
unsigned int *p;            //定义名为p的指向无符号整型变量的指针变量
```

指针变量定义好了，但具体指针变量指向哪一个内存地址，是由指针变量的内容所决定的，也就是在使用时要对指针变量赋值。

2）指针变量的赋值。给指针变量赋值的方式有两种：

① 定义时就对指针变量赋值。

```
unsigned char  a=0x12;      //定义无符号字符型变量a，编译分配地址0x08，该地
                              址的内容为0x12
unsigned char  *ptr1=&a;    //定义名为ptr1的指向无符号字符型的指针变量，指针
                            //变量的内容为变量a的地址0x08，&表示取地址
```

② 定义后再赋值。

```
unsigned char  a=0x12;      //定义无符号字符型变量a，编译分配地址0x08
unsigned char  * ptr1;      //定义名为ptr1指向无符号字符型变量的指针变量
ptr1=&a;                    //将变量a的地址0x08赋值给指针变量ptr1
```

a变量的内存地址是编译软件自动分配的，用户不清楚具体存在哪个地址里，因此，必须用地址运算符“&”取出变量的地址。

3）指针变量的引用。指针变量的引用格式为：

*指针变量

说明：“*”取内容运算符，它是单目运算符，其结合性为右结合，用来表示指针变量所指向的数据对象。该条指令的作用是先取指针变量的内容，而指针变量里的内容是一个内存地址，然后再取这个内存地址里的内容。

注意：C语言中“*”这个符号有3个用法。

① 乘法操作。

② 定义指针变量：类型说明符 *变量名，这里的“*”表示类型说明符，表示其后的变量是指针类型。“*”放在定义的位置就是定义指针变量。

③ 取值运算：*指针变量，这里的“*”表示一个运算符，用来表示指针变量所指向的数据对象。“*”放在执行代码中就是取值运算。

【例3-7】 下列指令运行后，求变量a、b和指针ptr1的值。

```
unsigned char a=0x12;          //①
unsigned char b=0x34;          //②定义普通变量,自动分配地址为0x09,(0x09)=0x34
```

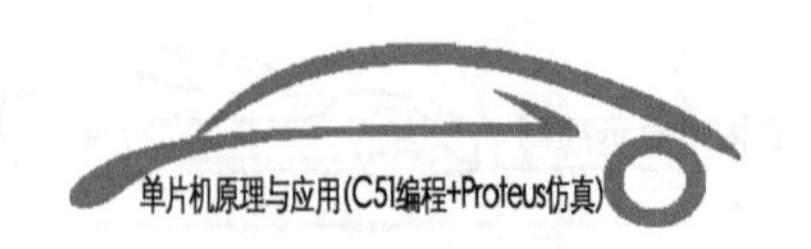


```
unsigned char * ptr1;   //③
ptr1 = &a;              //④
b = * ptr1;             //⑤
```

运行后，(a)= 0x12，(b)= 0x12，(ptr1)= 0x08。

说明：例题中每条指令的含义如下。

① 定义普通变量 a，系统自动分配地址为 0x08，(0x08)= 0x12，表示 0x08 地址里的内容为 0x12，变量 a 的地址就是 0x08；所以，也可表示为 (a) = 0x12，下同。

② 定义普通变量 b，系统自动分配地址为 0x09，(0x09)= 0x34，(b)= 0x34。

③ 定义指针变量 ptr1。

④ 取变量 a 的地址 0x08 赋值给指针变量 ptr1，(ptr1)= 0x08。

⑤"＊ ptr1"表示先取指针变量 ptr1 的值 0x08，0x08 是内存地址，再取 0x08 这个地址里的值 0x12，即有 ((ptr1))= (0x08)= 0x12，最后将 0x12 赋值给变量 b，(b)= 0x12，之前变量 b 的内容被覆盖。

(5) 指针与数组　在程序中定义一个一维数组，编译系统会自动给该数组在内存中分配一个存储空间，数组中的元素在这个存储空间中是连续存放的，其数组名就是该数组在内存的首地址。所以取数组中的元素可以有 2 种方法：一是用数组的下标，二是用各元素在内存中的地址。

例如定义了一个数组 tab [8]，假设编译系统自动给数组分配了一个存储空间：首地址为 0x20 的一个连续空间，tab 的元素对应存在这 8 个连续存储单元里。

```
unsigned char tab[ ] = {0xFE,0xFD,0xFB,0xF7,0xEF,0xDF,0xBF,0x7F};
```

若想取 0xFE 赋值给 P2 口，tab [0] 和内存地址 0x20 里存储的都是 0xFE，所以可以把 tab [0] 赋值给 P2 口，用指令"P2=tab [0];"，但是内存地址 0x20 里存储的值如何赋值给 P2 口呢？这时可以定义一个指针变量，并将数组的首地址传给指针变量，则该指针就指向了这个一维数组。所以说数组名是数组的首地址，也就是数组的指针；而定义的指针变量就是指向该数组的指针变量。

```
unsigned char * p;
p=&tab[0];//tab[0]对应的地址就是数组的首地址 0x20
或　p=tab; //数组名就是数组的首地址
```

其中，tab 是数组的首地址，&tab [0] 是数组元素 tab [0] 的地址，由于 tab [0] 的地址就是数组的首地址，所以两条赋值语句效果完全相同。指针变量 p 就是指向数组 tab 的指针变量。

(6) 指针与字符串常量　在 C 语言中，字符串常量是按字符数组处理的，在内存中开辟了一个空间用来存放字符串常量。字符数组的每个元素存放一个字符，且以字符串结束符"'\ 0'"结尾。可以将字符串赋值给一个数组或字符指针，以后就可以通过这个字符数组名或字符指针输入/输出字符串。

① 字符串常量表示：将字符串放到双引号里，如"Hello"。

② 字符数组表示：unsigned char a[ ] = "Hello";

③ 字符指针表示：unsigned char * str = "Hello"; //将字符串的首地址赋给字符指
//针 str

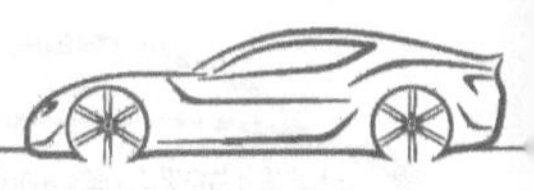

注意：对字符数组进行初始化时 uchar str[ ] = "Hello"；不能写为 uchar str [8]；str = "Hello"；实际赋值时，只能对字符数组的各元素逐个赋值。定义数组时，编译系统为数组分配内存空间，有确定的地址值，而定义一个字符指针时，其所指地址是不确定的。

【例 3-8】 逆序输出字符串。

```
#include <stdio.h>                      //printf 函数在 stdio.h 库里
#include <string.h>                     //strlen 函数在 string.h 库里
void main( )
{
    unsigned char * p, * str = "Hello" ;  //①
    printf( "%s\n" ,str) ;              //正序输出字符串"Hello"
    p = str+strlen( str) ;              //②
    while( --p> = str)                  //③
        printf( "%c" , * p) ;           //采用 printf 逆序输出字符串
    printf( " \n" ) ;                   //采用 printf 输出换行
}
```

程序说明：

① * str = "Hello" ;这条指令是定义指针变量并赋值。假设字符串在内存中自动分配的地址为 0x30~0x35,字符串在内存中的存放格式见表 3-13。

表 3-13 字符串在内存中的存放格式

地址	0x30	0x31	0x32	0x33	0x34	0x35
字符	H	e	l	l	o	\0

② p = str+strlen (str)；这条指令是获得一个地址赋值给指针 p。str 是字符串"Hello"的首地址 0x30，strlen (str) 这个函数是返回字符串 str 的长度 5，p = 0x35。

③ 字符指针 p 自减 1 后为 0x34，与 str = 0x30 比较，大于则输出 p 指针所指出地址的内容，即把 0x34 里的“o”输出。P 再自减 1，只要“--p> = str”条件成立，就一直按逆序输出字符，直至条件不成立。

本章小结

1. P0~P3 口作为输入口使用时，要先向端口写“1”。

2. P0 口作为输出口使用时，漏极开路，要外接上拉电阻（1~10kΩ），P1~P3 口内部有上拉电阻，不用外接上拉电阻。

3. 单片机的地址和数据总线构成：16 位地址总线由 P2 口（高 8 位）和 P0 口（低 8 位）构成，8 位数据总线由 P0 口构成，P0 口用作“地址/数据”总线时需要在 ALE 引脚输出的时序控制下分时复用，是一个双向口，无须外接上拉电阻。

4. P3 口第一功能与第二功能是由单片机执行的指令控制自动切换，用户不需要进行任何设置。P3 口作为第二功能使用时，就不能再作为通用 I/O 口使用。

5. 数码管有共阳极和共阴极两种类型，通常将段码存放在数组中。

6. 单片机控制多个数码管显示时有静态显示和动态显示两种方式。静态显示时每个数

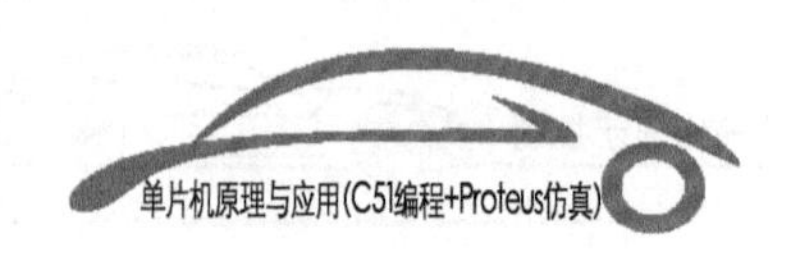

码管的段码端都需要1个8位的I/O口，占据口线多，但无闪烁。动态显示时每个数码管的段码端都连接同一个8位的I/O口，每个数码管的公共端分别由1位I/O口线控制，占用口线少，但有闪烁。

7. 8×8 LED点阵显示器每个LED都处于行线和列线之间的交叉点上。行接收扫描码，列接收字形编码。编码控制点亮某些LED，从而显示出由不同发光的点组成的各种图案。想显示不同的图案，就给不同的编码。

8. 16×16 LED点阵是由4个8×8 LED点阵组成，每个LED都放置在行线和列线的交叉点上，每行每列都有16个LED。所以，16×16 LED点阵有16根行扫描线，16根列编码线。

9. LCD1602每行可显示16个字符，可显示2行且只能显示数字、大小写字母及各种字符。

一、填空题

1. AT89S52单片机的I/O引脚采用________电平输出可获得较大的驱动能力。

2. 采用_crol_函数需要包含________头文件。

3. temp=0x80；temp=temp<<1；则（temp）=________。

4. temp=0x80;temp=_crol_(temp,1);则(temp)=________。

5. unsigned char code seg[]={0xC0,0xF9}，数组seg存在________存储器。

6. “8”字形的LED数码管有共________极和共________极两种。

7. 对于共阴极带有小数点段的数码管，显示字符“0.”（a段对应段码的最低位）的段码为________，对于共阳极带有小数点段的数码管，显示字符“0.”的段码为________。

8. 当显示LED数码管位数较多时，一般采用________显示方式，这种显示方式可减少I/O口的使用数量。

9. 16×16点阵显示器是由________个8×8点阵显示器组成。

10. LCD1602是________型液晶显示模块，在其显示字符时，只需将待显示字符的________码由单片机写入LCD1602的DDRAM，内部控制电路就可将字符在LCD上显示出来。可显示________行，每行显示________个字符。

二、选择题

1. 关于52单片机的P0口，下列说法不正确的是________。

A. P0口作为输出口需要外接上拉电阻　　B. P0口作为输入口需要先写1

C. P0口作为输出口不需要外接上拉电阻　　D. P0口可作为地址/数据总线使用

2. 下列说法不正确的是________。

A. P0口可作为地址总线低8位使用　　B. P0口可作为数据总线使用

C. P2口可作为地址总线高8位使用　　D. P0~P3口的驱动能力是相同的

3. 共阳极数码管采用动态显示方式时，其公共端可接________。

A. 地　　B. 电源　　C. 单片机I/O口　　D. 悬空

4. 共阳极数码管采用动态显示方式时，其段码端可接________。

A. 地　　B. 电源　　C. 单片机I/O口　　D. 悬空

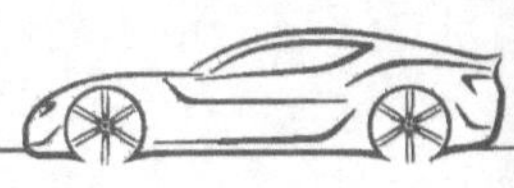

5. 在 LCD1602 上显示数字 0，不正确的是________。

A. write_data(0)；　　　　　　B. write_data('0')；

C. write_data(0x00+0x30)；　　D. write_data(0x00+48)；

三、简答题

1. 简述单片机 I/O 口的驱动能力。

2. LED 的静态显示方式与动态显示方式有何区别？各有什么优缺点？

3. 简要说明数码管动态显示方式时的扫描刷新时间的确定方法。

4. 简要说明数码管动态显示方式为什么要加消隐语句。

四、仿真练习

1. 设计要求：以单片机为核心，设计一个彩灯控制器。在 Proteus ISIS 中绘制出原理电路，并编写软件调试通过。

基本要求：在单片机的 P1 口接 8 个 LED，按照 P1.0~P1.7 以及 P1.7~P1.0 顺序依次流水点亮。

扩展要求：在 P0~P3 口分别接 8 个 LED，排成一定的形状（自定义），自行设计点亮效果。

2. 设计要求：用单片机控制 4 位 LED 数码管动态显示。在 Proteus ISIS 中绘制出原理电路，并编写软件调试通过。

基本要求：显示“班级-学号”[例如：2 班 3 号（2-03）]。稳定显示。

扩展要求：显示“班级-学号”[例如：2 班 3 号（2-03）]的效果为依次点亮数码管，每次只看到一个数字，然后稳定显示。

3. 设计要求：用单片机控制字符型液晶显示器（LCD1602）显示字符，在 Proteus ISIS 中绘制出原理电路，并编写软件调试通过。

基本要求：第一行显示“Hellow world”，第二行显示“学号+姓名（汉语拼音）”。

扩展要求：要求上述信息分别从 LCD1602 右侧第 1 行、第 2 行滚动移入，然后从左侧滚动移出，反复循环显示。

第4章　单片机输入检测

内容概述

键盘具有向单片机输入数据、命令等功能，是人与单片机对话的主要手段。本章主要介绍键盘的工作原理、接口设计与软件编程以及物理量转换为开关量的信号检测。

4.1 独立按键检测

键盘由若干按键按照一定的规则组成。每一个按键实质上是一个开关，按构造可分为有触点按键和无触点按键。有触点按键常见的有：触摸式、薄膜、导电橡胶和按键式等，最常用的是按键式。无触点按键有电容式、光电式和磁感应按键等。键盘分为编码键盘和非编码键盘。用专用的硬件编码器识别闭合键键号或键值的键盘称为编码键盘，如计算机键盘；用软件编程来识别闭合键键号或键值的键盘称为非编码键盘。在单片机应用系统中，用得较多的是非编码键盘。非编码键盘又分为独立键盘和行列式（又称矩阵）键盘。

4.1.1 独立键盘

在单片机系统设计中，需要使用的按键个数较少时，可采用独立键盘形式。独立键盘的特点是各按键相互独立，每个按键各接一个 I/O 口线，通过检测 I/O 输入线的电平状态，判断是哪个按键被按下。

1. 按键外形

键盘实际上就是一组按键，在单片机外围电路中，通常用到的按键都是机械弹性按键。当按键按下时，线路导通；按键弹起时，线路断开。单片机系统常用的弹性按键如图 4-1 所示。

2. 按键检测原理

单片机的 I/O 口既可作为输出口也可作为输入口使用，检测按键时用的是它的输入功能。使用时，将按键的一端接地，另一端与单片机的某个 I/O 口线相连，连接示意图如图 4-2 所示。由图 4-2 可知，按键处于弹起状态时，高电平输入到 I/O 口；按键闭合时，按键与地相连，低电平输入到 I/O 口。

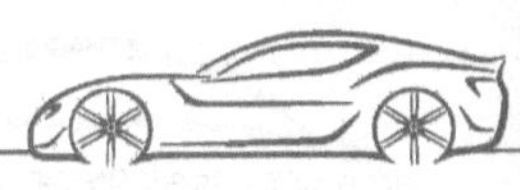

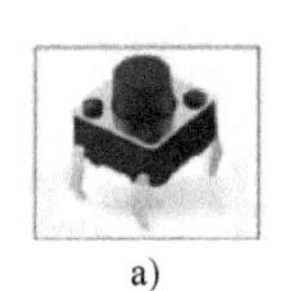

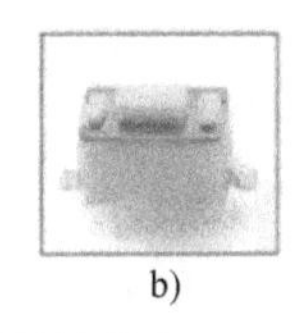

a)　　b)

图 4-1　弹性按键

a）直插式按键　b）贴片按键

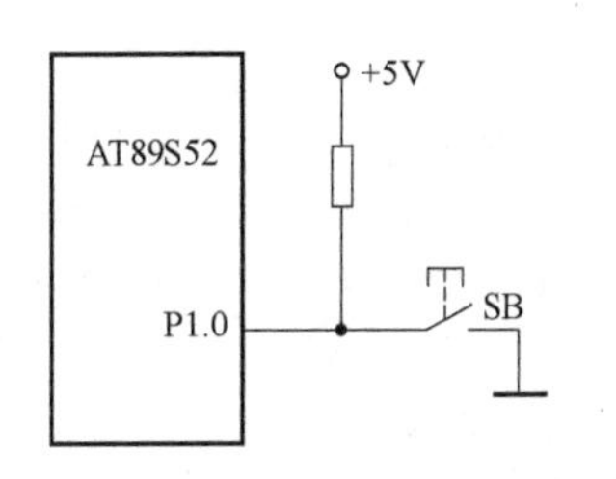

图 4-2　单片机与按键连接示意图

因此，当单片机检测到 I/O 口电平为低电平时说明按键被按下，为高电平时说明按键处于弹起状态。

注：I/O 口作为输入口时，为保证可靠读取引脚的状态，编程时要先向锁存器写“1”。

【例 4-1】　P2.0 引脚接按键，P1.7 引脚接 LED，R4 为上拉电阻，电路图如图 4-3 所示。编程实现按下按键点亮 LED。

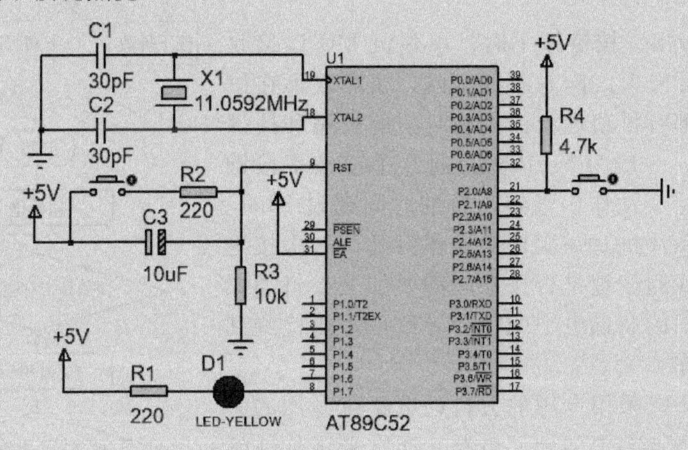

图 4-3　按键-LED 仿真电路图

说明：在 Proteus 中单击“P”按钮挑选元器件 AT89C52、BUTTON（按键）、RES（电阻）LED-YELLOW。

注：由于 P2 口内部有上拉电阻，所以 R4 也可不接。

【参考程序】

```
#include <reg52.h>
sbit KEY1 = P2^0;            //按键引脚声明
sbit led1 = P1^7;            //LED 引脚声明
void main( )
{
    while(1)
    {
        KEY1 = 1;            //输入先写“1”
        if( KEY1 = = 0)      //P2.0 引脚为 0,按键按下
```

```
        {
            led1 = 0;           //LED 亮
        }
        else                    //P2.0 引脚为 1,按键弹起
        {
            led1 = 1;           //LED 灭
        }
    }
}
```

该段程序运行时，按键按下，LED 亮，松手，LED 就灭了，也就是按键按下的状态无法保持。如果要实现按下按键点亮 LED，按键弹起后 LED 仍然保持亮的状态，可以采用标志位的方法。标志位的使用方法见例 4-2。

3. 按键去抖动

从图 4-4 可看出，按键按下时，单片机 I/O 口接收的理想波形与实际波形之间是有区别的，实际波形在按下和释放的瞬间都有抖动现象，抖动时间的长短和按键的机械特性有关，一般为 5～10ms。通常手动按下按键然后立即释放，这个动作中稳定闭合的时间超过 20ms。因此，为了确保单片机对一次按键动作只确认一次按键有效，单片机在检测按键是否按下时都要加上去抖动操作，否则抖动期间的高低电平变化会导致单片机检测到几次按下按键操作。

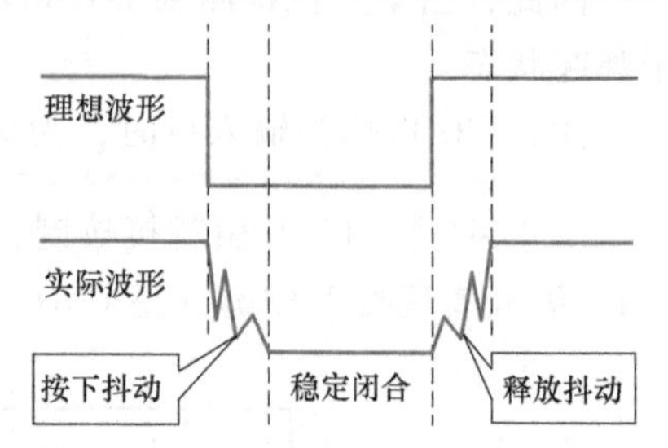

图 4-4　按键电压变化

按键去抖动可以采用专用的去抖动电路或专用的去抖动芯片，这会增加多余的硬件电路。通常采用软件延时的方法就能很好地解决抖动问题。

按键去抖动的基本思想：在检测到 I/O 口为低电平（有键按下）时，执行一段 10ms 左右的延时程序后，再次检测 I/O 口是否为低电平，如果仍为低电平，则确认确实有键按下。接下来再检测按键是否释放（松手检测），当检测到 I/O 口为高电平，说明按键确实已经释放，这时再执行相应的代码。按键去抖动检测流程图如图 4-5 所示。

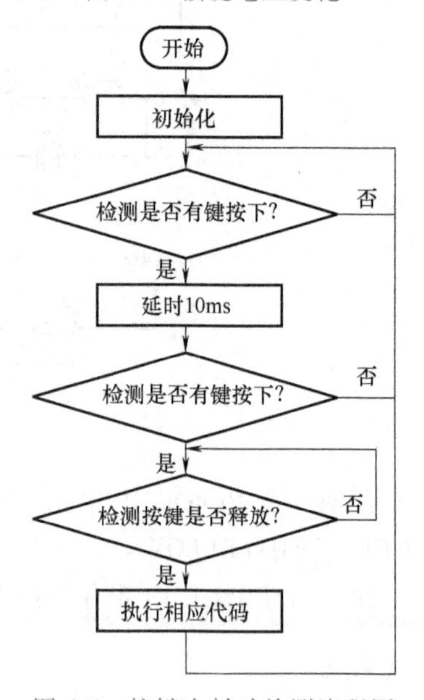

图 4-5　按键去抖动检测流程图

【例 4-2】　P2.0 引脚接按键，P1.7 引脚接 LED，电路图如图 4-3 所示。编程实现按下按键 LED 点亮，按键弹起后 LED 仍然保持亮的状态。

分析：例 4-1 中的代码只能实现按下按键 LED 亮，松手 LED 就灭了。为实现按下按键 LED 亮，松手后 LED 也一直亮的效果，可以采用标志位的方法。有按键按下设标志位（keyflag）为 1，否则 keyflag 保持初值。按键检测是经常用的程序段，将按键去抖动和设按键标志位的程序段封装为一个按键检测函数 keyscan（），需要时就调用该函数。

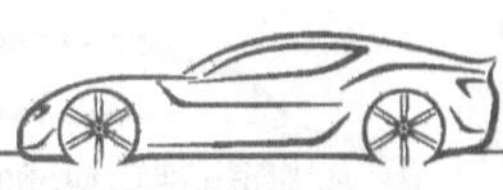

【参考程序】

```
#include <reg52.h>
#define uchar unsigned char
#define uint unsigned int
sbit KEY=P2^0;                    //按键声明
sbit led=P1^7;                    //LED 声明
uchar keyflag=0;                  //按键标志位
void delay(uint i);               //延时函数
void keyscan();                   //按键检测函数
void main()
{
    while(1)
    {
        keyscan();                //检测是否有按键按下,有则设标志位 keyflag=1
        if(keyflag==1)            //有按键按下
            led=0;                //LED 亮
        else                      //没有按键按下
            led=1;                //LED 灭
    }
}
void delay(uint i)                //延时函数
{
    uchar t;
    while(i--)
    {
        for(t=0;t<120;t++);
    }
}
void keyscan()                    //按键检测函数
{
    KEY=1;                        //①
    if(KEY==0)                    //按键按下为低电平
    {
        delay(10);                //延时去抖②
        if(KEY==0)                //再次检测,按键按下
        {
            keyflag=1;            //设标志位③
        }
        while(!KEY);              //松手检测④
    }
}
```

程序说明：

① 按键和单片机某一个 I/O 口线连接，在使用时需要用指令“sbit 名称=Pn^i;”声明，n=0、1、2、3，i=0~7。单片机 I/O 口作为输入口，为正确读引脚的状态，需先写“1”。

② 按键按下，P2.0 引脚检测到低电平，所以当 KEY=0 时，说明有键按下，延时 10ms，去除抖动。

③ 本例采用的按键是弹起式按键，按键按下后 P2.0 引脚检测到低电平，松手后 P2.0 引脚检测到高电平。可以看到弹起式按键按下的状态无法保持，因此，在程序设计中通常设一个标志位，记录按键按下的状态，然后根据标志位执行相应操作。只要不修改标志位，按键按下的状态就不会改变。标志位是编程中经常使用的方法。

④“while（! KEY);”这句指令的执行过程是：当按键按下时，KEY=0，取反后为“1”，while 条件为真，在该条语句处循环。一旦松手，按键弹起，KEY=1，取反后为“0”，while 条件为假，退出 while 循环。所以该条指令的作用就是等待按键松手，按键松手后继续向下执行，不松手则在这条指令循环等待。

【例 4-3】 设计 4 个按键，分别控制 4 个 LED，按下 KEY1 按键点亮 LED1，按下 KEY2 按键点亮 LED2，依次类推。R5~R8 为 4.7kΩ 上拉电阻（可以不接），仿真电路图如图 4-6 所示，最小系统电路省略。

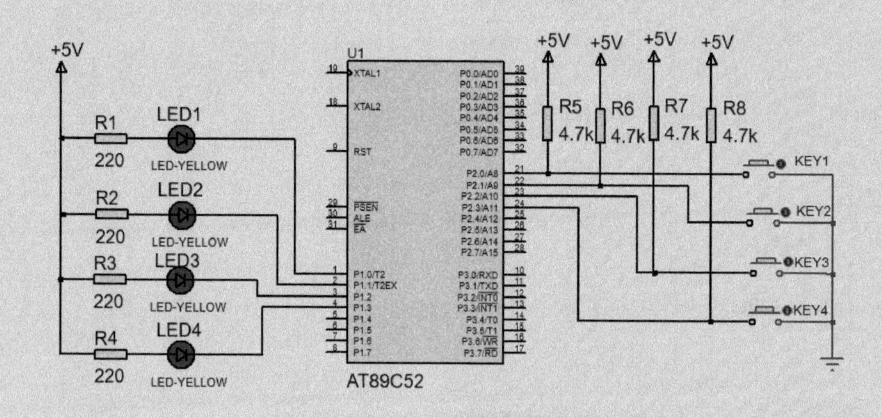

图 4-6 4 个 KEY-LED 仿真电路图

说明：在 Proteus 中单击“P”按钮挑选元器件 AT89C52、RES（电阻）、BUTTON（按键）、LED-YELLOW。

分析：在按键扫描函数 keyscan（）中，先检测 P2 口是否有按键按下，如果有按键按下，去抖后再检测是哪个按键按下。按照例 4-2 中一个按键检测函数的编写方法，4 个按键就要用 4 段类似的程序，这样会导致程序冗长，所以本例采用位运算的方式优化按键检测函数。软件编程的关键环节为：

1）位运算方式：由于 P2 口的高 4 位悬空，可能会受到干扰的影响，使其值不一定都保持复位后的高电平状态，所以需要把 P2 口的高 4 位清零，只保留 P2 口的低 4 位，即按键的状态。采用“if((P2&0x0F)! =0x0F)”语句，其中“P2&0x0F”的作用就是将

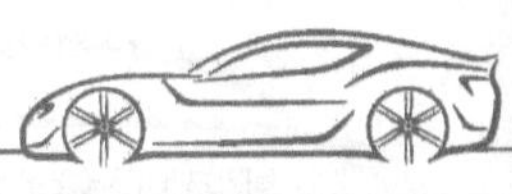

P2 口的高 4 位清零，保持低 4 位的状态（按键的状态）不变，再与 0x0F 对比，相同说明没有按键按下，不同说明有按键按下。这里用到了“&”运算的清零和保持不变的作用。

2）按键标志位设置：本例有 4 个按键，需要记录 4 个按键按下的状态，若用 4 个标志位，则比较烦琐。因此，可以采用一个标志位 keyflag，4 个按键对应 4 个不同的值；KEY1 按下，keyflag = 1；KEY2 按下，keyflag = 2；KEY3 按下，keyflag = 3；KEY4 按下，keyflag = 4。

3）按键控制 LED：1 个按键控制 1 个 LED 亮，每个按键按下 keyflag 的值不一样，因此，在主程序中采用 switch 语句实现分支程序，根据 keyflag 的值控制不同的 LED 点亮。

【参考程序】

```
#include <reg52. h>
#define uchar unsigned char
#define uint unsigned int
sbit KEY1 = P2^0;            //按键声明
sbit KEY2 = P2^1;            //按键声明
sbit KEY3 = P2^2;            //按键声明
sbit KEY4 = P2^3;            //按键声明
uchar keyflag = 0;           //按键标志位
void delay( uint i) ;        //延时
void keyscan( ) ;            //按键检测函数
void main( )
{
    while(1)
    {
        keyscan( ) ;         //检测是否有按键按下
        switch( keyflag)     //根据 keyflag 的值进行控制
        {
            case 1:P1 = 0xFE;break; //keyflag = 1,KEY1 按下,LED1(P1.0)亮 P1 = 0b1111 1110 = 0xFE
            case 2:P1 = 0xFD;break; //keyflag = 2,KEY2 按下,LED2(P1.1)亮 P1 = 0b1111 1101 = 0xFD
            case 3:P1 = 0xFB;break; //keyflag = 3,KEY3 按下,LED3(P1.2)亮 P1 = 0b1111 1011 = 0xFB
            case 4:P1 = 0xF7;break; //keyflag = 4,KEY4 按下,LED4(P1.3)亮 P1 = 0b1111 0111 = 0xF7
        }
    }
}
void delay( uint i)          //延时函数
{
    uchar t;
    while( i--)
```

```
        {
            for(t=0;t<120;t++);
        }
}
void keyscan()                          //按键检测函数
{
    P2=0xFF;                            //输入先写“1”
    if((P2&0x0F)!=0x0F)                 //检测有按键按下
    {
        delay(10);                      //延时去抖
        if(KEY1==0)                     //KEY1 按键按下
        {
            keyflag=1;                  //设标志位 1
            while(!KEY1);               //松手检测
        }
        if(KEY2==0)                     //KEY2 按键按下
        {
            keyflag=2;                  //设标志位 2
            while(!KEY2);               //松手检测
        }
        if(KEY3==0)                     //KEY3 按键按下
        {
            keyflag=3;                  //设标志位 3
            while(!KEY3);               //松手检测
        }
        if(KEY4==0)                     //KEY4 按键按下
        {
            keyflag=4;                  //设标志位 4
            while(!KEY4);               //松手检测
        }
    }
}
```

【C 语言知识点】 位运算

在实际编程中，有时需要改变一个字节中的某一位或几位的值，但又不想影响其他位原有的值，这时就可以采用 C 语言中的位运算符。位运算符及其说明见表 4-1。

表 4-1 位运算符及其说明

符号	功 能	举 例	作 用
&	按位逻辑与	0x78&0x0F=0x08	一个字节的某些位不变(这些位与“1”)，某些位清零(这些位与“0”)

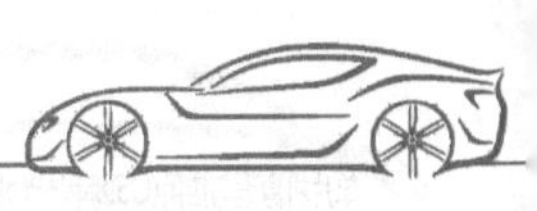

（续）

符号	功 能	举 例	作 用
|	按位逻辑或	0x78|0x0F=0x7F 0x20|0x05=0x25	一个字节的某些位不变(这些位或“0”),某些位置1(这些位或“1”),2个字节的某些位组合
^	按位异或	0x78^0x0F=0x77	一个字节的某些位不变(这些位异或“0”),某些位取反(这些位异或“1”)
~	按位取反	y=0x78,~y=0x87	一个字节按位取反

【例 4-4】 将 P1.5 清零，P1.1 置 1，其他位保持不变，采用字节操作写出指令。

分析：将某些位清零，采用按位逻辑与（“&”）操作。需要清零的位和“0”与，其他保持不变的位和“1”与。将 P1.5 清零，即 P1 和 0b1101 1111=0xDF 进行按位与运算“P1&0xDF”。

将某些位置 1，采用按位逻辑或（“|”）操作。需要置 1 的位和“1”或，其他保持不变的位和“0”或。将 P1.1 置 1，即（P1&0xDF）和 0b0000 0010=0x02 进行按位或运算“(P1&0xDF)|0x02”。语句为：

```
P1=( P1&0xDF) | 0x02;
```

【C 语言知识点】 switch-case 语句

if 语句一般用来处理两个分支，处理多个分支时需使用 if-else-if 结构，但如果分支较多，则嵌套的 if 语句层就越多，程序不但庞大而且理解也比较困难。因此，可采用专门用于处理多分支结构的条件选择语句 switch 语句。switch 语句可直接处理多个分支（包括两个分支）。语句格式为：

```
switch（表达式）
{
    case 常量表达式 1：语句 1；break；
    case 常量表达式 2：语句 2；break；
    …
    case 常量表达式 n：语句 n；break；
    default：语句 n+1；
}
```

switch 语句的执行流程是：

首先计算 switch 后面圆括号中表达式的值，然后用此值依次与各个 case 后的常量表达式比较。若 switch 后面圆括号中表达式的值与某个 case 后面的常量表达式的值相等，就执行此 case 后面的语句，遇到 break 语句时就退出 switch 语句；若圆括号中表达式的值与所有 case 后面的常量表达式的值都不等，则执行 default 后面的“语句 n+1;”，然后退出 switch 语句，程序转向 switch 语句后面的下一个语句。

注①：如果在 case 后面包含多条执行语句时，case 后面不需要像 if 语句那样加大括号，进入某个case后，会自动顺序执行本case后面的所有语句。

注②：default总是放在最后，这时default后不需要break语句，并且default部分也不是必需的。如果没有这一部分，当switch后面圆括号中表达式的值与所有case后面的常量表达式的值都不相等时，则不执行任何一个分支，而是直接退出switch语句。此时，switch语句相当于一个空语句。

4.1.2 四路抢答器仿真实例

四路抢答器仿真实例（视频）

四路抢答器仿真实例（PPT）

任务要求：设计四路抢答器，由主持人控制抢答轮次，主持人按下复位按钮，抢答开始；无人抢答时数码管显示“8”，一旦抢答，选手按下按键显示相应选手编号，其他选手再按按键无效；主持人按下复位按钮重新开始抢答。

分析：根据任务要求，4个选手需要4个按键，显示选手编号需要1位数码管；主持人控制抢答开始的操作，可以利用单片机复位电路中的复位按键来实现。一旦有选手按下按键，则让程序进入死循环，其他选手按键无效。这时只有通过单片机复位操作，才可以使程序重新开始运行，再次检测哪位选手按下按键。

1. 硬件电路设计

本例采用共阳极数码管，其段码端与单片机P2口相连，限流电阻为330Ω（这些电阻用于调整数码管的亮度，可根据需要调整为合适的值）。4个按键分别与P1.0~P1.3相连，上拉电阻为10kΩ（可省略）。仿真电路图如图4-7所示，最小系统电路省略。

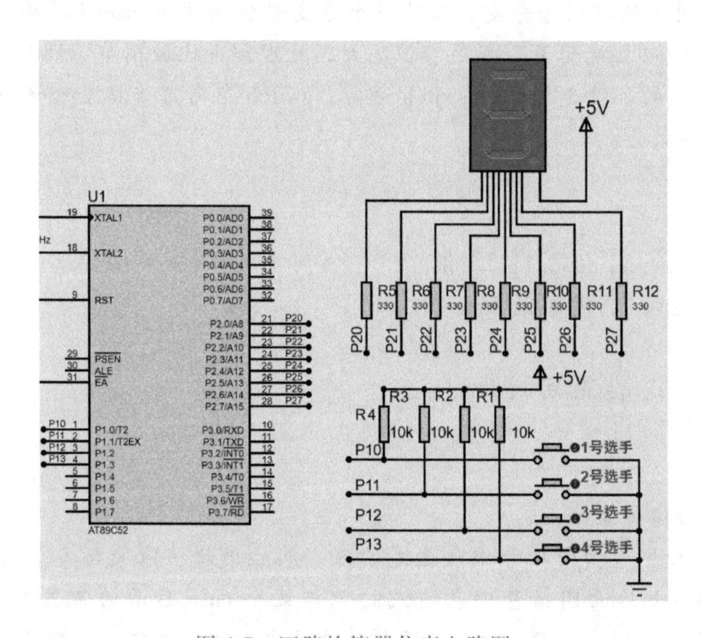

图4-7 四路抢答器仿真电路图

说明：在Proteus中单击“P”按钮挑选元器件AT89C52、7SEG-MPX1-CA（1位共阳极数码管）、RES（电阻）、BUTTON（按键）。

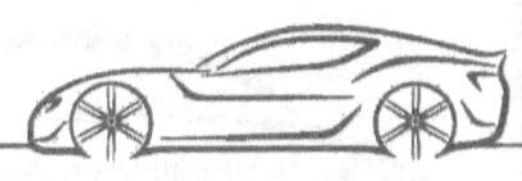

2. 软件设计

分析：四路抢答器的控制要求可以分成以下 5 个操作。

1）主持人按下复位按钮，抢答开始。

2）无人抢答时数码管显示“8”。

3）一旦抢答，选手按下按键。

4）显示相应选手编号。

5）其他选手再按按键无效。

只要找到这 5 个操作的实现方法，程序设计的思路就有了。四路抢答器的关键环节为：

1）主持人按下复位按钮重新开始抢答：由硬件复位按键实现。

2）无人抢答，即没有按键按下，标志位 flag=8，显示“8”的段码 0x80。

3）选手按下按键：4 个按键标志位 flag 分别设为 1、2、3、4。

4）显示选手编号：共阳极数码管“0~9”的段码放于数组 seg[ ] 中，4 个按键代表 4 个选手，所以，按键标志位 flag 的值就是选手的编号。数码管显示选手编号，即把 flag 的值转换为相应的段码送到数码管的段码端 P2 口，就可显示选手编号。用语句“P2 = seg[flag];”，flag 的值 1、2、3、4、8（初值）作为数组 seg 的下标，对应的元素就是段码。

5）其他选手再按按键无效：选手按下按键后进入“while(1);”死循环，当主持人按下复位按钮，则重新开始。

【参考程序】

```
#include<reg52.h>
#define uchar unsigned char
#define uint unsigned int
#define out P2                      //数码管段码端宏替换,out 替换 P2
sbit KEY1=P1^0;                     //1 号选手
sbit KEY2=P1^1;                     //2 号选手
sbit KEY3=P1^2;                     //3 号选手
sbit KEY4=P1^3;                     //4 号选手
uchar code seg[]={0xC0,0xF9,0xA4,0xB0,0x99,0x92 ,0x82,0xF8,0x80,0x90};
                                    //共阳极 0~9 段码
uchar flag=8;                       //初值为 8,表示无按键按下
void delay(uint i);                 //延时函数
void keyscan();                     //按键检测函数
void main()
{
    while(1)
    {
        keyscan();                  //检测是否有按键按下
        if(flag==1)
        {
            out=seg[flag];          //按下 KEY1,显示 1,表示 1 号选手抢答
            while(1);               //选手 1 按下,死循环,其他选手按键无效,等待主持人复位
        }
```

```
        else if(flag==2)
        {
            out=seg[flag];                 //按下 KEY2,显示 2,表示 2 号选手抢答
            while(1);                      //选手 2 按下,死循环,其他选手按键无效,等待主持人复位
        }
        else if(flag==3)
        {
            out=seg[flag];                 //按下 KEY1,显示 3,表示 3 号选手抢答
            while(1);                      //选手 3 按下,死循环,其他选手按键无效,等待主持人复位
        }
        else if(flag==4)
        {
            out=seg[flag];                 //按下 KEY2,显示 4,表示 4 号选手抢答
            while(1);                      //选手 4 按下,死循环,其他选手按键无效,等待主持人复位
        }
        else if(flag==8)
            out=seg[flag];                 //没有按键,显示 8,无人抢答
    }
}
void delay(uint i)                         //延时函数
{
        uchar t;
        while(i--)
        {
            for(t=0;t<120;t++);
        }
}
void keyscan()                             //按键检测函数
{
    P1=0xFF;                               //输入先写"1"
    if ((P1&0x0F)!=0x0F)                   //检测有按键按下
    {
        delay(10);                         //延时去抖
        if(KEY1==0)                        //KEY1 按键按下
        {
            flag=1;                        //设标志位 1
            while(!KEY1);                  //松手检测
        }
        if(KEY2==0)                        //KEY2 按键按下
        {
            flag=2;                        //设标志位 2
            while(!KEY2);                  //松手检测
```

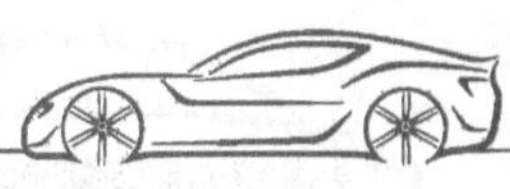

```
    }
    if(KEY3==0)              //KEY3 按键按下
    {
        flag=3;              //设标志位 3
        while(! KEY3);       //松手检测
    }
    if(KEY4==0)              //KEY4 按键按下
    {
        flag=4;              //设标志位 4
        while(! KEY4);       //松手检测
    }
  }
}
```

3. 仿真运行

将程序编译生成 Hex 文件，加载到单片机中，单击运行按钮，运行效果图如图 4-8 所示，没有按键按下，数码管显示“8”，1 号选手按下按键则显示“1”，此时再按其他按键则显示无变化。按下复位按键后，再重新按下其他按键则显示相应数字，其他按键无效。

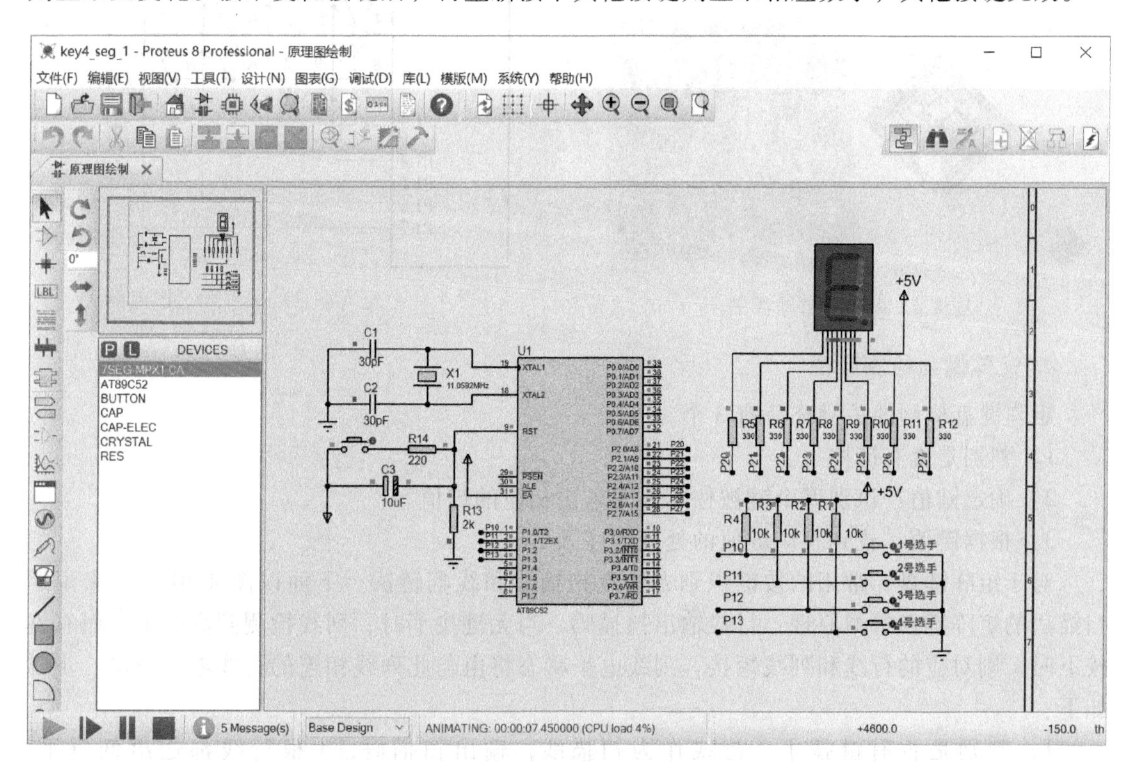

图 4-8　四路抢答器仿真运行效果图

注：在仿真中，复位电路中的下拉电阻阻值要选择小些，本例选用 2kΩ 电阻，选 10kΩ 电阻复位效果不好。在实物中选择 10kΩ 电阻，复位电路是可以正常工作的。

4.2 矩阵键盘检测

4.2.1 矩阵键盘的检测原理

1. 矩阵键盘的结构

在单片机系统设计中，需要使用很多按键时，设计成独立键盘会占用大量 I/O 口线。此时，可以采用矩阵键盘（也称行列式键盘）。常用的 4×4 矩阵键盘外形图如图 4-9 所示。

键盘中的每一个按键实质上就是一个弹起式按键，矩阵键盘由行线和列线组成，按键位于行、列的交叉点上。一个 4×4 的行列结构可以构成一个 16 个按键的键盘，只需要与单片机的 1 组 I/O 口连接。按键的两端分别连接在行线和列线上，列线再通过电阻接到+5V 上。接口示意图电路如图 4-10 所示。

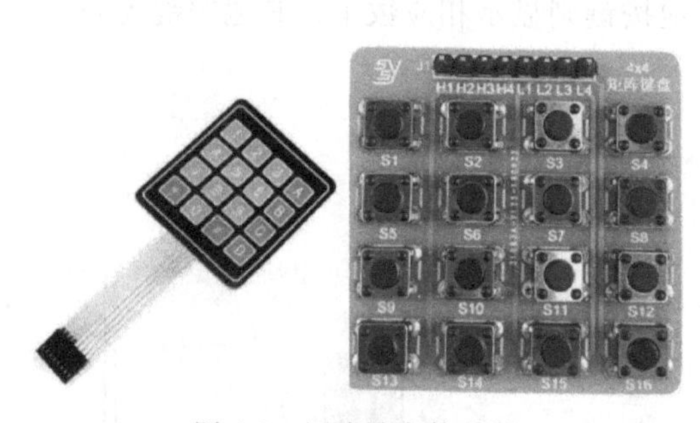

图 4-9 矩阵键盘外形图

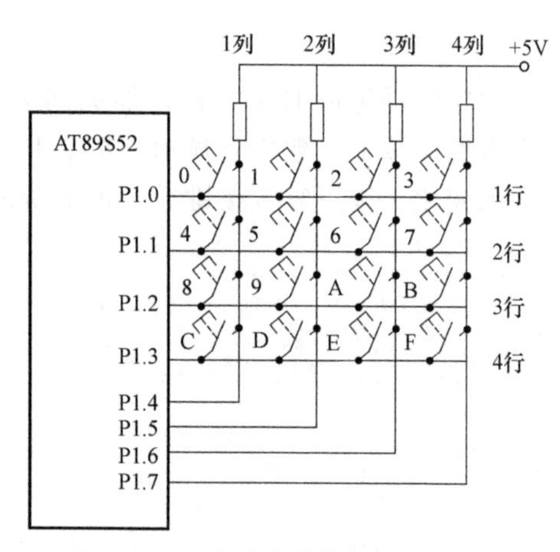

图 4-10 矩阵键盘的接口示意图电路

2. 矩阵键盘检测原理

矩阵键盘检测的关键环节有 3 个。

1）判别是否有键按下。

2）确定键值：识别哪个键被按下，并求出相应的键值。

3）根据键值，找到相应键值的处理程序入口。

对于矩阵键盘，常用的按键识别方法有扫描法和线翻转法。下面以图 4-10 为例来说明扫描法的矩阵键盘检测原理：行线输出扫描码，当无键按下时，列线检测到高电平，而有键按下时，则对应的行线和列线短接，列线电平状态将由与此列线相连的行线电平决定。步骤如下：

1）判别是否有键按下。行线作为扫描线，输出扫描码，4 根行线都送出低电平，P1.3~P1.0=0b0000；列线作为输入线，通过读列线状态，判断是否有按键按下。若读入的列线值 P1.7~P1.4=0b1111，全是 1，则说明没有键按下，反之说明有键按下。

2）调用延时去抖动。当判别到有键按下后，软件延时一段时间，然后再次判断键盘状态，若仍然有键按下，则认为确实有键按下，否则认为是抖动。

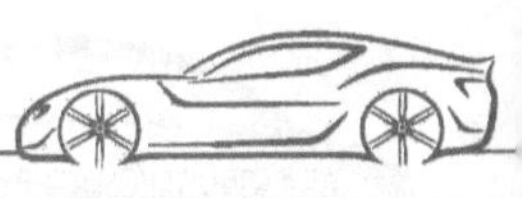

3）确定键值。当有键按下时，转入逐行扫描的方式确定是哪一个按键被按下。先扫描第 1 行，即 P1.0 引脚输出 “0”，其他引脚输出 “1”，扫描码为 P1.3~P1.0=0b1110；然后读 P1.7~P1.4 引脚输入的列值，哪一列出现 “0”，就说明该列与第 1 行跨接的按键被按下了。若 P1.7~P1.4 读入的值全是 “1”，则按键的状态为 P1.7~P1.4=0b1111，说明与第 1 行跨接的按键都没有被按下，这时将 P1 口低 4 位的扫描码和 P1 口高 4 位的按键状态组合，得到编码 0b1111 1110=0xFE。同理，若 P1.7~P1.4 读入的值为 0b1110，说明第 1 行与第 1 列跨接的 0 号键被按下，将 P1 口低 4 位的扫描码和 P1 口高 4 位的按键状态组合，得到编码为 0b1110 1110=0xEE，依次可得到第 1 行其他按键按下的编码，第 1 行键值见表 4-2。

表 4-2　第 1 行键值（扫描法）

读列线状态(列线输入)				扫描线(行线输出)				编码	键值	说明
P1.7	P1.6	P1.5	P1.4	P1.3	P1.2	P1.1	P1.0			
1	1	1	1	1	1	1	0	0xFE		无键按下
1	1	1	0	1	1	1	0	0xEE	0	0 号键按下
1	1	0	1	1	1	1	0	0xDE	1	1 号键按下
1	0	1	1	1	1	1	0	0xBE	2	2 号键按下
0	1	1	1	1	1	1	0	0x7E	3	3 号键按下

4）接着扫描第 2 行，以此类推，逐行扫描查询，直至找到被按下的键，并记录键值。第 2 行~第 4 行键值见表 4-3~表 4-5。

表 4-3　第 2 行键值（扫描法）

读列线状态(列线输入)				扫描线(行线输出)				编码	键值	说明
P1.7	P1.6	P1.5	P1.4	P1.3	P1.2	P1.1	P1.0			
1	1	1	1	1	1	0	1	0xFD		无键按下
1	1	1	0	1	1	0	1	0xED	4	4 号键按下
1	1	0	1	1	1	0	1	0xDD	5	5 号键按下
1	0	1	1	1	1	0	1	0xBD	6	6 号键按下
0	1	1	1	1	1	0	1	0x7D	7	7 号键按下

表 4-4　第 3 行键值（扫描法）

读列线状态(列线输入)				扫描线(行线输出)				编码	键值	说明
P1.7	P1.6	P1.5	P1.4	P1.3	P1.2	P1.1	P1.0			
1	1	1	1	1	0	1	1	0xFB		无键按下
1	1	1	0	1	0	1	1	0xEB	8	8 号键按下
1	1	0	1	1	0	1	1	0xDB	9	9 号键按下
1	0	1	1	1	0	1	1	0xBB	10	A 号键按下
0	1	1	1	1	0	1	1	0x7B	11	B 号键按下

表 4-5 第 4 行键值（扫描法）

读列线状态(列线输入)				扫描线(行线输出)				编码	键值	说明
P1.7	P1.6	P1.5	P1.4	P1.3	P1.2	P1.1	P1.0			
1	1	1	1	0	1	1	1	0xF7		无键按下
1	1	1	0	0	1	1	1	0xE7	12	C 号键按下
1	1	0	1	0	1	1	1	0xD7	13	D 号键按下
1	0	1	1	0	1	1	1	0xB7	14	E 号键按下
0	1	1	1	0	1	1	1	0x77	15	F 号键按下

5）根据键值，执行相应操作。

6）检查按键是否已经释放，可以避免连击现象出现，保证每次按键仅做一次处理。

【矩阵键盘第 1 行扫描参考程序】

```
P1=0xFE;                    //送第1行扫描码(P1低4位)并把P1高4位写1(列线输入)
temp=P1;                    //读取P1状态(按键状态)送给中间变量
temp=temp&0xF0;             //低4位扫描码,清零;高4位按键状态,保持不变
while(temp! =0xF0)          //检测是否有按键按下,等于0xF0无按键按下,否则有按键按下
{
    delay(5);               //延时去抖
    temp=P1;                //读取按键状态
    temp=temp&0xF0;         //低4位扫描码,清零;高4位按键状态,保持不变
    while(temp! =0xF0)      //再检测是否有按键按下,等于0xF0无按键按下,否则有按键按下
    {
       temp=P1;             //读取按键状态
       switch(temp)         //根据按键状态设置键值
       {
           case 0xEE:key=0; break;      //0号键
           case 0xDE:key=1; break;      //1号键
           case 0xBE:key=2; break;      //2号键
           case 0x7E:key=3; break;      //3号键
       }
      while(temp! =0xF0)                //松手检测
      {
           temp=P1;
           temp=temp&0xF0;
      }
    }
}
```

矩阵键盘每一行的扫描程序结构都一样，只是每行的扫描码和键值不一样，所以可以把扫描每一行按键的 4 段程序封装为一个函数“keyscan()”，用变量 key 存放键值。但是，这样的程序太冗长，结构相同的程序段可以用 for 循环进行优化。

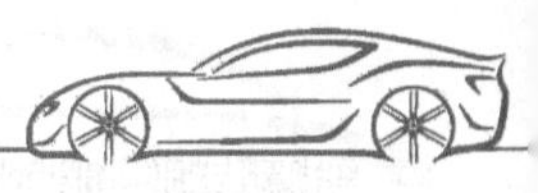

优化的基本思想为：将表 4-2~表 4-5 中的编码存放在数组 keyvalue［］中，将 4 行的扫描码存放在数组 key_scan［］中，从 key_scan［］数组中取出每一行的扫描码送到 P1 口，当有键按下时，P1 口按键的状态就会发生改变，16 个按键按下的编码在 keyvalue［］中，将 P1 口的状态和 keyvalue［］数组中的元素逐个进行对比，找到相同的，记录下数组的序号，这个序号也就是键值，存在变量 key 里。

【扫描法检测 4×4 键盘的参考程序】

```
uchar code keyvalue[ ] = {0xEE, 0xDE, 0xBE, 0x7E, 0xED, 0xDD, 0xBD, 0x7D, 0xEB, 0xDB, 0xBB,
                          0x7B, 0xE7, 0xD7, 0xB7, 0x77};//16 个按键编码
/****************************** 按键扫描函数 ******************************/
void keyscan( )
{
    uchar key_scan[ ] = {0xFE, 0xFD, 0xFB, 0xF7};          //4 行按键扫描码
    uchar i = 0, j = 0, temp;
    for (i=0;i<4;i++)
    {
        P1=key_scan[i];                                    //输出扫描码
        temp=P1;                                           //把 P1 状态送给中间变量
        for(j=0;j<16;j++)                                  //检测 16 个按键是否按下
        {
            if(keyvalue[j]==temp)                          //当前按键编码和 16 个按键编码逐个对比
            {
                key=j;                                     //相同,则当前按键按下,闭合键键值送 key
                break;                                     //退出循环
            }
        }
    }
}
```

4.2.2　矩阵键盘仿真实例

矩阵键盘仿真实例（视频）

任务要求：使用共阳数码管显示 4×4 矩阵键盘中按下键的键号“0~F”。例如，1 号键按下时，数码管显示“1”；E 号键按下时，数码管显示“E”；等等。

1. 硬件电路设计

矩阵键盘仿真实例（PPT）

4×4 矩阵键盘需要 8 个 I/O 口线，将 P1.3~P1.0 接矩阵键盘的行线，P1.7~P1.4 接矩阵键盘的列线，采用共阳极数码管，段码端接 P2 口，最小系统电路省略。仿真电路图如图 4-11 所示。

说明：在 Proteus 中单击“P”按钮挑选元器件 AT89C52、7SEG-MPX1-CA（1 位共阳极数码管）、RES（电阻）、BUTTON（按键）。单击左侧工具菜单栏 **A**，可添加汉字注释。

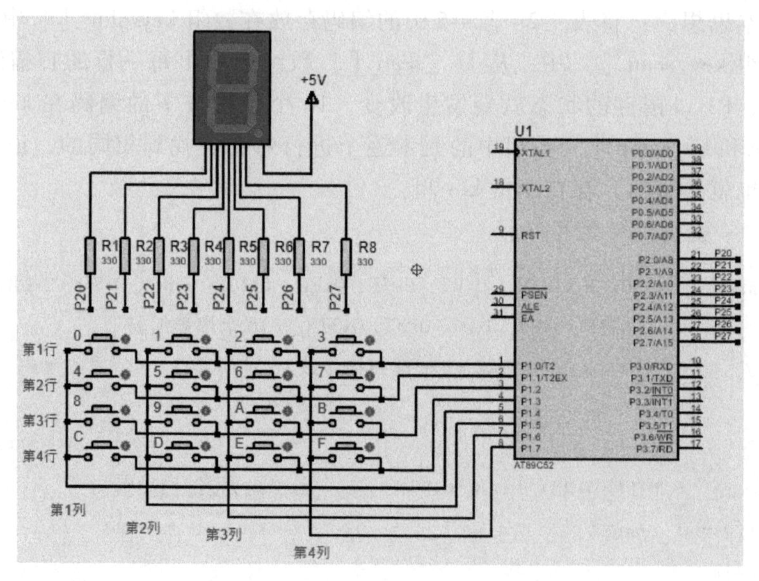

图 4-11　矩阵键盘仿真电路图

2. 软件设计

设计思想：在共阳极数码管上显示矩阵键盘按下的键值，软件编程的关键环节如下。

(1) 矩阵键盘键值的确定　本例矩阵键盘的接法和图 4-10 中的键盘接法相同，键值的确定方法也相同。采用扫描法，用优化程序代码“keyscan ( )”扫描键盘，将键值存在变量 key 里。没有按键按下，key 设为 100；若 key 的值超出“0~15”的范围，则数码管上没有显示。

(2) 显示键值　只有一个数码管，直接将键值 key 对应的段码送给数码管（共阳极）的段码端 P2 口，只有键值 key 在“0~15”范围内，数码管显示相应的十六进制数“0~F”。

【参考程序】

```
#include<reg52.h>
#define uchar unsigned char
#define uint unsigned int
uchar code seg[]={0xC0,0xF9,0xA4,0xB0,0x99,0x92,0x82,0xF8,
    0x80,0x90,0x88,0x83,0xC6,0xA1,0x86,0x8E};//共阳极 0~F 段码
uchar code keyvalue[] = {0xEE, 0xDE, 0xBE, 0x7E,0xED, 0xDD,0xBD, 0x7D,0xEB, 0xDB,
                    0xBB, 0x7B,0xE7, 0xD7, 0xB7, 0x77};//16 个按键编码
uchar key=100;              //键号标志位,没有按键按下,初值 100
void keyscan();             //矩阵键盘扫描函数
/********************************主函数************************************/
void main()
{
    while(1)
    {
        keyscan();          //扫描键盘,检测是否有按键按下,按下得到键值 key
```

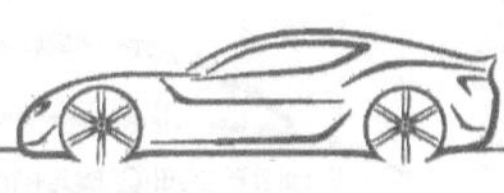

```
        if (key>=0&&key<=15)                    //键值 key 在 0~15 范围内显示
            P2=seg[key];                         //显示键号
    }
}
/*****************************按键扫描函数*****************************/
void keyscan()
{
    uchar key_scan[]={0xFE,0xFD,0xFB,0xF7};//键扫描码
    uchar i = 0, j = 0,temp;
    for (i=0;i<4;i++)                            //4 行按键,扫描 4 次
    {
        P1=key_scan[i];                          //输出扫描码
        temp=P1;                                 //把 P1 状态送给中间变量
        for(j=0;j<16;j++)                        //检测 16 个按键,识别键号
        {
            if(keyvalue[j]==temp)                //判断键值
            {
                key=j;                           //得到闭合键键号
                break;                           //得到键号,退出 for 循环
            }
        }
    }
}
```

3. 仿真运行

将程序编译生成 Hex 文件，加载到单片机中，单击运行按钮，运行效果图如图 4-12 所示，按键按下，数码管显示相应字符。

4.2.3　非编码键盘的扫描方式

单片机 CPU 在忙于其他各项工作时，如何兼顾非编码键盘的输入，这取决于键盘扫描的工作方式。键盘扫描工作方式选取的原则是，既要保证及时响应按键操作，又不要过多占用单片机执行其他任务的工作时间。通常，键盘的扫描工作方式有 3 种：查询扫描、中断扫描和定时扫描。

1. 查询扫描方式

在主程序中利用 CPU 空闲时间反复扫描键盘。若查询频率过高，虽能及时响应键盘输入，但会影响其他任务的进行；若查询频率过低，则有可能出现键盘输入漏判现象。所以要根据单片机系统的繁忙程度和键盘的操作频率，来调整键盘扫描频率。该种方法，CPU 执行效率低，键盘检测实时性差。本章例题采用的都是查询扫描法。

2. 中断扫描方式

中断扫描方式就是将键盘与单片机的外部中断引脚相连，只有当有按键按下时，才会向单片机发出中断请求信号，在中断服务函数中识别出按下的按键，并执行该按键的处理程

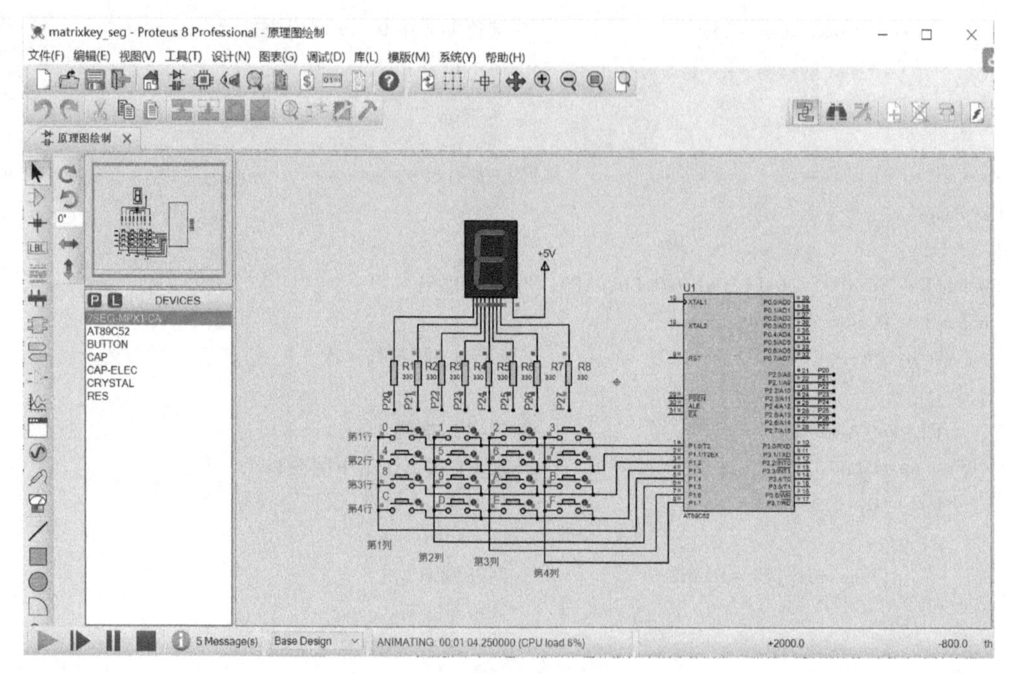

图 4-12　矩阵键盘仿真运行效果图

序。若无键按下，单片机将不理睬键盘。该种方法实时性强，CPU 执行效率高。该种方法在第 5 章介绍。

3. 定时扫描方式

定时扫描就是利用单片机内的定时器每隔一定的时间产生一次中断，在中断服务函数中，对键盘进行扫描，在有键按下时识别出按下的按键，并执行相应按键的处理程序。按一次按键的时间一般不会小于 100ms，所以为了不漏判有效按键，定时中断周期一般应小于 100ms。该种方法在第 6 章介绍。

4.3 开关量信号检测

4.3.1 输入通路结构

单片机的 I/O 口只能检测高低电平，所以首先要将生活、生产中的声、光和磁等物理量通过传感器转换成电压、电流或频率等电信号，根据电信号的不同形式，需要选择不同的调理电路与单片机接口。输入通路结构如图 4-13 所示。

由图 4-13 可以看出，TTL 电平开关信号、频率信号可以通过单片机直接检测，例如按键按下（低电平）或弹起（高电平），只有 2 个状态，可看作是 TTL 电平开关信号，所以按键可直接与单片机 I/O 口线相连。而电压、电流等模拟信号可根据需要，先经过模/数转换（A/D），转换为数字量后送入单片机，这部分内容在第 8 章进行介绍。在有些场合，不需要电压、电流这些模拟信号的采样值时，可以根据需要将其转换为开关量送入单片机。本节通过简易汽车远光灯自动控制仿真实例介绍一种通过比较器将模拟量转换成开关量的检测方法。

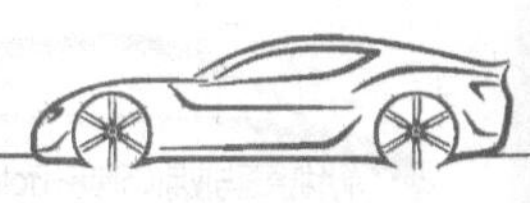

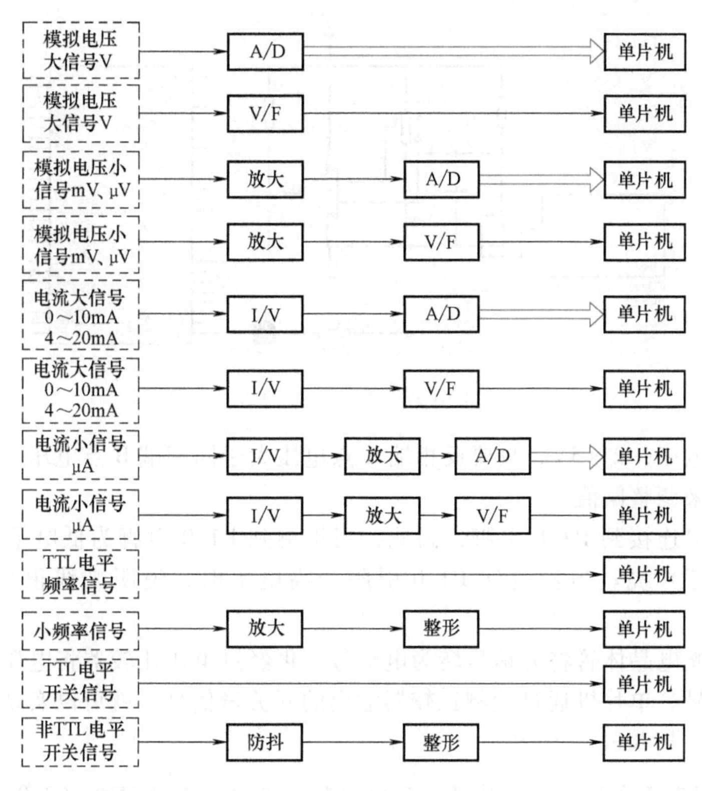

图 4-13　输入通路结构

4.3.2　简易汽车远光灯自动控制仿真实例

简易汽车远光灯自动控制仿真实例（视频）

简易汽车远光灯自动控制仿真实例（PPT）

设计任务：通过光照传感器检测光照强度，正常情况下，白天光线强的时候，汽车远光灯不亮，晚上光线弱的时候开启远光灯，光照阈值通过电位器调节。

1. 硬件电路设计

硬件电路包括光信号检测电路以及汽车远光灯控制电路。在仿真电路中采用ALS-PT19模拟光照传感器，采用LM393比较器将ALS-PT19检测的模拟信号转换为开关量信号，LM393的输出端与单片机的P1.0引脚连接，汽车远光灯采用LED进行模拟，与单片机的P1.7引脚连接。仿真电路图如图4-14所示，电路中最小系统电路省略。

说明：在Proteus中单击“P”按钮挑选元器件AT89C52、RES（电阻）、LED-YELLOW、ALS-PT19（光照传感器）、CAP（电容）、POT-HG（电位器）、LM393（比较器）。

图4-14电路的工作原理是：当光线很亮时，光电晶体管导通，电流随光照强度的增加而变大，则A点电压将变小，A点电压加到比较器的反相端，随着光线强度的增加，光电晶体管的工作状态由放大区进入饱和区，A点电位近似为低电平。同相端为电位器输出的阈值电压，只要反相端A点电压低于同相端B点电压，比较器就输出高电平。但当光线变弱时，电流减小，反相端A点电压将变大，随着光线的减弱，光电晶体管将截止，此时，A

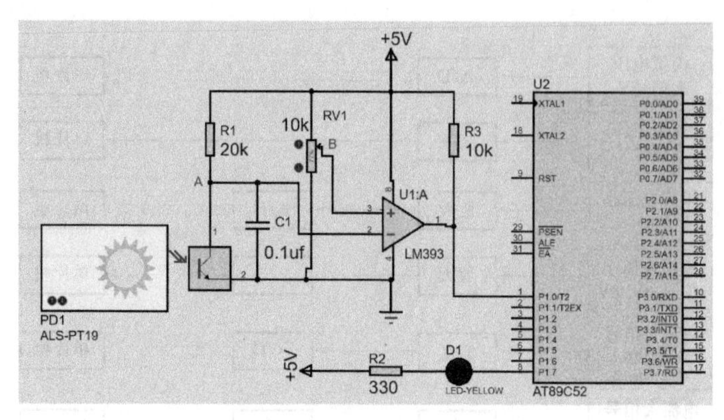

图 4-14　汽车远光灯自动控制仿真电路图

点的电位为电源电压，即+5V，只要反相端A点电压大于同相端B点电压，比较器就输出低电平。电位器用来调整阈值。

比较器的输出连接到P1.0引脚，因此，当检测到P1.0引脚为低电平时，说明光线变暗，LED（远光灯）亮。当检测到P1.0引脚为高电平时，说明光线很亮（白天），LED（远光灯）不亮。

电路中采用光电晶体管将光信号转为电信号，再经过电压比较器将电压信号转换为高低电平的开关量信号。单片机通过检测比较器输出的开关量信号，就可以实现控制功能。

【元器件知识点】 LM393比较器

LM393内部有2个独立的高精度电压比较器，可以单电源供电（2.0~36V），也可双电源供电（±1.0~±18V）。使用时，通常电源不需要加旁路电容，LM393的输出部分是集电极开路，所以需要加上拉电阻。LM393外形图和引脚分布图分别如图4-15和图4-16所示。引脚功能见表4-6。

图 4-15　LM393外形图

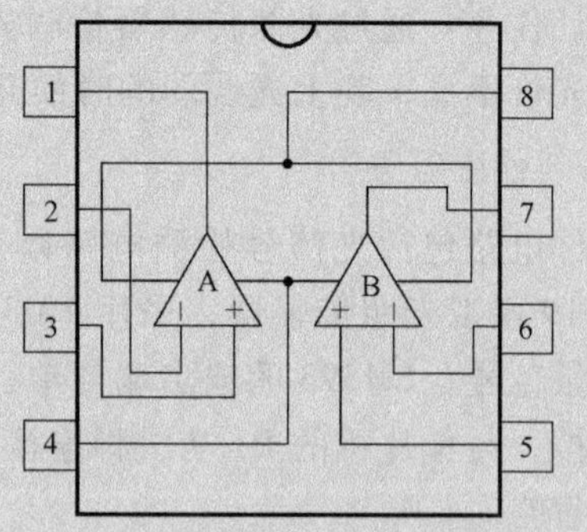

图 4-16　LM393引脚分布图

表 4-6　LM393引脚功能

引脚号	符号	功能	引脚号	符号	功能
1	OUTA	输出A	5	INB+	同相输入端B
2	INA-	反相输入端A	6	INB-	反相输入端B
3	INA+	同相输入端A	7	OUTB	输出B
4	GND	接地端	8	V_{CC}	电源电压

当比较器的同相端电压高于反相端电压，输出高电平。反之，当同相端电压低于反相端电压，输出低电平。

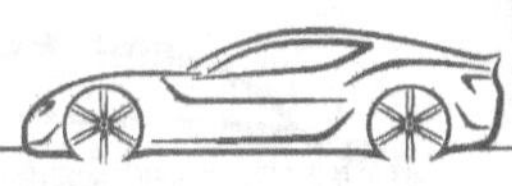

2. 软件设计

设计思想：根据光线强弱控制远光灯亮灭的软件编程的关键环节如下。

（1）光线检测　P1.0 引脚检测到低电平时，说明光线变暗，LED 亮；P1.0 引脚检测到高电平时，说明光线很强，LED 灭。

（2）LED 亮灭　P1.7 引脚输出高电平，LED 灭；P1.7 引脚输出低电平，LED 亮。

```
#include<reg52.h>
sbit led=P1^7;                          //远光灯
sbit light_ctrl =P1^0;                  //光检测输入端
void main()
{
    while(1)
    {
        if(light_ctrl ==0)              //低电平,光弱
            led=0;                      //光弱灯亮
        else                            //高电平,光强
            led=1;                      //光强灯不亮
    }
}
```

3. 仿真运行

将程序编译生成 Hex 文件，加载到单片机中，单击运行按钮，运行效果图如图 4-17 所

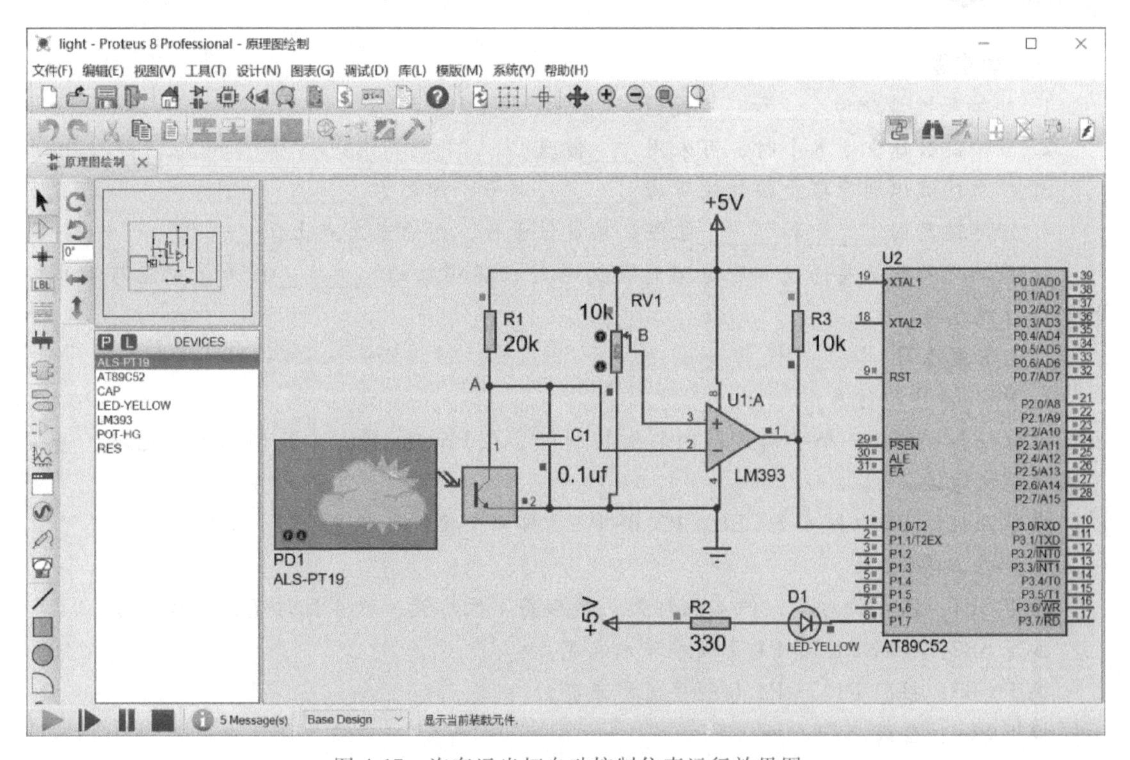

图 4-17　汽车远光灯自动控制仿真运行效果图

示。单击 ALS-PT19 的上下箭头，可调节光线的强弱；该器件有 10 个等级可供调节。通过仿真可以看到白天时，LED 是不亮的，当调节向下箭头时，由白天过渡到夜晚，则 LED 亮。在哪个等级 LED 亮，可通过调整电位器的上下箭头调整阈值。

本章小结

1. 单片机可通过读取 P0~P3 口的状态来了解外设的状态。P0~P3 口作为输入口使用时，为保证可靠读取引脚的状态，要先向锁存器写“1”。

2. 键盘分为编码键盘和非编码键盘，靠软件编程来识别键值或键号的键盘称为非编码键盘。

3. 非编码键盘又分为独立键盘和行列式（又称矩阵）键盘。

4. 独立键盘特点是各键相互独立，每个按键各接一个 I/O 口线，占用 I/O 口线较多。但电路简单、易于编程，常用于按键个数较少的场合。

5. 矩阵键盘特点是由行线和列线组成，按键位于行、列的交叉点上；可采用扫描法获得键值；占用 I/O 口线较少，常用于按键个数较多的场合。

6. 若检测生活、生产中的声、光和磁等物理量只需要高低电平 2 种状态的场合，可以首先将要检测的物理量通过传感器转换成电压、电流或频率等电信号。根据电信号的不同形式，选择不同的调理电路，转换为高低电平 2 种状态，再与单片机的 I/O 口线连接。

习题

一、填空题

1. 非编码键盘分为____和____键盘。

2. 当按键数目少于 8 个时，可采用____键盘。

3. 独立按键识别原理是按键按下为________电平，弹起为________电平。

4. 矩阵键盘由______和______组成，按键位于行、列的交叉点上。

5. 检测的物理量要通过调理电路转换为单片机能接收的________信号，才能与单片机的 I/O 口线连接。

二、仿真练习

1. Proteus 虚拟仿真

设计任务：设计一个手动控制的彩灯控制器。在 Proteus ISIS 中绘制出原理电路，并编写软件调试通过。

在单片机的 P1 口接 8 个 LED，P2.0~P2.3 接 4 个按键，记为 SB1~SB4。

（1）基本要求

按下 SB1：高 4 位灯亮，低 4 位灯灭；然后高 4 位灯灭，低 4 位灯亮，交替闪烁。

按下 SB2：按照 P1.0~P1.7 顺序流水点亮。

按下 SB3：按照 P1.7~P1.0 顺序流水点亮。

按下 SB4：全灭。

（2）扩展要求　按键功能：SB1，彩灯全亮按键；SB2，彩灯模式加按键；SB3，彩灯模

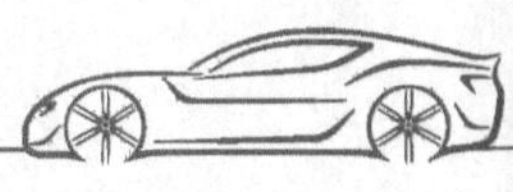

式减按键；SB4，彩灯全关按键，具体实现下述功能。

按下 SB1，8 个 LED 全部点亮。

按下 SB2，按下 1 次模式加 1；自行设计每种模式的点亮方式（4 种）。

按下 SB3，按下 1 次模式减 1；模式加 1 的 4 种倒序循环。

按下 SB4，8 个 LED 全部熄灭。

2. Proteus 虚拟仿真

设计任务：设计一个数码管数字显示器。在 Proteus ISIS 中绘制出原理电路，并编写软件调试通过。

基本要求：设计 4×4 键盘，键号为“0~F”，按下按键，在 2 位数码管上显示相应键号的十进制表示“0~15”。

扩展要求：设计简易加法计算器，按下按键“0~9”，表示被加数，显示在数码管上；按下“A”表示加法，不显示；再按下按键“0~9”，表示加数，显示在数码管上（被加数清掉）；按下“B”，表示确认，在数码管上显示和；按下“C”，清除，可以重新开始。

3. Proteus 虚拟仿真

设计任务：设计一个学号显示器。在 Proteus ISIS 中绘制出原理电路，并编写软件调试通过。

基本要求：通过 4×4 键盘输入自己的学号，显示在 LCD1602 上。

扩展要求：通过 4×4 键盘输入自己的学号，在 LCD1602 上显示学号、姓名和班级。

第5章　单片机的中断系统

内容概述

中断机制是现代单片机系统中的基础功能之一，使单片机系统具有实时处理能力，能对突然发生的事件做出及时的响应或处理。AT89S52 单片机内部集成了 6 个中断源，其中断系统能够实时地响应片内功能部件和外设发出的中断请求并进入中断服务程序进行处理。本章介绍中断的基本概念、基本结构、相关的 SFR 以及外部中断的应用。

5.1　单片机中断技术概述

AT89S52 单片机为单 CPU 系统，同一时刻只能处理一个任务，任务的实现是通过运行程序来完成的，单片机的程序是顺序执行的。同时，单片机也具有实时处理随机事件的能力，当外界有突发事件时，CPU 能够及时响应并处理，这是靠单片机中断系统实现的。

考虑这样一个生活实例，小明同学在计算机前面专心致志地编写单片机程序，突然妈妈打电话过来，电话铃声打断了小明的思路，于是小明同学记下程序编写到哪了，停止程序的编写工作，拿起电话与妈妈通话，通话完毕后，在被打断的地方继续编写程序。这就是一个典型的中断过程，编写程序作为主要任务，需要较长时间地占用小明同学的大脑，妈妈打电话作为突发事件，需要小明同学及时处理，这个事件会打断主要任务的执行。完成处理打电话这个事件后，小明同学需要返回到主要任务继续处理余下的工作，这个过程如图 5-1 所示。

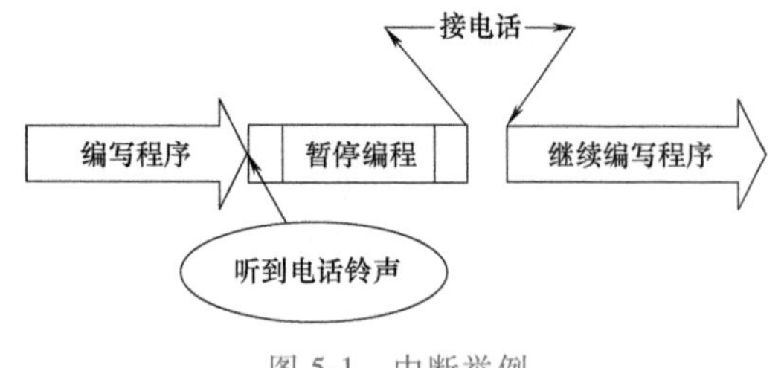

图 5-1　中断举例

当单片机的 CPU 正在执行某个程序（例如，正在执行主程序）的时候，单片机外部或内部发生的某一事件（如外部引脚检测到一个电平变化，或内部计数器产生计数溢出等）请求 CPU 迅速去处理，于是，CPU 暂时中止当前的工作，转到中断服务程序处理所发生的事件。中断服务程序处理完该事件后，再回到原来被打断的地方继续原来的工作（例如，继续执行被中断的主程序），这称为中断。对事件的整个处理过程，称为中断处理（或中断服务）。

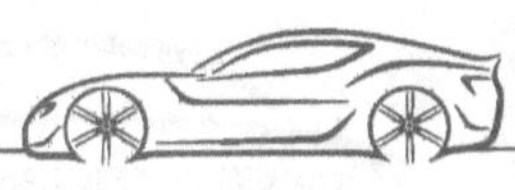

5.2 单片机中断系统结构

AT89S52 单片机的中断系统有 6 个中断源、2 个中断优先级，可实现 2 级中断嵌套。每一个中断源都可采用软件独立控制 IE 和 IP 的特殊功能位为允许中断或关闭中断状态，以及优先级。通过 SFR（TCON 和 SCON）可查询中断标志位。中断系统结构图如图 5-2 所示。

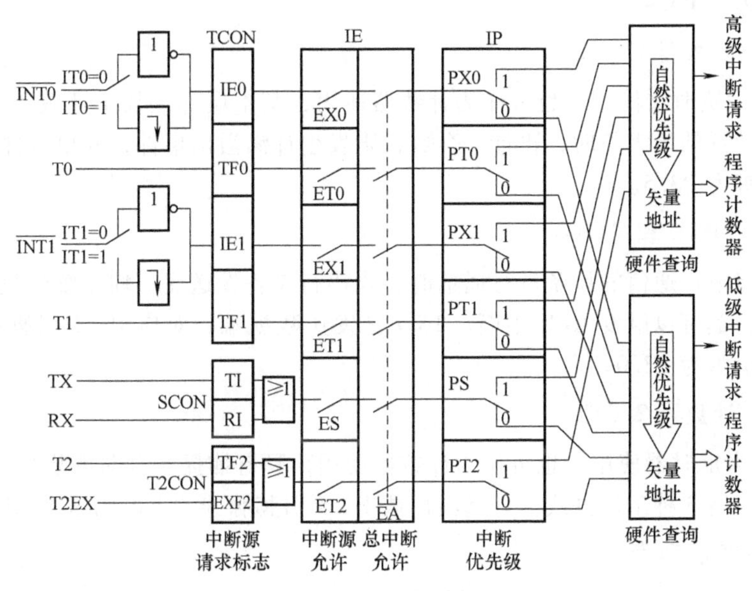

图 5-2　中断系统结构图

5.2.1　中断源

中断源指能使正在执行的程序中断，转而执行中断服务程序的设备或事件。下面介绍 AT89S52 单片机的 6 个中断源。

1. 外部中断 0（$\overline{\mathrm{INT0}}$）

1）外部中断 0 由单片机 P3.2 引脚输入的中断请求信号触发。

2）2 种触发方式：电平触发方式和下跳沿触发方式。

① 电平触发方式，即 P3.2 引脚出现低电平触发中断，也称低电平有效。CPU 在 2 个机器周期对 P3.2 引脚采样的电平都是低电平时，则中断申请触发器置外部中断 0 的标志位 IE0 为“1”，直到 CPU 响应此中断时，该标志位由硬件清零。当外部中断源被设定为电平触发方式时需注意，在中断服务程序返回之前，外部中断请求输入必须无效（即外部中断请求输入已由低电平变为高电平），否则 CPU 返回主程序后会再次响应中断。

② 下跳沿触发方式，即 P3.2 引脚出现下跳沿，该引脚由高电平变为低电平触发中断，也称下跳沿有效。外部中断申请触发器能锁存外部中断输入线上的负跳变。一个机器周期采样到外部中断输入为高电平，下一个机器周期采样为低电平，则中断申请触发器置外部中断 0 的标志位 IE0 为“1”，直到 CPU 响应此中断时，该标志位由硬件清零。这样就不会丢失中断，但输入的负脉冲宽度至少要保持 1 个机器周期，才能被 CPU 采样到。

2. 外部中断1（$\overline{INT1}$）

中断请求信号由单片机的P3.3引脚输入，触发方式与外部中断0的工作机制相同。

3. 定时器/计数器0（T0）

T0既可作为定时器使用，也可作为计数器使用，其本质都是加1计数器；也就是当T0的计数值达到设置的最大值时，再计1个数，则发生计满溢出事件，溢出事件可以触发CPU中断。对应引脚为P3.4。

4. 定时器/计数器1（T1）

T1既可作为定时器使用，也可作为计数器使用，其本质都是加1计数器；也就是当T1的计数值达到设置的最大值时，再计1个数，则发生计满溢出事件，溢出事件可以触发CPU中断。对应引脚为P3.5。

5. 串行口（RXD和TXD）

当单片机与串行通信的设备进行通信时，当串行设备发送完一帧完整的数据或接收完一帧完整的数据，都可以触发CPU中断。TXD是发送数据端，对应P3.1引脚；RXD是接收数据端，对应引脚为P3.0。

6. 定时器/计数器2（T2）

T2既可作为定时器使用，也可作为计数器使用，具有捕捉、自动重装载（递增或递减）和传输速率发生器3种工作方式。计满溢出或P1.1引脚脉冲的下跳沿触发CPU中断。

5.2.2 中断请求标志位

中断源产生中断触发条件后，会由硬件自动置位相应的中断请求标志位，向CPU发出中断请求。单片机中断的快速响应性是因为在程序运行过程中，CPU在每个机器周期的S5P2期间定期检测中断请求标志位，判断是否有中断源发出中断请求，进而进行相应的中断响应操作。6个中断源的标志位位于SFR TCON和SCON中。

1. TCON

TCON是一个SFR，字节地址为0x88，位地址为0x8F~0x88，可以按字节访问，也可以按位访问。TCON格式见表5-1，与中断标志位有关的各位功能描述见表5-2。

表5-1 TCON格式（字节地址0x88，可位寻址）

位序号	D7	D6	D5	D4	D3	D2	D1	D0
符号	TF1	TR1	TF0	TR0	IE1	IT1	IE0	IT0
位地址	0x8F	0x8E	0x8D	0x8C	0x8B	0x8A	0x89	0x88

表5-2 TCON与中断标志位有关各位功能描述

序号	符号	功能	描述
D7	TF1	T1计满溢出标志位	T1计数溢出时，硬件自动置1 该位可作为中断请求标志位，进入中断服务程序后由硬件自动清零 该位也可使用软件查询，但查询后，应由软件及时将该位清零
D5	TF0	T0计满溢出标志位	T0计数溢出时，硬件自动置1 该位可作为中断请求标志位，进入中断服务程序后由硬件自动清零 该位也可使用软件查询，但查询后，应由软件及时将该位清零

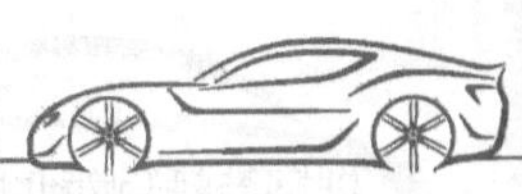

（续）

序号	符号	功　能	描　述
D3	IE1	$\overline{\text{INT1}}$ 中断请求标志位	当 P3.3 引脚有低电平或下跳沿时，硬件自动置 1 该位可作为中断请求标志位，进入中断服务程序后由硬件自动清零 该位也可使用软件查询，但查询后，应由软件及时将该位清零
D2	IT1	$\overline{\text{INT1}}$ 触发方式选择位	IT1 = 0：$\overline{\text{INT1}}$ 低电平触发，当引脚出现低电平，硬件置位 IE1 IT1 = 1：$\overline{\text{INT1}}$ 下跳沿触发，当引脚出现下跳沿，硬件置位 IE1
D1	IE0	$\overline{\text{INT0}}$ 中断请求标志位	当 P3.2 引脚有低电平或下跳沿时，硬件自动置 1 该位可作为中断请求标志位，进入中断服务程序后由硬件自动清零 该位也可使用软件查询，但查询后，应由软件及时将该位清零
D0	IT0	$\overline{\text{INT0}}$ 触发方式选择位	IT0 = 0：$\overline{\text{INT0}}$ 低电平触发，当引脚出现低电平，硬件置位 IE0 IT0 = 1：$\overline{\text{INT0}}$ 下跳沿触发，当引脚出现下跳沿，硬件置位 IE0

2. T2CON

T2CON 是一个 SFR，字节地址为 0xC8，位地址为 0xCF ~ 0xC8，可以按字节访问，也可以按位访问。T2CON 格式见表 5-3，与中断标志位有关的各位功能描述见表 5-4，其他各位功能见第 6 章。

表 5-3　T2CON 格式（字节地址 0xC8，可位寻址）

位序号	D7	D6	D5	D4	D3	D2	D1	D0
符号	TF2	EXF2	RCLK	TCLK	EXEN2	TR2	C/$\overline{\text{T2}}$	CP/$\overline{\text{RL2}}$
位地址	0xCF	0xCE	0xCD	0xCC	0xCB	0xCA	0xC9	0xC8

表 5-4　T2CON 与中断标志位有关的各位功能描述

序号	符号	功　能	描　述
D7	TF2	T2 溢出标志位	T2 溢出由硬件置位 TF2，向 CPU 发出中断请求，必须由软件清零 当 RCLK = 1 或 TCLK = 1 时，TF2 将不予置位
D6	EXF2	T2 外部中断请求标志位	EXEN2 = 1，T2EX(P1.1)引脚上的负跳变引起捕捉或自动重装载时，硬件置位 EXF2 标志位，并向 CPU 发出中断请求 该标志位必须由软件清零。递增/递减计数下 EXF2 不能引起中断

3. SCON

SCON 是一个 SFR，字节地址为 0x98，位地址为 0x9F ~ 0x98，可按字节访问，也可以按位访问。SCON 格式见表 5-5，与中断标志位有关的各位功能描述见表 5-6，其他各位功能见第 7 章。

表 5-5　SCON 格式（字节地址 0x98，可位寻址）

位序号	D7	D6	D5	D4	D3	D2	D1	D0
符号	SM0	SM1	SM2	REN	TB8	RB8	TI	RI
位地址	0x9F	0x9E	0x9D	0x9C	0x9B	0x9A	0x99	0x98

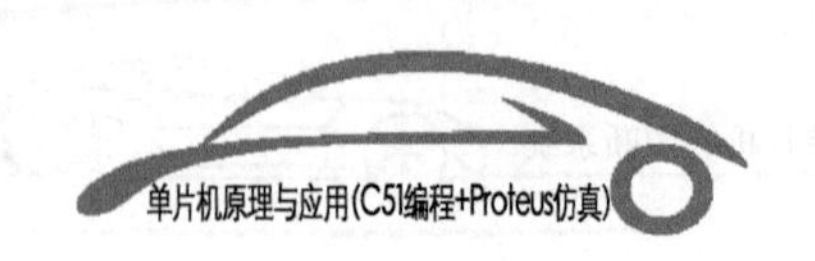

表 5-6　SCON 与中断标志位有关的各位功能描述

序号	符号	功　能	功能描述
D1	TI	发送中断标志位	在串口方式 0 中，发送完 8 位数据后，由硬件置 1，其他方式中，在发送停止位之初，由硬件置 1。其状态可供软件查询，也可请求中断，但都必须由软件清零
D0	RI	接收中断标志位	在串口方式 0 中，接收完 8 位数据后，由硬件置 1，其他方式中，在接收到停止位时，由硬件置 1。其状态可供软件查询，也可请求中断，但都必须由软件清零

串行口的中断请求由 TI 和 RI 做逻辑“或”得到，即不论是发送中断请求标志置位还是接收中断请求标志置位，都将发生串行中断请求，具体是哪种请求由用户在中断服务程序中编程来区分。

5.2.3　中断允许

中断源满足触发条件置位相应的中断请求标志位，向 CPU 发出中断申请，CPU 能否响应该中断，还要通过中断允许控制位来进行设置，单片机通过 IE 来设置各个中断源的中断允许控制位。

IE 是一个 SFR，字节地址为 0xA8，位地址为 0xAF~0xA8，可以按字节访问，也可以按位访问。IE 格式见表 5-7，各位功能描述见表 5-8。

表 5-7　IE 格式（字节地址 0xA8，可位寻址）

位序号	D7	D6	D5	D4	D3	D2	D1	D0
符号	EA	—	ET2	ES	ET1	EX1	ET0	EX0
位地址	0xAF	0xAE	0xAD	0xAC	0xAB	0xAA	0xA9	0xA8

表 5-8　IE 的各位功能描述

序号	符号	功　能	描　述
D7	EA	总中断允许位	EA=0 时，CPU 不响应任何中断源的中断请求 EA=1 时，CPU 可以响应中断源的中断请求
D6	—	保留位	
D5	ET2	T2 中断允许控制位	ET2=0 时，CPU 不响应 T2 的中断请求 ET2=1 时，CPU 可以响应 T2 的中断请求
D4	ES	串行口中断允许控制位	ES=0 时，CPU 不响应串行口的中断请求 ES=1 时，CPU 可以响应串行口的中断请求
D3	ET1	T1 中断允许控制位	ET1=0 时，CPU 不响应 T1 的中断请求 ET1=1 时，CPU 可以响应 T1 的中断请求
D2	EX1	$\overline{\text{INT1}}$ 中断允许控制位	EX1=0 时，CPU 不响应 $\overline{\text{INT1}}$ 的中断请求 EX1=1 时，CPU 可以响应 $\overline{\text{INT1}}$ 的中断请求
D1	ET0	T0 中断允许控制位	ET0=0 时，CPU 不响应 T0 的中断请求 ET0=1 时，CPU 可以响应 T0 的中断请求
D0	EX0	$\overline{\text{INT0}}$ 中断允许控制位	EX0=0 时，CPU 不响应 $\overline{\text{INT0}}$ 的中断请求 EX0=1 时，CPU 可以响应 $\overline{\text{INT0}}$ 的中断请求

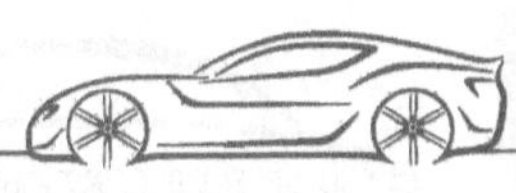

单片机上电复位后，IE 被清零，单片机中断系统处于关闭状态。若使用中断，则必须由软件设置 IE 中的 EA 为 1 以及相应的中断允许控制位为 1。可对 IE 整字节赋值，也可按位置位。

5.2.4 中断优先级

当两个或两个以上的中断源同时向 CPU 发出中断请求时，就存在单片机优先响应哪一个中断源的问题。单片机提供了一种仲裁机制，将中断源的中断请求分为两级优先级，用户可以通过 IP 为每个中断源设置其优先级。

1. IP

IP 是一个 SFR，字节地址为 0xB8，位地址 0xBF ~ 0xB8，可以按字节访问，也可以按位访问。IP 格式见表 5-9，各位功能描述见表 5-10。

表 5-9　IP 格式（字节地址 0xB8，可位寻址）

位序号	D7	D6	D5	D4	D3	D2	D1	D0
符号	—	—	PT2	PS	PT1	PX1	PT0	PX0
位地址	0xBF	0xBE	0xBD	0xBC	0xBB	0xBA	0xB9	0xB8

表 5-10　IP 的各位功能描述

序号	符号	功　能	描　述
D7	—	保留位	
D6	—	保留位	
D5	PT2	T2 优先级控制位	PT2 = 0 时，T2 中断为低优先级 PT2 = 1 时，T2 中断为高优先级
D4	PS	串行口优先级控制位	PS = 0 时，串行口中断为低优先级 PS = 1 时，串行口中断为高优先级
D3	PT1	T1 优先级控制位	PT1 = 0 时，T1 中断为低优先级 PT1 = 1 时，T1 中断为高优先级
D2	PX1	$\overline{\text{INT1}}$ 优先级控制位	PX1 = 0 时，$\overline{\text{INT1}}$ 为低优先级 PX1 = 1 时，$\overline{\text{INT1}}$ 为高优先级
D1	PT0	T0 优先级控制位	PT0 = 0 时，T0 中断为低优先级 PT0 = 1 时，T0 中断为高优先级
D0	PX0	$\overline{\text{INT0}}$ 优先级控制位	PX0 = 0 时，$\overline{\text{INT0}}$ 为低优先级 PX0 = 1 时，$\overline{\text{INT0}}$ 为高优先级

单片机上电复位后，IP 被清零，所有中断均为低优先级中断。若想设置中断源为高级中断，则必须由软件设置 IP 中的中断优先级控制位为 1。可对 IP 整字节赋值，也可按位置位。

2. 自然优先级顺序

当多个中断源设置为同一优先级，例如，优先级控制位全部为“0”或全部为“1”，若所有中断源同时向 CPU 发出中断请求，CPU 将按照自然优先级顺序响应中断。52 系列单片机的自然优先级顺序为：$\overline{\text{INT0}}$>T0>$\overline{\text{INT1}}$>T1>串行口>T2，优先级依次从高到低。自然优先级高的中断请求优先得到响应。

3. 2级中断嵌套

当单片机系统使用多个中断源，且使用了2级优先级，那么需要满足以下中断嵌套原则：高优先级的中断不能被低优先级的中断源所中断，但高优先级中断源可以打断低优先级中断程序的执行，同级中断不能相互打断。

高优先级中断源打断低优先级中断程序的执行过程如图5-3所示。当CPU响应了具有低优先级的A中断源，暂停主程序的执行，转去执行中断服务程序A的过程中，具有高优先级的B中断源发出中断请求，则CPU暂停中断服务程序A的执行，先执行中断服务程序B，执行完后再返回中断服务程序A接着执行，当中断服务程序A执行完后返回主程序。

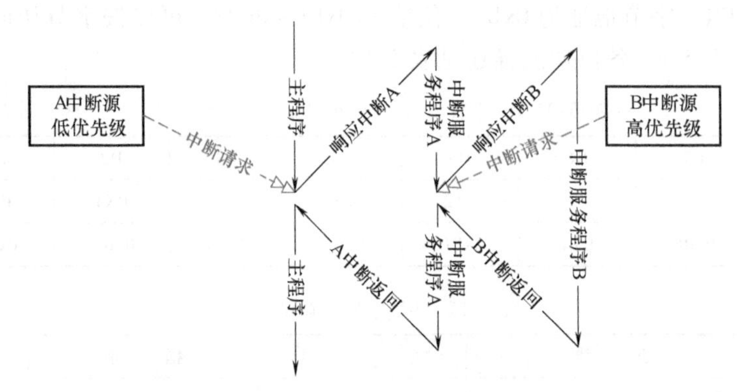

图5-3 高优先级中断源打断低优先级中断程序的执行过程

同优先级的中断执行过程如图5-4所示。当CPU响应了具有低优先级的A中断源，暂停主程序的执行，转去执行中断服务程序A的过程中，具有低优先级的B中断源发出中断请求，则CPU不会暂停中断服务程序A的执行，而是执行完中断服务程序A后，返回主程序，当B中断源发出的中断请求还在，则CPU再响应具有低优先级的B中断源，暂停主程序的执行，执行中断服务程序B。

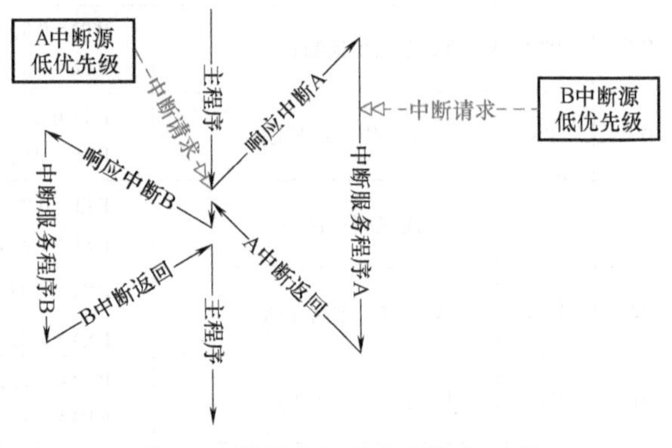

图5-4 同优先级的中断执行过程

中断系统的这种2级嵌套结构主要是因为单片机内部有两个不可寻址的“优先级激活触发器”，其中一个指示某高优先级中断正在执行，所有后来中断均被阻止；另一个触发器指示某低优先级中断正在执行，所有同级中断都被阻止，但不阻断高优先级的中断请求。

4. 优先级处理原则总结

同时发生多个中断申请时，CPU处理中断的优先级原则为：

1）不同优先级的中断同时申请：先高后低。

2）相同优先级的中断同时申请：按自然优先级顺序。

3）正处理低优先级中断又有高优先级中断申请：高打断低。

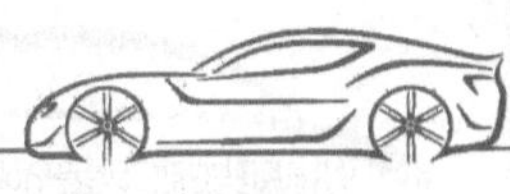

4）正处理高优先级中断又有低优先级中断申请：高不理低。

结合图 5-2，通过设置 IP，每个中断请求都可被划分到高级中断请求或低级中断请求的队列中，每个队列中又可依据自然优先级排队，用户可根据需要设定中断源的优先级别。

5.2.5　中断响应

1. 中断响应条件

中断响应是指 CPU 检测到中断请求，到开始执行中断服务程序的过程。当满足下列条件时 CPU 才会响应中断：

1）有中断源发出中断请求，即中断源满足中断条件，将相应的中断请求标志设置为“1”。

2）总中断允许位 EA=1，即 CPU 开中断。

3）申请中断的中断源的中断允许位为“1”，即中断源没有被屏蔽。

4）无同级或更高级中断服务程序正在运行。

5）当前的指令周期已经结束。

6）正在执行的指令不是 RETI 或访问 IE、IP 的指令，否则必须再执行完下一条指令。

2. 中断响应硬件操作

当 CPU 响应中断后，由硬件自动执行下列操作：

1）查询优先级激活触发器，对后来的同级或低级中断请求不予响应。

2）保护断点，即把 PC 的内容送入堆栈保存。

3）清除可清除的中断请求标志位：CPU 完成中断响应后，必须及时清除相应的中断请求标志，否则在执行完中断服务程序后，会引起重复中断和响应，造成软件逻辑上的混乱。对于 $\overline{\text{INT0}}$、$\overline{\text{INT1}}$、T0、T1 这 4 个中断源，其中断请求标志在 CPU 中断响应时会由硬件自动清零；但串行口中断，其中断请求标志“TI”和“RI”不会自动清零，必须由用户在中断服务程序中用软件清零。T2 的溢出中断标志位 TF2 和外部中断请求标志位 EXF2 也必须由软件清零。

4）中断入口地址送入 PC，进入相应的中断服务程序开始执行。单片机内部是通过执行一条硬件子程序的调用，实现暂停主程序的执行，转去中断服务程序执行的操作。

5）断点出栈送给 PC，开放同级或低级中断允许，返回主程序断点继续执行。

3. 中断响应时间

中断响应时间指从中断请求有效（中断请求标志置 1）到转向中断入口地址所需要的响应时间。而单片机在每个机器周期的 S5P2 时刻按照自然优先级顺序查询这些中断标志位。不同中断情况响应时间也是不一样的，以外部中断为例，响应时间可能有以下几种情况：

1）若在当前执行指令的最后一个机器周期，查询到中断请求标志位有效，查询标志位需要 1 个机器周期。在这个机器周期结束后，中断即被响应，执行一条硬件子程序的调用需要 2 个机器周期，然后开始执行中断服务程序的第一条指令。这样从查询标志位到进入中断服务程序，中间相隔 3 个机器周期。这是最短响应时间。

2）若在当前执行的指令的第一个机器周期就检测到中断标志位有效，则需要等待把其

他几个机器周期执行完，即保证指令的完整性，CPU 才会响应中断。若当前执行的是乘除法指令，需要 4 个机器周期，在这 4 个周期内查询标志位需要 1 个机器周期，还要等 3 个机器周期，然后中断即被响应，再执行一条硬件子程序的调用需要 2 个机器周期。这样响应周期变为 4+2=6 个机器周期。

3）若在 CPU 执行 RETI 或访问 IE、IP 时，检测到中断标志位有效，这几个指令最长需要 2 个周期，且还需执行完该条指令的下一条指令，CPU 才能响应中断。单片机的一条指令最长需要 4 个机器周期，中断响应需要 2 个机器周期。这样响应周期变为 2+4+2=8 个机器周期。

4）若 CPU 已经在处理同级或更高级中断，这时检测到中断标志位有效，则中断请求响应时间取决于正在执行的中断服务程序的处理时间。此情况下，响应时间无法计算。

所以在单一中断系统中，AT89S52 单片机对外部中断请求响应时间总是在 3~8 个机器周期内。在多中断系统中，则响应时间无法计算。

综上所述，单片机即使采用中断机制处理突发事件，也是需要一定时间的。

5.2.6 中断服务程序

1. 中断入口地址

中断响应的结果是将固定地址由硬件自动送入 PC 里，程序就要自动从主程序跳到这个固定地址去执行中断服务程序，这个固定地址叫作中断入口地址，也叫作中断向量。52 单片机的 6 个中断源对应的中断入口地址见表 5-11。

表 5-11　6 个中断源对应的中断入口地址

序号	中断源	入口地址(汇编语言用)	中断类型号(C 语言用)
1	$\overline{\text{INT0}}$	0x0003	0
2	T0	0x000B	1
3	$\overline{\text{INT1}}$	0x0013	2
4	T1	0x001B	3
5	串行口	0x0023	4
6	T2	0x002B	5

这些地址中需要存放用户编写的中断服务程序，也就是如何处理中断请求这个事件。汇编语言编程采用入口地址，但 C51 编程采用中断类型号。

2. 中断服务函数

中断服务函数主要是针对中断源的具体要求进行编写的，不同中断源的要求各不相同，因此用户需要自己编写中断服务函数。中断服务函数的格式为：

```
void 函数名(void)interrupt  n  [using  m]
        {  函数体语句  }
```

其中，interrupt 是关键字；n 是表 5-11 中的中断类型号，n=0~5，指定 6 个中断源；using 是关键字，指定该中断服务函数要使用的工作寄存器区号，AT89S52 内部 RAM 中可使用 4 个工作寄存器区，每个工作寄存器区包含 8 个工作寄存器（R0~R7）；using 后面的 m

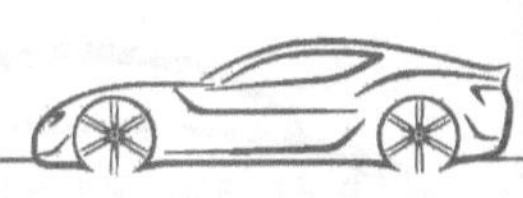

用来选择4个工作寄存器区，m=0~3，该序号由PSW中的RS0和RS1确定（见2.3.1节）。[using　m]项可省略。

3. 编写中断函数的注意事项

1）中断函数没有返回值，也没有参数。

2）中断函数无须采用语句调用，当中断请求被响应时，由系统自动调用。

3）中断函数不能被其他函数调用。

4）中断函数中可以调用其他函数。若需要执行大段程序，可以在中断函数里设置一个标志位，这个标志位应设为全局变量，然后在主程序中判断这个标志位，根据标志位的不同情况执行不同的操作。

5）为提高中断响应的实时性，中断函数应尽量简短。

6）若在执行当前中断函数过程中，不希望CPU响应其他中断，则可在中断函数中先用软件关闭相应的中断，然后出中断函数前开放中断。

5.3　外部中断的仿真实例

5.3.1　基于外部中断控制的LED灯仿真实例

基于外部中断控制的LED灯仿真实例（视频）

基于外部中断控制的LED灯仿真实例（PPT）

任务要求：通过按键控制一个LED的亮灭，用中断的方式实现每按一次按键改变一次灯的状态。

1. 硬件电路设计

单片机的P1.0引脚接LED，按键接P3.2引脚。仿真电路图如图5-5所示。

说明：在Proteus中单击“P”按钮挑选元器件AT89C52、RES（电阻）、LED-YELLOW、BUTTON（按键）、CRYSTAL（晶振）、CAP（电容）、CAP-ELEC（电解电容）。

（1）工作原理　P1.0引脚为通用I/O口，按照电路设计，输出“0”，P1.0引脚内部接地，则有电流流过LED灯，使LED灯点亮；R1为限流电阻，使流过LED的电流处于额定范围。P1.0输出“1”，则LED两端等电位，LED无电流流过，处于熄灭状态。

（2）触发方式的选择　P3.2引脚为单片机$\overline{\text{INT0}}$输入引脚，所以中断源为$\overline{\text{INT0}}$。由单片机I/O口特性可知，该引脚复位后输出高电平，内部由上拉电阻提供高电平。该引脚外接了一个按键，按下按键，将I/O口接地，则引脚电平由高电平变成了低电平，松开按键，引脚电平由低电平变为高电平。理想条件下电平变化时序图如图5-6所示。

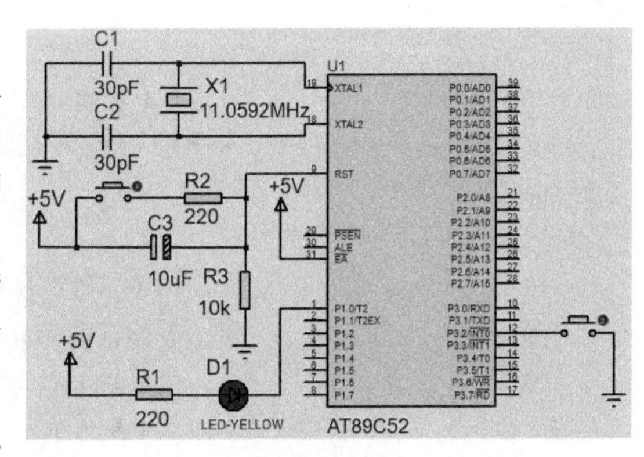

图5-5　中断控制LED灯仿真电路图

单片机$\overline{\text{INT0}}$触发方式可以选择低电平触发或者下跳沿触发。由图5-6可知，按键按下一次，P3.2引脚上会出现低电平，也会出现下跳沿。因此，既可以采用低电平触发，也可采用下跳沿触发。

图 5-6　电平变化时序图

单片机中，检测低电平的条件是：引脚上连续两个机器周期都检测到低电平，则判定出现了一次有效的低电平。检测下跳沿的条件是：引脚上检测到高电平，紧接着的一个机器周期检测到了低电平，则判定出现了一次有效的下跳沿。

使用12MHz晶振的单片机，一个机器周期为1μs。外接按键相对于单片机的执行速度来说，是一个慢速设备，每按一次按键，低电平持续时间为百毫秒级别到秒级别；根据低电平和下跳沿的判定条件可知，每按一次按键，会出现一次下跳沿和很多次低电平。

设计要求是每按一次按键改变一次灯的状态，根据以上分析，选取下跳沿触发方式是合理的。

2. 软件设计

主程序与中断服务程序是相互独立的。主程序对 $\overline{\text{INT0}}$ 进行初始化，中断服务程序完成按键按下需要进行的操作。程序流程图如图 5-7 所示。

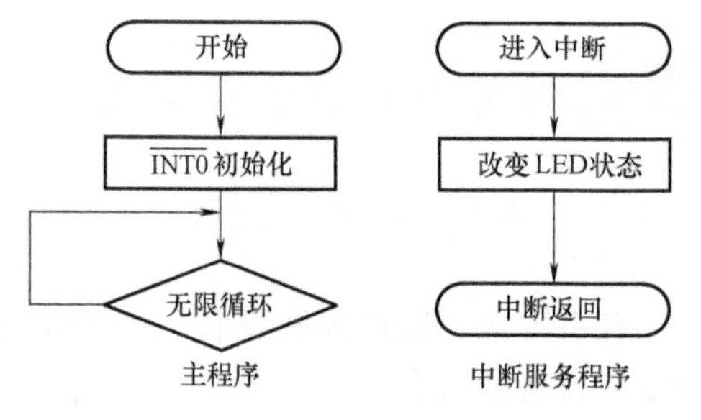

图 5-7　程序流程图

本例采用 $\overline{\text{INT0}}$，下跳沿触发的初始化过程为：

1）确定触发方式：下跳沿触发，IT0=1。

2）开放 $\overline{\text{INT0}}$ 中断允许：EX0=1。

3）确定优先级别：本例只有一个中断源，所以优先级控制位PX0=0或PX0=1对程序的逻辑没有影响。

4）开放总中断：EA=1。

5）用户编写中断服务函数：当按键按下，P3.2引脚产生下跳沿满足触发条件，置位中断请求标志IE0，这个标志位是由硬件置位，程序是不需要对这个标志位进行设置的。当CPU响应该中断请求，则进入中断服务函数执行，因此，用户需编写中断服务函数。

中断服务程序的作用是中断事件发生了，应该怎样处理。此例中，按键按下触发中断，应该实现将灯的状态取反。

【参考程序】

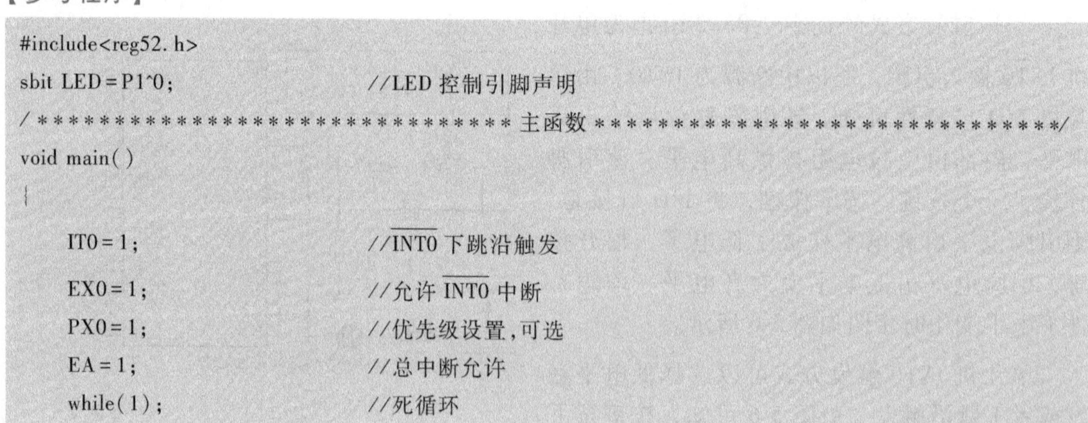

```
#include<reg52.h>
sbit LED=P1^0;                      //LED控制引脚声明
/**********************************主函数**********************************/
void main()
{
    IT0=1;                          //INT0下跳沿触发
    EX0=1;                          //允许INT0中断
    PX0=1;                          //优先级设置,可选
    EA=1;                           //总中断允许
    while(1);                       //死循环
```

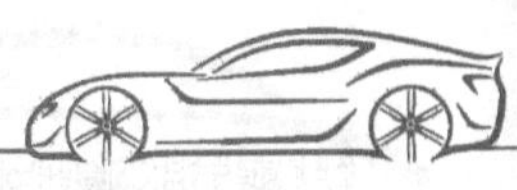

```
}
/****************************** 中断服务函数 ******************************/
void EX_INT0(void) interrupt 0 using 2
{
    LED=! LED;              //取反 LED
}
```

程序说明：

1）C51 中编写中断服务函数，函数的入口参数与返回类型必须是 void，其中入口参数可以省略不写，函数名是可以任意命名的。

2）中断服务函数必须使用 interrupt 关键字进行定义，此例中定义了 interrupt 0，这里的数字“0”是 $\overline{\text{INT0}}$ 的中断类型号，每一个中断类型号都对应一个入口地址。中断类型号与中断入口地址见表 5-11。

3）可选关键字 using 用来定义此函数使用的寄存器区，后面的数字表示此函数使用哪个工作寄存器区。这里的 2，表示采用了工作寄存器 2 区，对应内部 RAM 0x10～0x17 的 8 个地址。

因为 52 单片机的 RAM 空间极其有限，在编译 C51 程序时，C 语言函数中的局部变量、形参、返回值和返回地址会优先使用工作寄存器 R0～R7（因为工作寄存器读写速度最快），如果这 8 个字节不够用，编译器会为其余的局部变量分配其余 RAM 空间。

52 单片机的工作寄存器 R0～R7 共有 4 组（分别是 0、1、2、3），在任何时刻，都只有 1 个工作区生效。这 4 个区在 RAM 中的位置分别是 0x00～0x07、0x08～0x0F、0x10～0x17、0x18～0x1F，换句话说，RAM 中的 0x00 地址、0x08 地址、0x10 地址、0x18 地址，这 4 个地址的名字都叫 R0；具体由哪个地址作为 R0，在 C51 当中由 using 关键字指定。

单片机在上电后，默认使用工作寄存器区 0，在默认状态下，对于普通函数，其传参、申请局部变量、导出函数的返回值等功能，编译成汇编以后，需要使用 R0～R7；对于中断服务函数，它没有形参，也不用返回值，但是一般有局部变量，这时就需要用到 R0～R7 了；普通函数的执行过程中正在使用 0 区的 R0～R7，执行过程中突然发生了中断，而中断函数也要使用 R0～R7，这时就需要保存 0 区寄存器的值，然后在中断服务函数中再使用。52 单片机提供了这样一种机制，在执行中断服务函数前可以切换工作寄存器区，比如切换到 2 区，这样就可以不必额外保存 0 区的内容，从而简化了程序、提高了执行效率。本例中使用了 using 2，就是说，在进入 $\overline{\text{INT0}}$ 的服务函数前，把工作寄存器区由 0 切换成 2，在退出中断服务函数后，再把 2 区切换回 0 区，由于 0 区和 2 区处在不同的 RAM 空间，互相不干扰，切换回 0 区之后普通函数的现场就自然恢复了。

综上所述，灵活使用 using 关键字切换工作寄存器区可以提高程序执行的效率。

3. 仿真运行

将程序编译生成 Hex 文件，加载到单片机中，单击运行按钮。每按一下按键，LED 亮灭改变一次。仿真运行效果图如图 5-8 所示。

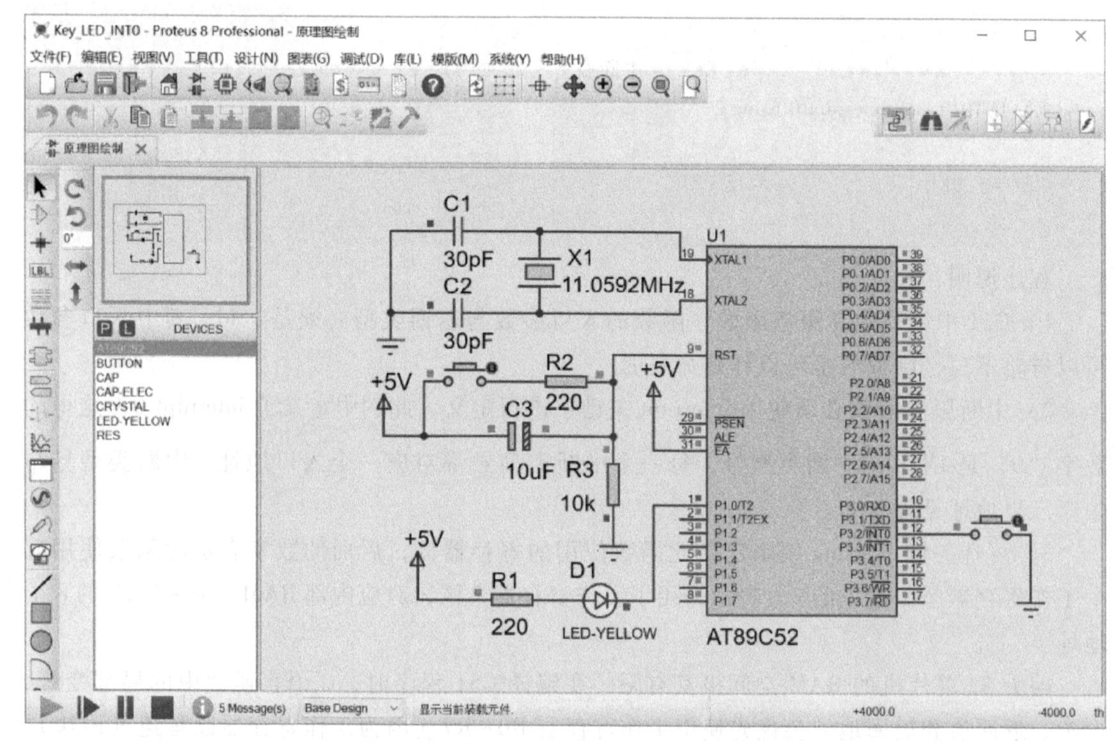

图 5-8 中断控制 LED 灯仿真运行效果图

5.3.2 入场人数检测仿真实例

任务要求：设计一个入场人数检测计数装置，使用红外对射光电开关作为入场检测传感器，使用 4 位数码管作为显示器，显示入场人数。

图 5-9 红外对射光电开关实物图

分析：红外对射光电开关的输出端是一个 OC 门，也就是集电极开路输出，相当于一个对地的开关。当光线被遮挡时（有人时），传感器输出接地，无遮挡时（无人时），传感器输出开路。实物图如图 5-9 所示，在仿真电路中可以用一个对地的开关代替。

入场人数检测仿真实例（视频）

1. 硬件电路设计

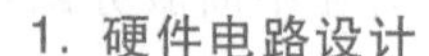

按键连接单片机的 $\overline{\text{INT1}}$（P3.3）引脚。本例选用 4 位共阳极数码管，段码端通过排阻 RN1 连接到 P0 口，RN1 用作 P0 口的上拉电阻，为 P0 口提供高电平；排阻 RN2 在这里用作限流电阻，选取 470Ω，在实际电路中，这个排阻可用于设置数码管的亮度，可以根据实际需要选取合适的阻值；数码管的位选信号由 P1 口输出，由于单片机的 I/O 口高电平只能输出很小的电流，不足以驱动数码管正常工作，这里使用 74HC245 作为高电平输出驱动；74HC245 为 CMOS 型双向三态缓冲门电路，有 8 个输入，对应 8 个输出，输入与输出为同相关系。这里使用其中的 4 个通道，方向为由 A 到 B，输入端连接到单片机的 P1.3～P1.0，输出端连接到数码管的位选 1～4。仿真电路图如图 5-10 所示。

入场人数检测仿真实例（PPT）

说明：在 Proteus 中单击“P”按钮挑选元器件 AT89C52、RES（电阻）、BUTTON（按

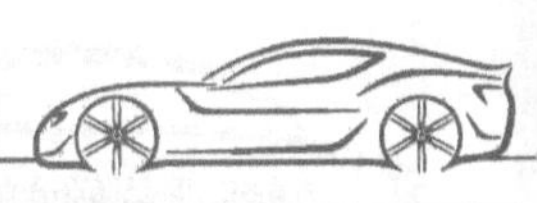

键）、RX8（8个电阻）、74HC245（同相驱动器）。

2. 软件设计

设计思想：设置一个全局变量，用于记录人数。每经过一人（仿真时按一下按键）进入一次中断，中断服务程序中，将该变量数值加1；主程序对外部中断进行初始化，然后进入无限循环，循环时扫描数码管，将变量中的数值显示到数码管上。软件编程的关键环节如下。

（1）共阳极数码管段码

uchar code disp_code[ ] = {0xC0, 0xF9, 0xA4, 0xB0, 0x99, 0x92, 0x82, 0xF8, 0x80, 0x90};

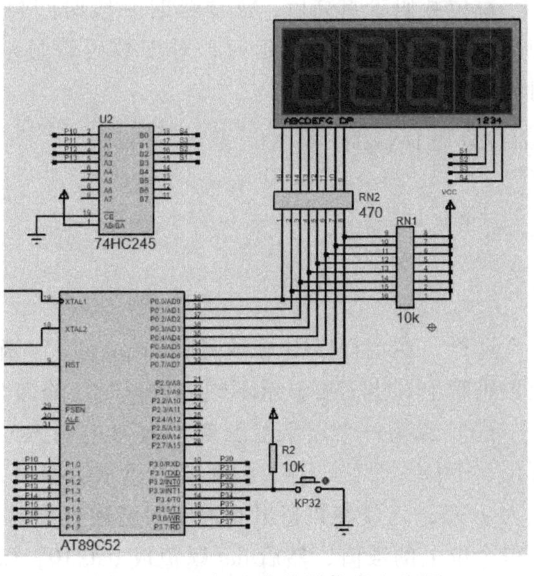

图5-10　入场人数检测仿真电路图

（2）动态显示函数　4位数码管需要动态扫描来显示4位数字，先设置1个显示缓存disBuf［4］，占用4B RAM，缓存中的数值取值范围为0~9。设计一个显示扫描函数display，这个函数负责将4B显示缓存中的数值显示到数码管上。

```
void display (void)
{
    static uchar led_count=0;
    uint  i;                                  //用于显示器扫描
    P0=0xFF;                                  //消隐
    P1= 1<<(led_count%4);                     //位选
    P0= disp_code[disBuf[led_count%4]];       //段选
    disp_delay();                             //延时
    led_count++;                              //增加计数器的值
}
```

程序中使用了静态字节变量led_count，每调用1次该函数，led_count的值自加1。led_count变量的数值范围为0~255，超过最大值会自动变成最小值0。

首先进行消隐操作，P0口送0xFF，则所有段均熄灭。然后设置位选，计算led_count%4，led_count取值0~255，依次加1，则led_count%4取值为0~3，无限循环。1<<(led_count%4)算式就是把1左移0~3位，根据led_count%4的值的不同会得到0x01（0b0001）、0x02（0b0010）、0x04（0b0100）、0x08（0b1000）4个数值循环。将每次得到的数值送到P1口作为位选，则依次选中4位数码管，共阳极数码管高电平有效。

接着计算选中的数码管对应的段码值，led_count%4用来确定应该访问哪一字节缓存，缓存为字节数组结构，命名为disBuf。通过disBuf［led_count%4］得到对应缓存中的数值（取值0~9），再由disp_code[disBuf[led_count%4]]查找到该数值对应的段码值，送到单片机的P0口，则由led_count%4确定的这位数码管上会显示出对应的数值。

每位数码管点亮后，需要延时一段时间再切换到下一位数码管，这里通过延时程序实现。使用循环结构实现延时，对于数码管显示，一般延时 1ms 左右即可。编写循环延时，封装成延时函数：

```
void disp_delay(void)
{
    uint i;
    for(i=0;i<126;i++);
}
```

这样，在主程序中循环调用 display（）函数，就实现了将显示缓存中的内容显示到 4 位数码管上，当需要显示不同的数值时，修改显示缓存的内容就可以了。

（3）编写一个显示整型变量数值的函数　程序功能是将入口形参的数值分解成千位、百位、十位、个位，存放到对应的显示缓存中。由于只有 4 位数码管，所以限定最大显示数值为 9999，入口参数超出此范围则函数直接返回。缓存数值的分解，首先计算形参 dat%10，求得个位上的数值，然后 dat 赋值成 dat/10，C51 当中整数除法得到的小数部分直接舍弃了，这样 dat/10 后得到的数值相当于 dat 数值以十进制的方式右移了一位。循环计算 4 次，就得到了个位上的数值、十位上的数值、百位上的数值、千位上的数值，将其分别存储到显示缓存 disBuf [0]~disBuf [3] 中，在显示扫描函数中会将这些数值显示到数码管对应的位置。人数计数变量定义为整型全局变量，初始化成 0。

```
void display_update(uint dat)
{
    uchar i;
    if(dat>9999)
      return;
    for(i=0;i<4;i++)
    {
        disBuf[i]=dat%10;
        dat/=10;
    }
}
```

（4）$\overline{\text{INT1}}$ 初始化　设触发方式、开中断允许。“IT1=1；EX1=1；EA=1；”。

（5）中断服务函数　人数累加，“PCount++；”。

【参考程序】

```
#include <reg52.h>
#define uchar unsigned char            //用于简化书写的定义
#define uint unsigned int              //用于简化书写的定义
uchar code seg[]={0xC0,0xF9,0xA4,0xB0,0x99,0x92,0x82,0xF8,0x80,0x90};
                                       //共阳极数码管段码 0~9
uchar disBuf[4];                       //显示缓存区
uint PCount=0;                         //记录人数的变量,整型
```

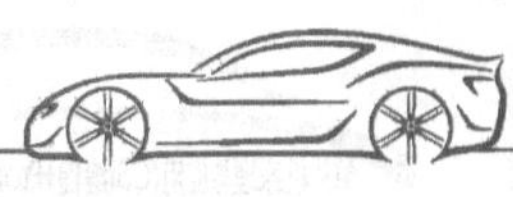

```
void disp_delay( );                           //用于显示的延时函数
void display (void);                          //显示扫描函数
void display_update(uint dat);                //显示整型变量
/******************************** 主函数 ********************************/
void main(void)
{
    IT1=1;//INT1 触发方式选择下跳沿触发
    EX1=1;//INT1 允许
    EA=1;                                     //总中断允许
    while(1)
    {
        display ();                           //数码管显示扫描
        display_update(PCount);               //更新缓存
    }
}
/**************************** 用于显示的延时函数 ****************************/
void disp_delay()
{
    uint i;
    for(i=0; i<126; i++);
}

/****************************** 显示扫描函数 ******************************/
void display (void)
{
    static uchar led_count=0;
    P0=0xFF;                                  //消隐
    P1= (1<<(led_count%4));                   //位选
    P0= disp_code[disBuf[led_count%4]];       //段选
    disp_delay();                             //延时
    led_count++;                              //增加计数器的值
}

/**************************** 显示整型变量函数 ****************************/
void display_update(uint dat)
{
    uchar i;
    if(dat>9999)
        return;
    for(i=0; i<4; i++)
```

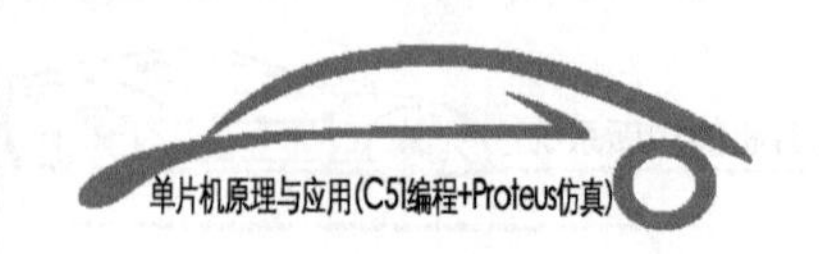


```
        {
            disBuf[i] = dat%10;//分离千、百、十、个位存于数组 disBuf 中
            dat/ = 10;
        }
}
/******************************* INT1 中断服务函数 *******************************/
void EX1int(void) interrupt 2 using 2
{
    PCount++;//人数计数变量增加 1
}
```

3. 仿真运行

将程序编译生成 Hex 文件，加载到单片机中，单击运行按钮，每按一次按键，数码管数值加 1，最大值为 9999。运行效果图如图 5-11 所示。

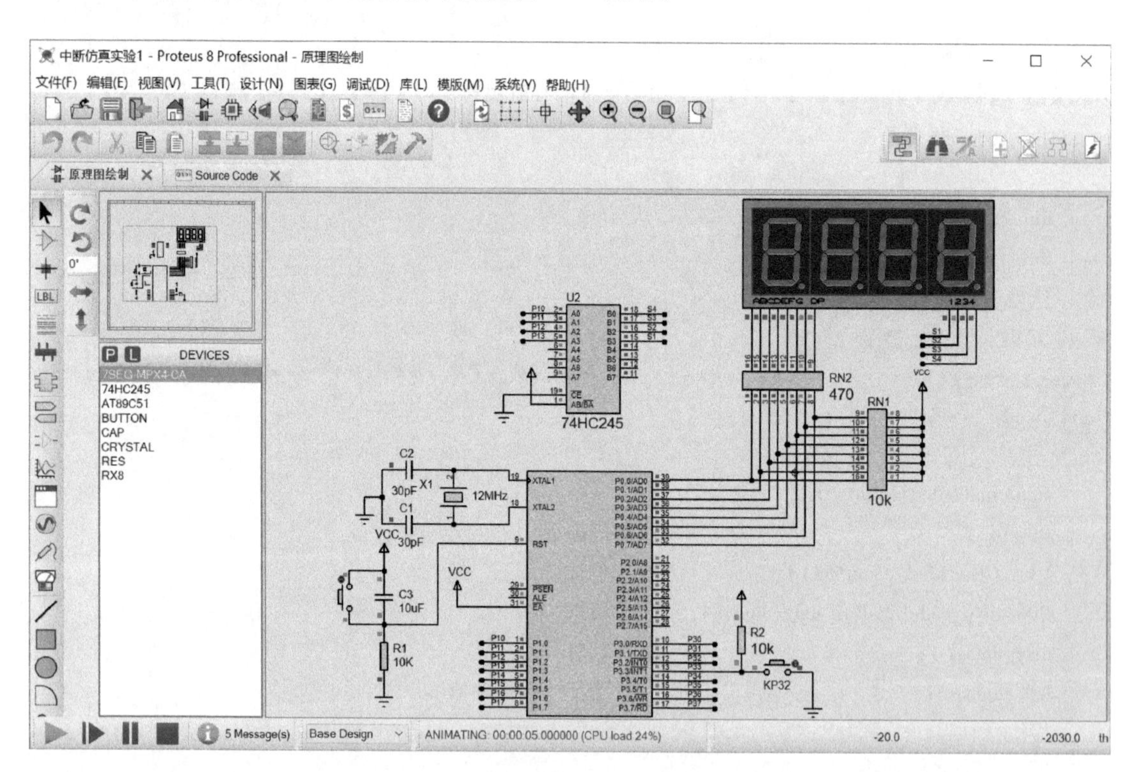

图 5-11　人数检测仿真运行效果图

【C 语言知识点】局部变量、全局变量和静态变量

（1）局部变量　局部变量是某一个函数中存在的变量，它只在该函数内部有效。

（2）全局变量　在整个源文件中都存在的变量称为全局变量。全局变量的有效区间是从定义点开始到源文件结束，其中的所有函数都可直接访问该变量。如果定义前的函数需要访问该变量，则需要使用 extern 关键字对该变量进行声明，如果全局变量声明文件之

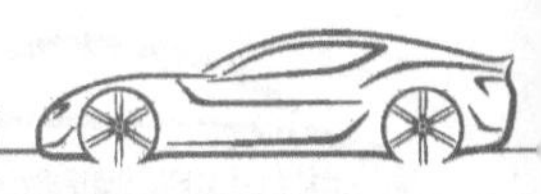

外的源文件需要访问该变量，也需要使用 extern 关键字进行声明。由于全局变量一直存在，占用了大量的内存单元，且加大了程序的耦合性，因此不利于程序的移植或复用。

(3) 静态变量　全局变量可以使用 static 关键字进行定义，该变量只能在该变量定义的源文件内使用，不能被其他源文件引用，这种全局变量称为静态全局变量。静态全局变量的生存周期和全局变量一样，存在于整个程序的运行期间。局部变量的数值在离开定义它的函数之后就不存在了，而静态变量的数值不会消失，一直存在。在函数体内部定义的静态变量称为内部静态变量，在定义它的函数体内有效，可以访问，但在函数体外部不可访问，这样使得变量在定义它的函数体外部被保护。

5.3.3　简易火焰报警器仿真实例

简易火焰报警器仿真实例（视频）

简易火焰报警器仿真实例（PPT）

任务要求：设计一种检测火焰的简易报警器，当检测到火焰信号时，发声光报警；检测到火焰但没有发出声光报警信号时，也可采用手动报警方式报警；采用按键取消报警信号。

分析：可以采用光敏电阻检测火焰信号，光敏电阻是利用半导体的光电导效应制成的一种电阻值随入射光的强弱而改变的电阻器，又称为光电导探测器；入射光强，电阻值减小，入射光弱，电阻值增大。光照越强，电阻值就越低，随着光照强度的升高，电阻值迅速降低，亮电阻值可小至 1kΩ 以下。光敏电阻对光线十分敏感，其在无光照时，呈高阻状态，暗电阻值一般可达 1.5MΩ。所以可以通过比较器，将光线的强弱转换为高低电平信号。手动报警可以采用按键，按下按键报警。为了提高火焰检测报警的实时性，将火焰检测信号和按键报警都接到单片机的 2 个外部中断引脚，火焰检测优先级高于按键优先级。声光报警可以采用 LED 和有源蜂鸣器进行报警。设计方案框图如图 5-12 所示。

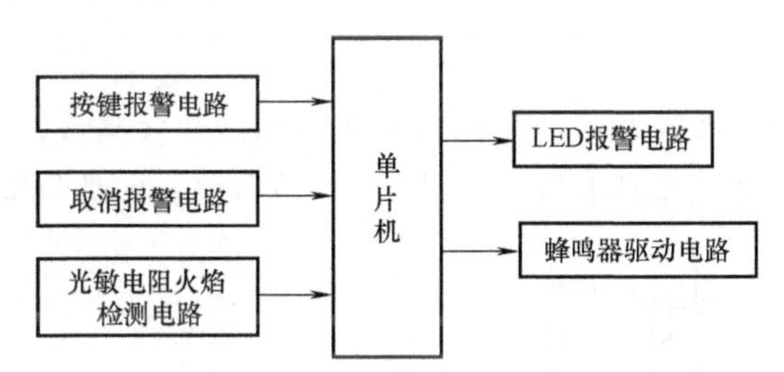

图 5-12　火焰报警器设计方案框图

1. 硬件电路设计

本例采用 TORCH_LDR 代替光敏电阻，经比较器连接至单片机的 P3.2（$\overline{\text{INT0}}$）引脚，手动按键连接至 P3.3（$\overline{\text{INT1}}$）引脚，取消报警按键接至 P3.7 引脚，蜂鸣器经 PNP 晶体管驱动与 P2.0 引脚连接，LED 与 P1.7 引脚连接。仿真电路图如图 5-13 所示。

说明：在 Proteus 中单击“P”按钮挑选元器件 AT89C52、RES（电阻）、BUTTON（按键）、BUZZER（蜂鸣器）、PNP（晶体管）、POT-HG（电位器）、TORCH_LDR（光敏电阻）、COMPI（比较器）。

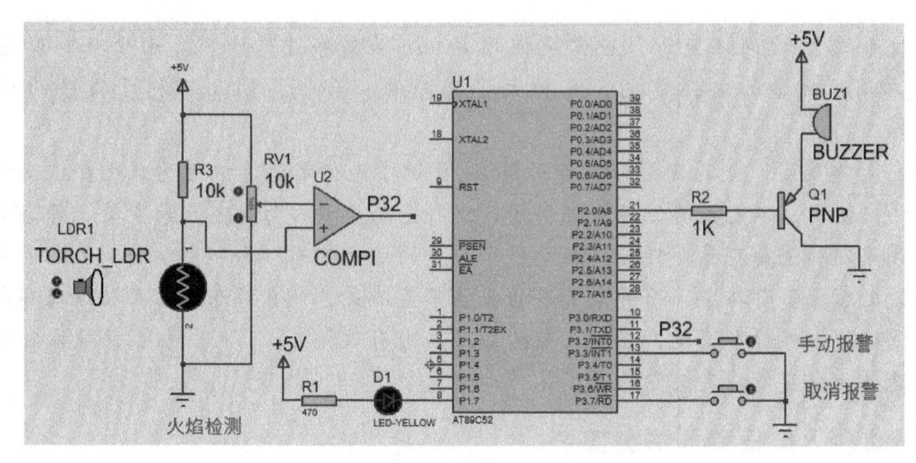

图 5-13　火焰检测报警器仿真电路图

【元器件知识点】蜂鸣器

蜂鸣器分有源和无源两种。有源蜂鸣器内置振荡电路，加直流电源就会连续发声，只能发出一种声调，所加电压大小只影响声音大小；无源蜂鸣器内部没有振荡电路，则需要外加 2~5kHz 方波信号，加直流信号不响，调整频率大小可以改变蜂鸣器发出的声调，从而产生不同的声音，播放音乐可以选择无源蜂鸣器。蜂鸣器外形图如图 5-14 所示。

在 Proteus 中单击“P”按钮，在 keyword 中输入 buzzer，出现两个结果：ACTIVE（表示有源）和 DEVICE（表示设备，无仿真模型）。本例选择有源蜂鸣器（ACTIVE）。蜂鸣器符号如图 5-15 所示。

图 5-14　蜂鸣器外形图

图 5-15　Proteus 中蜂鸣器符号

蜂鸣器需要的驱动电流较大，单片机的 I/O 口无法直接驱动，所以需要加驱动电路。本例采用晶体管驱动电路，可以采用 PNP 和 NPN 晶体管，电路如图 5-16 和图 5-17 所示。

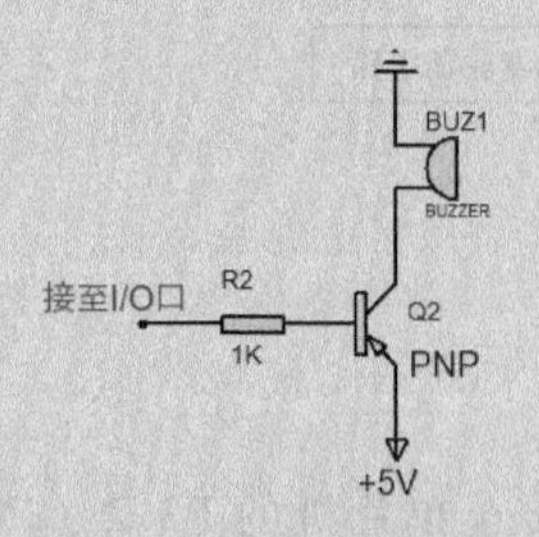

图 5-16　PNP 驱动电路

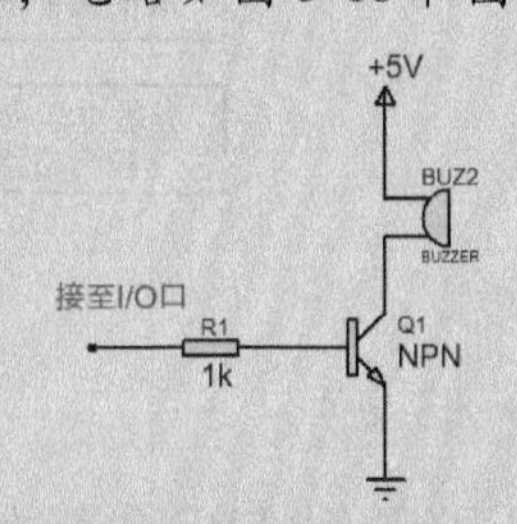

图 5-17　NPN 驱动电路

图 5-16 中 I/O 口输出低电平，PNP 晶体管导通，蜂鸣器发声。图 5-17 中 I/O 口输出高电平，NPN 晶体管导通，蜂鸣器发声。

双击蜂鸣器，可以打开编辑元件界面，如图 5-18 所示。在这里需要修改“Operating Voltage”参数，在 2~5V 调整。

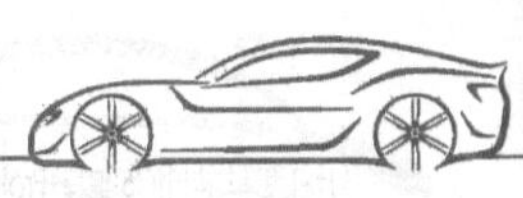

编辑元件

元件位号(B): BUZ1　隐藏:
元件值(V): BUZZER　隐藏:
组件(E):　新建(N)
LISA Model File: BUZZER　Hide All
Operating Voltage: 12V　Hide All
Load Resistance: 12　Hide All
Frequency: 500Hz　Hide All
Advanced Properties:
Sample Rate　44100　Hide All
Other Properties:
不进行仿真(S)　附加层次模块(M)
不进行PCB布版(L)　隐藏通用管脚(C)
Exclude from Current Variant　使用文本方式编辑所有属性(A)
确定(O)　帮助(H)　取消(C)

图 5-18　蜂鸣器编辑元件界面

2. 软件设计

设计思想：主程序对 $\overline{\text{INT0}}$ 和 $\overline{\text{INT1}}$ 进行初始化，然后进入无限循环，在循环中查询取消报警按键是否被按下，被按下则蜂鸣器不响。当有火焰信息，也就是 P3.2 引脚由高电平变低电平时，进入 $\overline{\text{INT0}}$ 中断服务程序中，让蜂鸣器响，报警。当手动报警按键被按下，也就是 P3.3 引脚由高电平变低电平时，进入 $\overline{\text{INT1}}$ 中断服务程序中，让蜂鸣器响，报警。软件编程的关键环节如下。

(1) 外部中断初始化　设置 IE、IP 中的相应位，下跳沿触发、$\overline{\text{INT0}}$ 高优先级，$\overline{\text{INT1}}$ 低优先级、开中断允许。把初始化语句封装为函数 void EX_init ( )。

(2) $\overline{\text{INT0}}$ 中断服务函数　中断类型号为 0，P2.0 引脚输出低电平，使蜂鸣器响。

(3) $\overline{\text{INT1}}$ 中断服务函数　中断类型号为 2，P2.0 引脚输出低电平，使蜂鸣器响。为去除按键抖动的影响，加入清标志位语句 “IE1=0;”。

(4) 取消按键采用查询方式　为避免按键抖动的影响，需要去抖动。

【参考程序】

```
#include <reg52.h>
#define uchar unsigned char
#define uint unsigned int
sbit LED=P1^7;                  //LED 定义
sbit buzzer=P2^0;               //蜂鸣器位定义
sbit cancel=P3^7;               //取消报警按键
void delay(uint dat);           //延时函数
void EX_init();                 //外部中断初始化函数
/******************************** 主函数 ********************************/
void main()
{
    EX_init();                  //外部中断初始化函数
```

```
    while(1)
    {
        if(cancel==0)        //检测取消报警按键是否按下
            delay(10);       //延时去抖
        if(cancel==0)        //再检测取消报警按键是否按下
        {
            buzzer=1;        //取消蜂鸣器报警
            LED=1;           //取消 LED 报警
        }
    }
}
/**************************** 延时函数 ****************************/
void delay(uint dat)
{   uint i,j;
    for(j=dat;j>0;j--)
        for(i=110;i>0;i--);
}
/************************** 外部中断初始化函数 **************************/
void EX_init()
{
    IT0=1;                   //INT0 下跳沿触发
    EX0=1;                   //开 INT0 中断允许
    PX0=1;                   //火焰检测高优先级
    IT1=1;                   //INT1 下跳沿触发
    EX1=1;                   //开 INT1 中断允许
    PX1=0;                   //按键报警低优先级
    EA=1;                    //开总中断
}
/************************** INT0 中断服务函数 **************************/
void EX_int0() interrupt 0   //有火焰,进入中断服务函数
{
    buzzer=0;                //有火焰蜂鸣器报警
    LED=0;                   //有火焰 LED 报警
}
/************************** INT1 中断服务函数 **************************/
void EX1_int1() interrupt 2  //报警按键按下,进入中断服务函数
{
    buzzer=0;                //报警按键按下,蜂鸣器报警
    LED=0;                   //报警按键按下,LED 报警
    IE1=0;                   //清按键抖动引起的标志位
}
```

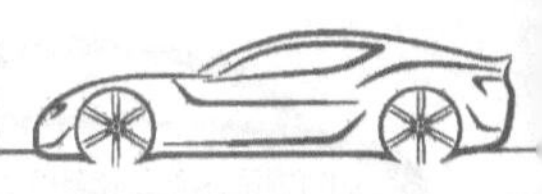

3. 仿真运行

将程序编译生成 Hex 文件，加载到单片机中，单击运行按钮。

调整光敏电阻 LDR4 的向上向下箭头，可改变光源的位置。当没有火焰信号时，也就是光源位置较远，则光敏电阻阻值很大，相当于断路，比较器同相端为 5V 电压，反向端为 5V 的分压（2.5V 左右），则比较器同相端大于反向端，输出高电平，不会触发中断；调整箭头，使光源靠近光敏电阻，相当于有火焰信号，光敏电阻随着光源的靠近，则电阻逐渐变小，同相端的电压就是光敏电阻上的分压，光源越近分压越小，至同相端电压小于反相端电压时，比较器输出低电平，这时在 P3.2 引脚就产生了一个下跳沿，触发中断，进入 $\overline{\text{INT0}}$ 的中断服务程序，给蜂鸣器输出低电平，蜂鸣器响。报警按键没有按下时，P3.3 引脚为高电平，当按下报警按键，P3.3 引脚输入低电平，这样在 P3.3 引脚就产生了一个下跳沿，触发中断，进入 $\overline{\text{INT1}}$ 的中断服务程序，给蜂鸣器输出低电平，蜂鸣器响。

按下取消报警按键，给蜂鸣器输出高电平，蜂鸣器不响。没有火焰信号时的仿真运行效果图如图 5-19 所示。有火焰信号时的仿真运行效果图如图 5-20 所示。

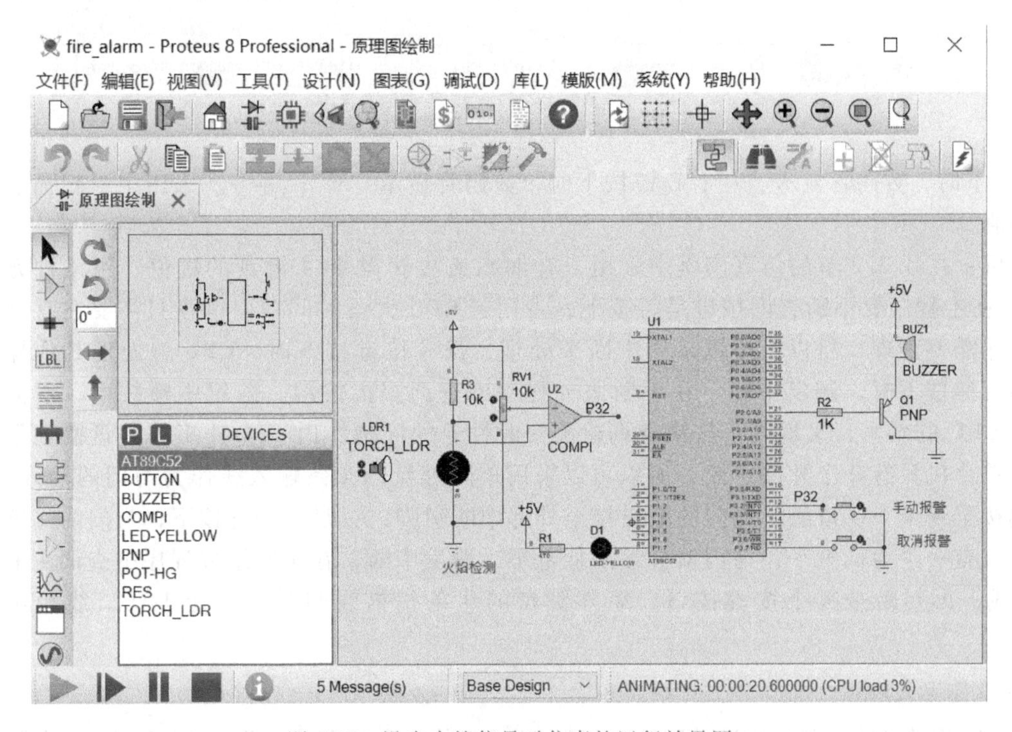

图 5-19　没有火焰信号时仿真的运行效果图

注意：蜂鸣器不响可能是电阻 R2 阻值选得过大，蜂鸣器的“Operating Voltage”过高，或者错选了 DEVICE 类型蜂鸣器等原因。

5.3.4　基于外部中断的矩阵键盘仿真实例

任务要求：使用数码管（共阳极）显示 4×4 矩阵键盘中按下键的键号“0～F”。例如，

基于外部中断的矩阵键盘仿真实例（视频）

基于外部中断的矩阵键盘仿真实例（PPT）

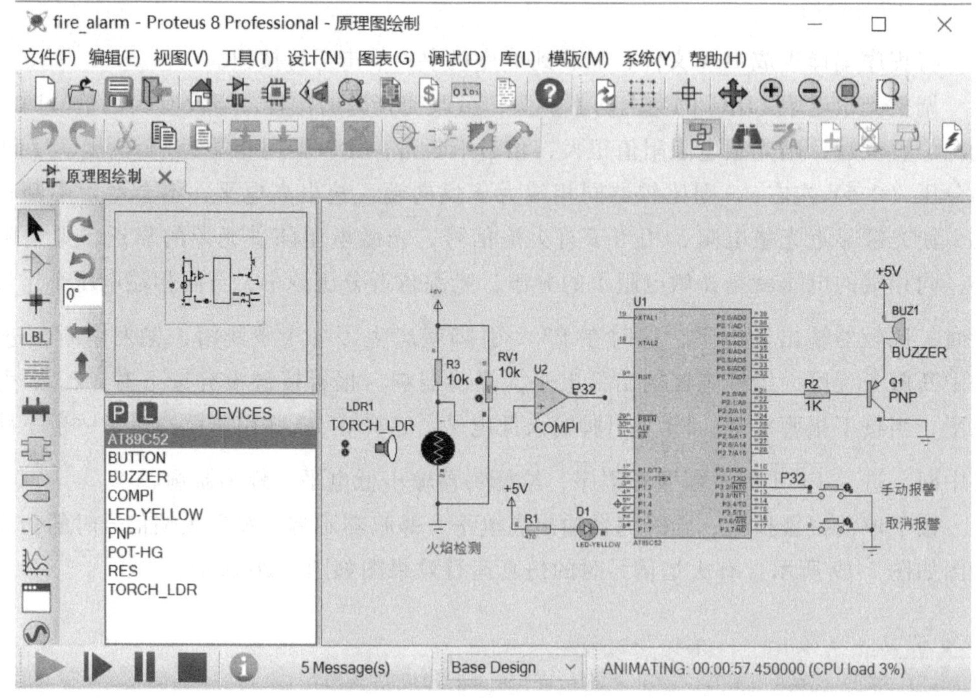

图 5-20　有火焰信号时的仿真运行效果图

1 号键按下时，数码管显示“1”；E 键按下时，数码管显示“E”；等等。采用中断扫描法获得键值。

分析：在 4.2.2 节的仿真实例中采用了查询扫描法获得 4×4 键盘的键值，用该种方法 CPU 在主程序要不断查询按键是否按下，占用了 CPU 大量时间。而键盘只需要在有键按下时才需要处理，所以，可以采用中断来处理，没有按键按下时，CPU 就处理其他操作，当有键按下时，触发中断，在中断服务程序中查询扫描按键。采用中断技术，不但提高了 CPU 的效率，又解决了按键查询检测实时性差的问题。由于 4×4 矩阵键盘按键很多，而单片机只有 2 个外部中断，所以可以采用矩阵键盘的 4 条输入线作为与门的输入，再分别接至 4 个 I/O 口线；与门的输出接至外部中断引脚，一旦有按键按下，与门的 4 条输入线就有一个为低电平，与门就会输出低电平，触发中断，在中断服务程序中查询 4 个 I/O 口线，再判断是哪个按键按下。矩阵键盘的 4 条扫描线与其他 4 个 I/O 口线接至一起。

1. 硬件电路设计

4×4 矩阵键盘的 4 条行线送入四输入与门 74LS21 的 4 个输入端，并与 P2.3～P2.0 引脚连接，通过这 4 个引脚读取按键的状态；P2.7～P2.4 接矩阵键盘的列线，通过这 4 个引脚输出扫描码，列线的另一端通过排阻 RP1 接 5V 电源。采用 1 位共阳极数码管，段码端接 P1 口，公共端接电源。仿真电路图如图 5-21 所示，最小系统电路省略。

说明：在 Proteus 中单击“P”按钮挑选元器件 AT89C52、7SEG-MPX1-CA（1 位共阳极数码管）、RES（电阻）、BUTTON（按键）、74LS21（四输入与门）、RESPACK-8（排阻）。

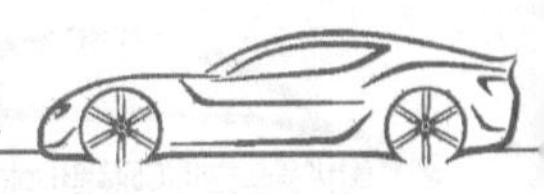

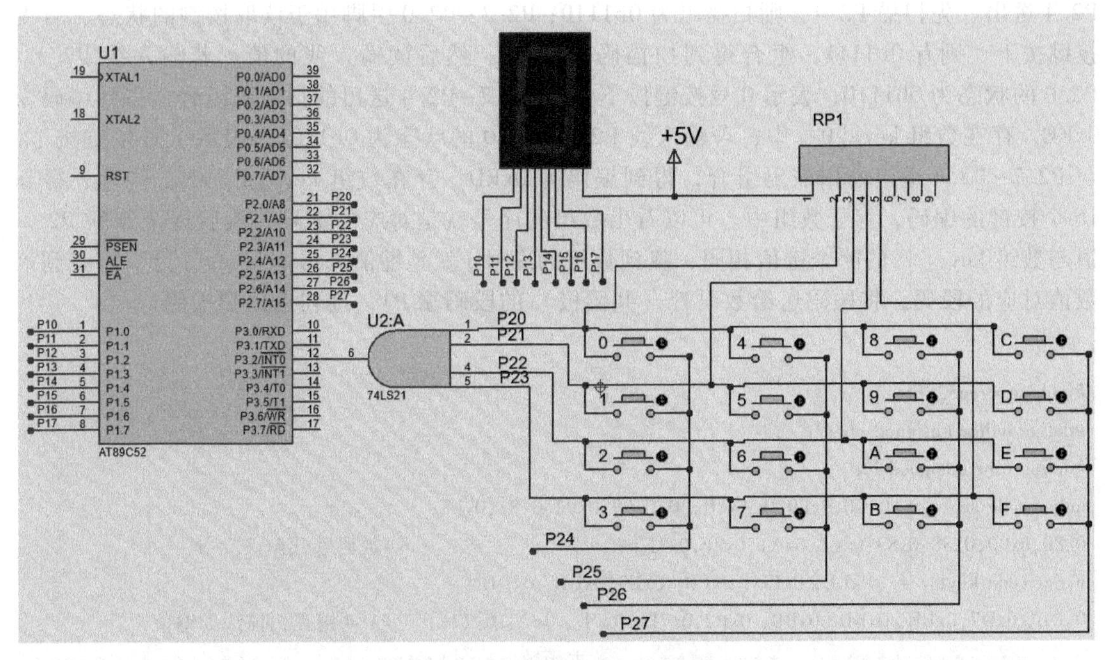

图 5-21　矩阵键盘仿真电路图

【元器件知识点】74LS21

74LS21 是四输入与门（正逻辑），外形图如图 5-22 所示，引脚分布图如图 5-23 所示。

图 5-22　74LS21 外形图

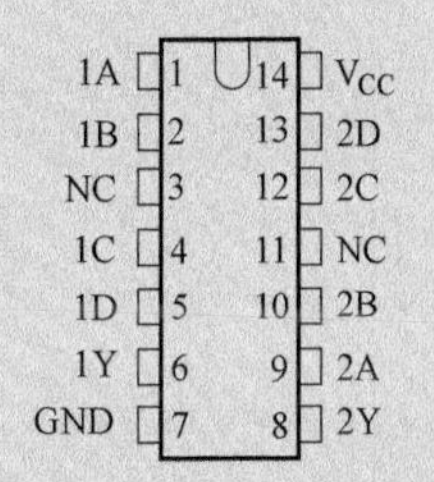

图 5-23　74LS21 引脚分布图

74LS21 内部有 2 组四输入与门，2 组与门的输入和输出分别为：1A～1D 为输入端，1Y 为输出端；2A～2D 为输入端，2Y 为输出端。

2. 软件设计

设计思想：当按键按下时，与门输出低电平，触发中断，在中断服务函数中查询扫描键盘。本例 4×4 键盘的行列接法和 4.2.2 节矩阵键盘的接法不同，采用的是 P2 口的高 4 位送出扫描码，低 4 位读取键值。具体的扫描方法是一样的，都是先送扫描码，再查询是哪行或哪列有按键按下，再与扫描码一起编码，与数组中的键值做对比，找到相同的数组的序号，这个序号也就是键值；再将键值对应的段码送到数码管显示。软件编程的关键环节如下。

（1）$\overline{\text{INT0}}$ 初始化　下跳沿触发、$\overline{\text{INT0}}$ 开中断允许，开总中断。

（2）$\overline{\text{INT0}}$ 服务函数　确定矩阵键盘键号，采用扫描法，先送扫描码，扫描码由 P2.7～

P2.4送出，先扫描P2.4，则扫描码为0b1110；P2.3~P2.0引脚用于读取按键的状态，若无按键按下，则有0b1111，组合得到扫描码为0xEF。然后读输入线的值，若输入线P2.3~P2.0的状态为0b1110，表示0号按键按下，与P2.7~P2.4送出的扫描码组合，得到编码为0xEE，存在数组key［0］中；若输入线P2.3~P2.0的状态为0b1101，表示1号按键按下，与P2.7~P2.4送出的扫描码组合，得到编码为0xED，存在数组key［1］中；同理，得到16个按键的编码，存于数组中。可以看出数组的序号就是对应的键号，然后逐个判断P2口值与数组key［］的哪个键值相同，找到数组的序号j就是键值。再由“seg［j］”查找到该数值对应的段码，将段码送给数码管（共阳极）的段码端P1，逐列送出扫描码。

【参考程序】

```
#include <reg52.h>
#define uchar unsigned char
#define uint unsigned int
uchar code seg[]={0xC0,0xF9,0xA4,0xB0,0x99,0x92,0x82,0xF8,
0x80,0x90,0x88,0x83,0xC6,0xA1,0x86,0x8E};                    //数码管共阳极0~F
uchar code key[] = {0xEE, 0xED, 0xEB, 0xE7,0xDE, 0xDD,
0xDB, 0xD7,0xBE, 0xBD, 0xBB, 0xB7,0x7E, 0x7D, 0x7B,0x77};   //4×4键盘扫描法的键值
/******************************主函数******************************/
void main(void)
{
    P1=0xFF;                                                 //开机无显示
    IT0=1;                                                   //下跳沿触发
    EX0=1;                                                   //INT0开中断允许
    EA=1;                                                    //开总中断允许
    P2=0x0F;                                 //为首次中断做准备,键盘列线全为0,行线全为1
    while(1);                                                //死循环
}
/****************************INT0中断服务函数****************************/
void Key_value () interrupt 0
{
    uchar key_scan[]={0xEF,0xDF,0xBF,0x7F};                  //键扫描码
    uchar i=0, j=0;
    for (i=0;i<4;i++)
    {
        P2=key_scan[i];                                      //输出扫描码
        for(j=0;j<16;j++)
        {
            if(key[j]== P2)                                  //读键值,并判断键号
            {
                P1= seg[j];                                  //显示闭合键键号
                break;                                       //退出循环
            }
```

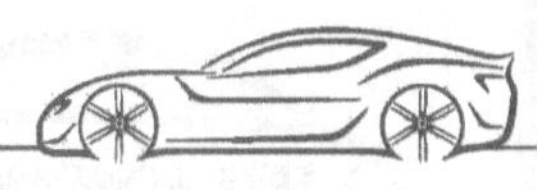

```
        }
    }
    P2 = 0x0F;                                    //为下次中断做准备
}
```

3. 仿真运行

将程序编译生成 Hex 文件，加载到单片机中，单击运行按钮，运行效果图如图 5-24 所示，按键按下，数码管显示相应字符。

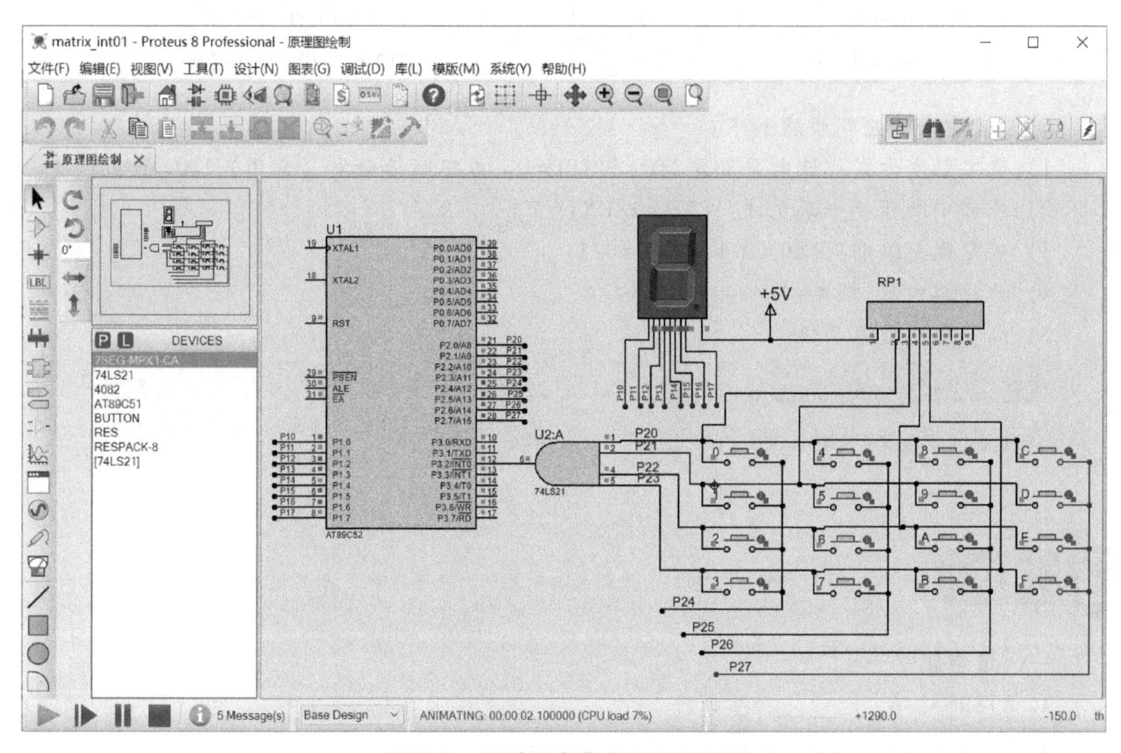

图 5-24　矩阵键盘仿真运行效果图

本章小结

1. AT89S52 单片机有 6 个中断源，$\overline{\text{INT0}}$、$\overline{\text{INT1}}$、T0、T1、T2 和串行口。

2. AT89S52 的 6 个中断源都需要对 IE 的相应位进行设置才可使用，包括开中断源允许和开总中断允许。

3. AT89S52 单片机中断系统有 2 级优先级，支持 2 级中断嵌套，通过 IP 的相应位进行设置。同时发生多个中断申请时，CPU 处理中断的优先级原则为：

1）不同优先级的中断同时申请：先高后低。

2）相同优先级的中断同时申请：按自然优先级顺序。

3）正在处理低优先级中断时又有高优先级中断申请：高打断低。

4）正在处理高优先级中断时又有低优先级中断申请：高不理低。

4. 6个中断源的信息列表见表5-12。

表5-12 6个中断源的信息列表

序号	中断源	入口地址	中断号	自然优先级别	中断标志位清除方式
1	$\overline{INT0}$	0x0003	0	最高	IE0,由硬件自动清除
2	T0	0x000B	1	第2	TF0,由硬件自动清除
3	$\overline{INT1}$	0x0013	2	第3	IE1,由硬件自动清除
4	T1	0x001B	3	第4	TF1,由硬件自动清除
5	串行口	0x0023	4	第5	TI和RI,由软件清除
6	T2	0x002B	5	第6	TF2和EXF2,由软件清除

5. 外部中断的应用步骤如下。

1）确定触发方式：低电平触发IT0=0/IT1=0，或下跳沿触发（常用）IT0=1/IT1=1。

2）外部中断开放中断允许：EX0=1/EX1=1。

3）确定优先级别：PX0=0/1、PX1=0/1。

4）开放总中断：EA=1。

5）编写中断服务函数：

```
INT0:void 函数名()interrupt 0  [using m]  {……}
INT1:void 函数名()interrupt 2  [using m]  {……}
```

一、填空题

1. AT89S52有________个中断源。

2. $\overline{INT1}$的中断入口地址为________，中断号为________。

3. 若（IE）=0b1000 0110，则允许________中断源和________中断源中断。

4. 若（IP）=0b0001 0110，则中断优先级最高者为________，最低者为________。

5. AT89S52单片机复位后，中断优先级最高的中断源是________。

二、选择题

1. AT89S52单片机下列________引脚不可以触发中断。

A. P3.2　　B. P3.3　　C. P3.4　　D. P3.7

2. 对于AT89S52单片机的中断优先级，下列说法正确的是________。

A. 低优先级的中断源可以中断高优先级的中断服务程序

B. 高优先级的中断源可以中断低优先级的中断服务程序

C. 同为低优先级的中断源可以相互中断

D. 同为高优先级的中断源可以相互中断

3. 在AT89S52的中断请求源中，需要软件实现中断撤销的是________。

A. 外部中断的低电平中断请求

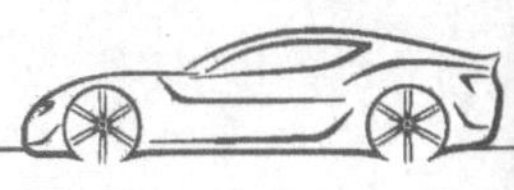

B. 外部中断的下跳沿中断请求

C. 串行中断

D. T0/T1 定时中断

4. AT89S52 单片机允许 $\overline{\text{INT1}}$ 中断，则对应的语句为“________”。

A. IT1=1;　　B. EX1=1;　　C. TR1=1;　　D. IE1=1;

5. AT89S52 单片机 $\overline{\text{INT1}}$ 采用下跳沿触发，则对应的语句为“________”。

A. IT1=1;　　B. EX1=1;　　C. TR1=1;　　D. IT1=0;

三、简答题

1. 简述什么是中断处理？

2. 中断响应需要满足哪些条件？

3. 当 CPU 响应中断后，由硬件自动执行了哪些操作？

四、仿真练习

在 Proteus ISIS 中绘制出原理电路，并编写软件调试通过。

基本要求：采用 1 个按键控制蜂鸣器响、1 个按键控制蜂鸣器不响。按键采用中断控制。

扩展要求：采用 1 个按键控制 8 个 LED 在全亮、间隔亮和流水亮 3 种模式间循环。按键采用中断控制。

扩展要求：采用 4 个按键控制 8 个 LED 的 4 种点亮方式。方式 1：流水点亮（用循环做）；方式 2：交替闪烁；方式 3：全亮；方式 4：亮 4 个灭 4 个。4 个按键采用中断方式。

第6章　单片机的定时器/计数器

内容概述

在工业检测与控制中，许多场合都要用到计数或定时功能。例如，对外部脉冲进行计数，或产生精确的定时时间。AT89S52 单片机片内有 3 个可编程的定时器/计数器（T0、T1 和 T2），可满足这方面的需要。本章介绍 AT89S52 单片机片内 3 个定时器/计数器的结构与基本原理、工作方式及其应用。

6.1　T0 与 T1 的结构与工作方式

单片机实现定时的方法有很多种，3.2.3 节的表 3-1 中列举了采用 for 循环结构、while 循环结构、库函数_nop_（）以及定时器定时 4 种方法。上述 4 种方法可以归结为两类：一类称为软件定时，包括 for、while 及_nop_（）实现定时的方法；一类称为硬件定时，包括单片机片内定时器实现的定时或外扩定时芯片实现的定时。软件定时 CPU 要循环执行语句，占用 CPU 大量的时间，而使 CPU 无法做其他事情，效率低，并且定时不够精确，因此在需要精确定时的场合，尽量使用硬件定时。

当单片机需要对外部脉冲进行计数时，可以将脉冲信号接到单片机的 I/O 口，通过查询 I/O 口状态的变化来累计脉冲的个数。该种采用软件计数的方法也占用 CPU 大量的时间，因此也需要采用硬件计数的方式来提高 CPU 的效率。

AT89S52 单片机片内集成的 3 个定时器/计数器 T0、T1 和 T2，就是硬件定时和计数器件，其中 T0 和 T1 的结构保留了 AT89S51 的 T0、T1 的结构，而 AT89S52 单片机增加的 T2，其内部结构及工作原理和 T0、T1 不一样，更加复杂。因此，本章首先介绍 T0 和 T1 的工作原理及应用，再介绍 T2 的工作原理及应用。

6.1.1　T0 与 T1 的内部结构

T0、T1 具有定时器和计数器 2 种工作模式（定时器模式和计数器模式），T0 具有 4 种工作方式（方式 0、方式 1、方式 2 和方式 3），T1 具有 3 种工作方式（方式 0、方式 1 和方式 2），内部结构示意图如图 6-1 所示。

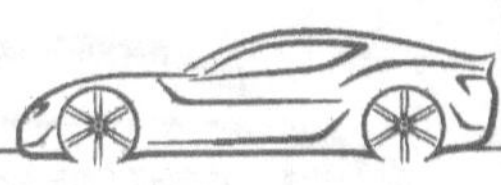

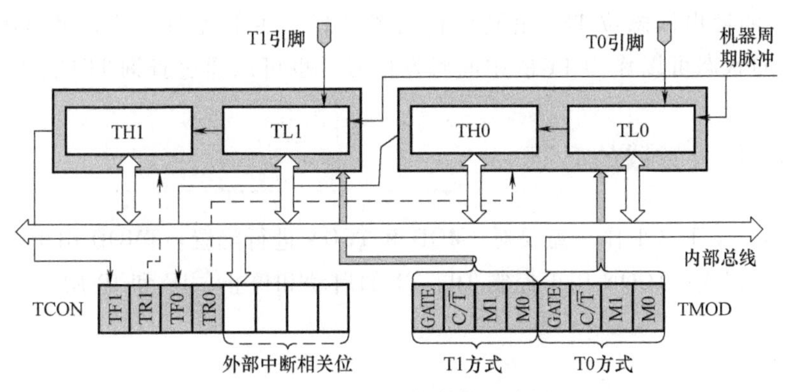

图 6-1　T0/T1 内部结构示意图

1. 计数器模式和定时器模式

AT89S52 定时器/计数器的核心是加 1 计数器，计数器累计的脉冲来源不同，工作模式也就不同。如果脉冲来自于 P3.4（T0）和 P3.5（T1）引脚，这时 T0、T1 作计数器使用；如果脉冲来自于片内的机器周期，这时 T0、T1 作定时器使用。

（1）计数器模式　若累计 P3.4（T0）和 P3.5（T1）引脚来的外部脉冲个数，由于引脚来的外部脉冲周期可能不规则或不精准，所以只能通过对外部脉冲信号的计数获得脉冲个数的信息，这时就是计数器工作模式。需要设置 TMOD 的 $C/\overline{T}$ 为“1”。

（2）定时器模式　若累计系统振荡器的 12 分频信号，这个分频信号的周期正是单片机的机器周期，累计一个脉冲就是 1 个机器周期时间，所以可根据对内部机器周期的计数确定定时时间，这时就是定时器工作模式。需要设置 TMOD 的 $C/\overline{T}$ 为“0”。

2. 工作方式

T0 具有 4 种工作方式（方式 0、方式 1、方式 2 和方式 3），T1 具有 3 种工作方式（方式 0、方式 1 和方式 2）。工作方式可通过 TMOD 的 M1、M0 这 2 位进行配置。

3. 计数值

T0、T1 内部都有一个加 1 计数器，T0 计数器的计数值存放在 SFR TH0、TL0 里，T1 计数器的计数值存放在 SFR TH1、TL1 里。

AT89S52 单片机复位时，TH0、TL0 和 TH1、TL1 都被复位为“0”，也就是说不给 TH0、TL0 和 TH1、TL1 重新赋初值，T0、T1 的加 1 计数器都将从“0”开始累计脉冲个数，直至溢出。

实际应用时，通常根据计数和定时的不同要求，给 TH0、TL0 和 TH1、TL1 重新赋初值。

4. 溢出

T0、T1 的工作方式不同，计数范围也不同。当 T0、T1 的加 1 计数器在初值的基础上计数的个数超过最大计数范围时，则产生溢出。

溢出后，T0 的溢出标志位 TF0 由硬件自动置“1”，并且由硬件自动将 TH0、TL0 的内容清零。TF0 的状态可以作为 T0 的中断触发信号，也可以通过查询 TF0 的状态判断 T0

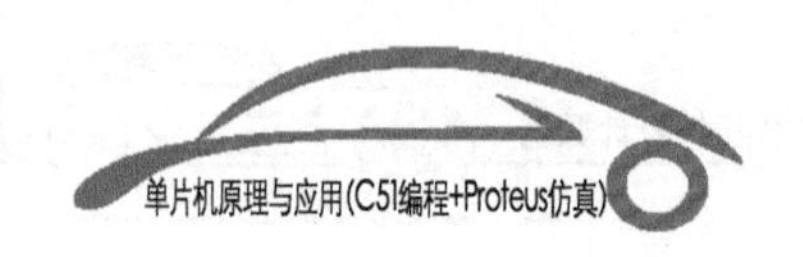

是否溢出。T1 的溢出标志位 TF1 由硬件自动置“1”，并且由硬件自动将 TH1、TL1 的内容清零。TF1 的状态可以作为 T1 的中断触发信号，也可以通过查询 TF1 的状态判断 T1 是否溢出。

6.1.2 定时器/计数器的 SFR

要想使 T0、T1 正常工作，需要对 TMOD 和 TCON 进行配置。TMOD 用于配置 T0、T1 的工作模式和工作方式；TCON 用于控制 T0、T1 的启动和停止；IE 和 IP 用于设置 T0、T1 的中断系统。

1. TMOD

TMOD 是一个 SFR，字节地址为 0x89，不可位寻址，格式见表 6-1。TMOD 的高 4 位对 T1 进行设置，TMOD 的低 4 位对 T0 进行设置，各位功能描述见表 6-2。

表 6-1 TMOD 格式（字节地址 0x89，不可位寻址）

位序号	D7	D6	D5	D4	D3	D2	D1	D0
符号	GATE	C/$\overline{T}$	M1	M0	GATE	C/$\overline{T}$	M1	M0

表 6-2 TMOD 的各位功能描述

T0/T1 方式字	序号	符号	功能	描述
T1 方式字	D7	GATE	门控位	软启动:GATE=0,TR1=1,T1 启动 硬启动:GATE=1,TR1=1 且 $\overline{INT1}$ 引脚输入高电平,T1 启动
	D6	C/$\overline{T}$	定时和计数选择位	C/$\overline{T}$=0,定时器工作模式,对机器周期计数 C/$\overline{T}$=1,计数器工作模式,对 T1(P3.5)引脚的外部脉冲计数
	D5	M1	工作方式选择位	M1 M0 工作方式 描述 0 0 方式 0 13 位定时器/计数器 0 1 方式 1 16 位定时器/计数器 1 0 方式 2 自动重装初值的 8 位定时器/计数器
	D4	M0		
T0 方式字	D3	GATE	门控位	软启动:GATE=0,TR0=1,T0 启动 硬启动:GATE=1,TR0=1 且 $\overline{INT0}$ 引脚输入高电平,T0 启动
	D2	C/$\overline{T}$	定时和计数选择位	C/$\overline{T}$=0,定时器工作模式,对机器周期计数 C/$\overline{T}$=1,计数器工作模式,对 T0(P3.4)引脚的外部脉冲计数
	D1	M1	工作方式选择位	M1 M0 工作方式 描述 0 0 方式 0 13 位定时器/计数器 0 1 方式 1 16 位定时器/计数器 1 0 方式 2 自动重装初值的 8 位定时器/计数器 1 1 方式 3 T0 分成 1 个 8 位定时器和 1 个 8 位定时器/计数器
	D0	M0		

2. TCON

TCON 是一个 SFR，字节地址为 0x88，可以位寻址，位地址为 0x88~0x8F。在第 5 章中断系统，已介绍 TCON 与外部中断有关的低 4 位，本节仅介绍与定时器/计数器相关的高 4 位功能。TCON 格式见表 6-3，高 4 位功能描述见表 6-4。

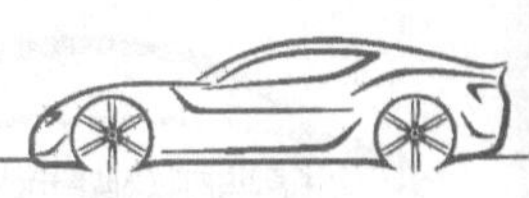

表 6-3 TCON 格式（字节地址 0x88，可位寻址）

位序号	D7	D6	D5	D4	D3	D2	D1	D0
符号	TF1	TR1	TF0	TR0	IE1	IT1	IE0	IT0
位地址	0x8F	0x8E	0x8D	0x8C	0x8B	0x8A	0x89	0x88

表 6-4 TCON 的高 4 位功能描述

序号	符号	功能	描 述
D7	TF1	T1 计满溢出标志位	T1 计满溢出时，硬件自动置 1 该位可作为中断请求标志位，进入中断服务程序后由硬件自动清零 该位也可使用软件查询，但查询后，应用软件及时将该位清零
D6	TR1	T1 运行控制位	该位可由软件置 1（启动 T1 的必要条件）或清零 软启动：GATE=0，TR1=1，T1 启动 硬启动：GATE=1，TR1=1 且 $\overline{\text{INT1}}$ 引脚输入高电平，T1 启动
D5	TF0	T0 计满溢出标志位	T0 计满溢出时，硬件自动置 1 该位可作为中断请求标志位，进入中断服务程序后由硬件自动清零 该位也可使用软件查询，但查询后，应用软件及时将该位清零
D4	TR0	T0 运行控制位	该位可由软件置 1（启动 T0 的必要条件）或清零 软启动：GATE=0，TR0=1，T0 启动 硬启动：GATE=1，TR0=1 且 $\overline{\text{INT0}}$ 引脚输入高电平，T0 启动

6.1.3 定时器/计数器的工作方式

T0 有 4 种工作方式，T1 有 3 种工作方式，其中 T0 和 T1 的方式 0、方式 1 和方式 2 的逻辑结构相同。只不过 T0 的工作方式、工作模式和启动由 TMOD 的低 4 位决定，T1 的工作方式、工作模式和启动由 TMOD 的高 4 位决定。下面以 T0 为例介绍定时器/计数器的工作过程。

1. 方式 0（13 位定时器/计数器方式）

方式 0 为 13 位计数器，由 TL0 的低 5 位和 TH0 的高 8 位构成。最大计数值为 2^{13} = 8192，不能自动重装初值。该种方式为兼容 MCS-48 系列单片机而保留下来的工作方式，方式 0 的内部结构示意图如图 6-2 所示。

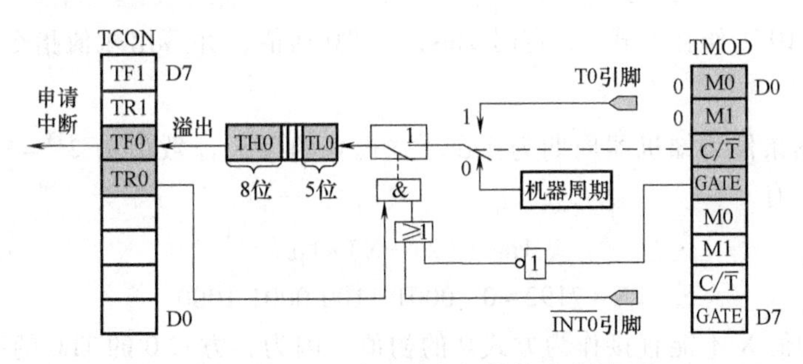

图 6-2 T0 方式 0 的内部结构示意图

（1）工作方式的确定 TMOD 低 4 位的 M1 M0=00，T0 工作在方式 0。

（2）工作模式的确定

1）TMOD 低 4 位的 C/$\overline{\text{T}}$=0，电子开关打在机器周期的位置，加 1 计数器累计机器周期

的个数，此时 T0 为定时器工作模式。

2）TMOD 低 4 位的 $C/\overline{T}=1$，电子开关打在 T0 引脚的位置，加 1 计数器累计 T0（P3.4）引脚上的外部输入脉冲的个数，当引脚上发生负跳变时，计数器加 1，此时 T0 为计数器工作模式。

（3）启动方式

1）软启动方式：TMOD 低 4 位的 GATE＝0，该低电平“0”经反相器变为高电平“1”送入或门，则或门不管另一个输入端为何值，都输出高电平“1”，再作为输入送入与门；只有当与门的另一个输入 TCON 中的 TR0 为高电平“1”时，与门输出为高电平“1”，高电平信号使开关闭合，允许 T0 对脉冲计数。该种启动方式只需要用软件的方式给 GATE 和 TR0 赋值即可启动，称为软启动方式。

软启动条件：GATE＝0，TR0＝1。

2）硬启动方式：TMOD 低 4 位的 GATE＝1，该高电平“1”经反相器变为低电平“0”送入或门，或门的另一个输入端来自 $\overline{\text{INT0}}$（P3.2）引脚，若该引脚输入高电平“1”，则或门输出高电平“1”，再作为输入送入与门；只有当与门的另一个输入 TCON 中的 TR0 为高电平“1”时，与门输出为高电平“1”，高电平信号使开关闭合，允许 T0 对脉冲计数。该种启动方式需要外部电路的参与才能启动，称为硬启动方式。

硬启动条件：GATE＝1，TR0＝1，$\overline{\text{INT0}}=1$。

（4）计数初值的计算　T0 在工作时，是在初值的基础上开始计数，TL0 低 5 位溢出则向 TH0 进位，TH0 计数溢出则把 TCON 中的溢出标志位 TF0 由硬件自动置“1”。

作为计数器时，初值计数公式为

$$\text{需要累计的脉冲个数}=\text{最大计数个数}-\text{初值} \tag{6-1}$$

作为定时器时，初值计数公式为

$$\text{需要的定时时间}=(\text{最大计数个数}-\text{初值})\times\text{机器周期} \tag{6-2}$$

其中，最大计数个数和工作方式有关。方式 0 的最大计数值为 $2^{13}=8192$，方式 1 的最大计数值为 $2^{16}=65536$，方式 2 的最大计数值为 $2^{8}=256$，方式 3 的最大计数值为 $2^{8}=256$。机器周期和单片机外接晶振的频率有关，晶振频率 $f_{osc}=12\text{MHz}$，机器周期为 1μs。

【例 6-1】 T0 工作在方式 0、定时 1ms，求 T0 初值，并写出赋值指令。晶振频率 $f_{osc}=12\text{MHz}$。

【解】 根据条件可知机器周期为 1μs，方式 0 的最大计数值为 $2^{13}=8192$，设初值为 X，由式（6-2）有

$$1\text{ms}=(2^{13}-X)\times 1\mu\text{s}$$

$$X=7192=0\text{b}\ 0001\ 1100\ 0001\ 1000$$

计算出的初值 X 不能直接作为方式 0 的初值，因为，方式 0 的 TL0 的高 3 位无效，所以相当于 TL0 是 5 位计数器，满 32 就溢出；因此将 X 除以 32，整数部分装入 TH0，余数部分装入 TL0（也就是在 X 的第 4 位和第 5 位之间插入 3 个“0”，或其他值，插入的这 3 位在硬件上无意义，其他位都左移 3 位，高 3 位的 3 个 0 去掉）。将上述初值调整为 X＝0b1110 0000 0001 1000＝0xE018。赋初值指令为

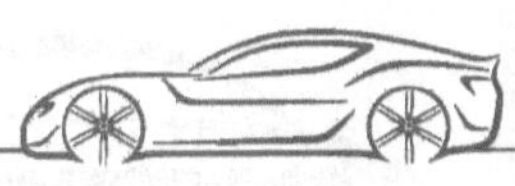

TH0 = 0xE0;

TL0 = 0x18;

由上述例题可以看出方式 0 计算初值的过程比较麻烦，实际应用中很少使用，一般采用方式 1 替代。

（5）溢出处理　当 TH0 和 TL0 计满溢出后，TH0 和 TL0 的值由硬件自动清零，且由硬件自动将溢出标志位置“1”。可以采用中断方式和查询方式处理溢出后的操作。

1）中断方式：TF0 溢出信号可以作为 T0 中断的触发信号，当 TF0 = 1，且开放定时器 T0 的中断，ET0 = 1，EA = 1，PT0 = 0/1，则程序自动进入中断入口地址 0x000B（汇编），或 C51 根据中断类型号“1”自动进入中断服务程序开始执行。T0 的中断系统示意图如图 6-3 所示。

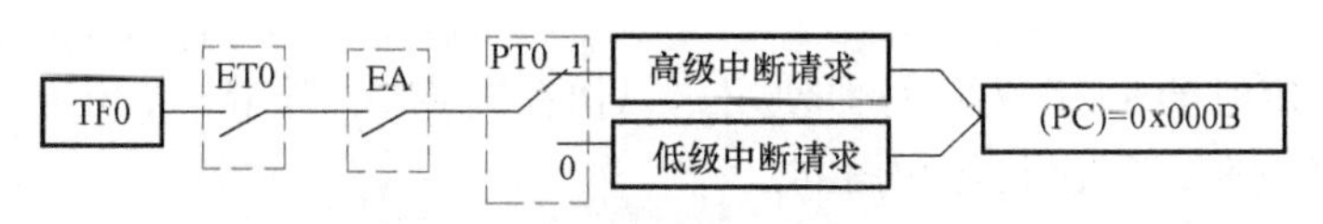

图 6-3　T0 的中断系统示意图

注：采用中断方式时，用户需要对 T0 的中断系统进行配置，并且编写中断服务程序，在中断服务程序中编写定时时间到或计满溢出后的操作。

2）查询方式：可采用“while（TF0 = = 0）;”等语句查询计数器是否溢出。T0 没有溢出时，TF0 = 0，while 条件成立，程序在“while（TF0 = = 0）;”处循环执行，直到 T0 溢出。这时 TF0 = 1，while 条件不成立，则退出 while 语句向下执行。查询方式占用 CPU 的时间，CPU 执行效率低。

2. 方式 1（16 位定时器/计数器方式）

方式 1 和方式 0 的差别仅仅在于计数器的位数不同，方式 1 为 16 位计数器，由 TL0 和 TH0 构成。最大计数值为 2^{16} = 65536，不能自动重装初值。方式 1 的内部结构示意图如图 6-4 所示。工作过程同方式 0，只是计数初值采用式（6-1）和式（6-2）计算后，无须调整。

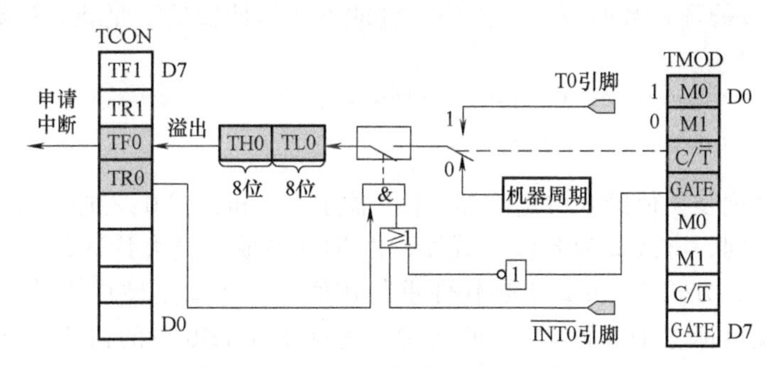

图 6-4　T0 方式 1 的内部结构示意图

【例 6-2】　定时器 T0 作为计数器使用，工作在方式 1，软启动，每计 100 个脉冲溢出，计算初值，写出初始化语句。

分析：TMOD 的低 4 位是用来初始化 T0 的方式字，方式 1（M1 M0 = 01）、软启动

(GATE=0，TR0=1)、计数器工作模式（C/$\overline{T}$=1)，则 TMOD=0b0000 0101=0x05，TR0=1。方式 1 最大计数个数为 65536，按照式（6-1）计算初值：100=65536-X。TH0 和 TL0 都是 8 位 SFR，存储数据的范围为 0~255。而初值 X=65436，大于 255，所以需要把初值 65436 除以 256，商存在 TH0 里，余数存到 TL0 里。初始化函数如下。

```
void T0_init()
{
    TMOD=0x05;                  //T0、方式 1、计数
    TH0=(65536-100)/256;        //商放 TH0,C 语言中"/"整数除法相当于取整数部分
    TL0=(65536-100)%256;        //余数放 TL0 ,C 语言中"%"取余数
    TR0=1;                      //启动 T0
}
```

【例 6-3】 定时器 T1 作为定时器使用，工作在方式 1，软启动，定时 50ms 溢出，晶振 12MHz，计算初值。写出初始化语句。

分析：TMOD 的高 4 位是用来初始化 T1 的方式字，方式 1（M1 M0=0 1)、软启动(GATE=0，TR1=1)、定时器（C/$\overline{T}$=0)，则 TMOD=0b0001 0000=0x10，TR1=1。方式 1 最大计数个数为 65536，晶振 12MHz，机器周期 1μs，按照式（6-2）计算初值：50ms=(65536-X)×1μs，则 X=65536-50000=15536。初始化函数如下。

```
void T1_init()
{
    TMOD=0x10;                  //T1、方式 1、定时
    TH1=(65536-50000)/256;      //定时 50ms,商放 TH1,C 语言中"/"整数除法相当于取整数部分
    TL1=(65536-50000)%256;      //余数放 TL1 ,C 语言中"%"取余数
    TR1=1;//启动 T1
}
```

注：方式 0 和方式 1 在计满溢出后，计数器 TH0、TL0 和 TH1、TL1 的值全部清零。因此在循环定时或循环计数时就需要采用软件的方式给计数器重复装入计数初值，这样会引起一定的计数误差。

3. 方式 2（自动重装初值的 8 位计数器/定时器方式)

方式 2 是自动重装初值的 8 位定时器/计数器方式，和方式 0、方式 1 的差别有 2 点：一是计数器的位数不同，方式 2 为 8 位计数器，由 TL0 构成，最大计数值为 $2^8=256$；二是重装初值的方式不同，方式 0、方式 1 是软件重装初值，方式 2 是硬件自动重装初值，当 TL0 计满溢出时，在溢出标志 TF0 置“1”的同时，还自动将 TH0 中的初值送至 TL0，使 TL0 从初值开始重新计数。重装初值的过程不改变 TH0 的值，因此，只需在初始化时给 TH0 和 TL0 赋予相同的初值后，就可循环为 TL0 装初值，直至停止计数。方式 2 的内部结构示意图如图 6-5 所示。

4. 方式 3（拆分组合方式)

只有 T0 有方式 3，由 TH0 构成一个 8 位的定时器，由 TL0 构成一个 8 位的定时器/计数

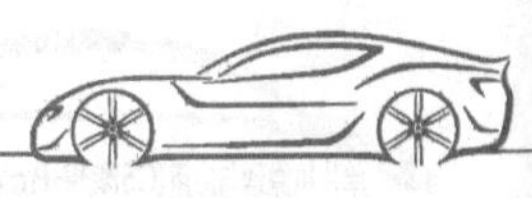

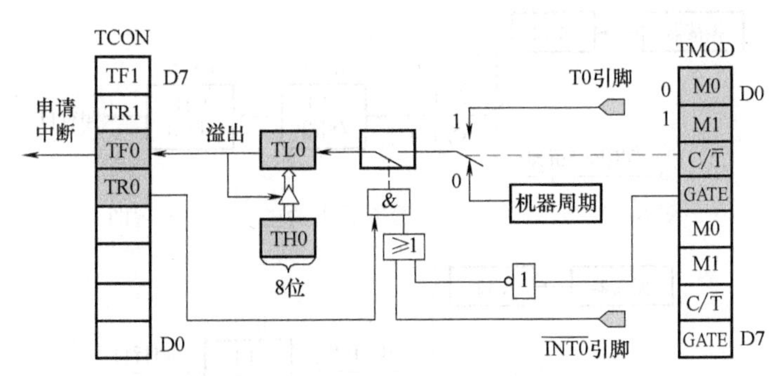

图 6-5　T0 方式 2 的内部结构示意图

器。T1 没有方式 3。T0 方式 3 的内部结构示意图如图 6-6 所示。

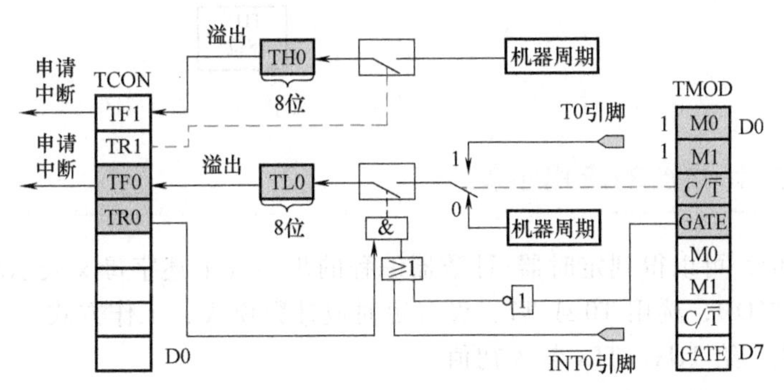

图 6-6　T0 方式 3 的内部结构示意图

（1）TH0 构成一个 8 位的定时器　该种方式只累计机器周期的个数，因此只能作定时器使用，为 8 位定时器，由 TH0 构成。启动占用了 T1 的启动位 TR1，最大计数值为 $2^8=256$，TH0 计满 256 个脉冲后溢出，硬件自动使 TF1 置 1，这时占用了 T1 的溢出标志位。同时，TH0 由硬件复位为 0，循环定时时需要由软件重新对 TH0 赋初值。该种工作方式可看作是 TH0+TR1+TF1 的一个组合。

（2）TL0 构成一个 8 位的定时器/计数器　该种方式为 8 位定时器/计数器方式，由 TL0 构成；既可作为定时器使用，又可作为计数器使用。最大计数值为 $2^8=256$，不能自动重装初值。可看作是 TL0+TR0+TF0 的一个组合。使用方法同方式 1。

（3）T0 工作在方式 3 时 T1 的各种工作方式　T0 工作在方式 3，占了 T1 的启动位 TR1 和溢出标志位 TF1，所以 T1 只能用在不需要中断的场合或作为传输速率发生器使用。此时，T1 仍可采用方式 0、方式 1 和方式 2。一般情况下，当 T1 用作串口传输速率发生器时，通常都选择自动重装初值的方式 2，使传输速率更准确。T0 方式 3 时 T1 的 3 种工作方式的内部结构示意图如图 6-7～图 6-9 所示。

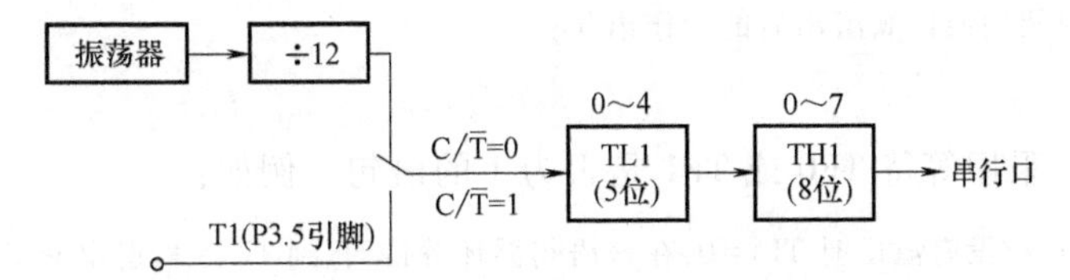

图 6-7　T0 方式 3 时 T1 为方式 0 的内部结构示意图

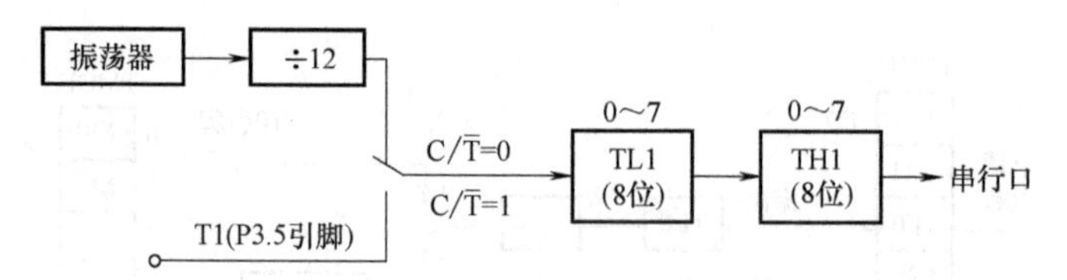

图 6-8　T0 方式 3 时 T1 为方式 1 的内部结构示意图

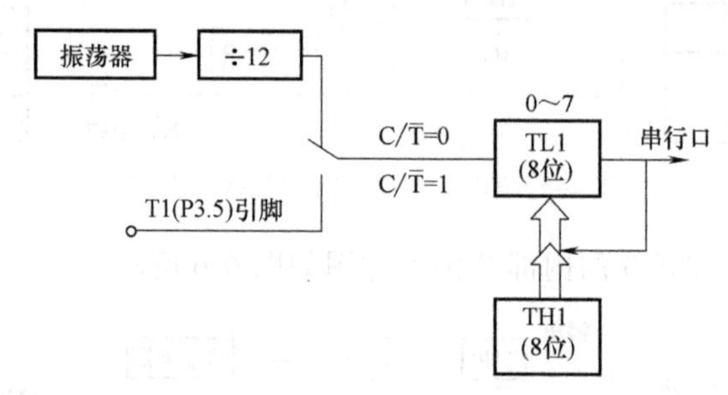

图 6-9　T0 方式 3 时 T1 为方式 2 的内部结构示意图

6.1.4　定时器/计数器的应用步骤

通过上述分析，可以得到定时器/计数器编程的步骤（下述字母 x 表示取值为 0 或 1）：

1）初始化 TMOD，选用 T0 或 T1，设置定时或计数模式、工作方式。

2）计算初值，给 THx、TLx 装入初值。

3）启动定时器，设置“TR0 = 1；或 TR1 = 1；”。什么时候需要启动定时器了，就在需要启动的位置写该语句。

4）确定溢出处理方式，中断或查询。

① 中断方式：初始化 T0 或 T1 的中断系统，编写中断服务函数。

中断初始化函数：

```
void TX_init( )
{
    ETx = 1;            //开定时器中断
    PTx = 1/0;          //设优先级别
    EA = 1;             //开总中断
}
```

中断服务函数：

```
void TX_int( ) interrupt n  //T0( n = 1),T1( n = 3)
{
    方式 0、方式 1 和方式 3 重装初值,方式 2 不需要重装初值;
    处理定时时间到或计满溢出后的操作语句;
}
```

② 查询方式：采用等待 TF0 或 TF1 是否为 1 的语句。例如：

```
while(TFx = = 0);//没有溢出时 TFx = 0,在该语句循环等待,直到 TFx = 1,退出 while 循环
TFx = 0;            //软件清溢出标志位 TFx = 0
```

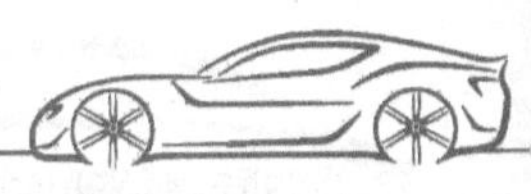

```
THx=初值;TLx=初值;//方式 0、方式 1 和方式 3 重装初值,方式 2 不需要重装初值
处理定时时间到或计满溢出后的操作语句;
```

6.2 定时器的仿真实例

T0、T1 的方式 0 与方式 1 基本相同，只是计数位数不同。方式 0 为 13 位，方式 1 为 16 位。由于方式 0 是为兼容 MCS-48 而设，计数初值计算复杂，所以在实际应用中，一般不用方式 0，常采用方式 1 和方式 2。本节介绍 T0、T1 在方波信号发生器、PWM 波形发生器、基于数码管和 LCD 的秒表及脉冲宽度测量中的应用。

6.2.1 方波信号发生器仿真实例

任务要求：产生频率为 50Hz 的方波信号，系统晶振为 12MHz。

分析：频率为 50Hz 的方波信号，即高低电平为 10ms 的脉冲信号，周期 20ms 方波信号如图 6-10 所示。

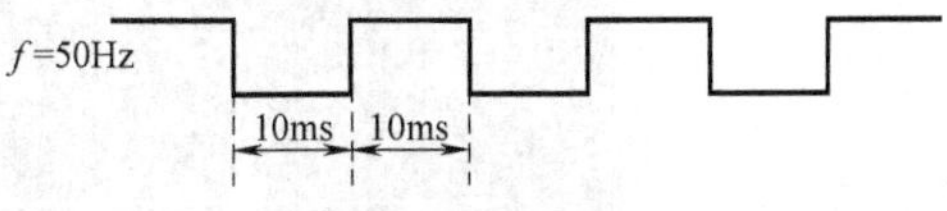

图 6-10　周期 20ms 方波信号

方波信号只有两种状态：高电平和低电平。因此，可通过单片机的 I/O 口输出方波，每隔 10ms I/O 口状态取反。10ms 可通过 T0 或 T1 的定时模式得到。当晶振为 12MHz 时，方式 1 最大定时时间为 65536μs，现在需要定时 10ms，即 10000μs，所以只需要适当赋初值，就可以实现一次定时溢出就达到 10ms 定时的目的。因此，本例采用 T0 工作在方式 1 作定时器使用。

1. 硬件电路设计

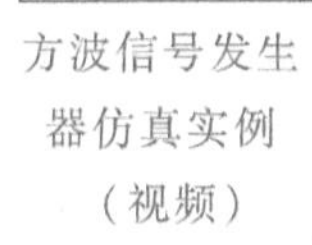

方波信号发生器仿真实例（视频）

单片机的 P2.0 引脚输出方波信号，用虚拟示波器观察结果。仿真电路图如图 6-11 所示。

方波信号发生器仿真实例（PPT）

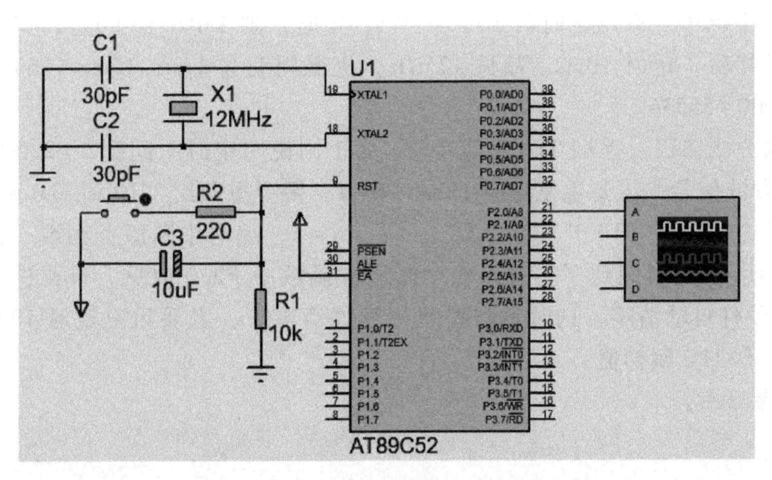

图 6-11　方波信号发生器仿真电路图

说明：在 Proteus 中单击“P”按钮挑选元器件 AT89C52、RES（电阻）、BUTTON（按键）、CRYSTAL（晶振）、CAP（电容）、CAP-ELEC（电解电容），在左侧工具栏中找到

图标，单击该图标会显示“INSTRUMENTS”界面，选择“OSCILLOSCOPE”即“示波器”。

【Proteus 知识点】示波器

每个示波器都有“A、B、C、D”4个通道。4个通道的旋钮用来调整波形的幅度显示比例，外面的箭头是粗调，里面的小箭头是细调。“Position”滚轮调整波形的垂直位移，左下角的旋钮调整波形的扫描频率，调整箭头或直接在左侧的波形区域滚动鼠标滚轮，调整扫描频率。示波器界面图如图6-12所示。

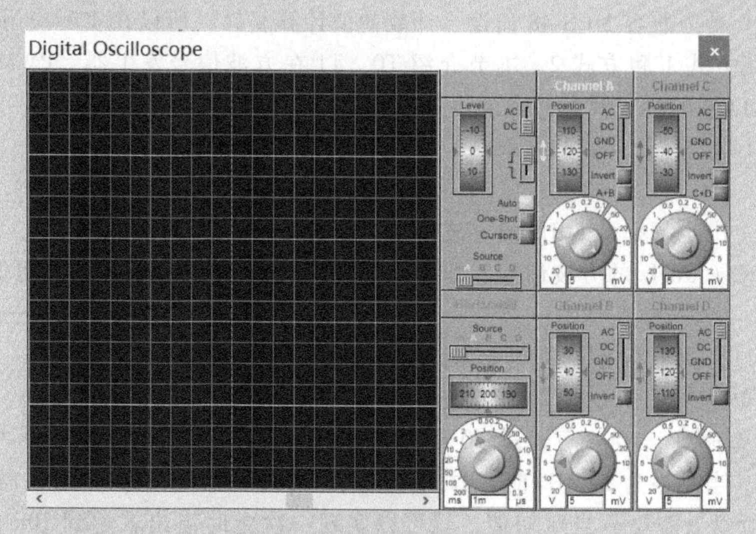

图6-12　示波器界面图

2. 软件设计

设计思想：T0溢出后可采用中断方式或查询方式处理。本例给出了这两种方式的程序代码。软件编程的关键环节为：

（1）设置TMOD　采用定时器T0，方式1，定时，则TMOD = 0b0000 0001 = 0x01。

（2）计算初值　定时10ms，晶振12MHz，机器周期为1μs，10ms = (65536-X)×1μs，X = 65536-10000 = 55536。

（3）查询方式编程　查询TF0是否为1，为1则说明定时时间到，P2.0取反，软件清TF0，要产生方波信号，需要重复定时10ms。所以，需要重新给TH0和TL0赋初值。

（4）中断方式编程　T0开中断，ET0 = 1；EA = 1；编写中断服务函数。程序进入中断服务函数，说明10ms时间到了，所以在中断服务函数中P2.0取反，只要进入中断服务函数，TF0会由硬件自动清零，这时不需要再用软件清零了。需要重复定时10ms，所以，需要重新给TH0和TL0赋初值。

【查询方式参考程序】

```
#include <reg52.h>              //头文件 reg52.h
sbit P20=P2^0;                  //方波输出端
void T0_init();                 //定时器 T0 初始化函数
/********************************** 主函数 **********************************/
void main(void)
```

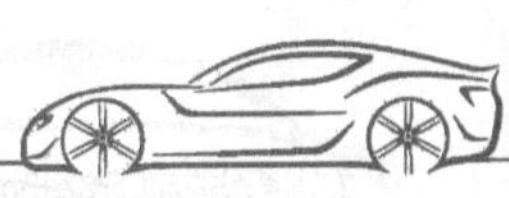

```
{
    T0_init();                          //初始化定时器 T0
    while(1)
    {
        while(TF0==0);                  //查询 T0 是否溢出,即定时时间是否到
        TH0=(65536-10000)/256;          //重赋初值的高 8 位
        TL0=(65536-10000)%256;          //重赋初值的低 8 位
        P20=! P20;                      // P2.0 状态取反
        TF0=0;                          //T0 溢出标志位 TF0 软件清零
    }
}
/************************** 定时器 T0 初始化函数 ***************************/
void T0_init()
{
    TMOD=0x01;                          //设置 T0 为方式 1、定时
    TH0=(65536-10000)/256;              // 赋初值的高 8 位
    TL0=(65536-10000)%256;              // 赋初值的低 8 位
    TR0=1;                              //启动 T0
}
```

【中断方式参考程序】

```
#include <reg52.h>                      //头文件 reg52.h
sbit P20=P2^0;                          //方波输出端
void T0_init();                         //定时器 T0 初始化函数
/********************************* 主函数 *********************************/
void main(void)
{
    T0_init();                          //初始化定时器 T0
    while(1);                           //死循环,等待 T0 溢出,进入中断服务程序
}
/************************** 定时器 T0 初始化函数 ***************************/
void T0_init()
{
    TMOD=0x01;                          //设置 T0 为方式 1、定时
    TH0=(65536-10000)/256;              // 赋初值的高 8 位
    TL0=(65536-10000)%256;              // 赋初值的低 8 位
    TR0=1;                              //启动 T0
    ET0=1;                              //开 T0 中断
    EA=1;                               //开总中断
}
/***************************** T0 中断服务函数 *****************************/
void T0_int() interrupt 1               //T0 定时时间 10ms 到,进入中断服务函数
```

```
{
    TH0=(65536-10000)/256;          //重赋初值的高 8 位
    TL0=(65536-10000)%256;          //重赋初值的低 8 位
    P20=! P20; // P2.0 状态取反
}                                   //执行完毕返回主函数"while(1);"处接着死循环,等待下一次定时溢出
```

3. 仿真运行

将程序编译生成 Hex 文件，加载到单片机中，单击运行按钮，弹出示波器，运行效果图如图 6-13 所示。在 A 通道显示方波，一个周期包含了 4 个栅格，每个栅格 5ms（左下旋钮打到 5ms 位置），一个周期为 20ms，符合设计要求。

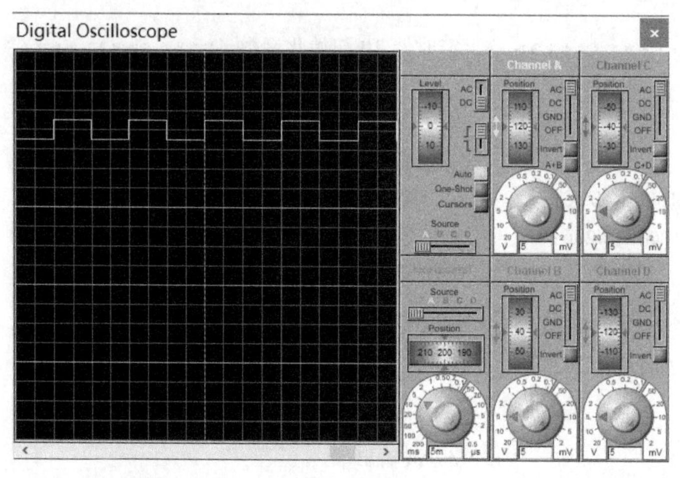

图 6-13　方波（50Hz）仿真运行效果图

【编程小技巧】带参数的定时器初始化函数编写

每次定时都需要计算定时器的初值，比较麻烦，所以可以编写一个带参数的初始化函数，这样只需要调用函数，参数写上需要定时的时间，单位为 μs 就可以了。下面是采用 T0 方式 1 定时的初始化函数，参数范围为 1~65536μs。

```
void T0_init(unsigned int xus)
{
    unsigned long temp;                         //临时变量
    TMOD&=0xF0;                                 //清 T0 控制位,保留 T1 控制位
    TMOD|=0x01;                                 //设置 T0 为方式 1、定时
    temp=12000000/12;                           //机器周期的频率 1MHz
    temp=(temp * xus)/1000000;                  //定时 xus 的计数值
    temp=65536-temp;                            //定时器初值
    TH0_temp=(unsigned char)(temp>>8);
                                                //计算高 8 位初值,">>8"右移 8 位相当于除以 256
    TL0_temp=(unsigned char)(temp);             //计算低 8 位初值
    TH0=TH0_temp;                               //赋 T0 高 8 位初值
    TL0=TL0_temp;                               //赋 T0 低 8 位初值
```

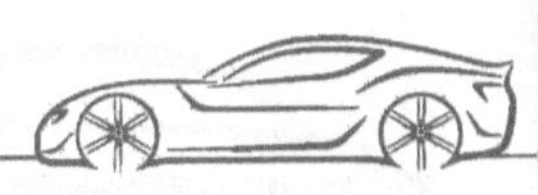

```
        TR0 = 1;                //启动 T0
        ET0 = 1;                //T0 开中断
        EA = 1;                 //开总中断
    }
```

注：语句“T0_init（10000）；”可实现 10ms 的定时效果。若想定时 50ms，只需写指令“T0_init（50000）；”就可实现 50ms 定时，避免了计算初值问题。程序设计方法很多，用户可根据需要自行编写。

6.2.2　I/O 口输出 PWM 波形仿真实例

任务要求：采用按键控制 I/O 口输出频率为 50Hz，占空比分别为 25%、50%和 75%的 PWM 波形。系统晶振为 12MHz。

【PWM 知识点】PWM（Pulse Width Modulation）

PWM 技术就是脉冲宽度调制技术，通过改变脉冲的宽度进行调制，也就是通过调节占空比来调节信号能量的变化。占空比是指在一个周期内信号处于高电平的时间占据整个信号周期的百分比。PWM 技术广泛应用在调光电路、直流斩波电路、电动机驱动和逆变电路等。

AT89S52 单片机内部没有 PWM 功能模块，可以利用 I/O 口输出 PWM 信号，通过改变占空比来改变输出信号平均电压的高低。

1. 硬件电路设计

采用单片机的 P2.0 引脚输出 PWM 信号，用虚拟示波器观察结果。按键 KEY1 与 P2.3 连接，按下按键输出占空比为 25%的 PWM 信号；按键 KEY2 与 P2.4 连接，按下按键输出占空比为 50%的 PWM 信号；按键 KEY3 与 P2.5 连接，按下按键输出占空比为 75%的 PWM 信号。仿真电路图如图 6-14 所示。

I/O 口输出 PWM 波形仿真实例（视频）

I/O 口输出 PWM 波形仿真实例（PPT）

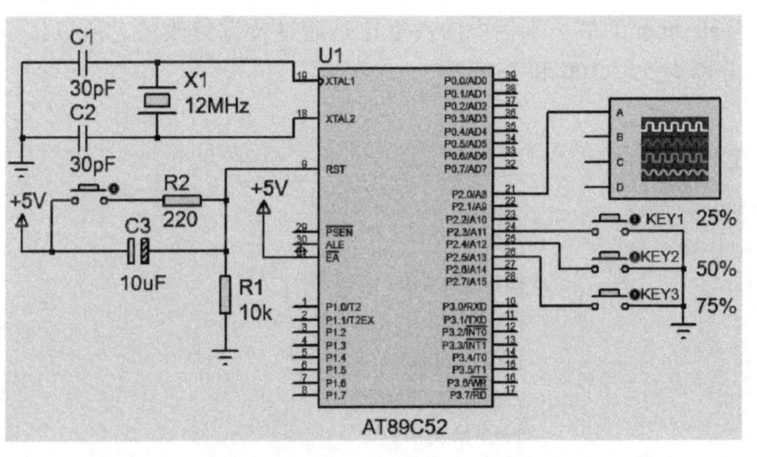

图 6-14　输出 PWM 波仿真电路图

说明：在 Proteus 中单击“P”按钮挑选元器件 AT89C52、RES（电阻）、BUTTON（按键）、CRYSTAL（晶振）、CAP（电容）、CAP-ELEC（电解电容），单击图标选择 OSCILLOSCOPE（示波器）。

2. 软件设计

设计思想：PWM 波的关键参数有两个，一个是周期 T，一个是高电平所占的时间 High_num。PWM 波示意图如图 6-15 所示。

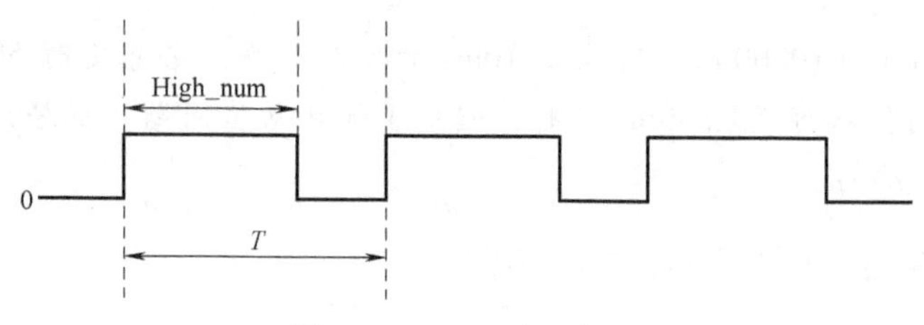

图 6-15　PWM 波示意图

所以，要产生不同频率、不同占空比的 PWM 波，就要控制这两个参数。关键环节为：

（1）周期 T 的确定　本例 PWM 波的频率为 50Hz，周期为 20ms。采用 T1 的定时方式 2，一次定时时间设为 100μs，在中断服务程序中，累计进入中断的次数 count，当 count = 200 时就是 20ms。把累计的次数 200 记为 T，则 T = 200。

编程：设置 TMOD = 0b0010 0000 = 0x20；定时 100μs，晶振 12MHz，初值 X = 256-100 = 156；T1 开中断，ET1 = 1；EA = 1；T1 中断服务程序中累计进入中断的次数 count。

（2）高电平时间 High_num 的确定　若占空比为 25%，由于 T = 200，则 High_num = 50；若占空比为 50%，则 High_num = 100；占空比为 75%，则 High_num = 150。

（3）PWM 波的输出控制　当 T1 进入中断的次数 count<High_num 时，P2.0 引脚输出高电平；当 High_num<count<200 时，P2.0 引脚输出低电平。当 High_num = 50 时，这样在 P2.0 引脚就可以得到占空比为 25%、频率为 50Hz 的 PWM 波形。同理，当 High_num = 100 时，得到占空比为 50%、频率为 50Hz 的 PWM 波形。

（4）产生不同占空比的 PWM 波　占空比不同，High_num 的值就不同。所以改变占空比，只需改变 High_num 的值。本例中的占空比是通过按键修改的，所以按下 3 个按键修改 High_num 的值分别为 50、100 和 150。

【参考程序】

```
#include "reg52.h"
#define uchar unsigned char
#define uint unsigned int
sbit PWM=P2^0;                    //输出 PWM
sbit KEY1=P2^3;                   //占空比 25%
sbit KEY2=P2^4;                   //占空比 50%
sbit KEY3=P2^5;                   //占空比 75%
void T1_init();                   //T1 初始化函数
uchar keyscan();                  //按键扫描,设置 High_num 值
uchar count=0;                    //累计进入 T1 中断的次数
uchar High_num=0;                 //占空比高电平时间
/****************************** 延时函数 ********************************/
void delay(uint dat)
```

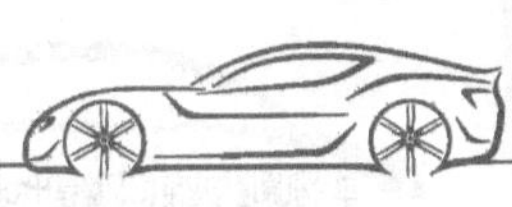

```
{   uint i,j;
    for(j=dat;j>0;j--)
        for(i=110;i>0;i--);
}
/*************************** 主程序 ***********************************/
void main()
{
    T1_init();                          //初始化 T1
    while(1)
    {
        keyscan();                      //按键扫描,获得占空比
    }
}
/*************************** 定时器 T1 初始化程序 ****************************/
void T1_init()
{   TMOD=0x20;                          // T1 方式 2、定时器
    TH1=256-100;                        //预置初值,定时 100μs,方式 2:TH1=TL1
    TL1=256-100;                        //初值,定时 100μs
    TR1=1;                              //启动 T1
    ET1=1;                              //开启 T1 中断
    EA=1;                               //开总中断
}
/**************************** T1 中断服务函数 ******************************/
void T1_int() interrupt 3               //形成周期和输出 PWM 波
{
    count++;                            //累计进入中断的次数
    if(count>=200) count=0;             //count=200,20ms 到 count 清零
    if(count<High_num)
        PWM=1;                          // count 小于 High_num 输出高电平
    else
        PWM=0;                          // count 大于 High_num 输出低电平
}
/**************************** 按键扫描函数 *********************************/
uchar keyscan()
{
    if(KEY1==0)
    {
        delay(5);                       //延时去抖
        if(KEY1==0)   High_num=50;      //KEY1 按下,占空比 25%
        while(! KEY1);                  //松手检测
    }
    if(KEY2==0)
```

```
    {
        delay(5);                            //延时去抖
        if(KEY2==0) High_num=100;            //KEY2 按下,占空比 50%
        while(! KEY2);                       //松手检测
    }
    if(KEY3==0)
    {
        delay(5);                            //延时去抖
        if(KEY3==0) High_num=150;            //KEY3 按下,占空比 75%
        while(! KEY3);                       //松手检测
    }
    return High_num;                         //返回高电平时间
}
```

3. 仿真运行

将程序编译生成 Hex 文件，加载到单片机中，单击运行按钮，按下 KEY1，P2.0 引脚输出占空比为 25%的 PWM 信号，运行效果图如图 6-16 所示。

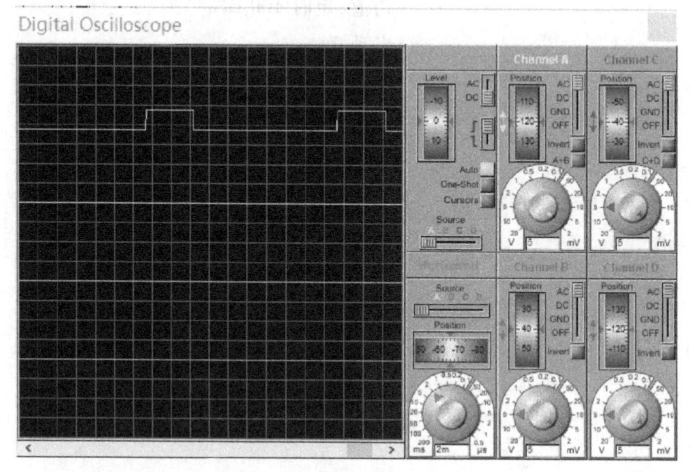

图 6-16　占空比 25%的 PWM 信号仿真运行效果图

基于数码管的秒表仿真实例（视频）

6.2.3　基于数码管的秒表仿真实例

基于数码管的秒表仿真实例（PPT）

任务要求：按下按键 1 启动秒表计时并在数码管（共阳极）显示，按下按键 2 停止秒表计时，显示当前值。再按下按键 1 则从 0 开始计时，重复上述过程。计时范围 0~59s，如果计时到 59s，将重新开始从 0 计时。系统晶振为 12MHz。

分析：显示“00”~“59”，需要 2 位数码管，由于数码管个数较少，采用静态显示和动态显示都可以，本例采用动态显示。单片机 I/O 口的输出能力有限，为使数码管有较高的亮度，加晶体管驱动电路。秒表的启动和停止通过按键控制，检测按键是否按下可以采用查询方式，也可采用中断方式；本例为保证按键的快速响应，采用外部中断方式，所以两个按键要接到 P3.2 和 P3.3 这两个外部中断引脚上。

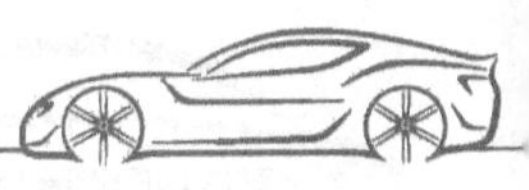

1. 硬件电路设计

2 位共阳极数码管的段码端连接 P2 口，位选端连接两个晶体管的发射极，晶体管的基极与 P1.0 和 P1.1 引脚相连，P1.0 和 P1.1 引脚输出高电平有效（为使复位后数码管无显示，在程序中先输出低电平或设计硬件电路时选用 PNP 晶体管，输出低电平数码管有效）；两个按键分别接至 P3.2（$\overline{\text{INT0}}$）和 P3.3（$\overline{\text{INT1}}$）引脚。仿真电路图如图 6-17 所示。

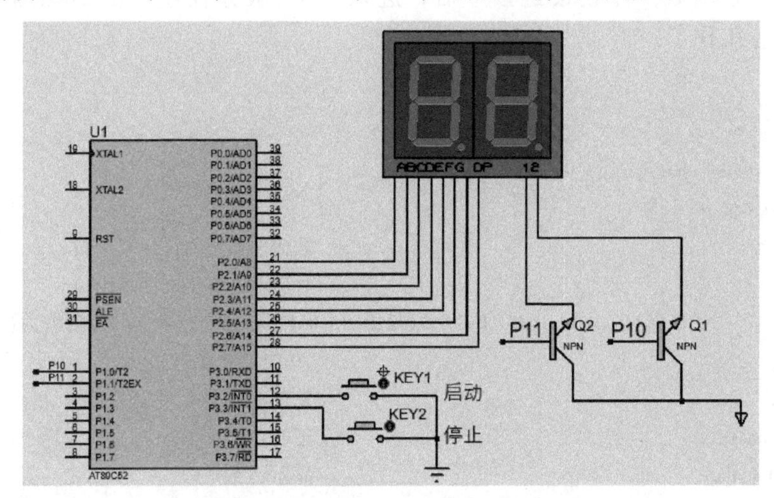

图 6-17　基于数码管的秒表仿真电路图

说明：在 Proteus 中单击“P”按钮挑选元器件 AT89C52、RES（电阻）、7SEG-MPX2-CA（共阳极数码管）、BUTTON（按键）、NPN（晶体管）。

2. 软件设计

设计思想：软件设计的关键环节为 0~59s 的定时、数码管显示以及按键的处理。

(1) 0~59s 的定时实现　0~59s 的定时时间较长，可以先实现 1s 定时，设变量 sec 累计秒的次数，超过 59s 清零。

(2) 1s 的定时实现　1s 的定时也超过了 T0/T1 的方式 1 和方式 2 的一次定时范围。所以，可以采用先定时一个短时间，然后通过累计进入中断的次数实现长定时的方法。本例采用 T0，一次定时时间设为 50ms，那么 50ms 时间到就会进入中断；用变量 count 累计进入中断的次数；当“count= 20”时，说明 1s 时间到，将 count 清零。

1）设置 TMOD：采用定时器 T0、方式 1 和定时，则“TMOD=0b0000 0001=0x01;”。

2）计算初值：定时 50ms，晶振 12MHz，机器周期 1μs，50ms=(65536−X)×1μs。

3）中断方式：开 T0 中断，ET0=1；EA=1；编写中断服务程序，设置两个变量，count 累计 50ms 溢出的次数；count 计 20 次清零，此时为 1s。秒变量 sec 加 1，sec 计到 60，清零。

(3) 数码管显示　动态扫描主要由“送位选码→送段码→延时→消隐→关闭位选码”这 5 步实现。在数码管上显示秒的十进制数值，而秒是由变量 sec 累计的，若 sec 的值超过 10，就无法用 1 位数码管显示，所以需要将 sec 拆开成个位和十位分别显示。sec/10 得到十位数，sec%10 得到个位数。在主程序中调用显示函数“display (sec);”不断刷新数码管显示。

(4) 按键处理　两个按键都接至外部中断引脚，所以使用时，要先对 $\overline{\text{INT0}}$ 和 $\overline{\text{INT1}}$ 进

行初始化设置，再编写 2 个中断服务函数。

1）外部中断初始化：开 $\overline{INT0}$ 和 $\overline{INT1}$ 中断，设为高优先级。

2）$\overline{INT0}$ 服务函数：启动按键按下后，进入 $\overline{INT0}$ 服务程序，使 TR0=1，启动 T0，清秒计数变量 sec，从 0s 开始定时。

3）$\overline{INT1}$ 服务函数：停止按键按下后，进入 $\overline{INT1}$ 服务程序，使 T0 的启动位 TR0 为"0"，T0 就停止工作了。

【参考程序 1】

```
#include "reg52.h"
#define uchar unsigned char
#define uint unsigned int
sbit c1=P1^0;                                   //数码管位选端,秒表个位
sbit c2=P1^1;                                   //数码管位选端,秒表十位
uchar code seg[]={0xC0,0xF9,0xA4,0xB0,0x99,0x92,0x82,0xF8,0x80,0x90};//共阳极数码管 0~9 段码
void T0_init();                                 //T0 初始化函数
void Ex_init();                                 //外部中断初始化函数
void delay(uint dat);                           //延时函数
void display(uchar date);                       //显示函数
uchar sec=0;                                    //sec:累计秒
uchar count=0;                                  //count:累计 50ms 进入中断次数
/********************************主函数********************************/
void main()
{
    T0_init();                                  //初始化 T0
    Ex_init();                                  //初始化 INT0 和 INT1
    while(1)
    {
        display(sec);                           //显示秒
    }
}
/***************************定时器 T0 初始化函数***************************/
void T0_init()
{   TMOD=0x01;                                  //定时器 T0、方式 1
    TH0=(65536-50000)/256;                      //50ms 定时初值的高 8 位
    TL0=(65536-50000)%256;                      //50ms 定时初值的低 8 位
    ET0=1;                                      // 开 T0 中断允许
    PT0=0;                                      // T0 低优先级
    EA=1;                                       // 开总中断
}
/***************************外部中断初始化函数***************************/
void Ex_init()
```

```
{
    IT0=1;                          //INT0 下跳沿触发
    EX0=1;                          //开 INT0 中断允许
    PX0=1;                          //INT0 高优先级
    IT1=1;                          //INT1 下跳沿触发
    EX1=1;                          //开 INT1 中断允许
    PX1=1;                          //INT1 高优先级
    EA=1;                           //开总中断
}
/******************************* 延时程序 *******************************/
void delay(uint dat)
{   uint i,j;
    for(j=dat;j>0;j--)
        for(i=110;i>0;i--);
}
/****************************** T0 中断服务函数 ******************************/
void T0_it()interrupt 1
{
    TH0=(65536-50000)/256;          //重新赋初值的高 8 位
    TL0=(65536-50000)%256;          //重新赋初值的低 8 位
    count++;                        //累计进入中断的次数,一次为 50ms
    if(count>=20)
    {
        count=0;                    // count =20 就是 1s,1s 到 count 清零
        sec++;                      //累计秒
    }
    if(sec>=60)
        sec=0;                      //秒超过 60,清零
}
/******************************* 显示函数 *******************************/
void display(uchar z)
{
    uint shi,ge;
    shi=z/10;                       //分离十位
    ge=z%10;                        //分离个位
    c1=0;c2=0;                      //清位选端,不让数码管复位后就有显示
    c1=1;                           //选中个位数码管
    P2=seg[ge];                     //显示个位
    delay(1);                       //延时
    P2=0xFF;                        //消隐
    c1=0;                           //清位选端
```

```
    c2=1;                        //选中十位数码管
    P2=seg[shi];                 //显示十位
    delay(1);                    //延时
    P2=0xFF;                     //消隐
    c2=0;                        //清位选端
}
/**************************** INT0 中断服务函数 ****************************/
void KEY1_int() interrupt 0      //启动秒表
{
    TR0=1;                       //启动 T0
    sec=0x00;                    //秒清零,每次启动都是从 0 开始
    IE0=0;                       //清 INT0 中断标志位,可防止按键抖动引起的中断
}
/**************************** INT1 中断服务函数 ****************************/
void KEY2_int() interrupt 2      //停止秒表
{
    TR0=0;                       //停止 T0
    TH0=(65536-50000)/256;       //重新赋初值,为下次启动做准备
    TL0=(65536-50000)%256;
    IE1=0;                       //清 INT1 中断标志位,可防止按键抖动引起的中断
}
```

3. 仿真运行

将程序编译生成 Hex 文件，加载到单片机中，单击运行按钮，按下启动按键，开始计时，数码管显示当前的定时时间；按下停止按键，停止计时，显示当前值；再按下启动按键，从 0 开始计时。运行效果图如图 6-18 所示。

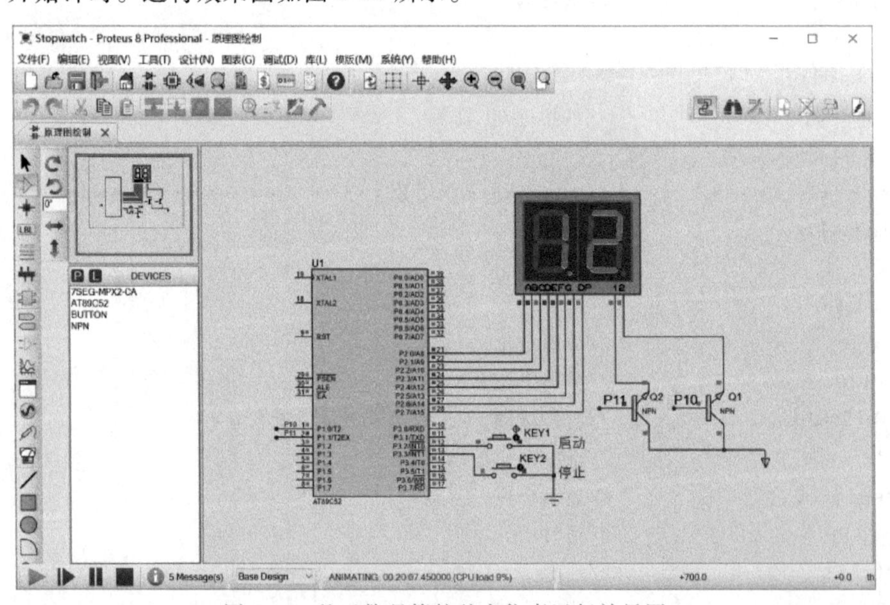

图 6-18　基于数码管的秒表仿真运行效果图

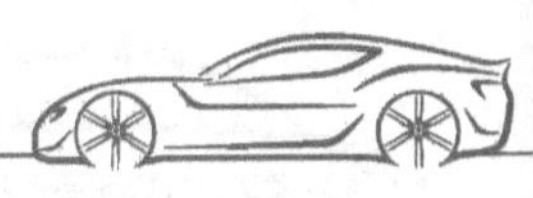

【编程小技巧】定时刷新数码管显示器

在3.3.3节介绍数码管动态显示时，多个数码管整体的动态刷新时间小于10ms，数码管才不会闪烁。动态扫描的过程为“送位选码→送段码→延时→消隐”，这里的刷新时间采用了延时函数delay。执行延时函数占用了CPU时间，导致CPU执行效率不高。所以，在工程上常采用定时刷新数码管的方法，来提高CPU的执行效率。

定时刷新数码管的基本原理是：采用定时器T0/T1定时1ms，在中断服务函数中动态扫描数码管，动态扫描过程为“消隐→送位选码→送段码→关位选码”。也就是不用在主程序中调用显示函数“display（sec）;”循环刷新数码管，而是在定时器中断服务函数中调用显示函数“display（sec）;”，每隔1ms刷新1次数码管。

【参考程序2】

```
#include "reg52.h"
#define uchar unsigned char
#define uint unsigned int
uchar code seg[] = {0xC0,0xF9,0xA4,0xB0,0x99,0x92,0x82,0xF8,0x80,0x90};
                                        //共阳极数码管0~9段码
void T0_init();                         //T0初始化函数,秒表定时
void T1_init(unsigned int xus);         //T1初始化函数,刷新数码管
void Ex_init();                         //外部中断初始化函数
void display(uint z);                   //显示函数
uchar sec=0;                            //sec累计秒
uchar count=0;                          // count累计50ms进入中断次数
uchar TH1_temp,TL1_temp;                //T1定时初值
/******************************** 主函数 ********************************/
void main()
{
    T0_init();                          //T0初始化,定时50ms,秒表用
    T1_init(1000);                      //T1初始化,定时1ms,刷新显示用
    Ex_init();                          //中断初始化
    P1=0x00;                            //清数码管位选端
    while(1);                           //死循环等待定时中断
}
/************************** 定时器T1初始化函数 **************************/
void T1_init(unsigned int xus)
{
    unsigned long temp;                 //临时变量
    TMOD&=0x0F;                         //清T1控制位,保留T0控制位
    TMOD|=0x10;                         //设置T1为方式1定时
    temp=12000000/12;                   //机器周期的频率1MHz
    temp=(temp*xus)/1000000;            //定时xus的计数值
    temp=65536-temp;                    //定时器初值
```

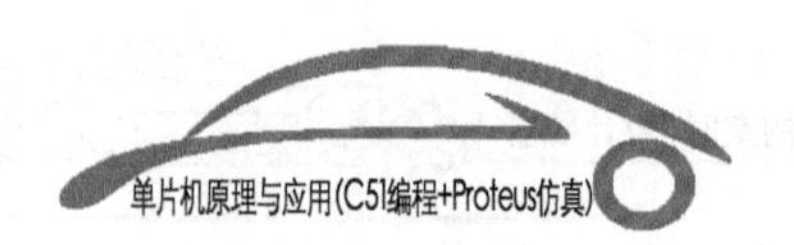


```
    TH1_temp=(unsigned char)(temp>>8);    //计算高8位初值
    TL1_temp=(unsigned char)(temp);       //计算低8位初值
    TH1=TH1_temp;                         //置T1高8位初值
    TL1=TL1_temp;                         //置T1低8位初值
    TR1=1;                                //启动T1
    ET1=1;                                //开T1中断
    EA=1;                                 //开总中断
}
/****************************** T1中断服务函数 ******************************/
void T1_int() interrupt 3                 //1ms刷新显示一次
{
    TR1=0;                                //关闭T1
    display(sec);                         //1ms显示刷新
    TH1=TH1_temp;                         //置T1高8位初值
    TL1=TL1_temp;                         //置T1低8位初值
    TR1=1;                                //启动T1
}
/******************************** 显示函数 ********************************/
void display(uint z)
{
    static uchar i=0;                     //数码管位选索引
    uint shi,ge;
    shi=z/10;                             //分离十位
    ge=z%10;                              //分离个位
    switch(i)
    {
        case 0:
            P2=0xFF;                      //消隐
            P1=(P1&0xFC)|0x01;            //选中个位数码管,清十位位选端,高6位保持不变
            P2=seg[ge];                   //送个位段码
            i++;                          //数码管位选索引加1
            break;                        //退出switch
        case 1:
            P2=0xFF;                      //消隐
            P1=(P1&0xFC)|0x02;            //选中十位数码管,清个位位选端,高6位保持不变
            P2=seg[shi];                  //送十位段码
            i=0;                          //清数码管位选索引
            break;                        //退出switch
        default:break;                    //退出switch
```

```
    }
}
/**************************** 定时器 T0 初始化函数 ****************************/
void T0_init()
{   同参考程序 1 }
/**************************** 外部中断初始化函数 ****************************/
void Ex_init()
{同参考程序 1 }
/****************************** T0 中断服务函数 ******************************/
void T0_it() interrupt 1
{   同参考程序 1 }
/**************************** INT0 中断服务函数 ****************************/
void KEY1_int() interrupt 0
{ 同参考程序 1}
/**************************** INT1 中断服务函数 ****************************/
void KEY2_int() interrupt 2
```

【知识点】定时精度补偿

定时误差是定时溢出后转入中断服务函数之间所耗费的时间，此时间主要由定时溢出转入中断服务函数中的定时处理语句段所必须执行的指令或硬件过程产生。定时器溢出请求中断到 CPU 响应中断之间有误差，这个误差主要有两方面的原因：一是定时器溢出中断请求时，CPU 正在执行某指令；二是定时器溢出中断请求时，CPU 正在执行某中断服务程序。这 2 种情况 CPU 都不能及时响应而造成误差。

对于一般应用，此误差可以忽略，但是对于精确度要求比较高的应用场合，此误差必须进行校正。可以采用下面 3 种方法进行补偿。

方法 1：使用软件仿真调试 Debug 进行补偿。使用 Debug 观察程序运行时间，把 2 次进入定时中断的时间间隔观察出来，与实际定时的时间进行对比，然后在定时器赋初值时进行调整，把相差的时间加到初值上进行补偿。

方法 2：使用累计误差计算。实际运行一段时间，看看误差是多少，然后计算一共进入了多少次中断，把误差平均分配到每次的定时中断初值上进行补偿。

方法 3：可以采用外扩时钟芯片，例如 DS1302 等，精度会比用单片机内部定时器精度高些。

6.2.4　基于 LCD 的秒表仿真实例

任务要求：设置 4 个按键，一个按键启动秒表；一个按键停止秒表；两个用于调整秒表，一个作为增按键，每次按下增 1，一个作为减按键，每次按下减 1；在 LCD1602 上显示。计时范围 0~59s，如果计时到 59s，将重新开始从 0 计时。系统晶振为 12MHz。

基于 LCD 的秒表仿真实例（视频）

基于 LCD 的秒表仿真实例（PPT）

1. 硬件电路设计

LCD LM016L 的 D0~D7 与 P2 口的 P2.0~P.7 相连，注意一对一相连，不要接错。LM016L 的 RS、R/$\overline{W}$、E 分别和单片机的 P1.0、P1.1 和 P1.2 相连，V_{EE} 接电位器。4 个按键分别接至 P1.3~P1.6 引脚。仿真电路图如图 6-19 所示，最小系统电路省略。

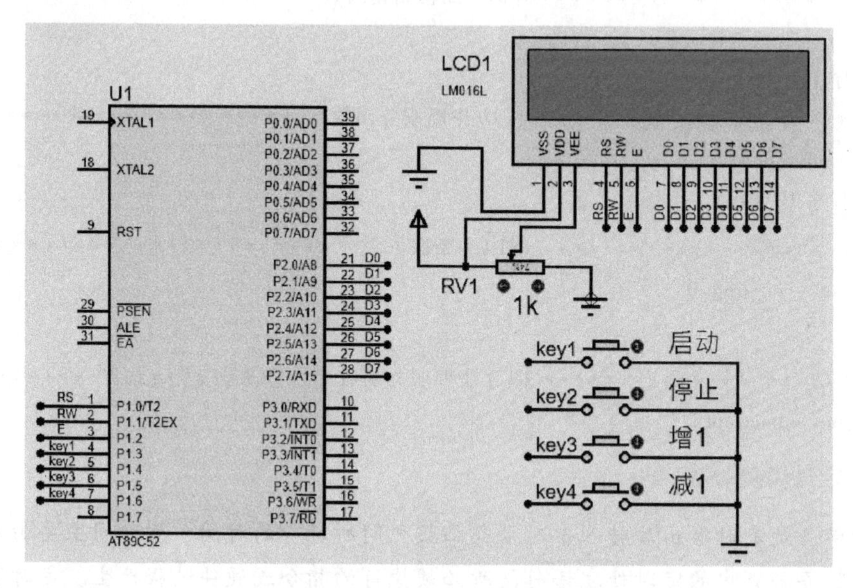

图 6-19　LCD 秒表仿真电路图

说明：在 Proteus 中单击“P”按钮挑选元器件 AT89C52、LM016L（代替 LCD1602）、POT-HG（电位器）、BUTTON（按键）。

2. 软件设计

设计思想：该例与 6.2.3 节的秒表有两点不同：一是显示方式不同，上例用数码管显示，本例用 LCD 显示；二是按键个数不同。上例有 2 个按键，采用外部中断处理，提高了 CPU 的执行效率；而本例增加了“增 1”按键和“减 1”按键，共有 4 个按键，若仍采用外部中断处理这 4 个按键，在硬件上则需要增加与门等芯片，不但使硬件变得复杂，也增加了成本。所以，本例采用定时扫描按键的处理方法，也就是 CPU 每隔一定的时间（如 10ms）对键盘扫描一遍，当检测到有按键被按下时，便读入按键的状态，求出键值，根据键值分别进行处理。这样可以减少单片机在主程序中扫描键盘的时间，提高 CPU 的执行效率。

（1）0~59s 定时

1）设置 TMOD：T0 作为定时器使用，工作在方式 1，则“TMOD = 0b0000 0001 = 0x01”。

2）计算初值：定时 50ms，晶振 12MHz 时，机器周期为 1μs，计算初值 X：50ms = (65536-X)×1μs。

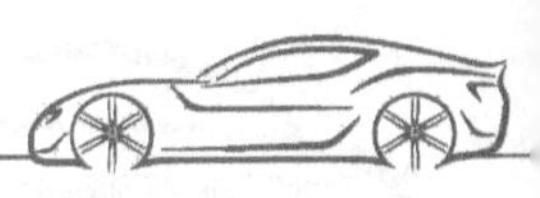

3）中断方式：开 T0 中断，ET0 = 1；EA = 1；编写中断服务程序，设置 2 个变量，count 累计 50ms 溢出的次数，count 累计到 20 次清零，此时为 1s，秒变量 sec 加 1，sec 累计到 60，清“零”。

（2）LCD 显示　LCD 初始化，在指定位置写入，详见 3.5 节。在主程序中调用显示函数“display（sec）;”循环刷新显示。

（3）定时扫描按键　本例采用定时器 T1，10ms 扫描一次按键。在定时中断服务函数中查询扫描 4 个按键，即在中断服务函数中调用按键扫描函数“keyscan（）;”。

（4）按键处理　按下“启动”按键，使“TR0 = 1;”启动秒表，清秒计数变量 sec；按下“停止”按键，使“TR0 = 0;”，停止 T0 计时；按下“增 1”按键，sec 加“1”；按下“减 1”按键，sec 减“1”。

【参考程序】

```
#include "reg52.h"
#define uchar unsigned char
#define uint unsigned int
sbit lcdrs = P1^0;                  //LCD1602RS 端口
sbit lcdrw = P1^1;                  //LCD1602R/W̄ 端口
sbit lcden = P1^2;                  //LCD1602 使能端口
sbit KEY1 = P1^3;                   //启动按键
sbit KEY2 = P1^4;                   //停止按键
sbit KEY3 = P1^5;                   //增 1 按键
sbit KEY4 = P1^6;                   //减 1 按键
void T0_init();                     //T0 初始化函数,用于秒计时
void T1_init(unsigned int xus);     //T1 初始化函数,扫描按键
void keyscan();                     //按键扫描函数
void delay(uint dat);               //延时函数
void lcd_init();                    //LCD 初始化函数
void write_cmd(char cmd);           //LCD 写指令函数
void write_data(uchar dat);         //LCD 写数据函数
void write_str(uchar *str);         // LCD 写字符串函数
void display(uchar date);           //LCD 显示函数
uchar sec = 0;                      //sec 累计秒
uchar count = 0;                    // count 累计 50ms 进入中断次数
uchar TH1_temp,TL1_temp;            //T1 定时初值
/******************************** 主函数 ********************************/
void main()
{
    T0_init();                      //T0 初始化
    T1_init(10000);                 //T1 初始化 10ms 扫描键盘
    lcd_init();                     //LCD1602 初始化
```

```
    write_cmd(0x82);                              // LCD 显示的初始位置
    write_str("sec: ");                           //显示"sec:"
    while(1)
    {
        display(sec);                             //显示秒
    }
}
/************************** 定时器 T1 初始化函数 **************************/
void T1_init(unsigned int xus)
{
    unsigned long temp;                           //临时变量
    TMOD&=0x0F;                                   //清 T1 控制位,保留 T0 控制位
    TMOD|=0x10;                                   //设置 T1 为方式 1,定时
    temp=12000000/12;                             //机器周期的频率 1MHz
    temp=(temp*xus)/1000000;                      //定时 xus 的计数值
    temp=65536-temp;                              //定时器初值
    TH1_temp=(unsigned char)(temp>>8);            //计算高 8 位初值
    TL1_temp=(unsigned char)(temp);               //计算低 8 位初值
    TH1=TH1_temp;                                 //置 T1 高 8 位初值
    TL1=TL1_temp;                                 //置 T1 低 8 位初值
    TR1=1;                                        //启动 T1
    ET1=1;                                        //开 T1 中断
    EA=1;                                         //开总中断
}
/****************************** T1 中断服务函数 ******************************/
void T1_int() interrupt 3                         //定时扫描按键
{
    TR1=0;                                        //关闭 T1
    keyscan();                                    //10ms 扫描一次按键
    TH1=TH1_temp;                                 //重新置 T1 高 8 位初值
    TL1=TL1_temp;                                 // 重新置 T1 低 8 位初值
    TR1=1;                                        //启动 T1
}
/************************** 定时器 T0 初始化函数 **************************/
void T0_init()
{
    TMOD=0x01;                                    //定时器 T0 方式 1
    TH0=(65536-50000)/256;                        // 定时 50ms 初值的高 8 位
    TL0=(65536-50000)%256;                        // 定时 50ms 初值的低 8 位
```

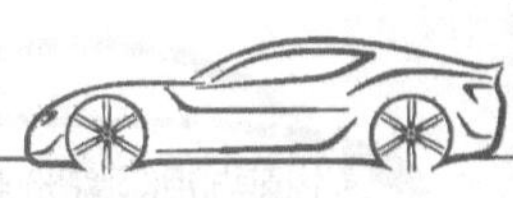

```
    ET0=1;                                  //开 T0 中断
    EA=1;                                   //开总中断
}
/****************************** T0 中断服务函数 ******************************/
void T0_it() interrupt 1
{
    TH0=(65536-50000)/256;                  //重赋初值的高 8 位
    TL0=(65536-50000)%256;                  //重赋初值的低 8 位
    count++;                                //进入中断次数加 1
    if(count>=20)
    {
        sec++;                              //累计 20 次为 1s
        count=0;                            //清零
    }
    if(sec>=60)                             //秒大于 60s,清零
        sec=0;
}

/****************************** 按键扫描函数 ******************************/
void keyscan()                              //按键检测函数
{
    if(KEY1==0)
    {
        delay(5);                           //去抖
        if(KEY1==0)
        {
            TR0=1;                          //启动 T0
            sec=0;                          //秒清零
        }
        while(!KEY1);                       //松手检测
    }
    if(KEY2==0)
    {
        delay(5);                           //去抖
        if(KEY2==0)
        {
            TR0=0;                          //停止 T0
        }
        while(!KEY2);                       //松手检测
    }
    if(KEY3==0)
    {
```

```
        delay(5);                                   //去抖
        if(KEY3==0)
        {
            TR0=0;                                  //停止 T0
            sec++;                                  // 增 1 按键按下,秒增 1
            if(sec==60) sec=60;                     //秒增到 60 时,sec=60
        }
        while(!KEY3);                               //松手检测
        TR0=1;                                      //启动 T0
    }
    if(KEY4==0)
    {
        delay(5);                                   //去抖
        if(KEY4==0)                                 //减 1
        {
            TR0=0;                                  //停止 T0
            sec--;                                  // 减 1 按键按下,秒减 1
            if(sec==0)    sec=0;                    //秒减到 0 时,sec=0
        }
        while(!KEY4);                               //松手检测
        TR0=1;                                      //启动 T0
    }
}
/******************************** 显示函数 ********************************/
void display(uchar date)
{
    write_cmd(0x88);                                //设置显示位置
    write_data(date/10+0x30);                       //分离十位并转换为 ASCII 显示
    write_cmd(0x89);                                //设置显示位置,该指令可不写,已设置自动增 1 模式
    write_data(date%10+0x30);                       // 分离个位并转换为 ASCII 显示
}

/******************************** 延时函数 ********************************/
void delay(uint dat)                                //1ms 延时函数
{   同 3.5.4 节仿真实例}
/************************** LCD 1602 初始化函数 **************************/
void lcd_init()
{   同 3.5.4 节仿真实例}
/******************************* 写指令函数 *******************************/
```

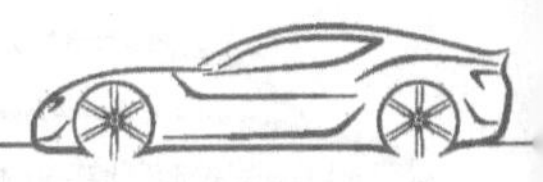

```
{ 同 3.5.4 节仿真实例}
/********************************写数据函数********************************/
{ 同 3.5.4 节仿真实例}
/******************************写字符串函数******************************/
{ 同 3.5.4 节仿真实例}
```

3. 仿真运行

将程序编译生成 Hex 文件，加载到单片机中，单击运行按钮，按下启动按键，开始计时；按下停止按键，停止计时，显示当前值；再按下启动按键，从 0 开始计时。按下增 1 和减 1 按键，可以调整时间。运行效果图如图 6-20 所示。

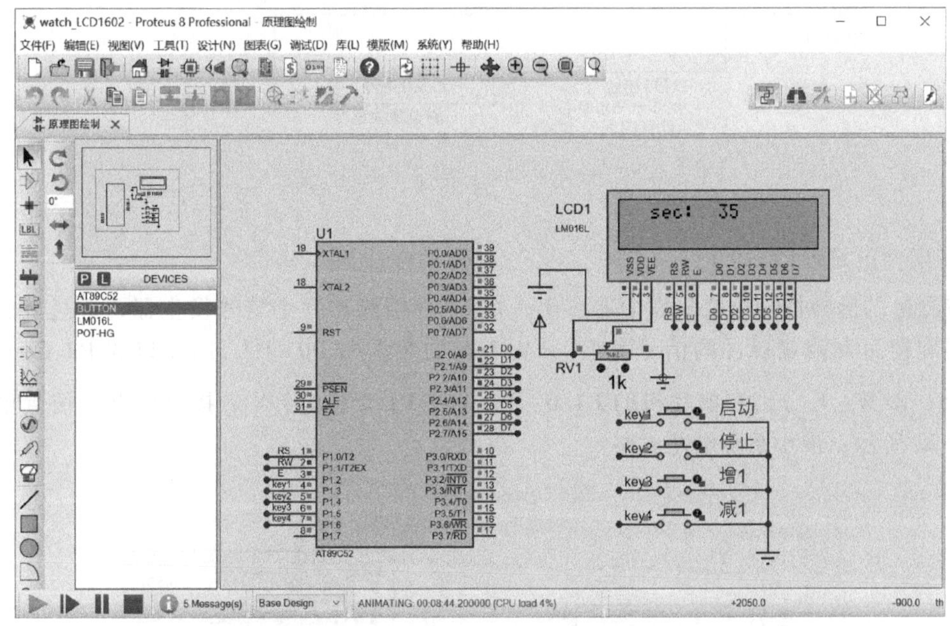

图 6-20　LCD 秒表仿真运行效果图

6.2.5　脉冲宽度测量仿真实例

脉冲宽度测量仿真实例（视频）

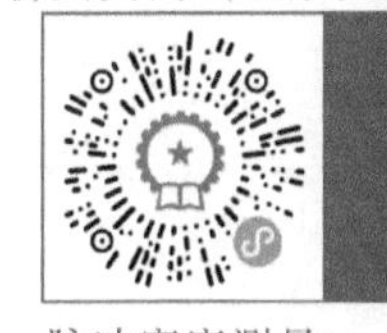

脉冲宽度测量仿真实例（PPT）

任务要求：测量信号的正脉冲宽度，并在 LCD 上显示。系统晶振为 12MHz。

分析：信号的正脉冲宽度就是信号高电平的时间，因此，测量正脉冲宽度就转化为测量脉冲信号的高电平时间。测量方法是在高电平的上升沿启动定时器从“0”开始定时，在高电平的下跳沿停止定时，定时器累计的时间就是脉冲信号的高电平时间，也就是正脉冲的宽度。该种测量方法的关键是如何实现在高电平的上升沿启动定时，下跳沿停止定时。可以利用定时器 T0/T1 的硬启动方式来解决这个问题。本例采用 T1 的硬启动方式。

定时器 T1 的硬启动方式为：当门控位 GATE = 1，TR1 = 1 时，只有当 $\overline{\text{INT1}}$ 引脚输入高电平时，T1 才会开始累计机器周期的个数，进行定时。当 $\overline{\text{INT1}}$ 引脚输入低电平时，T1 不工作。

利用该功能，待测量的脉冲信号从 $\overline{INT1}$ 引脚输入，这个引脚的电平决定了 T1 的启动和停止。当该引脚为低电平时，先初始化 T1（GATE = 1，TR1 = 1，TH1 = TL1 = 0），$\overline{INT1}$ 引脚为低电平期间，T1 不满足硬启动条件，T1 不工作；一旦该引脚的脉冲信号变成高电平，也就是 $\overline{INT1}$ 引脚变为高电平时，满足 T1 的硬启动条件，T1 就自动启动，从 0 开始进行累计机器周期的个数；一旦该引脚的脉冲信号变为低电平，也就是 $\overline{INT1}$ 引脚变为低电平，T1 又不满足硬启动条件了，T1 自动停止定时。这时，TH1 和 TL1 的值就是 T1 累计的脉冲信号的高电平时间，也就是待测量脉冲信号的正脉冲宽度。利用 GATE 位测量正脉冲的宽度如图 6-21 所示。

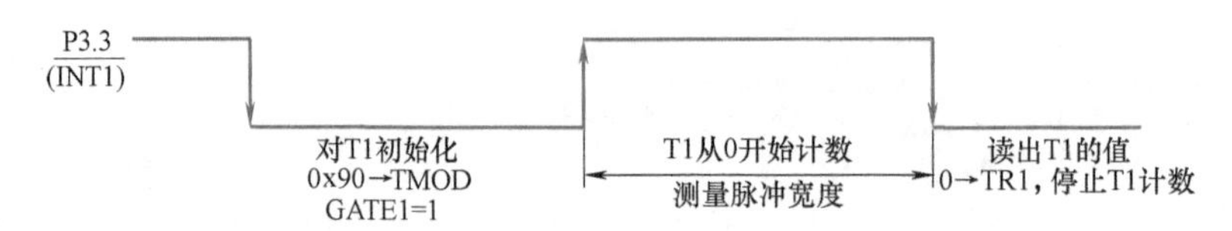

图 6-21　利用 GATE 位测量正脉冲的宽度

1. 硬件电路设计

待测量的脉冲信号由信号发生器产生，在 P3.3 引脚接一个信号发生器，通过旋转信号发生器旋钮可调测量脉冲的信号宽度。LM016L 的数据端 D0 ~ D7 与 P2 口的 P2.0 ~ P.7 相连，RS、R/$\overline{W}$、E 分别和单片机的 P1.0、P1.1 和 P1.2 相连，V_{EE} 接电位器。仿真电路图如图 6-22 所示，最小系统电路省略。

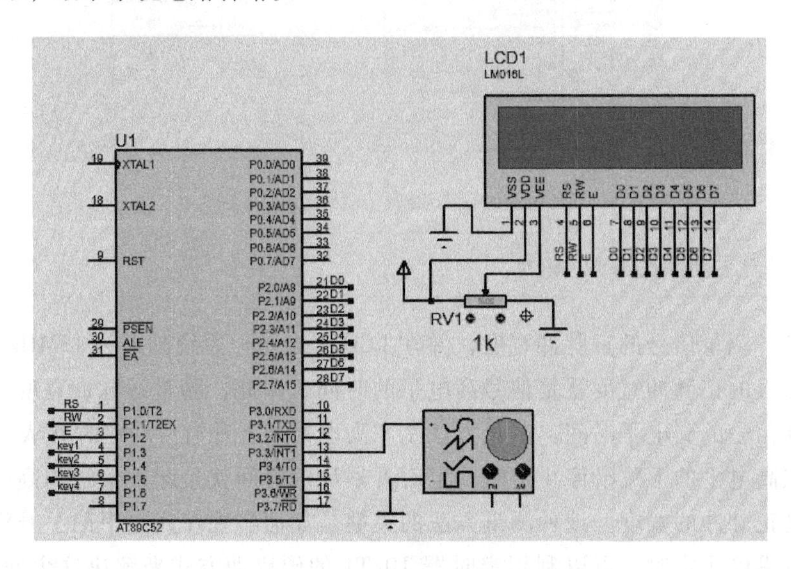

图 6-22　正脉冲宽度测量仿真电路图

说明：在 Proteus 中单击“P”按钮挑选元器件 AT89C52、LM016L（代替 LCD1602）、POT-HG（电位器），单击菜单选择 SIGNAL GENERATOR（信号发生器）。

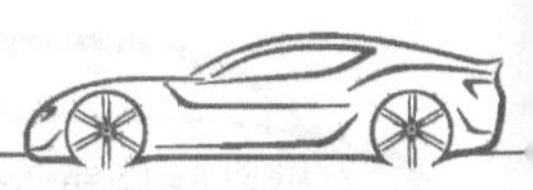

2. 软件设计

设计思想：测量信号的脉冲宽度主要利用定时器 T1 的硬启动功能，软件设计的关键环节如下。

（1）T1 初始化　方式 1、定时、硬启动，不需要中断。

1）设置 TMOD：T1 设置 TMOD 的高 4 位，“TMOD = 0b1001 0000 = 0x90;”。

2）计算初值：从 0 开始定时，“TH1 = TL1 = 0;”。

3）准备启动 T1：“TR1 = 1;”还需 $\overline{INT1}$ 引脚高电平 T1 才能真正启动。

（2）计算脉冲宽度　当 $\overline{INT1}$ 引脚由高电平变为低电平，再变为高电平时，T1 开始定时，当 $\overline{INT1}$ 引脚变为低电平时，T1 停止定时，此时读出 T1 的数值就是 $\overline{INT1}$ 引脚输入信号正脉冲的宽度 Width_num。

（3）LCD 显示　将脉冲宽度 Width_num 分离出十万、万、千、百、十、个位，并转换为 ASCII，存放到字符数组 width［7］中，写入 LCD1602。

【参考程序】

```
#include<reg52.h>
#define uint unsigned int
#define uchar unsigned char
sbit lcdrs=P1^0;                    //LCD1602 RS 端口
sbit lcdrw=P1^1;                    //LCD1602 R/W 端口
sbit lcden=P1^2;                    //LCD1602 使能端口
sbit P3_3=P3^3;                     //INT1 测量脉冲输入端
void delay(uint dat);               //延时函数
void lcd_init();                    //LCD 初始化
void write_cmd(char cmd);           //LCD 写指令函数
void write_data(uchar dat);         //LCD 写数据函数
void write_str(uchar *str);         // LCD 写字符串函数
void display(uint date);            //显示脉冲宽度
uint Width_num;                     //脉冲的宽度,T1 的计数值
/******************************** 主函数 ********************************/
void main()
{
    lcd_init();//LCD 初始化
    write_cmd(0x82);                //在 LCD1602 第 1 行第 2 个位置显示
    write_str("Pulse Width:");      //显示"Pulse Width:"
    while(1)
    {
        TMOD=0x90;                  //T1 方式 1、定时、GATE=1,硬启动方式
        TH1=0;                      // T1 初值高 8 位,初值为 0
        TL1=0;                      // T1 初值低 8 位,初值为 0
        while(P3_3==1);             //等待 INT1 引脚输入变低
```

```
        TR1=1;                              //如果 INT1 为低,TR1=1,等待 INT1 变高启动 T1
        while(P3_3==0);                     //等待 INT1 变高,INT1 变高,硬启动条件满足,T1 计数开始
        while(P3_3==1);                     //等待 INT1 变低,变低后 T1 停止计数
        TR1=0;  //复位 TR1
        Width_num=TH1*256+TL1;              //计算 T1 计数值,即脉冲宽度
        display(Width_num);                 //显示脉冲宽度(机器周期个数)
    }
}
/***************************** 显示函数 *****************************/
void display(uint date)
{
    uchar width[7];                         //定义字符数组,存放脉冲宽度每一位的 ASCII
    width[0]=date/10000+0x30;               //分离十万位,转换为 ASCII
    width[1]=date%100000/10000+0x30;        //分离万位,转换为 ASCII
    width[2]=date%10000/1000+0x30;          //分离千位,转换为 ASCII
    width[3]=date%1000/100+0x30;            //分离百位,转换为 ASCII
    width[4]=date%100/10+0x30;              //分离十位,转换为 ASCII
    width[5]=date%10+0x30;                  //分离个位,转换为 ASCII
    width[6]='\0';                          // 数组末尾添加字符串结束的标志
    write_cmd(0xc5);                        //在 LCD 第 2 行第 5 个位置写入
    write_str(width);                       //将脉冲宽度转换为字符数组写入 LCD
}
/***************************** 延时函数 *****************************/
void delay(uint dat)                        //ms 延时函数
{  同 3.5.4 节仿真实例}
/*************************** LCD1602 初始化函数 ***************************/
void lcd_init()
{  同 3.5.4 节仿真实例}
/***************************** 写指令函数 *****************************/
{  同 3.5.4 节仿真实例}
/***************************** 写数据函数 *****************************/
{  同 3.5.4 节仿真实例}
/***************************** 写字符串函数 *****************************/
{  同 3.5.4 节仿真实例}
```

3. 仿真运行

将程序编译生成 Hex 文件，加载到单片机中，单击运行按钮，弹出信号发生器运行界面。调整第 1 个按钮为 2，第 2 个按钮为 1（单位为 kHz），此时频率是 2kHz；调整第 3 个按钮为 5，第 4 个按钮为 1，幅值是 5V。单击“Waveform”，选择方波信号，单击“Polarity”选择“Uni”单极性。调信号发生器频率，测量结果随之改变。运行效果图如图 6-23 所示，方波频率为 2kHz，周期为 500μs，高电平时间为 250μs，显示的就是正脉冲的宽度。

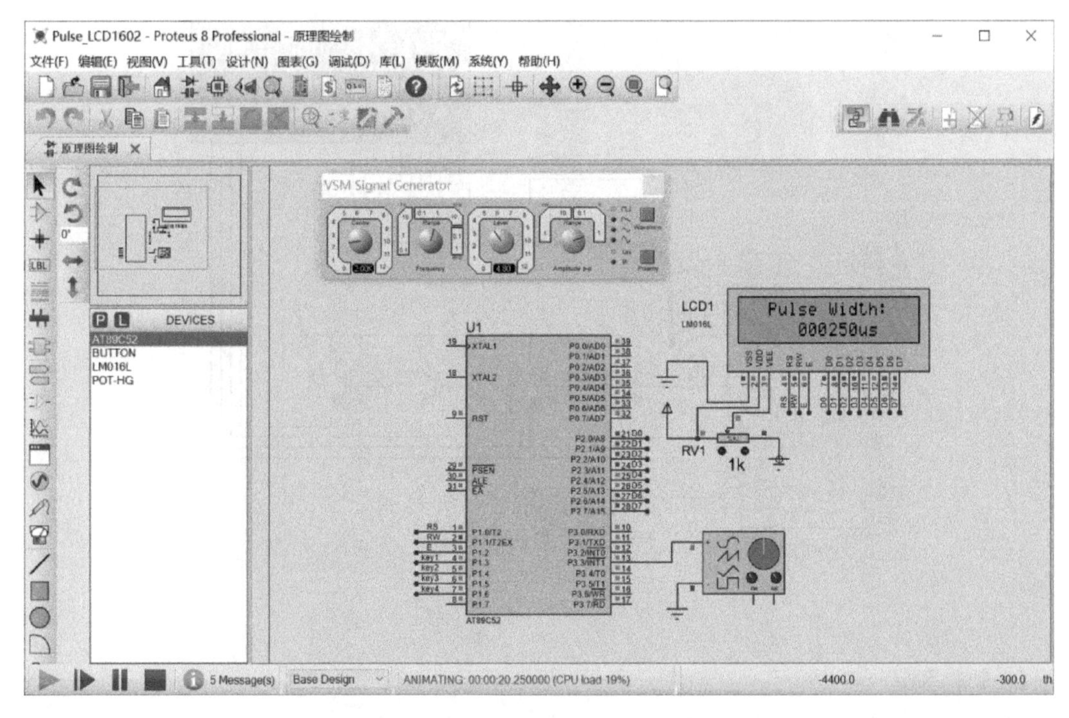

图 6-23　正脉冲宽度测量仿真运行效果图

6.3 计数器的仿真实例——频率计

任务要求：测量脉冲信号的频率，并在数码管上显示，测量频率范围为 0~9999Hz。系统晶振为 12MHz。

频率计的仿真实例（视频）

分析：测量脉冲信号的频率就是测量每秒的脉冲个数，这是计数的问题。采用单片机 T0 或 T1 的计数模式，就可以自动累计 P3.4 或 P3.5 引脚的脉冲个数。本例 T1 作为计数器使用，把待测量的脉冲信号接至 P3.5 引脚，启动 T1 从“0”开始计数，T1 就可以自动累计 P3.5 引脚上的脉冲个数，1s 时间到读出 T1 的计数值就是脉冲信号的频率。T0 作为定时器使用，定时 1s。测量频率范围为 0~9999Hz，需要 4 位数码管进行显示。由于数码管个数较多，所以本例采用动态显示方式。

1. 硬件电路设计

频率计的仿真实例（PPT）

待测量的脉冲信号由信号发生器产生，在 P3.5（T1）引脚接一个信号发生器，可以产生频率可调的方波信号。4 位共阳极数码管的段码端连接单片机的 P0 口，RP1 为 P0 口的上拉电阻，RN1 为限流电阻。P2.0~P2.3 引脚经晶体管同相驱动电路后接至数码管的 4 个位选端。仿真电路图如图 6-24 所示。

说明：在 Proteus 中单击“P”按钮挑选元器件 AT89C52、7SEG-MPX4-CA（4 位共阳极数码管，红色）、RESPACK（排阻）、RX8（8 个电阻）、NPN（晶体管），单击菜单选择 SIGNAL GENERATOR（信号发生器）。

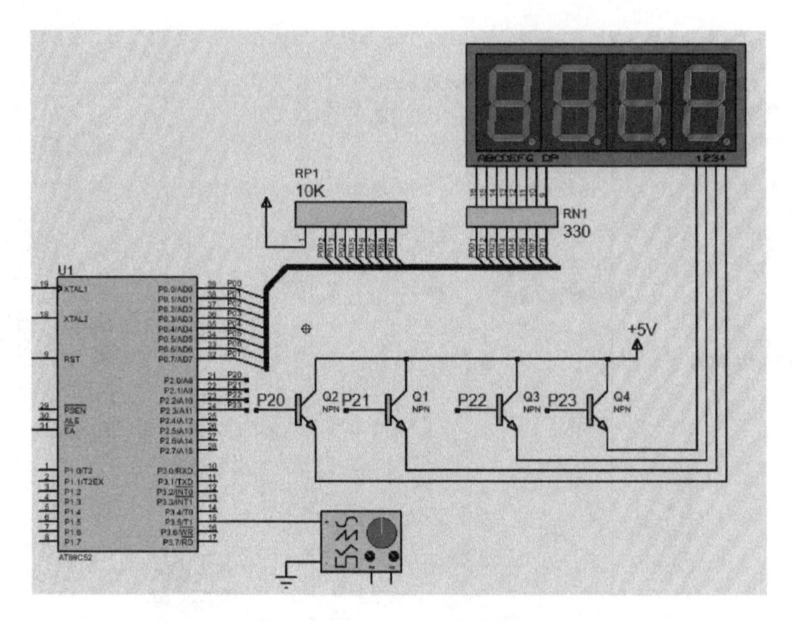

图 6-24　频率计仿真电路图

2. 软件设计

设计思想：采用 T0 定时 1s，启动 T0 后，启动 T1，开始累计 P3.5 引脚的脉冲个数。1s 定时时间到后，进入 T0 的中断服务函数，在 T0 中断服务函数中读出 T1 的计数值，即为信号的频率。软件设计的关键环节如下。

(1) T0 定时 1s　1s 定时比较长，而 T0 一次最大的定时时间是 65.536ms，所以可以设置 T0 一次定时 25ms，T0 溢出 40 次就是 1s。

1）设置 TMOD：T0 作为定时器使用，工作在方式 1，则“TMOD = 0b0000 0001 = 0x01”。

2）计算初值：T0 定时 25ms，晶振 12MHz，机器周期为 $1\mu s$，$25ms=(65536-X)\times 1\mu s$。

3）启动 T0：“TR0=1”；

4）设置中断：开 T0 中断，“ET0=1；EA=1；”。

5）编写中断服务程序：设置 1 个变量 count，累计 25ms 溢出的次数，count 累计 40 次清零，此时为 1s。

(2) T1 计数　T1 累计待测量信号的脉冲个数，不中断。

1）设置 TMOD：T1 作为计数器使用，工作在方式 1，则“TMOD = 0b0101 0000 = 0x50;”。

2）计算初值：从 0 开始计数，“TH1=TL1=0;”。

注意：T0 和 T1 都使用时，TMOD 要一起设置，即“TMOD=0x51;”。

(3) 计算脉冲个数　T0 定时 25ms 读出一次 T1 的数值，放在数组 fre [count] 中，T0 中断 40 次也就是 1s，这时把读出的 40 次值，即 fre 数组的值累加就是频率值 fresum。T1 的值每次读出后都清零，从 0 开始再计数，这样每 25ms 读取一次 T1 的值，T1 就不会出现溢出现象。

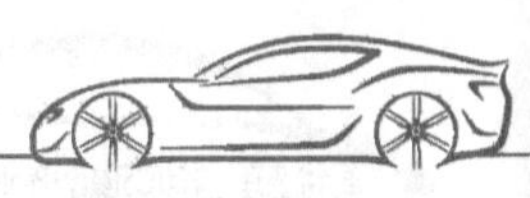

（4）数码管显示　动态扫描主要由“送位选码→送段码→延时→消隐→关闭位选码”这 5 步实现。频率值 fresum 的范围为 0~9999Hz，需要 4 位数码管显示，所以把频率值 fresum 拆开成个位、十位、百位和千位分别显示。在主程序中调用显示函数“display（fresum）;”刷新数码管。

【参考程序】

```
#include "reg52.h"
#define u8 unsigned char
#define u16 unsigned int
sbit c1=P2^0;                    //数码管位选端
sbit c2=P2^1;                    //数码管位选端
sbit c3=P2^2;                    //数码管位选端
sbit c4=P2^3;                    //数码管位选端,段码端 P0 口
u8 code table[]={0xC0,0xF9,0xA4,0xB0,0x99,0x92,0x82,0xF8,0x80,0x90};
                                 //共阳极数码管 0~9 段码
void delay(u16 dat);             //延时函数
void T0T1_init();                //T0、T1 初始化函数
void display(u16 z);             //显示函数
u16 fre[40];                     //存放 25ms 读出的 T1 计数值,共 40 次
u16 fresum=0;                    //计算的频率值
u8 count=0;                      //T0 累计 40 次的变量
/******************************主函数**********************************/
void main()
{
    T0T1_init();                 //T0 、T1 初始化
    while(1)
    {
        u8 i=0;
        if(count==40)        //1s 时间到,计算频率值
        {
            TR0=0;       //T0 停止定时
            TR1=0;       //T1 停止计数
            count=0;     //1s 时间到,count 清零
            fresum=0;    //1s 时间到,频率值 fresum 清零
            for(i=0;i<40;i++)
            {
                fresum=fresum+fre[i];
                         //读 40 次正好 1s,把读出的 40 次值累加就是频率值
            }
            TR0=1;       //启动 T0 定时
            TR1=1;       //启动 T1 计数
        }
        display(fresum);     //显示频率
```

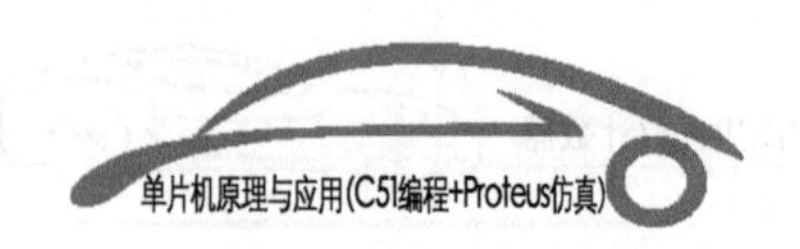


```
    }
}
/****************************** 延时函数 ************************************/
void delay(u16 dat)
{
    u16 i,j;
    for(j=dat;j>0;j--)
        for(i=110;i>0;i--);
}
/*************************** 定时器 T0、T1 初始化函数 ***************************/
void T0T1_init()
{
    TMOD=0x51;                       //T0 方式 1,定时 25ms,中断,T1 计数不中断
    TH0=(65536-25000)/256;           // 25ms T0 赋高 8 位初值
    TL0=(65536-25000)%256;           //25ms T0 赋低 8 位初值
    ET0=1;                           //开 T0 中断允许
    TR0=1;                           //启动 T0
    TR1=1;                           //启动 T1
    EA=1;                            //开总中断
}
/*************************** 定时器 T0 中断服务函数 ***************************/
void T0_it() interrupt 1
{
    TR0=0;                           //停止 T0
    TR1=0;                           //停止 T1
    fre[count]=(TH1<<8)|TL1;         //25ms 读一次 T1,清零,读 40 次正好 1s,把读出的 40 次值累加
                                     //就是频率值,"<<8"左移 8 位,相当于乘以 256
    count++;                         //T0 累计 40 次为 1s
    TH1=0;                           //清 T1 初值高 8 位,25ms 清 1 次
    TL1=0;                           //清 T1 初值低 8 位,25ms 清 1 次
    TH0=(65536-25000)/256;           //25ms 到后重新赋 T0 初值的高 8 位
    TL0=(65536-25000)%256;           //25ms 到后重新赋 T0 初值的低 8 位
    TR0=1;                           //启动 T0
    TR1=1;                           //启动 T1
}
/****************************** 显示函数 ************************************/
void display(u16 z)
{
    u16 qian,bai,shi,ge;
    qian=z/1000;                     //分离千位
    bai=z%1000/100;                  //分离百位
    shi=z%100/10;                    //分离十位
```

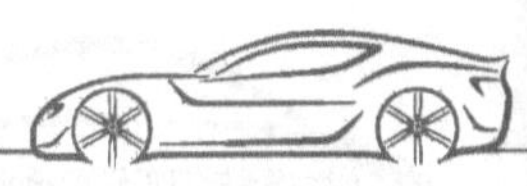

```
    ge=z%10;                                //分离个位
    c1=0; c2=0; c3=0; c4=0;                 //清位选端
    c1=1;                                   //选中个位数码管
    P0=table[ge];                           //显示个位
    delay(1);                               //延时
    P0=0xFF;                                //消隐
    c1=0;                                   //清个位位选端

    c2=1;                                   //选中十位数码管
    P0=table[shi];                          //显示十位
    delay(1);                               //延时
    P0=0xFF;                                //消隐
    c2=0;                                   //清十位位选端

    c3=1;                                   //选中百位数码管
    P0=table[bai];                          //显示百位
    delay(1);                               //延时
    P0=0xFF;                                //消隐
    c3=0;                                   //清百位位选端

    c4=1;                                   //选中千位数码管
    P0=table[qian];                         //显示千位
    delay(1);                               //延时
    P0=0xFF;                                //消隐
    c4=0;                                   //清千位位选端
}
```

3. 仿真运行

将程序编译生成Hex文件，加载到单片机中，单击运行按钮，弹出信号发生器运行界面，如图6-25所示。调整信号发生器的旋钮，可以调整信号的幅值和频率。前2个按钮是调整频率的，第1个按钮横线指示的数值3乘以第2个按钮横线指示的数值10，单位是Hz，这时频率就是30Hz；后2个按钮是调整幅值的，第3个按钮指示的数值5乘以第4个按钮指示的数值1，幅值就是5V。单击“Waveform”按钮可在4种波形中切换，本例选择方波信号；单击“Polarity”按钮，可选择单极性“Uni”或双极性“Bi”，本例选择“Uni”单极性。为观察信号波形，在仿真时加入虚拟示波器。从示波器和数码管上都可看出测量频率为30Hz，调信号发生器频率，测量结果随之改变。运行效果图如图6-26所示。

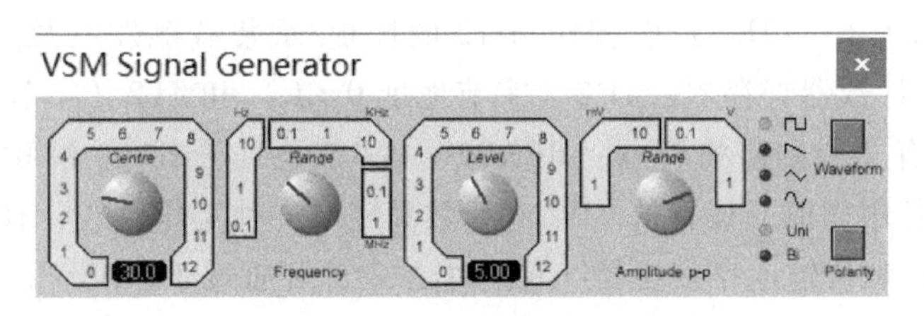

图6-25　信号发生器运行界面

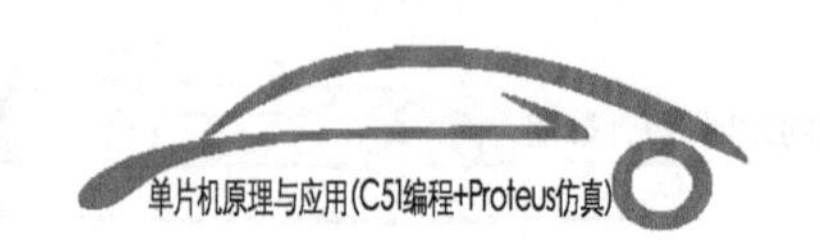

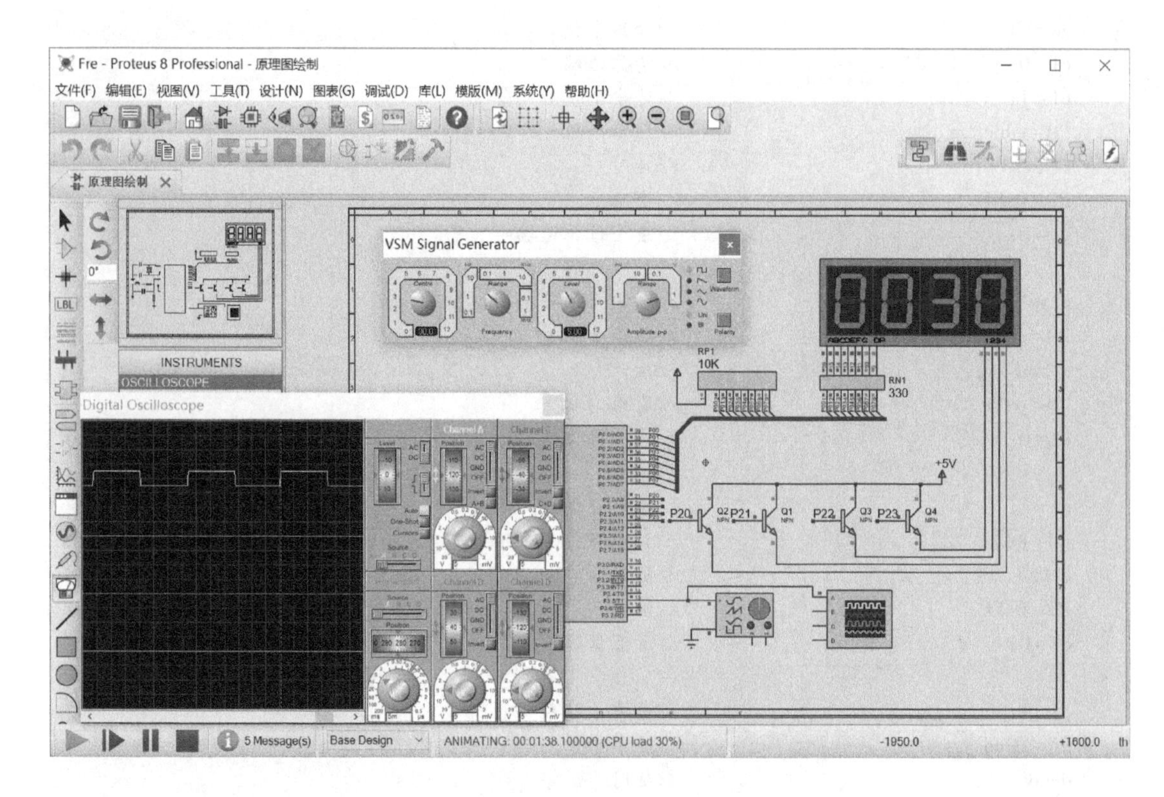

图 6-26　频率计仿真运行效果图

【知识点】 计数器模式对外部输入信号频率的要求

计数器模式时，外部脉冲来自输入引脚 T0 或 T1。单片机在每个机器周期都对 T0 或 T1 引脚进行采样。如在第 1 个机器周期中采样值为高电平 1，而在下一个机器周期中采样值为低电平 0，计数器就加 1。由于确认一个脉冲（负跳变）要花 2 个机器周期，即 24 个振荡周期，因此外部输入脉冲的最高频率为系统振荡频率的 1/24。如选用 12MHz 晶振，则可测量外部脉冲信号的最高频率为 500kHz。对输入脉冲信号的占空比没有限制，但为确保某一给定电平在变化前能被采样 1 次，则该电平至少保持 1 个机器周期。

6.4 T2 的结构与工作方式

AT89S52 内部新增加了一个 16 位定时器/计数器 T2。复用了 P1.0 引脚作为 T2 的外部计数信号输入端，P1.1（T2EX）引脚作为 T2 的捕捉/重装载触发以及递增/递减方向控制端。T2 有 2 个 8 位计数器寄存器：TH2（字节地址 0xCC）和 TL2（字节地址 0xCD），用于存放当前计数值；有 2 个陷阱寄存器：RCAP2L（字节地址 0xCA）和 RCAP2H（字节地址 0xCB），用于存放备用初值或捕捉值。T2 有计数和定时 2 种工作模式；有捕捉、自动重装载（递增或递减计数）和传输速率发生器 3 种工作方式，可通过 T2CON 和 T2MOD 寄存器进行设置。

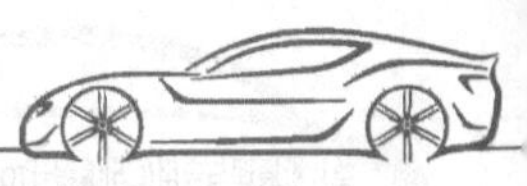

6.4.1　T2 的 SFR T2CON 和 T2MOD

1. T2CON

T2 有 3 种工作方式：捕捉、自动重装载（递增或递减计数）和传输速率发生器，由 T2CON 进行设置。T2CON 的字节地址为 0xC8，可位寻址，位地址为 0xC8~0xCF，格式见表 6-5，各位功能描述见表 6-6。

表 6-5　T2CON 格式（字节地址 0xC8，可位寻址）

位序号	D7	D6	D5	D4	D3	D2	D1	D0
符号	TF2	EXF2	RCLK	TCLK	EXEN2	TR2	$C/\overline{T2}$	$CP/\overline{RL2}$
位地址	0xCF	0xCE	0xCD	0xCC	0xCB	0xCA	0xC9	0xC8

表 6-6　T2CON 的各位功能描述

序号	符号	功能	描　述
D7	TF2	T2 溢出标志位	T2 溢出时由硬件置位 TF2，向 CPU 发出中断请求。必须由软件清零 当 RCLK=1 或 TCLK=1 时，TF2 将不予置位
D6	EXF2	T2 外部中断请求标志位	EXEN2=1，T2EX(P1.1)引脚上的负跳变引起捕捉或自动重装载时，硬件置位 EXF2 标志位，并向 CPU 发出中断请求 该标志位必须由软件清零。递增/递减计数(DCEN)下 EXF2 不能引起中断
D5	RCLK	接收时钟标志位	RCLK=1，串行通信使用 T2 溢出信号作为方式 1 或方式 3 接收时钟；RCLK=0，串行通信使用 T1 溢出信号作为方式 1 或方式 3 接收时钟
D4	TCLK	发送时钟标志位	TCLK=1，串行通信使用 T2 溢出信号作为方式 1 或方式 3 发送时钟；TCLK=0，串行通信使用 T1 溢出信号作为方式 1 或方式 3 发送时钟
D3	EXEN2	T2 外部使能标志位	EXEN2=1 且 T2 未作为串行口时钟时，允许在 T2EX 引脚(P1.1)上的负跳变触发捕捉或自动重装载操作 EXEN2=0，在 T2EX 引脚(P1.1)上的负跳变对 T2 不起作用
D2	TR2	T2 启动/停止控制位	TR2=1，启动 T2 开始计数；TR2=0，T2 停止计数 该位由软件置位和清零
D1	$C/\overline{T2}$	T2 的计数或定时模式选择位	$C/\overline{T2}$=1 时，作为计数器使用，对外部事件计数(下跳沿触发) $C/\overline{T2}$=0 时，作为定时器使用
D0	$CP/\overline{RL2}$	T2 捕捉/自动重装载选择位	$CP/\overline{RL2}$=1，如果 EXEN2=1，则在 T2EX 引脚(P1.1)上的负跳变将触发捕捉操作；$CP/\overline{RL2}$=0，如果 EXEN2=1，则 T2 计数溢出或 T2EX 引脚上的负跳变都将引起自动重装载操作；当 RCLK=1 或 TCLK=1，$CP/\overline{RL2}$ 标志位不起作用，T2 计数溢出时，将迫使 T2 进行自动重装载操作

2. T2MOD

T2MOD 是 T2 的方式控制字，字节地址 0xC9，不可位寻址。寄存器的格式见表 6-7，各位功能描述见表 6-8。

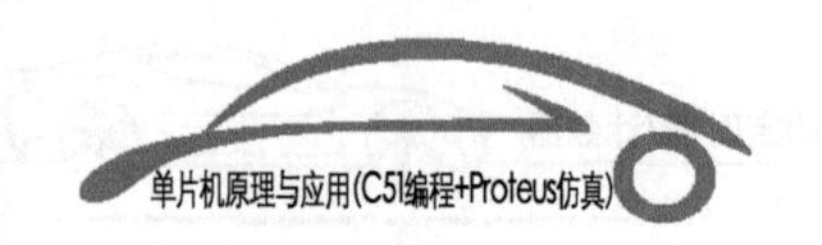

表 6-7　T2MOD 格式（字节地址 0xC9，不可位寻址）

位序号	D7	D6	D5	D4	D3	D2	D1	D0
符号	—	—	—	—	—	—	T2OE	DCEN

表 6-8　T2MOD 的各位功能描述

序号	符号	功能	描　述
D7～D2	—	保留位	
D1	T2OE	T2 输出允许位	T2OE=1，当 T2 使能时钟信号发生器时使用；T2OE=0，禁止输出
D0	DCEN	递增/递减计数选择位	DCEN=1，T2 递增/递减计数模式，并由 T2EX 引脚（P1.1）上的逻辑电平决定是递增还是递减计数；单片机复位时，DCEN=0，默认 T2 为递增计数方式

6.4.2　T2 的捕捉方式

捕捉方式就是及时“捕捉”输入信号在某一瞬间的变化，例如信号发生的跳变，常用于精确测量输入信号的脉宽或周期等。捕捉方式的结构示意图如图 6-27 所示。

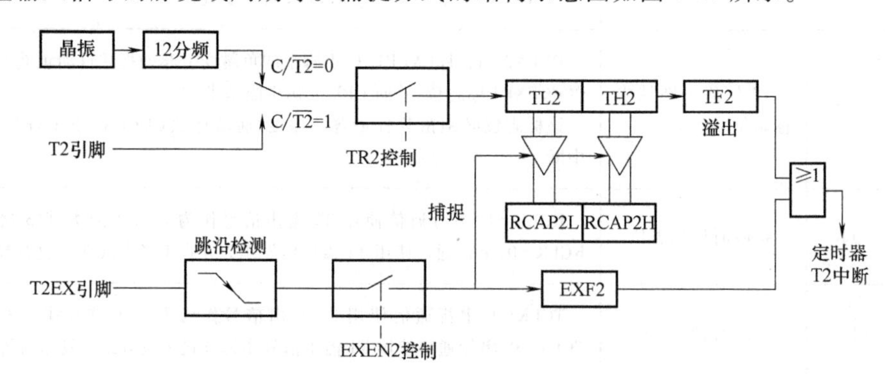

图 6-27　T2 的捕捉方式结构示意图

通过寄存器 T2CON 可设置 T2 的 2 种工作状态：16 位计数/定时（加 1 计数）方式和捕捉（同时具有计数/定时）方式。根据图 6-27 说明这 2 种工作状态的工作过程如下。

1. 工作模式的设置

T2CON 中 C/$\overline{T2}$ 位是 T2 的计数或定时工作模式选择位。

C/$\overline{T2}$=1 时，T2 作为计数器使用，对 T2（P1.0）引脚来的外部脉冲进行计数；C/$\overline{T2}$=0 时，T2 作为定时器使用，对晶振的 12 分频信号（机器周期）进行计数。

2. 启动

T2CON 中 TR2 位是 T2 的启动位。TR2=1，启动 T2 开始计数；TR2=0，T2 停止计数。该位由软件置位和清零。

3. 捕捉方式的设置

T2CON 中 EXEN2 位是工作方式选择位：计数/定时或捕捉（同时具有计数/定时）。

（1）计数/定时工作方式　当 EXEN2=0 时，T2 是一个 16 位的定时器/计数器。计数器

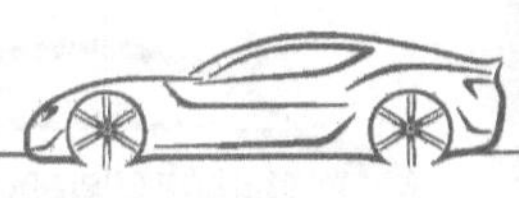

由 TH2 和 TL2 组成，启动后，在 TH2 和 TL2 中预置的初值基础上开始加 1 计数，计满溢出时由硬件使溢出标志位 TF2 置 1（当 RCLK=1 或 TCLK=1 时，TF2 将不予置位）。TF2 可查询，也可用于产生中断（通过使能 IE 的 ET2=1 开放 T2 中断，中断类型号为 5），必须由软件清零。该种工作方式不能自动重装初值，需要循环计数时必须由软件重装初值，工作过程和使用方法和 T0/T1 的工作方式 1 相同。

注：计数/定时工作方式设置为 RCLK = 0 或 TCLK = 0；EXEN2 = 0；$C/\overline{T2}$ = 1/0；TR2=1。

(2) 捕捉工作方式

1）设置。当 EXEN2 =1 时，则在 T2EX 引脚（P1.1）上的负跳变将触发“捕捉”或“自动重装载”操作，此时可通过设置 T2CON 中的 $CP/\overline{RL2}$ 位选择是工作在“捕捉”还是“自动重装载”下。$CP/\overline{RL2}$=1，T2EX 引脚（P1.1）上的负跳变将触发捕捉操作；$CP/\overline{RL2}$=0，则 T2 计满溢出或 T2EX 引脚上的负跳变都将引起自动重装载操作；当 RCLK=1 或 TCLK=1 时，$CP/\overline{RL2}$ 标志位不起作用，T2 计满溢出时，将迫使 T2 进行自动重装载操作。

注：捕捉工作状态设置为 RCLK=0 或 TCLK=0；EXEN2=1；$C/\overline{T2}$=0；$CP/\overline{RL2}$=1；TR2=1。

2）捕捉的工作过程。当外部 T2EX 引脚（P1.1）上的信号发生负跳变时，将选通三态门控制端（图 6-27“捕捉”处），把计数器 TH2 和 TL2 中的当前计数值分别“捕捉”进陷阱寄存器 RCAP2L 和 RCAP2H 中，同时 T2EX 引脚（P1.1）上的负跳变将使 T2CON 的外部中断请求标志位 EXF2 置 1，向 CPU 请求中断。EXF2 可查询，也可用于产生中断（通过使能 IE 的 ET2=1 开放 T2 中断，中断类型号为 5），该位必须由软件清零。在该模式下，不需重装初值，当 T2EX 引脚产生捕捉事件时，计数器仍以 T2 引脚的负跳变或机器周期计数。

3）捕捉的编程思路。当外部 T2EX 引脚（P1.1）上的信号发生负跳变时，计数器 TH2 和 TL2 中的当前计数值分别“捕捉”进陷阱寄存器 RCAP2L 和 RCAP2H 中，并使 EXF2=1，触发中断；在中断服务函数中，读出 RCAP2L 和 RCAP2H 的值，外部 T2EX 引脚的下一个负跳变会产生另一个捕捉过程，再次进入中断，再读出 RCAP2L 和 RCAP2H 的值。根据这 2 次的值，就可以计算出 T2EX 引脚（P1.1）上的脉冲周期。这时 T2 工作在定时模式下。

注：EXF2=1 和 TF2=1 都可引起 T2 中断，共用一个中断类型号 5，所以在中断服务函数中要判断是哪个标志位引起的中断。

6.4.3　T2 的 16 位自动重装载方式

通过设置寄存器 T2CON 中的 $CP/\overline{RL2}$、EXEN2、T2MOD 中的 DCEN 位，以及 T2EX（P1.1）引脚的电平，可使 T2 工作在 T2 增 1 计满溢出触发的自动重装载方式、T2 减 1 溢出触发的自动重装载方式和 T2EX 引脚负跳变触发的自动重装载方式下。T2 的 16 位自动重装载工作方式的结构示意图如图 6-28 所示。T2 递增/递减结构示意图如图 6-29 所示。

1. 工作模式的设置

T2CON 中 $C/\overline{T2}$ 位是 T2 的计数或定时工作模式选择位。

$C/\overline{T2}$=1 时，T2 作为计数器使用，对 T2（P1.0）引脚来的外部脉冲进行计数；$C/\overline{T2}$=

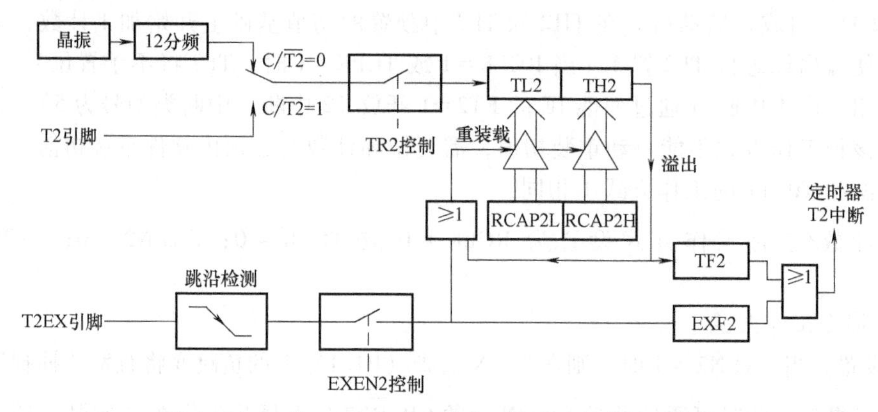

图 6-28　T2 的 16 位自动重装载工作方式的结构示意图

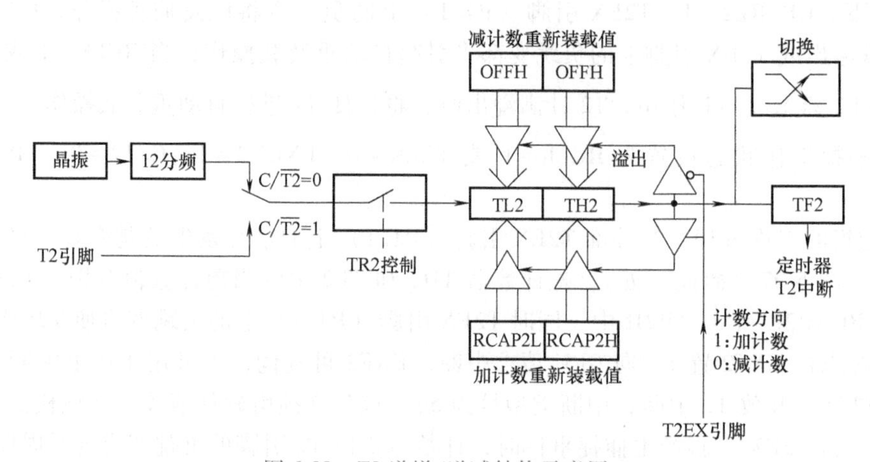

图 6-29　T2 递增/递减结构示意图

0 时，T2 作为定时器使用，对晶振的 12 分频信号（机器周期）进行计数。

2. 启动

T2CON 中 TR2 位是 T2 的启动位。TR2 = 1，启动 T2 开始计数；TR2 = 0，T2 停止计数。该位由软件置位和清零。

3. 自动重装载工作方式的设置

T2CON 中当 CP/$\overline{RL2}$ = 0 时可设置自动重装载方式，具体有 2 种途径：

（1）当 EXEN2 = 0 时的自动重装载方式（T2 计满溢出触发）

1）当 T2MOD 的 DCEN = 0（或上电复位为 0）时，T2 为增 1 型自动重装载方式。计满溢出时由硬件使溢出标志位 TF2 置 1，同时又将陷阱寄存器 RCAP2L、RCAP2H 中预置的 16 位计数初值自动重装入计数器 TL2、TH2 中，自动进行下一轮的计数操作，其功能与 T0、T1 的方式 2（自动重装载）相同。RCAP2L、RCAP2H 的计数初值由软件预置。

注：T2 增 1 计满溢出触发的自动重装载方式设置为 RCLK = 0 或 TCLK = 0；CP/$\overline{RL2}$ = 0；EXEN2 = 0；C/$\overline{T2}$ = 1/0；TR2 = 1；DCEN = 0。

2）当 T2MOD 的 DCEN = 1 时，T2 既可以增 1 计数，也可实现减 1 计数，增 1 还是减 1

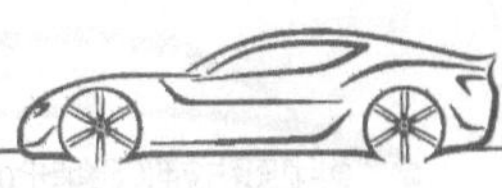

取决于 T2EX 引脚上的逻辑电平。

T2EX（P1.1）引脚电平为高电平时，T2 执行增 1 计数功能。当不断加 1 计满溢出回 0 时，一方面置位 TF2 为 1，发出中断请求；另一方面，溢出信号触发三态门，将存放在陷阱寄存器 RCAP2L、RCAP2H 中的计数初值自动装载到 TL2 和 TH2 计数器中继续进行增 1 计数。

注：T2 增 1 计满溢出触发的自动重装载方式设置为 RCLK=0 或 TCLK=0；$CP/\overline{RL2}=0$；EXEN2=0；$C/\overline{T2}=1/0$；TR2=1；DCEN =1；T2EX=1。

当 T2EX（P1.1）引脚为低电平时，T2 执行减 1 计数功能。当 TL2 和 TH2 计数器中的值等于陷阱寄存器 RCAP2L、RCAP2H 中的值时，产生向下溢出，一方面置位 TF2 为 1，发出中断请求；另一方面，下溢信号触发三态门，将 0xFFFF 装入 TL2 和 TH2 计数器中，继续进行减 1 计数。

注：T2 减 1 溢出触发的自动重装载方式设置为 RCLK=0 或 TCLK=0；$CP/\overline{RL2}=0$；EXEN2=0；$C/\overline{T2}=1/0$；TR2=1；DCEN =1；T2EX=0。

（2）当 EXEN2=1 时的自动重装载方式（T2 计满溢出触发或 T2EX 引脚负跳变触发） 此时 T2 仍具有上述 1）的功能，并增加了新的特性。当外部输入引脚 T2EX（P1.1）产生负跳变时，能触发三态门将 RCAP2L、RCAP2H 陷阱寄存器中的计数初值自动装载到 TH2 和 TL2 中，重新开始计数，并置位 EXF2 为 1，发出中断请求。这样就有以下 2 种增 1 型自动重装载方式的设置方法：

1）T2 增 1 计满溢出触发的自动重装载方式设置：RCLK=0 或 TCLK=0；$CP/\overline{RL2}=0$；EXEN2=1；$C/\overline{T2}=1/0$；TR2=1；DCEN=0。

2）T2EX 引脚负跳变触发的增 1 自动重装载方式设置：RCLK=0 或 TCLK=0；$CP/\overline{RL2}=0$；EXEN2=1；$C/\overline{T2}=1/0$；TR2=1；DCEN=0；T2EX=负跳变。

注：中断请求标志位 TF2 和 EXF2 位必须用软件清零。

6.4.4　T2 的传输速率发生器方式及可编程时钟输出

T2 可工作于传输速率发生器方式，还可作为可编程时钟输出。

1. 传输速率发生器方式

单片机串行口传输速率发生器可由 T1 或 T2 产生。通过软件置位 T2CON 中的 RCLK 或 TCLK，可将 T2 设置为控制串行口接收或发送数据的传输速率发生器工作方式以及附加外部中断源方式，内部结构示意图如图 6-30 所示。也可将 T1 设置为串行口传输速率发生器方式。

（1）T1 用作串行口传输速率发生器　RCLK=0 或 TCLK=0 时，定时器 T1 作为串行口传输速率发生器使用。使用方法详见第 7 章的串行口工作方式 1 和工作方式 3。

（2）T2 用作串行口传输速率发生器

1）工作方式的设置。RCLK=1 时，T2 作为串行口接收传输速率发生器使用；TCLK=1 时，T2 作为串行口发送传输速率发生器使用。通过设置 $C/\overline{T2}=0$，T2 作为定时器使用，对

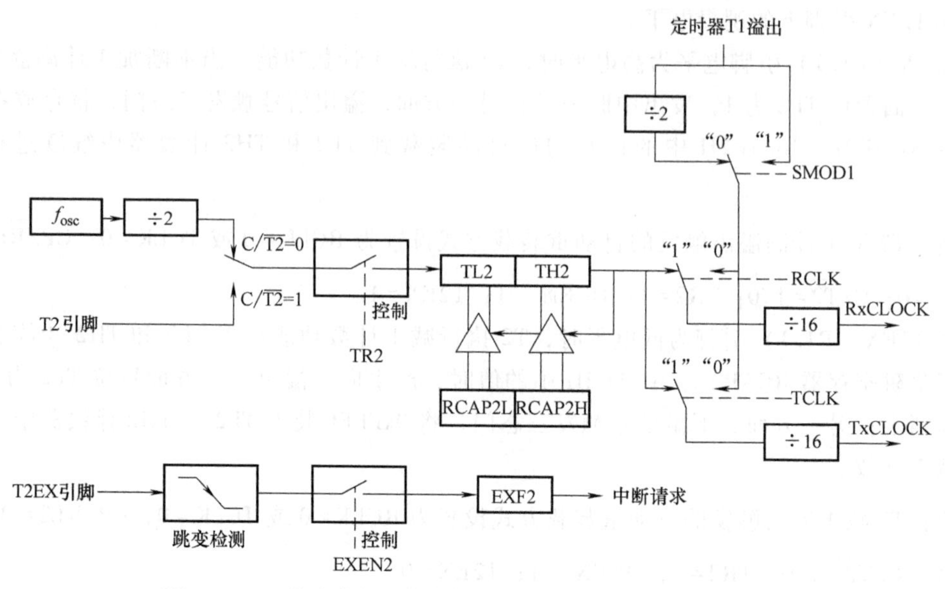

图 6-30 T2 作为串行通信传输速率发生器的内部结构示意图

晶振频率的 2 分频信号进行计数，是 16 位自动重装初值的加 1 定时模式。TR2=1 启动传输速率发生器。

2）T2 的传输速率设置。串行通信方式 1 和方式 3 的传输速率计算公式为：

$$串行通信方式1和方式3的传输速率=\frac{定时器T2的溢出率}{16} \tag{6-3}$$

$$定时器T2的溢出率=\frac{1}{定时器T2的定时时间} \tag{6-4}$$

$$定时器T2的定时时间=(2^{16}-X)\times\frac{2}{f_{osc}} \tag{6-5}$$

T2 是 16 位计数模式，所以最大计数个数为 $2^{16}=65536$。这里要注意，计一个脉冲的时间为外加晶振频率的 2 分频的倒数。

将式（6-4）和式（6-5）带入式（6-3）可得：

$$串行通信方式1和方式3的传输速率=\frac{f_{osc}}{32\times(2^{16}-X)} \tag{6-6}$$

通过式（6-6）计算出初值 X，并将 X 的值装入陷阱寄存器 RCAP2H 和 RCAP2L 中。RCAP2H 和 RCAP2L 由软件预置初值。

【例 6-4】 串行通信方式 1，传输速率为 9600bit/s，晶振为 11.0592MHz，采用 T2 作传输速率发生器使用，计算初值。

【解】

$$9600=\frac{11.0592\times10^6}{32\times(2^{16}-X)}$$

可求得初值 X=65536−36=65500。RCAP2H=65500/256；RCAP2L=65500%256。

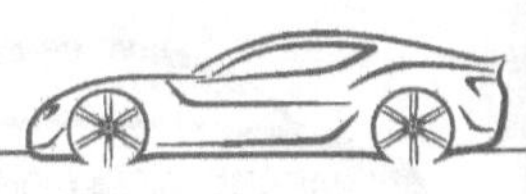

3）T2 溢出说明。TH2 和 TL2 在初值的基础上进行加 1 计数，计满 65536 个数后溢出，由硬件自动将 RCAP2H 和 RCAP2L 中预置的初值重装入 TH2 和 TL2 中，但不会置位 TF2 向 CPU 请求中断。

注：T2 作为串行口传输速率使用时的设置为 RCLK＝1 或 TCLK＝1；$C/\overline{T2}=0$；TR2＝1；RCAP2H ＝传输速率初值的高 8 位；RCAP2L＝传输速率初值的低 8 位。

（3）附加的外部中断源　当 EXEN2＝1 时，若 T2EX 引脚（P1.1）有跳变信号时，置位 EXF2 中断请求标志位，向 CPU 请求中断，但不会将陷阱寄存器“RCAP2H、RCAP2L”中预置的计数初值装入 TH2 和 TL2 中。因此，可将 T2EX 引脚用作额外的输入引脚或外部中断源。

注：T2 作为附加的外部中断源设置为 RCLK＝1 或 TCLK＝1；EXEN2＝1。

2. 可编程时钟信号输出

P1.0 除用作通用 I/O 口外还有两个功能可供选用：用于 T2 的外部计数输入和频率为 61Hz～4MHz 的时钟信号输出。通过软件对 T2CON 和 T2MOD 进行设置可在 P1.0 引脚输出时钟信号。T2 时钟输出和外部事件计数方式示意图如图 6-31 所示。

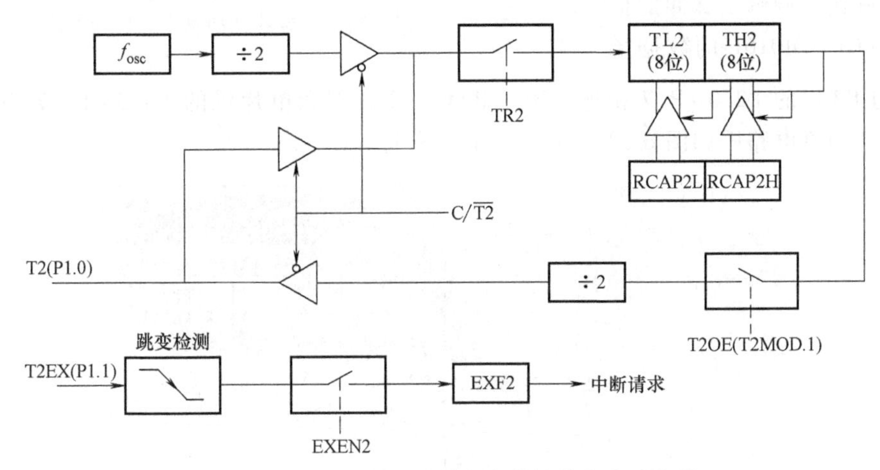

图 6-31　T2 时钟输出和外部事件计数方式示意图

（1）设置工作方式　当 T2CON 的 $C/\overline{T2}=0$、T2MOD.1 的 T2OE＝1 时，T2 作为时钟信号发生器使用。

（2）启动和停止　T2CON 的 TR2 控制时钟信号输出开始或结束，TR2＝1，启动；TR2＝0，停止。

（3）时钟信号输出频率　时钟信号的输出频率设置公式为

$$\text{时钟信号输出频率}=\frac{f_{osc}}{4\times(65536-\text{RCAP2H}\times256+\text{RCAP2L})} \tag{6-7}$$

其中 RCAP2H 和 RCAP2L 是 T2 定时、自动重装载方式的计数初值，需要软件预置。

在时钟输出模式下，计数器溢出清零后不会产生中断请求。这种功能相当于 T2 用作传输速率发生器，同时又可用作时钟发生器。但必须注意，无论如何传输速率发生器和时钟发生器都不能单独确定各自不同的频率。原因是两者都用同一个陷阱寄存器 RCAP2H、RCAP2L，不可能出现两个计数初值。

6.4.5 T2捕捉方式测量脉冲宽度仿真实例

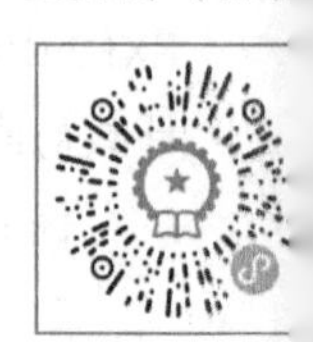

T2 捕捉方式测量脉冲宽度仿真实例（视频

T2 捕捉方式测量脉冲宽度仿真实例（PPT

任务要求：测量信号的脉冲宽度，并在LCD上显示。系统晶振为12MHz。

分析：测量方法示意图如图6-32所示。利用定时器T2的捕捉方式，当外部T2EX引脚（P1.1）上的信号发生负跳变①时，标志位EXF2由硬件置“1”，触发中断，在中断服务函数中，读出RCAP2L和RCAP2H的值num1，外部T2EX引脚的下一个负跳变②，再次触发中断，在中断服务函数中，读出RCAP2L和RCAP2H的值num2，则num=num2−num1就是P1.1引脚脉冲宽度，这里测量的是一个脉冲的周期。这时T2工作在定时模式下。

1. 硬件电路设计

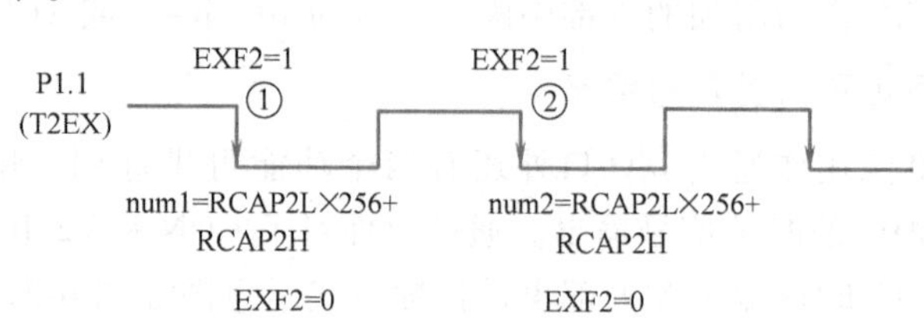

图6-32 测量信号的脉冲宽度方法示意图

待测量的脉冲信号由信号发生器产生，在P1.1（T2）引脚接一个信号发生器，通过旋转信号发生器旋钮可调测量脉冲的信号宽度。LCD LM016L的数据端D0~D7与P2口的P2.0~P.7相连，RS、R/$\overline{W}$、E分别和单片机的P3.5~P3.7相连，V_{EE}接电位器。仿真电路图如图6-33所示，最小系统电路省略。

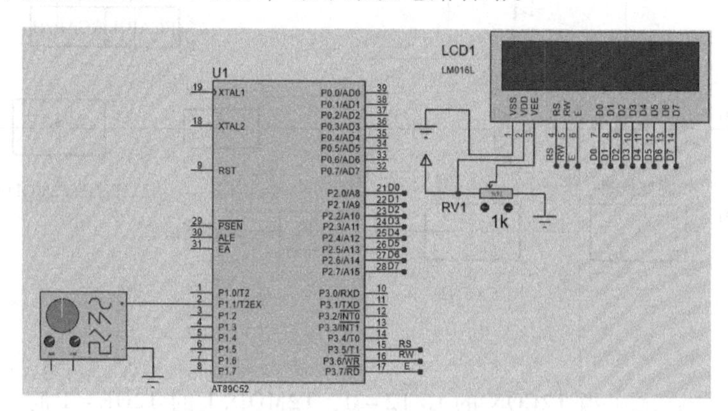

图6-33 脉冲宽度测量仿真电路图

说明：在Proteus中单击“P”按钮挑选元器件AT89C52、LM016L（代替LCD1602）、POT-HG（电位器），单击菜单选择SIGNAL GENERATOR（信号发生器）。

2. 软件设计

设计思想：将T2设置为捕捉方式。软件编程的关键环节如下。

（1）T2设置为捕捉方式：采用定时 RCLK=0或TCLK=0；EXEN2=1；C/$\overline{T2}$=0；CP/$\overline{RL2}$=1；TR2=1。

（2）计数初值 T2设为16位定时器，从0开始计数，累计机器周期的个数，该种工作方式不需重新装初值；当T2EX引脚产生捕捉事件时，计数器仍以机器周期计数。TH2=TL2=0。

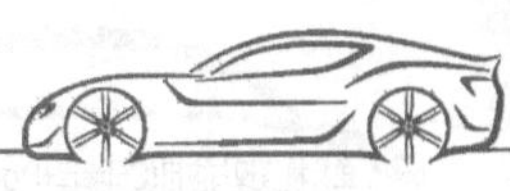

（3）T2 中断　开放 T2 中断和总中断，当外部 T2EX 引脚（P1.1）上的信号发生负跳变时，计数器 TH2 和 TL2 中的当前计数值分别“捕捉”进陷阱寄存器 RCAP2L 和 RCAP2H 中，并使 EXF2=1，触发中断；在中断服务函数中，读出 RCAP2L 和 RCAP2H 的值，外部 T2EX 引脚的下一个负跳变会产生另一个捕捉过程，再次进入中断，再读出 RCAP2L 和 RCAP2H 的值；根据这 2 次的值，就可以计算出 T2EX 引脚（P1.1）上的脉冲周期。这里要注意，T2 溢出和 T2EX 引脚的负跳变都会触发中断，进入同一个中断服务程序（T2 的中断类型号为 5），所以在中断服务程序中需要判断是否是 EXF2 引起的中断，是则根据进入中断的次数读出 RCAP2L 和 RCAP2H 的捕捉值，根据 2 次捕捉值计算脉冲宽度。

【参考程序】

```
#include<reg52.h>
#define uint unsigned int
#define uchar unsigned char
sfr T2MOD=0xC9;                          //reg52.h 中没有定义 T2MOD
sbit lcdrs=P3^5;                         //LCD1602 RS 端口
sbit lcdrw=P3^6;                         //LCD1602 R/W 端口
sbit lcden=P3^7;                         //LCD1602 使能端口
void delay(uint dat);                    //延时函数
void T2_init();                          //T2 初始化函数
void lcd_init();                         // LCD 初始化函数
void write_cmd(char cmd);                // LCD 写指令函数
void write_data(uchar dat);              // LCD 写数据函数
void write_str(uchar * str);             // LCD 写字符串函数
void display(uint date);                 //显示脉冲宽度
uint num1;                               //第一次捕捉值
uint num2;                               //第二次捕捉值
uint num;                                //输入脉冲的宽度=num2-num1
uchar count;                             //P1.1 引脚来负跳变进入 T2 中断的次数
/******************************** 主函数 ********************************/
void main()
{
    T2_init();                           //T2 初始化
    lcd_init();                          //LCD 初始化
    write_cmd(0x82);                     //在 LCD1602 第 1 行第 2 个位置显示
    write_str("Pulse Width: ");          //显示 Pulse Width:
    while(1)
    {
        display(num);                    //显示脉冲宽度(机器周期个数)
    }
}
/******************************** 延时函数 ********************************/
```

```
void delay(uint dat)
{   uint i,j;
    for(j=dat;j>0;j--)
        for(i=110;i>0;i--);
}
/*************************** 定时器 T2 初始化函数 ****************************/
void T2_init()
{
    RCLK=0;                              //T2 不用作传输速率发生器接收时钟使用
    TCLK=0;                              //T2 不用作传输速率发生器发送时钟使用
    CP_RL2=1;                            //T2 捕捉/自动重装载选择位,0(自动重装载),1(捕捉)
    EXEN2=1;                             //0(T2 计满溢出触发自动重装载)
                                         //1(T2 计满溢出和 T2EX 负跳变将触发捕捉或自动重装载操作)
    C_T2=0;                              //T2 的计数或定时模式选择位,0(定时),1(计数)
    T2MOD=0x00;                          //T2MOD 的最低位 DCEN=0(增 1 计数)
                                         //=1(T2EX 引脚为 1 增 1 计数,T2EX 引脚为 0 减 1 计数)
    TH2=0x00;                            //置 T2 高 8 位初值 0,从 0 开始计数
    TL2=0x00;                            //置 T2 低 8 位初值 0
    TR2=1;                               //启动 T2
    ET2=1;                               //开 T2 中断
    EA=1;                                //开总中断
}
/****************************** T2 中断服务函数 ******************************/
void T2_int() interrupt 5
{
    if(EXF2==1)                          //T2EX(P1.1)引脚来负跳变触发中断
    {
        count++;                         //累计进入中断次数
        if(count==1)                     //第 1 次负跳变
            num1=RCAP2H*256+RCAP2L;      //读出捕捉值
        if(count==2)                     //第 2 次负跳变
        {
            num2=RCAP2H*256+RCAP2L;      //读出捕捉值
            count=0;                     //清零
            num=num2-num1;               // 2 个负跳变之差就是一个周期值
        }
    }
    EXF2=0;                              //EXF2 标志清零
}
/********************************* 显示函数 **********************************/
void display(uint date)
{
```

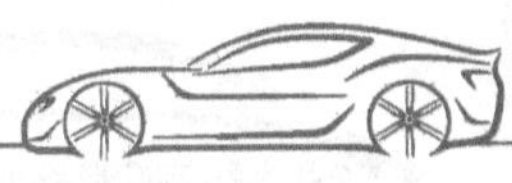

```
    uchar width[7];
    width[0]=date/10000+0x30;                    //分离十万位,转换为 ASCII 码
    width[1]=date%100000/10000+0x30;             //分离万位,转换为 ASCII 码
    width[2]=date%10000/1000+0x30;               //分离千位,转换为 ASCII 码
    width[3]=date%1000/100+0x30;                 //分离百位,转换为 ASCII 码
    width[4]=date%100/10+0x30;                   //分离十位,转换为 ASCII 码
    width[5]=date%10+0x30;                       //分离个位,转换为 ASCII 码
    width[6]='\0';                               // 数组末尾添加字符串结束的标志
    write_cmd(0xC5);                             //在 LCD 第 2 行第 5 个位置写入
    write_str(width);                            //将脉冲宽度转换为字符数组写入 LCD
    write_cmd(0xCB);                             //在 LCD 第 2 行第 11 个位置写入
    write_str("us");                             //单位 μs
}
/**********************************延时函数**********************************/
void delay(uint dat)                             //ms 延时函数
{  同 3.5.4 节仿真实例}
/*************************LCD1602 初始化函数*********************************/
void lcd_init()
{  同 3.5.4 节仿真实例}
/*********************************写指令函数**********************************/
{  同 3.5.4 节仿真实例}
/**********************************写数据函数*********************************/
{  同 3.5.4 节仿真实例}
/*********************************写字符串函数*******************************/
{  同 3.5.4 节仿真实例}
```

3. 仿真运行

将程序编译生成 Hex 文件，加载到单片机中，单击运行按钮，弹出信号发生器运行界面，调整第 1 个按钮为 2，第 2 个按钮为 1（单位为 kHz），此时频率是 2kHz；调整第 3 个按钮为 5，第 4 个按钮为 1，幅值是 5V。单击“Waveform”，选择方波信号，单击“Polarity”选择“Uni”单极性。调信号发生器频率，测量结果随之改变。LCD1602 显示 500μs，就是脉冲的宽度。运行效果图如图 6-34 所示。

T2 自动重装载定时器仿真实例（视频）

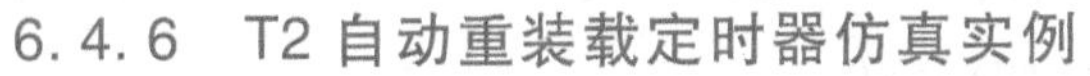

6.4.6　T2 自动重装载定时器仿真实例

任务要求：采用 T2 实现 1s 定时并控制 P1.7 引脚上的 LED 1s 闪灭 1 次，晶振频率为 12MHz。

T2 自动重装载定时器仿真实例（PPT）

1. 硬件电路设计

采用单片机的 P1.7 引脚接 LED，仿真电路图如图 6-35 所示。

说明：在 Proteus 中单击“P”按钮挑选元器件 AT89C52、RES（电阻）、LED-YELLOW、BUTTON（按键）、CRYSTAL（晶振）、CAP（电容）、CAP-ELEC（电解电容）。

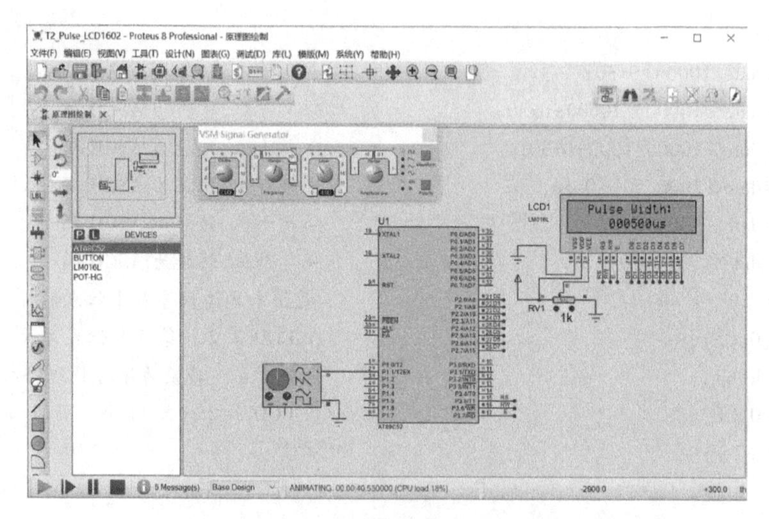

图 6-34　测量脉冲宽度仿真运行效果图

2. 软件设计

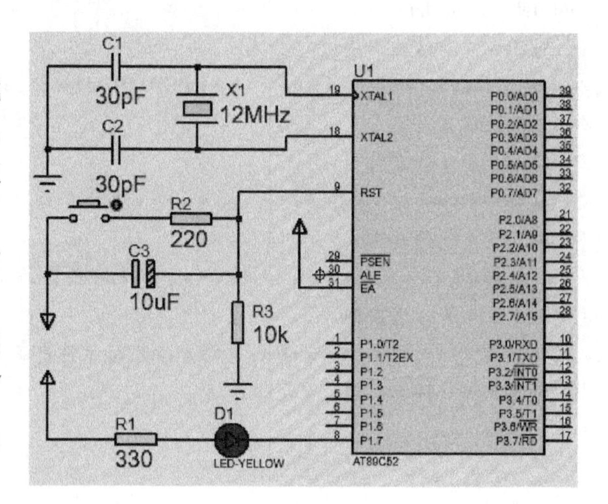

图 6-35　T2 自动重装载定时器仿真电路图

设计思想：将 T2 设置为自动重装载方式，一次定时 50ms，定时中断 20 次，即为 1s，1s 时间到后，把 P1.7 的状态取反。软件编程的关键环节如下。

（1）T2 设置为增 1 自动重装载定时器方式　可以采用 3 种设置方法。

1）T2 增 1 计满溢出触发的自动重装载方式设置：RCLK＝0 或 TCLK＝0；CP/$\overline{RL2}$＝0；EXEN2＝0；C/$\overline{T2}$＝0；TR2＝1；DCEN ＝0（T2MOD.0＝0）。

2）T2 增 1 计满溢出触发的自动重装载方式设置：RCLK＝0 或 TCLK＝0；CP/$\overline{RL2}$＝0；EXEN2＝0；C/$\overline{T2}$＝0；TR2＝1；DCEN ＝1（T2MOD.0＝1）；T2EX＝1（P1.1 引脚高电平）。

3）T2 增 1 计满溢出触发的自动重装载方式设置：RCLK＝0 或 TCLK＝0；CP/$\overline{RL2}$＝0；EXEN2＝1；C/$\overline{T2}$＝0；TR2＝1；DCEN ＝0（T2MOD.0＝0）。

其中 2）需要给 P1.1 引脚外接高电平。本例采用方法 1）。

（2）计数初值　T2 是 16 位计数器，最大计数值为 65536。定时 50ms，晶振 12MHz，机器周期 1μs，50ms＝(65536−X)×1μs。T2 已设置为自动重载初值方式，因此，T2 的计数器寄存器（TH2 和 TL2）和陷阱寄存器（RCAP2H 和 RCAP2L）都赋相同的初值，T2 溢出后，将陷阱寄存器 RCAP2H 和 RCAP2L 的值自动装入 TH2 和 TL2。

```
TH2= RCAP2H=(65536-50000)/256;//置 T2 高 8 位初值,定时 50ms
TL2= RCAP2L=(65536-50000)%256;//置 T2 低 8 位初值
```

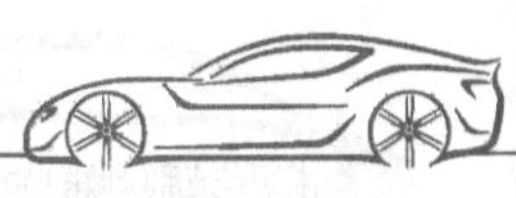

（3）T2 中断　开放 T2 中断和总中断，T2 在初值基础上计满 50ms 溢出，硬件使 TF2=1 进入中断，中断服务程序中累计进入次数；当进入中断 20 次为 1s，LED 取反一次，并清 TF2=0。

【参考程序】

```
#include <reg52.h>                          //头文件 reg52.h
sfr T2MOD=0xC9;                             //reg52.h 中没有定义 T2MOD
sbit LED=P1^7;                              //P1.7 引脚接 LED
void T2_init();                             //定时器 T2 初始化函数
unsigned int count;                         //累计 T2 溢出次数
/********************************主函数********************************/
void main(void)
{
    T2_init();                              //T2 初始化
    while(1);                               //死循环
}
/*************************定时器 T2 初始化函数*************************/
void T2_init()
{
    RCLK=0;                                 //T2 不用作传输速率发生器接收时钟使用
    TCLK=0;                                 //T2 不用作传输速率发生器发送时钟使用
    CP_RL2=0;                               //T2 捕捉/自动重装载选择位,0(自动重装载),1(捕捉)
    EXEN2=0;                                //0(T2 计满溢出触发自动重装载)
                                            //1(T2 计满溢出和 T2EX 负跳变触发捕捉或自动重装载
    C_T2=0;                                 //T2 的计数或定时模式选择位,0(定时),1(计数)
    T2MOD=0x00;                             //T2MOD 最低位 DCEN=0(增 1 计数)
                                            //=1(T2EX 引脚为 1 增 1 计数,T2EX 引脚为 0 减 1 计数)
    TH2=(65536-50000)/256;                  //置 T2 高 8 位初值,定时 50ms
    TL2=(65536-50000)%256;                  //置 T2 低 8 位初值
    RCAP2H=(65536-50000)/256;               //预置重装载初值
    RCAP2L=(65536-50000)%256;               //预置重装载初值
    TR2=1;                                  //启动 T2
    ET2=1;                                  //开 T2 中断
    EA=1;                                   //开总中断
}
/***************************T2 中断服务函数****************************/
void T2_int() interrupt 5
{
    count++;
    if(count==20)                           //count 计 20 次为 1s
    {
        count=0;
        LED=!LED;                           // P1.7 状态取反
    }
    TF2=0;                                  //TF2 标志清零
}
```

3. 仿真运行

将程序编译生成 Hex 文件，加载到单片机中，单击运行按钮，LED 每隔 1s 亮灭一次。运行效果图如图 6-36 所示。

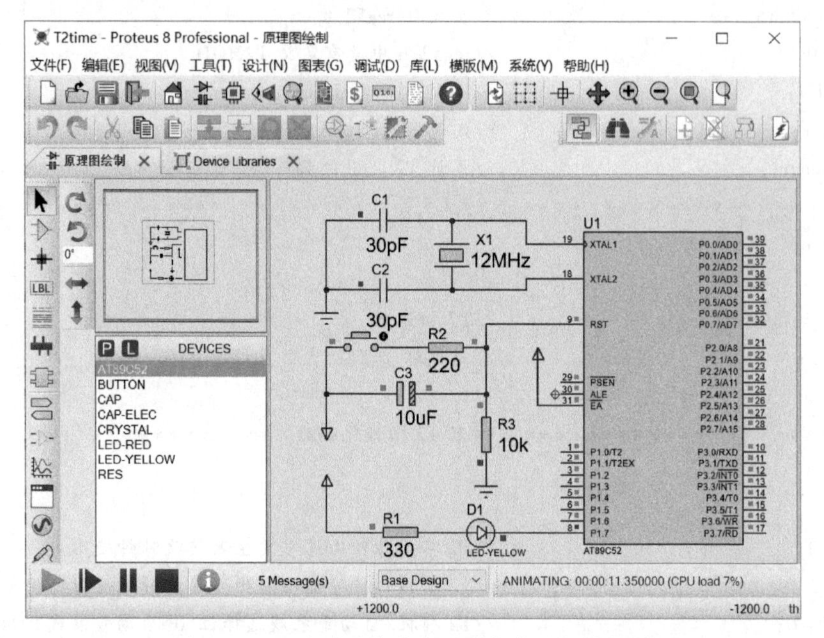

图 6-36　T2 自动重装载定时器仿真运行效果图

本章小结

1. AT89S52 单片机内部包括 3 个定时器/计数器：T0、T1 和 T2。

2. AT89S52 单片机片内的 T0 和 T1 本质上都是加 1 计数器，对晶振的 12 分频信号（机器周期）进行计数，就作为定时器；若对外部引脚的外部脉冲进行计数，就作为计数器使用。计数器的外部引脚为 T0（P3.4）、T1（P3.5）。

3. 通过 TCON 和 TMOD 可设置 T0 的 4 种工作方式和 T1 的 3 种工作方式，功能描述见表 6-9。

表 6-9　T0/T1 工作方式功能描述

M1 M0	工作方式	描　　述	备　　注
0　0	方式 0	13 位定时/计数模式	兼容 48 系列单片机
0　1	方式 1	16 位定时/计数模式	不能自动重装初值
1　0	方式 2	8 位自动重装初值定时/计数模式	自动重装初值
1　1	方式 3	TH0+TR1+TF1 组合的 8 位定时器 TL0+TR0+TF0 组合的 8 位定时/计数模式	T1 没有方式 3，不能自动重装初值

4. T0 有 2 个 8 位计数器寄存器 TH0 和 TL0，用于存放当前计数值，方式 2 时 TH0 存放初值；T1 有 2 个 8 位计数器寄存器 TH1 和 TL1，用于存放当前计数值，方式 2 时 TH1 存放初值。

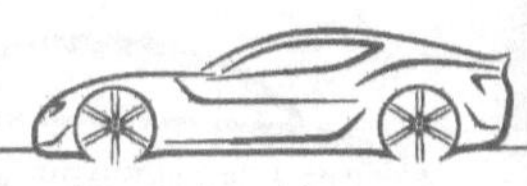

5. T0/T1 的使用步骤：

1）初始化 TMOD，选用 T0 或 T1，设置定时或计数模式、工作方式。

2）计算初值，给 THx、TLx 装入初值。

3）启动定时器，设置 TR0=1 或 TR1=1。需要启动定时器时，就在需要启动的位置写该语句。

4）确定溢出处理方式，中断或查询：

① 中断方式：初始化 T0 或 T1 的中断系统，编写中断服务函数。

② 查询方式：采用等待 TF0 或 TF1 是否为 1 的语句。

6. T2 有 2 个 8 位计数器寄存器 TH2 和 TL2，用于存放当前计数值；2 个陷阱寄存器 RCAP2L 和 RCAP2H，用于存放备用初值或捕捉值。T2 有计数和定时 2 种工作模式；捕捉、自动重装载（递增或递减）和传输速率发生器 3 种工作方式。通过软件编程对 T2CON 中的相关位进行设置来选择 T2 的 3 种工作方式：16 位自动重装载（递增或递减计数）、捕捉和传输速率发生器，设置见表 6-10。

表 6-10　T2 的工作方式设置

RCLK+TCLK	CP/RL2	TR2	工作方式
0	0	1	16 位自动重装载
0	1	1	16 位捕捉
1		1	传输速率发生器
		0	停止工作并关闭

习题

一、填空题

1. T0/T1 作为计数器使用时，T0 对________引脚的外部脉冲进行计数，T1 对________引脚的外部脉冲进行计数。

2. 如果采用晶振的频率为 12MHz，T0/T1 方式 1 的最大定时时间为________，方式 2 的最大定时时间为________。

3. T0/T1 作为定时器使用时，对________________进行计数。

4. T0/T1 为计数器模式时，外部输入的计数脉冲的最高频率为系统晶振频率的________。

5. 晶振频率为 12MHz，T0 方式 1 产生 1ms 定时，则（TH0）=____________，（TL0）=________。

6. 晶振频率为 12MHz，T1 方式 2 产生 100μs 定时，则（TH1）=__________，（TL1）=________。

7. 定时器 T2 有 3 种工作方式：______、______和______，可通过对寄存器中的相关位进行软件设置来选择。

8. 占空比是指在一个周期内，信号处于______的时间占据整个信号周期的百分比。

9. PWM 技术是______技术，通过改变脉冲的宽度进行调制，也就是通过调节占空比来调节信号能量的变化。

10. T2的捕捉方式就是及时“捕捉”__________变化，例如信号发生的跳变。常用于精确测量输入信号的脉宽或周期等。

二、选择题

1. 定时器T1有________种工作方式。

A. 1种　　B. 2种　　C. 3种　　D. 4种

2. 定时器T0/T1工作于方式1时，其计数器为________位。

A. 8位　　B. 16位　　C. 14位　　D. 13位

3. T0定时溢出时，______位由硬件自动置1。

A. TR0　　B. TF0　　C. ET0　　D. PT0

4. 定时器T0的GATE=1时，其计数器是否计数的条件______。

A. 仅取决于TR0状态　　B. 仅取决于GATE位状态

C. 是由TR0和$\overline{INT0}$两个条件共同控制　　D. 仅取决于$\overline{INT0}$的状态

5. T1计数计满溢出时，溢出标志位（TF1）=________。

A. 0　　B. 1　　C. 0xFF　　D. 0x00

6. 采用T1方式2，计满250次溢出，则（TH1）和（TL1）的初值为______。

A. 0x06，0x06　　B. 0xFF，0x06　　C. 0x06，0xFF　　D. 0x00，0x06

7. T0方式1是______计数器。

A. 16位加1　　B. 16位减1　　C. 8位加1　　D. 8位减1

8. T2作为传输速率发生器使用时，对______进行计数。

A. 晶振频率的12分频信号　　B. 晶振频率的2分频信号

C. 晶振频率的24分频信号　　D. 机器周期

9. T2作为捕捉方式，则______位是“捕捉”或“自动重装载”选择位。

A. $C/\overline{T2}$　　B. $CP/\overline{RL2}$　　C. EXEN2　　D. EXF2

10. T2工作在16位自动重装载方式时，T2既可以增1计数，也可实现减1计数，取决于__________。

A. T2引脚的负跳变　　B. T2引脚的正跳变

C. T2EX引脚的负跳变　　D. T2EX引脚的电平状态

三、问答题

1. 一个定时器的定时时间有限，如何用两个定时器的串行定时来实现较长时间的定时？

2. 说明T0/T1溢出中断标志位TF0/TF1的撤销方法。

3. 对T0/T1溢出中断标志位TF0/TF1的检测方法有哪些？各有什么优缺点？

四、仿真练习：在Proteus ISIS中绘制出原理电路，并编写软件调试通过。

基本要求1：利用T1方式1控制发出1kHz的音频信号，采用虚拟示波器查看波形。

基本要求2：利用T0采用方式2在P2.0引脚输出周期为1ms、占空比为80%的矩形脉冲。

扩展要求1：测量脉冲信号的频率，并在LCD1602上显示。

扩展要求2：采用T2实现秒表，按下按键1启动秒表计时并在数码管（共阳极）显示，按下按键2停止秒表计时，显示当前值。再按下按键1则从0开始计时，重复上述过程。计时范围0~59s，如果计时到59s，将重新开始从0计时。系统晶振为12MHz。

第7章 单片机的串行口

内容概述

随着网络技术以及人工智能技术的发展，单片机的通信功能具有越来越重要的作用。单片机通信是指单片机与单片机或单片机与计算机等设备之间的信息交换。AT89S52单片机内部集成了一个可编程的全双工异步串行通信接口。本章主要介绍52系列单片机串行通信的基本概念、串行口的结构、工作方式、双机通信、多机通信以及单片机与计算机之间的通信。

7.1 串行通信基础

7.1.1 并行通信和串行通信

计算机通信有两种基本方式：并行通信和串行通信。

1. 并行通信

并行通信通常是将数据字节的各位用多条数据线同时进行传送，每一位数据都需要一条传输线，如果一次传送8bit、16bit、32bit甚至更高的位数，相应就需要8条、16条、32条信号线或更多的信号线。8位数据总线的通信系统，一次传送8位数据（1个字节）将需要8条数据线，此外，并行通信还需要信号线和控制信号线，如图7-1所示。当距离较远位数又多时，导致通信线路复杂且成本高，这种方式更适合短距离的数据传输（几米至几十米），目前，并行通信在单片机系统中已经用得较少了。

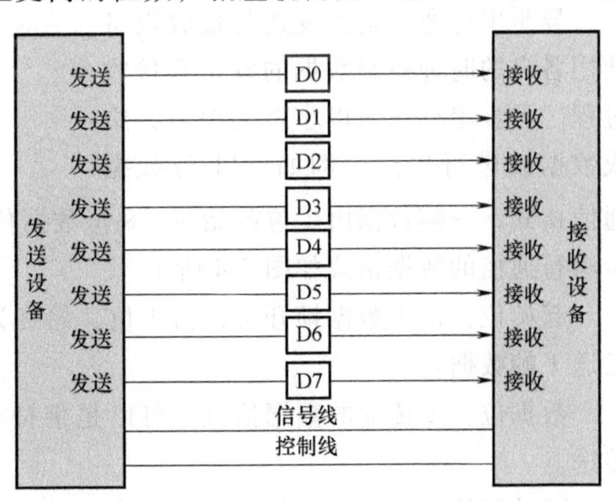

图7-1 并行通信

2. 串行通信

串行通信是指在数据传输时，被传输数据的各位不是同时发送，而是按照一定顺序，一位接着一位在传输线中被传送。8 位数据总线的通信系统，传送 8 位数据只需要一条数据线，分 8 次传输，如图 7-2 所示。串行通信传输速度较慢，但由于传输线少、成本低而得到广泛的应用。目前，单片机与外界的数据传送大多采用串行通信。

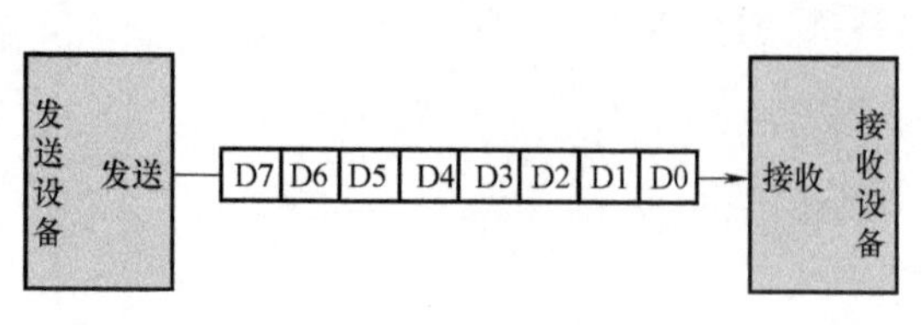

图 7-2 串行通信

因此，在进行串行通信时，发送设备在硬件上要具有把并行数据变成串行数据发送到线路上去的功能，接收设备在硬件上要具有把串行数据再变成并行数据的功能。如果没有这样的串并转换功能，可以采用软件的方式模拟并行数据和串行数据转换的过程。

串行通信发送和接收设备之间没有控制信号进行联络，所以，事先要规定好发送和接收的速率，这个速率用传输速率描述。串行通信中每秒钟传送二进制的位数称为传输速率，单位是位/秒（bit/s）。单片机系统中常用的传输速率有 2400bit/s、4800bit/s、9600bit/s、19200bit/s 等。发送端和接收端的传输速率必须保持一致。

7.1.2 同步串行通信和异步串行通信

串行通信又有两种方式：同步串行通信和异步串行通信。

1. 同步串行通信

同步串行通信采用一个同步时钟，通过一条同步时钟线，建立起发送方时钟对接收方时钟的直接控制，使双方达到完全同步传输数据。同步串行通信是以数据块为单位，每个数据块开头要用几个同步字符来加以指示，使发送方与接收方取得同步，传输数据的位之间的距离均为“位间隔”的整数倍，同时传送的字符间不留间隙，即保持位同步关系。同步串行通信的数据格式如图 7-3 所示。

同步传送时，一次连续传送多个字符，传送的位数多，传输效率高，但对发送时钟和接收时钟要求较高，往往用同一个时钟源控制，控制线路复杂。

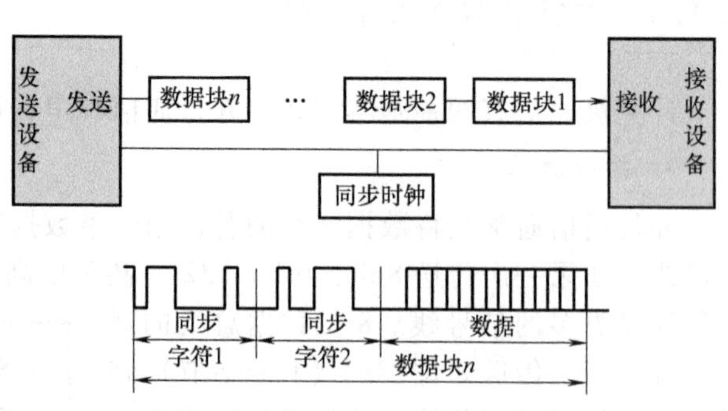

图 7-3 同步串行通信的数据格式

2. 异步串行通信

异步串行通信是指发送与接收设备使用各自的时钟控制数据的发送和接收过程。异步串行通信以字符为单位，组成数据帧进行传送。例如，11 位数据通信格式，一帧数据由 1 位起始位、8 位数据位、1 位可编程校验位和 1 位停止位组成。异步串行通信的数据格式如图 7-4 所示。

起始位：位于数据帧开头，占 1 位，始终为低电平，用于向接收设备表示，发送端开始发送 1 帧数据。

数据位：要传输的数据信息，可以是字符或数据，一般为 5~8 位，由低位到高位依次传送。

可编程位：位于数据位之后，占 1 位，用于发送数据的奇偶校验或无校验，多机通信

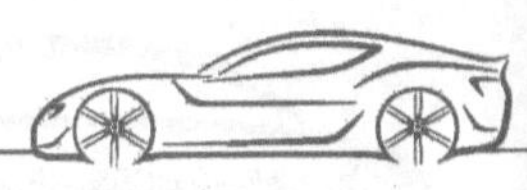

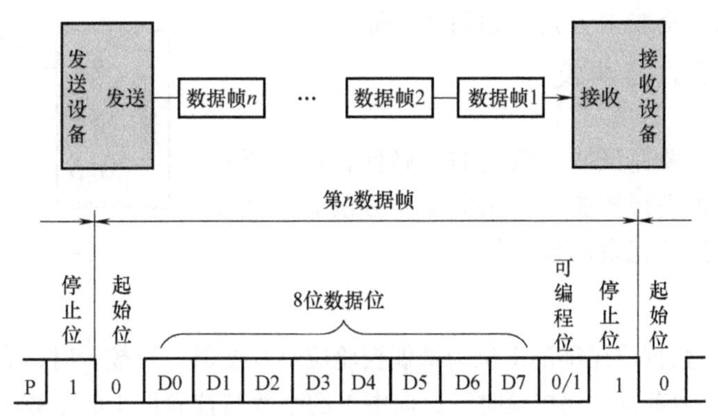

图 7-4　异步串行通信的数据格式

时，可作为多机通信的联络信息。

停止位：位于数据位末尾，占 1 位，始终为高电平，用于向接收端表示，1 帧数据已发送完毕。

异步传送时，字符间可以间隔，间隔的位数不固定。由于一次只传送一个字符，因而一次传送的位数比较少，对发送时钟和接收时钟的要求相对不高，线路简单，但传送速度较慢。由于通信双方系统时钟往往不同，所以在异步串行通信中，要想保证通信的成功必须保证两点：

1）通信双方必须保持相同的传送、接收速率（传输速率）。

2）通信双方必须遵守相同的数据格式（数据帧）。

7.1.3　串行通信的制式

根据数据传送的方向，通信又可以分为单工、半双工和全双工 3 种制式。

1. 单工方式

数据在信道中只能沿一个方向传送，而不能沿相反方向传送的工作方式称为单工方式，如图 7-5 所示。

2. 半双工方式

通信的双方均具有发送和接收能力，信道也具有双向传输性能，但是，通信的任何一方都不能同时既发送数据又接收数据，即在某一时刻，只能沿某一个方向传送数据。这样的传送方式称为半双工方式，如图 7-6 所示。

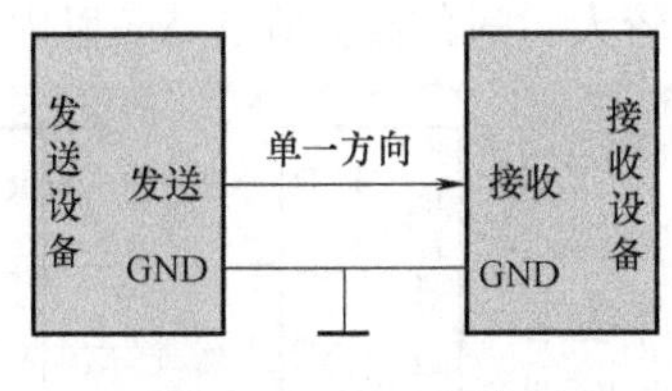

图 7-5　单工方式

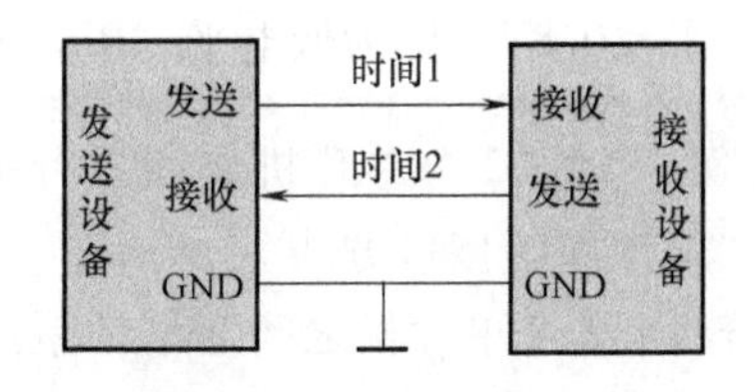

图 7-6　半双工方式

3. 全双工方式

若数据在通信双方之间沿两个方向同时传送，任何一方在同一时刻既能发送又能接收数

据，这样的方式称为全双工方式，如图 7-7 所示。

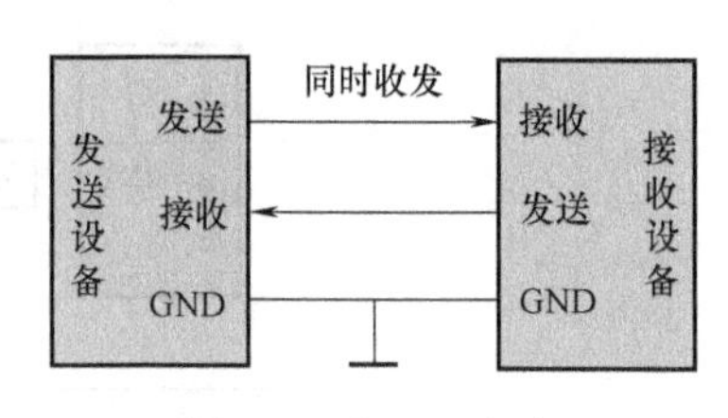

图 7-7　全双工方式

7.1.4　串行通信的错误校验

在串行通信中，要保证收发数据的正确性，通常要对数据传送的正确与否进行校验。常用的校验方法有奇偶校验、代码和校验与循环冗余码校验等方法。

1. 奇偶校验

在发送数据时，数据位尾随的 1 位为奇偶校验位（1 或 0）。奇校验时，数据中 1 的个数与校验位 1 的个数之和应为奇数；偶校验时，数据中 1 的个数与校验位 1 的个数之和应为偶数。接收字符时，对 1 的个数进行校验，若发现不一致，则说明传输数据过程中出现了差错。

2. 代码和校验

代码和校验是发送方将所发数据块求和（或者各字节异或），产生一个字节的校验字符（校验和）附加到数据块末尾。接收方接收数据时同时对数据块（除校验字节外）求和（或各字节异或），将所得的结果与发送方的“校验和”进行比较，相符则无差错，否则即认为传送过程中出现了差错。

3. 循环冗余校验（CRC）

这种校验是通过某种数学运算实现有效信息与校验位之间的循环校验，循环冗余码校验纠错能力强，容易实现，是目前应用最广的检错码编码方式之一。

7.1.5　串行通信标准

AT89S52 采用的是 TTL 电平标准，串口输入、输出均为 TTL 电平。2 个单片机直接以 TTL 电平进行串行通信，不但抗干扰性差、传输速率低，而且传输距离也短。另外，单片机和计算机进行串行通信时，由于单片机采用的是 TTL 电平标准，而计算机采用的是 RS232 电平标准，因此无法直接进行通信，需进行电平转换。所以，为提高串行通信可靠性，增大串行通信距离和提高传输速率，在实际设计中通常都采用标准串行接口，如 RS232、RS422A 和 RS485 等进行通信。

1. TTL 电平标准

TTL 电平标准属于晶体管结构，5V TTL 电平标准的一般工作电压为+5V。输出时，电平≥2.4V，即为高电平“1”，电平≤0.4V，即为低电平“0”；输入时，电平≥2.0V，即为高电平“1”，电平≤0.8V，即为低电平“0”。TTL 电平一般功耗较大，通信距离在 1.5m 以内。

【例 7-1】 2 个单片机之间进行串行通信，通信距离 1m 以内，设计通信接口方式。

分析：2 个单片机之间通信，距离 1m 以内，可以直接通过 TTL 电平进行通信。甲机发送端（TXD）与乙机接收端（RXD）相连，甲机接收端（RXD）与乙机发送端（TXD）相连，双机通信如图 7-8 所示。

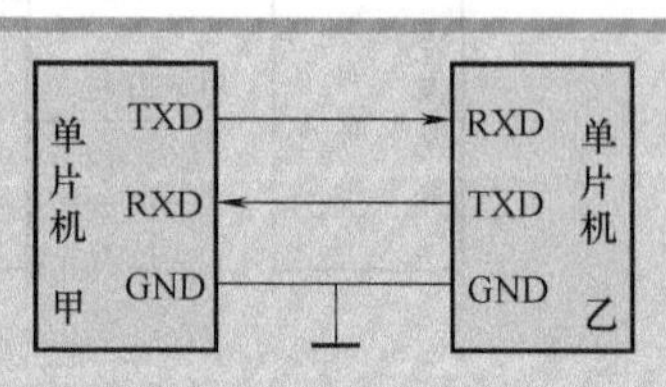

图 7-8　双机通信（TTL）

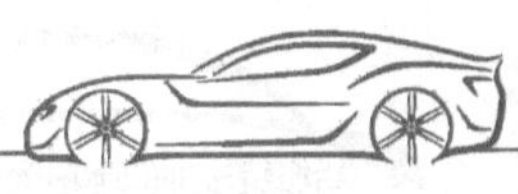

2. RS232 电平标准

RS232C 是由电子工业协会（EIA）在 1969 年修订，作为工业标准，以保证不同厂家产品之间的兼容；定义了数据终端设备（DTE）和数据通信设备（DCE）之间的物理接口标准。

（1）机械特性　RS232（本书中 RS232 皆指 RS232C）接口规定使用 25 针连接器或 9 针连接器，连接器的尺寸和每个插针的排列位置都有明确的定义。计算机的 RS232 口使用 DB-9 的 9 芯针插座。

（2）功能特性

1）RS232 标准规定电缆长度限定为≤15m。

2）最高数据传输速率为 20kbit/s。足以覆盖个人计算机使用的 50~9600 bit/s 范围。

3）任何一条信号线的电压均为负逻辑关系，且与地对称。其中：高电平（逻辑“1”）为-(3~15)V；低电平（逻辑“0”）为+(3~15)V。

采用 RS232 标准通信，由于接口使用一条信号线和一条信号返回线构成共地的传输模式，很容易产生共模干扰，所以传输距离并不远，传输速率也比较低。

【例 7-2】 2 个单片机之间进行串行通信，通信距离 10m 以内，设计通信接口方式。

分析：双机通信距离在 1.5~15m 时，可用 RS232 标准接口实现点对点的双机通信，如图 7-9 所示。甲机通过 TTL 电平与 RS232 电平转换芯片，将 TTL 电平转换为 RS232 电平后，在信道中进行传输，RS232 电平再经过 TTL 电平与 RS232 电平转换芯片转换成 TTL 电平后，由乙机接收。反之亦然。5V 系统常用的 TTL 电平与 RS232 电平转换芯片有 MAX232、SP232 等，3.3V 系统常用的有 MAX3232、SP3232 等。

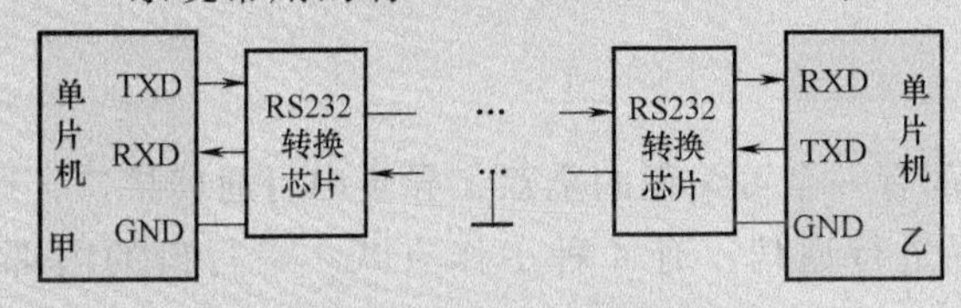

图 7-9　双机通信（RS232）

【例 7-3】 单片机与计算机之间进行串行通信，通信距离 15m 以内，设计通信接口方式。

分析：单片机采用的是 TTL 电平，计算机采用的是 RS232 电平，由于两者电平不匹配，因此二者之间进行串行通信，必须进行 TTL 电平和 RS232 电平之间的转换。单片机与计算机通信如图 7-10 所示。单片机与计算机之间通信的详细介绍见 7.7 节。

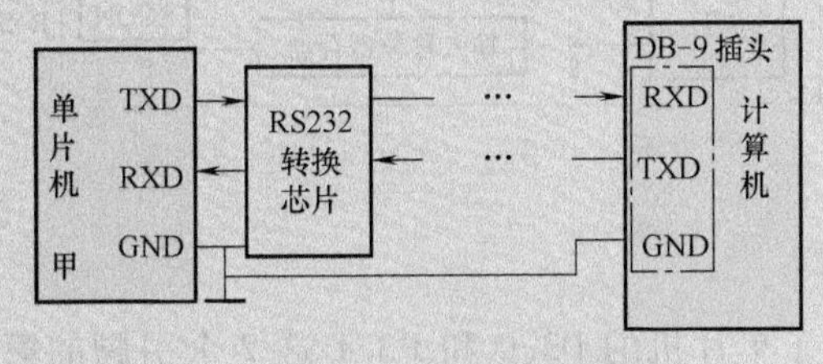

图 7-10　单片机与计算机通信

3. RS422电平标准

为改进RS232标准通信距离短、速率低的缺点，国际上又推出了RS422标准。RS422采用了平衡驱动和差分接收的全双工通信方式。每个方向用于数据传输的是两条平衡导线，这相当于两个单端驱动器。输入同一个信号时，其中一个驱动器输出永远是另一个驱动器的反相信号。于是两条线上传输的信号电平，当一个表示逻辑“1”时，另一条一定为逻辑“0”。RS422最大传输速率为10Mbit/s，此速率下，电缆允许长度为12m，如果采用较低速率时，最大传输距离可达1219m。TTL电平到RS422电平转换芯片可选SN75174，RS422电平到TTL电平转换芯片可选SN75175。

4. RS485电平标准

EIA于1983年在RS422标准基础上制定了RS485标准。RS485标准采用的是一对平衡差分信号线双向半双工通信方式。RS485标准允许最多并联32台驱动器和32台接收器，很容易实现1对n的多机通信。最大传输距离约1219m，最大传输速率为10Mbit/s。通信线路采用平衡双绞线，平衡双绞线长度与传输速率成反比，在100kbit/s速率以下，才可能使用规定的最长电缆。只有在很短距离下才能获得最大传输速率，一般100m长双绞线最大传输速率仅为1Mbit/s。RS485标准采用差分信号负逻辑：逻辑“1”，两线间的电压差为-(2~6)V；逻辑“0”，两线间的电压差为+(2~6)V。常用的TTL电平与RS485电平转换芯片有MAX485、SN75176等。

7.2 单片机串行口的内部结构

7.2.1 内部结构

AT89S52单片机内部有一个可编程的全双工异步串行通信接口，通过引脚RXD（P3.0）和TXD（P3.1）与外界进行通信，有4种工作方式。串行口的内部结构示意图如图7-11所示。

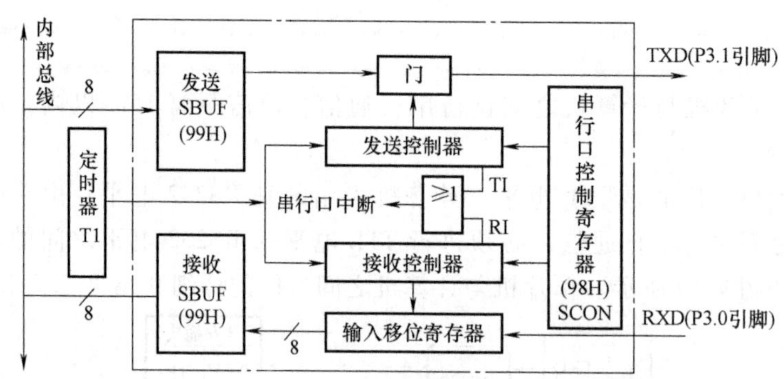

图7-11 串行口的内部结构示意图

1. RXD和TXD引脚

单片机的串行口使用了单片机的P3.0和P3.1这2个引脚的第二功能，P3.0是串行通信的接收端，记为RXD；P3.1是串行通信的发送端，记为TXD。这时，这两个引脚就不能

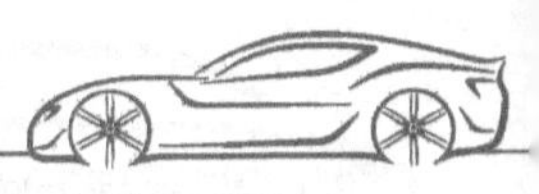

作为通用 I/O 口使用了。

2. 数据缓冲器 SBUF

串行口内部有两个数据缓冲器 SBUF，一个是发送 SBUF，另一个是接收 SBUF，它们在物理上是相互独立的，但共用一个地址（0x99），是一个字节的 SFR，见表 7-1。

表 7-1　数据缓冲器 SBUF（字节地址 0x99，不可位寻址）

位序号	D7	D6	D5	D4	D3	D2	D1	D0
发送 SBUF								
接收 SBUF								

其中，发送 SBUF 用于发送数据，为单缓冲结构，只能写入数据，不能读出；接收 SBUF 用于接收数据，为双缓冲结构，只能读出数据，不能写入数据，接收 SBUF 通过移位寄存器接收数据，可以避免在下一帧数据到来时，因 CPU 未及时读走前一帧数据而引起的两帧数据重叠错误。

注①：通过串行口发送数据，就是把数据写入到发送 SBUF，需使用指令如下。

```
SBUF=data8;//data8 表示要发送的一个字节的数据        （语句 1）
```

注②：通过串行口接收数据，就是从接收 SBUF 读出数据，需使用指令如下。

```
X=SBUF;//X 表示取出的数据存放的变量名,可自定义        （语句 2）
```

3. 串行发送过程

内部总线上的一个字节数据通过“语句 1”写入到发送 SBUF，发送 SBUF 的并行数据在门电路配合下转换为串行数据，并自动添加起始位、可编程位和停止位。按照一定的传输速率输出到 TXD 引脚，这一过程结束后硬件自动使发送中断请求标志位 TI 置“1”，表明已将发送 SBUF 中的数据输出到 TXD 引脚。这部分的功能全部在发送控制器的控制下由硬件自动完成，无须软件的干预。

当 TI=1 时，需要用软件先将 TI 标志位清零，然后再使用“语句 1”往发送 SBUF 里写入下一个要发送的数据。这里要注意，TI=1 时无法发送下一个数据。

4. 串行接收过程

将来自 RXD 引脚的串行数据按照一定的传输速率移位到输入移位寄存器，转换为并行数据，并自动过滤掉起始位、可编程位和停止位。这一过程结束后自动使接收中断请求标志位 RI 置 1，表明接收的数据已存入接收 SBUF，即接收 SBUF 为满。这部分的功能全部在接收控制器的控制下由硬件自动完成，无须软件的干预。

当 RI=1 时，需要使用“语句 2”及时读出 SBUF 的内容，做进一步数据处理。然后 RI 标志位要用软件及时清零，否则无法接收下一个数据。

5. 串行口中断系统

发送标志位 TI 和接收标志位 RI 经过或门后送入串行口中断系统，串行口中断系统的内部结构示意图如图 7-12 所示。

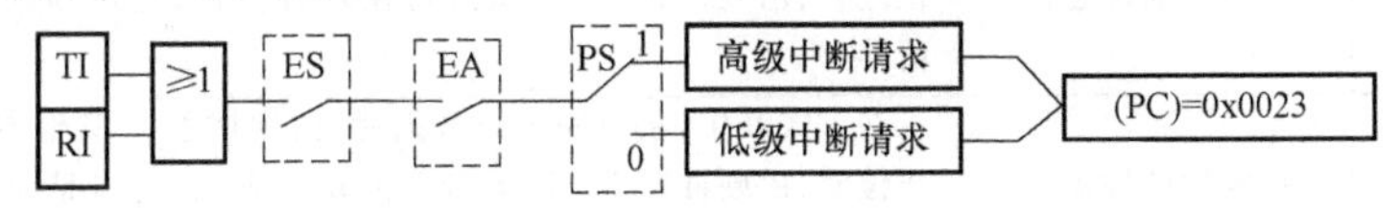

图 7-12　串行口中断系统的内部结构示意图

由图7-12可知，RI和TI标志位作为或门的2个输入端，只要有一个置“1”，或门输出就为“1”，当ES=1、EA=1时，这2个开关闭合，可设PS=1（高优先级）或PS=0（低优先级），这时硬件就会根据设置的优先级别的不同产生高优先级或低优先级的接收或发送中断请求。当CPU响应该中断请求时，指针PC被赋值为串行口的中断入口地址0x0023（汇编用），程序从主程序自动跳转到串口中断程序执行。C51编程时识别中断类型号，串口的中断类型号是4，中断服务函数的格式是：

```
void 函数名() interrupt 4 [using m]
{处理语句;}
```

其中，m取值为0、1、2、3，默认0。

6. 定时器T1的作用

串行口工作方式1和工作方式3中的传输速率是由T1的溢出速率决定的，所以在这2种工作方式中，T1作为传输速率发生器使用。使用方法详见串行口工作方式1和工作方式3。

7.2.2 串行口的SFR

1. 串行口控制寄存器SCON

要使串行口能够正确地进行通信，需要配置串行口控制寄存器SCON。SCON的格式见表7-2。SCON的各位功能描述见表7-3。

表7-2 SCON的格式（字节地址0x98，可位寻址）

位序号	D7	D6	D5	D4	D3	D2	D1	D0
符号	SM0	SM1	SM2	REN	TB8	RB8	TI	RI
位地址	0x9F	0x9E	0x9D	0x9C	0x9B	0x9A	0x99	0x98

表7-3 SCON的各位功能描述

位序号	符号	功能	功能描述
D7	SM0	工作方式选择位	SM0 SM1 工作方式 功能 传输速率 0 0 方式0 8位移位寄存器方式 $f_{osc}/12$ 0 1 方式1 8位异步通信方式 $(2^{SMOD}/32)\times$(T1溢出率) 1 0 方式2 9位异步通信方式 $(2^{SMOD}/64)\times f_{osc}$ 1 1 方式3 9位异步通信方式 $(2^{SMOD}/32)\times$(T1溢出率)
D6	SM1		
D5	SM2	多机通信控制位	多机通信在方式2和方式3下使用。方式1清零
D4	REN	允许串行接收位	REN=1允许接收数据;REN=0禁止接收数据
D3	TB8	发送数据第9位	方式2和方式3要发送的第9位数据,其值由软件置1或清零
D2	RB8	接收数据第9位	方式2和方式3接收到的第9位数据,方式1用来接收停止位
D1	TI	发送中断标志位	在方式0中,发送完8位数据后,由硬件置1,其他方式中,在发送停止位之初,由硬件置1。其状态可供软件查询,也可请求中断,必须由软件清零
D0	RI	接收中断标志位	在方式0中,接收完8位数据后,由硬件置1,其他方式中,在接收到停止位时,由硬件置1。其状态可供软件查询,也可请求中断,必须由软件清零

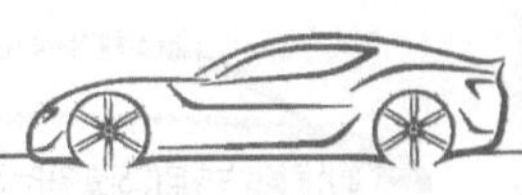

注：由于TI和RI标志位是SCON中的2个功能位，可位寻址，所以也可采用查询TI和RI标志位是否为1的方法，确定是否发送完一帧数据或接收到一帧数据。

【例7-4】 配置SCON使串口工作在方式1，可以发送数据也可以接收数据。

分析：串口工作在方式1，则SM0 SM1=01；可接收数据，则REN=1，其他位没有使用，都设置为“0”。SCON的8位取值为：0b0101 0000，对应十六进制为0x50。可写指令进行配置：

SCON=0x50；//整字节赋值

或　SM0=0；SM1=1；REN=1；//按位赋值

2. 电源控制寄存器PCON

串行口能够正确地进行通信，还需要设置传输速率。电源控制寄存器PCON中的D7位SMOD与传输速率设置有关。SMOD=1，传输速率加倍，SMOD=0，传输速率不加倍。PCON的格式和各位功能描述见2.6.4节。PCON不能位寻址。

【例7-5】 设串行口工作方式2的传输速率为0.375Mbit/s，晶振f_{osc}为12MHz，配置PCON寄存器。

分析：串行口工作方式2的传输速率的计算公式：传输速率$=\frac{2^{SMOD}}{64}\times f_{osc}$

$$0.375=\frac{2^{SMOD}}{64}\times 12$$

计算可得：SMOD=1，则PCON的8位取值为：0b1000 0000，对应十六进制为0x80。写指令进行配置：

PCON=0x80；//整字节赋值，不可按位赋值

注：f_{osc}为12MHz时，若SMOD=0，则传输速率为0.1875Mbit/s；若SMOD=1，则传输速率为0.375Mbit/s。所以在相同条件下，SMOD的取值决定了传输速率是否加倍，因此称该位为传输速率加倍位。

7.3 串行口方式0及其应用

串行口方式0为同步移位寄存器输入/输出方式。该方式并不用于两个单片机之间的异步串行通信，而是通过串行口外接移位寄存器扩展并行I/O口使用。

7.3.1 串行口方式0

1. 方式0的设置

当SCON中的SM0 SM1=00时，串行口工作于方式0。该工作方式下，TXD引脚输出同步移位脉冲，RXD引脚发送或接收数据。

2. 方式 0 的传输速率

方式 0 的传输速率是固定的，为 $f_{osc}/12$，即机器周期的频率。f_{osc} 为晶振的频率。

3. 方式 0 的帧格式

方式 0 以 8 位数据为一帧，无起始位和停止位，先发送或接收最低位。

4. 方式 0 发送的工作过程

当 CPU 执行一条将数据写入发送 SBUF 的指令时，产生一个正脉冲，然后，TXD 引脚每输出一个移位脉冲，RXD 引脚就输出发送 SBUF 中的 8 位数据的一位，先发送最低位 D0，直至发送完 D7 位数据后，中断标志位 TI 由硬件自动置“1”。TXD 引脚输出同步移位脉冲的频率即方式 0 的传输速率。发送时序如图 7-13 所示。

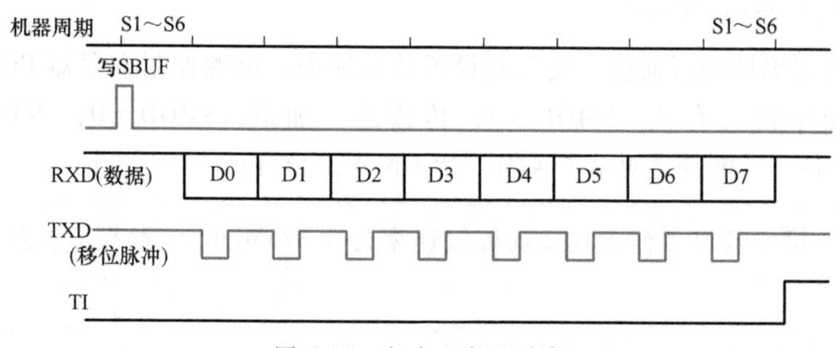

图 7-13　方式 0 发送时序

使用方式 0 发送数据的步骤：

1）向 SCON 写入控制字（设置为方式 0：SM0 SM1 = 00，发送标志位 TI = 0，其他没用到的位清零），即“SCON = 0x00;”。

2）向发送 SBUF 写入要发送的数据，即“SBUF = data8;”。

3）发送完数据后，硬件自动使 TI 置“1”。可采用中断方法（需要先初始化串口中断 ES = 1；EA = 1；PS = 0/1；编写中断服务函数）或查询标志位 TI 的方法处理发送完数据后的操作。

4）软件清标志位：“TI = 0;”。

5）返回 2)，继续发送下一个数据。

5. 方式 0 接收的工作过程

当向 SCON 写入控制字（设置为方式 0，并使 REN 位置 1，同时 RI = 0）时，产生一个正脉冲，然后，TXD 引脚每输出一个移位脉冲，RXD 引脚就接收一个二进制位，送入输入移位寄存器暂存；当接收完 8 位二进制数据时，数据送入接收 SBUF，中断标志位 RI 由硬件自动置“1”，表示一帧数据接收完毕。TXD 引脚输出同步移位脉冲的频率即方式 0 的传输速率。接收时序如图 7-14 所示。

使用方式 0 接收数据的步骤：

1）向 SCON 写入控制字（设置为方式 0：SM0 SM1 = 00；REN = 1；接收标志位 RI = 0，其他没用到的位清零），即“SCON = 0x10;”。

2）等待接收完数据，RI 由硬件自动置“1”，可采用中断方法（需要先初始化串口中断 ES = 1；EA = 1；PS = 0/1；编写中断服务函数）或查询标志位 RI 的方法处理接收完数据

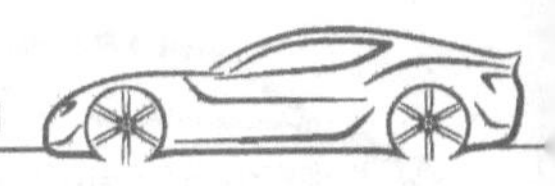

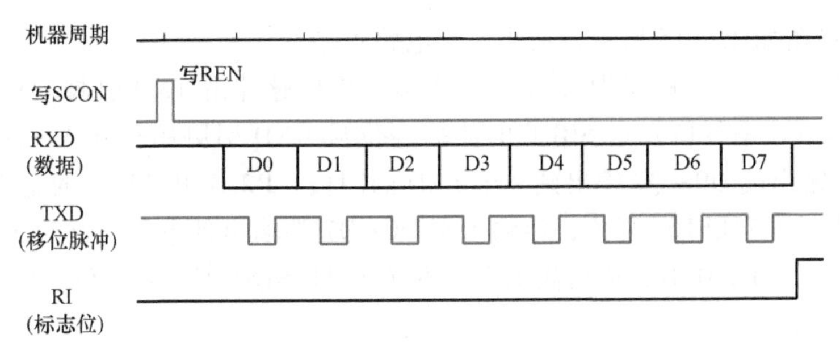

图 7-14　方式 0 接收时序

后的操作。

3）接收数据：读取接收 SBUF 中的内容存入变量，即“X=SBUF;”。

4）软件清标志位：“RI=0;”。

5）返回 1）继续接收下个数据。

7.3.2　并行输出口扩展仿真实例

并行输出口扩展仿真实例（视频）

并行输出口扩展仿真实例（PPT）

任务要求：采用串行口方式 0 扩展并行输出口，通过并行输出口外接 8 个 LED，编程实现流水灯效果。

分析：串行口方式 0 通过 RXD 引脚发送数据，一次输出一个二进制位，所以，在该引脚要外接一个串入并出的转换芯片，使 RXD 引脚输出的串行数据转换为并行数据后再连接 8 个 LED。本例采用串并转换芯片 74LS164。

1. 硬件电路设计

串行口工作在方式 0，采用串并转换芯片 74LS164，其输入引脚 A 和 B 与单片机 RXD 引脚相连，输出引脚 Q0~Q7 与 8 个 LED 的阴极连接，时钟引脚 CLK 与单片机的 TXD 引脚相连，复位引脚 $\overline{\text{MR}}$ 与单片机的 P2.0 引脚相连。限流电阻为

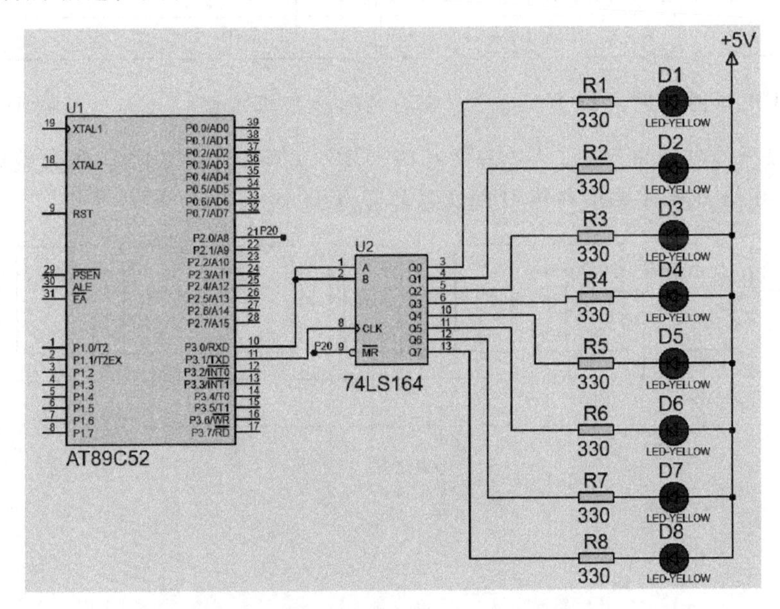

图 7-15　扩展并行输出口仿真电路图

330Ω。仿真电路图如图 7-15 所示，最小系统电路省略。

串行数据由单片机 RXD 引脚（P3.0）送出，移位脉冲由 TXD 引脚（P3.1）送出。在移位脉冲的作用下，串行口发送 SBUF 的数据逐位从 RXD 引脚串行移入 74LS164 中，通过 74LS164 的 8 个输出端 Q0~Q7 输出到 8 个 LED 的阴极。P2.0 引脚连接的是 74LS164 的复位端，输出低电平时，74LS164 复位，使输出端 Q0~Q7 都输出低电平，这时 8 个 LED 都被点亮；不需要复位时，P2.0 引脚输出高电平。本例中 74LS164 不需要复位，所以 P2.0 引脚一直保持高电平状态。

说明：在 Proteus 中单击“P”按钮挑选元器件 AT89C52、RES（电阻）、LED-YELLOW、74LS164（串行输入并行输出的移位寄存器）。

【元器件知识点】74LS164

74LS164 是一个串行输入并行输出的移位寄存器，14 个引脚，外形如图 7-16 所示，引脚分布图如图 7-17 所示，引脚功能见表 7-4。

图 7-16　74LS164 外形图

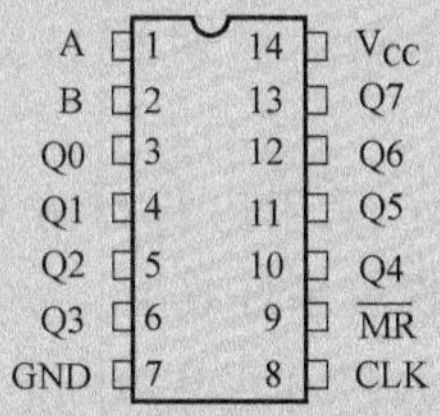

A	1	14	V_{CC}
B	2	13	Q7
Q0	3	12	Q6
Q1	4	11	Q5
Q2	5	10	Q4
Q3	6	9	$\overline{MR}$
GND	7	8	CLK

图 7-17　74LS164 引脚分布图

表 7-4　74LS164 引脚功能

引脚号	符号	功能	引脚号	符号	功能
1	A	数据输入	3~6	Q0~Q3	输出
2	B	数据输入	10~13	Q4~Q7	输出
8	CLK	时钟输入（低电平到高电平边沿触发）	14	V_{CC}	正电源
9	$\overline{MR}$	复位输入（低电平有效）	7	GND	地

74LS164 逻辑图如图 7-18 所示。A、B 为两路数据输入端。经与门后接 D 触发器输入端 D；CLK 为移位时钟输入端；$\overline{MR}$ 为清零端，$\overline{MR}$ 为低电平时可使 D 触发器输出端清零；Q0~Q7 为数据输出端（也是各级 D 触发器的 Q 输出端）。

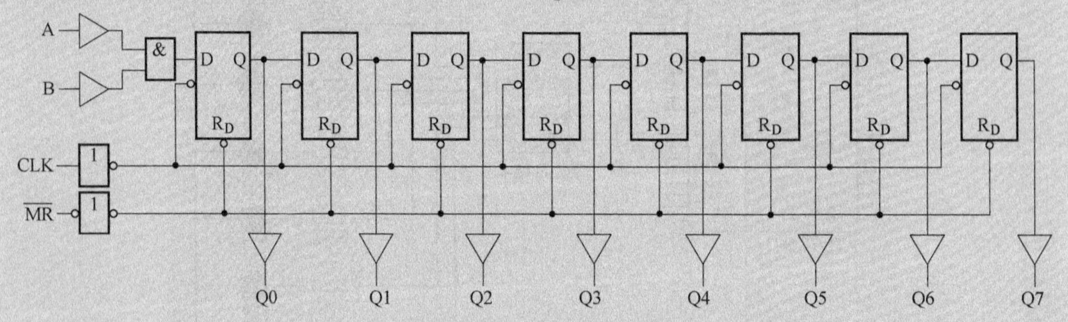

图 7-18　74LS164 逻辑图

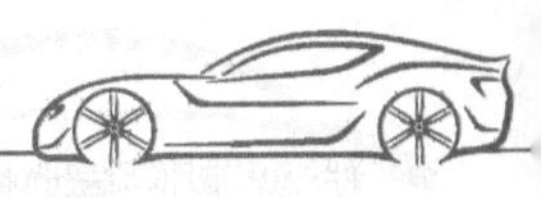

74LS164 的工作原理：每出现一次移位时钟信号，前级 D 触发器锁存的电平便会被后级 D 触发器锁存起来。如此经过 8 个时钟脉冲后，最先接收到的数据位将被最高位 D 触发器锁存，并到达 Q7 端。其次接收到的数据位将被次高位 D 触发器锁存，并到达 Q6 端，以此类推。逐位输入的串行数据将同时出现在 Q0 ~ Q7 端，从而实现了串行数据转为并行数据的功能。

2. 软件设计

设计思想：本例采用中断方式发送数据。8 个 LED 按由上到下流水点亮，采用循环移位算法，先将初值送到发送 SBUF 中。发送完一帧数据后进入中断，在中断服务函数中发送循环移位后的数据。在发送数据时注意，要在主程序中先发送一个数据，否则无法进入中断服务函数继续发送数据。软件编程的关键环节如下。

（1）串口初始化　串口工作在方式 0，则 SM0 SM1 = 00；清发送标志位 TI = 0；其他没用到的各位都清零。即“SCON = 0x00;”。

（2）设置串口中断　“ES = 1；EA = 1;”。

（3）串口发送数据的确定　利用语句“SBUF = LEDbuffer;”发送数据。LEDbuffer 存放要发送的数据。

LEDbuffer 初值的确定：根据图 7-15 的电路图，LED 点亮的条件是低电平点亮。8 个 LED（D1 ~ D8）和 74LS164 的输出端（Q0 ~ Q7）一一对应，串口发送 1 个字节数据时，先发送这个字节的最低位，而这个最低位经过 74LS164 移位后最终送到 Q7 端；所以，想使 D1 点亮、其他不亮，得到编码 0b0111 1111 = 0x7F 送给发送 SBUF，这样最高位的“0”经过移位后最终送到 Q0 端，D1 就亮了。对应关系如下。

LED 从上到下顺序：	D1	D2	D3	D4	D5	D6	D7	D8	
对应 74LS164 输出端：	Q0	Q1	Q2	Q3	Q4	Q5	Q6	Q7	
串口输出数据从高位到低位顺序：	0	1	1	1	1	1	1	1	//D1 亮的编码
	1	0	1	1	1	1	1	1	//D2 亮的编码
	1	1	0	1	1	1	1	1	//D3 亮的编码

为实现 LED 由 D1 向 D8 方向点亮，串口发送的输出码应循环右移。由此，确定出 LEDbuffer 的初值为 0x7F。

LEDbuffer 其他值的确定：初值 0x7F 的循环右移。

（4）中断服务函数　当串行口发送完一个字节数据后，进入中断服务函数，在中断服务函数中单片机向串行口输出下一个 8 位数据。清标志位“TI = 0;”。

（5）主程序没有其他操作　在“while（1）;”处循环等待数据发送完毕。

【采用中断参考程序】

```
#include <reg52. h>
#include <intrins. h>                          //包含移位函数的头文件
#define uchar unsigned char
#define uint unsigned int
sbit MR = P2^0;                                //74LS164 复位引脚
uchar LEDbuffer;                               //点亮 LED 数据
/****************************** 毫秒延时函数 ******************************/
void delay( uint z)
{
```

```
    uint x,y;
    for(x=z;x>0;x--)
        for(y=111;y>0;y--);
}
/******************** 串行口方式 0 中断初始化函数 ****************************/
void uart_init()
{
    SCON=0x00;                          // 设置串行口为方式 0
    ES=1;                               // 允许串行口中断
    EA=1;                               // 开总中断
}
/******************************** 主函数 ************************************/
void main( )
{
    uart_init();                        //串口初始化
    LEDbuffer=0x7F;                     // 点亮数据初始值为 0b0111 1111
    MR=1;                               //本例 74LS164 不需要复位,为 1
    SBUF=LEDbuffer;                     //启动串行发送,该句必不可少,否则无法进入中断
    while(1);
}
/*************************** 串行口中断函数 *********************************/
void   Serial_Port( ) interrupt 4   using 1
{
    if(TI)                              // TI=1,1 个字节串行发送完毕
    {
        delay(500);                     // 延时,点亮 LED 持续一段时间
        LEDbuffer=_cror_(LEDbuffer,1); // 数据循环右移一位
        SBUF=LEDbuffer;                 // 再次串行发送数据
    }
    TI=0;                               //清发送中断标志位
}
```

3. 仿真运行

将程序编译生成 Hex 文件，加载到单片机中，单击运行按钮，运行效果图如图 7-19 所示。LED 按照从上到下的顺序依次点亮。

7.3.3 并行输入口扩展仿真实例

任务要求：采用串行口方式 0 扩展并行输入口，通过 8 个按键分别控制 8 个 LED 的亮灭。

分析：根据任务要求，串行口工作在方式 0，RXD 引脚一次只能接收一个二进制位，所以 8 个按键的状态需要使用一片并行输入串行输出的芯片使并行数据转换为串行数据送入 RXD 引脚。本例采用 8 位并入串出的同步移位寄存器 74LS165，实现扩展一个 8 位并行输入口的功能。

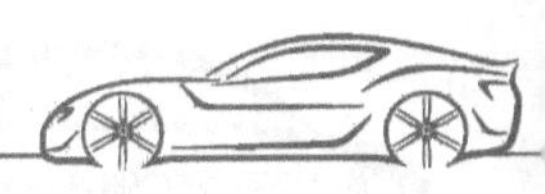

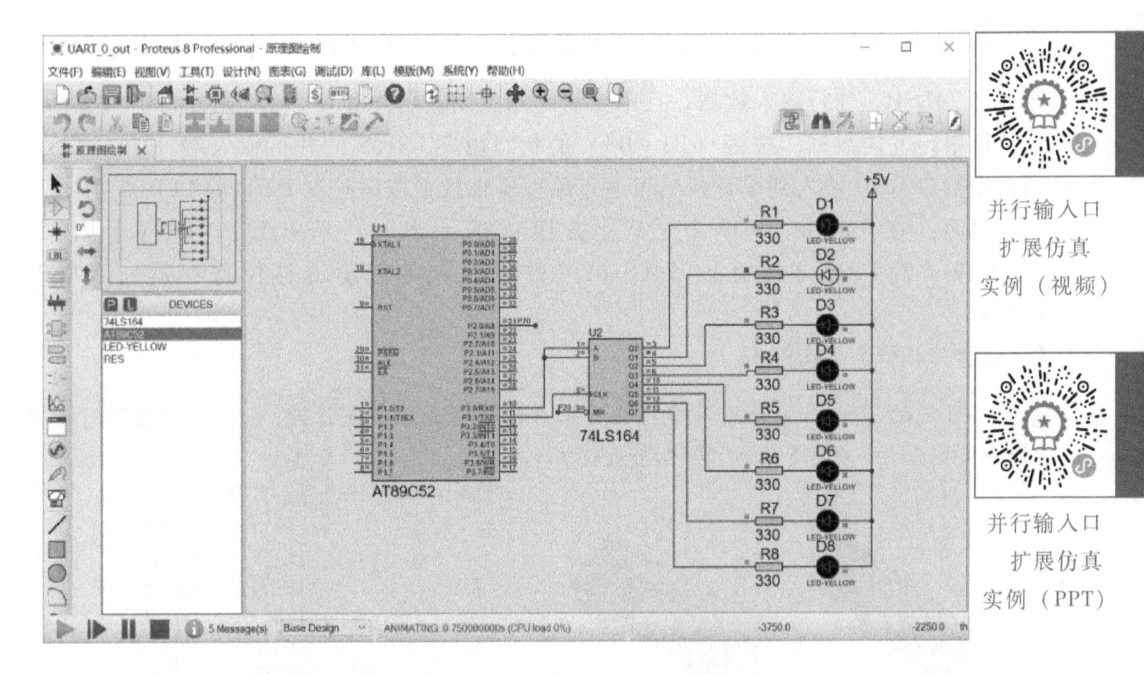

图 7-19　扩展并行输出口仿真运行效果图

1．硬件电路设计

74LS165 的输入端 D0～D7 与 8 个按键 B1～B8 连接，8 个按键分别接 8 个上拉电阻，输出引脚 SO 与单片机的 RXD 引脚连接，时钟引脚 CLK 与单片机的 TXD 引脚相连，移位控制/置入控制引脚 SH/$\overline{\text{LD}}$ 与单片机的 P1.0 引脚连接，引脚 INH 接地。单片机的 P2 口外接 8 个 LED，限流电阻为 330Ω。仿真电路图如图 7-20 所示，最小系统电路省略。

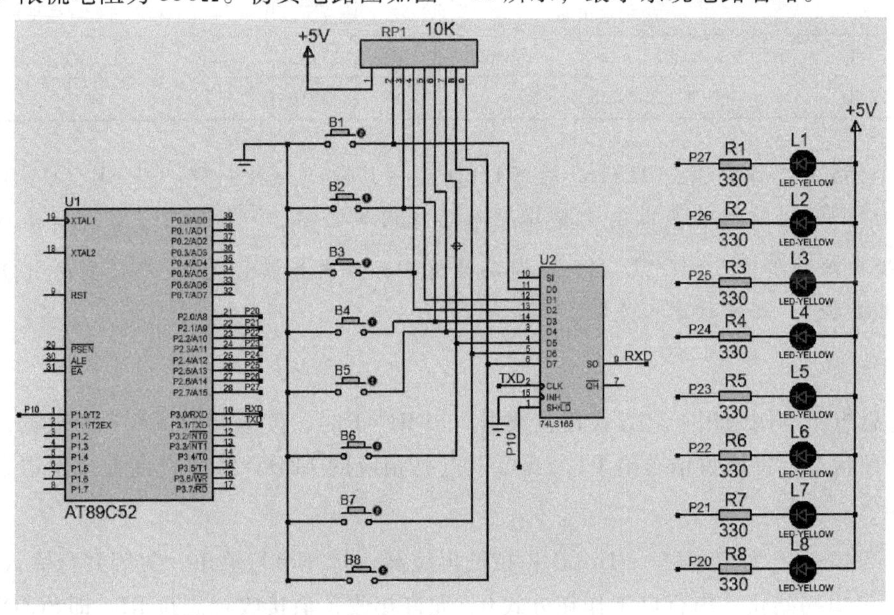

图 7-20　扩展并行输入口仿真电路图

74LS165 的 $\text{SH}/\overline{\text{LD}}$ 端（1 脚）为控制端，由单片机的 P1.0 引脚控制。若 $\text{SH}/\overline{\text{LD}}=0$，则允许 74LS165 并行输入数据，且串行输出端关闭；若 $\text{SH}/\overline{\text{LD}}=1$，则并行输入关断，可向单片机串行发送数据。按键（B1～B8）的状态由 74LS165 的并行输入端（D0～D7）输入，通过串行口 RXD 输入到单片机，可通过编程实现按下按键控制 P2 口的 LED 点亮。

说明：在 Proteus 中单击“P”按钮挑选元器件 AT89C52、RES（电阻）、LED-YELLOW、BUTTON（按键）、74LS165（并行输入串行输出移位寄存器），RESPACK-8（排阻）。

【元器件知识点】74LS165

74LS165 是一个并行输入串行输出的移位寄存器，16 个引脚，外形图如图 7-21 所示，引脚分布图如图 7-22 所示，引脚功能见表 7-5。

图 7-21　74LS165 外形图

左侧引脚	引脚号	引脚号	右侧引脚
$\text{SH}/\overline{\text{LD}}$	1	16	V_{CC}
CLK	2	15	INH
D4	3	14	D3
D5	4	13	D2
D6	5	12	D1
D7	6	11	D0
$\overline{\text{QH}}$	7	10	SI
GND	8	9	SO

图 7-22　74LS165 引脚分布图

表 7-5　74LS165 引脚功能

引脚号	符号	功能	引脚号	符号	功能
1	$\text{SH}/\overline{\text{LD}}$	移位控制/置入控制	11～14	D0～D3	并行数据输入端
2	CLK	时钟输入端(需要接时钟源)	3～6	D4～D7	并行数据输入端
9	SO	串行数据输出端	7	$\overline{\text{QH}}$	反相串行数据输出端
10	SI	串行输入端(用于扩展多个 74LS165)	16	V_{CC}	正电源
15	INH	时钟禁止端(高电平有效)	8	GND	地

74LS165 的工作原理：74LS165 的 $\text{SH}/\overline{\text{LD}}$ 端（1 脚）为控制端。若 $\text{SH}/\overline{\text{LD}}=0$，此时芯片将 D0～D7 引脚上的高低电平数据存入芯片内寄存器，74LS165 可以并行输入数据，且串行输出端关闭；当 $\text{SH}/\overline{\text{LD}}=1$，此时芯片将寄存器内数据通过 SO 串行发送（$\overline{\text{QH}}$ 也会发送反相数据），则并行输入关断。

2. 软件设计

设计思想：本例采用查询方式接收数据。当 RI=1 时，读取接收 SBUF 的数据，这个数据就是按键状态，将该数据送给 P2，就可以点亮相应的 LED。采用查询方式发送数据的关键环节如下。

（1）74LS165 的控制端　$\text{SH}/\overline{\text{LD}}$ 先拉低再拉高，打开串行输出，关闭并行输入。

（2）串口初始化　串行口工作在方式 0，允许接收，清接收标志位 RI，即 SCON=0x10;（SM0 SM1=00；REN=1；RI=0；其他没用到各位都清零）。

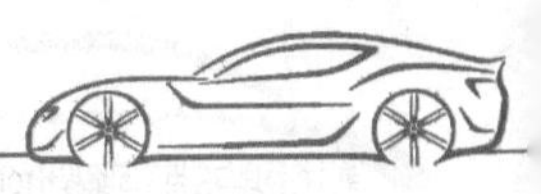

（3）查询标志位　使用“while（！RI）;”语句，当 RI=0 时，while 条件成立，在这条语句处循环等待，直至 RI=1，while 条件不成立，退出本条语句。表示已将 8 位数据接收完毕，存放在接收 SBUF 中。这时就可以读取 SBUF 的数据了。

（4）串口接收数据　利用语句“INbuffer =SBUF;”从串口读出数据存放在变量 INbuffer 里。再用语句“P2=INbuffer;”将按键状态送给 P2 口。

74LS165 的 8 位并行数据的移位顺序是 D7（6 引脚）先移，所以 D7 位的电平会移位至一个字节的最低位，D0 会移送至一个字节的最高位，按照图 7-20 可知，B1 按键连接的是 74LS164 的 D0 端，按下 B1 按键，则 P2.7 引脚控制的 LED 点亮，它们的对应关系如下所示。

按键从上到下顺序：	B1	B2	B3	B4	B5	B6	B7	B8
对应 74LS165 输入端：	D0	D1	D2	D3	D4	D5	D6	D7
LED 从上到下顺序：	P27	P26	P25	P24	P23	P22	P21	P20

（5）接收数据后　清标志位“RI=0;”。

【查询方式参考程序】

```
#include <reg52.h>
#define uchar unsigned char
#define uint unsigned int
sbit SH=P1^0;                          //74LS165 控制端
uchar INbuffer;                        //接收数据变量
/******************************毫秒延时函数******************************/
void delay(unsigned int i)             //延时函数
{
    unsigned char j;
    for(;i>0;i--)
    for(j=0;j<125;j++);
}
/******************************主函数******************************/
void main()
{
    while(1)
    {
        SH=0;                          //SH=0 并行读入开关 S0~S7 的状态
        delay(1);
        SH=1;                          //SH=1 串行读入到串行口中
        SCON=0x10;                     //串口初始化为方式 0,可接收
        while(!RI);
        INbuffer=SBUF;                 //读取串口数据
        P2=INbuffer;                   //开关状态数据送 P2 口
        RI=0;                          //清接收标志位
    }
}
```

3. 仿真运行

将程序编译生成 Hex 文件，加载到单片机中，单击运行按钮，运行效果图如图 7-23 所示。按下各个按键，与之对应的 LED 点亮，按下按键 B1，L1 点亮，按下 B2，L2 点亮，依此类推。

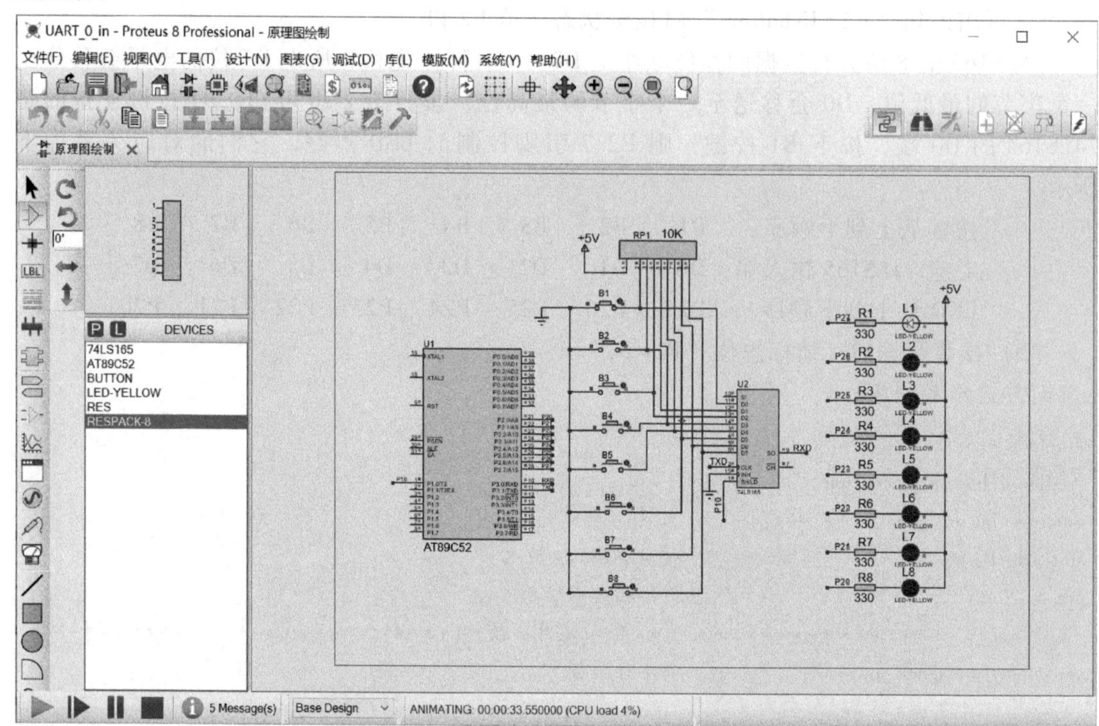

图 7-23 扩展并行输入口仿真运行效果图

7.4 串行口方式 1 及其应用

7.4.1 串行口方式 1

1. 方式 1 的设置

当 SCON 中 SM0 SM1 = 01 时，串口工作于方式 1，为 8 位异步通信方式。该工作方式下，TXD（P3.1）为发送引脚，RXD（P3.0）为接收引脚，主要用于点对点通信。通常采用 3 线式连接，即由主机 TXD、RXD 分别与从机 RXD、TXD 连接（交叉相连），两机共地。

2. 方式 1 的传输速率

方式 1 的传输速率是可变的，可由软件设定，计算公式见式（7-1）。

$$\text{方式 1 的传输速率} = \frac{2^{SMOD}}{32} \times \text{T1 的溢出率} \tag{7-1}$$

其中，SMOD 为 PCON 的最高位（传输速率加倍位），可设为 0 或 1。T1 的溢出率为 T1 溢出的速率，即定时时间的倒数。

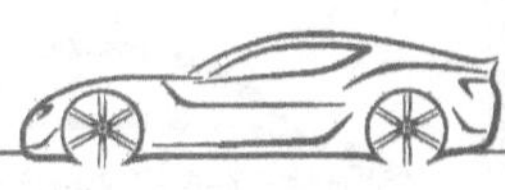

$$T1\text{的溢出率}=\frac{1}{(2^n-X)\times\frac{1}{f_{osc}/12}} \tag{7-2}$$

其中，n为定时器的位数，若T1采用方式1，是16位定时器，n=16；若T1采用方式2，是8位定时器，n=8。X为定时器T1的初值，f_{osc}为晶振的频率，通常为12MHz或11.0592MHz。

在实际设定传输速率时，通常传输速率都是固定的一些数据，如1200bit/s、2400bit/s、4800bit/s、9600bit/s和19200bit/s等，可根据实际通信速率选择。所以，传输速率计算问题就是确定T1的初值问题。

T1常设置为方式2（自动重装初值方式），即TH1存放备用初值，TL1作为8位计数器。T1在初值的基础上计数，计满溢出后，由硬件自动将TH1中的备用初值装入TL1，这样定时器溢出的速率就会相对更稳定。采用方式2可避免因软件重装初值带来的定时误差。T1也可使用方式1，但方式1需要软件重装初值，很容易产生时间上的微小误差，当多次操作时微小误差不断累积，终会产生错误。

综上所述，设置串行口方式1传输速率的步骤为：

1）设置传输速率加倍位：传输速率加倍位SMOD设置为“0”或“1”都可以，即“PCON=0x00”；或“PCON=0x80;”。

2）设置T1：工作在方式2，定时模式，即“TMOD=0x20;”。

3）计算T1的初值：按式（7-1）和式（7-2）计算初值，并赋值给TH1和TL1。

4）启动定时器T1：“TR1=1;”。

注：T1作为传输速率发生器使用时，不要开启T1中断功能。

【例7-6】　已知串行口工作在方式1，传输速率为9600bit/s，系统晶振频率为11.0592MHz，求TL1和TH1中装入的数值是多少？写出初始化程序段。

【解】　设所求的初值为X，设置SMOD=0，T1作传输速率发生器使用，设置T1工作在方式2自动重装初值的8位定时器方式，所以n=8，将已知条件代入式（7-1）、式（7-2）后可求得定时器初值X。

$$9600=\frac{2^0}{32}\times\frac{1}{(2^8-X)\times\frac{1}{11059200/12}}$$

计算可得X=253（0xFD）。初始化程序段为：

```
SCON=0x40;          //设串行口方式1，不接收，SCON =0b0100 0000=0x04
PCON=0x00;          //传输速率不加倍SMOD=0
TMOD=0x20;          //T1方式2定时
TL1=0xFD;           //T1方式2初值
TH1=0xFD;           //备用初值
TR1=1;              //启动T1
```

除了按上述方法计算T1的初值，也可以通过查表或传输速率计算软件获得T1的初值。

当串行口工作在方式1、T1作传输速率发生器使用并工作在方式2下，TH1和TL1中的常用传输速率初值见表7-6。

表7-6 常用传输速率初值表

传输速率/bit·s⁻¹	晶振频率/MHz	初值		误差(%)	晶振频率/MHz	初值		误差(%)	
		SMOD=0	SMOD=1			SMOD=0	SMOD=1	SMOD=0	SMOD=1
300	11.0592	0xA0	0x40	0	12	0x98	0x30	0.16	0.16
600	11.0592	0xD0	0xA0	0	12	0xCC	0x98	0.16	0.16
1200	11.0592	0xE8	0xD0	0	12	0xE6	0xCC	0.16	0.16
1800	11.0592	0xF0	0xE0	0	12	0xEF	0xDD	2.12	-0.79
2400	11.0592	0xF4	0xE8	0	12	0xF3	0xE6	0.16	0.16
3600	11.0592	0xF8	0xF0	0	12	0xF7	0xEF	-3.55	2.12
4800	11.0592	0xFA	0xF4	0	12	0xF9	0xF3	-6.99	0.16
7200	11.0592	0xFC	0xF8	0	12	0xFC	0xF7	8.51	-3.55
9600	11.0592	0xFD	0xFA	0	12	0xFD	0xF9	8.51	-6.99
14400	11.0592	0xFE	0xFC	0	12	0xFE	0xFC	8.51	8.51
19200	11.0592	—	0xFD	0	12	—	0xFD	—	8.51
28800	11.0592	0xFF	0xFE	0	12	0xFF	0xFE	8.51	8.51

通过表7-6可以看出，晶振采用12MHz，计算出的T1初值不是一个整数，取整后作为T1的初值，用这个初值进行通信会产生累计误差，导致通信失败。因此，在单片机串行口通信系统中，晶振常采用11.0592MHz。

3. 方式1的帧格式

方式1的一帧数据为10位，1个起始位（0）、8个数据位、1个停止位（1），先发送或接收最低位，帧格式如图7-24所示。

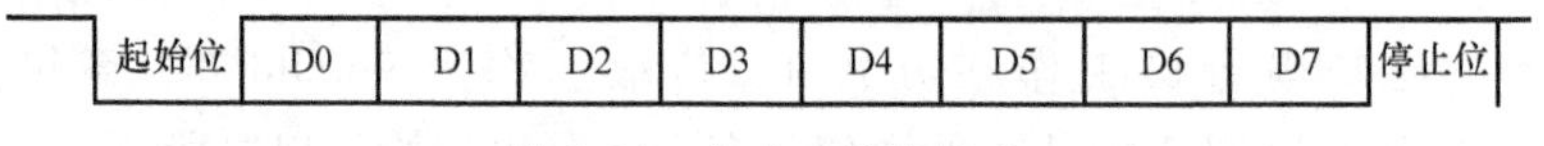

图7-24 方式1的帧格式

4. 方式1发送的工作过程

当CPU执行一条数据写SBUF的指令，就启动发送过程。内部发送控制信号$\overline{SEND}$变为低电平，将起始位向TXD引脚（P3.1）输出，此后每经过一个TX时钟周期（TX时钟的频率就是发送的传输速率），便产生一个移位脉冲，并由TXD引脚输出一个数据位。8位数据位全部发送完毕后，中断标志位TI由硬件自动置“1”，然后$\overline{SEND}$变为高电平。方式1发送时序图如图7-25所示。

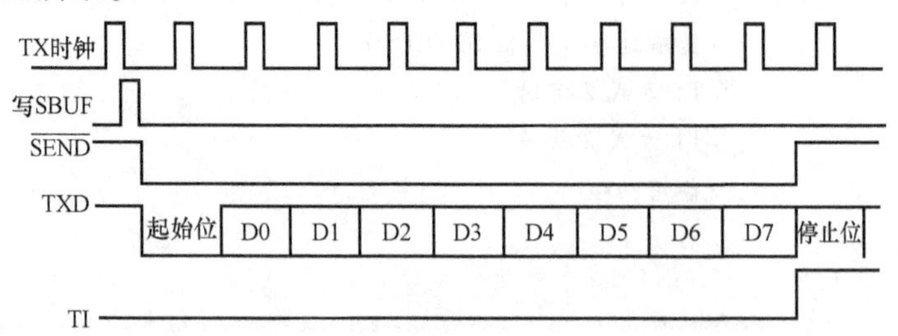

图7-25 方式1发送时序图

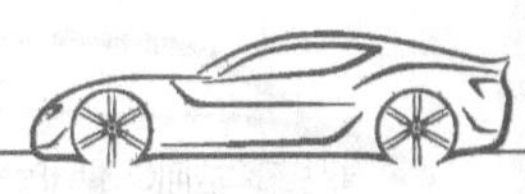

使用方式 1 发送数据的步骤：

1）串行口初始化：向 SCON 写入控制字。设置为方式 1：SM0 SM1 = 01，发送标志位 TI = 0，其他没用到的位清零，即“SCON = 0b0100 0000 = 0x40;”。

2）传输速率设置：

① 确定传输速率及传输速率加倍位（设 SMOD = 0/1，则 PCON = 0x00/0x80;）。

② 设置 T1：工作方式 2，定时（TMOD 的高 4 位 M1 M0 = 10，$C/\overline{T}$ = 0，其他没用到的各位清零，TMOD = 0b0010 0000 = 0x20;）。

③ 计算 T1 初值（TH1 = TL1 = X;）。

④ 启动 T1（TR1 = 1;）。

3）发送数据：将要发送的数据写入 SBUF，启动发送过程（SBUF = data8;）。

4）发送完数据后，TI 由硬件自动置“1”，可采用中断方式或查询方式处理发送完数据后的操作。

① 中断方式：需要先初始化串口中断“ES = 1; EA = 1; PS = 0/1;”。一帧数据发送完毕后，TI 由硬件自动置“1”，并进入中断服务函数处理，需要编写中断服务函数。

```
void 函数名() interrupt 4
    { 处理语句; }
```

② 查询方式：判断一帧数据是否发送完毕。使用“while(TI = = 0);”语句查询发送是否完毕。

5）软件清标志位（TI = 0）。

6）跳转到 3），继续发送下一帧数据。

5. 方式 1 接收的工作过程

方式 1 接收时（REN = 1），数据从 RXD（P3.0）引脚输入。当检测到起始位的负跳变，则开始接收。接收时，定时控制信号有两种：一种是接收移位时钟（RX 时钟），它的频率和传送的传输速率相同；另一种是位检测器采样脉冲，频率是 RX 时钟的 16 倍。以传输速率的 16 倍速率采样 RXD 引脚状态，当采样到 RXD 端从 1 到 0 的负跳变时就启动检测器，接收的值是 3 次连续采样（第 7~9 个脉冲时采样）取两次相同的值，以确认起始位（负跳变）的开始，较好地消除干扰引起的影响。当确认起始位有效时，开始接收一帧信息。每一位数据都进行 3 次连续采样（第 7~9 个脉冲采样），接收的值是 3 次采样中至少两次相同的值。方式 1 接收时序图如图 7-26 所示。

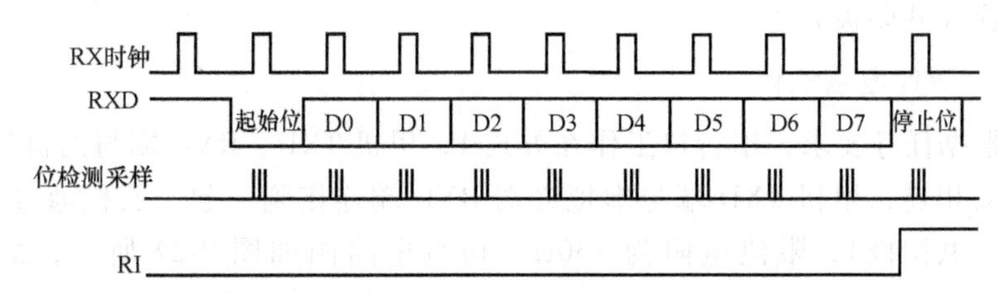

图 7-26　方式 1 接收时序图

当一帧数据接收完毕后，同时满足以下两个条件，接收才有效。将接收到的数据装入 SBUF 和 RB8（装入的是停止位），且中断标志位 RI 由硬件自动置“1”。若不同时满足这两

个条件，接收的数据不能装入 SBUF，该帧数据将丢弃：

1）RI=0，即上一帧数据接收完成时，RI=1 发出的中断请求已被响应，接收 SBUF 中的数据已被取走，说明接收 SBUF 已空。

2）SM2=0 或收到的停止位为 1。

使用方式 1 接收数据的步骤：

1）串口初始化：向 SCON 写入控制字。设置为方式 1：SM0 SM1 = 01，接收允许位 REN=1，接收标志位 RI=0，其他没用到的位清零，即“SCON=0b0101 0000=0x50;”。

2）传输速率设置：

① 确定传输速率及传输速率加倍位（设 SMOD=0/1，则 PCON=0x00/0x80;）。

② 设置 T1：工作方式 2，定时（TMOD 的高 4 位 M1 M0=10，C/$\overline{T}$=0，其他没用到的各位清零，TMOD=0b0010 0000=0x20;）。

③ 计算 T1 初值（TH1=TL1=X;）。

④ 启动 T1（TR1=1;）。

3）接收完数据后，RI 由硬件自动置“1”，可采用中断方式或查询方式处理接收完数据后的操作。

① 中断方式：需要先初始化串口中断“ES=1; EA =1; PS=0/1;”。一帧数据接收完毕后，RI 由硬件自动置“1”，并进入中断服务函数处理，需要编写中断服务函数。

```
void 函数名() interrupt 4
{ 处理语句;}
```

② 查询方式：判断一帧数据是否接收完毕。使用“while(RI==0);”语句查询接收是否完毕。

4）转存数据：读取 SBUF 中的数据存放到变量中（X=SBUF）。

5）软件清标志位（RI=0）。

6）跳转到 3)，继续接收下一帧数据。

7.4.2 双机通信的仿真实例

双机通信仿真实例（视频）

任务要求：两个 AT89S52 单片机进行串行口方式 1 通信，两机 f_{osc} 为 11.0592MHz，传输速率为 4800bit/s，SMOD=1。甲机采用查询方式循环发送数字 0~9，用虚拟终端观察发送数据；乙机采用中断方式接收数据，并将接收值显示在数码管（共阳极）上。

双机通信仿真实例（PPT）

1. 硬件电路设计

根据任务要求，串行口工作在方式 1，甲机 TXD、RXD 端与乙机的 TXD、RXD 端交叉相连，甲机 TXD 端与虚拟终端 RXD 端连接到一起。乙机通过 P2 口连接数码管（共阳极），限流电阻为 330Ω。仿真电路图如图 7-27 所示，最小系统电路省略。

说明：在 Proteus 中单击“P”按钮挑选元器件 AT89C52、RES（电阻）、7SEG-MPX1-CA（共阳极数码管）。为观察串行口传输的数据，甲机电路中采用虚拟终端显示串行口发出的数据。

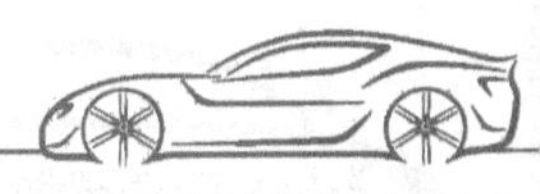

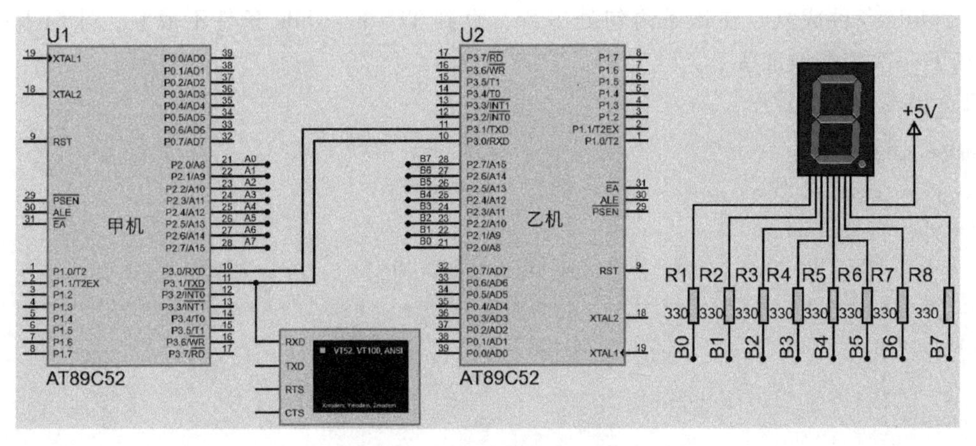

图 7-27　双机通信仿真电路图

添加虚拟终端的方法：单击 Proteus 原理图界面左侧工具箱中的虚拟仪器图标，在预览窗口中显示各种虚拟仪器选项，单击“VIRTUAL TERMINAL”项，并放置在原理图编辑窗口，然后把虚拟终端的 RXD 端与单片机的 TXD 端相连。双击虚拟终端，弹出编辑元件对话框，如图 7-28 所示，修改传输速率为“4800”，和单片机的传输速率保持一致，其他位保持默认值，这些默认值和串行口方式 1 的数据格式相同，如果不同，就要按照串行口方式 1 的数据帧格式修改参数。

编辑元件

元件位号(R):	
元件值(V):	
组件(E):	新建(N)
Baud Rate:	4800
Data Bits:	8
Parity:	NONE
Stop Bits:	1
Send XON/XOFF:	No
Terminal Type:	TELETYPE

图 7-28　虚拟终端编辑元件对话框

注：虚拟终端总共有 4 个引脚，RXD 是数据接收引脚、TXD 是数据发送引脚、RTS 是请求发送信号、CTS 是清除传送，是对 RTS 的响应信号。

编辑元件中的参数为 Baud Rate（传输速率）、Data Bits（数据传输位数）、Parity（奇偶校验位）、Stop Bits（数据传输的停止位）、Send XON/XOFF（发送第 9 位允许/禁止）。

2. 软件设计

设计思想：双机通信，需要编写 2 个独立的程序，甲机发送程序和乙机接收程序。甲机采用查询方式循环发送“0~9”数据，软件编程的关键环节如下。

1）串行口初始化。串行口工作在方式 1，甲机只发送数据。设置 SM0 SM1＝01、TI＝0，其他没用到的各位都清零。初始化语句：“SCON＝0b0100 0000＝0x40;”。

2）传输速率设置。f_{osc} 为 11.0592MHz，传输速率为 4800bit/s，SMOD＝1。T1 工作方式 2 定时，查表 7-6 可知 T1 的初值为 0xF4。初始化语句：“PCON＝0b1000 0000＝0x80; TMOD＝0b0010 0000＝0x20; TH1＝TL1＝0xF4; TR1＝1;”。

3）串行口发送的数据。要发送的数据“0~9”放在数组 sendbuf［ ］中，使用“SBUF＝sendbuf［index］;”发送数据。

4）查询是否发送完毕。使用“while(TI＝＝0);”查询，一帧数据没有发送完毕时，

TI=0，while 条件成立，在该条语句处等待，直到 TI=1，while 条件不成立，才向下执行，为发送下一次数据做准备。

【甲机查询发送参考程序】

```
#include<reg52. h>
#define uchar unsigned char
#define uint unsigned int
uchar code sendbuf[ ] = {0,1,2,3,4,5,6,7,8,9};//发送数据"0~9"
/******************************延时函数*******************************/
void delay( uint xms)
{
    uint i,j;
    for( i=0;i<xms;i++)
        for( j=0;j<100;j++);
}
/****************************串行口初始化函数****************************/
void uart_init( )
{
    SCON=0x40;                              //串行口方式 1,TI 和 RI 清零,不允许接收
    PCON=0x80;                              //传输速率加倍
    TMOD=0x20;                              //T1 定时方式 2
    TH1=0xF4;                               //传输速率 4800bit/s、SMOD=1,fosc=11.0592MHz 的初值
    TL1=0xF4;                               //传输速率 4800bit/s、SMOD=1,fosc=11.0592MHz 的初值
    TR1=1;                                  //启动 T1
}
/*******************************主函数*******************************/
void main( )
{
    uchar index=0;                          //发送数据索引
    uart_init( );                           //串行口初始化
    while(1)
    {
        SBUF=sendbuf[ index];               //发送数据
        while( TI==0);                      //等待发送完成
        TI = 0;                             //发送完毕,清 TI 标志位
        index++;                            //发送数据索引加 1
        if( index>=10) index=0;             //发送 10 个数,等于 10 后从 0 开始发送
        delay(1000);                        //控制发送速度
    }
}
```

乙机采用中断方式接收数据，软件编程的关键环节为：

1）串行口初始化。通信双方要保持相同的数据格式，所以乙机也采用方式 1，乙机只

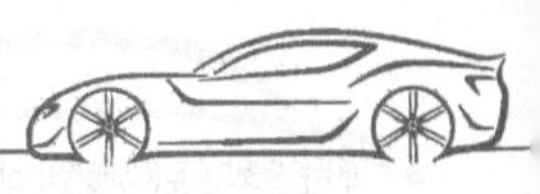

接收数据。设置 SM0 SM1＝01、REN＝1、RI＝0，其他没用到的各位都清零。初始化语句：“SCON＝0b0101 0000 ＝0x50；”。

2）传输速率设置。通信双方要保持相同的传输速率，所以，乙机和甲机的传输速率设置相同。

3）采用中断接收数据。开串口中断“ES＝1；EA＝1；”，中断服务函数中接收数据并在数码管上显示。

【乙机中断接收参考程序】：

```
#include<reg52.h>
#define uchar unsigned char
uchar code seg[]={0xC0,0xF9,0xA4,0xB0,0x99,0x92,0x82,0xF8,0x80,0x90};
                                        //共阳极 0~9 段码
uchar receivebuf;                       //定义接收缓冲
/**************************** 串行口初始化函数 ****************************/
void uart_init()
{
    SCON=0x50;                          //串行口方式 1,TI 和 RI 清零,允许接收;
    PCON=0x80;                          //传输速率加倍
    TMOD=0x20;                          //T1 定时方式 2
    TH1=0xF4;                           //传输速率 4800bit/s、SMOD=1,fosc=11.0592MHz 的初值
    TL1=0xF4;                           //传输速率 4800bit/s、SMOD=1,fosc=11.0592MHz 的初值
    TR1=1;                              //启动 T1
    ES=1;                               //开串行口中断允许
    EA=1;                               //开总中断
}
/******************************* 主函数 *******************************/
void main(void)
{
    uart_init();                        //初始化串行口
    while(1);                           //死循环等待接收数据
}
/*************************** 串行口中断服务函数 ***************************/
void uart_receive()interrupt 4
{
    if(RI==1)                           //接收完成
    {
        RI = 0;                         //清 RI 标志位
        receivebuf = SBUF;              //读取接收值
        P2=seg[receivebuf];             //显示接收值
    }
}
```

3. 仿真运行

甲乙两机的程序是独立的，因而需要建立各自的工程文件，并在其中完成相应程序的编辑和编译，生成两个 Hex 文件，分别加载到 2 个单片机中，并修改晶振为 11.0592MHz。单

击运行按钮，运行效果图如图 7-29 所示。每隔 1s 甲机循环发送一个数字，并显示在虚拟终端上，乙机接收到数据并显示在数码管上。

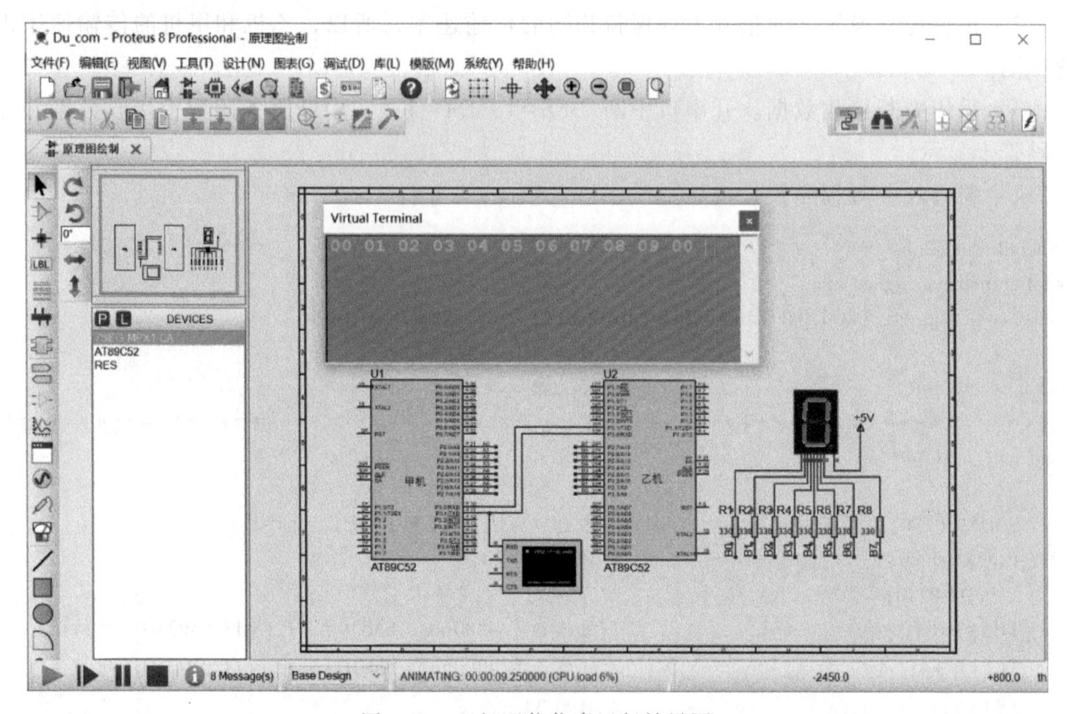

图 7-29　双机通信仿真运行效果图

7.5 串行口方式 2 及其应用

7.5.1 串行口方式 2

1. 方式 2 的设置

当 SCON 中 SM0 SM1=10 时，串行口工作在方式 2，11 位异步通信方式。TXD（P3.1）为发送引脚，RXD（P3.0）为接收引脚。该种工作方式主要用于奇偶校验或主从式多机通信系统。

2. 方式 2 的传输速率

方式 2 的传输速率计算公式见式（7-3）。

$$\text{方式 2 的传输速率}=\frac{2^{\mathrm{SMOD}}}{64}\times f_{\mathrm{osc}} \tag{7-3}$$

其中，SMOD 为 PCON 的最高位（传输速率加倍位），可设为 0 或 1。f_{osc} 为晶振的频率。

3. 方式 2 的帧格式

方式 2 的一帧数据为 11 位，1 个起始位（0），8 个数据位，1 位可编程为 1 或 0 的第 9 位数据和 1 位停止位（1），先发送或接收最低位，帧格式如图 7-30 所示。

在发送时，SCON 中 TB8 的值可被自动添加到数据帧的第 9 位（可编程位），并随数据

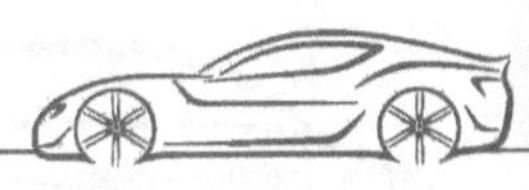

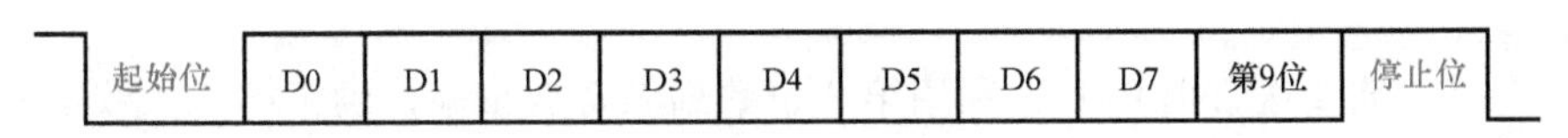

图 7-30　方式 2 的帧格式

帧一起发送。在接收时，数据帧的第 9 位可被自动送入 SCON 的 RB8 中。第 9 位数据可由用户安排，可以是奇偶校验位，也可以是其他控制位。

4. 方式 2 发送的工作过程

发送前，先根据通信协议由软件设置 TB8（如奇偶校验位或多机通信的地址/数据标志位），然后将要发送的数据写入 SBUF，即启动发送。内部发送控制信号 $\overline{\text{SEND}}$ 变为低电平，将起始位向 TXD 引脚（P3.1）输出，此后每经过一个 TX 时钟周期（TX 时钟的频率就是发送的传输速率），便由 TXD 引脚输出一个数据位。8 位数据位和第 9 位数据位全部发送完毕后，中断标志位 TI 由硬件自动置“1”。然后 $\overline{\text{SEND}}$ 变为高电平，TB8 自动装入数据帧的第 9 位数据位。方式 2 的发送时序图如图 7-31 所示。

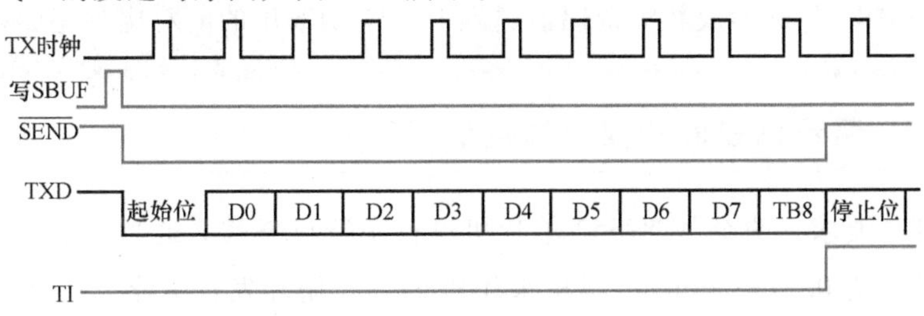

图 7-31　方式 2 的发送时序图

5. 方式 2 接收的工作过程

方式 2 接收数据时，数据从 RXD（P3.0）引脚输入。若检测到起始位的负跳变，则开始接收，先接收最低位 D0，在接收完第 9 位数据后，需满足以下两个条件，才能将接收到的数据送入 SBUF，第 9 位数据送入 RB8，且 RI 由硬件自动置“1”。若不满足这两个条件，则接收的信息将被丢弃：

1）RI=0，意味着接收 SBUF 为空。

2）SM2=0 或 RB8=1。

分析接收条件可知，RI 的状态要由 SM2 和 RB8 共同决定。若 SM2=0，则无论 RB8 为何值，都能使 RI 置“1”。若 SM2=1，仅当 RB8 为“1”时，才能使 RI 置“1”；若 RB8 为“0”，则无法使 RI 置“1”，也就无法接收数据。SM2 多用于多机或双机通信的选择位。如果是双机通信，则设 SM2=0；如果是多机通信，则设 SM2=1。多机通信原理见 7.6.2 节。方式 2 的接收时序图如图 7-32 所示。

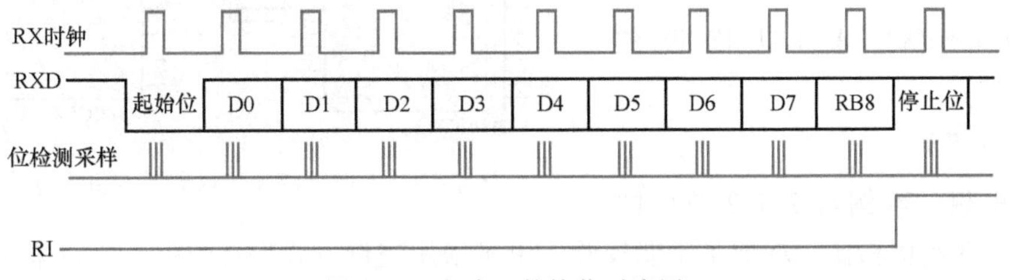

图 7-32　方式 2 的接收时序图

【例 7-7】 欲发送数据 0x45，利用第 9 位数据做奇偶校验，确定第 9 位数据的值，说明奇偶校验原理。

【解】 欲发送数据 0x45（0b0100 0101），因 0x45 中二进制数 1 的个数为奇数，因此奇偶值为“1”，将该值送入 TB8，发送时自动增加起始位“0”；然后发送数据 0x45，发送 TB8 的数据，最后自动添加停止位“1”，这样一起构成 11 位数据 0 0100 0101 1 1 发出。接收方接收数据时会将第 9 位数取出放入 RB8 中。重新计算接收的 8 位数据的奇偶值，再与 RB8 进行比较，相同则接收正确，不同则接收错误。

奇偶校验的关键是获得发送或接收数据的奇偶值。这里，可以用 PSW 的奇偶校验位 P 获得数据的奇偶值。只要将数据存入 ACC，硬件会自动计算 ACC 里数据的奇偶值，该奇偶值会自动装载到 PSW 的奇偶位 P 里。所以，本例中发送方执行指令“ACC=0x45;”，硬件自动将奇偶值“1”送入 P，则 P=1，执行指令“TB8=P; SBUF=0x45;”启动发送；接收方将接收到的数据 0x45 移位至接收 SBUF 中，TB8 里的“1”被接收送入 RB8，执行指令“ACC=SBUF;”则形成新的奇偶值送入 P，与 RB8 里的值对比，完成奇偶校验。

7.5.2 带奇偶校验的双机通信仿真实例

带奇偶校验的双机通信仿真实例（视频）

带奇偶校验的双机通信仿真实例（PPT）

任务要求：两个 AT89S52 单片机进行串行口方式 2 通信，f_{osc} 为 11.0592MHz，传输速率为 0.3456Mbit/s。甲机采用查询方式循环发送数字“0~9”，乙机采用中断方式接收数据并进行奇偶校验。若结果无误，则接收数据；若结果有误，则拒绝接收。甲机和乙机采用数码管（共阳极）显示。

1. 硬件电路设计

根据任务要求，串行口工作在方式 2，甲机和乙机都通过 P2 口连接数码管（共阳极），限流电阻为 330Ω。甲机 TXD、RXD 引脚和乙机 TXD、RXD 引脚交叉连接。仿真电路图如图 7-33 所示，最小系统电路省略。

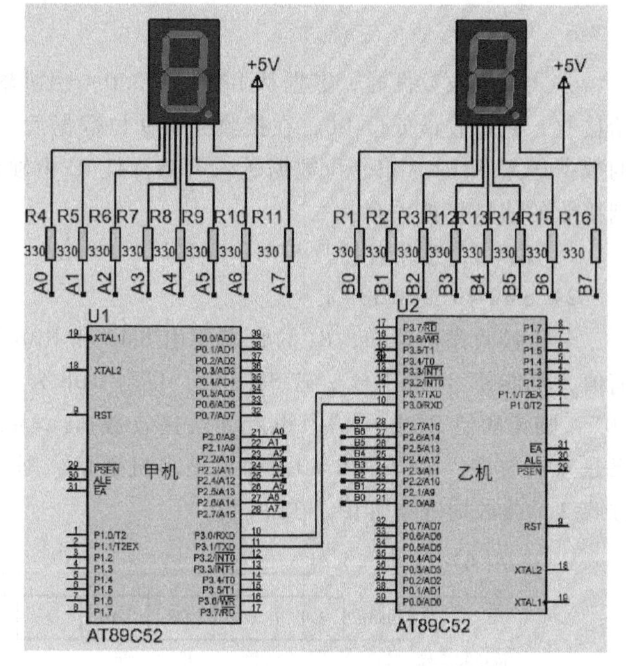

图 7-33 带奇偶校验的双机通信仿真电路图

说明：在 Proteus 中单击“P”按钮挑选元器件 AT89C52、RES（电阻）、7SEG-MPX1-CA（共阳极数码管）。

2. 软件设计

设计思想：本例与 7.4.2 节中的双机通信仿真实例相比，增加了奇偶校验，甲机采用查询方式发送数据，乙机采用中断方式

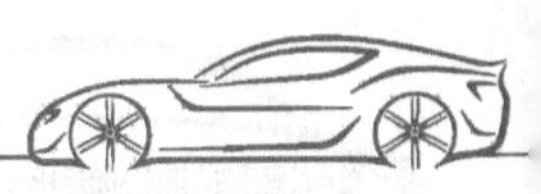

接收数据。软件编程的关键环节如下。

(1) 串行口初始化　甲机工作在方式 2，发送数据。设置 SM0 SM1 = 10，其他没用到的各位都清零。初始化语句："SCON = 0b1000 0000 = 0x80;"。

乙机工作在方式 2，接收数据，设置 SM0 SM1 = 10，REN = 1，其他没用到的各位都清零。初始化语句："SCON = 0b1001 0000 = 0x90;"。

(2) 传输速率设置　f_{osc} 为 11.0592MHz，传输速率为 0.3456Mbit/s，由式（7-3）计算出 SMOD = 1，则 "PCON = 0b1000 0000 = 0x80;"。

(3) 奇偶校验　将发送数据的奇偶位 P 的值送给 TB8，TB8 作为第 9 位数据随着要发送的 8 位数据一起发送。乙机接收到了 8 位数据，重新计算其奇偶值，并送给奇偶位 P，与接收到的第 9 位数据（RB8）进行比较，如果相同，则接收数据；否则拒绝接收。

【甲机发送参考程序】

```
#include <reg52.h>
#define uchar unsigned char
#define uint unsigned int
void uart_init();                       //串行口初始化函数
void Senddata9(uchar dat);              // 发送 9 位数据函数
void delay(uint xms);                   //延时函数
uchar code sendbuf[] = {0x00,0x01,0x02,0x03,0x04,0x05,0x06,0x07,0x08,0x09};
                                        //要发送的数据 0~9
uchar code seg[] = {0xC0,0xF9,0xA4,0xB0,0x99,0x92,0x82,0xF8,0x80,0x90};
                                        //共阳极 0~9 段码
/******************************** 主函数 ********************************/
void main(void)
{
    uchar i;
    uart_init();                        //串行口初始化
    while(1)
    {
        for(i=0;i<10;i++)
        {
            Senddata9(sendbuf[i]);      //发送数据
            P2=seg[sendbuf[i]];         //显示数据
            delay(1000);                //大约 1s 发送一次数据
        }
    }
}
/**************************** 串行口初始化函数 ****************************/
void uart_init()
{
    SCON=0x80;                          //串行口方式 2,发送,不接收
    PCON=0x80;                          //SMOD=1,传输速率设置为 0.3456Mbit/s
```

```
}
/****************************** 发送 9 位数据函数 ******************************/
void Senddata9(uchar dat)
{
    ACC=dat;                    // 将发送数据写入 ACC,目的是硬件自动计算奇偶位 P 的值
    TB8=P;                      // 将奇偶位 P 作为第 9 位数据送给 TB8
    SBUF=dat;                   // 发送 1B 数据
    while(TI==0);               //查询 TI=0,未发送完则等待
    TI=0;                       // 1B 数据发送完,TI 清零
}
/****************************** 延时函数 ******************************/
void delay(uint xms)
{
    uint i,j;
    for(i=0;i<xms;i++)
        for(j=0;j<100;j++);
}
```

【乙机接收参考程序】

```
#include <reg52.h>
#define uchar unsigned char
#define uint unsigned int
void uart_init();                   //串行口初始化函数
uchar code seg[]={0xC0,0xF9,0xA4,0xB0,0x99,0x92,0x82,0xF8,0x80,0x90};
                                    //共阳极 0~9 段码
uchar receivebuf;                   //定义接收缓冲
/****************************** 主函数 ******************************/
void main(void)
{
    uart_init();                    //串行口初始化
    while(1)
    {
        P2=seg[receivebuf];         //显示接收值
    }
}
/****************************** 串行口初始化函数 ******************************/
void uart_init()
{
    SCON=0x90;                      //串行口方式 2,发送,可接收
    PCON=0x80;                      //SMOD=1,传输速率设置为 0.3456Mbit/s
    ES=1;                           //开串行口中断允许
    EA=1;                           //开总中断
```

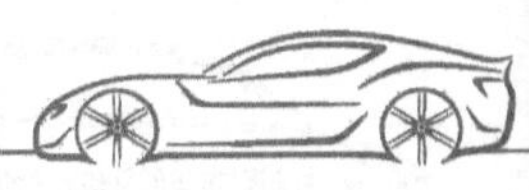

```
}
/ ****************************** 串行口中断服务函数 ************************** /
void uart_receive( ) interrupt 4
{
    if( RI = = 1)                     //接收完成
    {
        RI = 0;                       //清 RI 标志位
        ACC = SBUF;                   //将接收数据存于 ACC,目的是硬件自动计算奇偶位 P 的值
        if( RB8 = = P)                //接收到的奇偶值(RB8)和新形成的奇偶值(P)相同,接收数据
        {
            receivebuf = ACC;         //将接收数据存于 receivebuf
        }
    }
}
```

3. 仿真运行

将甲乙两机的程序分别进行编辑和编译，生成 2 个 Hex 文件，分别加载到 2 个单片机中，并修改晶振为 11.0592MHz。单击运行按钮，运行效果图如图 7-34 所示。每隔 1s 甲机发送一个数据，循环发送“0~9”，并将发送数据显示在数码管上。乙机接收到数据后显示在数码管上。

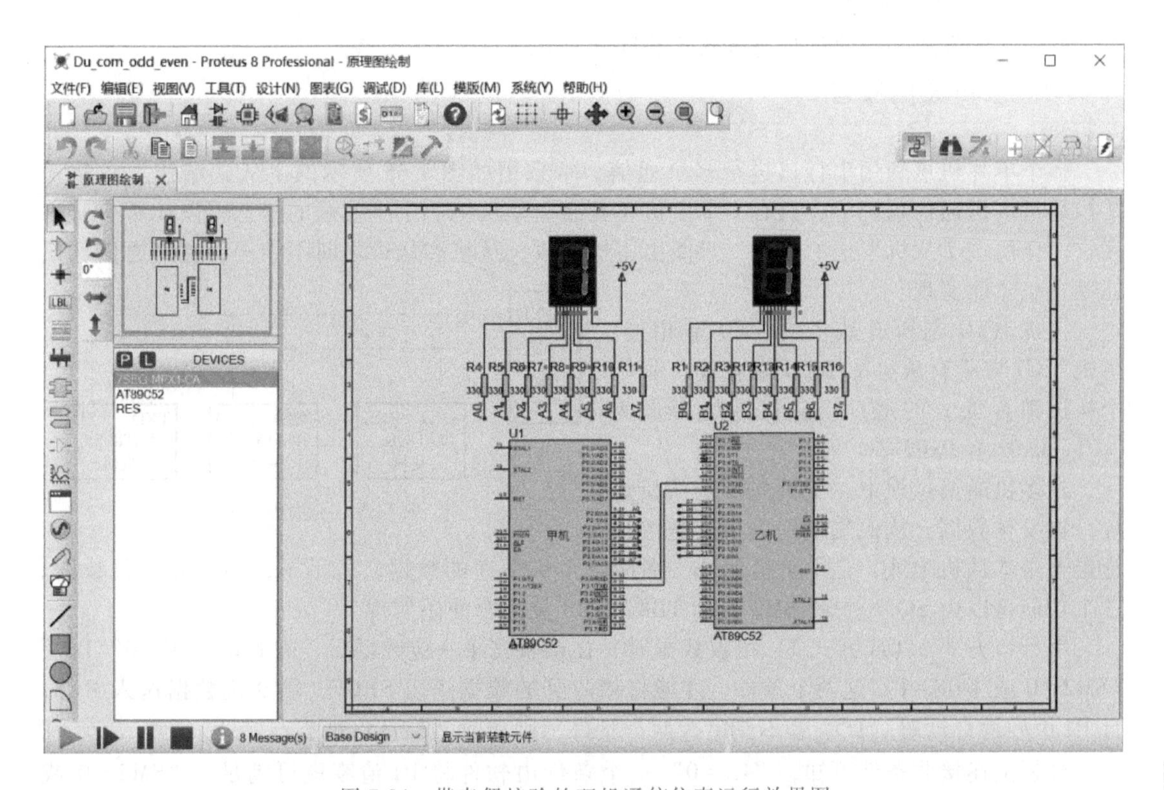

图 7-34　带奇偶校验的双机通信仿真运行效果图

7.6 串行口方式3及其应用

7.6.1 串行口方式3

1. 方式3的设置

当SCON中SM0 SM1=11时，串行口工作在方式3，9位异步通信方式。TXD（P3.1）为发送引脚，RXD（P3.0）为接收引脚。该种工作方式主要用于奇偶校验或主从式多机通信系统。

2. 方式3的传输速率

方式3的传输速率是可变的，计算公式见式（7-4）。

$$方式3的传输速率=\frac{2^{SMOD}}{32}\times T1的溢出率 \tag{7-4}$$

其中，SMOD为PCON的最高位（传输速率加倍位），可设为0或1。T1的溢出率为T1溢出的速率，即为定时时间的倒数，与方式1的传输速率计算方法相同。

3. 方式3的帧格式

方式3的帧格式与方式2相同。

4. 方式3的发送和接收过程

方式3的发送和接收过程与方式2相同。

7.6.2 多机通信原理

多个单片机可利用串行口进行多机通信，常采用如图7-35所示的主从式结构。主从式结构是指多机通信系统中，只有一个主机，其余全是从机。主机发送的信息可以被所有从机接收，任何一个从机发送的信息，只能由主机接收，从机和从机之间不能进行直接通信，只能经主机才能实现。

主机RXD与所有从机的TXD端相连，主机TXD与所有从机的RXD端相连。每一个从机都有独立的地址，从机地址可设为0x01、0x02和0x03等。

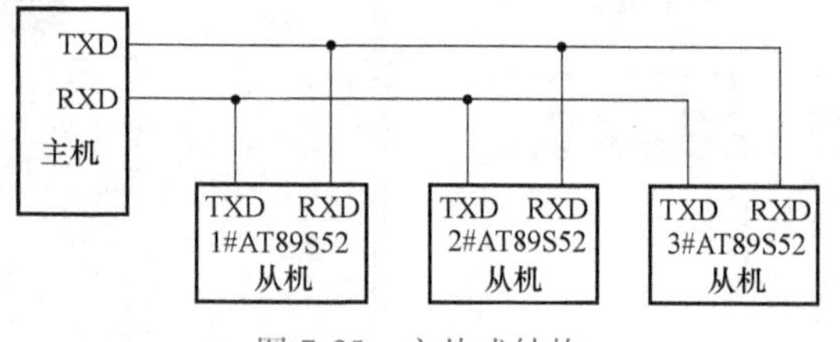

图7-35 主从式结构

在多机通信过程中，主机先发送从机地址，再发送数据。从机先识别主机发送的地址是否是本从机地址，是本从机地址，则接收主机发送的数据，若不是，则放弃接收数据。这个功能可以由SCON中的SM2位和TB8、RB8位配合使用实现。

串行口方式2（或方式3）接收数据时，在接收完第9位数据后，需满足“RI=0”以及“SM2=0或RB8=1”这两个条件，才能将接收到的数据送入SBUF，第9位数据送入RB8，且RI由硬件自动置“1”。若不满足这两个条件，则接收的信息将被丢弃。

分析上述接收条件可知，“RI=0”这个条件由软件将RI清零就可满足。“SM2=0或RB8=1”这个条件是决定从机能否接收到数据的关键，具体有以下3种情况：

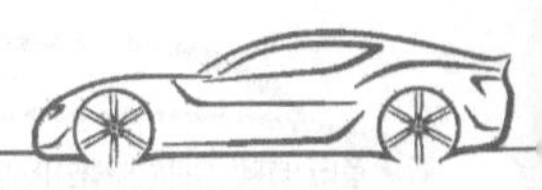

1）SM2=0 时，不管 RB8=1 还是 RB8=0，从机都能接收到数据。

2）SM2=1 时，只有 RB8=1 时，从机才能接收到数据。

3）SM2=1 时，如果 RB8=0，从机不能接收数据，数据被丢弃。

应用上述 3 个条件，可实现 AT89S52 单片机的多机通信。多机通信的工作过程如下所述。

1）各从机初始化：将串行口设置为方式 2 或方式 3（9 位异步通信方式），允许接收（REN=1），且 SM2=1。允许从机的串行口中断。从机在串行口中断服务函数中接收数据。

2）主机初始化：将串行口设置为方式 2 或方式 3（9 位异步通信方式），SM2 位设置为“0”，并一直保持为“0”。主机采用查询方式发送数据。

3）主机先发送地址帧：用第 9 位 TB8 来区分发送的数据是从机地址还是给从机的数据。TB8=1，表示发送的是从机地址；TB8=0，表示发送的是数据。

当主机向各从机发送地址帧（地址标识符 TB8=1 和从机地址）时，各从机接收到 RB8=1，且各从机 SM2=1，则各从机的 RI 都置“1”，各从机响应中断进入中断服务函数。各从机在中断服务函数中判断主机送来的地址是否和本机地址相符合，若为本机地址，则该从机 SM2 位清零，准备接收主机发送的数据；地址不相符的从机，则保持 SM2=1。

4）主机再发送数据帧（数据标识符 TB8=0 和数据），各从机接收到 RB8=0。只有与前面地址相符合的从机（即 SM2 位已清零的从机）才能使 RI=1，从而进入中断服务函数，在中断服务函数中接收主机发来的数据；与主机发来的地址不相符的从机，由于 SM2=1，又 RB8=0，因此不能置位中断标志 RI，这些从机就不能进入中断服务函数接收数据，相当于数据被丢弃了。

5）结束数据通信并为下一次的多机通信做好准备。一定要将从机再设置为多机通信模式，即 SM2=1；REN=1。

7.6.3　多机通信仿真实例

多机通信仿真实例（视频）

多机通信仿真实例（PPT）

任务要求：设计 1 个主机和 2 个从机的主从式串行通信系统。主机设计 2 个按键与从机通信，按下“1#从机通信”按键，主机向 1#从机采用查询方式循环发送“0~9”10 个字符，按下“2#从机通信”按键，主机向 2#从机采用查询方式循环发送“A~F”6 个字符，主机用虚拟终端观察发送的数据。从机采用中断方式接收数据，并在数码管（共阳极）上显示。系统晶振频率为 11.0592MHz。采用串口方式 3，传输速率为 9600bit/s。

1. 硬件电路设计

主机的 TXD 引脚和虚拟终端的 RXD 引脚相连，与 1#、2#从机的 RXD 引脚相连。1#、2#从机分别通过 P2 口连接数码管（共阳极），限流电阻为 330Ω。“1#从机通信”按键与主机 $\overline{\text{INT0}}$（P3.2）引脚连接，“2#从机通信”按键与主机 $\overline{\text{INT1}}$（P3.3）引脚连接，仿真电路图如图 7-36 所示，最小系统电路省略。

说明：在 Proteus 中单击“P”按钮挑选元器件 AT89C52、RES（电阻）、7SEG-MPX1-CA（共阳极数码管）。主机电路中采用虚拟终端显示串行口发出的数据。单击 Proteus 原理图界面左侧工具箱中的虚拟仪器图标，在预览窗口中显示各种虚拟仪器选项，单击“VIRTUAL TERMINAL”项，放置虚拟终端。双击虚拟终端，弹出编辑元件对话框，修改传

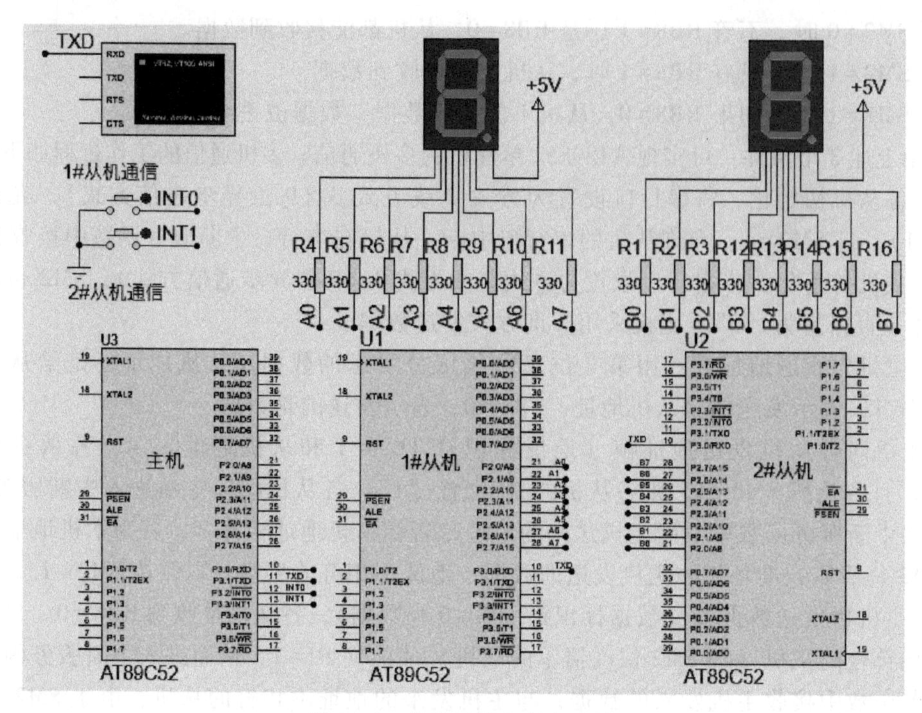

图 7-36　多机通信仿真电路图

输速率为“9600”。

2. 软件设计

设计思想：

1）主机的 2 个按键与外部中断引脚相连，所以采用外部中断来处理 2 个按键，在中断服务程序中设标志位 flag，“1#从机通信”按键按下，flag = 1，“2#从机通信”按键按下，flag = 2。在主程序中查询标志位，若 flag = 1，则采用查询方法循环发送“0 ~ 9”10 个字符，若 flag = 2，则采用查询方法循环发送“A ~ F”6 个字符。

2）从机采用串行口中断接收数据，先判断接收到的数据是否为本机地址，是则接收数据，接收到的数据是字符，也就是“0 ~ 9”和“A ~ F”的 ASCII 码，所以要转换成相应的段码用于数码管显示。

主从机软件编程的关键环节为：

（1）主从机串行口初始化　主机工作在方式 3（SM0 SM1 = 11），SM2 = 0，SCON 其他没用到的各位都清零。初始化语句：“SCON = 0b1100 0000 = 0xC0;”，主机查询发送数据。

从机工作在方式 3（SM0 SM1 = 11），接收数据（REN = 1），多机通信（SM2 = 1），其他没用到的各位都清零。初始化语句：“SCON = 0b1111 0000 = 0xF0;”，从机采用中断接收数据，开串行口中断初始化语句“ES = 1; EA = 1;”。

（2）主从机传输速率设置　主从机的传输速率要保持一致，f_{osc} 为 11.0592MHz，传输速率为 9600bit/s，SMOD = 0，T1 工作方式 2，定时。查表 7-6 可知 T1 的初值为 0xFD。

初始化语句：“PCON = 0b0000 0000 = 0x00; TMOD = 0b0010 0000 = 0x20; TH1 = TL1 = 0xFD; TR1 = 1;”。

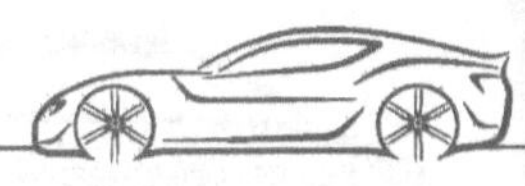

(3) 主机按键处理　主机按键采用外部中断处理，开 $\overline{INT0}$ 和 $\overline{INT1}$ 中断，下跳沿触发。“1#从机通信”按键接 $\overline{INT0}$（P3.2），按键按下进入中断，设置按键标志位 flag=1；“2#从机通信”按键接 $\overline{INT1}$（P3.3），按键按下进入中断，设置按键标志位 flag=2。在主程序中根据 flag 的值执行按键发送操作。

(4) 主机在按键发送函数中以查询法发送数据　先发送地址帧（地址标识码 TB8=1 和从机地址），使用“while（TI==0）;”语句查询是否发送完毕。发送完毕，使 TI=0，再发送数据帧（数据标识码 TB8=0 和数据）；使用“while（TI==0）;”语句查询是否发送完毕。发送完毕，使 TI=0。通过 2 次发送完成与从机的一次通信过程。

(5) 从机在初始化后进入死循环等待状态　由于从机在初始化时把从机都设置为可接收数据的状态，因此，当从机接收到主机发来的第一个数据（地址帧）后，各从机都进入中断服务函数。在中断服务函数中，各从机先对地址帧进行判断，是本机地址的从机随后接收数据并显示，不是本机地址的从机则不接收数据。由于接收到的数据是字符，也就是“0~9”的 ASCII（对应十六进制数 0x30~0x39，对应十进制数 48~57）或“A~F”的 ASCII（对应十六进制数 0x41~0x46，对应十进制数 65~70），所以要先将这些字符转换为对应的数值再查共阳极段码表显示。“0~9”之间的字符减去 48，就是段码表中对应的数字的序号；“A~F”之间的字符减去 55，就是段码表中对应的字母的序号。

【主机参考程序】

```
#include <reg52.h>
#define uchar unsigned char
#define uint unsigned int
#define Slave1_ADDR 1                                        //1#从机地址
#define Slave2_ADDR 2                                        //2#从机地址
void delay(uint xms);                                        //延时函数
void Ex_init();                                              //外部中断初始化函数
void uart_init();                                            //串行口初始化函数
void key_send(uchar node_number);                            //按键发送函数
uchar code str1[]="0123456789";                              //1#从机发送数据(字符)
uchar code str2[]="ABCDEF";                                  //2#从机发送数据(字符)
uchar num1=0,num2=0;                                         //给从机发送次数
uchar flag=0;                                                  //按键标志位
/********************************主函数*********************************/
void main()
{
    Ex_init();                                               //外部中断初始化
    while(1)
    {
        switch(flag)
        {
            case 1: key_send(Slave1_ADDR);break;   //给 1#从机发送数据
            case 2: key_send(Slave2_ADDR);break;   //给 2#从机发送数据
```

```
        }
    }
}
/*********************************延时函数*******************************/
void delay(uint xms)
{
    uint i,j;
    for(i=0;i<xms;i++)
      for(j=0;j<100;j++);
}
/*****************************外部中断初始化函数*************************/
void Ex_init()
{
    IT0=1;                          //INT0 下跳沿触发
    EX0=1;                          //开 INT0 中断允许
    IT1=1;                          //INT1 下跳沿触发
    EX1=1;                          //开 INT1 中断允许
    EA=1;                           //开总中断
}
/*****************************串行口初始化函数*************************/
void uart_init()
{
    SCON=0xC0;                      //方式 3、禁止接收
    TMOD=0x20;                      //T1 定时方式 2
    TH1=TL1=0xFD;                   //9600bit/s,SMOD=0 初值
    TR1=1;                          //启动 T1
}
/*****************************按键发送函数*****************************/
void key_send(uchar node_number)
{
    delay(1000);                    //1s 发送一个数据
    uart_init();                    //串行口初始化
    TB8=1;                          //发送地址码
    SBUF=node_number;               //发送从机地址
    while(TI==0);                   //等待发送结束
    TI=0;                           //清 TI 标志
    TB8=0;                          //发送数据码
    switch(node_number)
    {
        case 1:                     //1#从机通信按键按下
        {
```

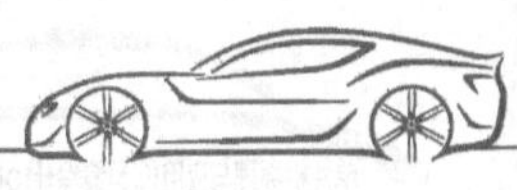

```
            SBUF=str1[num1++];          //发送1#从机数据"0~9"字符
            if(num1>=10) num1=0;        //修改发送指针
            break;                      //退出switch函数
        }
        case 2:                         //2#从机通信按键按下
        {
            SBUF=str2[num2++];          //发送2#从机数据"A~F"字符
            if(num2>=6) num2=0;         //修改发送指针
            break;                      //退出switch函数
        }
        default: break;                 //退出switch函数
    }
    while(TI==0);                       //等待数据帧发送结束
    TI=0;                               //清TI标志
}
/**************************** INT0中断服务函数 ****************************/
void key1_int() interrupt 0
{
    flag=1;                             //设标志位,1#从机通信按键发送标志
    IE0=0;                              //清INT0中断标志位
}
/**************************** INT1中断服务函数 ****************************/
void key2_int() interrupt 2
{
    flag=2;                             //设标志位,2#从机通信按键停止发送标志
    IE1=0;                              //清INT1中断标志位
}
```

【1#从机参考程序】

```
#include <reg52.h>
#define Slave1_ADDR 1                                       //1#从机地址
#define uchar unsigned char
void uart_init();                                           //串行口初始化函数
void display(uchar ch);                                     //显示函数
uchar code seg[]={0xC0,0xF9,0xA4,0xB0,0x99,0x92,0x82,0xF8,
                  0x80,0x90,0x88,0x83,0xC6,0xA1,0x86,0x8E}; //共阳极0~F段码
/************************** 主函数 **************************/
void main()
{
    uart_init();                                            //串行口初始化
    while(1);                                               //死循环
}
```

```
/**************************** 串行口中断服务函数 ***************************/
void receive(void) interrupt 4
{
    RI=0;                          //清接收标志位
    if(RB8==1)                     //判断接收到的是否为地址,等于 1 为地址
    {
        if(SBUF==Slave1_ADDR)      //判断是否是本机地址 Slave1_ADDR=0x01
            SM2=0;                 //是本机地址,清 SM2=0
        return;                    //退出函数
    }
    display(SBUF);                 //不是地址就是数据,接收数据并调用显示函数显示
    SM2=1;                         // SM2=1 为下一次通信做准备
}
/***************************** 串行口初始化函数 *****************************/
void uart_init()
{
    SCON=0xF0;                     //串行口方式 3、多机通信、允许接收、中断标志清零
    TMOD=0x20;                     //T1 定时方式 2
    TH1=TL1=0xFD;                  //9600bit/s,SMOD=0,初值
    TR1=1;                         //启动 T1
    ES=1;                          //开串行口中断
    EA=1;                          //开总中断
}
/********************************* 显示函数 *********************************/
void display(uchar ch)
{
    if((ch>=48)&&(ch<=57))         //"0~9"ASCII 码对应十进制数在 48~57 之间
        P2=seg[ch-48];             //减去 48 得到"0~9"的数值,对应段码数组的位置
    else if((ch>=65)&&(ch<=70))    //"A~F"ASCII 码对应十进制数在 65~70 之间
        P2=seg[ch-55];             //减去 55 得到"A~F"在段码数组的位置
}
```

【2#从机参考程序】

```
#include <reg52.h>
#define Slave2_ADDR 2                                              //2#从机地址
#define uchar unsigned char
void uart_init();                                                  //串行口初始化函数
void display(uchar ch);                                            //显示函数
uchar code seg[]={0xC0,0xF9,0xA4,0xB0,0x99,0x92,0x82,0xF8,
                  0x80,0x90,0x88,0x83,0xC6,0xA1,0x86,0x8E};        //共阳极 0~F 段码
/**************************** 主函数 ****************************************/
void main()
```

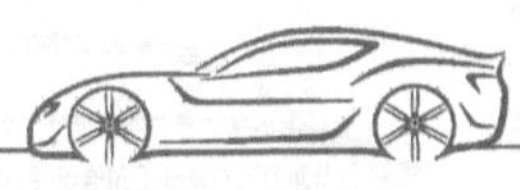

```
{
    uart_init();                         //串行口初始化
    while(1);                            //死循环
}
/**************************** 串行口中断服务函数 **************************/
void receive(void) interrupt 4
{
    RI=0;                                //清接收标志位
    if(RB8==1)                           //判断接收到的是否为地址,等于 1 为地址
    {
        if(SBUF==Slave2_ADDR)            //判断是否是本机地址 Slave2_ADDR=0x02
            SM2=0;                       //是本机地址,清 SM2=0
        return;                          //退出函数
    }
    display(SBUF);                       //不是地址就是数据,接收数据并调用显示函数显示
    SM2=1;                               // SM2=1 为下一次通信做准备
}
/***************************** 串行口初始化函数 **************************/
void uart_init()
{
    SCON=0xF0;                           //串行口方式 3、多机通信、允许接收、中断标志清零
    TMOD=0x20;                           //T1 定时方式 2
    TH1=TL1=0xFD;                        //9600bit/s,SMOD=0,初值
    TR1=1;                               //启动 T1
    ES=1;                                //开串行口中断
    EA=1;                                //开总中断
}
/********************************** 显示函数 *******************************/
void display(uchar ch)
{
    if((ch>=48)&&(ch<=57))               //"0~9"ASCII 码对应十进制数在 48~57 之间
        P2=seg[ch-48];                   //减去 48 得到"0~9"的数值,对应段码数组的位置
    else if((ch>=65)&&(ch<=70))          //"A~F"ASCII 码对应十进制数在 65~70 之间
        P2=seg[ch-55];                   //减去 55 得到"A~F"在段码数组的位置
}
```

由以上程序可以看出，除从机地址不一样以外，两个从机程序完全一样。

3. 仿真运行

将主机和从机的程序分别进行编辑和编译，生成 3 个 Hex 文件，分别加载到 3 个单片机中，并修改晶振为 11.0592MHz。单击运行按钮，运行效果图如图 7-37 所示。按下“1#从机通信”按键，主机循环发送“0~9”，并显示在虚拟终端上，1#从机接收到“0~9”数据显示在数码管上。按下“2#从机通信”按键，主机循环发送“A~F”，并显示在虚拟终端上，2#从机接收到“A~F”数据显示在数码管上。

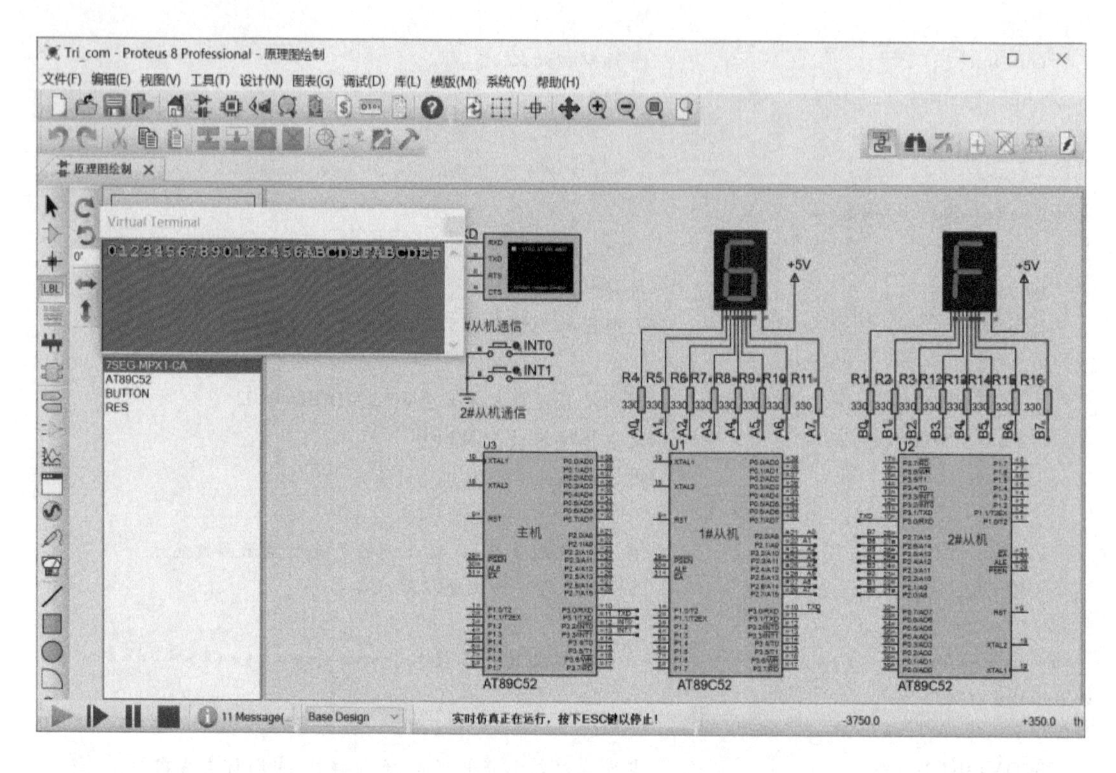

图 7-37　多机通信仿真运行效果图

7.7　单片机与计算机的串行通信

单片机与计算机之间的通信应用更为广泛。通常用单片机进行监测点的数据采集，然后把采集的数据串行传送到计算机上，再在计算机上进行数据处理。

7.7.1　单片机与计算机通信基础

1. 计算机串行通信接口

在台式计算机上配置的都是 9 针的 RS232 标准串行接口，输入/输出为 RS232 电平。在物理结构上分为 9 孔和 9 针的 DB9 插头，外形如图 7-38 所示，引脚排列如图 7-39 所示，各引脚功能见表 7-7。

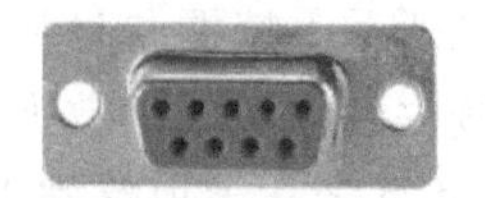

图 7-38　DB9 插头外形

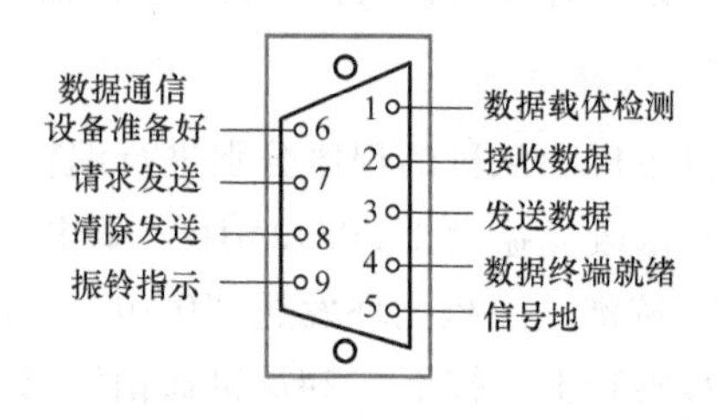

图 7-39　DB9 引脚排列

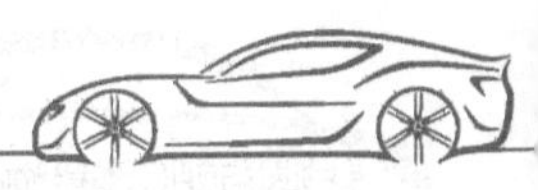

表 7-7　DB9 各引脚功能

引脚号	符号	功　　能	引脚号	符号	功　　能
1	DCD	数据载体检测	6	DSR	数据通信设备准备好
2	RXD	接收数据	7	RTS	请求发送
3	TXD	发送数据	8	CTS	清除发送
4	DTR	数据终端就绪	9	RI	振铃指示
5	GND	信号地			

2. TTL 电平与 RS232 电平转换接口电路

计算机采用 RS232 电平，单片机采用 TTL 电平，两者电平不匹配，所以不能直接进行通信，必须进行电平转换。采用 MAX232 电平转换芯片的电路连接图如图 7-40 所示。

单片机的 TXD 引脚与 MAX232 的 T2IN 引脚连接，MAX232 的 T2OUT 引脚再与 RS232 插座中的 RXD 引脚连接，完成了单片机的 TTL 电平到 RS232 电平的转换过程。单片机发送信息，计算机就能接收信息。

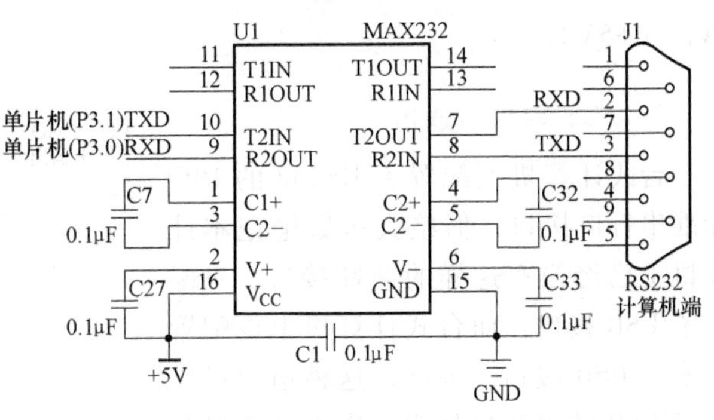

图 7-40　采用 MAX232 电平转换芯片的电路连接图

RS232 插座中的 TXD 引脚与 MAX232 的 R2IN 引脚连接，MAX232 的 R2OUT 引脚再与单片机的 RXD 引脚连接，完成了 RS232 电平到单片机的 TTL 电平的转换过程。计算机发送信息，单片机就能接收信息。

【元器件知识点】　MAX232 电平转换芯片

MAX232 芯片是美信公司专门为计算机的 RS232 标准串行口设计的接口芯片，使用+5V 单电源供电；可以完成两路 TTL 电平和 RS232 电平的转换，外形图如图 7-41 所示，引脚分布图如图 7-42 所示。

图 7-41　MAX232 外形图

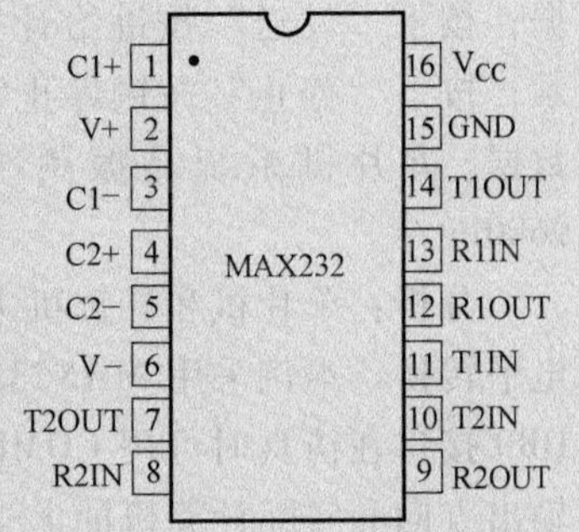

图 7-42　MAX232 引脚分布图

其内部结构示意图如图 7-43 所示，基本可分 3 个部分。

（1）电荷泵电路　由 1~6 脚和 4 只电容构成。功能是产生+12V 和−12V 两个电源。

（2）数据转换通道　由 7~14 脚构成两个数据通道。13 脚（R1IN）、12 脚（R1OUT）、

11 脚（T1IN）、14 脚（T1OUT）为第一数据通道。8 脚（R2IN）、9 脚（R2OUT）、10 脚（T2IN）、7 脚（T2OUT）为第二数据通道。

单片机 TTL 数据可以从 T1IN、T2IN 输入转换成 RS232 数据从 T1OUT、T2OUT 送到计算机 DB9 插头；DB9 插头的 RS232 数据可以从 R1IN、R2IN 输入转换成 TTL 数据后从 R1OUT、R2OUT 输出送至单片机。

（3）供电　15 脚 GND、16 脚 V_{CC}（+5V）。

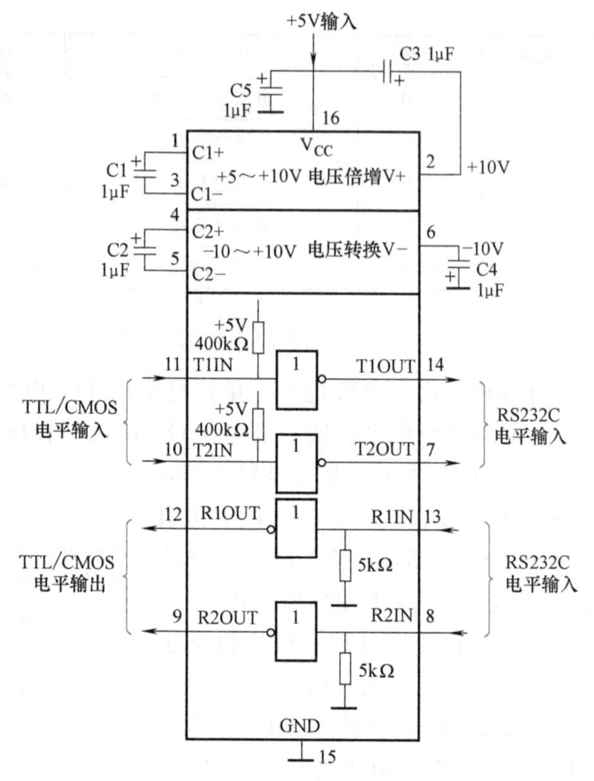

图 7-43　MAX232 内部结构示意图

3. USB 转串口通信

台式计算机上配置了 RS232 的 DB9 标准串行口接口，但绝大多数笔记本计算机上已经没有这样的 9 针接口，只配置了 USB 接口。而台式计算机上也配置了多个 USB 接口，因此，这种情况可以通过 USB 转串行口技术，实现计算机与单片机之间的通信。只需在计算机和单片机之间加入 USB 转串行口接口电路，就可以实现 USB 通信协议和标准异步串行通信协议的转换。USB 转串行口芯片常用的有 CH340、PL2303 等。芯片不同，需要配置不同的驱动和软件。

7.7.2　单片机向计算机发送数据仿真实例

单片机向计算机发送数据仿真实例（视频）

单片机向计算机发送数据仿真实例（PPT）

任务要求：单片机设计 2 个按键，一个用来发送数据，一个用来停止发送数据；按下“发送”按键给计算机循环发送“0～9”，并在数码管（共阳极）上显示；按下“停止”按键停止发送数据；没有按键按下时，显示“-”。计算机接收数据。单片机系统晶振频率为 11.0592MHz。采用串行口方式 1，传输速率为 9600bit/s。

分析：单片机和计算机进行通信，由于二者所用的电平标准不同，因此要进行电平转换。本例采用 MAX232 完成 TTL 电平和 RS232 电平之间的转换。计算机的 DB9 接口在仿真时可用 COMPIM 插头代替，但是 COMPIM 的 RXD 和 TXD 端的输入输出方向和实际计算机的 RS232 接口的 RXD 和 TXD 输入输出方向相反。

1. 硬件电路设计

单片机的发送通道：单片机 TXD 引脚和 MAX232 的 T2IN 引脚连接，MAX232 的 T2OUT 引脚和 COMPIM 插头的 TXD 引脚连接。计算机的发送通道：COMPIM 插头的 RXD 引脚和 MAX232 的 R2IN 引脚连接，MAX232 的 R2OUT 引脚与单片机 RXD 引脚连

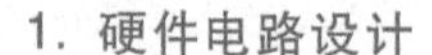

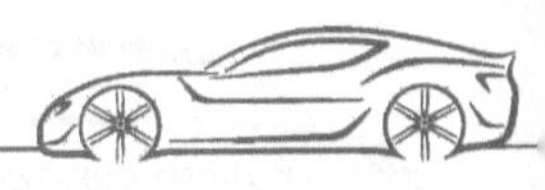

接。“发送”和“停止”按键分别连接单片机的 $\overline{\text{INT0}}$ 和 $\overline{\text{INT1}}$ 引脚。单片机的 P2 口与数码管（共阳极）的段码端相连，限流电阻为 330Ω。MAX232 的 T2OUT 连接虚拟终端，用来模拟观察计算机侧接收的数据。仿真电路图如图 7-44 所示，最小系统电路省略。

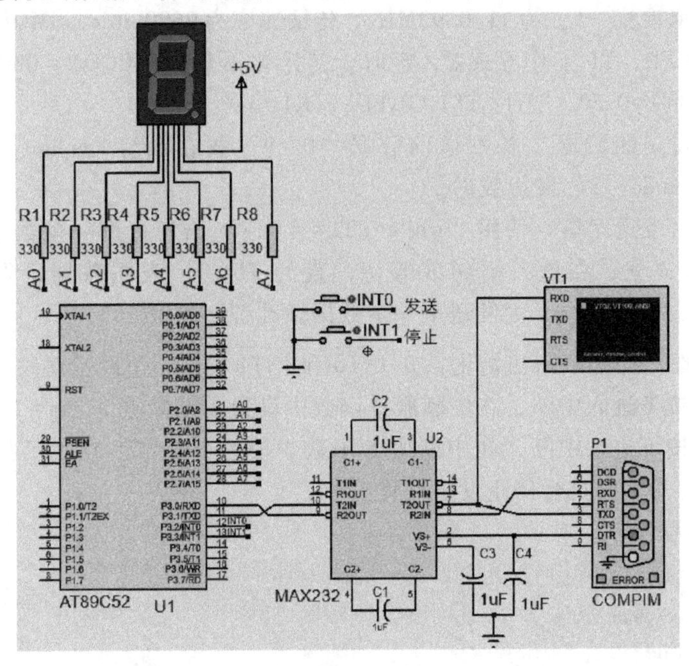

图 7-44　单片机向计算机发送数据仿真电路图

说明：在 Proteus 中单击“P”按钮挑选元器件 AT89C52、RES（电阻）、7SEG-MPX1-CA（共阳极数码管）、BUTTON（按键）、MAX232、CAP-POL（电容）、COMPIM（DB9 接口）、VIRTUAL TERMINAL（虚拟终端）。双击元器件设置参数：AT89C52 的“Clock Frequency”修改为 11.0592MHz；COMPIM 的“Physical Baud Rate”和“Virtual Baud Rate”都设置为“9600”；虚拟终端传输速率为“9600”；由于 MAX232 里包含了一个逻辑非门，与虚拟终端连接时，虚拟终端需要修改“RX/TX Polarity”项为“Inverted”。编辑元件对话框如图 7-45 所示。

2. 软件设计

设计思想：

1）单片机的 2 个按键与外部中断引脚相连，所以采用外部中断来处理 2 个按键，在中断服务函数中设标志位 flag，“发送”按键按下，flag = 1，“停止”按键按下，flag = 2。在主程序中查询标志位，若 flag = 1，则循环发送“0~9”，并在数码管（共阳极）上显示，若 flag = 2，则停止发送。

2）计算机端可通过虚拟终端或串行口调试助手观察接收到的结果（在下文仿真运行中介绍这两种仿真操作）。

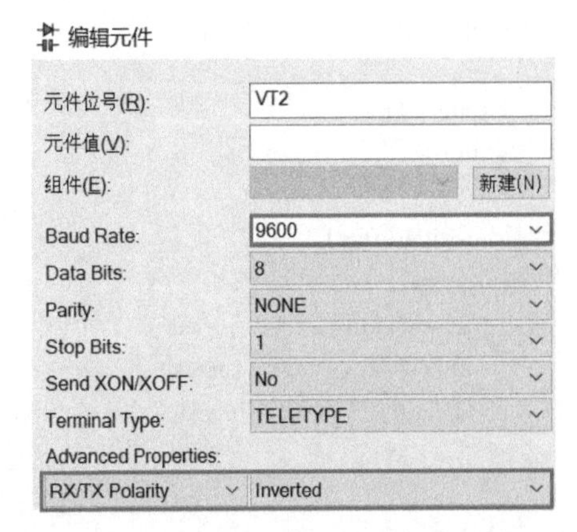

图 7-45　虚拟终端编辑元件对话框

单片机查询发送数据的关键环节为:

(1) 串行口初始化　串行口工作在方式 1，发送数据。初始化语句：“SCON = 0b0100 0000 = 0x40;”。

(2) 传输速率设置　f_{osc} 为 11.0592MHz，传输速率为 9600bit/s，SMOD = 0。查表 7-6 可知 T1 的初值为 0xFD，T1 工作方式 2，定时。初始化语句：“PCON = 0b0000 0000 = 0x00; TMOD = 0b0010 0000 = 0x20; TH1 = TL1 = 0xFD; TR1 = 1;”。

(3) 串行口发送的数据　要发送的数据“0～9”放在数组 sendbuf[ ] 中，使用语句“SBUF = sendbuf [index];”发送数据。

(4) 查询是否发送完毕　使用“while (TI = = 0);”语句查询一帧数据是否发送完毕。TI = 0，while 条件成立，在该条语句处等待，直到 TI = 1，表明数据已发送完毕。此时，while 条件不成立，向下执行，为发送下一个数据做准备。

(5) 按键处理　外部中断初始化：开 $\overline{INT0}$ 和 $\overline{INT1}$ 中断，下跳沿触发。“发送”按键接 P3.2 引脚，按键按下进入中断，在中断服务函数中设置按键标志位 flag = 1；“停止”按键接 P3.3 引脚，按键按下进入中断，在中断服务函数中设置 flag = 2。在主函数中 flag 的值为 1 时执行发送操作，为 2 时执行停止发送操作。

【单片机发送参考程序】

```
#include<reg52.h>
#define uchar unsigned char
#define uint unsigned int
void Ex_init();                                    //外部中断初始化函数
void uart_init();                                  //串行口初始化函数
void delay(uint xms);                              //延时函数
void key_send();                                   //按键发送函数
void key_stop();                                   //按键停止发送函数
uchar code seg[]={0xC0,0xF9,0xA4,0xB0,0x99,0x92,0x82,0xF8,0x80,0x90};
                                                   //共阳极 0~9 段码
uchar code sendbuf[]={0,1,2,3,4,5,6,7,8,9};        //发送数据
uchar flag=0,index=0;                              //发送数据索引
/******************************* 主函数 *******************************/
void main()
{
    Ex_init();                                     //中断初始化
    while(1)
    {
        switch(flag)
        {
        case 1:key_send();break;                   //按下发送按键,循环发送数据"0~9"
        case 2:key_stop();break;                   //按下停止按键,停止发送数据
        default:P2=0xBF;break;                     //其他情况,数码管显示"-"段码 0xBF
        }
    }
}
```

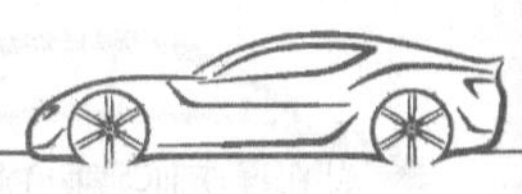

```
}
/***************************外部中断初始化函数***************************/
void Ex_init()
{
    IT0=1;                          //INT0下跳沿触发
    EX0=1;                          //开INT0中断允许
    IT1=1;                          //INT1下跳沿触发
    EX1=1;                          //开INT1中断允许
    EA=1;                           //开总中断
}
/***************************串行口初始化函数***************************/
void uart_init()
{
    SCON=0x40;                      //串行口方式1,TI和RI清零,不允许接收
    PCON=0x00;                      //传输速率不加倍
    TMOD=0x20;                      //T1定时方式2
    TH1=0xFD;                       //9600bit/s,SMOD=0,初值
    TL1=0xFD;                       //9600bit/s,SMOD=0,初值
    TR1=1;                          //启动T1
}

/*****************************延时函数*****************************/
void delay(uint xms)                //延时函数
{
    uint i,j;
    for(i=0;i<xms;i++)
      for(j=0;j<100;j++);
}
/*****************************按键发送函数*****************************/
void key_send()
{
    uart_init();                    //串行口初始化
    SBUF=sendbuf[index];            //发送数据
    while(TI==0);                   //等待发送完成
    TI = 0;                         //清TI标志位
    P2=seg[sendbuf[index]];         //数码管显示
    index++;                        //索引加1
    if(index>=10) index=0;          //修正索引值
    delay(1000);                    //控制发送速度,1s发送一个数据
}
/***************************按键停止发送函数***************************/
void key_stop()
```

```
{
    flag = 0;                              //清发送标志位,不发送
}
/************************** INT0 中断服务函数 **************************/
void key1_int( ) interrupt 0
{
    flag = 1;                              //设标志位,发送按键标志
    IE0 = 0;                               //清 INT0 中断标志位
}
/************************** INT1 中断服务函数 **************************/
void key2_int( ) interrupt 2
{
    flag = 2;                              //设标志位,停止发送标志
    IE1 = 0;                               //清 INT1 中断标志位
}
```

3. 仿真运行

（1）采用 MAX232 和虚拟终端的仿真　将程序编译生成 Hex 文件，加载到单片机中，单击运行按钮后，数码管上显示“-”，按下“发送”按键，单片机每隔 1s 发送一个数据，循环发送“0~9”，显示在数码管上，在虚拟终端上也显示相同的数字。虚拟终端上的显示是模拟计算机接收到的数据。按下“停止”按键，停止发送数据。运行效果图如图 7-46 所示。

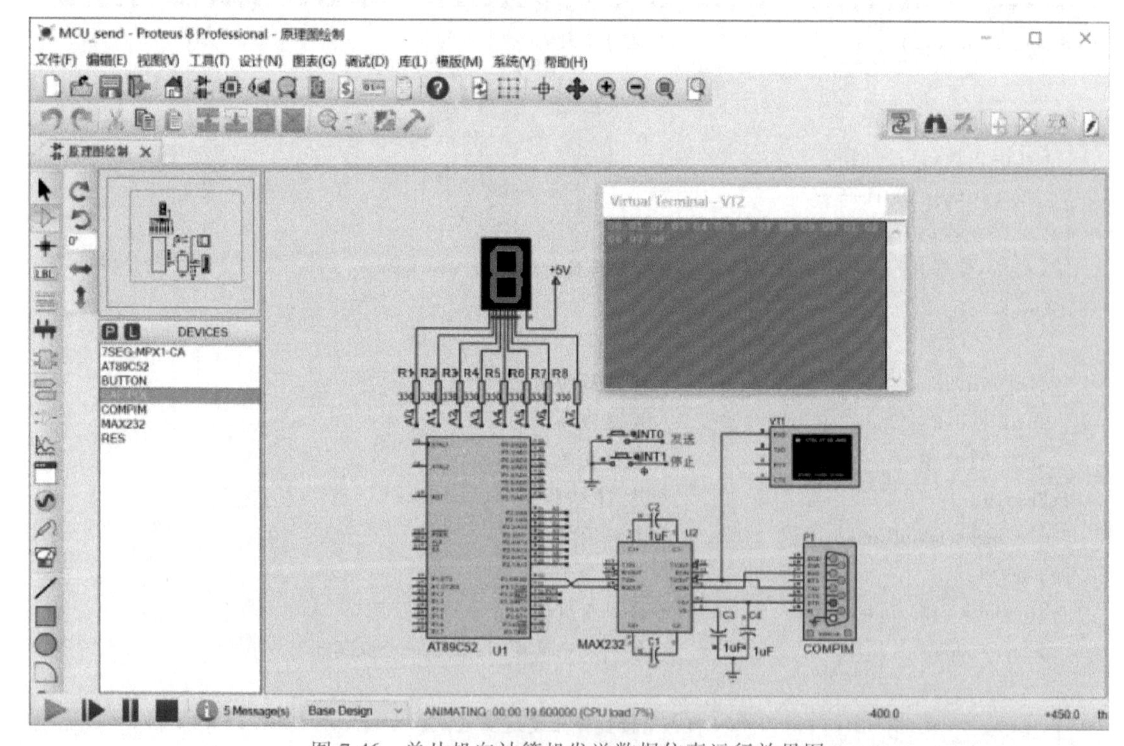

图 7-46　单片机向计算机发送数据仿真运行效果图

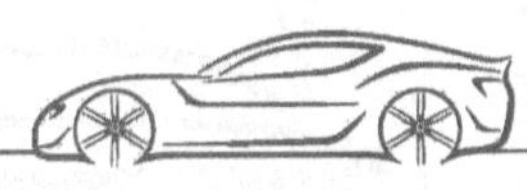

（2）采用虚拟串行端口和串行端口调试助手的仿真　采用该种方法仿真需要事先准备2个软件：虚拟串行端口软件和串行端口调试助手软件（以下串行端口简称串口）。然后按照下述步骤仿真：

1）下载安装一个虚拟串口软件，打开界面如图7-47所示。左侧导航栏中显示的计算机端口为0个物理端口（Physical ports）、0个虚拟端口（Virtual ports）以及0个其他虚拟端口（Other virtual ports）。在Proteus仿真软件中不能使用物理串口，所以要建立一对虚拟串口，在“First port”里选择COM1，在“Second port”里选择COM2，单击添加按钮“Add pair”，如图7-48所示，在左侧导航栏“Virtual ports”下添加了一对虚拟串口COM1和COM2。

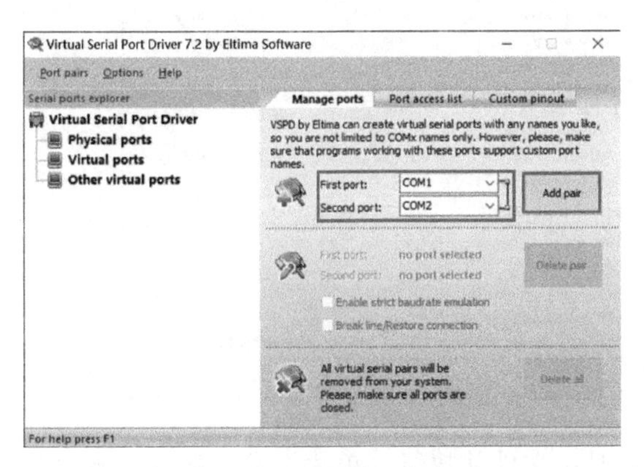

图7-47　虚拟串口界面

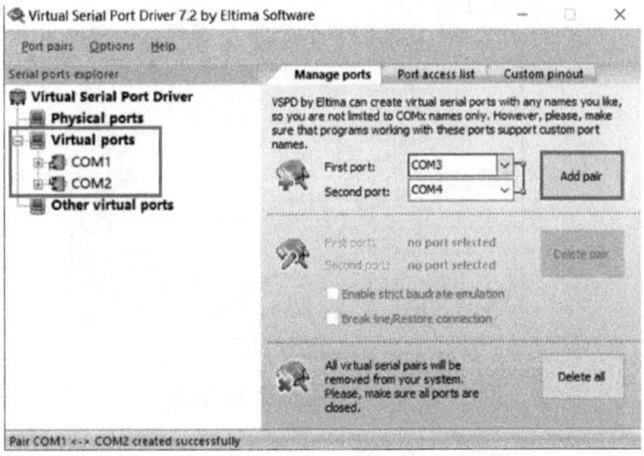

图7-48　添加虚拟串口后界面

2）下载串口调试助手并设置：“串口”设置为COM1，“波特率”（传输速率）设置为“9600”，勾选“十六进制显示”，如图7-49所示。

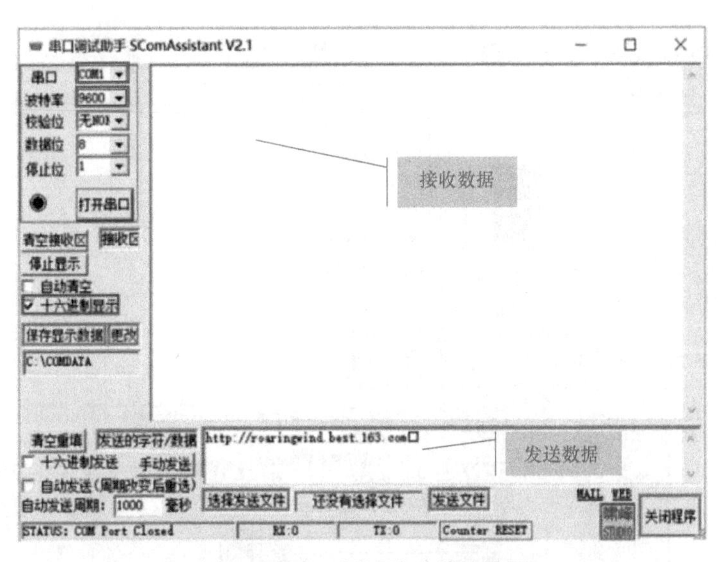

图7-49　串口调试助手设置界面

3）Proteus仿真中单片机与计算机进行通信时，可以不用MAX232进行电平转换，单片机直接与COMPIM器件相连，单片机的RXD和TXD和COMPIM器件的RXD和TXD直接相连（不要交叉），这是由于COMPIM仿真器件里有电平转换功能。仿真电路图如图7-50所示。

4）COMPIM 设置：在 Proteus 界面中双击 COMPIM 器件，弹出编辑元件对话框，修改“Physical port”为 COM2，修改传输速率为“9600”，和单片机的传输速率保持一致，其他位保持默认值，这些默认值和串口方式 1 的数据格式相同，如果不同就要按照串口方式 1 的数据帧格式修改参数。界面图如图 7-51 所示。

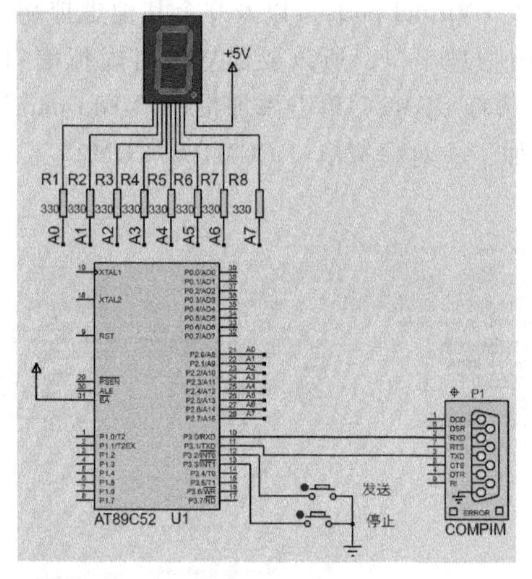

图 7-50 单片机向计算机发送数据仿真电路图

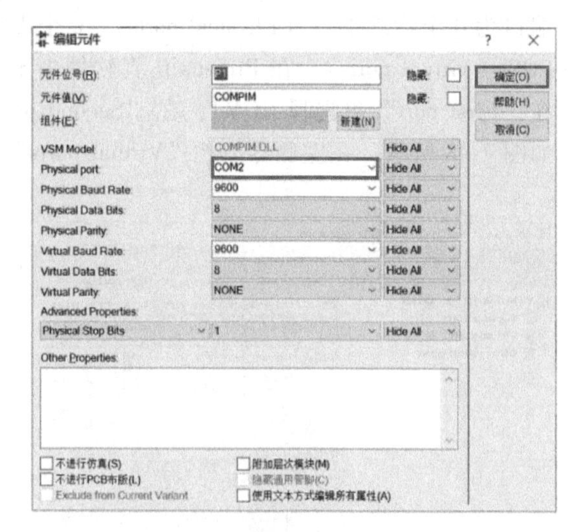

图 7-51 COMPIM 编辑元件界面图

5）调试：在 Proteus 软件中单击单片机加载 Hex 文件并执行，单片机发送数据并显示在数码管上。在串口调试助手中单击打开串口按钮，就可以看到接收区接收到“0~9”的数据。Proteus 运行界面和串口调试助手运行效果图如图 7-52 所示。

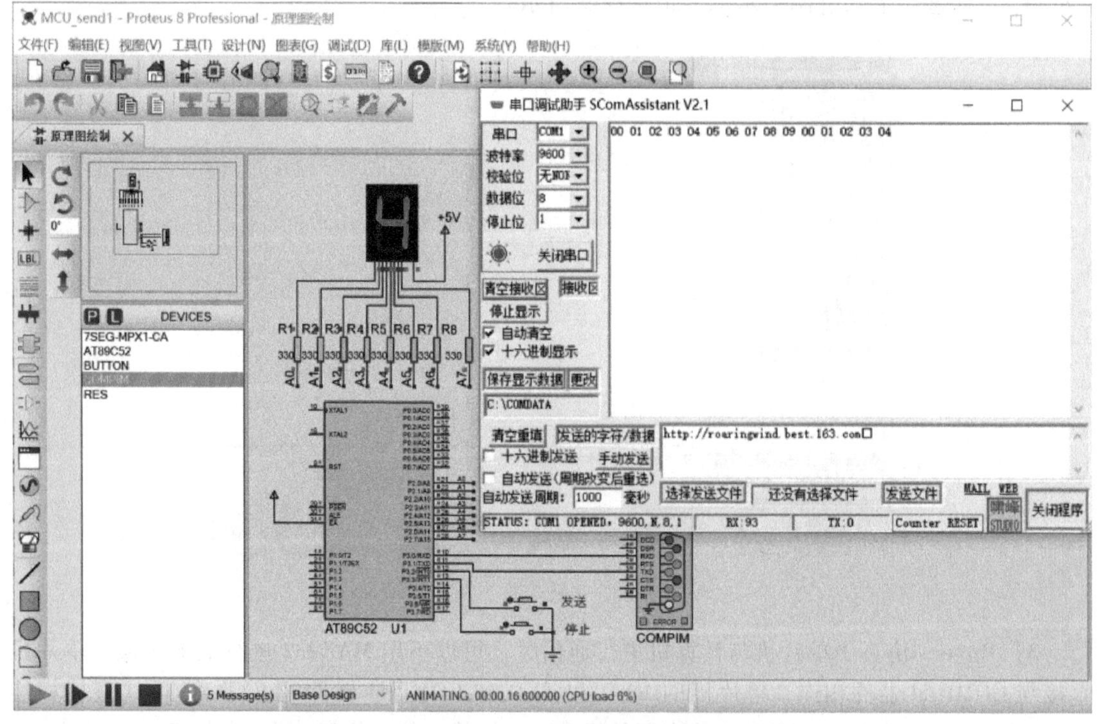

图 7-52 Proteus 运行界面和串口调试助手运行效果图

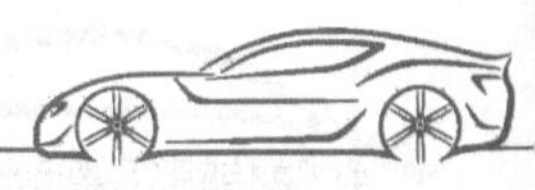

7.7.3　计算机向单片机发送数据仿真实例

计算机向单片机发送数据仿真实例（视频）

计算机向单片机发送数据仿真实例（PPT）

任务要求：计算机向单片机发送数据1、2、3、4。单片机接收到数据后显示在数码管（共阳极）上，并且收到“1”点亮1个LED，收到“2”点亮2个LED，依次类推。单片机系统晶振频率为11.0592MHz。采用串口方式1，传输速率为9600bit/s。

1. 硬件电路设计

仿真电路中，COMPIM器件内设置了电平转换功能，所以，单片机可以不用外接电平转换芯片，直接与COMPIM器件连接。单片机RXD引脚和COMPIM器件的RXD引脚相连，单片机TXD引脚和COMPIM器件的TXD引脚相连（不要交叉），单片机的P2口与数码管（共阳极）的段码端相连，限流电阻为330Ω。P1.0~P1.3连接4个LED。仿真电路图如图7-53所示，最小系统电路省略。

说明：在Proteus中单击“P”按钮挑选元器件AT89C52、RES（电阻）、7SEG-MPX1-CA（共阳极数码管）、COMPIM（DB9接口）。双击元器件设置参数：AT89C52的“Clock Frequency”修改为11.0592MHz；COMPIM的“Physical Baud Rate”和“Virtual Baud Rate”都设置为9600，“Physical port”设置为COM2，其他参数保持默认。

2. 软件设计

设计思想：

1）单片机采用查询方式接收数据，在数码管上显示，并根据不同的数据点亮不同个数的LED。

2）计算机端可通过串口调试助手发送数据。不需要编程。

单片机接收程序，软件编程的关键环节为：

（1）串口初始化　串行口工作在方式1，接收数据。初始化语句：“SCON = 0b0101 0000B = 0x50;”。

（2）传输速率设置　f_{osc}为11.0592MHz，传输速率为9600bit/s，SMOD = 0，T1工作方式2，定时。查表7-6可知T1的初值为0xFD。初始化语句：“PCON = 0b0000 0000 = 0x00；TMOD = 0b0010 0000 = 0x20；TH1 = TL1 = 0xFD；TR1 = 1;”。

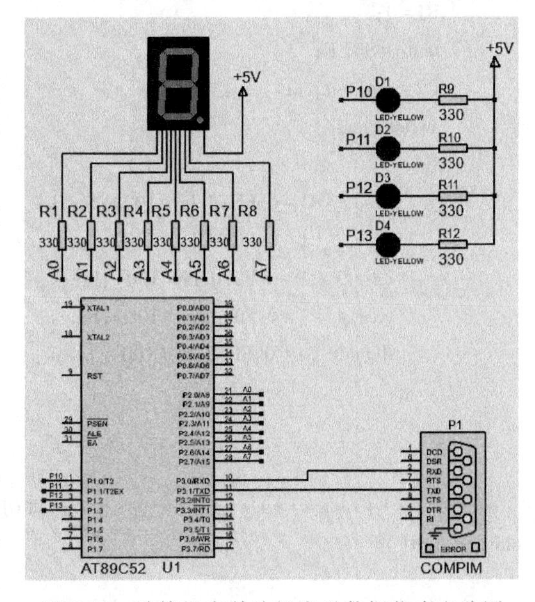

图7-53　计算机向单片机发送数据仿真电路图

（3）串口接收数据　使用“while(RI = = 0);”语句查询一帧数据是否接收完毕。RI = 0，while条件成立，在该条语句处等待，直到RI = 1，说明数据接收完毕。此时，while条件不成立，退出while语句，向下执行。接收数据语句：“temp = SBUF;”。

（4）数码管显示　接收到的数据1、2、3、4就是共阳极段码数组的下标。显示语句：“P2 = seg [temp];”。

（5）点亮 LED　P1.0～P1.3 连接 4 个 LED 的阴极，点亮 P1.0 引脚的 LED，编码为 0xFE；点亮 P1.1、P1.0 引脚的 2 个 LED，编码为 0xFC；点亮 P1.2、P1.1、P1.0 引脚的 3 个 LED，编码为 0xF8；点亮 P1.3、P1.2、P1.1、P1.0 引脚的 4 个 LED，编码为 0xF0。

【单片机接收参考程序】

```
#include <reg52.h>
#define uchar unsigned char
#define uint unsigned int
void uart_init();                                          //串行口初始化函数
void delay(uint xms);                                      //延时函数
uchar code seg[]={0xC0,0xF9,0xA4,0xB0,0x99,0x92,0x82,0xF8,0x80,0x90};
                                                           //共阳极 0~9 段码
void main()
{
    uchar temp=0;                                          //接收数据变量
    uart_init();                                           //串口初始化
    while(1)
    {
        while(RI==0);                                      //若 RI=0,未接收到数据
        RI=0;                                              //接收到数据,则把 RI 清零
        temp=SBUF;                                         //读取数据存入 temp 中
        P2=seg[temp];                                      //数码管显示接收到数据
        switch(temp)
        {
            case 1:P1=0xFE;delay(100);break;               //点亮 1 个 LED
            case 2:P1=0xFC;delay(100);break;               //点亮 2 个 LED
            case 3:P1=0xF8;delay(100);break;               //点亮 3 个 LED
            case 4:P1=0xF0;delay(100);break;               //点亮 4 个 LED
            default:P1=0xFF;delay(100);break;              //不亮
        }
    }
}
/****************************串行口初始化函数****************************/
void uart_init()
{
    SCON=0x50;                                             //串行口方式 1,TI 和 RI 清零,允许接收
    PCON=0x00;                                             //传输速率不加倍
    TMOD=0x20;                                             //T1 定时方式 2
    TH1=0xFD;                                              //9600bit/s、SMOD=0,初值
    TL1=0xFD;                                              //9600bit/s、SMOD=0,初值
    TR1=1;                                                 //启动 T1
```

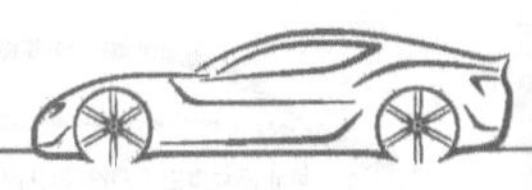

```
/****************************** 延时函数 ******************************/
void delay(uint xms)                        //延时函数
{
    uint i,j;
    for(i=0;i<xms;i++)
        for(j=0;j<100;j++);
}
```

3. 仿真运行

将程序编译生成 Hex 文件，加载到单片机中，在虚拟串口软件中添加一对虚拟串口 COM1 和 COM2，打开串口调试助手，将串口选为 COM1，传输速率“9600”，其他参数保持默认。单击运行按钮，运行效果图如图 7-54 所示。在串口调试助手的发送区以十六进制形式发送“01”，单片机数码管显示“1”，亮 1 个 LED；发送“02”，单片机数码管显示“2”，亮 2 个 LED。

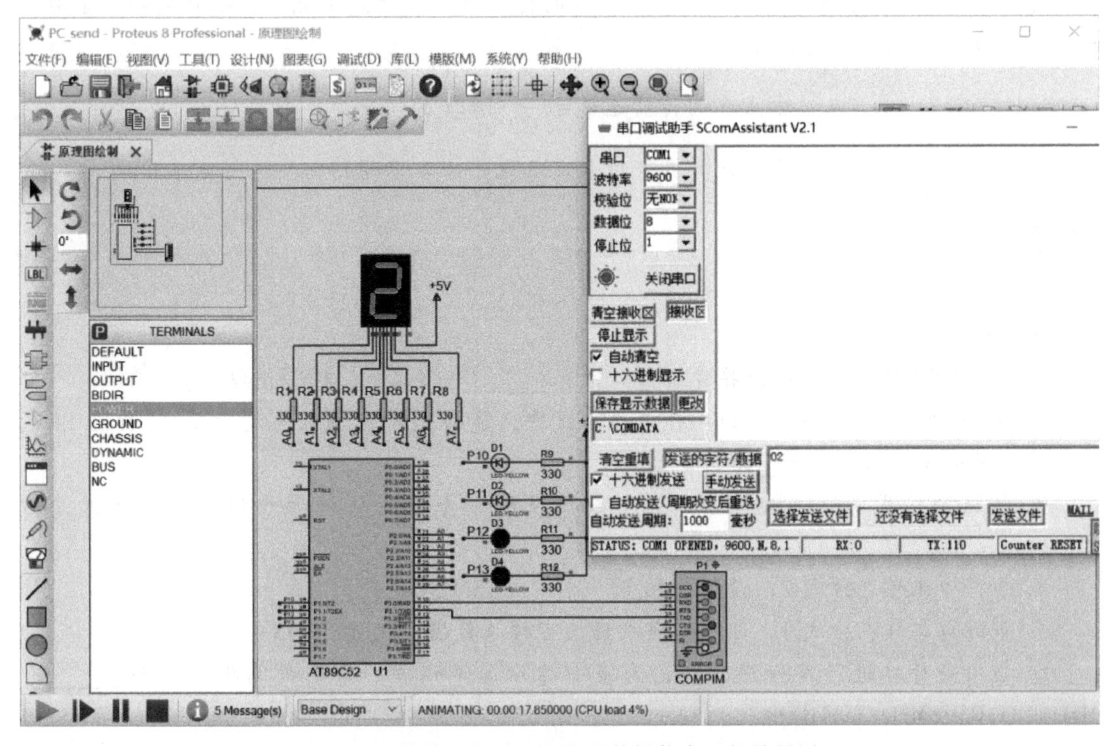

图 7-54　计算机向单片机发送数据仿真运行效果图

本章小结

1. AT89S52 单片机内部集成了一个全双工异步串行通信口。有 4 种工作方式：方式 0 是同步移位寄存器方式、方式 1 是 8 位异步通信方式、方式 2 是 9 位异步通信方式、方式 3 是 9 位异步通信方式。

2. 方式0（同步移位寄存器方式）：采用8位数据帧格式，没有起始位和停止位，先发送或接收最低位。方式0主要用于单片机I/O接口的扩展，其中RXD作为数据线，发送或接收数据，TXD输出同步时钟脉冲。传输速率为$f_{osc}/12$。

3. 方式1（8位异步通信方式）：数据帧格式是10位，包括1个起始位、8个数据位和1个停止位。方式1主要用于点对点通信。传输速率可变，由下式确定：

$$方式1的传输速率=\frac{2^{SMOD}}{32}\times T1的溢出率$$

4. 方式2（9位异步通信方式）：数据帧格式是11位，包括1个起始位、8个数据位、1个可编程位和1个停止位。方式2的传输速率是固定值。主要用于奇偶校验或多机主从式通信。

$$方式2的传输速率=\frac{2^{SMOD}}{64}\times f_{osc}$$

5. 方式3（9位异步通信方式）：数据帧格式是11位，包括1个起始位、8个数据位、1个可编程位和1个停止位，同方式2。方式3的传输速率和方式1相同，是可变的。主要用于奇偶校验或多机主从式通信。

$$方式3的传输速率=\frac{2^{SMOD}}{32}\times T1的溢出率$$

6. 单片机采用TTL电平，计算机采用RS232电平，二者通信需要进行电平转换。

习题

一、填空题

1. AT89S52单片机的串行异步通信口为________（单工/半双工/全双工）。

2. AT89S52单片机串行口的4种工作方式中，传输速率可调且与定时器/计数器T1的溢出率有关的是方式________和方式________。

3. 数据帧格式为1个起始位、8个数据位和1个停止位的异步串行通信方式是方式________________。

4. 串行口工作在方式2，设置SM0=________、SM1=________。

5. 串行口工作在方式1，即可发送数据又可接收数据，设置SCON=________。

6. 当用串行口进行串行通信时，为减小传输速率误差，常用的晶振频率为________MHz（11.0592MHz/12MHz）。

7. AT89S52单片机通过引脚________和引脚________和外界进行串行通信。

8. 传输速率是每秒传送的________________位数，量纲是________________。

9. 在串行通信中，收发双方对传输速率的设定应该是________________的（相同/不同）。

10. 计算机的串行接口采用的是________________电平标准。

二、选择题

1. 当AT89S52扩展并行输出口时，串行接口工作方式选择________。

A. 方式0　　B. 方式1　　C. 方式2　　D. 方式3

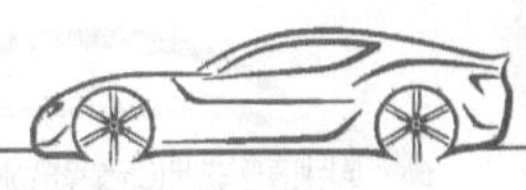

2. AT89S52 的串行口工作方式中适合点对点通信的是________。

A. 方式 0　　B. 方式 1　　C. 方式 2　　D. 方式 3

3. AT89S52 单片机用串行口工作方式 0 时，________。

A. 数据从 RXD 串行输入，从 TXD 串行输出

B. 数据从 RXD 串行输出，从 TXD 串行输入

C. 数据从 RXD 串行输入或输出，同步信号从 TXD 输出

D. 数据从 TXD 串行输入或输出，同步信号从 RXD 输出

4. AT89S52 单片机有关 SBUF 中，________是不正确的。

A. 发送 SBUF 和接收 SBUF 在物理上是相互独立的，具有相同的地址

B. 发送 SBUF 和接收 SBUF 在物理上是相互独立的，具有不同的地址

C. 发送 SBUF 只能写入数据，不能读出数据

D. 接收 SBUF 只能读出数据，不能写入数据

5. 串行口方式 1 ________是不正确的。

A. 通信传输速率是可变的，与 T1 的溢出速率有关

B. 数据帧格式由 11 位组成，包括 1 位起始位+8 位数据位+1 位可编程位+1 位停止位

C. 数据帧格式由 10 位组成，包括 1 位起始位+8 位数据位+1 位停止位

D. 可实现点对点通信

6. 下列关于串行口方式 3，________是不正确的。

A. 可实现多机通信

B. 通信传输速率是可变的，与 T1 的溢出速率有关

C. 数据帧格式由 11 位组成，包括 1 位起始位+8 位数据位+1 位可编程位+1 位停止位

D. 多机通信时，SM2 一直保持为 1，TB8 设置为 1

7. 串行口中断类型号是________。

A. 0　　B. 1　　C. 2　　D. 3　　E. 4

8. 关于串行口中断标志位 RI/TI，________是不正确的。

A. 都由硬件自动置位

B. 都由硬件自动清零

C. 必须由软件清零

D. 可以查询 RI/TI 标志位

三、问答题

1. 传输速率和字符的实际传输速率一样吗？有什么区别？

2. AT89S52 单片机的串行口有几种工作方式？有几种数据帧格式？各种工作方式的传输速率如何确定？

3. 简述点对点通信时进行奇偶校验的编程原理。

4. 为什么 T1 用作串行口传输速率发生器时，常采用方式 2？

5. 说明以 TTL 电平串行传输数据的方式有什么缺点，若进行远距离传输可采用哪些电平标准？说明各自的优缺点。

四、双机通信仿真

两个 AT89S52 单片机进行串行口方式 1 通信，两机 f_{osc} 为 11.0592MHz，传输速率为

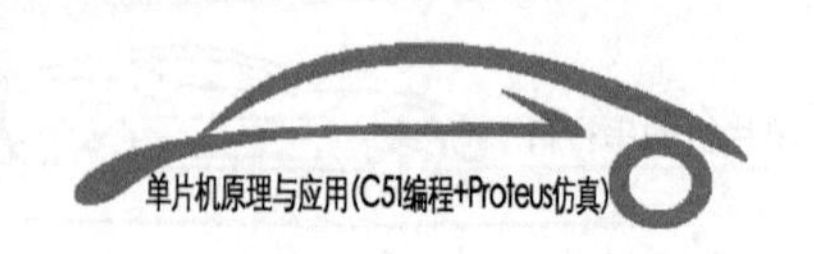

4800bit/s，SMOD=1。甲机循环发送数字“0~9”，并根据乙机返回值决定是否发送新数据（若发送值与返回值相等，则继续发送下一数字，否则重复发送当前数值）；乙机接收数据后返回接收值。双机都将当前值显示在数码管（共阳极）上；甲机采用查询方式发送数据，乙机采用中断方式接收数据。

五、多机通信仿真

任务要求：设计1个主机和2个从机的主从式串行通信系统。主机设计2个按键与从机通信，每按1次按键，主机向相应从机顺序发送1位“0~F”间的字符，即按下一次按键，发送一个字符。主机用虚拟终端观察发送的数据。从机收到数据帧后在数码管（共阳极）上显示。系统晶振频率为11.0592MHz。采用串行口方式3，传输速率为9600bit/s，主机采用查询方式发送数据，从机采用中断方式接收数据。

六、单片机与计算机通信仿真

任务要求：计算机向单片机发送数据1、2、3、4。单片机接收到“1”点亮LED，收到“2”熄灭LED，收到“3”控制蜂鸣器响，收到“4”控制蜂鸣器不响。且单片机收到数据后将数据返回计算机。单片机系统晶振频率为11.0592MHz。采用串行口方式1，传输速率为9600bit/s。

第8章　单片机与A/D、D/A转换接口设计

内容概述

单片机是数字系统，其输入和输出只能是数字信号。在设计单片机系统的输入通道时，通常是将温度、湿度、压力、流量和速度等这些非电物理量先经过传感器转换成连续变化的电压或电流等模拟量电信号，然后再通过 A/D 转换器将模拟电信号转换成数字信号后，送入单片机中进行处理。在设计输出通道时，若某些执行设备需要模拟信号进行控制，例如绘图仪，那么，单片机输出的数字信号还需通过 D/A 转换器将输出的数字信号转换为模拟信号，再控制执行设备。因此本章介绍 AT89S52 单片机与典型的并行 A/D、D/A 转换芯片的接口电路设计以及程序设计。

8.1　单片机与 A/D 转换器的接口设计

8.1.1　A/D 转换基本知识

1. 模拟量和数字量转换原理

时间和数值都连续变化的物理量称为模拟量，而单片机只能接收时间和数值都是离散的数字量。将模拟量转换为数字量需要采样、保持、量化和编码 4 个步骤，转换过程如图 8-1 所示。

（1）采样　采样是指按照一定的时间间隔获取时间和幅值都连续的模拟信号的瞬时值，从而得到一系列在时间上离散、幅值连续的采样值，如图 8-1b 所示。为了保证采样信号能够包含模拟信号的全部信息，采样频率必须满足采样定理，即

$$f_s \geqslant 2f_{max} \tag{8-1}$$

式中，f_s 为采样频率，采样的时间间隔为采样频率的倒数；f_{max} 为输入信号的最大频率。采样定理规定了采样频率的下限，工程上通常取 $f_s=(3\sim5)f_{max}$ 就可满足要求。

（2）保持　由于把采样信号转换为相应的数字量需要一定的时间，所以，保持就是指在两次采样之间将前一次采样值保存下来，使其在量化、编码期间不发生变化。

（3）量化　数字量还需要在数值上也是离散的，因此，量化是将采样保持信号转换为最小数字量单位的整数倍，得到时间离散、幅值也离散的量化信号，如图 8-1c 所示。通常

称最小数字量单位为量化单位，用Δ表示。

（4）编码　编码是指将量化后的数值通过编码用二进制代码表示。这个二进制代码就是A/D转换器输出的数字量，如图8-1d所示。

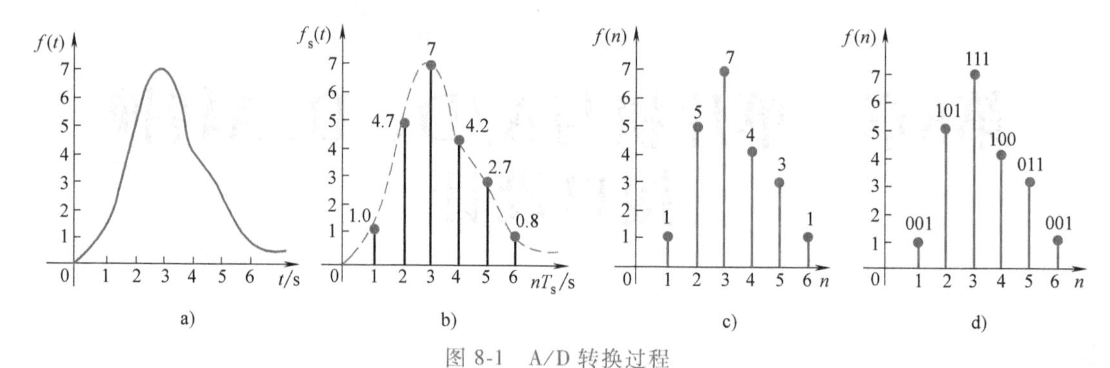

图8-1　A/D转换过程

a）模拟信号　b）采样信号　c）量化信号　d）数字信号

在把采样信号进行量化时，有不同的量化方法，不同的量化方法就会引入不同的量化误差。

【例8-1】　将0~1V的模拟电压信号转换成3位二进制代码的量化方法。

量化方法1：将0~1V划分8份，取最小量化单位Δ=(1/8)V。数值在0~(1/8)V之间的电压不能被Δ整除，都按0Δ处理，用二进制的000表示；数值在（1/8）~(2/8)V之间的电压也不能被Δ整除，都按1Δ处理，用二进制的001表示。以此类推，如图8-2a所示。连续的模拟电压有些电压不一定能被Δ整除，因而不可避免地会引入误差，这个误差称为量化误差，该种量化方法的量化误差为1个最小量化单位Δ=(1/8)V。

量化方法2：将0~1V划分15份，取最小量化单位Δ=(2/15)V。数值在0~(1/15)V之间的电压都按0Δ处理，用二进制的000表示；数值在（1/15）~(3/15)V之间的电压都按1Δ处理，用二进制的001表示。以此类推，如图8-2b所示。因为现在把每个二进制代码所代表的模拟电压值规定为它所对应的模拟电压范围的中点（四舍五入），所以最大的量化误差就缩小为Δ/2=(1/15)V了。

为了减少量化误差，通常采用量化方法2。

a)

模拟电平/V	二进制代码	代表的模拟电平/V
7/8~1	111	7Δ=7/8
6/8~7/8	110	6Δ=6/8
5/8~6/8	101	5Δ=5/8
4/8~5/8	100	4Δ=4/8
3/8~4/8	011	3Δ=3/8
2/8~3/8	010	2Δ=2/8
1/8~2/8	001	1Δ=1/8
0~1/8	000	0Δ=0

b)

模拟电平/V	二进制代码	代表的模拟电平/V
13/15~1	111	7Δ=14/15
11/15~13/15	110	6Δ=12/15
9/15~11/15	101	5Δ=10/15
7/15~9/15	100	4Δ=8/15
5/15~7/15	011	3Δ=6/15
3/15~5/15	010	2Δ=4/15
1/15~3/15	001	1Δ=2/15
0~1/15	000	0Δ=0

图8-2　量化方法

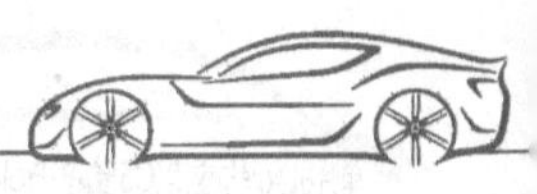

2. A/D 转换类型

模拟量转换为数字量的过程可以通过 A/D 转换芯片完成。随着超大规模集成电路技术的飞速发展，大量结构不同、性能各异的 A/D 转换芯片应运而生。

从转换原理上，在单片机应用系统中应用广泛的有逐次比较型转换器、双积分型转换器以及Σ-Δ式转换器等。

逐次比较型 A/D 转换器由一个比较器和 D/A 转换器（DAC）通过逐次比较逻辑构成，从最低位开始，顺序地对每一位将输入电压与内置 D/A 转换器输出进行比较，经 n 次比较而输出数字值。其在精度、速度和价格上都适中，是最常用的 A/D 转换器。

双积分型 A/D 转换器是将输入电压转换成时间（脉冲宽度信号）或频率（脉冲频率），然后由定时器/计数器获得数字值。具有精度高、抗干扰性好和价格低廉等优点，与逐次比较型 A/D 转换器相比，转换速度较慢。

Σ-Δ式 A/D 转换器是由积分器、比较器、1 位 D/A 转换器和数字抽取滤波器等组成，原理上近似于积分型，将输入电压转换成时间（脉冲宽度）信号，用数字滤波器处理后得到数字值。它具有双积分型与逐次比较型 A/D 转换器的双重优点，比双积分型 A/D 转换器有较高的转换速度，比逐次比较型 A/D 转换器有较高的信噪比、分辨率和线性度。

从转换接口上可以分为并行和串行 A/D 转换器。目前，并行的 A/D 转换器常用的有 ADC0804（8 位）、ADC0809（8 位）、ADC574（12 位）等；较为典型的串行接口的 A/D 转换器为美国 TI 公司的 TLC1549（8 位）、TLC1549（10 位）以及 TLC1543（10 位）和 TLC2543（12 位）等，Philips 公司的 PCF8591（8 位）等。串行接口的 A/D 转换器具有占用单片机的口线少、使用方便和接口简单等优点，已得到广泛应用，串行 A/D 转换器的使用方法在第 9 章介绍。

A/D 转换器按照转换速度可大致分为超高速（转换时间≤1ns）、高速（转换时间≤1μs）、中速（转换时间≤1ms）、低速（转换时间≤1s）等几种不同转换速度的芯片。

3. A/D 转换器的主要技术指标

在选用 A/D 转换器时，可依据 A/D 转换的主要技术指标进行选取。

（1）转换时间　转换时间是指 A/D 转换器完成一次模拟量到数字量转换所需要的时间。

（2）分辨率　分辨率是衡量 A/D 转换器能够分辨出输入模拟量最小变化程度的技术指标。分辨率以输出二进制数的位数表示，n 位输出的 A/D 转换器能区分 2^n 个不同等级的输入模拟电压，能区分输入电压的最小值为满量程输入的$\frac{1}{2^n}$。在满量程电压一定时，输出位数越多，量化单位越小，分辨率越高。

例如，某型号 A/D 转换器的满量程输入电压为 5V，若输出 8 位二进制数，即用 2^8 个数进行量化，则这个转换器能区分输入模拟电压的最小值为 19.53mV（$5V/2^8$），最小有效位记为 1LSB。若输出 12 位二进制数，即用 2^{12} 个数进行量化，则这个转换器能区分输入模拟电压的最小值为 1.22mV（$5V/2^{12}$）。可以看出 12 位的 A/D 转换器的分辨率更高。

还有的 A/D 转换器的分辨率用分数表示。例如，某型号 A/D 转换器的满量程输入电压为 2V，输出是 BCD 码，输出最大的十进制数为 1999，分辨率为 $3\frac{1}{2}$位，即 3 位半。意思是输出的最高位只能是 0 或 1，称为半位，低 3 位的每一位都可以输出 0~9，称为 1 位。该分辨率相当于 11 位 A/D 转换器，因为，1999 与 2^{11}(=2048)最接近。

(3) 转换误差　转换误差表示 A/D 转换器实际输出的数字量与理论输出的数字量之间的差别。一般用最低有效位来表示。理论上规定为一个单位分辨率的±(1/2)LSB，提高 A/D 转换器的位数既可提高分辨率，又能够减少量化误差。

(4) 转换精度　转换精度定义为一个实际 A/D 转换器与一个理想 A/D 转换器在量化值上的差值，可用绝对误差或相对误差表示。

生产厂商在设计 A/D 转换器时会考虑各种指标对精度的影响，一般都会把误差控制在最小分辨率以内，所以，在选择 A/D 转换器时，重点关注分辨率和转换时间即可。

8.1.2 基于 ADC0804 的数字电压表仿真实例

基于 ADC0804 的数字电压表仿真实例（视频）

基于 ADC0804 的数字电压表仿真实例（PPT）

任务要求：采用单片机设计 0~5V 数字电压表，通过数码管实时显示，保留 2 位小数。

分析：0~5V 连续可变的电压是一个模拟信号，所以，要先经 A/D 转换器转换为数字量再送入单片机。设计方案如图 8-3 所示。

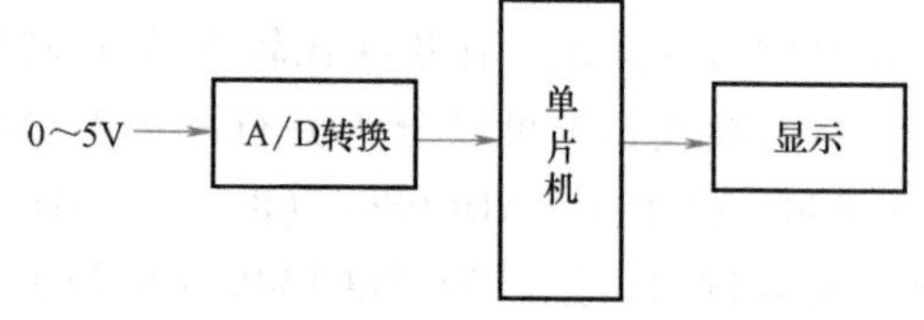

图 8-3　数字电压表设计方案

逐次比较型 A/D 转换器在精度、速度和价格上比较适中，在单片机系统设计中应用较为广泛。本例中采用 ADC0804 实现 0~5V 模拟电压的转换，选用 4 位共阳极数码管显示。

1. ADC0804 芯片简介

(1) ADC0804 引脚和功能　ADC0804 是逐次比较型 A/D 转换器，分辨率为 8 位，转换时间为 100μs，输入电压范围为 0~5V；具有三态输出数据锁存器，可直接连接在数据总线上。ADC0804 的实物图和引脚图如图 8-4 所示，各引脚功能描述见表 8-1。

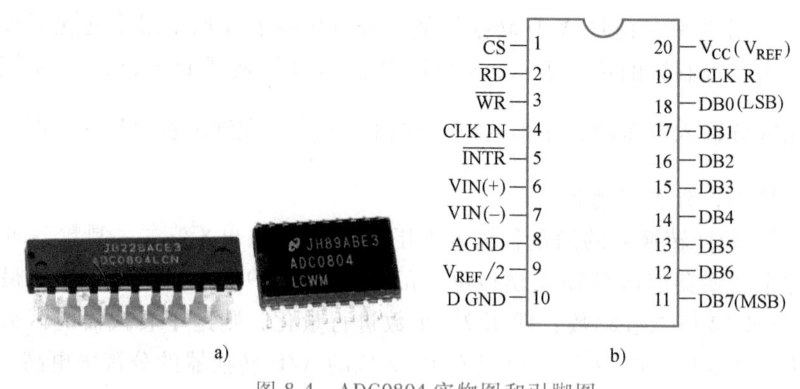

图 8-4　ADC0804 实物图和引脚图
a) 实物图　b) 引脚图

(2) ADC0804 典型应用接法　ADC0804 与单片机的典型接法电路图如图 8-5 所示。

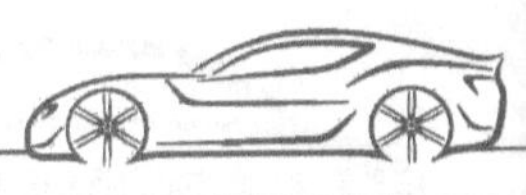

ADC0804 的 VIN(+) 接电位器的中间滑动端，VIN(-) 接地，则 VIN(+) 端的电压即为 ADC0804 的模拟输入电压，可通过电位器在 0V 和电源电压之间调整。VIN(+) 也可直接连接模拟量电压输入端。

表 8-1 ADC0804 引脚功能描述

引脚号	引脚符号	功能描述
1	$\overline{CS}$	片选信号输入端，低电平有效
2	$\overline{RD}$	读信号输入端，低电平输出端有效
3	$\overline{WR}$	写信号输入端，低电平启动 A/D 转换
4	CLK IN	时钟信号输入端
5	$\overline{INTR}$	A/D 转换结束信号，低电平表示本次转换已完成
6、7	VIN(+)、VIN(-)	两模拟信号输入端，用以接收单极性、双极性和差模输入信号
8	AGND	模拟信号地
9	$V_{REF}/2$	参考电平输入，决定量化单位
10	DGND	数字信号地
18~11	DB0~DB7	具有三态特性数字信号输出口
19	CLK R	内部时钟发生器的外接电阻端，与 CLK IN 端配合可由芯片自身产生时钟脉冲，其频率为 1/(1.1*RC*)
20	V_{CC}	电源 5V 输入

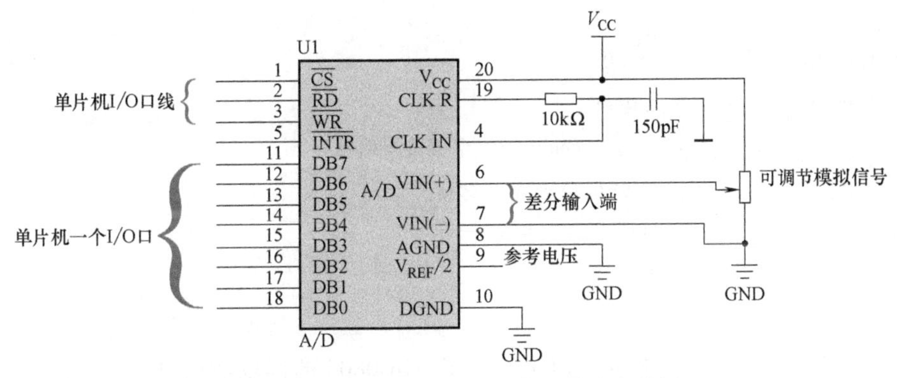

图 8-5 ADC0804 与单片机的典型接法电路图

CLK R、CLK IN、GND 之间用电阻和电容组成 *RC* 振荡电路，用来给 ADC0804 提供工作所需的脉冲，其脉冲的频率为 1/(1.1*RC*)，典型值 *R* 取 10kΩ，*C* 取 150pF。

ADC0804 与单片机连接时，$\overline{CS}$、$\overline{RD}$、$\overline{WR}$ 引脚可直接连至单片机 I/O 口线，DB0~DB7 可直接连至单片机的 P0~P3 口的一个 I/O 口。

$\overline{INTR}$ 引脚有 3 种使用方法，第一种是悬空，ADC0804 启动 A/D 转换后，经过 100μs 后转换完毕，直接读取转换结果；第二种方法可将该引脚连接至单片机的一个 I/O 口线，通过查询该引脚电平变为低电平，即表示转换完毕，读取转换结果；第三种方法可将该引脚连至单片机的外部中断引脚，转换完毕，该引脚电平由高电平自动变为低电平，触发中断，在中断函数中读取转换结果。

(3) *ADC0804 启动时序* 芯片手册中给出了 ADC0804 的启动转换时序图如图 8-6 所示。

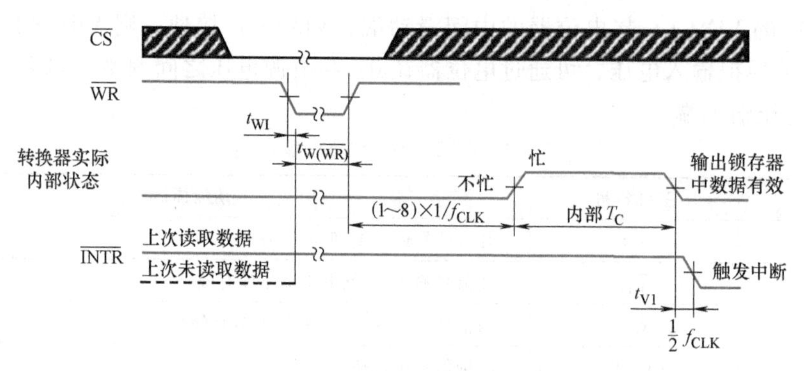

图 8-6 ADC0804 启动转换时序图

从图 8-6 可以看出，ADC0804 的启动转换时序为：$\overline{CS}$ 先为低电平，$\overline{WR}$ 随后置低，经过至少 t_W（$\overline{WR}$）时间后，$\overline{WR}$ 拉高，随后 A/D 转换器被启动，并且在经过 1~8 个 A/D 时钟周期（$1/f_{CLK}$）+内部 T_c 时间后，A/D 转换完成，转换结果存入数据锁存器。同时 $\overline{INTR}$ 自动变为低电平，本次 A/D 转换结束。

启动 A/D 转换器的基本操作时序为：$\overline{CS}=0$，$\overline{WR}=1$，延时，$\overline{WR}=0$，延时，$\overline{WR}=1$。

根据启动时序，编写 A/D 转换器启动函数如下：

```
void start()
{
    ADC_CS=0;            //CS=0
    ADC_WR=1;            //WR=1
    _nop_();             //延时，_nop_();一个机器周期延时
    ADC_WR=0;            //WR=0,启动 A/D 转换
    _nop_();             //延时
    ADC_WR=1;            //WR=1
}
```

（4）ADC0804 读时序　芯片手册中给出了 ADC0804 的读取数据时序图如图 8-7 所示。

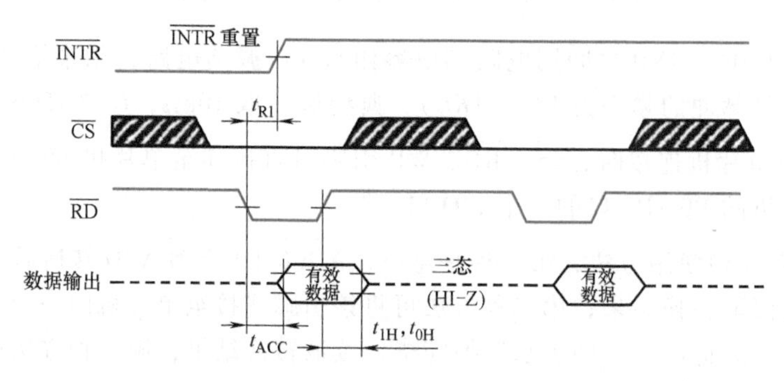

图 8-7 ADC0804 读取数据时序图

从图 8-7 可以看出，当 $\overline{INTR}$ 变为低电平后，将 $\overline{CS}$ 先置低，接着再将 $\overline{RD}$ 置低，当 $\overline{RD}$

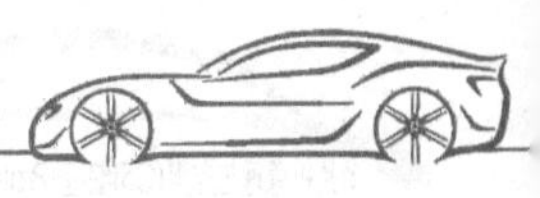

置低 t_{R1} 时间后，$\overline{\mathrm{INTR}}$ 自动拉高。在 $\overline{\mathrm{RD}}$ 置低至少经过 t_{ACC} 时间后，数字输出口上的数据达到稳定状态，此时直接读取数字输出端口数据便可得到转换后的数字信号，读取数据后，将 $\overline{\mathrm{RD}}$ 拉高。

读取 A/D 转换器的基本操作时序为：$\overline{\mathrm{CS}}=0$，$\overline{\mathrm{RD}}=1$，延时，$\overline{\mathrm{RD}}=0$，延时，OUT = DB0~DB7，$\overline{\mathrm{RD}}=1$。

根据读取时序，编写 A/D 转换器读取函数如下：

```
unsigned char readADC()
{
    P1=0xFF;                  //P1 口与 ADC 的数据口相连,作为输入口,先写"1"
    ADC_CS=0;                 //CS=0
    ADC_RD=1;                 //RD=1
    _nop_();                  //延时, _nop_();一个机器周期延时
    ADC_RD=0;                 //CS=0
    _nop_();                  //延时, _nop_();一个机器周期延时
    addat=P1;                 //读取 A/D 转换值
    ADC_RD=1;                 //RD=1
    return addat;             //返回 1 个字节的 A/D 转换值
}
```

2. 数字电压表电路设计

0~5V 的模拟电压由电位器 RV1 的滑动端送入 ADC0804 的 VIN(+) 引脚（即图 8-8 中的 VIN+引脚），ADC0804 的 VIN（-）引脚（即图 8-8 中的 VIN-引脚）接地，输出端 DB0~DB7 与单片机的 P1 口连接，$V_{REF}/2$ 引脚用两个 1kΩ 的电阻分压得到 $V_{CC}/2$ 电压，即 2.5V，将该电压作为 A/D 芯片工作时内部的参考电压，AGND 和 DGND 这 2 个引脚同时连接到 GND 上。注意：在设计产品时，最好将模拟地（AGND）和数字地（DGND）引脚分别接地，最后将模拟地与数字地通过 0Ω 电阻连接在一起，提高电路的抗干扰性，$\overline{\mathrm{INTR}}$ 引脚未连接，采用等待方式读取 A/D 转换结果，$\overline{\mathrm{CS}}$、$\overline{\mathrm{RD}}$、$\overline{\mathrm{WR}}$ 分别接单片机的 P2.4、P2.5 和 P2.6 引脚。ADC0804 的其他引脚按照典型接法连接。

4 位共阳极数码管的段码端连至单片机的 P0 口，P0 口外接 10kΩ 上拉电阻、330Ω 限流电阻，单片机的 P2.0~P2.3 引脚经过晶体管同相驱动后连至数码管的位选端。仿真电路图如图 8-8 所示。

说明：在 Proteus 中单击“P”按钮挑选元器件 AT89C52、ADC0804（A/D 转换器）、CAP（电容）、7SEG-MPX4-CA（4 位共阳极数码管）、POT-HG（电位器）、RES、RESPACK-8（排阻）、RX8（8 个电阻）、NPN（晶体管）。

3. 软件设计

设计思想：首先启动 A/D 转换，等待 100μs 左右读取 A/D 转换结果，这个结果是二进制结果，而数码管上需要显示测量的电压值，所以对转换结果要做标度变换。显示结果保留

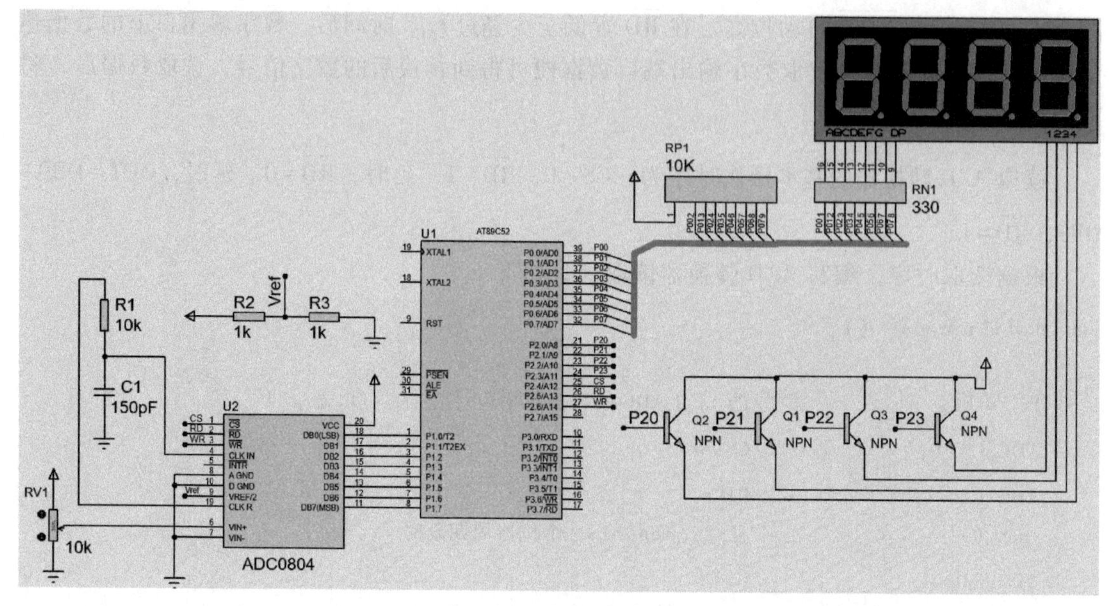

图 8-8　数字电压表仿真电路图

2 位小数，需要将标度变换后的数值分离出个位、小数后 1 位和小数后 2 位，再显示。软件设计的关键环节如下。

1）ADC0804 启动模拟电压采集：调用 start( ) 函数。

2）读取 ADC0804 转换结果：调用 readADC( ) 函数。

3）A/D 转换的数字量需要转换为电压，然后再送数码管显示。0~5V 的模拟电压经 8 位 A/D 转换器 ADC0804 转换为数字量，对应范围为 0x00~0xFF(0~255)，显示时不能直接显示十六进制的数字量，希望显示对应的电压数值，因此，还需将数字量转换为相应的电压再进行显示。这种转换称为标度变换。

数字量 0 就对应于模拟电压 0V，数字量 255 就对应于量程的最大电压 5V（V_{REF}），0~255 之间的任意一个数字量对应的模拟电压计算公式为

$$模拟电压=数字量*最大电压/256$$

4）数位分离：0~5V 模拟电压，保留 2 位小数，显示在数码管上。所以需要把模拟电压进行个位、小数后 1 位和小数后 2 位分离。

个位：数字量*最大电压/256；在 C 语言中整数相除“/”取整数部分。

小数后 1 位：“数字量*最大电压*10/256%10;”。

小数后第 2 位：“数字量*最大电压*100/256%10;”。

5）4 位共阳极数码管动态显示：动态扫描主要由“送位选码→送段码→延时→消隐→关闭位选码”这 5 步实现。

【参考程序】

```
#include<reg52.h>
#include<intrins.h>                    //_nop_()函数包含在 intrins.h 头文件中
#define uchar unsigned char
#define uint unsigned int
```

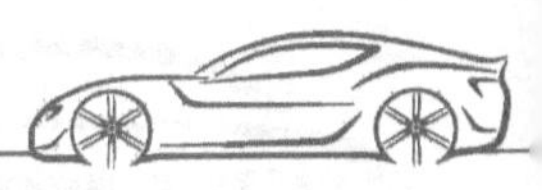

```
sbit ADC_CS=P2^4;                    //ADC0804 片选端
sbit ADC_RD=P2^5;                    //ADC0804 读信号
sbit ADC_WR=P2^6;                    //ADC0804 启动信号
sbit w0=P2^0;                        //数码管个位位选端
sbit w1=P2^1;                        //数码管十位位选端
sbit w2=P2^2;                        //数码管小数点位选端
sbit w3=P2^3;                        //数码管百位位选端
void delayms(uint z);                //延时函数
void start();                        //启动一次 A/D 转换函数
uchar readADC();                     //读取 A/D 转换结果函数
void display(uchar dat) ;            //数码管显示函数
uchar code table[]={0xC0,0xF9,0xA4,0xB0,0x99,0x92,0x82,0xF8,0x80,0x90};
                                     //共阳极数码管“0~9”段
uchar i=0,addat;                     // addat A/D 转换返回值
uint Vref=5;                         //ADC0804 参考电压
/******************************** 主函数 ********************************/
void main()
{
    while(1)
    {
        start();                     //启动 A/D 转换
        display(addat);              //显示,也是延时
        readADC();                   //读取 A/D 转换
    }
}
/******************************** 延时函数 ********************************/
void delayms(uint z)
{
    uint x,y;
    for(x=z;x>0;x--)
        for(y=111;y>0;y--);
}
/*************************** 启动一次 A/D 转换 ***************************/
void start()
{
    ADC_CS=0;                        //CS=0
    ADC_WR=1;                        //WR=1
    _nop_();                         //延时, _nop_();一个机器周期延时
    ADC_WR=0;                        //WR=0,启动 A/D 转换
    _nop_();                         //延时
```

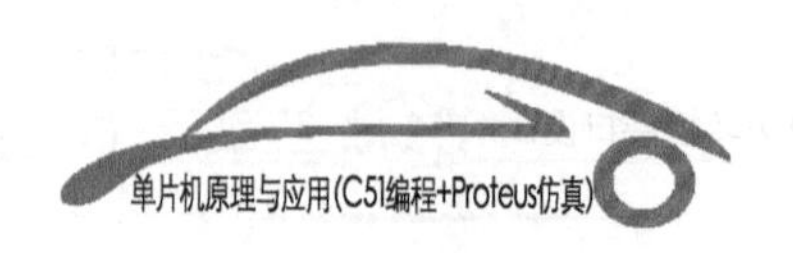


```
    ADC_WR = 1;                     //WR = 1
}
/***************************** 读取 A/D 转换结果 *****************************/
uchar readADC()
{
    P1 = 0xFF;                      //P1 口与 ADC 的数据口相连,作为输入口,先写"1"
    ADC_CS = 0;                     //CS = 0
    ADC_RD = 1;                     //RD = 1
    _nop_();                        //延时, _nop_();一个机器周期延时
    ADC_RD = 0;                     //CS = 0
    _nop_();                        //延时, _nop_();一个机器周期延时
    addat = P1;                     //读取 A/D 转换值
    ADC_RD = 1;                     //RD = 1
    return addat;                   //返回 1 个字节的 A/D 转换值
}
/******************************* 数码管显示 *******************************/
void display(uchar dat)
{
    uchar bai,shi,ge;
    bai = dat * Vref/256;           //根据 VIN = 数字量 * 5/256,输入电压的整数位
    shi = dat * 10 * Vref/256%10;   //输入电压小数后 1 位
    ge = dat * 100 * Vref/256%10;   //输入电压小数后 2 位
    w0 = 0; w1 = 0; w2 = 0; w3 = 0; //清数码管位选端
    w0 = 1;                         //选中数码管个位
    P0 = table[ge];                 //显示个位
    delayms(1);                     //延时
    P0 = 0xFF;                      //消隐
    w0 = 0;                         //清数码管个位位选端

    w1 = 1;                         //选中数码管十位
    P0 = table[shi];                //显示十位
    delayms(1);                     //延时
    P0 = 0xFF;                      //消隐
    w1 = 0;                         //清数码管十位位选端

    w2 = 1;                         //选中数码管小数点位
    P0 = 0x7F;                      //显示小数点
    delayms(1);                     //延时
    P0 = 0xFF;                      //消隐
    w2 = 0;                         //清数码管小数点位选端
```

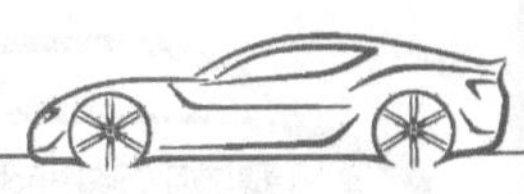

```
    w3=1;                          //选中数码管百位
    P0=table[bai];                 //显示百位
    delayms(1);                    //延时
    P0=0xFF;                       //消隐
    w3=0;                          //清数码管百位位选端
}
```

【C51 知识点】 _nop_( ) 延时函数

nop()函数是头文件 intrins. h 中的一个函数，函数功能是延时一个机器周期的时间。晶振若是12MHz，则该函数就延时1μs的时间。使用该延时函数，需要在程序最开始处包含头文件“#include<intrins. h>”。

【数据处理知识点】 标度变换

单片机采集的模拟信号经A/D转换为数字量，仅仅对应于参数的大小，该数字量为无量纲数据，而生产中的各种参数都有着不同的量纲。例如，温度的单位是℃，压力的单位是Pa，电压的单位是V。因此，在系统进行显示、记录以及打印等操作时，还需转换为操作人员熟悉的这种有量纲的数据。这种将对应的数字量大小转换成有量纲的被测工程量数值，也称为工程转换，又称标度变换。

标度变换的任务就是将系统检测到的参数的二进制数字量转换为原被测物理量的工程实际值。常用的转换方法有线性和非线性标度变换两种。

1）线性标度变换。当被测参数与A/D转换结果为线性关系时，可采用线性标度变换。线性标度变换公式为

$$A_x=(A_m-A_0)\frac{N_x}{N_m}+A_0 \tag{8-2}$$

式中，A_0为测量系统量程的下限（测量范围最小值）；A_m为测量系统量程的上限（测量范围最大值）；A_x为实际测量值（工程量）；N_0为量程下限对应的数字量，设为0；N_m为量程上限对应的数字量；N_x为实际测量值对应的数字量。

2）非线性标度变换。当被测参数与A/D转换结果为非线性关系时，可采用非线性标度变换。

例如：利用差压法测流量的标度变换方法。从差压变送器来的差压信号Δp与实际流量Q成二次方根关系，即

$$Q=K\sqrt{\Delta p} \tag{8-3}$$

式中，Q为流体的流量；K为系数，与节流装置的尺寸和流体的性质有关；Δp为节流装置前后的压差。

由式（8-3）可见，流体的流量Q与差压变送器来的差压信号的二次方根$\sqrt{\Delta p}$成正比，因此可得测量流体流量的标度变换公式为

$$Q_x=(Q_m-Q_0)\sqrt{\frac{N_x-N_0}{N_m-N_0}}+Q_0 \tag{8-4}$$

式中，Q_0 为测量流量系统量程的下限（测量范围最小值）；Q_m 为测量流量系统量程的上限（测量范围最大值）；Q_x 为实际流量测量值（工程量）；N_0 为差压下限 Δp_0 对应的数字量，设为 $\Delta p_0=0$；N_m 为差压上限 Δp_m 对应的数字量；N_x 为实际差压测量值 Δp_x 对应的数字量。

许多非线性传感器并不像流量传感器一样可以用数学表达式来描述，这种情况可采用多项式插值、线性插值法或查表法等进行标度变换。

【数据处理知识点】 软件滤波

对于实时数据采集系统，为了克服由测量系统外部环境偶然因素引起的突变性扰动或系统内部不稳定引起的尖脉冲干扰等，可对A/D转换后的数字量进行软件滤波。软件滤波不需要额外的硬件，设计灵活，已得到较为广泛的使用。下面介绍几种常见的软件滤波方法。

1）限幅滤波法。限幅滤波法（又称程序判别法、增量判别法）通过程序判断被测信号的变化幅度，从而消除缓变信号中的尖脉冲干扰。

具体方法是依赖已有的时域采样结果，将本次采样值与上次采样值进行比较，若它们的差值超出允许范围，则认为本次采样值受到了干扰，应予剔除。

$$\Delta y_n=|y_n-\bar{y}_{n-1}|\begin{cases}\leqslant a, \bar{y}_n=y_n\\ >a, \bar{y}_n=\bar{y}_{n-1}\end{cases} \tag{8-5}$$

式中，“$\bar{y}_n$，$\bar{y}_{n-1}$，…”为已滤波的采样结果；y_n 为本次采样值；Δy_n 为本次采样值与上次采样值之差；a 为相邻两次采样值的最大允许误差（阈值）。

【参考程序】

```
#define   a   10                          //阈值 a 设为 10,可根据实际情况设置
uchar value;                              //上一次采样值
uchar filter()
{
    uchar   new_value;                    //当前采样变量
    new_value=readADC();                  //读取当前采样值
    if ((new_value-value>a ) || (value-new_value>a ))
        return value;                     //2 次采样之差大于阈值 a,返回上一次采样值
    return new_value;                     //2 次采样之差小于阈值 a,返回当前采样值
}
```

2）中值滤波法。中值滤波法是一种典型的非线性滤波方法，运算简单，在滤除脉冲噪声的同时可以很好地保护信号的细节信息。对温度、液位等缓慢变化（呈现单调变化）

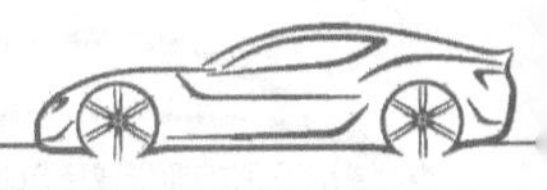

的被测参数具有良好的滤波效果。但对于流量、速度等快速变化的参数一般不宜采用中值滤波法。

步骤：①对被测参数连续采样 N 次（N 应为奇数）；②将这些采样值进行排序（增序或降序）；③选取中间值为本次采样值。

【参考程序】

```
/*  N值可根据实际情况调整,排序采用冒泡法 */
#define N   11
char filter()
{
    char value_buf[N],temp;
    uchar count,i,j;
    for ( count=0;count<N;count++;)//采样 N 个数据
    {
        value_buf[count]=readADC(); //读取 A/D 转换结果
        delay();//延时
    }
    for (j=0;j<N-1;j++)//排序(增序)
    {
        for (i=0;i<N-j;i++)
        {
            if (value_buf[i]>value_buf[i+1])
            {
                temp=value_buf[i];
                value_buf[i]=value_buf[i+1];
                value_buf[i+1]=temp;
            }
        }
    }
    return value_buf[(N-1)/2]; //返回中间值作为本次采样结果
}
```

冒泡法是相邻数互换的排序方法。排序时，从前向后进行相邻两个数的比较，如果数据的大小次序与要求的顺序不符时，就将两个数互换；顺序符合要求就不互换。以升序排序法为例，通过相邻数互换，使小数向前移，大数向后移。如此从前向后进行一次次相邻数互换（冒泡），就会把这批数据的最大数排到最后，次大数排在倒数第二的位置，从而实现一批数据由小到大排列。

3）算数平均滤波法。N 个连续采样值相加，然后取其算术平均值作为本次测量的滤波器输出值。这种方法一般适用于具有随机干扰的信号滤波。这种信号的特点是有一个平均值，信号在这个平均值范围附近上下波动。这种滤波法，当 N 值较大时，信号的平滑度

高，但灵敏度低；当N值较小时，平滑度低，但灵敏度高。应视具体情况选取N值，既要节约时间，又要滤波效果好。对于一般流量测量，通常取经验值N=12；若为压力测量，则取经验值N=4。一般情况下，经验值N取5。

【参考程序】

```
#define N 12                          //进行平均值滤波的数据个数,可根据实际调整
uchar filter()
{
    uint   sum=0;                     //和变量
    for(count=0;count<N;count++)
    {
        sum+=readADC();               //累计N次采样值
        delay();                      //延时
    }
    return (uchar)(sum/N);            //返回N次采样平均值
}
```

4）滑动平均滤波法。滑动平均滤波法是把N个采样值看成一个队列，队列的长度为N，每进行一次采样，就把最新的采样值放入队尾，而扔掉原来队首的一个采样值，这样在队列中始终有N个“最新”采样值。对队列中的N个采样值进行平均，就可以得到新的滤波值。该算法只需测量一次，就能得到当前数据的算术平均值。

滑动平均滤波法对周期性干扰有良好的抑制作用，平滑度高，但灵敏度低；对偶然出现的脉冲性干扰的抑制作用差，不易消除由此引起的采样值的偏差。因此它不适用于脉冲干扰比较严重的场合。通常，观察不同N值下滑动平均的输出响应，据此选取N值，以便既少占用时间，又能达到最好的滤波效果。

【参考程序】

```
#define N 12                          //进行滑动平均值滤波的数据个数,可根据实际调整
uchar value_buf[N];                   //N次采样数值缓存区
uchar i =0;
uchar filter()
{
    uchar count;
    uint sum=0;                       //和变量
    value_ _buf[i++]=readADC();       //读取A/D转换结果,存在value_buf
    if(i= =N)i=0;                     //先进先出,再求平均值
    for(count=0;count<N;count++)
        sum+=value_buf[count];        //求N次采样和
    return(uchar)(sum/N);             //返回N次采样平均值
}
```

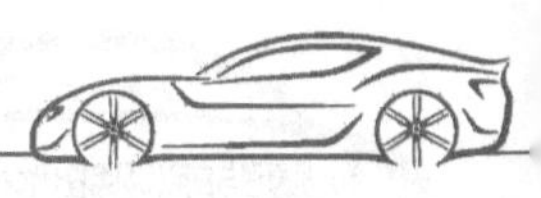

5）去极值平均值滤波法。前面介绍的算术平均与滑动平均滤波法，在脉冲干扰比较严重的场合，则干扰将会“平均”到结果中去，故上述两种平均值法不易消除由于脉冲干扰而引起的误差。这时可采用去极值平均值滤波法。

去极值平均值滤波法的思想是：连续采样 N 次后，找出其中的最大值与最小值，去除最大值和最小值后，按 N−2 个采样值求平均，即可得到有效采样值。N 常取 4、6、8、10 等。具体做法有两种：对于快变参数，先连续采样 N 次，然后再处理，但要在 RAM 中开辟 N 个数据的暂存区；对于慢变参数，可一边采样一边处理，而不必在 RAM 中开辟数据暂存区。实践中，为了加快测量速度，一般 N 不能太大，常取为 4。它具有计算方便、速度快和占用存储空间小等优点。

【参考程序】

```
#define N   4                                          //数据个数,可根据实际调整
uchar filter( )
{
    uchar count,i,j;
    uchar value_buf[N];                                //N 次采样数值缓存区
    uint sum=0;                                        //和变量
    uchar value_buf,temp;                              //中间变量
    for(count=0;count<N;count++)
    {
        value_buf[count]=readADC( );                   //读取 N 次 A/D 转换结果,赋给 value_ _buf[count]
        delay( );
    }
    for(j=0;j<N-1;j++)                                 //冒泡法排序:从小到大
    {
        for(i=0;i<N-j;i++)
        {
            if(value_buf[i]>value_ _buf[i+1])
            {
                temp=value_buf[i];
                value_buf[i]= value_buf[i+1];
                value_buf[i+1]=temp;
            }
        }
    }
    for(count=1;count<N-1;count++)
        sum+=value_buf [count];                        //求 N-2 个累加和,去掉最小值、最大值
    return (uchar)(sum/(N-2));                         //求 N-2 个采样值的平均值
}
```

4. 仿真运行

将程序编译生成 Hex 文件，加载到单片机中，单击运行按钮，运行效果图如图 8-9 所示，调整电位器 RV1，使电压在 0~5V 之间变化，采集到的电压值在数码管上显示。

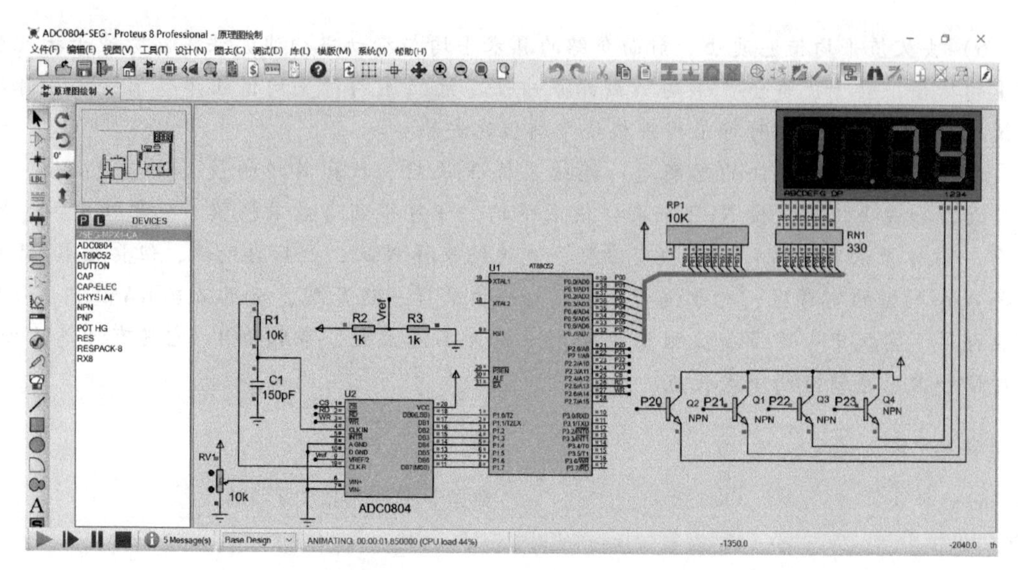

图 8-9　数字电压表仿真运行效果图

8.2　单片机与 D/A 转换器的接口设计

8.2.1　D/A 转换器概述

1. D/A 转换器的基本原理

数字量是用二进制码按数位组合起来表示的。每一位的 1 所代表的数值大小称为这位的位权。如果一个 n 位的二进制数用 $D_n = d_{n-1}d_{n-2}\cdots d_1 d_0$ 表示，它的最高位（MSB）到最低位（LSB）的位权依次为 2^{n-1}、2^{n-2}、…、2^1、2^0。为了将数字量转换成模拟量，必须将每 1 位的二进制码按其权的大小转换成相应的模拟量，然后将这些模拟量相加，即可得到与数字量成正比的总模拟量，从而实现 D/A 转换，这就是构成 D/A 转换器的基本思路。

【例 8-2】　以 4 位数字量转换为模拟量的倒 T 形电阻网络 D/A 转换为例说明转换原理。4 位倒 T 形电阻网络 D/A 转换器原理图如图 8-10 所示。

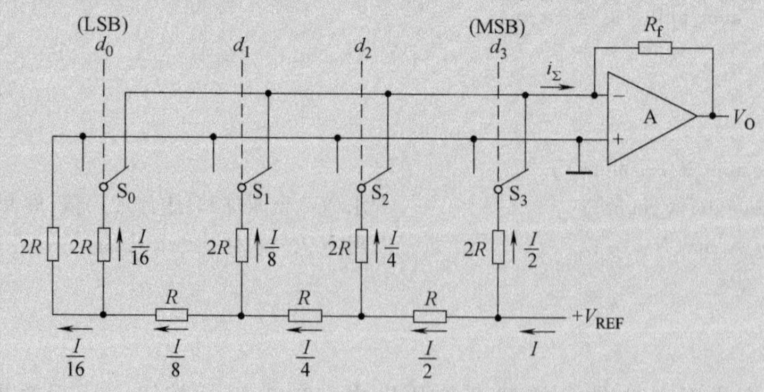

图 8-10　4 位倒 T 形电阻网络 D/A 转换器原理图

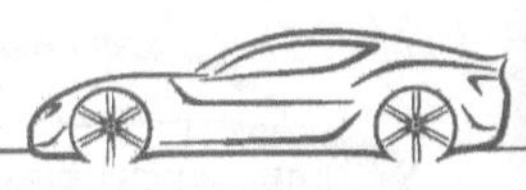

图 8-10 中，$d_3d_2d_1d_0$ 为需要转换的 4 位数字量，$R-2R$ 电阻网络呈倒 T 形，运算放大器 A 构成求和电路。S_3、S_2、S_1、S_0 为模拟开关，有 2 个位置，当 $d_i=1$ 时，S_i 接运放反相输入端，当 $d_i=0$ 时，S_i 将电阻 $2R$ 接地。

在计算倒 T 形电阻网络中各支路的电流时，可以将电阻网络等效画成如图 8-11 所示的等效电路。分析 $R-2R$ 电阻网络不难发现，从每个节点向左看的二端网络等效电阻均为 R，流入每个 $2R$ 电阻的电流从高位到低位按 2 的整数倍递减。设由基准电压源提供的总电流为 $I=V_{REF}/R$，则流过各开关支路（从右到左）的电流分别为 $I/2$、$I/4$、$I/8$、$I/16$。

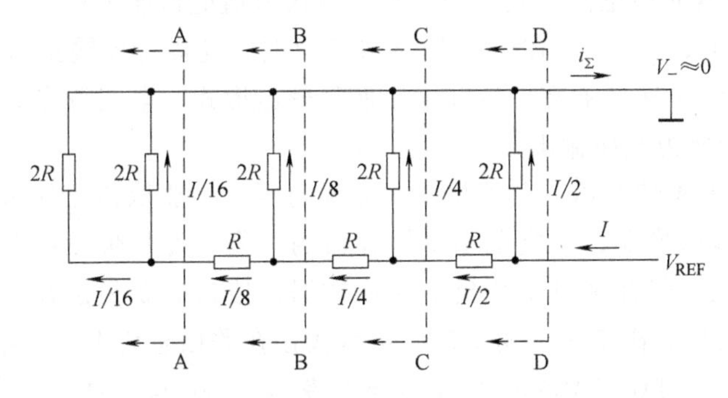

图 8-11　计算倒 T 形电阻网络支路电流的等效电路

总电流为

$$I=\frac{V_{REF}}{R}\left(\frac{d_0}{2^4}+\frac{d_1}{2^3}+\frac{d_2}{2^2}+\frac{d_3}{2^1}\right)=\frac{V_{REF}}{2^4\times R}(d_0\times2^0+d_1\times2^1+d_2\times2^2+d_3\times2^3)$$

记 $D_3=d_0\times2^0+d_1\times2^1+d_2\times2^2+d_3\times2^3$，则输出电压为

$$V_O=-IR_f=-\frac{V_{REF}}{2^4\times R}\times D_3\times R_f$$

将输入数字量扩展到 n 位，并取反馈电阻 $R_f=R$，可得倒 T 形电阻网络 D/A 转换器输出模拟量与输入数字量之间的一般关系式为

$$V_O=-\frac{V_{REF}}{2^n}\times D_{n-1}$$

其中，$D_{n-1}=d_0\times2^0+d_1\times2^1+\cdots+d_{n-1}\times2^{n-1}$。

可以看出，输出电压 V_O 正比于输入的数字量 D_{n-1}。

2. D/A 转换器的主要参数指标

(1) 分辨率　分辨率是 D/A 转换器对输入量变化敏感程度的描述，与输入数字量的位数有关。如果数字量的位数为 n，则 D/A 转换器的分辨率为 2^{-n}。这就意味着 D/A 转换器能对满刻度的 2^{-n} 输入量做出反应。例如，8 位数的分辨率为 1/256，10 位数的分辨率为 1/1024。因此，数字量位数越多，分辨率也就越高，亦即转换器对输入量变化的敏感程度也就越高。使用时，应根据分辨率的需要来选定转换器的位数。D/A 转换器可分为 8 位、10 位、12 位以及 16 位。常用输入数字量的位数表示 D/A 转换器的分辨率。

(2) 建立时间　建立时间是描述 D/A 转换速度快慢的一个参数，指从输入数字量转换为模拟量输出，达到终值误差±LSB/2 时所需的时间。通常以建立时间来表示转换速度。转换器的输出形式为电流时，建立时间较短；输出形式为电压时，由于建立时间还要加上运算放大器的延迟时间，因此建立时间要长一点。但总的来说，D/A 转换速度远高于 A/D 转换速度，快速的 D/A 转换器的建立时间可达 1μs。

（3）转换精度　转换误差表示 D/A 转换器实际输出的模拟量与理论输出的模拟量之间的差别。转换误差的来源很多，例如，转换器中各元件参数值的误差，基准电源不够稳定和运算放大零漂的影响等。

（4）绝对精度　D/A 转换器的绝对精度（或绝对误差）是指输入端加入最大数字量（全 1）时 D/A 转换器的理论值与实际值之差。该误差值应低于 LSB/2。

（5）输出形式和接口形式　在选用 D/A 转换器时，还需考虑输出形式和接口形式。

1）输出形式。D/A 转换器有电流和电压两种输出形式。电流输出 D/A 转换器在输出端加运算放大器即可转换为电压输出。

2）接口形式。D/A 转换器与单片机接口方便与否，主要取决于转换器本身是否带数据锁存器。有两类 D/A 转换器，一类是不带锁存器的，另一类是带锁存器的。对于不带锁存器的 D/A 转换器，为了保存来自单片机的转换数据，接口时要另加锁存器。而带锁存器的 D/A 转换器，可以把它看作是一个输出口，可直接接在数据总线上，而不需另加锁存器。

8.2.2 基于 DAC0832 的波形发生器设计仿真实例

基于 DAC0832 的波形发生器设计仿真实例（视频）

基于 DAC0832 的波形发生器设计仿真实例（PPT）

任务要求：采用单片机设计波形信号发生器，通过按键控制产生三角波和锯齿波。

分析：三角波和锯齿波是模拟信号，所以，单片机送出数字量经 D/A 转换为模拟量通过示波器显示，本例中采用 DAC0832 实现 D/A 转换；采用 2 个按键进行切换，设计方案如图 8-12 所示。

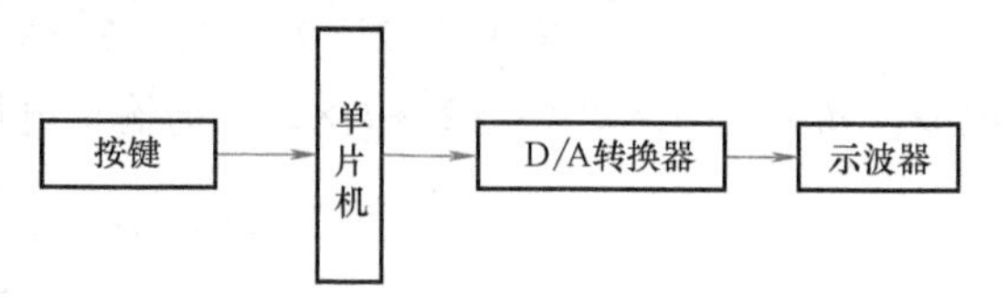

图 8-12　波形发生器设计方案

1. DAC0832 芯片简介

DAC0832 是具有两级输入数据寄存器的 D/A 转换器，分辨率为 8 位，电流输出，建立时间为 1μs，单一电源供电（+5 ~ +15V），低功耗，20mV。可直通输入、单缓冲输入以及双缓冲输入，可直接与单片机连接。DAC0832 的实物图和引脚图如图 8-13 所示，各引脚功能描述见表 8-2。

图 8-13　DAC0832 实物图和引脚图

a）实物图　b）引脚图

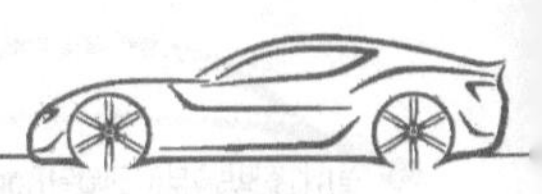

表 8-2　DAC0832 引脚功能描述

引脚号	引脚符号	功能描述
1	$\overline{CS}$	片选信号输入端,低电平有效
2	$\overline{WR1}$	输入寄存器的写选通信号
3	AGND	模拟信号地
7~4、16~13	DI0~DI7	数据输入线
8	V_{REF}	基准电源输入引脚
9	R_{fb}	反馈信号输入引脚,反馈电阻在芯片内部
10	DGND	数字地
11	I_{OUT1}	电流输出引脚,电流 I_{OUT1} 与 I_{OUT2} 的和为常数
12	I_{OUT2}	电流输出引脚,I_{OUT1}、I_{OUT2} 随 DAC 锁存器的内容线性变化
17	$\overline{XFER}$	数据传送信号,低电平有效
18	$\overline{WR2}$	DAC 寄存器的写选通信号
19	ILE	数据允许锁存信号,高电平有效
20	V_{CC}	电源 5V 输入

2. D/A 转换器接口

DAC0832 由 8 位输入锁存器、8 位 DAC 寄存器和 8 位 D/A 转换器及转换控制电路构成。DAC0832 的内部结构如图 8-14 所示。

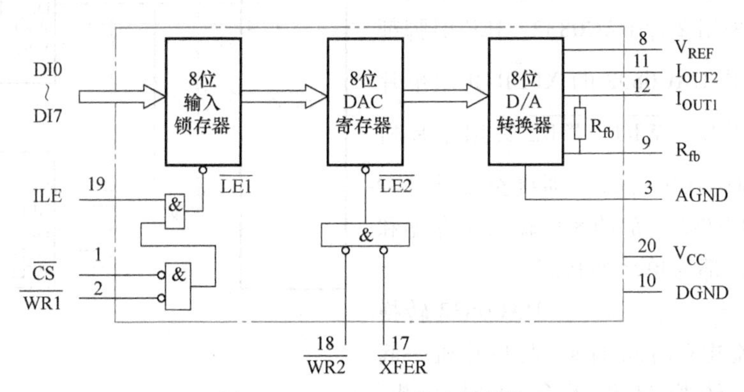

图 8-14　DAC0832 的内部结构

（1）DAC0832 的输入接口　8 位输入锁存器和 8 位 DAC 寄存器形成两级缓冲，分别由 $\overline{LE1}$ 和 $\overline{LE2}$ 信号控制。当这 2 个控制信号为低电平时，数据被锁存，输出不随输入变化；当这 2 个控制信号为高电平时，锁存器输出与输入相同并随输入而变化，即输入输出直通。根据两个锁存器的锁存情况不同，DAC0832 有直通式（两级直通）、单级缓冲（一级锁存一级直通）和双级缓冲式（双锁存）3 种形式。

1）直通方式。DAC0832 的 ILE 引脚接 5V 电压，$\overline{CS}$、$\overline{WR1}$、$\overline{WR2}$、$\overline{XFER}$ 全部接地，电路连接示意图如图 8-15 所示。

结合图 8-14，当 $\overline{CS}=0$、$\overline{WR1}=0$ 时，取反后送入与门，与门输出高电平，而 ILE = 1,

第 2 级与门输出高电平，即 $\overline{\mathrm{LE1}}=1$，8 位输入锁存器使能，数据 DI0 ~ DI7 可通过 8 位输入锁存器。当 $\overline{\mathrm{WR2}}=0$、$\overline{\mathrm{XFER}}=0$ 时，取反后送入与门，与门输出高电平，即 $\overline{\mathrm{LE2}}=1$，使能 8 位 DAC 寄存器，数据继续通过 8 位 DAC 寄存器，进入 8 位 D/A 转换器。该种方式的数据 DI0 ~ DI7 通过 8 位输入锁存器，再通过 8 位 DAC 寄存器，直接进入 8 位 D/A 转换器进行转换，该种工作方式为直通方式。

2）单缓冲方式。ILE 引脚接 5V 电压，$\overline{\mathrm{CS}}$ 接单片机的一个 I/O 口线，$\overline{\mathrm{WR1}}$、$\overline{\mathrm{WR2}}$、$\overline{\mathrm{XFER}}$ 全部接地。此时 DAC0832 内部的 8 位输入寄存器为缓冲状态，而 DAC 寄存器为直通状态时，DAC0832 处于单缓冲方式，电路连接示意图如图 8-16 所示。

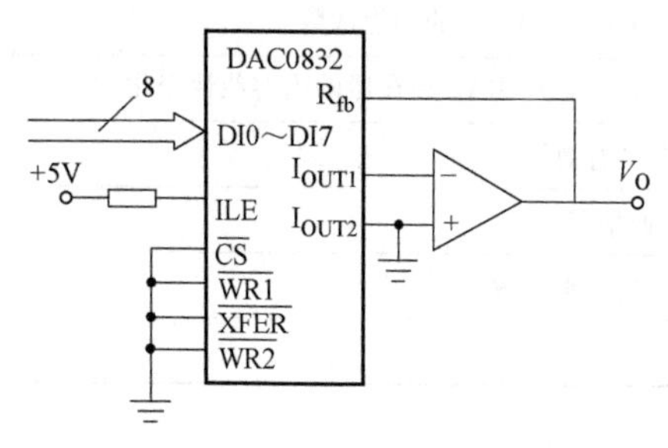

图 8-15　DAC0832 直通方式电路连接示意图

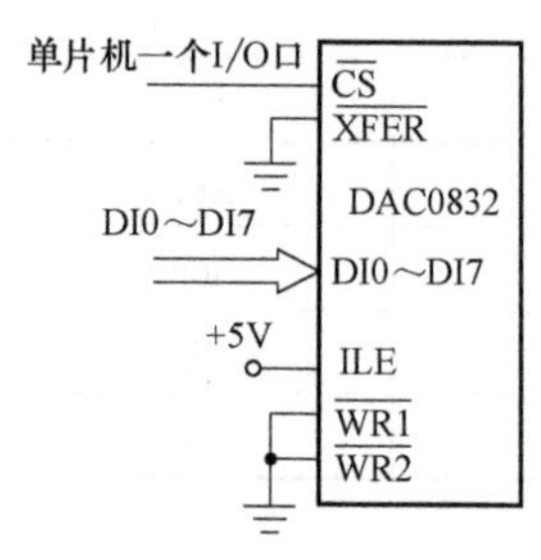

图 8-16　DAC0832 单缓冲方式电路连接示意图

3）双缓冲方式。当需要两路模拟量同步输出时可采用双缓冲方式，电路连接示意图如图 8-17 所示。采用 2 片 DAC0832，ILE 引脚都接 5V 电压，2 片 DAC0832 的 $\overline{\mathrm{XFER}}$ 共用单片机的一个 I/O 引脚，$\overline{\mathrm{WR1}}$、$\overline{\mathrm{WR2}}$ 共用单片机的一个 I/O 引脚，$\overline{\mathrm{CS}}$ 引脚分别接至 2 个 I/O 引脚。2 片 DAC0832 内部的 8 位输入寄存器和 8 位 DAC 寄存器都为单缓冲状态。

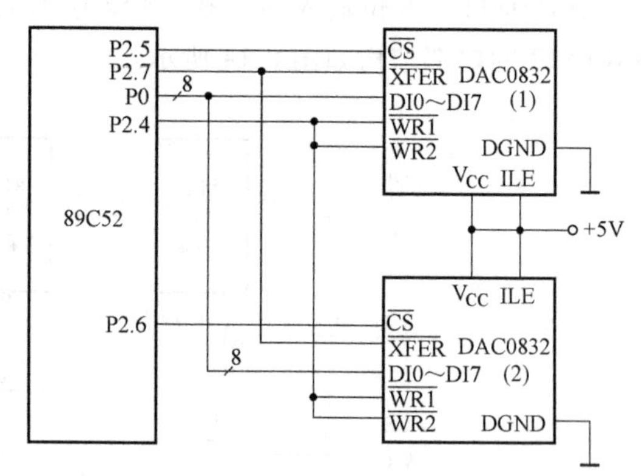

图 8-17　DAC0832 双缓冲方式电路连接示意图

（2）DAC0832 输出接口　DAC0832 转换速度很快，电流建立时间 1μs，与单片机一起使用时，D/A 转换过程无须延时等待。DAC0832 内部无参考电压，需外接参考电压源，并且 DAC0832 属于电流输出型 D/A 转换器，要获得模拟电压输出时，需要外加转换电路，有单极性和双极性输出 2 种。

1）单极性输出。单极性输出电路连接示意图如图 8-18 所示。如果参考电压为正电压，则输出电压为负电压。

单极性电压输出为

$$V_{\mathrm{O}}=-\frac{V_{\mathrm{REF}}}{2^{n}}\times D_{n-1}$$

2）双极性输出。在 DAC0832 的输出端连接 2 个运放构成双极性输出电路，电路连接示意图如图 8-19 所示。

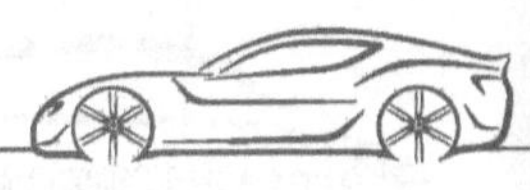

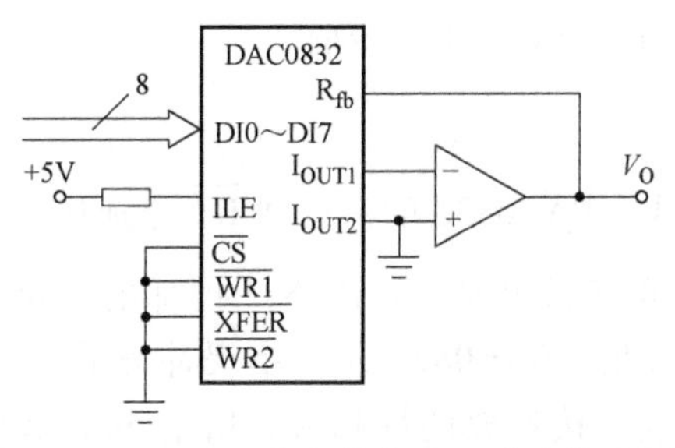

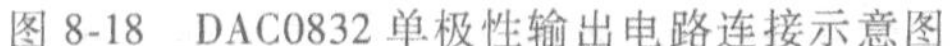

图 8-18 DAC0832 单极性输出电路连接示意图

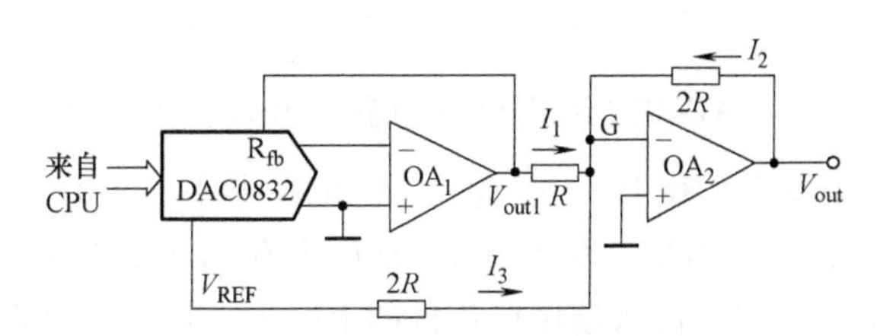

图 8-19 DAC0832 双极性输出电路连接示意图

根据图 8-19 可知，第 1 级运放 OA_1 的输出电压 V_{out1} 为

$$V_{out1}=-\frac{V_{REF}}{2^n}\times D_{n-1}$$

则输出电流 I_1 为

$$I_1=\frac{V_{out1}}{R}=-\frac{V_{REF}}{2^n\times R}\times D_{n-1}$$

电流 I_3 为

$$I_3=\frac{V_{REF}}{2R}$$

第 2 级运放 OA_2 的输出电压 V_{out} 为

$$V_{out}=-I_2\times 2R=-(I_1+I_3)\times 2R=(D_{n-1}-2^{n-1})\times\frac{V_{REF}}{2^{n-1}}$$

DAC0832 是 8 位 D/A 转换器，所以 $n=8$，DAC0832 双极性输出电压为

$$V_{out}=(D_7-128)\times\frac{V_{REF}}{2^7}$$

数字量 D_7 的变化范围为 0～255，当参考电压 V_{REF} 为+5V，D_7 数值小于 128 时，输出为负电压，D_7 数值大于 128 时，输出为正电压，实现双极性输出。

3. D/A 转换器控制时序

DAC0832 操作时序图如图 8-20 所示。

从图 8-20 可以看出，当 $\overline{CS}$ 为低电平，数据总线上数据才开始保持有效，然后再将 $\overline{WR}$ 置低，从 I_{OUT1} 线上可看出，在 $\overline{WR}$ 置低 t_s 后，D/A 转换结束，I_{OUT1} 输出稳定。若只控制完成一次转换的话，接下来将 $\overline{WR}$ 和 $\overline{CS}$ 拉高即可；若连续转换，则只需要改变数字端的输入数据。

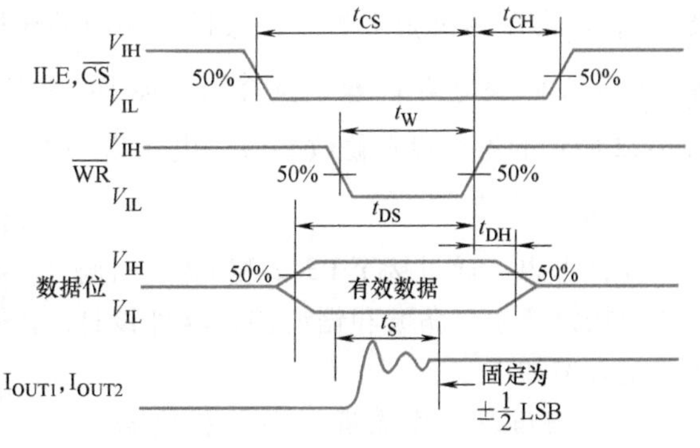

图 8-20 DAC0832 操作时序图

DAC0832 一次转换操作时序为：$\overline{CS}=0$，$\overline{WR}=0$，DI0～DI7=数据，延时，$\overline{WR}=1$，$\overline{CS}=1$。

DAC0832 的连续转换操作时序为：$\overline{CS}$=0，$\overline{WR}$=0，DI0～DI7=数据。

4. 单片机与 DAC0832 接口电路设计

DAC0832 采用单缓冲输入方式，单极性输出方式。DAC0832 的 $\overline{CS}$、$\overline{WR1}$ 分别接单片机的 P2.0 和 P2.1 引脚，ILE 接高电平，$\overline{WR2}$ 和 $\overline{XFER}$ 接低电平，DAC0832 内部的 8 位输入寄存器为缓冲状态，而 DAC 寄存器为直通状态，因此，DAC0832 处于单缓冲方式。DI0～DI7 数字输入端接单片机的 P1 口。电流输出端口 I_{OUT1} 接运放的反相端，I_{OUT2} 接运放的同相端并接地，单极性输出。反馈信号端 R_{fb} 接运放输出端。运放输出端接示波器，观察波形。参考电压 V_{REF} 引脚与电位器相连，可通过电位器调整参考电压。2 个按键分别接至 P3.2 和 P3.3 引脚，这 2 个按键控制输出三角波和锯齿波。波形发生器仿真电路图如图 8-21 所示。

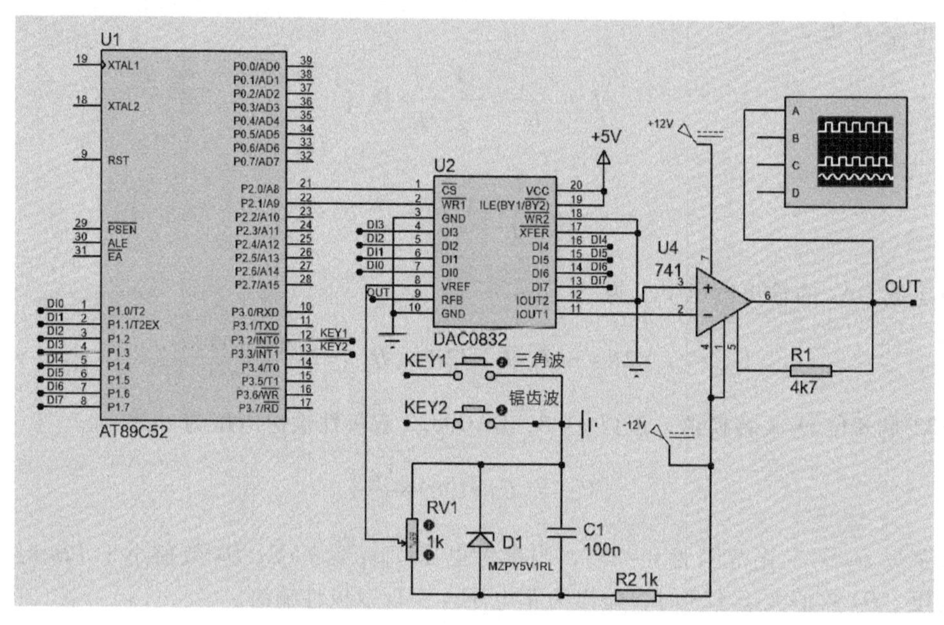

图 8-21　波形发生器仿真电路图

说明：在 Proteus 中单击“P”按钮挑选元器件 AT89C52、DAC0832（D/A 转换器）、741（运放）、POT-HG（电位器）、RES（电阻）、BUTTON（按键）、MZPY5V1RL（稳压二极管），单击左侧快捷菜单，选择第一项 OSCILLOSCOPE（示波器）。给运放选择正负电源，单击左侧快捷菜单，选择第一项 DC（直流电源），放置好后双击图标，按如图 8-22 所示的参数设置修改参数，电压为+12V。按同样方法添加-12V 电源。

5. 软件设计

设计思想：通过接至 P3.2 和 P3.3 引脚的 2 个按键产生三角波和锯齿波，软件设计的关键环节如下。

（1）三角波产生原理　单片机将数字量 0～255 按每次递增 1 的方式送至

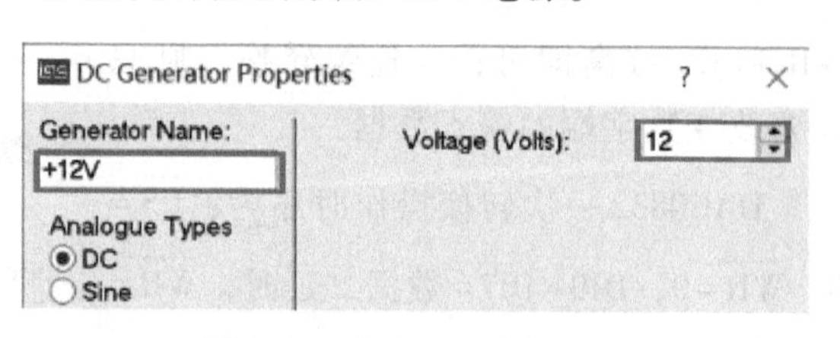

图 8-22　直流电源参数设置

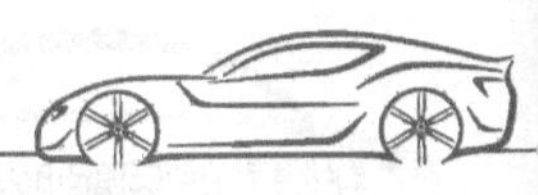

DAC0832，增至 255 后，再按 255～0 每次递减的方式送至 DAC0832，再重复上述过程。

（2）锯齿波的产生原理　单片机将数字量 0～255 按每次递增 1 的方式送至 DAC0832，增至 255 后，再增 1 则溢出清零，再重复上述过程。

（3）DAC0832 的启动和转换　三角波和锯齿波都是数字量连续转换的过程，所以，根据 DAC0832 的连续转换操作时序 $\overline{CS}=0$，$\overline{WR}=0$，DI0～DI7＝数据，写出 DAC0832 启动时序函数。

```
void DAC0832_start(void)
{
    dac_cs=0;                //CS=0
    dac_wr1=0;               //WR=0
}
```

DAC0832 的数字量输入端口接至 P1，宏定义为 dac0832_data，则将数字量送至 DAC0832 的语句为

```
dac0832_data=i;              //i 为要转换的数字量
```

数字量输出这条指令结合到三角波和锯齿波函数中写。

（4）按键控制　由于按键接至 P3.2 和 P3.3 引脚，这 2 个引脚除了具有输入输出功能，还是单片机的 $\overline{INT0}$ 和 $\overline{INT1}$ 引脚，所以程序设计时可采用以下 2 种方式。

1）查询方式：检测 P3.2 和 P3.3 引脚是否为低电平，检测到为低电平，说明按键按下。KEY1 按下，设标志位 flag＝1，控制产生三角波；KEY2 按下，设标志位 flag＝2，控制产生锯齿波。

2）中断方式：首先对两个中断进行中断初始化，然后再编写中断服务函数。KEY1 按下，P3.2 引脚由高电平变为低电平，产生下跳沿和低电平，满足 $\overline{INT0}$（P3.2）的触发条件，进入 $\overline{INT0}$ 的中断函数后，设置标志位 flag＝1，控制产生三角波。同理，KEY2 按下，进入 $\overline{INT1}$ 的中断函数后，设置标志位 flag＝2，控制产生三角波。下面给出这 2 种方法的参考程序。

【查询方式参考程序】

```
#include<reg52.h>
#define uchar unsigned char
#define uint unsigned int
#define dac0832_data P1              // DAC0832 数据端接口
sbit dac_cs=P2^0;                    // DAC0832 的片选端
sbit dac_wr1=P2^1;                   // DAC0832 的 8 位输入寄存器写选通控制端
sbit KEY1=P3^2;                      //三角波控制按键
sbit KEY2=P3^3;                      //锯齿波控制按键
void delayms(uint z);                //延时函数
void DAC0832_start(void);            //启动 DAC0832 函数
void Triangle(void);                 //三角波产生函数
void Sawtooth(void);                 //锯齿波产生函数
```

```
void keyscan();                                    //按键检测函数
uchar flag;                                        //按键标志位
void main()
{
    DAC0832_start();                               //启动 D/A 转换
    while(1)
    {
        keyscan();                                 //检测按键是否按下
        switch(flag)
        {
            case 1:Triangle();break;               //按下 KEY1,产生三角波
            case 2:Sawtooth();break;               //按下 KEY2,产生锯齿波
            default:keyscan();break;               //其他情况,扫描按键
        }
    }
}
/******************************毫秒延时函数*******************************/
void delayms(uint z)
{
    uint x,y;
    for(x=z;x>0;x--)
        for(y=111;y>0;y--);
}
/*****************************DAC0832 启动函数****************************/
void DAC0832_start(void)
{
    dac_cs=0;//CS=0
    dac_wr1=0;//WR=0
}
/*******************************三角波函数*******************************/
void Triangle(void)
{   uchar i;
    for(i=0;i<254;i++)                             //产生三角波上升段
    {
        dac0832_data=i;                            //输出数字量
        delayms(1);                                //延时
    }
    for(i=255;i>1;i--)                             //产生三角波下降段
    {
        dac0832_data=i;                            //输出数字量
        delayms(1);                                //延时
    }
```

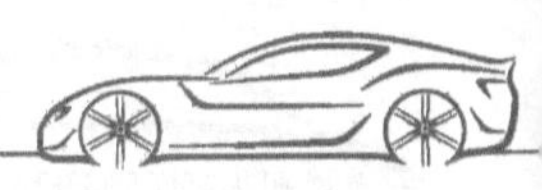

```
}

/*******************************锯齿波函数*******************************/
void Sawtooth(void)
{   uchar i;
    for(i=0;i<255;i++)                          //产生锯齿波上升段
    {
        dac0832_data=i;                         //输出数字量
    }
}
/*******************************按键检测函数*******************************/
void keyscan()
{
    KEY1=1;                                     //输入先写1
    if (KEY1==0)
    {
        delayms(1);                             //延时去抖
        if(KEY1==0)
        {
            flag=1;                             // P3.2 按下产生三角波,按键按下
        }
        while(! KEY1);                          //松手检测
    }
    KEY2=1;                                     //输入先写1
    if(KEY2==0)
    {
        delayms(1);                             //延时去抖
        if(KEY2==0)
        {
            flag=2;                             // P3.3 按下产生锯齿波,按键按下
        }
        while(! KEY2);                          //松手检测
    }
}
```

【中断方式参考程序】

```
#include<reg52.h>
#define uchar unsigned char
#define uint unsigned int
#define dac0832_data P1                         // DAC0832 数据端接口
sbit dac_cs=P2^0;                               // DAC0832 片选端
sbit dac_wr1=P2^1;                              // DAC0832 写入端
```

```
void delayms(uint z);                                //延时函数
void DAC0832_start(void);                            //启动 DAC0832 函数
void Triangle(void);                                 //三角波产生函数
void Sawtooth(void);                                 //锯齿波产生函数
void INT_init();                                     //外部中断初始化
uchar flag;                                          //按键标志位
void main()
{
    INT_init();                                      //外部中断初始化
    DAC0832_start();                                 //启动 D/A 转换
    while(1)
    {
        switch(flag)
        {
            case 1:Triangle();break;                 //按下 KEY1,产生三角波
            case 2:Sawtooth();break;                 //按下 KEY2,产生锯齿波
            default:break;
        }
    }
}
/******************************毫秒延时函数******************************/
void delayms(uint z)
{
    uint x,y;
    for(x=z;x>0;x--)
        for(y=111;y>0;y--);
}
/******************************DAC0832 启动函数******************************/
void DAC0832_start(void)
{
    dac_cs=0;                                        //CS=0
    dac_wr1=0;                                       //WR=0
}
/******************************三角波函数******************************/
void Triangle(void)
{   uchar i;
    for(i=0;i<254;i++)                               //产生三角波上升段
    {
        dac0832_data=i;                              //输出数字量
        delayms(1);                                  //延时
    }
```

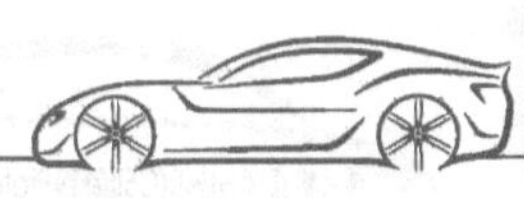

```
    for(i=255;i>1;i--)                          //产生三角波下降段
    {
        dac0832_data=i;                         //输出数字量
        delayms(1);                             //延时
    }
}

/******************************锯齿波函数******************************/
void Sawtooth(void)
{   uchar i;
    for(i=0;i<255;i++)                          //产生锯齿波上升段
    {
        dac0832_data=i;                         //输出数字量
    }
}
/****************************外部中断初始化函数****************************/
void INT_init()
{
    IT0=1;                                      //INT0下跳沿触发
    EX0=1;                                      //打开INT0允许开关
    IT1=1;                                      //INT1下跳沿触发
    EX1=1;                                      //打开INT1允许开关
    EA=1;                                       //打开总开关
}
/******************************INT0中断函数******************************/
void INT0_Triangle()interrupt 0
{
    flag=1;                                     //产生三角波
    IE0=0;                                      //清标志位
}
/******************************INT1中断函数******************************/
void INT1_Sawtooth()interrupt 2
{
    flag=2;                                     //产生锯齿波
    IE1=0;                                      //清标志位
}
```

6. 仿真运行

将程序编译生成 Hex 文件，加载到单片机中，单击运行按钮，弹出示波器的界面。按下按键 KEY1，产生三角波，示波器运行效果如图 8-23 所示。按下按键 KEY2，产生锯齿波，示波器运行效果如图 8-24 所示。

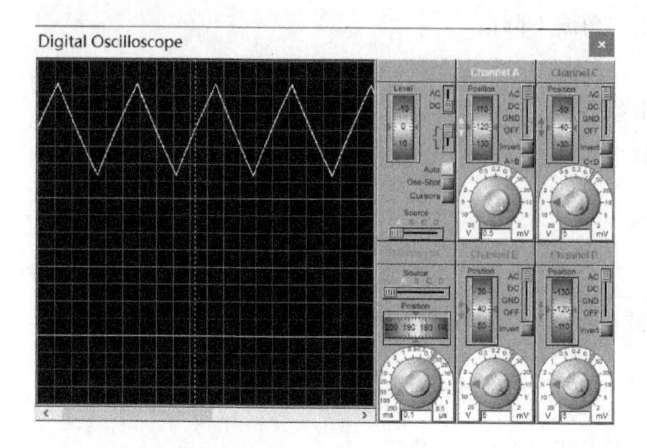

图 8-23　三角波

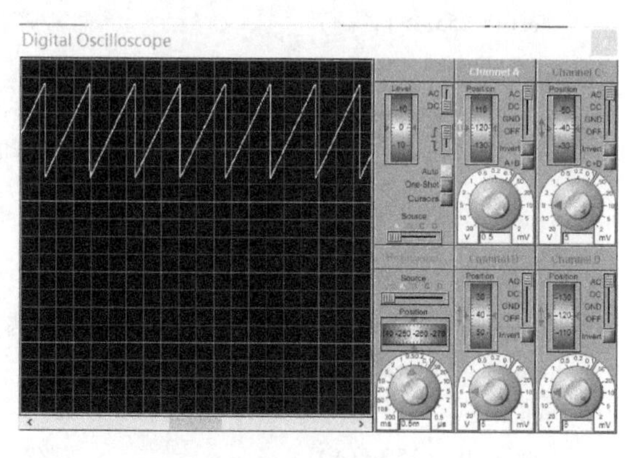

图 8-24　锯齿波

注：在查询和中断 2 种方式的运行中，可以对比 2 种方法的执行效果。查询方式中按键按下波形输出反应不迅速，中断方式中按键按下可以快速响应，输出波形。

本章小结

1. 模拟输入通道：传感器将非电物理量转换成连续变化的电压或电流等模拟量电信号，然后通过 A/D 转换器将模拟电信号转换成数字量后，再送入单片机中进行处理。

2. ADC0804 是逐次比较型 A/D 转换器，分辨率为 8 位，1 路模拟信号转换为数字量，与单片机可直接接口。

3. 模拟输出通道：通过单片机控制的某些执行设备需要模拟信号进行控制时，单片机输出的数字信号要通过 D/A 转换器转换为模拟信号。

4. DAC0832 是具有两级输入数据寄存器的 D/A 转换器，分辨率为 8 位，电流输出，输出端可通过外接运放转换为电压。

习题

一、填空题

1. 模拟量转换为数字量需要________、________、________和________4 个步骤。

2. 采样频率必须满足采样定理，即采样频率________输入信号最大频率的 2 倍。

3. 转换时间是指 A/D 转换器完成一次________________转换所需要的时间。

4. 某型号 8 位 A/D 转换器的满量程输入电压为 5V，则能区分的输入模拟电压的最小值为__________。

5. ADC0804 是________型 A/D 转换器，分辨率为________。

6. 建立时间是描述________速度快慢的一个参数，指从输入数字量转换为模拟量输出达到终值误差±(1/2) LSB 时所需的时间。

7. DAC0832 是具有两级输入数据寄存器的 D/A 转换器，分辨率为________，________输出。

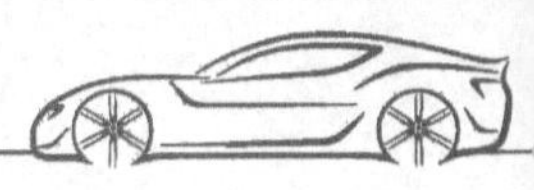

二、Proteus 虚拟仿真

1. 设计任务：设计基于 ADC0804 的数字电压表。在 Proteus ISIS 中绘制出原理电路，并编写软件调试通过。

基本要求：采集电压 0~5V，通过 LCD1602 实时显示，保留 2 位小数。

扩展要求：在基本要求中，采用平均值滤波，采集 10 次电压值的平均值作为一次采样值显示。

2. 设计任务：基于 DAC0832 的波形发生器设计。在 Proteus ISIS 中绘制出原理电路，并编写软件调试通过。

基本要求：通过 3 个按键控制产生三角波、锯齿波和方波，在虚拟示波器上显示。

扩展要求：要求产生周期为 50ms 的三角波、锯齿波和方波。

第9章　单片机的串行扩展技术

内容概述

目前，串行芯片发展迅速，因此单片机的串行扩展技术也得到了广泛的应用。串行接口器件数据线少，占用单片机的I/O口线也少，极大地节省了单片机的I/O资源，并且体积小，占用电路板的空间小。本章主要介绍单片机系统中常用的单总线、I^2C总线以及SPI总线串行扩展技术。

9.1　单总线扩展技术

单总线（1-Wire）是由美国DALLAS（达拉斯）公司研制开发的一种串行协议，只需一条信号线，具有接口线少、控制简单、器件封装形式小和抗干扰能力强等优点。

9.1.1　单总线串行技术简介

单总线串行扩展总线只有一条信号线，既传输时钟信号又传输输入/输出数据。单总线系统中配置的各种器件，都挂接在这根信号线上。单总线系统由一个总线主节点或多个从节点组成，通过这根信号线对从芯片进行数据的读取。这种只用一条信号线的串行扩展技术，称为单总线技术。单总线系统扩展示意图如图9-1所示。

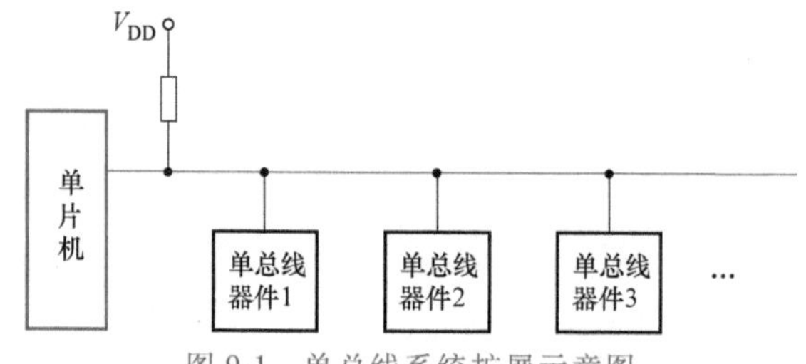

图9-1　单总线系统扩展示意图

挂在总线上的每一个符合单总线协议的从芯片都有64位ROM，包括48位的序列号、8位的家族码和8位的CRC码。它是器件的地址编号，确保它挂在总线上后，地址唯一地被确定。单总线利用一根线实现双向通信，因此其协议对时序的要求较严格。基本的时序包括

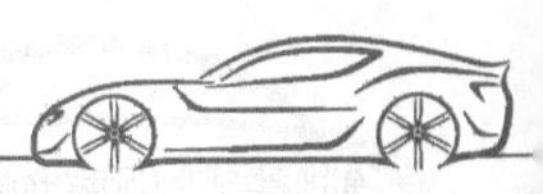

复位及应答时序、写一位时序和读一位时序。在复位及应答时序中，主器件发出复位信号后，要求从器件在规定的时间内送回应答信号；在位读和位写时序中，主器件要在规定的时间内读写数据。

基于 DS18B20 的温度测量系统设计仿真实例（视频）

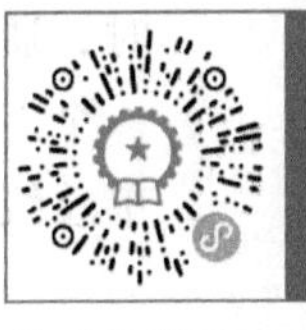

基于 DS18B20 的温度测量系统设计仿真实例（PPT）

9.1.2 基于 DS18B20 的温度测量系统设计仿真实例

任务要求：采用单片机设计温度测量系统并实时显示，且具有越线报警功能。

分析：温度传感器采用美国 DALLAS 公司生产的 DS18B20 单总线数字温度传感器，采用 LCD1602 进行显示。温度测量系统设计方案如图 9-2 所示。

1. DS18B20 芯片简介

(1) DS18B20 引脚和功能 DS18B20 是美国 DALLAS 公司生产的第一片支持单总线接口的温度传感器，可直接将温度转化成串行数字信号供单片机读取。DS18B20 实物图如图 9-3 所示，图中有探头的为防水型温度传感器。

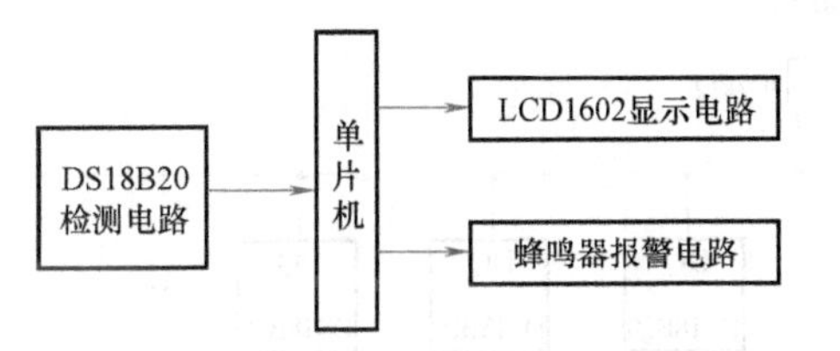

图 9-2 温度测量系统设计方案

图 9-3 DS18B20 实物图

DS18B20 有两种封装：3 引脚的 TO-92 直插式和 8 引脚 SOIC 贴片式。引脚封装图如图 9-4 所示，引脚定义见表 9-1。

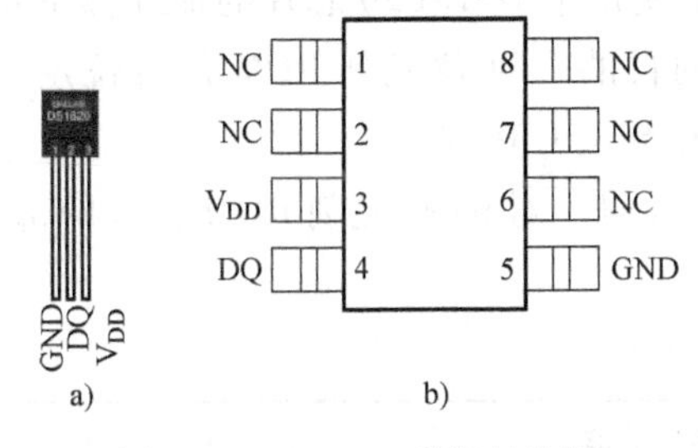

图 9-4 DS18B20 引脚封装图

a) DS18B20 3 引脚 b) DS18B20 8 引脚

表 9-1 DS18B20 引脚定义

引脚	定 义
GND	电源负极
DQ	数据输入/输出信号线
V_{DD}	电源正极
NC	空

(2) DS18B20 温度传感器特性

1) 电压范围 3.0~5.5V，在寄生电源方式下可由数据线供电。

2) 测温范围-55~125℃，在-10~85℃时精度为+0.5℃。

3) 微处理器连接时仅需要一条口线即可实现微处理器与 DS18B20 的双向通信。

4) 支持多点组网功能，多个 DS18B20 可以并联在单总线上，实现组网多点测温。

5) 测量结果直接输出数字温度信号，以“单总线”串行传送给 CPU，同时可传送 CRC 校验码，具有极强的抗干扰纠错能力。

6) 可编程分辨率为 9~12 位，对应的可分辨温度为 0.5℃、0.25℃、0.125℃ 和 0.0625℃，可实现高精度测温。

7）在9位分辨率时，最多在93.75ms内把温度转换为数字；12位分辨率时，最多在750ms内把温度值转换为数字，转换速度更快。

8）负压特性。电源极性接反时，芯片不会因发热而烧毁，但不能正常工作。

（3）DS18B20典型连接 DS18B20在使用时不需要任何外围器件，全部传感元件及转换电路集成在一只外形像晶体管的集成电路内。当只有1个从机设备时，系统可按单节点系统连接，如图9-5所示。单片机只需要一个I/O口线就可以控制DS18B20。DQ漏极开路，所以通常外接一个上拉电阻（4.7kΩ）。

若多个从机位于总线上时，则系统按照多节点系统连接，如图9-6所示。在具体操作时，通过读取每个DS18B20内部芯片的序列号来识别是哪个DS18B20。通常在总线上外接一个上拉电阻（4.7kΩ），允许设备在不发送数据时能够释放总线，而让其他设备使用总线。单总线系统特别适用于测量点多、分布面广、环境恶劣以及狭小空间内设备的测温。

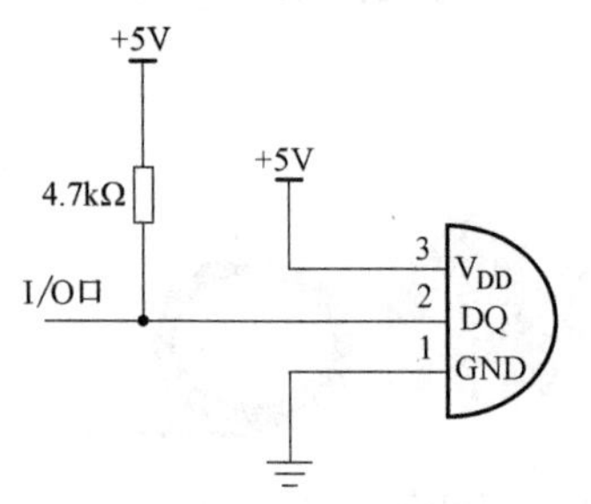

图9-5 单节点DS18B20电路示意图

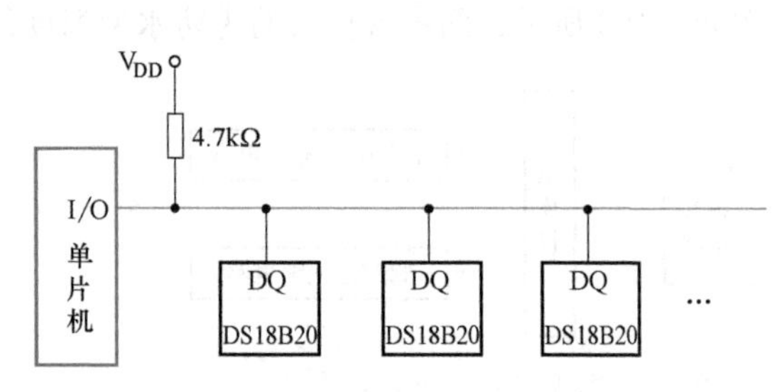

图9-6 多节点DS18B20电路示意图

（4）DS18B20芯片的命令 DS18B20芯片片内都有唯一的64位光刻ROM编码，出厂时已刻好。它是DS18B20芯片的地址序列码，目的是使每个DS18B20芯片的地址都不相同，这样就可实现在一根总线上挂接多个DS18B20芯片的目的。64位光刻ROM的各位定义：8位产品类型标号、DS18B20芯片的48位自身序列号和8位CRC码。

其中8位CRC码是前面56位的CRC循环冗余校验码。对64位光刻ROM操作的部分命令见表9-2。

表9-2 DS18B20芯片的ROM命令

命令码	命令功能
0x33	读ROM:读DS18B20芯片中ROM的编码(即64位地址)
0x55	匹配ROM:发出此命令之后,接着发出64位ROM编码,访问与该编码对应的DS18B20并使其做出响应,为下一步对其进行读/写做准备(总线上有多个DS18B20芯片时使用)
0xF0	搜索ROM:单片机识别所有的DS18B20芯片的64位编码,用于确定挂接在同一总线上DS18B20的个数
0xCC	跳过ROM:跳过读序列号的操作,直接向DS18B20发温度转换命令,总线上仅有1个DS18B20芯片时使用

下面介绍表9-2命令的使用。

1）当主机需要对多点测温系统进行操作时的步骤：

① 首先将主机逐个与DS18B20芯片挂接，读出其序列号（0x33）。

② 将所有的DS18B20芯片挂接到总线上，单片机发出匹配ROM命令（0x55），紧接着

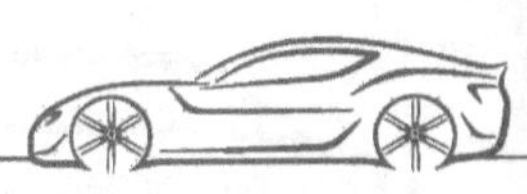

主机提供的 64 位序列号之后的操作就是针对该 DS18B20 芯片的。

③ 按表 9-3 执行温度转换和读取命令。

表 9-3　DS18B20 芯片功能命令

命令码	命令功能
0x44	启动温度转换:结果存入内部 9B 的 RAM 中(见注①)
0xBE	读温度数据:读内部 RAM 中 9B 的温度数据,第 0、1 字节
0x4E	写暂存器:将温度上下限数据写入片内 RAM 的第 2、3 字节(TH、TL)
0x48	复制:把片内 RAM 的第 2、3B(TH、TL)的数据复制到 EEPROM(电擦除可编程只读存储器)中
0xB8	恢复:将 EEPROM 的数据恢复到片内 RAM 中的第 2、3 字节(TH、TL)
0xB4	读供电方式:寄生供电时,DS18B20 芯片发送 0;外部电源供电,DS18B20 芯片发送 1
0xEC	报警搜索:只有温度超过设定的上下限的芯片才做响应

2）当主机需要对单点测温系统进行操作时的步骤：

① 只要用跳过 ROM（0xCC）命令，不需要读取 ROM 编码以及匹配 ROM 编码。

② 按表 9-3 执行温度转换和读取命令。

注①：内部 9B 高速暂存器 RAM 单元的具体分布见表 9-4。

表 9-4　9B 高速暂存器 RAM 单元的具体分布

字节地址	存储内容	9BRAM 使用说明
0	温度低位	DS18B20 转换的温度值以 2B 补码形式存在第 0 字节和第 1 字节。单片机通过单总线可读取该数据,读取时低位在前、高位在后(见注③)
1	温度高位	
2	温度上限(TH)	由软件写入用户报警的上下限值 TH 和 TL
3	低温下限(TL)	
4	配置	配置寄存器,可对其更改 DS18B20 芯片的测温分辨率(见注②)
5	—	未用,为 1
6	—	
7	—	
8	8 位 CRC	前面所有 8B 的 CRC 码,用来保证正确通信

注②：第 4 个字节的配置寄存器各位的定义如下。

TM 位（D7 位）出厂时已被写入 0，用户不能改变；低 5 位（D0 ~ D4 位）都为 1；R1（D6 位）和 R0（D5 位）用来设置分辨率。R1、R0 与分辨率和转换时间的关系见表 9-5。用户可通过修改 R1、R0 位的编码获得合适的分辨率。上电默认为 12 位分辨率。

表 9-5　R1、R0 与分辨率和转换时间的关系

R1	R0	分辨率/位	最小分辨率/℃	最大转换时间/ms
0	0	9	0. 5	93. 75
0	1	10	0. 25	187. 5
1	0	11	0. 125	375
1	1	12	0. 0625	750

注③：经 DS18B20 转换的温度的数字量存储在高速暂存器 RAM 的第 0 和第 1 个字节中，存储格式见表 9-6。

表 9-6　DS18B20 温度数据存储格式

位序号	D15	D14	D13	D12	D11	D10	D9	D8	D7	D6	D5	D4	D3	D2	D1	D0
存储格式	符号位(5位)					温度数据位(11位)										

默认分辨率 12 位，最小分辨率为 0.0625℃。单片机在读取数据时，一次会读 2B（共 16 位），前 5 个数字（高 5 位）为符号位，这 5 位同时变化，高 5 位为 1 时，读取的温度为负值，且测到的数值需要取反加 1 再乘以 0.0625 才可得到实际温度值。高 5 位为 0 时，读取的温度为正值，当温度为正值时，只要将测得的数值乘以 0.0625 即可得到实际温度值。

【例 9-1】 读取的 DS18B20 温度数据为 0b0000 0111 1101 0000 时的实际温度是多少？

【解】 高 5 位都是 0，测得温度是正值，直接计算低 11 位对应的温度值。二进制温度对应的十六进制为 0x07D0，则

实际温度 = $(0\times16^3+7\times16^2+13\times16^1+0\times16^0)\times0.0625℃ = 125℃$

【例 9-2】 读取的 DS18B20 温度数据为 0b1111 1100 1001 0000 时的实际温度是多少？

【解】 高 5 位都是 1，测得温度是负值，则先将数据取反后加 1，对应的十六进制为 0x0370，则实际温度 = $(0\times16^3+3\times16^2+7\times16^1+0\times16^0)\times0.0625℃ = 55℃$

这里缺一个负号，在显示时显示出即可。

（5）DS18B20 的时序　DS18B20 芯片对工作时序要求严格，延时时间需准确，否则容易出错。DS18B20 芯片的工作时序包括初始化时序、写时序和读时序。

1）初始化时序。DS18B20 初始化时序如图 9-7 所示。

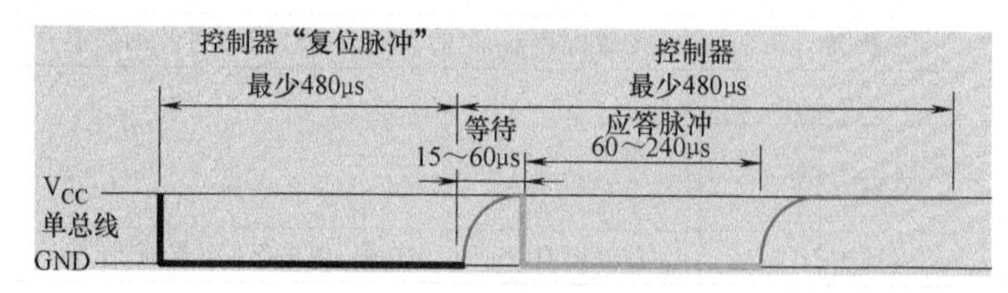

图 9-7　DS18B20 初始化时序

初始化时序为：将数据线（DQ）拉高，延时（不严格，尽可能短）；DQ = 0；延时（480～960μs）；DQ = 1；延时（15～60μs）；如果初始化成功，DS18B20 会返回一个持续 60～240μs 的低电平，如果单片机接收到这个低电平，则说明检测到该 DS18B20，否则没有检测到测温器件；延时（从总线拉高算起>480μs），DQ = 1。初始化函数如下。

```
bit init_DS18B20()                        //DS18B20 初始化
{
    uchar num;
    bit flag;
    DQ = 1;                               //先拉高
    for(num = 0;num<2;num++);             //延时,不严格
    DQ = 0;                               //拉低
    for(num = 0;num<200;num++);           //延时 480~960μs
```

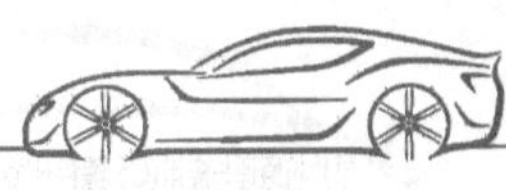

```
    DQ=1;  //拉高
    for(num=0;num<20;num++);                  //等待,15~60μs
    flag=DQ;                                  //读 DS18B20 返回值
    for(num=0;num<150;num++);                 // 60~240μs
    DQ=1;                                     //拉高,返回初始状态
    return flag;                              //返回初始化应答信号
}
```

2）写时序。DS18B20 写时序如图 9-8 所示。

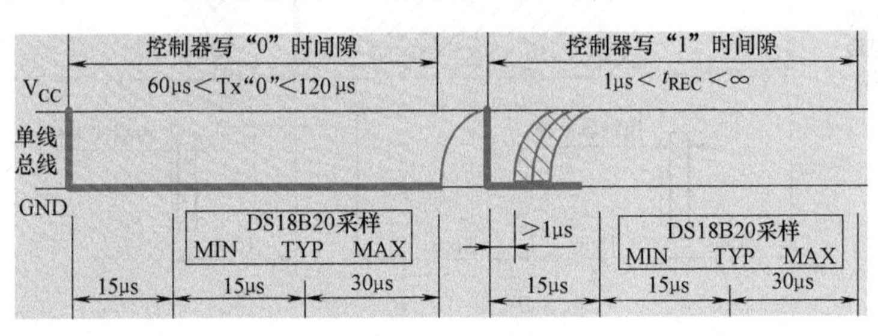

图 9-8　DS18B20 写时序

写时序为：当数据线（DQ）拉低后，产生写时序。写时序开始后，DS18B20 芯片在 15~60μs 的时间窗口内对数据线进行采样。如果采样到数据线为低电平，就是往 DS18B20 里写 0；如果采样到数据线为高电平，就是往 DS18B20 里写 1。这两个独立的时序间隔至少需要拉高总线电平 1 μs 的时间。即写一位 0 或 1 的时序为：DQ=0；延时（>1μs）；DQ=0 或 1；延时（15~60 μs）；DQ=1；延时（>1μs）。

写 1 个字节的时序就是把上述过程重复即可，最后将数据线拉高。写一个字节数据的代码如下：

```
void DS18B20_WR_CHAR(uchar byte)                          // 写一个字节(先写低位)
{
    uchar num;
    uchar num1;
    for(num1=0;num1<8;num1++)
    {
        DQ=0;                                             //拉低
        _nop_();                                          //延时 1μs
        _nop_();                                          //延时 1μs
        DQ=byte&0x01;                                     //取要写数据的最低位送到总线上
        for(num=0;num<20;num++);                          //延时 15~60μs
        byte>>=1;                                         //要写的数据右移一位
        DQ=1;                                             //拉高
        _nop_();                                          //延时 1μs
        _nop_();                                          //延时 1μs
    }
}
```

利用 for 循环实现 8 位二进制数据的写入，要写的 1 个字节数据放在变量 byte 里，记为 D7D6D5D4D3D2D1D0。再利用与运算 DQ=byte&0x01，保留数据的最低位 D0，D7～D1 位清零，则将数据的最低位 D0 通过 DQ 输出到 DS18B20，再利用 byte>>=1；将 8 位数据右移一位，输出 byte 的 D1 位，每次循环右移一位，8 次循环后 1 个字节数据写入完毕。

3）读时序。DS18B20 读时序如图 9-9 所示。

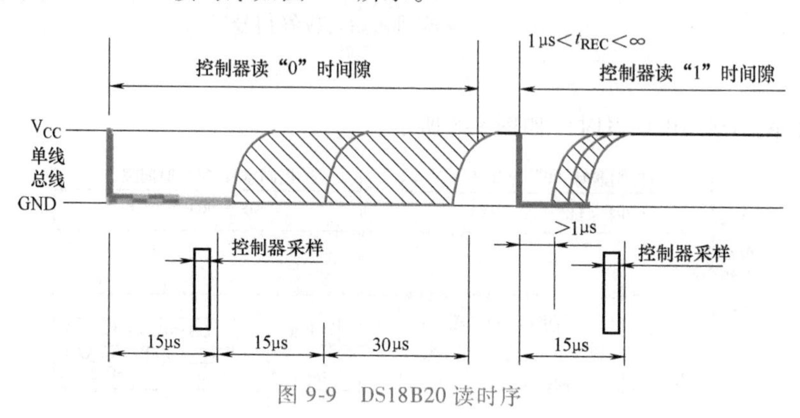

图 9-9　DS18B20 读时序

读时序为：当数据线拉低后，产生读时序，并保持至少 1μs 后释放总线，必须在 15μs 内读取数据。即读一位数据的时序为：DQ=0；延时（>1μs）；DQ=1；延时（<10μs）；变量=DQ；延时（30μs）。

读整个字节的时序就是把上述过程重复即可。读一个字节数据的代码如下：

```
uchar DS18B20_RD_CHAR()                //读一个字节(先读低位)
{
    uchar num;
    uchar num1;
    uchar byte=0;
    for(num1=0;num1<8;num1++)
    {
        DQ=0;                          //拉低
        _nop_();                       //延时
        DQ=1;                          //释放总线
        for(num=0;num<1;num++);        //<10μs
        byte>>=1;                      //新读入的数据在最高位,每次右移,将读入的数据往低位移动
        if(DQ==1)
            byte|=0x80;                //读总线上的数据,为1则存入byte最高位,为0则byte保持(初值都是0)
        for(num=0;num<20;num++);       //>60μs
    }
    return byte;                       //返回读取的1字节数据
}
```

利用 for 循环实现 8 位二进制数据的读入，读入 1 个字节的数据放在变量 byte 里，记为 D7D6D5D4D3D2D1D0。byte 初始化为 0，按照读时序，等总线释放后，读取数据，如果 DQ=1，说明读入的是 1，再用或运算“byte|=0x80;”使变量 byte 字节的最高位 D7 为 1，否则

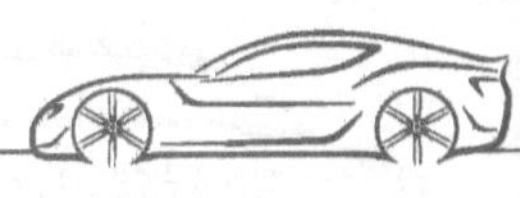

DQ=0，则 byte 高位保持 0 不变。每次循环右移一位，8 次循环后 1 个字节数据读入完毕。

2. 硬件电路设计

DS18B20 的 DQ 端连接至单片机的 P1.3 引脚，并接 4.7kΩ 上拉电阻。LCD1602 的数据端口连接至单片机的 P2 口，RS、R/$\overline{W}$ 和 E 端连接至单片机的 P1.0、P1.1 和 P1.2 引脚。蜂鸣器报警电路接至 P1.4 引脚，当 P1.4 引脚输出低电平时，晶体管 Q1 导通，蜂鸣器响。DS18B20 测温系统仿真电路图如图 9-10 所示。

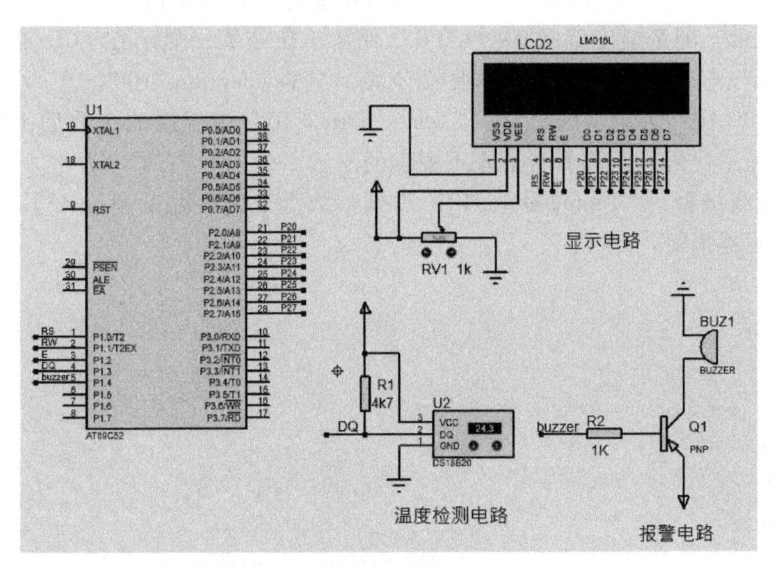

图 9-10　DS18B20 测温系统仿真电路图

说明：在 Proteus 中单击“P”按钮挑选元器件 AT89C52、DS18B20（数字温度传感器），点击 DS18B20 右键/编辑参数，把 Granularity（间隔）修改为 0.1，双击 修改“Operating Voltage”参数为 5V，蜂鸣器参数设置如图 9-11 所示。

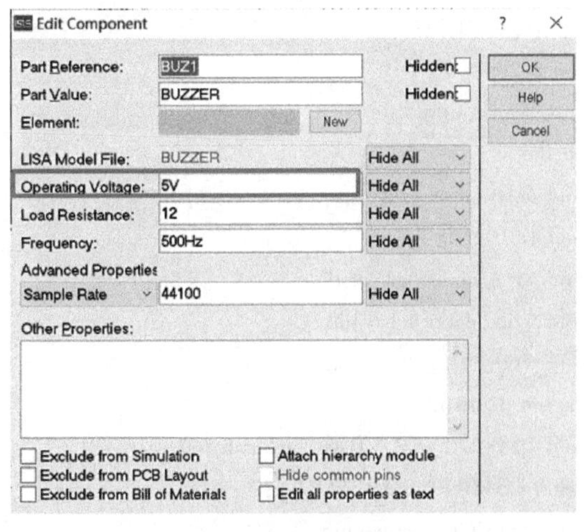

图 9-11　蜂鸣器参数设置

3. 软件设计

设计思想：在主程序中先判断 DS18B20 器件是否存在，若存在标志位 flag=1，则读取温度，并在 LCD1602 上显示；如果温度超过 25℃则蜂鸣器报警。软件设计的关键环节如下。

1）LCD1602 初始化及显示：详细内容见 3.5 节。

2）DS18B20 的初始化：如果标志位 flag 为低电平，则说明 DS18B20 存在，可以读取温度值。

3）DS18B20 读取温度及处理：如果 DS18B20 存在，由于总线上只有一个 DS18B20，因此发送跳过 ROM 命令 0xCC，发送启动温度转换命令 0x44，延时，再判断 DS18B20 存在，发送跳过 ROM 命令 0xCC，再发送读温度命令 0xBE，先读低 8 位，再读高 8 位；读完后将低 11 位的二进制数转化为十进制数后再乘以 0.0625（默认分辨率为 12 位）便为所测的实际温度值，放在变量 Temperature 里，Temperature 的值是保留 4 位小数的结果。本例只要求保留 1 位小数，为了处理方便，用“Temperature * 10+0.5”将小数后一位转换为整数，并进行四舍五入。所以，由温度读取及处理函数“void DS18B20_Temperature( )”得到的温度值 Temperature 是实际温度的 10 倍。注：每次访问单总线器件必须严格遵守初始化、ROM 命令、功能命令这个顺序进行操作，否则总线将不能进行正常工作。

4）温度显示，测量温度范围 0~99.9℃，保留 1 位小数，显示在 LCD 上。所以需要把温度 Temperature 进行十位、个位和小数位分离。“Temperature/100%10”为温度的十位，“Temperature/10%10”为温度的个位，“Temperature%10”为温度的小数后 1 位。本例中只做零上温度的显示代码，而没有考虑零下温度的显示。

5）温度越线报警：“Temperature/10”得到整数温度值，温度超过 25℃，P1.4 引脚输出低电平，蜂鸣器报警。

【参考程序】

```
#include<reg52.h>
#include<intrins.h>
#define uchar unsigned char
#define uint unsigned int
#define OUT P2                                  //LCD1602 数据端
sbit lcdrs=P1^0;                                //LCD1602 RS 端
sbit lcdrw=P1^1;                                //LCD1602 R/W 端
sbit lcden=P1^2;                                //LCD1602 使能端
sbit DQ= P1^3;                                  //DS18B20 数据端
sbit buzzer= P1^4;                              //蜂鸣器引脚
uint Temperature=0;                             // DS18B20 读取的温度值
bit flag;                                       // DS18B20 存在标志位
void delay(uint z);                             //延时函数
void LCD_init();                                //LCD1602 初始化函数
void write_cmd(char cmd);                       //LCD1602 写指令函数
void write_data(uchar dat);                     //LCD1602 写数据函数
void write_str(uchar *str);                     //LCD1602 写字符串函数
bit init_DS18B20();                             //DS18B20 初始化函数
void DS18B20_WR_CHAR(uchar byte);               //DS18B20 写一个字节(先写低位)
uchar DS18B20_RD_CHAR();                        //DS18B20 读一个字节(先读低位)
void DS18B20_Temperature();                     //DS18B20 温度读取及处理函数
/******************************** 主函数 ********************************/
void main()
{
    LCD_init();                                 //LCD1602 初始化
    delay(1000);                                //延时
    while(1)
```

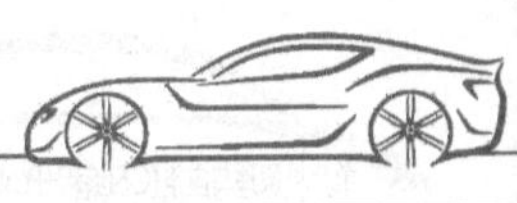

```
    {
        if( flag= =0)                                    //检测到 flag=0,说明 DS18B20 存在
        {
            DS18B20_Temperature( );                      //读温度值
            write_cmd(0x80);
            write_str("Tem:");                           //在 LCD 第 1 行显示 Tem:
            write_data((Temperature/1000)%10+48);        //分离温度的百位,转换为 ASCII 码显示
            write_data((Temperature/100)%10+48);         //分离温度的十位,转换为 ASCII 码显示
            write_data((Temperature/10)%10+48);          //分离温度的个位,转换为 ASCII 码显示
            write_data('.');                             //显示小数点
            write_data(Temperature%10+48);               //分离温度的小数点后 1 位,转换为 ASCII 码显示
            write_data(0xDF);                            //显示"°"
            write_data('C');                             //显示"C"
            if(Temperature/10>=25)
            {
                buzzer=0;                                //温度超过 25℃,蜂鸣器报警
            }
            else
            {
                buzzer=1;                                //温度<25℃,蜂鸣器不报警
            }
        }
    }
}
/****************************延时函数,毫秒延时*****************************/
void delay(uint z)
{
    uint x,y;
    for(x=112;x>0;x--)
        for(y=z;y>0;y--);
}
/****************************LCD1602 显示程序*****************************/
void lcd_init()                                          //LCD1602 初始化函数
{
    write_cmd(0x38);                                     //显示模式设置
    write_cmd(0x0C);                                     //显示开关,光标没有闪烁
    write_cmd(0x06);                                     //显示光标移动设置
    write_cmd(0x01);                                     //清除屏幕
    delay(1);
}
void write_cmd(uchar cmd)                                //LCD1602 写命令函数
{
```

```
    lcden=0;                              //把使能信号 E 拉低
    lcdrs=0;                              // RS=0,写命令
    lcdrw=0;                              //R/W=0,写操作
    out=cmd;                              //cmd 是命令字,送到 out,out 可以是 P0~P3 口
    lcden=1;                              //使能信号 E 拉高,产生高脉冲的上升沿
    delay(1);                             //延时
    lcden=0;                              //使能信号 E 拉低,产生高脉冲的下跳沿
    delay(1);                             //延时
}
void write_data(char dat)                 //LCD1602 写数据函数
{
    lcden=0;                              //把使能信号 E 拉低
    lcdrs=1;                              // RS=1,写数据
    lcdrw=0;                              //R/W=0 ,写操作
    out=dat;                              //dat 是字符数据,送到 out,out 可以是 P0~P3 口
    lcden=1;                              //使能信号 E 拉高,产生高脉冲的上升沿
    delay(1);                             //延时
    lcden=0;                              //使能信号 E 拉低,产生高脉冲的下跳沿
    delay(1);                             //延时
}
void write_str(uchar *str)                //LCD1602 写字符串函数
{
    while(*str!='\0')                     //字符串的一个字符不等于 0,说明没到字符串的最后一
                                          //个字符,执行 while 循环,若等于 0,则退出 while 循环
    {
        write_data(*str++);               //输出字符串,指针增 1
        delay(5);
    }
}
/******************************* DS18B20 程序 *******************************/
bit init_DS18B20()                        //DS18B20 初始化函数
{
    uchar num;
    bit flag;
    DQ=1;                                 //先拉高
    for(num=0;num<2;num++);               //延时,不严格
    DQ=0;                                 //拉低
    for(num=0;num<200;num++);             //延时 480~960μs
    DQ=1;                                 //拉高
    for(num=0;num<20;num++);              //等待,>60μs
    flag=DQ;                              //读 DS18B20 返回值
    for(num=0;num<150;num++);             // 60~240μs
```

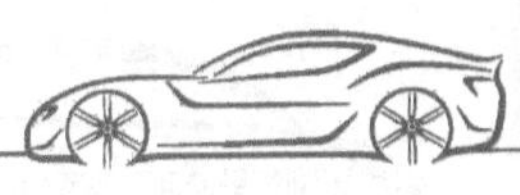

```
    DQ = 1;                                  //拉高,返回初始状态
    return flag;                             //返回初始化应答信号
}
void DS18B20_WR_CHAR(uchar byte)             // 写一个字节(先写低位)
{
    uchar num;
    uchar num1;
    for(num1 = 0;num1<8;num1++)
    {
        DQ = 0;                              //拉低
        _nop_();                             //延时 1μs
        _nop_();                             //延时 1μs
        DQ = byte&0x01;                      //取要写数据的最低位送到总线上
        for(num = 0;num<20;num++);           //延时 15~60μs
        byte>> = 1;                          //要写的数据右移一位
        DQ = 1;                              //拉高
        _nop_();                             //延时 1μs
        _nop_();                             //延时 1μs
    }
}
uchar DS18B20_RD_CHAR()                      //读一个字节(先读低位)
{
    uchar num;
    uchar num1;
    uchar byte = 0;
    for(num1 = 0;num1<8;num1++)
    {
        DQ = 0;                              //拉低
        _nop_();                             //延时
        DQ = 1;                              //释放总线
        for(num = 0;num<1;num++);            // <10μs
        byte>> = 1;                         //新读入的数据在最高位,每次右移,将读入的数据往低位移动
        if(DQ = = 1)
            byte | = 0x80;        //读总线上的数据为 1 则存入 byte 最高位,为 0 则 byte 保持(初值都是 0)
        for(num = 0;num<20;num++);           // >60μs
    }
    return byte;                             //返回读取的 1 字节数据
}
void DS18B20_Temperature()                   //温度读取及处理函数
{
    uchar temperaturel = 0;
    uchar temperatureh = 0;
```

```
if(init_DS18B20()==0)
{
    DS18B20_WR_CHAR(0xCC);                              //跳过 ROM
    DS18B20_WR_CHAR(0x44);                              //启动温度转换,结果存入内部 RAM
    delay(1000);
    if(init_DS18B20()==0)                               //初始化返回值为 0,器件存在
    {
        DS18B20_WR_CHAR(0xCC);                          //跳过 ROM
        DS18B20_WR_CHAR(0xBE);                          //发送读取温度命令
        _nop_();
        temperaturel=DS18B20_RD_CHAR();                 //读温度低 8 位
        temperatureh=DS18B20_RD_CHAR();                 //读温度高 8 位
        Temperature=(temperatureh*256+temperaturel)*0.0625*10+0.5;
                //转换为温度,乘以 10 表示小数点后面只取 1 位,并四舍五入,温度比正常大 10 倍
        init_DS18B20();                                 //DS18B20 初始化
    }
}
}
```

4. 仿真运行

将程序编译生成 Hex 文件，加载到单片机中，单击运行按钮，运行效果图如图 9-12 所示，调整 DS18B20 的上下箭头（实际为红色），可调整温度大小，温度超过 25℃时蜂鸣器响报警。

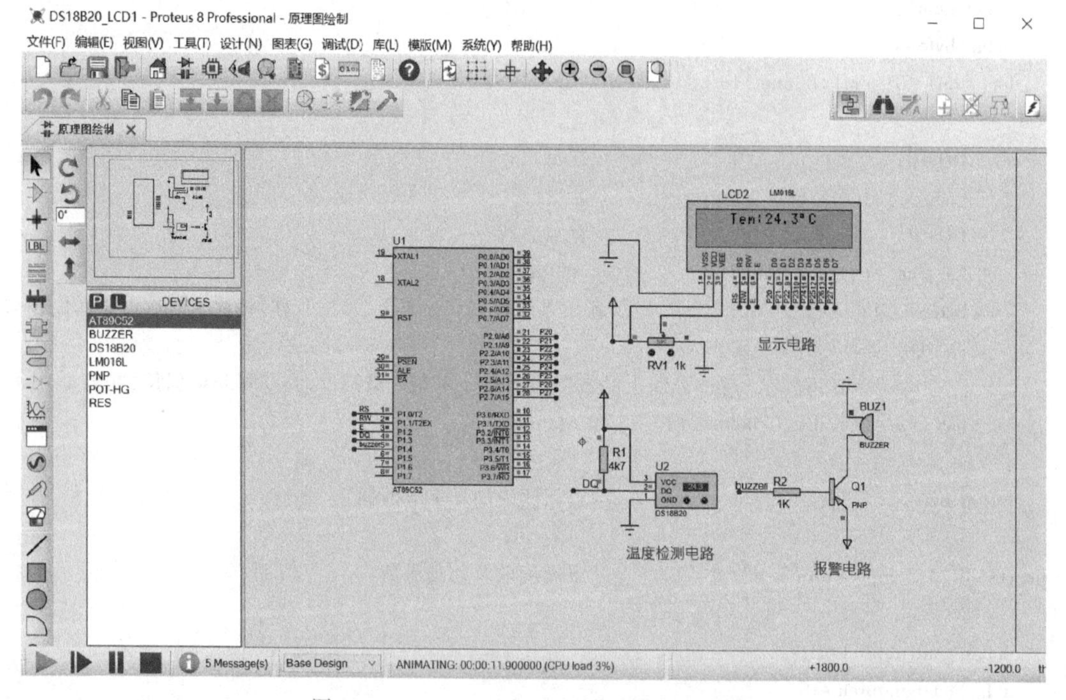

图 9-12　DS18B20 测温系统仿真运行效果图

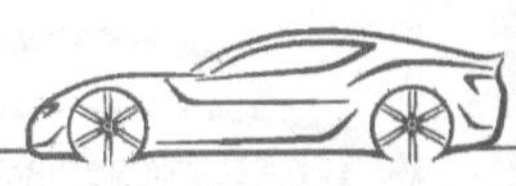

9.1.3 多.c文件编程方法

多.c文件
编程方法
（视频）

多.c文件
编程方法
（PPT）

在前面章节中，每一个实例中都将所有功能的程序代码写在一个.c文件中进行调试和编译，在编写一些简单的小程序时比较方便，单片机初学者常采用这种代码编写方法。但是，随着硬件模块使用的增多，程序代码会变得比较大、功能比较复杂，这时还要将所有的代码（例如串口、I^2C、SPI、DS18B20、LCD等功能模块）都写在一个.c文件中实际上是非常不规范和不现实的。这种方法的程序代码可读性、可移植性和可维护性都很差。因此，对于功能复杂的程序，通常都采用多.c文件（模块化）编程方法，这种多文件编程方法可以大大提高程序代码移植率，避免程序看起来复杂。

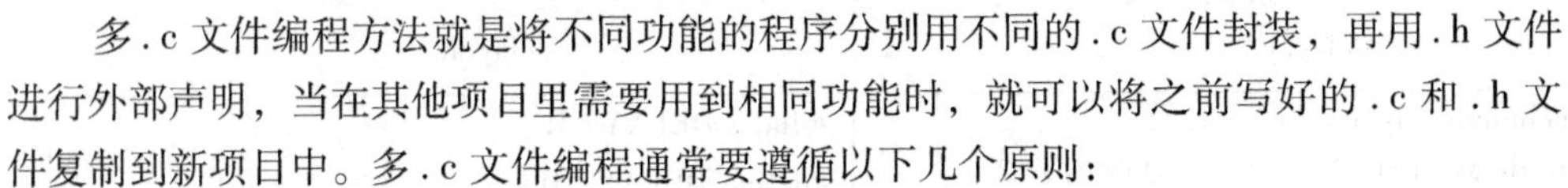

多.c文件编程方法就是将不同功能的程序分别用不同的.c文件封装，再用.h文件进行外部声明，当在其他项目里需要用到相同功能时，就可以将之前写好的.c和.h文件复制到新项目中。多.c文件编程通常要遵循以下几个原则：

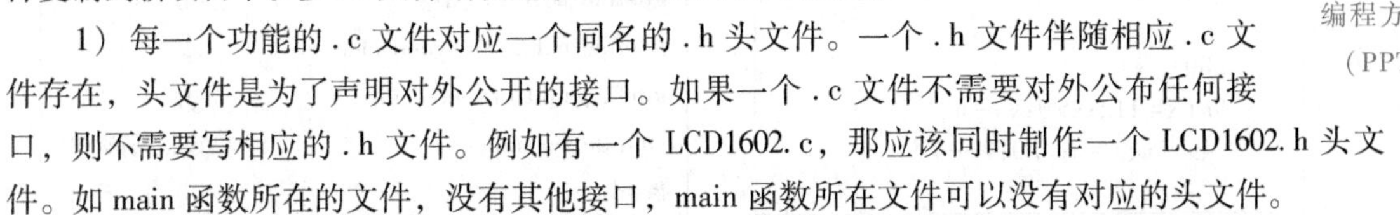

1）每一个功能的.c文件对应一个同名的.h头文件。一个.h文件伴随相应.c文件存在，头文件是为了声明对外公开的接口。如果一个.c文件不需要对外公布任何接口，则不需要写相应的.h文件。例如有一个LCD1602.c，那应该同时制作一个LCD1602.h头文件。如main函数所在的文件，没有其他接口，main函数所在文件可以没有对应的头文件。

2）.h头文件中只能放置接口的声明，不能放置具体的实现，如对外提供的函数声明、宏定义和变量类型声明等。每个.h头文件里都必须声明它对应的.c文件里的所有定义函数和全局变量，注意：.c文件里所有的全局变量都要在它所对应的.h头文件里声明一次。

3）.c文件中应放置函数的实现、变量的赋值和语句的操作等。.c文件中应包含同名.h头文件。

4）任意一个.c文件只要使用了其他.c文件提供的函数等接口，都要将其对应的.h头文件包含到该.c文件中，没有使用到其他.c文件的接口就不应该包含其匹配的头文件。

5）声明一个全局变量必须加extern关键字，同时千万不能在声明全局变量的时候赋初始值。在使用该变量的一个.c文件中进行变量定义及赋初值等操作即可。

多.c文件的编写步骤如下：

1）首先将程序按功能分块。

2）在Keil C中新建工程。

3）新建main.c以及各功能模块的.c文件和对应的.h文件。

4）在工程中添加所有的.c文件。

5）编译。

【例9-3】 将9.1.2节的基于DS18B20的温度测量系统设计仿真实例用多.c文件编程。

分析：该程序实现的功能是DS18B20单总线数字温度传感器采集温度信息并在LCD1602上进行显示，保留一位小数。编写过程如下：

1）首先将程序按功能分块：该程序可以分成延时程序、DS18B20温度采集程序、LCD1602显示程序以及主程序4个模块。

2）在Keil C中新建工程。

3）新建 main. c、DS18B20. c、LCD1602. c、delay. c 和 DS18B20. h、LCD1602. h、delay. h 文件，main. c 不需要对应 . h 文件。

4）编写 . c 和 . h 文件。

其中，编写 . c 和 . h 文件如下：

1）编写 delay. c 和 delay. h：在 delay. c 中将其对应的 delay. h 包含在内（见参考程序中序号①，后同），放置延时函数的具体实现②。

在 delay. h 中应放置延时函数的声明③，由于在 delay. c 中出现了 uint 缩写形式，因此使用前需要宏定义，宏定义放在头文件中声明④。为避免重复编译，在头文件中需要加条件编译语句⑤。参考程序如下：

delay. c

```
#include<delay. h>          //①
void delay( uint z)         //延时函数②
{
    uint x,y;
    for( x=112;x>0;x--)
        for( y=z;y>0;y--) ;
}
```

delay. h

```
#ifndef DELAY _H_                      //⑤
#define DELAY _H_                      //⑤
#define uchar unsigned char            //④
#define uint unsigned int              //④
void delay( uint z) ;                  //延时函数③
#endif                                 //⑤
```

【条件编译知识点】

头文件的重复包含：因为延时程序在 main. c、DS18B20. c、LCD1602. c 文件中都要调用，所以在这几个 . c 文件里都要包含 delay. h 头文件，delay. c 中也要包含同名的头文件 delay. h。工程包含结构如图 9-13 所示。

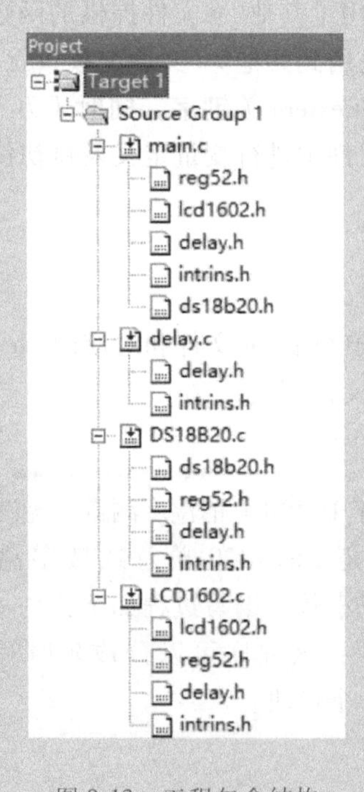

图 9-13　工程包含结构

如果头文件不加条件编译语句⑤，则 C51 对工程进行编译时，就会对 delay.h 进行重复编译。头文件的这种重复引用不但增加了编译的工作量，降低编译效率，而且如果在 .h 文件中声明了全局变量，那么编译过程可能会出现变量重复定义的错误。因此，为避免一个头文件被重复编译，通常使用条件编译命令，格式如下：

```
#ifndef 标识符            //如果没有定义“标识符”，向下执行
                          //如果定义了“标识符”，退出条件编译
#define 标识符            //定义“标识符”
    …
#endif                    //结束条件编译
```

“标识符”理论上来说可以是自由命名的，每个头文件的“标识符”都应该是唯一的。标识符的命名规则一般是头文件名大写，前面加下画线或不加，并把文件名中的“.”也变成下画线。

2）编写 DS18B20.c 和 DS18B20.h：在 DS18B20.c 中放置其对应的 DS18B20.h 包含语句①和 DS18B20 相关的函数具体实现：初始化函数“init_DS18B20”，写一个字节函数“DS18B20_WR_CHAR”、读一个字节函数“uchar DS18B20_RD_CHAR”、温度读取及处理函数“DS18B20_Temperature”的函数体②。在 DS18B20.c 文件中给出 flag 和 Temperature 变量的定义④。

在 DS18B20.h 中放置条件编译命令⑤，DS18B20.c 文件的函数中用到延时函数，要将延时函数的头文件包含在内⑥，在头文件中需要给出 DS18B20 的引脚声明⑦，该指令中用到了 SFR P1，所以要将 reg52.h 头文件包含在内⑧，给出 DS18B20.c 文件中 4 个函数的声明⑨。变量 flag 和 Temperature 在 DS18B20.c 和 main.c 这 2 个文件中使用，应定义为全局变量，所以在 DS18B20.h 文件中要进行外部变量声明③。参考程序如下：

DS18B20.c

```
#include<DS18B20.h>                        //①
bit flag;                                  //④
uint Temperature=0;                        //④
bit init_DS18B20()                         //②
{    略    }
void DS18B20_WR_CHAR(uchar byte)           //②
{    略    }
uchar DS18B20_RD_CHAR()                    //②
{    略    }
void DS18B20_Temperature()                 //②
{    略    }
```

DS18B20.h

```
#ifndef DS18B20_H_                         //⑤
#define DS18B20_H_                         //⑤
#include<reg52.h>                          //⑧
#include<delay.h>                          //⑥
sbit DQ= P1^3;                             //⑦
extern bit flag;                           //③
extern uint Temperature;                   //③
bit init_DS18B20();                        //⑨
void DS18B20_WR_CHAR(uchar byte);          //⑨
uchar DS18B20_RD_CHAR();                   //⑨
void DS18B20_Temperature();                //⑨
#endif                                     //⑤
```

3）编写 LCD1602.c 和 LCD1602.h：在 LCD1602.c 中放置对应的 LCD1602.h 包含语句②和 LCD1602 相关的函数具体实现：初始化函数“LCD_init”，写命令函数“write_cmd”、写数据函数“write_data”、写字符串函数“write_str”①。

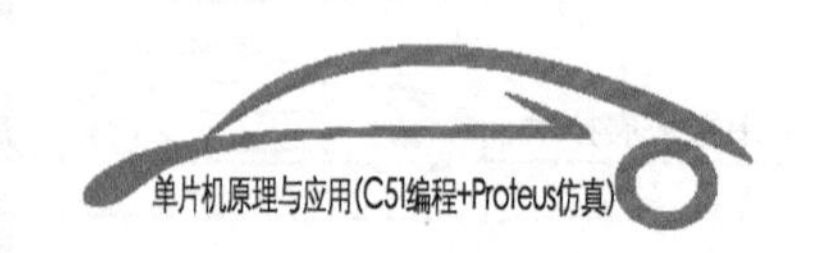

在 LCD1602. h 中放置条件编译命令③，LCD1602. c 文件的函数中用到延时函数，要将延时函数的头文件包含在内④，在头文件中需要给出 LCD1602 的引脚声明⑤，该指令中用到了 SFR P1 和 P2，所以要将 reg52. h 头文件包含在内⑥，给出 LCD1602. c 文件中 4 个函数的声明⑦。参考程序如下：

LCD1602. c

```
#include<LCD1602.h>                //②
void LCD_init()                    //①
{    略    }
void write_cmd(char cmd)           //①
{    略    }
void write_data(uchar dat)         //①
{    略    }
void write_str(uchar * str)        //①
{    略    }
```

LCD1602. h

```
#ifndef LCD1602_H_                 //③
#define LCD1602_H_                 //③
#include<reg52.h>                  //⑥
#include<delay.h>                  //④
#define OUT P2                     //⑤
sbit lcdrs=P1^0;                   //⑤
sbit lcdrw=P1^1;                   //⑤
sbit lcden=P1^2;                   //⑤
void LCD_init();                   //⑦
void write_cmd(uchar cmd);         //⑦
void write_data(uchar dat);        //⑦
void write_str(uchar * str);       //⑦
#endif                             //③
```

4）编写 main. c：main. c 中用到了 LCD1602. c 中的 4 个函数“LCD_init、write_cmd、write_str、write_data”①、DS18B20. c 中的函数“DS18B20_Temperature”②、delay. c 中的函数“delay”以及宏定义③，所以要将它们对应的头文件都包含在内④。由于在 LCD1602. h 中包含了 delay. h，所以在 main. c 中就不需要再包含 delay. h 了。用到了蜂鸣器，对其引脚进行声明⑤，指令中用到了 P1，所以要将 reg52. h 头文件包含在内⑥。用到的变量 flag 和 Temperature 在 DS18B20. h 中声明了外部变量，在 DS18B20. c 文件中给出变量的定义，在 main. c 中包含 DS18B20. h 即可。

main. c

```
#include<reg52.h>                                  //⑥
#include<LCD1602.h>                                //④
#include<DS18B20.h>                                //④
sbit buzzer= P1^4;                                 //蜂鸣器⑤
void main()
{   LCD_init();                                    //①
    delay(1000);                                   //③
    while(1)
    {   if( flag= =0)
          {
            DS18B20_Temperature();                 //②
            write_cmd(0x80);                       //①
            write_str("Tem:");                     //①
            write_data((Temperature/100)%10+48);   //①
```

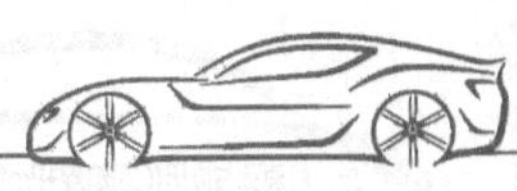

```
    ...
    if(Temperature/10>=25)
        buzzer=0;
    else
        buzzer=1;
}}}
```

5）在工程中添加所有的 .c 文件。

6）编译。

9.2 I²C 总线扩展技术

I²C（Inter Interface Circurt）总线全称为芯片间总线，是近年来微电子通信控制领域广泛采用的一种总线标准；它是同步通信的一种特殊形式，具有接口线少、控制简单、器件封装形式小和通信速率较高等优点；已广泛用于各类电子产品、家用电器及通信设备中。

9.2.1 I²C 总线基本结构

I²C 串行总线有两条信号线：一条是数据线 SDA，另一条是时钟线 SCL。这两条信号线既可发送数据，也可接收数据，快速模式下传输速率为 400kbit/s。

单片机为主器件的 I²C 总线系统基本结构图如图 9-14 所示。主控器是指发出起始信号、时钟信号、传送结束时发出终止信号的器件，通常由单片机来担当。从器件可以是存储器、LED 或 LCD 、A/D 或 D/A 转换器、时钟芯片等器件，从器件必须带有 I²C 串行总线接口。带有 I²C 总线接口的单片机可直接与具有 I²C 总线接口的各种器件连接，如果单片机没有 I²C 接口，可采用 I/O 口线结合软件模拟实现 I²C 总线的时序。

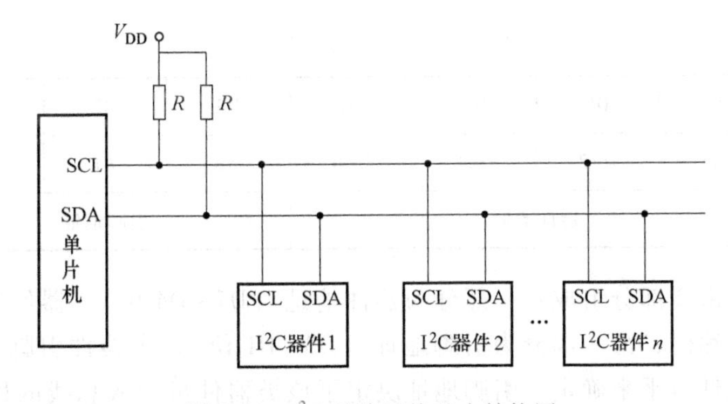

图 9-14　I²C 总线系统基本结构图

各器件的数据线都接到 SDA 上，各器件的时钟线均接到 SCL 上。在信息传输过程中，I²C 总线上并联的每一个器件既可以是主器件，也可以是从器件，这取决于它所要完成的

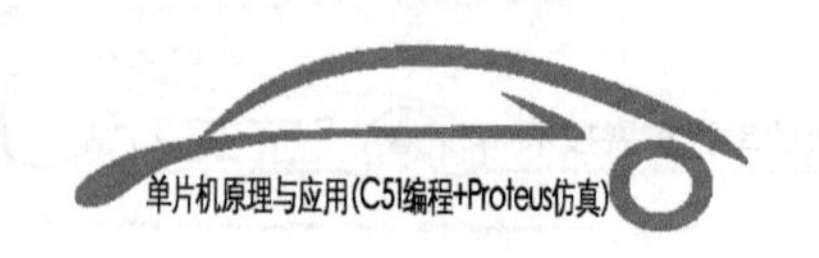

功能。从器件均并联在总线上，但每个器件都有唯一的地址。各 I^2C 器件虽然挂在同一条总线上，却彼此独立。总线上的各 I^2C 器件的 SDA 及 SCL 都是“线与”的关系。由于各 I^2C 器件输出端为漏极开路，故必须外接上拉电阻，以保证 SDA 和 SCL 在空闲时被上拉为高电平。

9.2.2 I^2C 总线数据通信格式

I^2C 总线数据传送必须遵循规定的数据传送格式。进行一次完整的数据传输通信格式如图 9-15 所示。

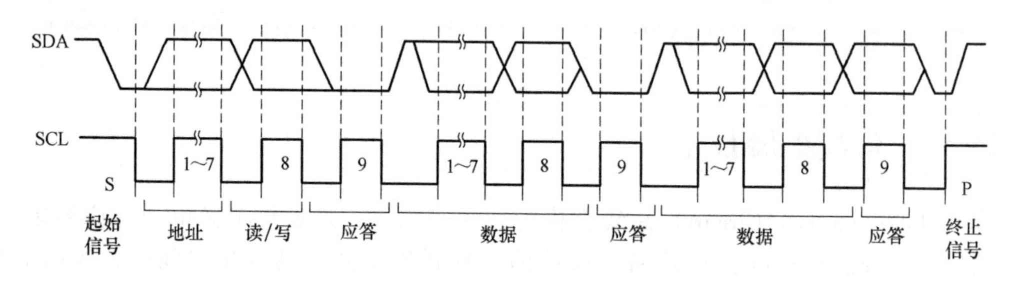

图 9-15 I^2C 总线上进行一次完整的数据传输通信格式

SCL 传送时钟信号，SDA 传送数据。SDA 总线上每传送一位数据都与 SCL 总线上的一个时钟脉冲相对应。I^2C 总线上传送的数据既包括真正的数据信号，也包括地址信号。地址信号用来选址，即接通需要控制的 I^2C 器件；数据信号是通信的内容。

根据总线规范，I^2C 总线上传送数据的时序过程为：

1）先发送起始信号（S）：表明一次数据传送的开始。只有在起始信号以后，其他命令才有效。此时，从器件会检测到该信号。

2）发送寻址字节（8 位）：寻址字节由 7 位从器件地址和 1 位读/写控制位组成，I^2C 总线的寻址采用软件寻址，主器件在发送完起始信号后，立即发送寻址字节寻址被控的从器件。寻址字节的位定义见表 9-7。

表 9-7 寻址字节的位定义

位序号	D7	D6	D5	D4	D3	D2	D1	D0
位定义	DA3	DA2	DA1	DA0	A2	A1	A0	$R/\overline{W}$
	器件地址				引脚地址			读/写控制位

从器件的地址由 2 部分组成：一部分为器件地址（D7 ~ D4 位），器件出厂时已经给定，是器件固有的地址编码；另一部分为引脚地址（D3 ~ D1 位），由器件引脚 A2、A1 和 A0 在电路中接高电平或低电平来确定。引脚地址决定了该类器件可接入总线的最大数目。3 位的引脚地址仅能寻址 8 个同样的器件，即可以有 8 个同样的器件接入到该 I^2C 总线系统中。最低位 D0 位为数据传送的读/写控制位（$R/\overline{W}$），该位为“0”表示主器件发送数据（$\overline{W}$），即写；为“1”表示主器件接收数据（R），即读。

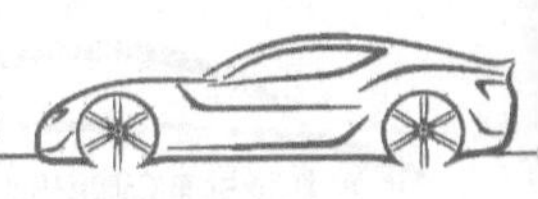

主器件发送寻址字节时，总线上的每个从器件都将这 7 位地址码与自己的地址进行比较，如果相同，则认为自己正被主器件寻址，根据 R/$\overline{W}$ 位的值将自己确定为发送器或接收器。

3）应答信号：每传送一个字节数据（含寻址字节及数据）后，都要有一个应答信号，以确定数据传送是否被对方收到。主从器件的应答信号如图 9-16 所示。

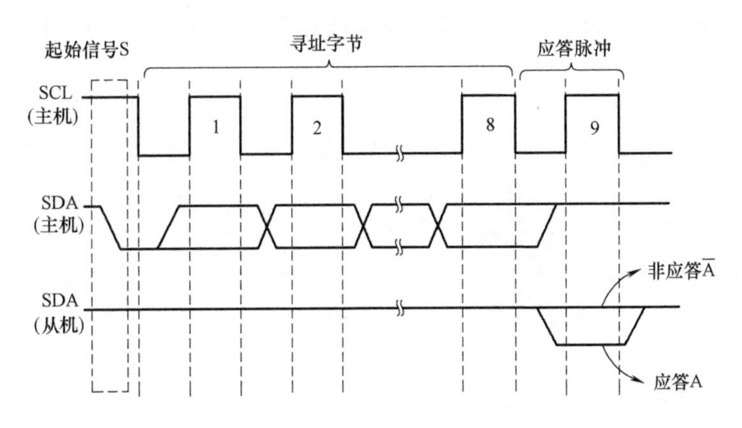

图 9-16　主从器件的应答信号

在产生应答信号期间，主机 SCL 发送第 9 个脉冲，主机的 SDA 在第 9 个脉冲期间为高电平，以便从机在这一位上送出低电平，为应答信号 A。若从机在这一位上送出高电平，为非应答信号 $\overline{A}$。

4）发送数据信息：完整的从机地址帧（9 位）发送完毕后，主机就可以给从机发送数据信息了。发送的数据信息为 1 个字节，即 8 个二进制位，后面再跟随 1 位应答位。

因此，I^2C 总线上传送的一帧信息都为 9 位字长。包括一个字节（8 位）的寻址字节或数据信息（先传送最高位），以及一位应答信号。I^2C 总线进行数据信息传送时，传送的字节数理论上没有限制。

5）终止信号：在全部数据传送完毕后，主机发送终止信号。随着终止信号的出现，所有外部操作都结束，总线处于空闲状态。

注：I^2C 总线进行数据传送时，时钟信号 SCL 为高电平期间，数据线 SDA 的状态就是要传送的地址/数据，此时，数据线上的数据必须保持稳定。只有在时钟信号为低电平期间，数据线上的高电平或低电平状态才允许变化，数据位的有效性规定如图 9-17 所示。

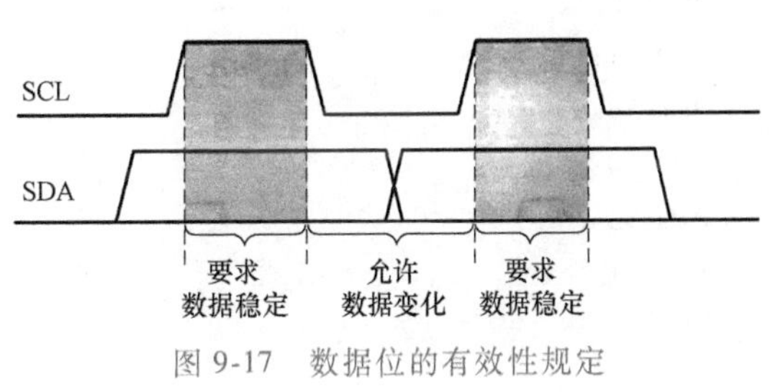

图 9-17　数据位的有效性规定

9.2.3　单片机模拟 I^2C 总线通信

目前市场上很多单片机都已经具有硬件 I^2C 总线控制单元，这类单片机在工作时，总线状态由硬件监测，无须用户介入，操作非常方便。但是还有许多单片机并不具有 I^2C 总线接

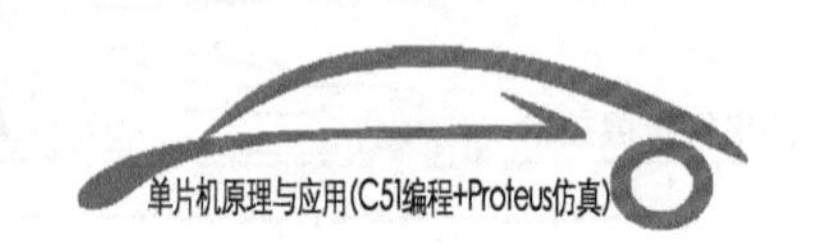

口，例如 AT89S52 单片机，这些不具有 I^2C 接口的单片机可以通过软件模拟 I^2C 总线的工作时序，在使用时，只需正确调用各种信号时序函数就能方便地扩展 I^2C 总线接口器件。典型信号的时序模拟函数有总线初始化、起始信号、应答信号、停止信号、写一个字节和读一个字节函数。

1. 总线初始化

将 SCL 和 SDA 总线拉高以释放总线。模拟起始信号时序为：SCL=1；延时；SDA=1；延时。

【参考程序】

```
void I2C_init()
{
    SCL=1;                    //SCL 拉高
    delay5μs();               //延时
    SDA=1;                    //SDA 拉高
    delay5μs();               //延时
}
```

2. 起始信号模拟

在 I^2C 总线上进行一次数据传输时，首先由主器件发出起始信号。在 SCL 为高电平期间，SDA 为高电平，持续时间大于 4.7μs，SDA 出现下降沿；SDA 为低电平，持续时间大于 4μs 后，SCL 变为低电平。起始信号时序如图 9-18 所示。

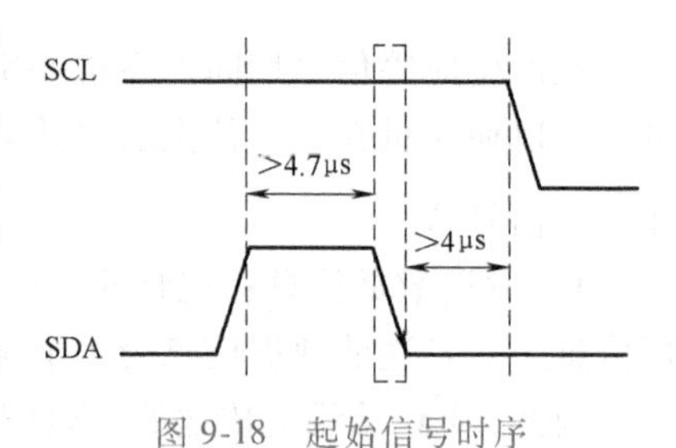

图 9-18　起始信号时序

模拟起始信号时序为：SCL=1；SDA=1；延时大于 4.7μs；SDA=0；延时大于 4μs；SCL=0。

【参考程序】

```
void start()
{
    SCL=1;
    SDA=1;
    delay5μs();
    SDA=0;
    delay5μs();
    SCL=0;
}
```

3. 应答信号模拟

SCL 在高电平期间，SDA 被从器件拉为低电平，持续时间大于 4μs，表示应答。应答信号如图 9-19 所示。

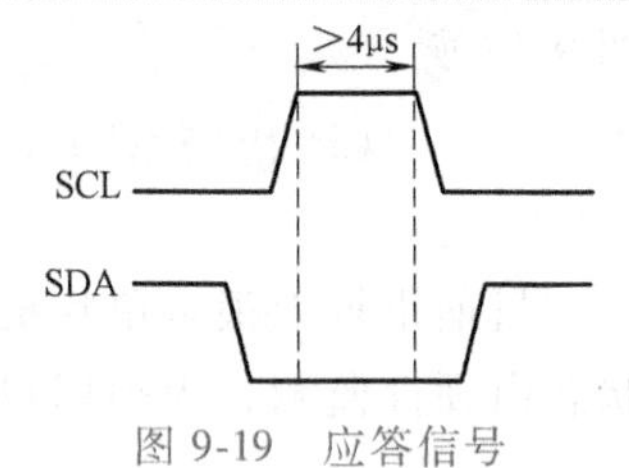

图 9-19　应答信号

模拟应答信号时序为：SDA=0；SCL=1；延时>4μs；SCL=0；延时>4μs。

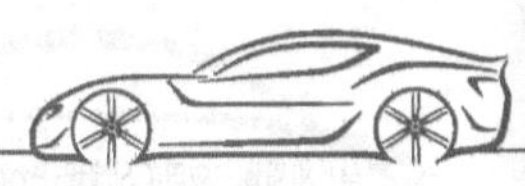

【参考程序】

```
void Ack()
{
    uchar   i;
    SDA=0;
    SCL=1;
    delay5μs();
    while((SDA==1)&&(i<255)) i++;
    SCL=0;
    delay5μs();
}
```

命令行中的（SDA==1）和（i<255）相与，表示若在这一段时间内没有收到从器件的应答，则主器件默认从器件已经收到数据而不再等待应答信号，要是不加这个延时退出，一旦从器件没有发应答信号，程序将永远停在这里，而在实际中是不允许这种情况发生的。

4. 非应答信号模拟

SDA在高电平期间，SCL产生一个持续时间>4μs的正脉冲，表示非应答。非应答信号如图9-20所示。

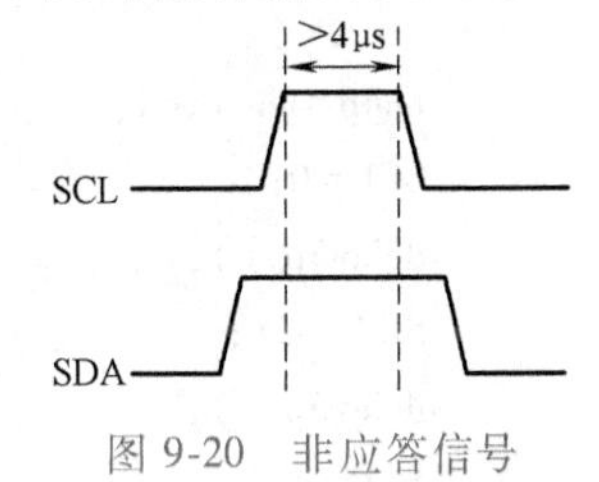

图9-20　非应答信号

模拟非应答信号时序为：SDA = 1；SCL = 1；延时 > 4μs；SCL=0；SDA=0。

【参考程序】

```
void NoAck()
{
    SDA=1;
    SCL=1;
    delay5μs();
    SCL=0;
    SDA=0;
}
```

5. 停止信号模拟

在SCL为高电平期间，SDA为低电平，持续时间大于4μs，SDA产生上升沿，SDA为高电平，持续时间大于4.7μs后，SCL变为高电平。停止信号时序如图9-21所示。

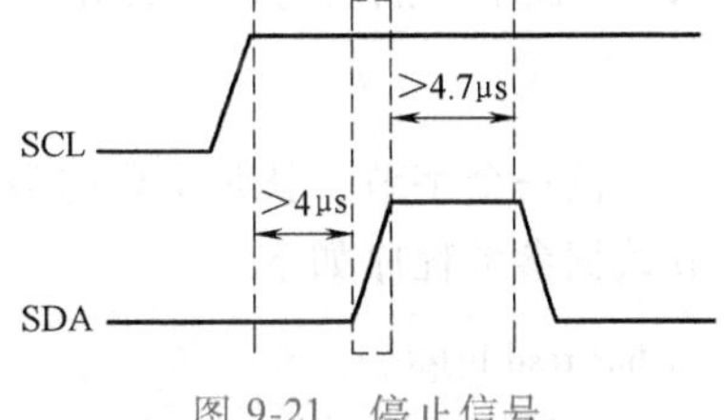

图9-21　停止信号

模拟停止信号时序为：SDA=0；延时>4μs；SCL=1；延时>4μs；SDA=1，延时>4.7μs。

【参考程序】

```
void stop()
{
    SDA=0;
    delay5μs();
```

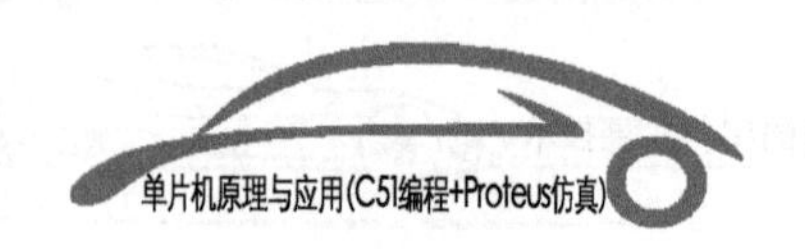


```
    SCL=1;
    delay5μs();
    SDA=1;
    delay5μs();
}
```

6. 写一个字节

写一个字节，就是I^2C的数据线由SDA发送1字节的数据（可以是地址，也可以是数据）。写一个字节数据参考程序如下：

```
void write byte(uchar date)
{
    uchar   i,temp;
    temp=date;
    for(i=0;i<8;i++)          //每次写1位,8次循环写一个字节
    {
        temp=temp<<1;         //左移1位
        SCL=0;
        delay5μs();
        SDA=CY;               //temp中的最高位移至CY,即把temp中每一数据送至CY再送至SDA总线
        delay5μs();
        SCL=1;
        delay5μs();
    }
    SCL=0;
    delay5μs();
    SDA=1;
    delay5μs();
}
```

主器件写一个字节数据，也就是给从器件串行发送1字节数据，需要把这个字节中的8位数据一位一位发出去，“temp =temp<<1;”就是将temp中的内容左移1位，最高位将移入CY位中，然后将CY赋给SDA，进而在SCL的控制下发送出去。

7. 读一个字节

读一个字节，就是I^2C的数据线SDA接收从器件发送过来的1字节的数据。读一个字节数据参考程序如下：

```
uchar read byte( )
{
    uchar   i,k;
    SCL=0;
    delay5μs();
    SDA=1;
```

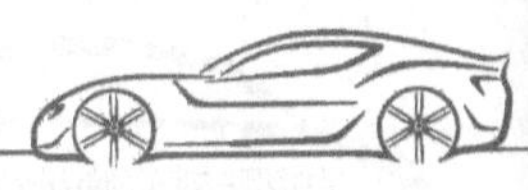

```
    for(i=0;i<8;i++)                    //每次读 1 位,8 次循环读 1 个字节
    {
        SCL=1;
        delay5μs();
        k=(k<<1)|SDA;                   //每次从 SDA 接收的数据都放在变量 k 的最低位,8 次读入 1 个字节
        delay5μs();
        SCL=0;
        delay5μs();
    }
    delay5μs();
    return k;                           //返回读取的 1 个字节数据
}
```

主器件读一个字节，就是主器件从从器件串行接收 1 个字节，需将 8 位一位一位地接收，然后再组合成 1 个字节。“k=(k<<1)|SDA;”是将变量 k 左移 1 位后与 SDA 进行逻辑“或”运算，依次把 8 位数据组合成 1 字节来完成接收。

基于 AT24C02 的存储卡设计仿真实例（视频）

9.2.4　基于 AT24C02 的存储卡设计仿真实例

任务要求：采用单片机设计存储卡，通过按键控制存储卡的读写，并在显示器上显示写入或读出的内容。

分析：本例采用 AT24C02 存储器芯片，LCD1602 进行显示。存储卡设计方案如图 9-22 所示。

基于 AT24C02 的存储卡设计仿真实例（PPT）

1. AT24C02 芯片简介

（1）AT24C02 引脚和功能　目前用作存储的芯片多采用具有 I^2C 总线接口的存储卡。生产该类芯片的厂家很多，种类也很多。典型代表为 ATMEL 公司生产的 AT24C 系列存储卡，主要型号有 AT24C01/02/04/08/16 等，其对应的存储容量分别为 128×8/256×8/512×8/1024×8/2048×8 位。这些型号的封装形式、引脚功能及内部结构类似，只是容量不同。用这类芯片可解决掉电数据保存问题，可对所存数据保存 100 年，并可多次擦写，擦写次数可达 10 万次以上。其实物图和引脚图如图 9-23 所示，各引脚功能描述见表 9-8。

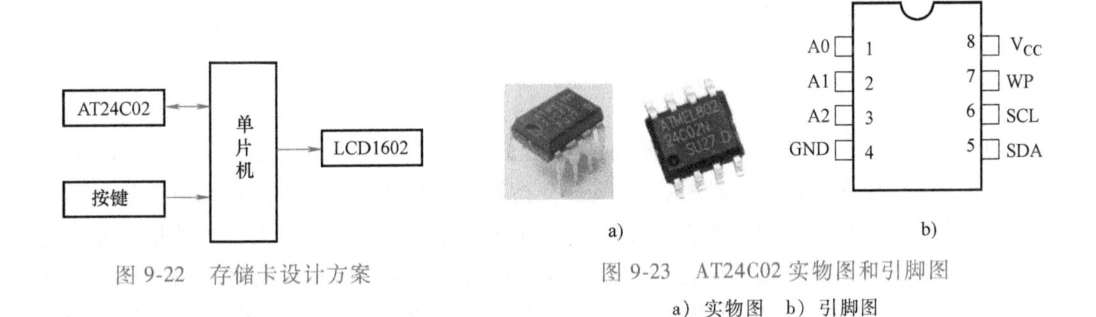

图 9-22　存储卡设计方案

图 9-23　AT24C02 实物图和引脚图
a）实物图　b）引脚图

（2）存储结构与寻址　AT24C02 的位存储容量为 2KB，字节存储容量为 256B，分为 32 页，每页 8B。I^2C 有两种寻址方式：芯片寻址和片内子地址寻址。

表 9-8　AT24C02 引脚功能描述

引脚号	引脚符号	功能描述
1	A0	可编程地址输入端
2	A1	
3	A2	
4	GND	电源地
5	SDA	串行数据输入输出端
6	SCL	串行时钟输入端
7	WP	写保护输入端，用于硬件数据保护。当其为低电平时，可以对整个存储器进行正常的读/写操作；当其为高电平时，存储器具有写保护功能，但读操作不受影响
8	V_{CC}	电源正端

1）芯片寻址。根据表 9-7 寻址字节的位定义可知，AT24C02 的器件地址（D7～D4）为 1010，由厂家给出，是固定的。引脚地址（D3～D1）由 A2、A1、A0 引脚接高低电平后得到的 3 位编码确定，与 1010 形成 7 位编码，即为该器件的地址码。$R/\overline{W}$ 为芯片读写方向控制位，该位为 0，表示对芯片进行写操作；该位为 1，表示对芯片进行读操作。所以 AT24C02 的寻址字节格式为：1010 A2 A1 A0 $R/\overline{W}$。

2）片内子地址寻址。片内存储容量为 256B，所以可对片内 256B 中的任一个字节进行读/写操作，其寻址范围为 0x00～0xFF。

（3）读/写操作时序

1）写操作。AT24C02 有两种写入方式：一种是字节写入方式，另一种是页写入方式。

① 字节写入方式。单片机在一次数据帧中只访问一个单元。该方式下，单片机先发送启动信号，然后送一个字节的寻址写控制字；单片机收到应答信号后，再送一个字节的存储器单元子地址；单片机收到应答信号后，再发送 8 位数据，最后发送停止信号。发送格式如图 9-24 所示。

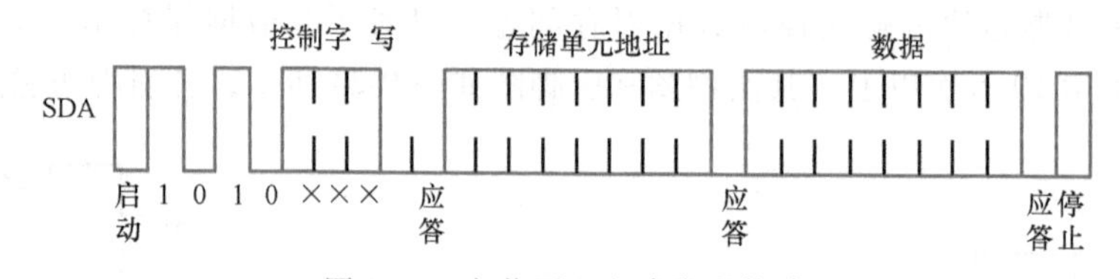

图 9-24　字节写入方式发送格式

② 页写入方式。单片机在一个数据写周期内可以连续访问 1 页，也就是 8 个存储单元。在该方式中，单片机先发送启动信号，接着送一个字节的控制字；单片机收到应答信号后，再送 1 个字节的存储器起始单元地址；单片机收到应答信号后，发送最多 1 页的数据，并顺序存放在以指定起始地址开始的相继单元中，最后以停止信号结束。页写入帧格式如图 9-25 所示。

页写入方式允许在一个写周期内（10ms 左右）对一个字节到一页的若干字节进行连续写入。采用页写入方式可提高写入效率，但也容易出现“上卷”现象。因为，AT24C02 片内地址在接收到每一个数据字节后地址自动加 1，故装载一页以内数据字节时，只需输入首

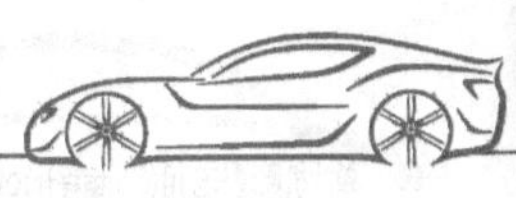

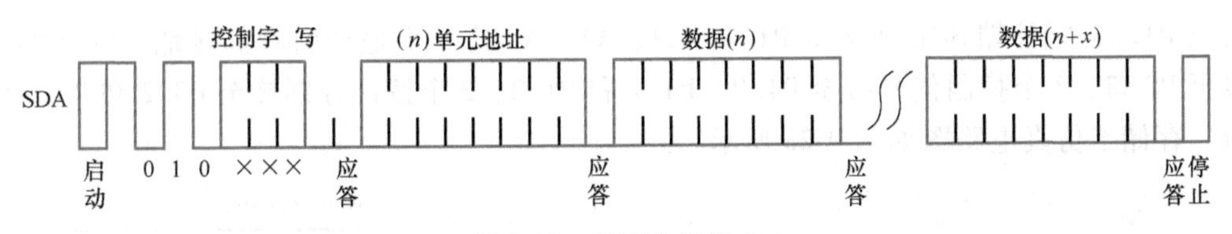

图 9-25　页写入帧格式

地址，如果写到此页的最后一个字节，主器件继续发送数据，数据将重新从该页的首地址写入，进而造成原来的数据丢失，这就是页地址空间的“上卷”现象。解决“上卷”的方法是在第 8 个数据后将地址强制加 1，或是将下一页的首地址重新赋给寄存器。

2）读操作。AT24C02 有两种读入方式：一种是指定地址读操作，另一种是指定地址连续读操作。

① 指定地址读操作。读指定地址单元的数据。单片机在启动信号后，先发送寻址写控制字；单片机收到应答信号后，再发送 1 个字节的指定单元的地址；单片机收到应答信号后，再发送启动信号，接着发送 1 个寻址读操作控制字。此时，如果单片机收到应答信号后，被访问单元的数据就会按 SCL 信号同步出现在串行数据/地址线 SDA 上。读完一帧数据后，不继续读取，则单片机发送非应答信号，最后发送停止信号，完成一次指定单元读取操作。这种读操作的数据帧格式如图 9-26 所示。

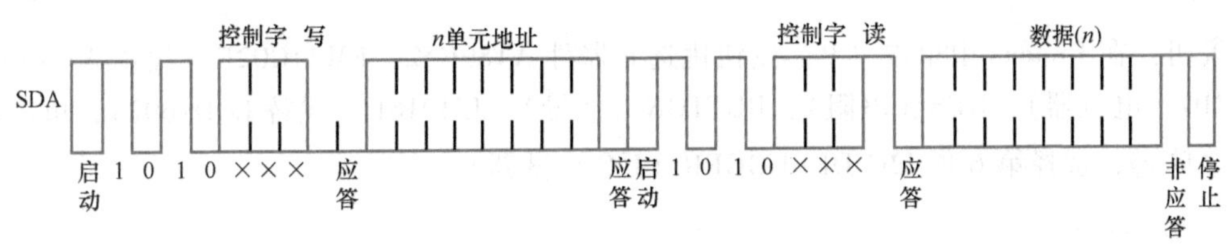

图 9-26　指定地址读操作的数据帧格式

② 指定地址连续读操作。此种方式是从指定地址连续读。单片机在启动信号后，先发送寻址写控制字；单片机收到应答信号后，再发送 1 个字节的指定单元的地址；单片机收到应答信号后，再发送启动信号，接着发送 1 个寻址读操作控制字。此时，如果单片机收到应答信号后，被访问单元的数据就会按 SCL 信号同步出现在串行数据/地址线 SDA 上。单片机接收到每个字节数据后应做出应答，只要 AT24C02 检测到应答信号，其内部的地址寄存器就自动加 1 指向下一个单元，并顺序将指向的单元的数据送到 SDA 串行数据线上。当需要结束读操作时，单片机接收到数据后在需要应答的时刻发送一个非应答信号，接着再发送一个停止信号即可。这种读操作的数据帧格式如图 9-27 所示。

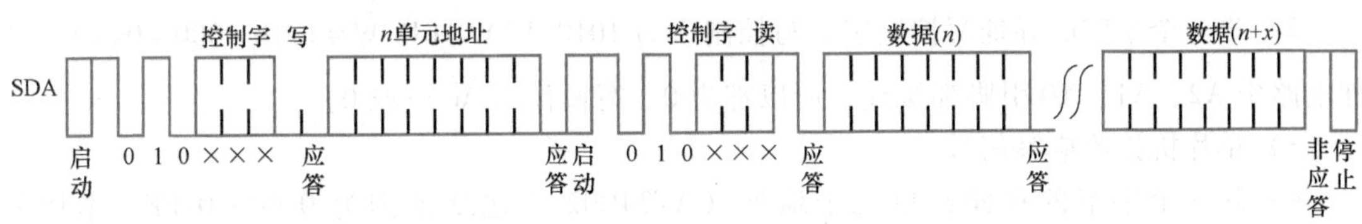

图 9-27　指定地址连续读操作的数据帧格式

2. 存储卡电路设计

AT89C52 单片机没有 I^2C 接口，采用 I/O 口模拟 I^2C 时序，将 AT24C02 的数据端 SDA

连接至 P1.3，时钟端 SCL 连接至 P1.4，A2、A1、A0 这 3 个地址引脚都接地。LCD 的数据口接至 P2 口，3 个控制信号接至 P1.0、P1.1 和 P1.2。2 个按键分别接至 P3.2 和 P3.3 中断引脚。存储卡仿真电路图如图 9-28 所示。

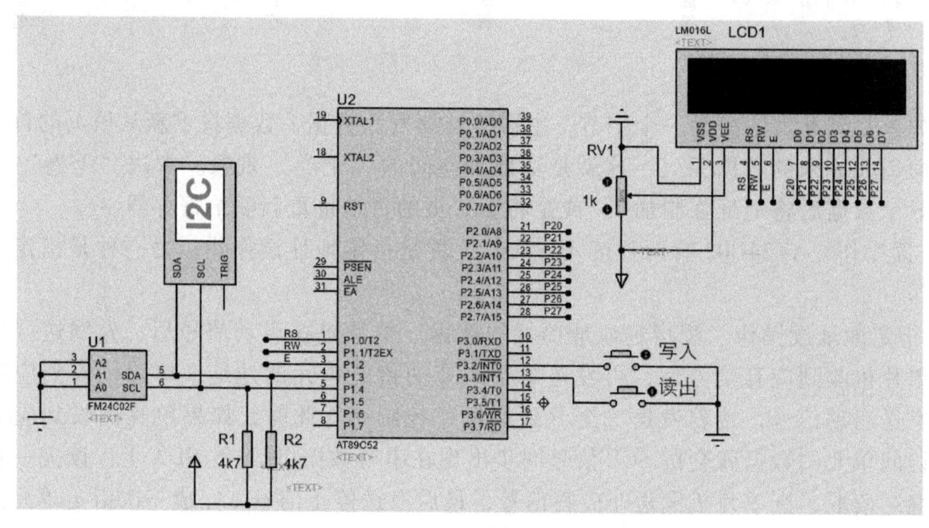

图 9-28　存储卡仿真电路图

说明：在 Proteus 中单击“P”按钮挑选元器件 AT89C52、FM24C02F（代替 AT24C02）、POT-HG（电位器）、RES（电阻）、BUTTON（按键）、LM016L（代替 LCD1602），单击左侧快捷菜单，选择第 6 项 I2C DEBUGGER（I^2C 调试器）。

3. 软件设计

具体实现功能为：

1）按下“写入”按键在 AT24C02 的地址 0x01 里写入 5，在 LCD1602 上显示“write：5”。

2）按下“读出”按键读取 AT24C02 的地址 0x01 里的数据，并在 LCD1602 上显示“read：+读出数据”。

软件设计的关键环节为：

（1）LCD1602 初始化及显示　详细内容见 3.5 节。

（2）在 AT24C02 的地址 0x01 里写入数据　采用字节写入方式（只访问一个单元）时序为：

1）发送启动信号。

2）送一个字节的寻址写控制字，写控制字为 1010 A2A1A0R/$\overline{W}$ = 1010 0000 = 0xA0（硬件电路中 A2、A1、A0 引脚都接地，所以都为 0，写操作 R/$\overline{W}$ 位取 0）。

3）单片机接收应答信号。

4）送一个字节的存储器单元子地址（AT24C02 的地址范围为 0x00～0xFF。本例为 0x01）。

5）单片机接收应答信号。

6）发送 8 位数据（本例发送数据为 0x05）。

7）单片机接收应答信号。

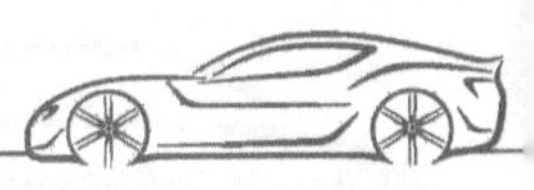

8）发送停止信号。

在指定地址里写入 1B 数据的函数参考程序如下：

```
void write_add(uchar address,uchar date)           //将 date 数据写入到 address 地址里
{
    start();                                       //发送启动信号
    write_byte(0xA0);                              //发送寻址写命令 1010 A2A1A0R/W̄=1010 0000=0xA0
    Ack();                                         //应答信号
    write_byte(address);                           //发送写入到 AT24C02 的一个地址
    Ack();                                         //应答信号
    write_byte(date);                              //发送欲写入的 8 位数据
    Ack();                                         //应答信号
    stop();                                        //发送停止信号
}
```

将 0x05 数据写入到 AT24C02 的地址 0x01 里使用指令："write_add(0x01,0x05);"。

(3) 读出 AT24C02 地址 0x01 里的数据　采用指定地址读操作（读指定地址单元的数据）时序为：

1）发送启动信号。

2）发送寻址写控制字，为 0xA0。

3）单片机接收应答信号。

4）发送 1 个字节的指定单元的地址（256B 范围内），本例为 0x01。

5）单片机接收应答信号。

6）发送启动信号。

7）发送 1 个寻址读操作控制字。读控制字为 1010 A2A1A0R/$\overline{W}$=1010 0001=0xA1（硬件电路中 A2、A1、A0 引脚都接地，所以都为 0，读操作 R/$\overline{W}$ 位取 1）。

8）单片机接收应答信号。

9）读取单元的数据。

10）发送非应答信号。

11）发送停止信号。

读取 AT24C02 指定地址函数的参考程序如下：

```
uchar read_add(uchar address)
{
    uchar date;
    start();                            //发送启动信号
    write_byte(0xA0);                   //发送寻址写命令 1010 A2A1A0R/W̄=1010 0000=0xA0
    Ack();                              //应答信号
    write_byte(address);                //发送读 AT24C02 的一个地址
    Ack();                              //应答信号
    start();                            //发送启动信号
```

```
    write_byte(0xA1);       //发送寻址读命令   1010 A2A1A0R/W̄=1010 0001=0xA1
    Ack();                  //应答信号
    date=read_byte();       //读 AT24C02 地址里的内容
    NoAck();                //发送非应答信号
    stop();                 //发送停止信号
    return date;            //返回读取的数据
}
```

读 AT24C02 的地址 0x01 里的内容使用指令："readdata=read_add(0x01);"。

（4）按键控制 中断方式：首先对两个中断进行中断初始化，然后再编写中断服务函数。按键 1（写入）按下，触发中断，进入 $\overline{\text{INT0}}$ 的中断函数后，设置标志位 flag=1。按键 2（读出）按下，进入 $\overline{\text{INT1}}$ 的中断函数后，设置标志位 flag=2。

（5）主程序中判断 如果 flag=1，则调用在指定地址写入函数，实现在 AT24C02 的 0x01 里写入数据 0x05；如果 flag=2，则读出 0x01 里的数据写在 LCD 上。

【参考程序】

```
#include<reg52.h>
#include <intrins.h>
#define uchar   unsigned char
#define uint   unsigned int
#define   LCD_OUT P2        //LCD1602 数据端口
sbit lcdrs=P1^0;            //LCD 的 RS 端接 P1.0
sbit lcdrw=P1^1;            //LCD 的 R/W̄ 端接 P1.1
sbit lcden=P1^2;            //LCD 的 EN 使能端接 P1.2
sbit SDA=P1^3;              //AT24C02 的数据端口接 P1.3
sbit SCL=P1^4;              //AT24C02 的时钟端接 P1.4
uchar readdate,flag;
/**************************** 延时函数,延时 5μs *****************************/
void delay5us()
{
    _nop_();
    _nop_();
    _nop_();
    _nop_();
    _nop_();
}
/**************************** 延时函数,延时毫秒 *****************************/
void delay(uint z)
{
    uint x,y;
    for(x=112;x>0;x--)
        for(y=z;y>0;y--);
```

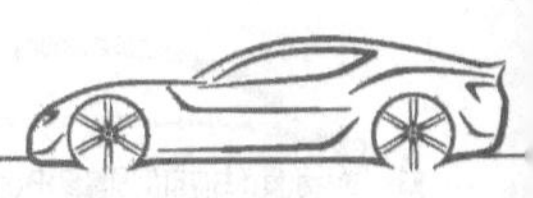

```
}
/******************************外部中断初始化函数**************************/
void INT_init()
{
    IT0=1;                      //INT0 下跳沿触发
    EX0=1;                      //开 INT0 中断
    IT1=1;                      //INT1 下跳沿触发
    EX1=1;                      //开 INT1 中断
    EA=1;                       //开总中断
}
/******************************LCD1602 显示******************************/
void lcd_init()                 //LCD1602 初始化函数
{
    write_cmd(0x38);            //显示模式设置
    write_cmd(0x0C);            //显示开关,光标没有闪烁
    write_cmd(0x06);            //显示光标移动设置
    write_cmd(0x01);            //清除屏幕
    write_cmd(0x80);            //把光标移到第一行第一个位置
    delay(1);
}
void write_cmd(uchar cmd)       //LCD1602 写命令函数
{
    lcden=0;                    //把使能信号 E 拉低
    lcdrs=0;                    //RS=0,写命令
    lcdrw=0;                    //R/W=0,写操作
    out=cmd;                    //cmd 是命令字,送到 out,out 可以是 P0~P3 口
    lcden=1;                    //使能信号 E 拉高,产生高脉冲的上升沿
    delay(1);                   //延时
    lcden=0;                    //使能信号 E 拉低,产生高脉冲的下跳沿
    delay(1);                   //延时
}
void write_data(char dat)       //LCD1602 写数据函数
{
    lcden=0;                    //把使能信号 E 拉低
    lcdrs=1;                    //RS=1,写数据
    lcdrw=0;                    //R/W=0 ,写操作
    out=dat;                    //dat 是字符数据,送到 out,out 可以是 P0~P3 口
    lcden=1;                    //使能信号 E 拉高,产生高脉冲的上升沿
    delay(1);                   //延时
    lcden=0;                    //使能信号 E 拉低,产生高脉冲的下跳沿
    delay(1);                   //延时
```

```
}
void write_str(uchar * str)          //LCD1602 写字符串函数
{
    while( *str! ='0')               //字符串的一个字符不等于 0,说明没到字符串的最后一
                                     //个字符,执行 while 循环,若等于 0,则退出 while 循环
    {
        write_data( * str++);        //输出字符串,指针增 1
        delay(5);
    }
}
/******************************* AT24C02 ********************************/
void I2C_init()                      //I2C_init 初始化
{
    SCL=1;
    delay5μs();
    SDA=0;
    delay5μs();
}
void start()                         //起始信号函数
{
    SCL=1;
    SDA=1;
    delay5μs();
    SDA=0;
    delay5μs();
    SCL=1;
}
void stop()                          //停止信号函数
{
    SDA=0;
    delay5μs();
    SCL=1;
    delay5μs();
    SDA=1;
    delay5μs();
}
void Ack()                           //应答信号函数
{
    uchar  i;
    SDA=0;
    SCL=1;
    delay5μs();
```

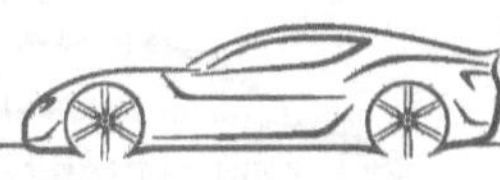

```
    while((SDA==1)&&(i<255))i++;
    SCL=0;
    delay5μs();
}
void NoAck()                  //非应答信号函数
{
    SDA=1;
    SCL=1;
    delay5μs();
    SCL=0;
    SDA=0;
}
void write_byte(uchar date) //写一个字节函数
{
    uchar   i,temp;
    temp=date;
    for(i=0;i<8;i++)
    {
        temp=temp<<1;
        SCL=0;
        delay5μs();
        SDA=CY;
        delay5μs();
        SCL=1;
        delay5μs();
    }
    SCL=0;
    delay5μs();
    SDA=1;
    delay5μs();
}
uchar read_byte()             //读一个字节函数
{
    uchar   i,k;
    SCL=0;
    delay5μs();
    SDA=1;
    for(i=0;i<8;i++)
    {
        SCL=1;
        delay5μs();
        k=(k<<1)|SDA;
```

```
        delay5μs();
        SCL=0;
        delay5μs();
    }
    delay5μs();
    return k;
}
void write_add(uchar address,uchar date)     //写一个数据到 AT24C02 某一个地址里
{
    start();                                 //发送启动信号
    write_byte(0xa0);                        //发送寻址写命令  1010 A2A1A0R/W=1010 0000
    Ack();                                   //应答信号
    write_byte(address);                     //发送写入到 AT24C02 的一个地址
    Ack();                                   //应答信号
    write_byte(date);                        //发送欲写入的数据
    Ack();                                   //应答信号
    stop();                                  //发送停止信号
}
uchar read_add(uchar address)                //读 AT24C02 某一个地址里的内容
{
    uchar date;
    start();                                 //发送启动信号
    write_byte(0xA0);                        //发送寻址写命令  1010 A2A1A0R/W=1010 0000
    Ack();                                   //应答信号
    write_byte(address);                     //发送读 AT24C02 的一个地址
    Ack();                                   //应答信号
    start();                                 //发送启动信号
    write_byte(0xA1);                        //发送寻址读命令  1010 A2A1A0R/W=1010 0001
    Ack();                                   //应答信号
    date=read_byte();                        //读 AT24C02 地址里的内容
    stop();                                  //发送停止信号
    return date;                             //返回读取的数据
}
/******************************* 主函数 *********************************/
void main()
{
    INT_init();                              //外部中断初始化
    LCD_init();                              //LCD 初始化
    I2C_init();                              //I2C 初始化
    while(1)
    {
        if(flag==1)                          //写入按键按下
```

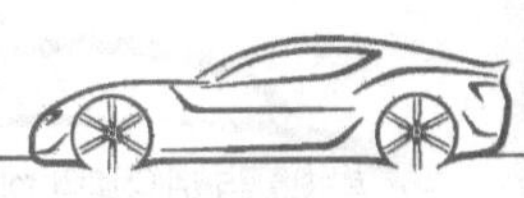

```
        {
            write_add(0x01,0x05);           //在 AT24C02 的地址 0x01 里写入数据 0x05
            write_cmd(0x80);                //把光标移到第一行第一个位置
            write_str("write:5");           //在 LCD1602 显示"write:5"
            flag=0;                         //清按键标志位
        }
        if(flag==2)                         //读取按键按下
        {
            readdate=read_add(0x01);        //读 AT24C02 的地址 0x01 里的内容
            write_cmd(0xC0);                //把光标移到第二行第一个位置
            write_str("read:");             //在 LCD1602 显示"read:"
            write_cmd(0xC6);                //把光标移到第二行第 7 个位置
            write_data(readdate+0x30);      //在 LCD1602 显示读取的数据
            flag=0;                         //清按键标志位
        }
    }
}
/**************************** INT0 中断函数 ******************************/
void INT0_write() interrupt 0
{
    flag=1;                                 //写入按键按下
    IE0=0;                                  //清 INT0 请求标志位
}
/**************************** INT1 中断函数 ******************************/
void INT1_read() interrupt 2
{
    flag=2;                                 //读取按键按下
    IE1=1;                                  //清 INT1 请求标志位
}
```

4. 仿真运行

将程序编译生成 Hex 文件，加载到单片机中，单击运行按钮，弹出 I^2C 调试器的界面。按下“写入”按键，将数据 0x05 写入到 AT24C02 的地址 0x01 里，并在 LCD 上显示“write:5”。按下“读出”按键，读出 AT24C02 的地址 0x01 里的数据并显示“read: 5”。运行效果图如图 9-29 所示，I^2C 调试器界面如图 9-30 所示。

I^2C 调试界面是记录数据传输日志，其中箭头表示从机和主机的传输方向，XXXXXs 表示时间，S/P/A/N 分别表示开始信号、结束信号、答应和非答应信号。

5. 多 .c 文件编程

将上述代码改写成多 .c 文件形式。实现功能：通过按键控制 AT24C02 的读写，并在显示器上显示写入或读出的内容，按键采用外部中断。

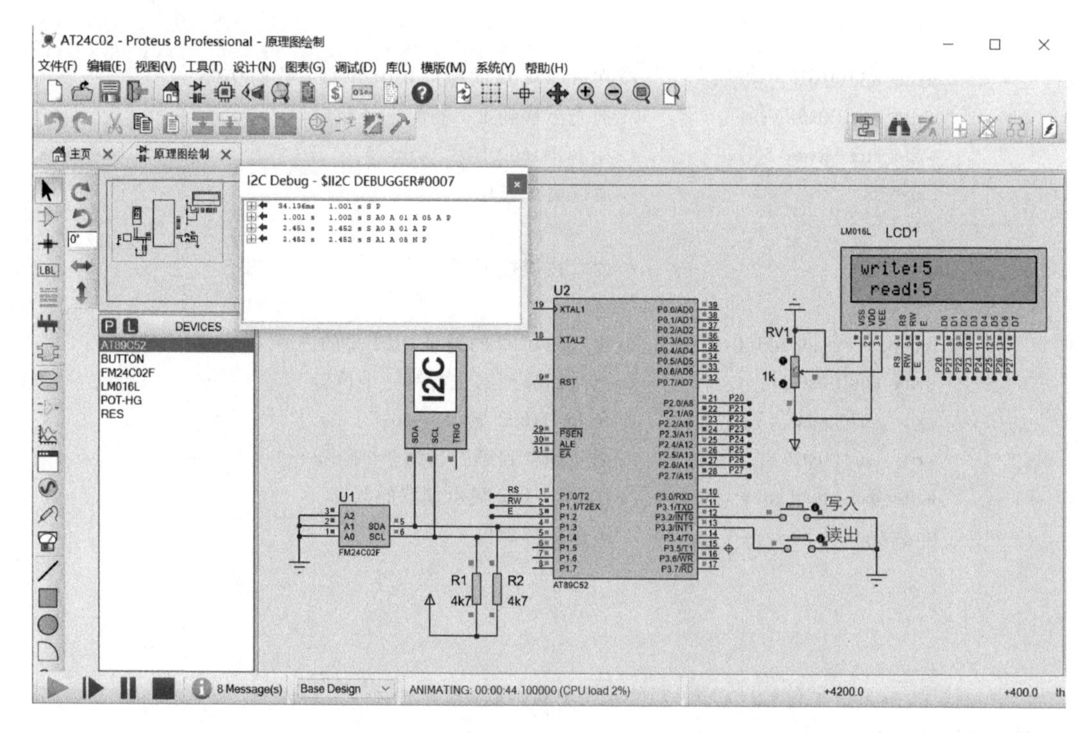

图 9-29　I^2C 存储卡仿真运行效果图

首先将程序按功能分块：该程序可以分成主程序、I^2C 程序、AT24C02 程序、LCD1602 显示程序、外部中断以及延时程序 6 个模块。

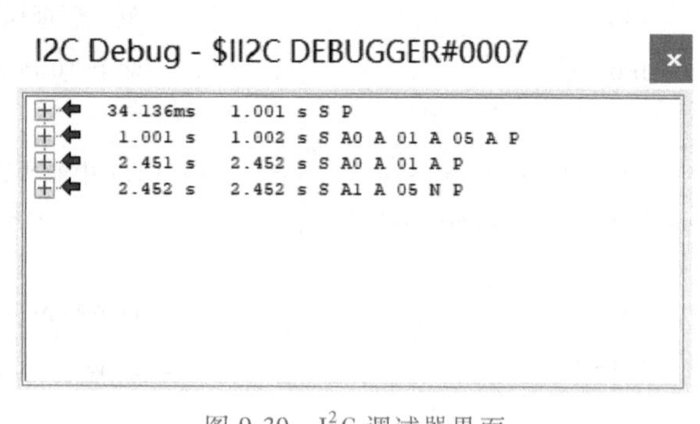

图 9-30　I^2C 调试器界面

新建 main. c、I2C. c、AT24C02. c、LCD1602. c、delay. c、EX_interrupt. c 和 I2C. h、AT24C02. h、LCD1602. h、delay. h、EX_interrupt. h 文件，main. c 不需要对应 . h 文件。

1）LCD1602. c 和 LCD1602. h 不需再重新编写，用 9. 1. 3 节的这两个文件，只需修改 LCD1602. h 里关于 LCD1602 和单片机具体的连接引脚声明。这两个仿真实例中关于 LCD1602 硬件连接相同，所以不用修改。

2）delay. c 中需要增加 5μs 延时函数 delay5μs 的函数体（I^2C 程序需要）。delay. h 中增加 5μs 延时程序函数声明。

3）编写中断 EX_interrupt. c 和 EX_interrupt. h。

EX_interrupt. c 中放置外部中断初始化 INT_init 以及 $\overline{\text{INT0}}$ 中断服务函数 INT0_write、$\overline{\text{INT1}}$ 中断服务函数 INT1_read 的函数体①，并将其对应的 EX_interrupt. h 包含在内②。

EX_interrupt. h 中放置条件编译命令③，给出 EX_interrupt. c 文件中外部中断初始化函数 INT_init 的声明④，中断服务函数①不需要声明。初始化函数中用到了 SFR 的名称 EA、

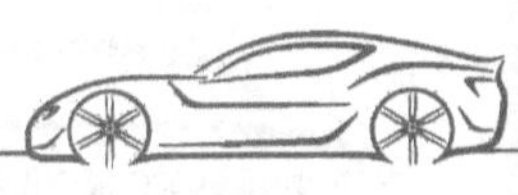

IT0、IT1、EX0、EX1，其定义在 reg52. h 中，将其包含在内⑤。变量 flag 在 EX_interrupt. c 和 main. c 2 个文件中调用，所以需要声明为外部变量⑥，⑥中用到了 uchar，其宏定义在 delay. h 中，将其包含在内⑦。参考程序如下：

EX_interrupt. c

```
#include<EX_interrupt. h>②
void INT_init()                      //外部中断初始化①
{ … }
void INT0_write() interrupt 0  //①
{
    flag=1;
}
void INT1_read() interrupt 2   //①
{
    flag=2;
}
```

EX_interrupt. h

```
#ifndef EX_interrupt_H_    //③
#define EX_interrupt_H_    //③
#include<reg52. h>         //⑤
#include<delay. h>         //⑦
extern uchar flag;         //⑥
void INT_init();           //外部中断初始化④
#endif                     //③
```

4）编写 I2C. c 和 I2C. h。I2C . c 中放置 I^2C 时序的函数，包括初始化函数 I2C_init、起始信号函数 start、停止信号函数 stop、应答信号函数 Ack、非应答信号函数 NoAck、写一个字节函数 write_byte、读一个字节函数 read_byte①，并将其对应的 I2C. h 包含在内②。

在 I2C. h 中放置条件编译命令③，I2C. c 文件的函数中用到延时函数，要将延时函数的头文件包含在内④，给出 I2C. c 文件中 7 个函数的声明⑤。参考程序如下：

I2C. c

```
#include<I2C. h>                //②
void I2C_init()                 //初始化①
{ … }
void start()                    //起始信号函数①
{ … }
void stop()                     //停止信号函数①
{ … }
void Ack()                      //应答信号函数①
{ … }
void NoAck()                    //非应答信号①
{ … }
void write_byte(uchar date)     //①
{ … }
uchar read_byte()               //读一个字节①
{ … }
```

I2C. h

```
#ifndef I2C_H_                  //③
#define I2C_H_                  //③
#include<delay. h>              //④
void I2C_init();                //I2C 初始化⑤
void start();                   //起始信号函数⑤
void stop();                    //停止信号函数⑤
void Ack();                     //应答信号函数⑤
void NoAck();                   //非应答信号函数⑤
void write_byte(uchar date);    //写 1B⑤
uchar read_byte();              //读一个字节⑤
#endif                          //③
```

5）编写 AT24C02. c 和 AT24C02. h。AT24C02. c 和 AT24C02. h 要放置关于 AT24C02 芯片的内容。AT24C02. c 中放置写一个数据到 AT24C02 某一个地址里函数 write_add、读 AT24C02 某一个地址里的内容函数 read_add①，并将其对应的 I2C. h 包含在内②。

在 AT24C02. h 中放置条件编译命令③，AT24C02. c 文件的函数要用到 I2C . c 中的函数，要将 I2C 时序的头文件包含在内④，在头文件中需要给出 AT24C02 的引脚声明⑤，该指令中用到了 SFR P1，所以要将 reg52. h 头文件包含在内⑥，给出 AT24C02. c 文件中 2 个函数的声明⑥。参考程序如下：

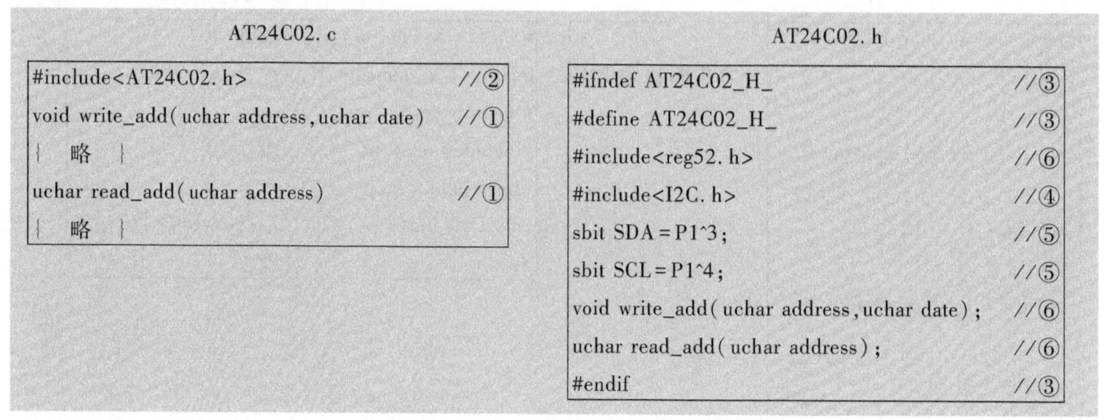

AT24C02. c

```
#include<AT24C02.h>                              //②
void write_add(uchar address,uchar date)         //①
{  略  }
uchar read_add(uchar address)                    //①
{  略  }
```

AT24C02. h

```
#ifndef AT24C02_H_                               //③
#define AT24C02_H_                               //③
#include<reg52.h>                                //⑥
#include<I2C.h>                                  //④
sbit SDA=P1^3;                                   //⑤
sbit SCL=P1^4;                                   //⑤
void write_add(uchar address,uchar date);        //⑥
uchar read_add(uchar address);                   //⑥
#endif                                           //③
```

6）编写 main. c。在 main. c 中用到了 EX_interrupt. c 中的函数 INT_init，LCD1602. c 中的 LCD_init、write_cmd、write_str、write_data 函数，I2C. c 文件中的 I2C_init 函数，所以要将 EX_interrupt. h、LCD1602. h、I2C. h 头文件包含在内，给出变量 readdate 和 flag 的定义。

main. c

```
#include<reg52.h>
#include<EX_interrupt.h>          //①
#include<LCD1602.h>               //②
#include<I2C.h>                   //③
uchar readdate,flag;              //④
void main()
{
    INT_init();
    LCD_init();
    I2C_init();
    while(1)
    {
        if(flag==1)
        { … }
        if(flag==2)
        { … }
    }
}
```

9.3 SPI 总线扩展技术

SPI（Serial Peripheral Interface，串行外围设备接口）是 Motorola（摩托罗拉）公司推出

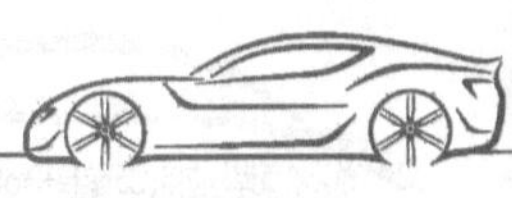

的一种同步串行通信接口，是一种全双工三线同步总线；占用引脚少，简单易用，有较高的数据传输速率，最高可达 1.05Mbit/s。现在越来越多的芯片集成了这种通信协议。单片机可与带有标准 SPI 的外设直接连接，以串行方式交换信息。

9.3.1　SPI 总线的基本结构

SPI 采用主从模式（Master Slave）架构，这种模式通常有一个主器件（Master）和一个或多个从器件（Slave）。SPI 有 4 条线，分别为 MOSI、MISO、SCK 和 CS。SPI 引脚功能见表 9-9。

表 9-9　SPI 引脚功能

引脚名称	功能描述
MOSI	主器件数据输出，从器件数据输入（主发从收）
MISO	主器件数据输入，从器件数据输出（主收从发）
SCK	时钟信号，由主器件产生（时钟线）
CS	从器件使能信号（片选信号），由主器件控制

典型 SPI 系统是单主器件系统，从器件通常是外围接口器件，如存储器、I/O 接口、A/D 转换器、D/A 转换器、键盘、日历/时钟和显示器等。目前世界上各芯片公司为广大用户提供了一系列具有 SPI 的单片机和外围接口芯片：例如 Motorola 公司的存储器 MC2814、显示驱动器 MC14499 和 MC14489 等各种芯片；美国 TI 公司的 8 位串行 A/D 转换器 TLC549、12 位串行 A/D 转换器 TLC2543 等。

在单片机扩展单个 SPI 外围器件时，MOSI、MISO 和 SCK 都与单片机的 SPI 的 3 条线接在一起，2 条数据线为单向数据线，全双工通信。时钟 SCK 由单片机控制，在时钟移位脉冲下，数据按位传输，高位在前，低位在后。片选端 CS 可以接地或通过 I/O 口控制。

在单片机扩展多个 SPI 外围器件时，所有外围器件的 MOSI 和 MISO 数据线和时钟线 SCK 都挂接在总线上，单片机应分别通过 I/O 口线分时选通外围器件。如果某一从器件只作输入（如键盘）或只作输出（如显示器）时，可省去一条数据输出（MISO）线或一条数据输入（MOSI）线，从而构成双线系统（CS 接地）。SPI 系统结构如图 9-31 所示。

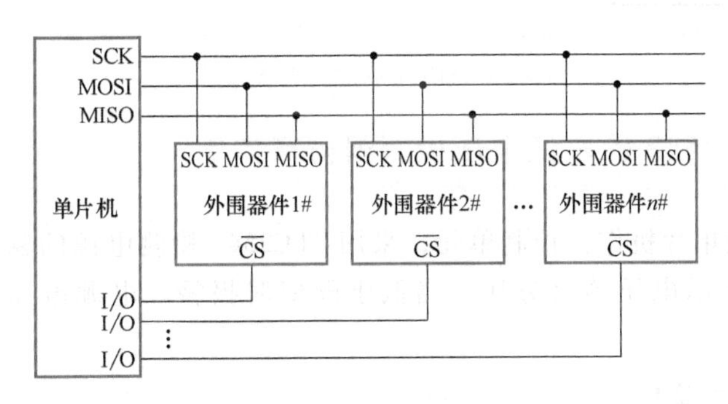

图 9-31　SPI 系统结构

如果单片机的 SPI 数量不足或不具备 SPI，也可用单片机的 I/O 口来模拟 SPI 时序。

总线上至少配置一主一从，也可以挂接多个主机或从机。总线可进行如下配置。

1）一主一从：可直接将从机 CS 端接低电平，可节省单片机一个 I/O 口线。

2）两个主机：2 个 SPI 器件都配置成主机时，两机 CS 端直连。发起传输的主机拉低 CS 线，能把对方强制改为从机。

3）一主多从：主机用不同 I/O 口线接各从机 CS 端来实现片选。

9.3.2 SPI 总线数据通信格式

在 SPI 串行扩展系统中，作为主器件的单片机在启动一次传送时，便产生 8 个时钟，传送给接口芯片作为同步时钟。数据输出通过 MOSI 线，数据在时钟上升沿或下跳沿时改变，在紧接着的下跳沿或上升沿被读取，完成一位数据传输。输入原理相同。这样，至少 8 个时钟信号的改变（上升沿和下跳沿为一次）就可以完成 8 位数据的传输。对于不同的外围芯片，有的可能是 SCK 的上升沿起作用，有的可能是 SCK 的下跳沿起作用。数据的传送格式是高位（MSB）在前，低位（LSB）在后，SPI 工作时序如图 9-32 所示。需要注意的是，SCK 信号线只由主器件控制，从器件不能控制该条信号线。

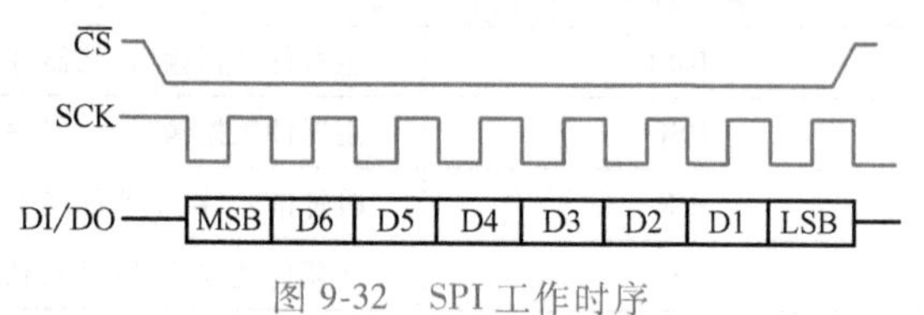

图 9-32　SPI 工作时序

SPI 工作在主从模式下时，是一个环形总线结构，在 SCK 的控制下，两个 8 位双向移位寄存器进行数据交换。在 SCK 的下跳沿数据改变，上升沿一位数据被存入移位寄存器。主器件的 SCK 引脚提供时钟，数据从主器件 MOSI 引脚输出，由从器件的 MOSI 引脚输入，经移位寄存器由从器件的 MISO 引脚输出，再由主器件的 MISO 引脚输入至移位寄存器。SPI 主从器件连接示意图如图 9-33 所示。

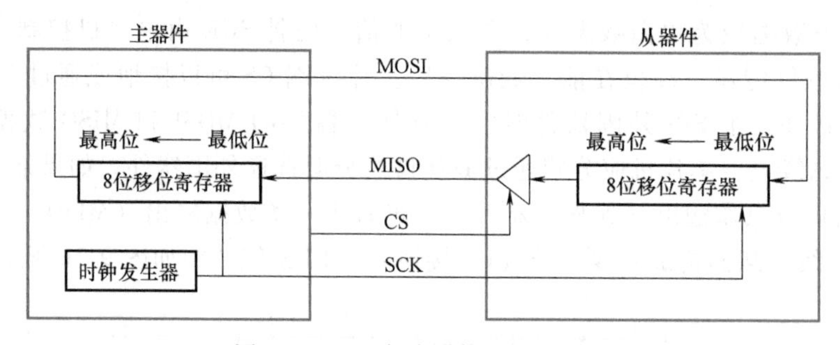

图 9-33　SPI 主从器件连接示意图

9.3.3 基于 TLC2543 的电源电压检测器仿真实例

任务要求：采用单片机作为控制单元，采用 TLC2543 检测电源的输出电压，在 LCD 上显示电源电压，并显示电压的百分比，当低于阈值时报警。电源电压检测器设计方案如图 9-34 所示。

1. TLC2543 芯片简介

（1）TLC2543 引脚和功能　TLC2543 是美国 TI 公司生产的具有 12 位分辨率的 SPI 的 A/D 转换器，转换时间为 10μs，11 路模拟输入通道，3 路内部自测方式，线性误差为 +1LSB（最大），采样率为 66kbit/s，可编程的数据输出长度。该器件的模拟量输入范围为

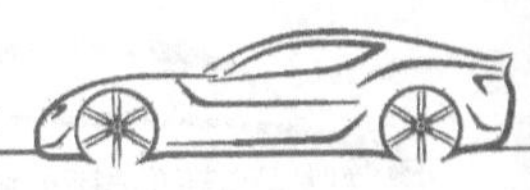

V_{REF-} ~ V_{REF+}，一般模拟量的变化范围为0~+5V，所以此时V_{REF+}引脚接+5V，V_{REF-}引脚接地；与单片机的接口电路简单，且价格适中，分辨率较高，因此在智能仪器仪表中有着较为广泛的应用。

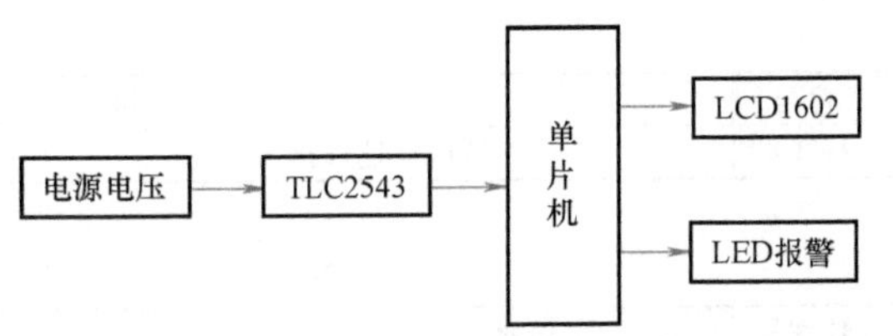

图9-34　电源电压检测器设计方案

TLC2543实物图和引脚图如图9-35所示，各引脚功能描述见表9-10。

基于TLC2543的电源电压检测器仿真实例（视频）

图9-35　TLC2543实物图和引脚图
a）实物图　b）引脚图

基于TLC2543的电源电压检测器仿真实例（PPT）

表9-10　TLC2543引脚功能描述

引脚号	引脚符号	功能描述
1~9、11、12	AIN0~AIN10	11路模拟量输入端
10	GND	地
13	V_{REF-}	负基准电压端。通常接地
14	V_{REF+}	正基准电压端。通常V_{CC}被加到V_{REF+}，最大的输入电压范围为加在本引脚与V_{REF-}引脚的电压差
15	$\overline{CS}$	片选端
16	DATA OUT(SDO)	A/D转换结果的三态串行输出端。$\overline{CS}$=1处于高阻抗状态，$\overline{CS}$=0处于转换结果输出状态
17	DATA INPUT(SDI)	串行数据输入端。由4位的串行地址输入来选择模拟量输入通道
18	I/O CLOCK	I/O时钟端
19	EOC	转换结束端
20	V_{CC}	电源

（2）TLC2543的命令字　每次转换都必须给TLC2543写入命令字，命令字主要用来确定被转换的信号采集通道、转换结果的输出位数、输出的顺序以及输出的结果是有符号数还是无符号数。其命令字格式见表9-11，各位功能描述见表9-12。

表 9-11　TLC2543 命令字格式

位序号	D7	D6	D5	D4	D3	D2	D1	D0
格式	通道地址选择				数据的长度		数据的顺序	数据的极性

表 9-12　TLC2543 命令字各位功能描述

<table>
<tr><th>位序号</th><th>功能</th><th>描　述</th></tr>
<tr><td>D0</td><td>数据的极性</td><td>D0 = 0 无符号数；D0 = 1 有符号数</td></tr>
<tr><td>D1</td><td>数据的顺序</td><td>D1 = 0 高位在前；D1 = 1 低位在前</td></tr>
<tr><td>D2
D3</td><td>数据长度</td><td>D3D2　转换结果的输出位数
0 0　12 位输出
0 1　8 位输出
1 0　12 位输出
1 1　16 位输出</td></tr>
<tr><td>D4
D5
D6
D7</td><td>通道地址选择</td><td>D7 D6 D5 D4　通道地址选择
0 0 0 0　AIN0
0 0 0 1　AIN1
0 0 1 0　AIN2
0 0 1 1　AIN3
0 1 0 0　AIN4
0 1 0 1　AIN5
0 1 1 0　AIN6
0 1 1 1　AIN7
1 0 0 0　AIN8
1 0 0 1　AIN9
1 0 1 0　AIN10
1 0 1 1　自测试电压[(V_{REF+})-(V_{REF-})]/2
1 1 0 0　自测试电压 V_{REF-}
1 1 0 1　自测试电压 V_{REF+}
1 1 1 0　掉电地址，掉电后 TLC2543 休眠，电流小于 20μA</td></tr>
</table>

（3）TLC2543 的时序　TLC2543 的时序分为两个周期：I/O 周期和实际转换周期。TLC2543 工作时序如图 9-36 所示。

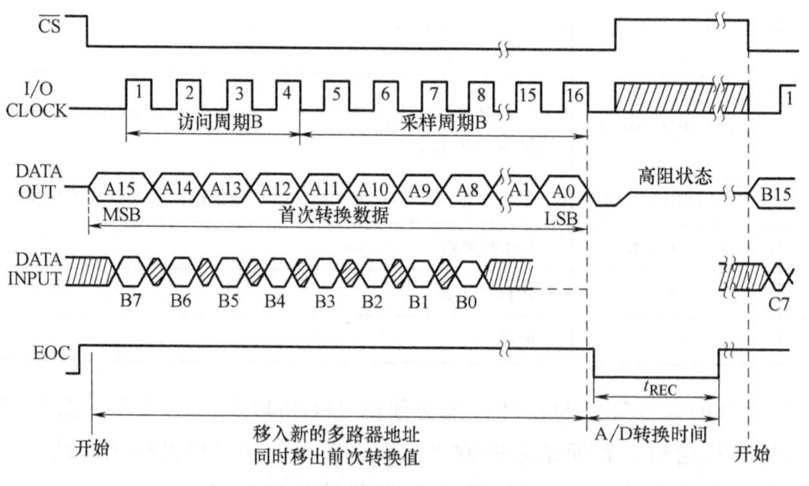

图 9-36　TLC2543 工作时序

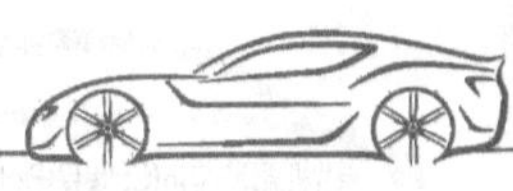

1）I/O 周期。I/O 周期由外部提供的 I/O CLOCK 定义，延续 8、12 或 16 个时钟周期，取决于选定的输出数据的长度。器件进入 I/O 周期后同时进行两种操作。

① 在 I/O 周期 CLOCK 的前 8 个脉冲的上升沿，以 MSB 前导方式从 DATA INPUT 端输入 8 位数据到输入寄存器。其中前 4 位为模拟通道地址，控制 14 通道的模拟多路选择器从 11 个模拟输入和 3 个内部自测电压中选通 1 路到采样保持器，该电路从第 4 个 I/O CLOCK 脉冲的下跳沿开始，对所选的信号进行采样，直到最后一个 I/O CLOCK 脉冲的下跳沿。I/O 脉冲的时钟个数与输出数据长度（位数）有关。输出数据的长度由输入数据 D3 D2 设置，可选为 8 位、12 位或 16 位。当工作于 12 位或 16 位时，在前 8 个脉冲之后，DATA INPUT 无效。

② 在 DATA OUT 端串行输出 8 位、12 位或 16 位数据。当 $\overline{CS}$ 保持为低时，第 1 个数据出现在 EOC 的上升沿，若转换由 $\overline{CS}$ 控制，则第 1 个输出数据发生在 $\overline{CS}$ 的下跳沿。这个数据是前 1 次转换的结果，在第 1 个输出数据位之后的每个后续位均由后续的 I/O CLOCK 脉冲下跳沿输出。

2）转换周期。在 I/O 周期的最后一个 I/O CLOCK 脉冲下跳沿之后，EOC 变低，采样值保持不变，转换周期开始，片内转换器对采样值进行逐次逼近式 A/D 转换，其工作由与 I/O CLOCK 同步的内部时钟控制。转换结束后 EOC 变高，转换结果锁存在输入输出数据寄存器中，等待下一个 I/O 周期输出。I/O 周期和转换周期交替进行，从而可减少外部的数字噪声对转换精度的影响。

2. 硬件电路设计

TLC2543 的 DATA OUT（SDO）、DATA INPUT（SDI）、$\overline{CS}$、I/O CLOCK（CLK）以及 EOC 分别与单片机的 P1.3、P1.4、P1.5、P1.6、P1.7 连接。模拟电压由电位器的分压模拟，通过 AIN0 进行采集。LCD1602 与单片机 P2 口连接。红色 LED 连接 P3.3 引脚。电源电压检测器仿真电路图如图 9-37 所示。

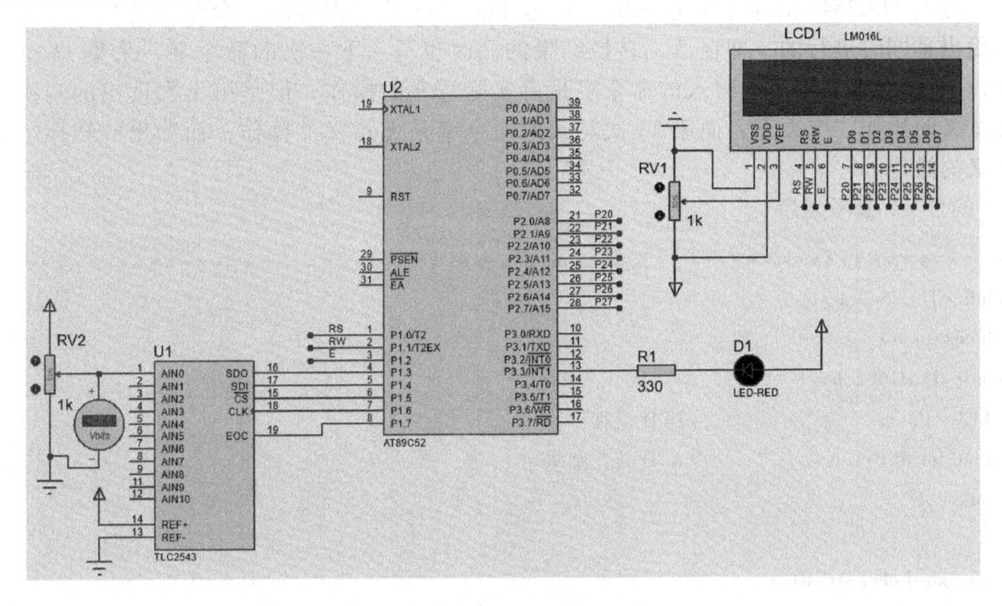

图 9-37　电源电压检测器仿真电路图

由于 AT89S52 单片机不带 SPI，因此必须采用软件与单片机 I/O 口线相结合，来模拟 SPI 的接口时序。AT89S52 将命令字通过 SDI（P1.4）引脚串行写入到 TLC2543 的输入寄存器中，转换结果由单片机的 SDO（P1.3）引脚串行接收。

说明：在 Proteus 中单击“P”按钮挑选元器件 AT89C52、TLC2543（A/D 转换器）、POT-HG（电位器）、LM016L（代替 LCD1602）、LED-RED（红色 LED）、RES（电阻）。单击左侧工具栏仪器快捷菜单，选择直流电压表 DC VOLTMETER。

3. 软件设计

具体实现功能为：

1）循环采集 TLC2543 的 AIN0 通道的模拟电压，并在 LCD 上显示。

2）显示电压的百分比。

3）电压低于阈值时，红色 LED 点亮报警，这里阈值设为量程电压的 25%。

采用多 .c 编程方法，软件设计的关键环节为：首先将程序按功能分块。该程序可以分成主程序、SPI 时序程序、TLC2543 程序、LCD1602 显示程序以及延时程序 5 个模块。

新建 main.c、spi.c、TLC2543.c、LCD1602.c、delay.c 和 spi.h、TLC2543.h、LCD1602.h、delay.h 文件，main.c 不需要对应 .h 文件。

1）LCD1602.c 和 LCD1602.h 不需再重新编写，用 9.1.3 节的这两个文件，只需修改 LCD1602.h 里关于 LCD1602 和单片机具体的连接引脚声明。这两个仿真实例中关于 LCD1602 硬件连接相同，所以不用修改。

2）delay.c 和 delay.h 不需再重新编写，用 9.2.4 节的这两个文件。

3）spi.c 和 spi.h 的编写。SPI 时序一般有这样 3 种操作：①单片机给 SPI 器件写命令字；②从 SPI 器件读数据；③给 SPI 器件写命令字的同时，读取 SPI 器件的数据。所以在 spi.c 文件中放置了 3 个函数：SPISendByte、SPIreceiveByte、SPIsend_receiveByte。

4）TLC2543.c 和 TLC2543.h 的编写。采集的数据为 12 位无符号数，采用高位在前输出数据。写入 TLC2543 的命令字为 0x00。根据 TLC2543 的工作时序，命令字的写入和转换结果的输出是同时进行的，即在读出转换结果的同时也写入下一次的命令字，采集 11 个数据要进行 12 次转换。第 1 次写入的命令字是有实际意义的操作，但是第 1 次读出的转换结果是无意义的操作，应丢弃；而第 11 次写入的命令字是无意义的操作，而读出的转换结果是有意义的操作。

【完整的多 .c 参考程序】

```
/******************************** main.c 程序 ********************************/
#include<TLC2543.h>
#include<spi.h>
#include<LCD1602.h>
sbit LED=P3^3;                    //LED 引脚
unsigned int AdResult;            //A/D 转换结果
void main()
  {
    unsigned char str[10];
    LCD_init();                   //LCD1602 初始化
```

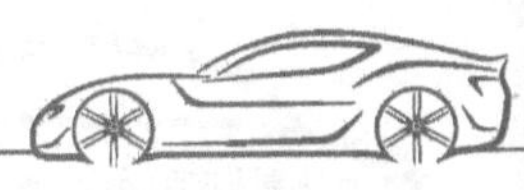

```
    AdResult=GetAdcData(0);                  //启动0通道转换,第一次转换结果无意义
    while(1)
    {
        _nop_();  _nop_(); _nop_();           //延时
        AdResult=GetAdcData(0);              //读取本次转换结果,同时启动下次转换
        while(! EOC);                        //判断是否转换完毕,未转换完则循环等待
        ADCvalToStr(str,AdResult);           //A/D转换结果标度变换
        write_cmd(0x80);                     //把光标移到第1行第1个位置
        write_str("AIN0:");                  //显示"AIN0:"
        write_cmd(0x86);                     //把光标移到第1行第7个位置
        write_str(str);                      //显示AIN0通道采集电压
        ADCvalToStrratio(str,AdResult);      //计算电压比
        write_cmd(0xC0);                     //把光标移到第2行第1个位置
        write_str("VolRatio:");              //显示"VolRatio:"
        write_cmd(0xCA);                     //把光标移到第2行第11个位置
        write_str(str);                      //显示百分比
        if(AdResult<1024)LED=0;              //小于25%,LED亮
    }
}
/******************************** spi.h程序 ********************************/
#ifndef spizz_H_
#define spizz_H_
#include<reg52.h>
sbit SDO=P1^3;                               //TLC2543的DATA OUT
sbit SDI=P1^4;                               //TLC2543的DATA INPUT
sbit CS=P1^5;                                //TLC2543的CS(低有效)
sbit CLK=P1^6;                               //TLC2543的I/O CLOCK
sbit EOC=P1^7;                               //TLC2543的EOC
void SPISendByte(unsigned char ch);
unsigned char SPIreceiveByte();
unsigned int SPIsend_receiveByte(unsigned char ch);
#endif
/******************************** spi.c程序 ********************************/
#include <spi.h>
#include<delay.h>
#include<intrins.h>
//------------------------------------------------------------------------------------
//函数名称:SPISendByte
//入口参数:ch
//函数功能:发送n位,若n=8,即发送一个字节
//------------------------------------------------------------------------------------
```

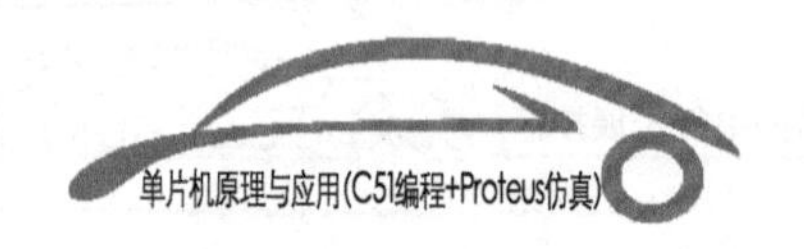


```
void SPISendByte( unsigned char ch)
  {
    unsigned char idata n=8;           //向 SDI 上发送一个字节数据,共 8 位
    CLK = 1 ;                          //时钟拉高
    CS = 0 ;                           //选择从机
    while( n--)
    {
        _nop_( ); _nop_( ); _nop_( );
        CLK = 0 ;                      //时钟拉低
        SDI =( bit)( ch&0x80);         //单片机写入数据:传送位 1
        _nop_( ); _nop_( ); _nop_( );
        ch = ch<<1;                    //数据左移一位
        CLK= 1 ;                       //时钟拉高
    }
}
//-----------------------------------------------------------------------------------
//函数名称: SPIreceiveByte
//返回接收的数据
//函数功能:接收 n 位,若 n=8,则接收一字节数据
//-----------------------------------------------------------------------------------
unsigned char SPIreceiveByte( )
{
    unsigned char idata n=8;           //从 MISO 线上读取一个字节数据,共 8 位
    unsigned char tdata;
    CLK = 1;                           //时钟为高
    CS = 0;                            //选择从机
    while( n--)
    {
        _nop_( ); _nop_( ); _nop_( );
        CLK = 0;                       //时钟为低
        _nop_( ); _nop_( ); _nop_( );
        tdata = tdata<<1;              //左移一位,或_crol_( temp,1)
        if( SDO) tdata = tdata|0x01;   //单片机读数据:若接收到的位为 1,则数据的最后一位置 1
        CLK=1;
    }
    return tdata;                      //返回
}
//-----------------------------------------------------------------------------------
//函数名称: SPIsend_receiveByte
//入口参数: ch
//返回接收的数据
//函数功能:串行输入/输出子程序
```

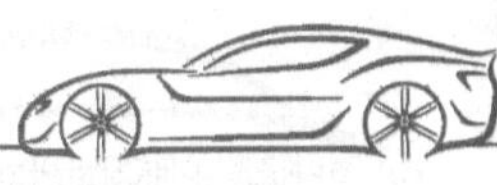

```
//发送和接收 n 位数据,n=8 则发送和接收一个字节数据
//-----------------------------------------------------------------------------------------------------------
unsigned int SPIsend_receiveByte( unsigned char ch)
{
    unsigned char  i,n=12;                    //从 MISO 线上读取一个字节,共 8 位
    unsigned int tdata=0;
    CLK = 0;                                  //时钟为高
    CS = 0;                                   //选择从机
    for(i=0;i<n;i++)
    {
        if(SDO)tdata = tdata|0x01;            //单片机读数据:若接收到的位为 1,则数据最后一位置 1
        SDI =(bit)(ch&0x80);                  //单片机写入命令字:传送位 1
        CLK=1;                                //时钟上跳沿
        _nop_(); _nop_(); _nop_();
        CLK=0;                                //时钟下跳沿
        _nop_(); _nop_(); _nop_();
        ch = ch<<1;                           //命令字左移一位
        tdata <<=1;                           //读取数据左移一位
    }
    CS=1;                                     //上跳沿
    tdata>>=1;                                //抵消第 12 次左移
    return(tdata);
}
/****************************** TLC2543. h ******************************/
#ifndef TLC2543_H_
#define TLC2543_H_
#include<reg52. h>
#include<delay. h>
unsigned int GetAdcData(unsigned char channel); //获取转换结果,channel 为通道号
void ADCvalToStr(uchar * str,unsigned int val);  //转换结果标度变换
void ADCvalToStrratio(uchar * str,unsigned int val);
#endif
/****************************** TLC2543. c ******************************/
#include<TLC2543. h>
#include<spi. h>
unsigned int GetAdcData(unsigned char channel)   //获取转换结果,channel 为通道号 0~10
{
    unsigned char temp;
    unsigned int ReadAdData=0;                //存放采集的数据
    channel=channel<<4;                       //命令字(低四位 0000,高四位为通道号),
                                              //channel 左移 4 位,将通道号移到高四位,低四位
                                                为 0000
```

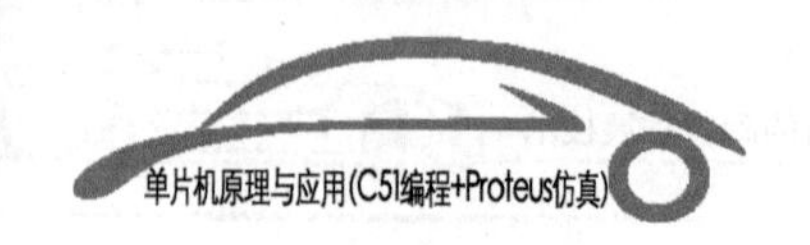


```
    temp = channel;
    ReadAdData = SPIsend_receiveByte( temp) ;          //写入命令字,并读取 12 位转换结果
    return( ReadAdData) ;
}
void ADCvalToStr( uchar  * str, unsigned int val)
{
    unsigned int value;
    value = val * 1. 221;                              //标度变换
    str[ 0] = ( value%10000/1000) +' 0';               //分离千位,转换为 ASCII
    str[ 1] ='. ';
    str[ 2] = ( value%1000/100) +' 0';                 //分离百位,转换为 ASCII
    str[ 3] = ( value%100/10) +' 0';                   //分离十位,转换为 ASCII
    str[ 4] = value%10+' 0';                           //分离个位,转换为 ASCII
    str[ 5] =' V';
    str[ 6] ='\0';
}
void ADCvalToStrratio( uchar  * str, unsigned int val)
{
    unsigned int value;
    value = val * 1. 221/5;                            //电压百分比
    str[ 0] = ( value%1000/100) +' 0';                 //分离百位,转换为 ASCII 码
    str[ 1] = ( value%100/10) +' 0';                   //分离十位,转换为 ASCII 码
    str[ 2] ='. ';
    str[ 3] = value%10+' 0';                           //分离个位,转换为 ASCII 码
    str[ 4] ='%';
    str[ 5] ='\0';
}
/ ******************************* LCD1602. c ********************************* /
(参考 9. 1. 3 节代码)
/ ******************************* LCD1602. h ********************************* /
(参考 9. 1. 3 节代码)
/ ********************************* delay. c ********************************* /
(参考 9. 2. 4 节代码)
/ ********************************* delay. h ********************************* /
(参考 9. 2. 4 节代码)
```

4. 仿真运行

将程序编译生成 Hex 文件，加载到单片机中，单击运行按钮，电源电压检测仿真运行效果图如图 9-38 所示。调整电位器的上下箭头，可以调整电压大小，显示器上电压随之改变。当电压比小于 25%时，红色 LED 亮。

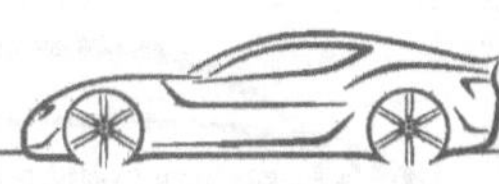

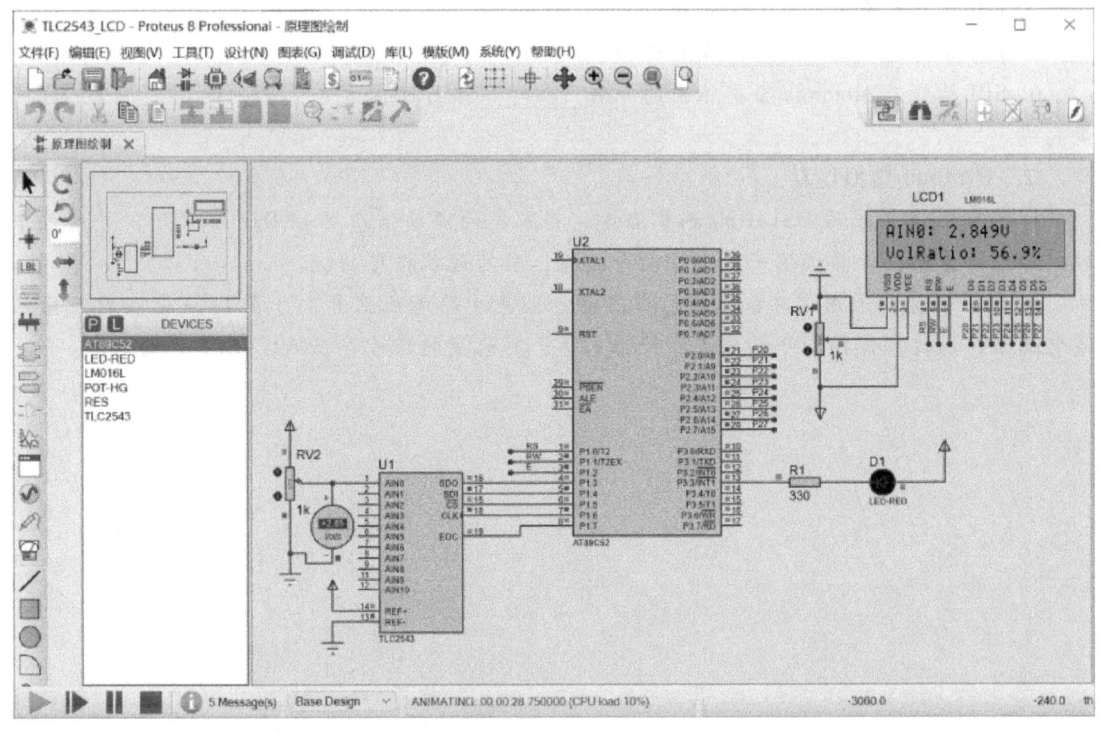

图 9-38　电源电压检测仿真运行效果图

本章小结

1. 单总线（1-Wire）是由美国 DALLAS 公司研制开发的一种串行协议。只需一条信号线，具有接口线少、控制简单、器件封装形式小和抗干扰能力强等优点。DS18B20 是单总线数字温度传感器。

2. I^2C（Inter Interface Circurt）总线全称为芯片间总线，是近年来微电子通信控制领域广泛采用的一种总线标准，它是同步通信的一种特殊形式，有两条信号线：一条是数据线 SDA，另一条是时钟线 SCL。

3. SPI（Serial Peripheral Interface，串行外设接口）是 Motorola 公司推出的一种同步串行通信方式，是一种全双工三线同步总线，占用引脚少，简单易用。SPI 有 4 条线，分别为 MOSI、MISO、SCL 和 CS。

习题

一、填空题

1. 单总线只有________条信号线，既传输________又传输________数据。

2. 符合单总线协议的芯片都有________位 ROM，包括________位的序列号、________位的家族码和________位的 CRC 码。

3. DS18B20 是________数字温度传感器。

4. I^2C 器件都有________的地址。

5. I^2C 串行总线有________条信号线。

6. SPI 总线是 Motorola 公司推出的一种________串行通信方式，是一种________三线同步总线。

二、Proteus 虚拟仿真

1. 设计任务：采用 DS18B20 测量温度，将采集的温度信息用 LCD1602 显示，并通过串口上传至计算机；计算机端采用串口助手接收；具有越线报警功能。

2. 设计任务：采用单片机作为核心器件，采集 1 路电压信号，并在 LCD 上实时显示采集电压值，通过按键控制开始采集和停止采集；将采集的信号存在 AT24C02 存储器中。

第10章　单片机应用系统综合设计

内容概述

本章主要介绍几个综合设计案例，每个案例都详细介绍所采用的主要器件的工作原理、系统设计方案、硬件设计、软件设计以及仿真。通过案例的分析，了解单片机应用系统设计的步骤和方法。

10.1 步进电动机控制器设计

步进电动机是将电脉冲信号转变为角位移或线位移的开环控制电动机。在非超载的情况下，电动机的转速及停止的位置只取决于脉冲信号的频率和脉冲数，而不受负载变化的影响，具有控制灵活、性能好、运行可靠和无累积误差等优点，广泛应用于各行业的数控加工设备、自动生产线、自动控制仪表、机器人、计算机及办公室自动化设备甚至家用电器中，以及有速度或定位要求的场合。

10.1.1　步进电动机简介

1. 步进电动机分类

步进电动机从其结构型式上可分为反应式、永磁式和混合式 3 种。

(1) 反应式　定子上有绕组，转子由软磁材料组成；结构简单、成本低、步距角小，但动态性能差、效率低、发热多，可靠性难保证。

(2) 永磁式　转子用永磁材料制成，转子的极数与定子的极数相同；动态性能好、输出转矩大，但这种电动机精度差，因其价格低而广泛应用于消费性产品。

(3) 混合式　综合了反应式和永磁式的优点，其定子上有多相绕组，转子上采用永磁材料，转子和定子上均有多个小齿以提高步矩精度。其特点是输出转矩大、动态性能好、步距角小，但结构复杂、成本相对较高。

2. 步进电动机的一些技术指标

(1) 相数　电动机内部的线圈组数。目前常用的有二相、三相、四相和五相步进电动机。

（2）步距角　控制系统每发 1 个脉冲信号，电动机所转动的角度。电动机出厂时给出了 1 个步距角的值，如 28BYJ-48 型电动机的值为 5.625°/64（1/64 为减速比），这个步距角可称为“电动机固有步距角”，它不一定是电动机实际工作时的真正步距角，真正的步距角与驱动器有关。在没有细分驱动器时，用户主要靠选择不同相数的步进电动机来满足对步距角的要求。如果使用细分驱动器，则“相数”将变得没有意义，用户只需在驱动器上改变细分数，就可以改变步距角。

（3）拍数　完成 1 个磁场周期性变化所需脉冲数或导电状态，或指电动机转过 1 个齿距角所需脉冲数。以四相电动机为例，有四相四拍运行方式，即 AB-BC-CD-DA-AB；四相八拍运行方式，即 A-AB-B-BC-C-CD-D-DA-A。

（4）减速比　例如 1/64，电动机壳里边的部分转 64 圈，电动机壳外边的部分转 1 圈。

（5）失步　电动机运转时运转的步数不等于理论上的步数，称为失步。

3. 步进电动机工作原理

步进电动机是一种将电脉冲转换成相应角位移或线位移的电磁机械装置。它具有快速启停能力，在电动机的负载不超过它能提供的动态转矩时，可以通过输入脉冲来控制它在一瞬间的起动或停止。当步进电动机接收到 1 个脉冲信号，就按设定的方向转动一个固定的角度（即步距角）。通过控制脉冲个数来控制角位移量，从而达到准确定位的目的；也可以通过控制脉冲频率来控制电动机转动的速度和加速度，从而达到调速的目的。

下面以 28BYJ-48 型永磁式减速步进电动机为例说明步进电动机工作原理，其实物图如图 10-1 所示，内部结构示意图如图 10-2 所示。

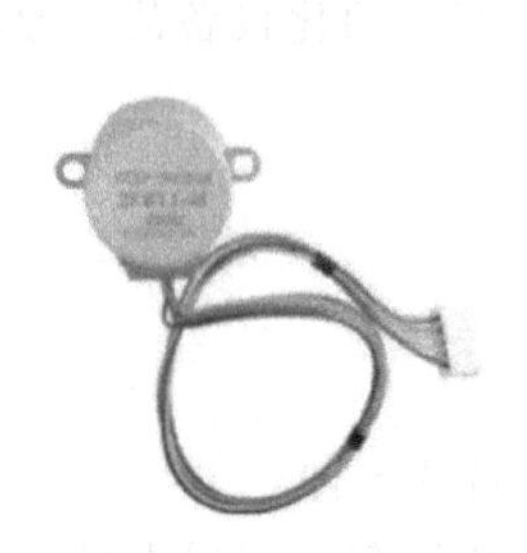

图 10-1　步进电动机实物图

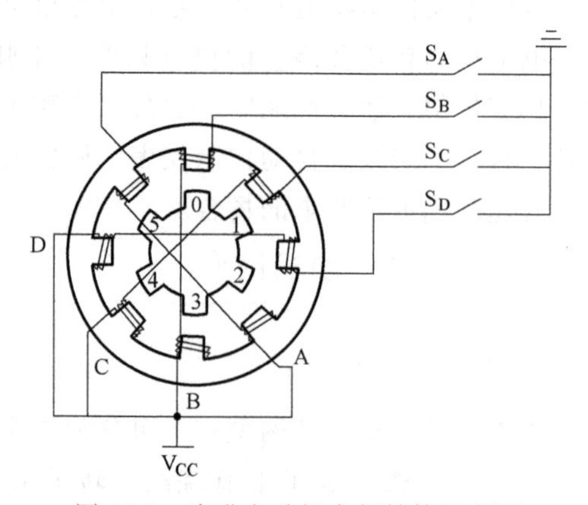

图 10-2　步进电动机内部结构示意图

转子外圈有 6 个齿，分别标注为 0~5，每个转子齿都带有永久的磁性，是一块永磁体。定子铁心与电动机的外壳固定在一起保持不动，其内圈有 8 个齿，每个齿上都缠一个线圈，正对着的两个齿上的线圈是串联在一起的，同时导通或关断；一对线圈称为一相，共有 4 组，即为四相，在图 10-2 中分别标注为 A、B、C、D。

步进电动机在工作时的励磁方式分为全步励磁和半步励磁两种，其中全步励磁又有一相励磁和二相励磁，半步励磁又称一-二相励磁。

（1）一相励磁　在每一瞬间，步进电动机只有 1 组线圈导通。每送 1 个励磁信号，步

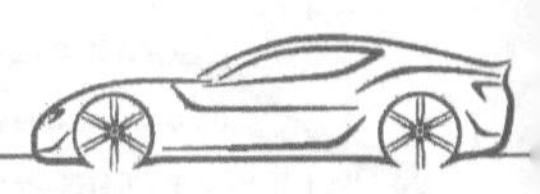

进电动机旋转 360°/(8×4)= 11.25°，转子转过的角度称为步距角，4 组线圈依次通电，转子转过 4 个步距角，即 1 个齿距角 45°。这是 3 种励磁方式中最简单的一种。一相励磁顺序表见表 10-1，如果以该表顺序控制步进电动机，步进电动机则正转，如果以该表顺序反向传送，则步进电动机反转。该种励磁方式精确度好、消耗电力小，但输出转矩最小、振动较大。该种工作方式称为四相四拍，1 个励磁周期顺序为 A-B-C-D。

表 10-1　一相励磁顺序表

顺序	相			
	D	C	B	A
1	1	1	1	0
2	1	1	0	1
3	1	0	1	1
4	0	1	1	1

表 10-1 中的 1 和 0 表示送给电动机的高电平和低电平。按照图 10-2，线圈一端接高电平，则控制 A、B、C、D 的另一端电平，即可控制一组线圈的导通。这 4 端接低电平则线圈导通，接高电平则线圈不导通。

（2）二相励磁　在每一瞬间，步进电动机有两组线圈同时导通。每送 1 个励磁信号，步距角为 11.25°，齿距角为 45°。二相励磁顺序表见表 10-2。如果以该顺序控制步进电动机，则步进电动机正转；若励磁信号反向传送，则步进电动机反转。该种励磁方式输出转矩大、振动小，因而成为目前使用最多的励磁方式。该种工作方式称为四相四拍，1 个励磁周期顺序为 AB-BC-CD-AD。

表 10-2　二相励磁顺序表

顺序	相			
	D	C	B	A
1	1	1	0	0
2	1	0	0	1
3	0	0	1	1
4	0	1	1	0

（3）一-二相励磁　在每一瞬间，一相励磁与二相励磁交替导通。每送 1 个励磁信号，步距角为 5.625°，齿距角为 45°。励磁顺序表见表 10-3。如果以该顺序控制步进电动机，则步进电动机正转；若励磁信号反向传送，则步进电动机反转。该种励磁方式分辨率高、运转平滑，故应用也很广泛。该种工作方式称为四相八拍，1 个励磁周期顺序为 A-AB-B-BC-C-CD-D-AD。

步进电动机以脉冲信号来驱动，正、反转由励磁脉冲产生的顺序来控制。励磁脉冲产生的时刻，即可控制步进电动机的转动。每出现 1 个脉冲信号，步进电动机只走一步。因此，只要依序不断送出脉冲信号，步进电动机就能实现连续转动。

表 10-3　一-二相励磁顺序表

顺序	相			
	D	C	B	A
1	1	1	1	0
2	1	1	0	0
3	1	1	0	1
4	1	0	0	1
5	1	0	1	1
6	0	0	1	1
7	0	1	1	1
8	0	1	1	0

4. 步进电动机的驱动

单片机的 I/O 口电流驱动能力有限，无法直接驱动步进电动机。可以选用专用的电动机驱动模块，如 L298N、FT5754 等，这类驱动模块接口简单、操作方便，它们既可驱动步进电动机，也可驱动直流电动机。除此之外，还可采用晶体管驱动电路、ULN2003 驱动电路等。

10.1.2　步进电动机控制器仿真实例

步进电动机控制器仿真实例（视频）

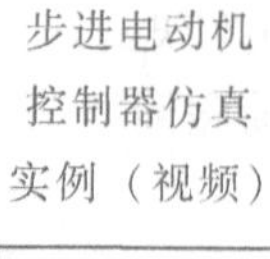

步进电动机控制器仿真实例（PPT）

任务要求：采用单片机设计步进电动机控制器，通过按键控制电动机的正转、反转和停止。

设计方案：步进电动机采用 28BYJ-48 型永磁式减速步进电动机，驱动采用 ULN2003 驱动芯片，采用 3 个按键实现电动机的正转、反转和停止，设计方案如图 10-3 所示。

1. ULN2003 芯片简介

ULN2003 是由 7 个独立的达林顿晶体管阵列组成的大电流反相驱动芯片，多用于单片机、智能仪表、PLC（可编程控制器）、数字量输出卡等控制电路中，实物图如图 10-4 所示，内部结构及引脚示意图如图 10-5 所示，引脚功能见表 10-4。

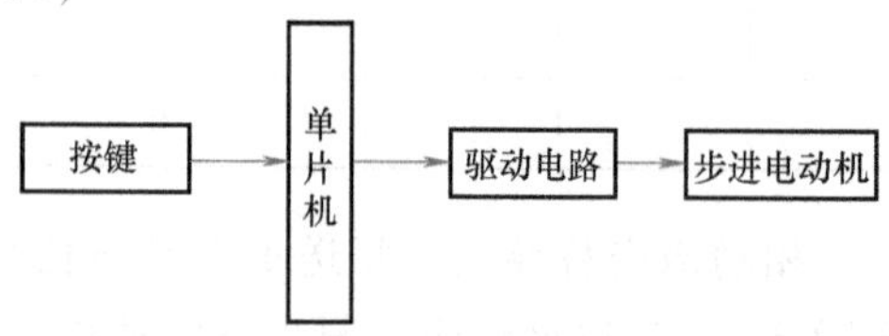

图 10-3　步进电动机控制器设计方案

图 10-4　ULN2003 实物图

表 10-4　ULN2003 引脚功能

引脚号	引脚功能	引脚号	引脚功能
1～7	输入端	10～16	输出端
8	接地	9	公共端。接感性负载（电动机、电感等），该引脚接电源正极；非感性负载，（白炽灯、电阻和电容等），该引脚不接

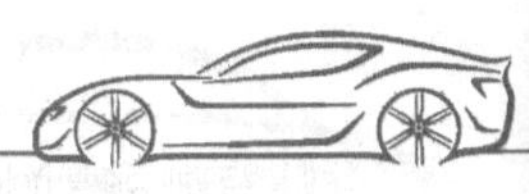

ULN2003 驱动芯片主要由 7 个反相器组成，其中反相器 OC 门，也就是集电极开路。特点如下：

1）内部包含 7 个独立的达林顿管驱动电路，单个达林顿管集电极可输出 500mA 电流。

2）电路内部有续流二极管，可用于驱动继电器、步进电动机等感性负载。

3）每一路达林顿管串联 1 个 2.7kΩ 的基极电阻，在 5V 的工作电压下可直接与 TTL/CMOS 电路连接，输入兼容 TTL/CMOS 逻辑信号。

4）耐高压，V_{CC} 最高达到 50V。

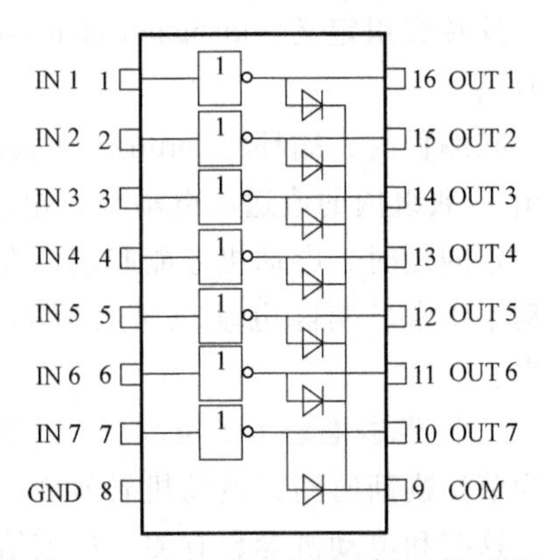

图 10-5　ULN2003 内部结构及引脚示意图

2. 28BYJ-48 型永磁式减速步进电动机简介

（1）28BYJ-48 型永磁式减速步进电动机的连接　28BYJ-48 型步进电动机是五线四相步进电动机，外形如图 10-1 所示。5 根线的颜色分别为红、橙、黄、粉、蓝。其中，红色为 4 组线圈的公共端，可接电源；其他 4 根线为线圈的另一端，即图 10-2 中标注为 A（橙）、B（黄）、C（粉）、D（蓝）端，可由单片机的 P2.0～P2.3 引脚经 ULN2003 驱动芯片分别控制步进电动机 A、B、C、D 端。

（2）步进电动机的正反转　四相步进电动机可采用一相励磁、二相励磁和一-二相励磁方式，而一-二相励磁即四相八拍模式能最大限度地发挥电动机的各项性能，是绝大多数工程中所选择的模式。本例中选择四相八拍模式。单片机 P2.0～P2.3 引脚输出各拍电平见表 10-5。P2 口高 4 位没用上，十六进制编码中赋值 0。

表 10-5　单片机输出各拍电平

		单片机引脚				十六进制编码
		P2.3	P2.2	P2.1	P2.0	
顺序	1	0	0	0	1	0x01
	2	0	0	1	1	0x03
	3	0	0	1	0	0x02
	4	0	1	1	0	0x06
	5	0	1	0	0	0x04
	6	1	1	0	0	0x0C
	7	1	0	0	0	0x08
	8	1	0	0	1	0x09

因此，单片机只要按表 10-5 中的顺序依次输出，经 ULN2003 反相后，就是表 10-3 中电动机一-二相励磁顺序，这时电动机就会正转。反向输出，电动机反转。若各引脚都输出低电平或高电平，则电动机停止。编程时可将十六进制编码放置在数组中。

正转数组定义：unsigned char code forturn[ ] = {0x01,0x03,0x02,0x06,0x04,0x0C,0x08,0x09};

反转数组定义：unsigned char code revturn[ ] = {0x09,0x08,0x0C,0x04,0x06,0x02,0x03,0x01};

在编程时，循环将 forturn[ ] 数组内的值送给电动机，电动机就可以正转；循环将 revturn[ ] 数组内的值送给电动机，电动机就可以反转。理论上如此，但实际上每两拍之间需要一定的延时，电动机才能起动。在 Proteus 中仿真测试，当延时时间少于 35ms 时，电动机转动不正常。实际电动机延时时间如何确定呢？需要知道步进电动机的控制参数、起动频率。

(3) 步进电动机的控制参数计算 步进电动机每 2 拍之间需要一定的时间，这个时间称为节拍刷新时间，电动机转动 1 圈需要的拍数以及如何让电动机转到规定的角度，即定位，这些和电动机参数有关。厂家给出的电动机参数表见表 10-6。

表 10-6 28BYJ-48 型步进电动机参数表

供电电压	相数	相电阻	步进角度	减速比	起动频率	转矩 mN · m	噪声	绝缘介电强度
5V	4	50Ω, ±5Ω	5. 625°/64	1 : 64	≥550P. P. S	≥34. 3	≤35dB	AC 600V /1mA/1S

1）节拍刷新时间计算。电动机的节拍刷新时间是由步进电动机的起动频率决定的。表 10-6 中给出的起动频率是≥550，单位是 P. P. S（pulse per second），即每秒脉冲数，也就是每秒给出 550 个脉冲的情况下电动机可以正常起动。换算成单节拍持续时间就是 1s/550 = 1. 8ms。为了让电动机能够起动，控制节拍刷新时间超过 1. 8ms 就可以了。在实际应用中，上述电动机正反转程序中 delay 函数中的时间可以选为 2ms。

2）电动机转动 1 圈需要的拍数。多少拍电动机转动 1 圈呢？这和电动机的减速比有关。28BYJ-48 步进电动机减速比为 1 : 64。下面根据内部结构介绍减速比的含义，步进电动机内部结构如图 10-6 所示。

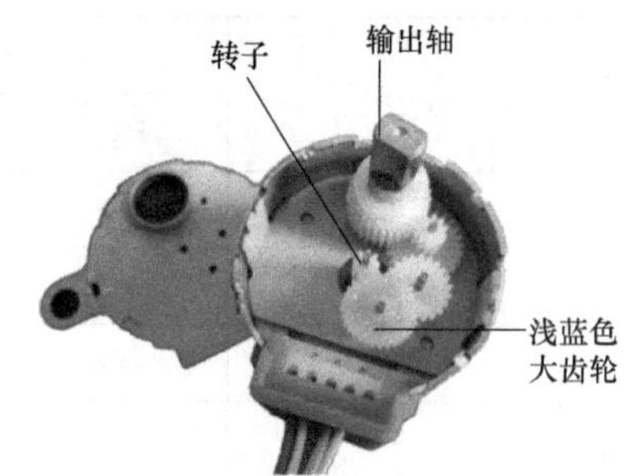

图 10-6 步进电动机内部结构

图 10-6 中位于最中心的白色小齿轮是步进电动机的转子，64 拍只是让这个小齿轮转了 1 圈，然后它带动那个最上面（浅蓝色）的大齿轮，这就是一级减速。右上方的齿轮（白色，共 4 个）的结构，都是由一层多齿和一层少齿构成，而每一个齿轮都用自己的少齿层去驱动下一个齿轮的多齿层，这样每 2 个齿轮都构成一级减速，一共就有了 4 级减速，那么总的减速比是多少呢？即转子要转多少圈最终输出轴（最上方齿轮）才转 1 圈呢？电动机参数表中的减速比 1 : 64，也就是转子转 64 圈，最终输出轴才会转 1 圈。

根据上述减速原理可知，转子转 1 圈需要 64 拍，减速比 1 : 64 就是转子再转 64 圈，输出轴才转过 1 圈。所以需要输出 64×64 = 4096 拍，电动机输出轴才转 1 圈，1 拍输出轴转动的角度（步距角）就是 360°/(64×64) = 5. 625°/64，表示减速比为 1 : 64 时的步距角为 5. 625°/64。

3）转动任意角度的计算。由上述分析可知，1 拍转动的角度在减速比为 1 : 64 的情况下为 5. 625°/64，控制电动机转过的角度就是控制单片机输出的拍数。计算电动机转动拍数

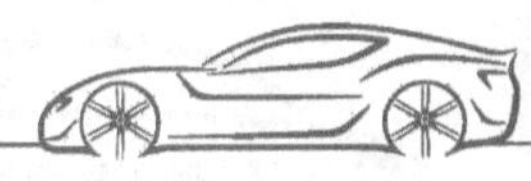

的公式为

$$转动拍数=\frac{需要转动的角度}{5.625°/64}=\frac{需要转动的角度\times 4096}{360°}$$

【例 10-1】 电动机转子转过 90°，则需要的拍数为多少？

【解】 $\frac{90°\times 4096}{360°}=1024$ 拍

在实际运行中，转动的角度会有一些误差。在没有精密仪器的情况下很难测量出误差，但可以采用多转几圈的方式进行测试。

（4）步进电动机的定时中断程序设计方法　电动机每转动 1 拍需要 2ms 时间，转动 1 周就需要 8192ms，在电动机转动程序中用了大量的软件延时，在执行软件延时的时候，CPU 就无法做其他事情，在实际中这样的程序是无法应用的。因此，可以采用定时中断来完成电动机的每一拍运行，提高 CPU 的执行效率。

设计思路为定时器定时 2ms，中断服务函数中刷新步进电动机的节拍，达到指定的角度后关闭中断。

3. 步进电动机控制器硬件设计

ULN2003 的 1B~4B 输入引脚和单片机的 P2.0、P2.1、P2.2 和 P2.3 连接，1C~4C 输出引脚连接步进电动机的 4 个线圈端，分别对应 A、B、C 和 D 端。3 个按键分别接至 P3.3~P3.5 引脚。仿真电路图如图 10-7 所示。

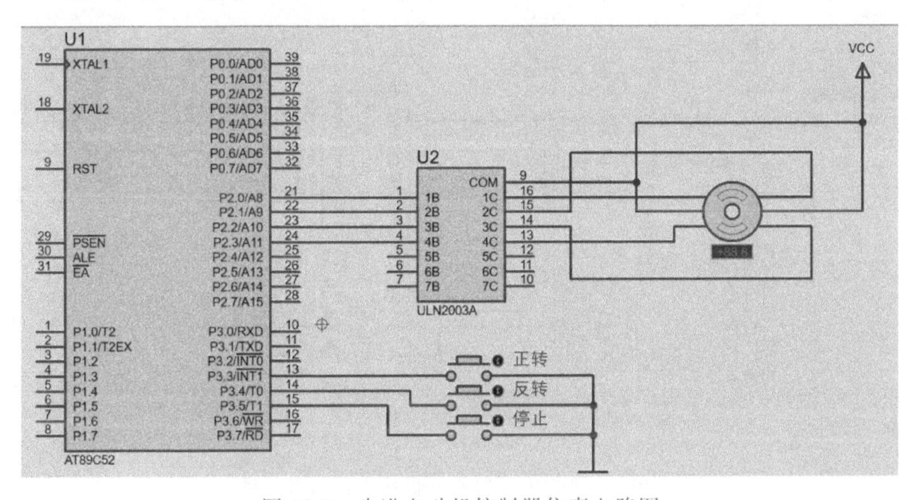

图 10-7　步进电动机控制器仿真电路图

说明：在 Proteus 中单击“P”按钮挑选元器件 AT89C52、ULN2003A（驱动）、BUTTON（按键）、MOTOR-STEPPER（单极性步进电动机，代替 28BYJ-48）。步进电动机仿真模型引脚图如图 10-8 所示。

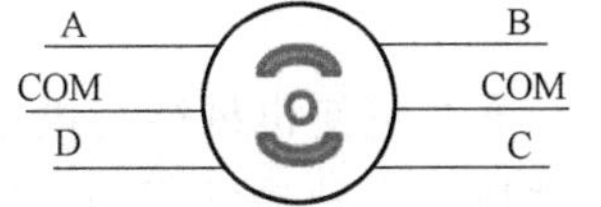

图 10-8　步进电动机仿真模型引脚图

4. 软件设计

设计思想：电动机拍刷新时间采用定时刷新，也就是采用 T0 定时 50ms（仿真），每 50ms 电动机正转 1 拍或反转 1 拍。

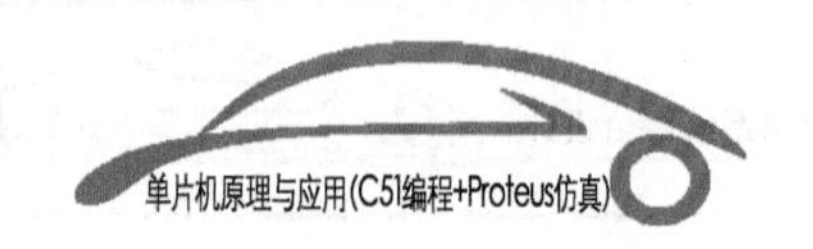

电动机正转、反转和停止用 3 个按键控制。在实现过程中的关键环节为：

（1）按键处理 “正转”按键按下，设 flag=1；“反转”按键按下，设 flag=2；“停止”按键按下，设 flag=3。在主程序中根据 flag 标志位的值实现电动机的正转、反转和停止。用 flagmotor 作为电动机正反转的标志位。

（2）电动机正反转 电动机采用四相八拍励磁方式，正转编码放在数组 forturn[ ] 中，反转编码放在数组 revturn[ ] 中。用函数“motor_forturn_one( )”实现电动机正转 1 拍，用函数“motor_revturn_one( )”实现电动机反转 1 拍，两拍之间的延时用定时刷新。T0 采用方式 1，仿真时定时 50ms（实际 2ms），每 50ms 进入中断服务程序 1 次，在中断服务函数中根据电动机正反转标志位 flagmotor 调用“motor_forturn_one( )”函数和“motor_revturn_one( )”函数实现正转 1 拍或反转 1 拍。

5. 仿真运行

将程序编译生成 Hex 文件，加载到单片机中，单击运行按钮，运行效果图如图 10-9 所示。按下正转按键，电动机正转；按下反转按键，电动机反转；按下停止按键，电动机停止转动。在程序中每拍的刷新时间设为 50ms，这是仿真数据，实际电动机需要调整。

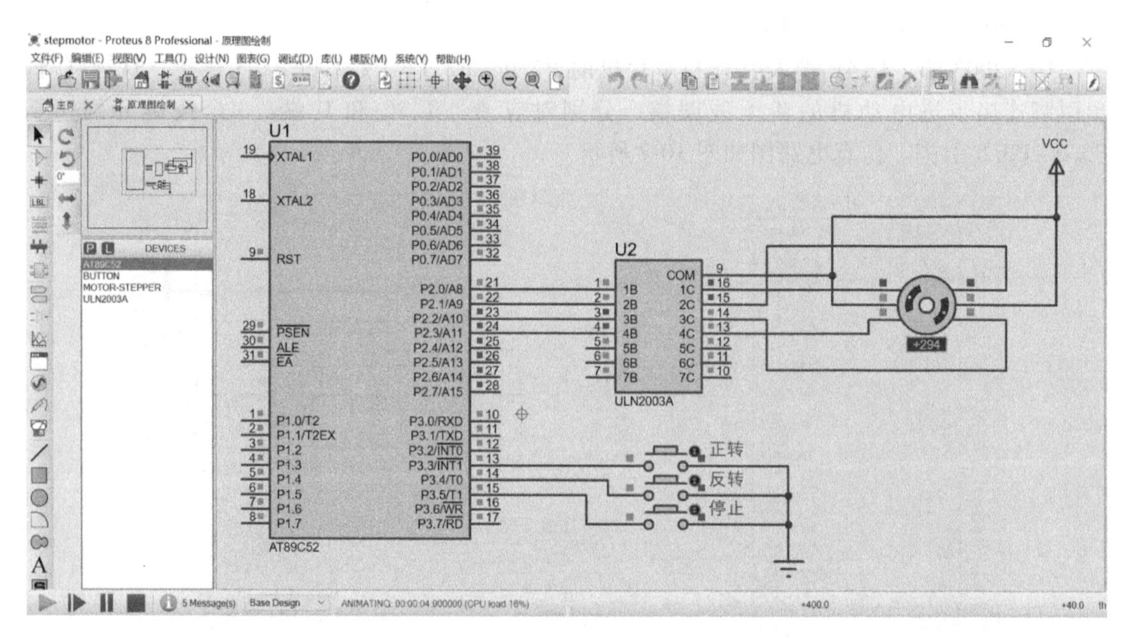

图 10-9 步进电动机控制器仿真运行效果图

10.2 直流电动机控制器设计

电机是使机械能与电能相互转换的机械，直流电动机把直流电能转变为机械能。直流电动机是一种最常用的电能-机械能转换装置，广泛应用于生活生产中。只要设备或者装置中有旋转或往复运动，则大多数都需电动机来驱动，尤其在调速要求高的场所，如轧钢机、轮船推进器、电车、电气铁道牵引、高炉送料、纺织、拖动、吊车、挖掘机械和

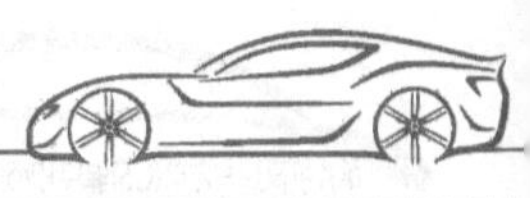

卷扬机拖动等方面，直流电动机均得到广泛的应用。本节介绍基于单片机的直流电动机控制器设计。

10.2.1　直流电动机简介

1. 直流电动机工作原理

作为机电执行元部件，直流电动机内部有一个闭合的主磁路。主磁通在主磁路中流动，同时与两个电路交联，其中一个电路用以产生磁通，称为励磁电路；另一个电路是用来传递功率的，称为功率回路或电枢回路。现行的直流电动机都是旋转电枢式，也就是说，励磁绕组及其所包围的铁心组成的磁极为定子，带换向单元的电枢绕组和电枢铁心结合构成直流电动机的转子。

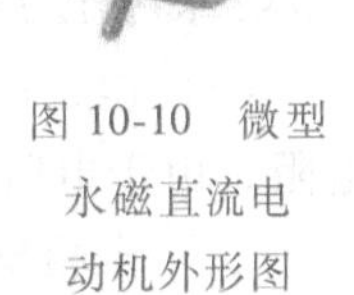

图 10-10　微型永磁直流电动机外形图

微型永磁直流电动机外形图如图 10-10 所示，直流电动机工作原理图如图 10-11 所示。当电刷 A、B 接在直流电源上时，若电刷 A 是正电位、B 是负电位，在 N 极范围内的导体 ab 中的电流是从 a 流向 b，在 S 极范围内的导体 cd 中的电流是从 c 流向 d。载流导体在磁场中要受到电磁力的作用，因此 ab 和 cd 两导体都受到电磁力的作用。根据磁场方向和导体中的电流方向，利用左手定则判断，ab 边受力的方向是向左的，而 cd 边则是向右的。由于磁场是均匀的，导体中流过的又是相同的电流，所以 ab 边和 cd 边所受电磁力的大小相等。这样，线圈上就受到了电磁力的作用而按逆时针方向转动。当线圈转到磁极的中性面上时，线圈中的电流等于零，电磁力等于零，但是由于惯性的作用，线圈继续转动。线圈转过半周之后，虽然 ab 与 cd 的位置调换了，ab 边转到 S 极范围内，cd 边转到 N 极范围内，但是由于换向片和电刷的作用，转到 N 极下的 cd 边中电流方向也变了，是从 d 流向 c，在 S 极下的 ab 边中的电流则是从 b 流向 a。因此电磁力的方向仍然不变，线圈仍然受力按逆时针方向转动。可见，分别处在 N、S 极范围内的导体中的电流方向总是不变的，因此线圈两个边的受力方向也不变，这样线圈就可以按照受力方向不停地旋转，通过齿轮或传送带等机构的传动，便可以带动其他机械工作。

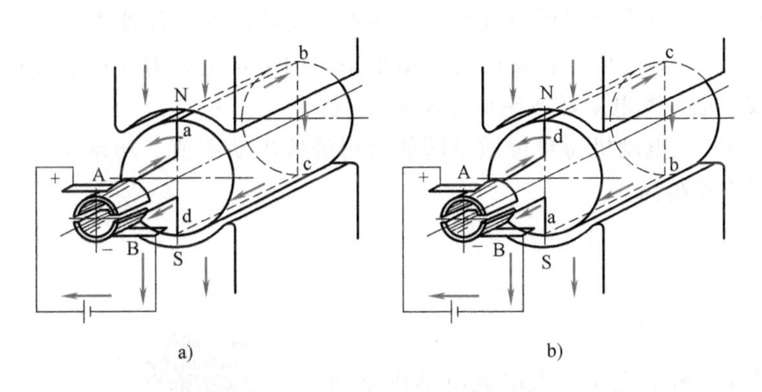

图 10-11　直流电动机工作原理图

从以上分析可以看到，要使线圈按照一定的方向旋转，关键问题是当导体从一个磁极范围转到另一个异性磁极范围时（也就是导体经过中性面后），导体中电流的方向也要同时改变，换向器和电刷就是完成这一任务的装置。在直流电动机中，换向器和电刷把输入的直流电变为线圈中的交流电。可见，换向器和电刷是直流电动机中不可缺少的关键部件。在实际的直流电动机中，不只有一个线圈，而是有许多线圈牢固地嵌在转子铁心槽中，当导体中通过电流在磁场中因受力而转动时，就带动整个转子旋转，这就是直流电动机的基本工作原理。

2. 直流电动机的参数

(1) 转矩　电动机得以旋转的力矩，单位为 N · m。

(2) 转矩系数　电动机所产生转矩的比例系数，一般表示每安培电枢电流所产生的转矩大小。

(3) 摩擦转矩　电刷、轴承和换向单元等因摩擦而引起的转矩损失。

(4) 起动转矩　电动机起动时所产生的转矩。

(5) 转速　电动机旋转的速度，工程单位为 r/min，即转每分。在国际单位制中为 rad/s，即弧度每秒。

(6) 电枢电阻　电枢内部的电阻，在有刷电动机里一般包括电刷与换向器之间的接触电阻，由于电阻中流过电流时会发热，因此总希望电枢电阻尽量小。

(7) 电枢电感　因为电枢绕组由金属线圈构成，必然存在电感，从改善电动机运行性能的角度来说，电枢电感越小越好。

(8) 电气时间常数　电枢电流从零开始达到稳定值的 63.2%时所经历的时间。测定电气时间常数时，电动机应处于堵转状态并施加阶跃性质的驱动电压。工程上，常常利用电枢绕组的电阻 R_a 和电感 L_a 求出电气时间常数 T_e:

$$T_e = L_a / R_a$$

(9) 机械时间常数　电动机从起动到转速达到空载转速的 63.2%时所经历的时间。测定机械时间常数时，电动机应处于空载运行状态并施加阶跃性质的阶跃电压。工程上，常常利用电动机转子的转动惯量 J、电枢电阻 R_a、电动机反电动势系数 K_e 和转矩系数 K_t 求出机械时间常数 T_m:

$$T_m = (JR_a)/(K_e K_t)$$

(10) 转动惯量　具有质量的物体维持其固有运动状态的一种性质。

(11) 反电动势系数　电动机旋转时，电枢绕组内部切割磁力线所感应的电动势相对于转速的比例系数，也称发电系数或感应电动势系数。

(12) 功率密度　电动机每单位质量所能获得的输出功率值。功率密度越大，电动机的有效材料的利用率就越高。

10.2.2 L298N 驱动芯片简介

1. L298N 外形及引脚

L298N 芯片是一种高电压、大电流电动机驱动芯片。15 引脚的直插式和 20 引脚的贴片式芯片外形图如图 10-12 所示，引脚分布图如图 10-13 所示，引脚功能表见表 10-7。L298N 逻辑电平真值表见表 10-8。

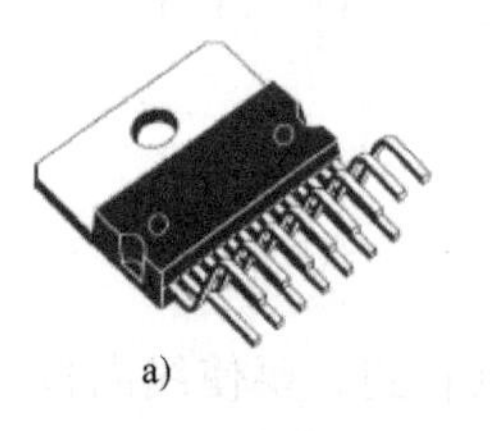

a)

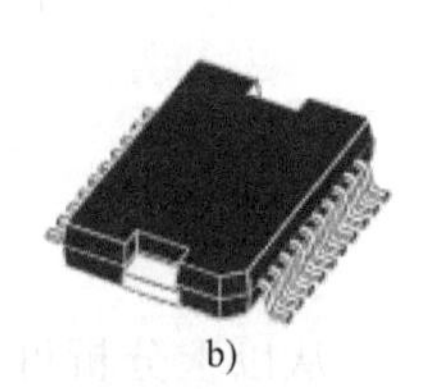

b)

图 10-12　L298N 外形图

a) 直插式　b) 贴片式

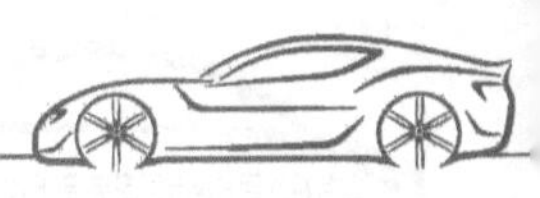

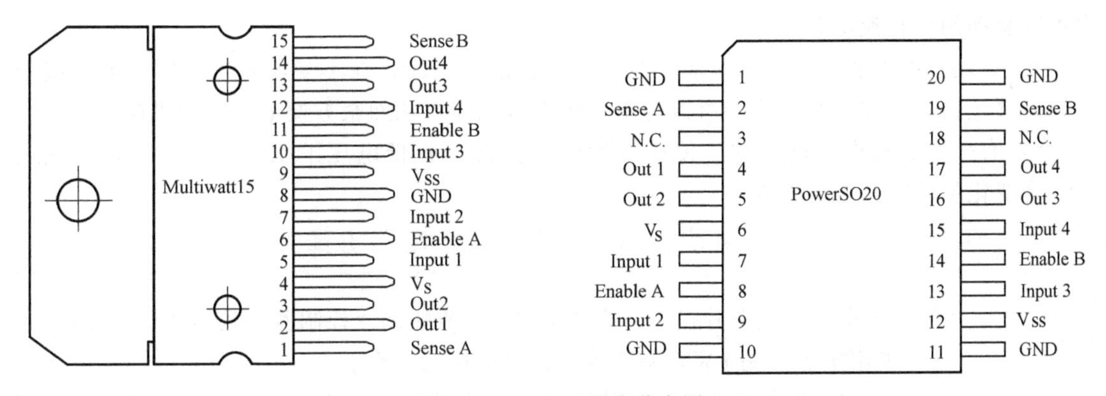

图 10-13　L298N 引脚分布图

表 10-7　L298N 引脚功能表

引脚号		引脚名称	功能描述
直插式	贴片式		
1、15	2、19	Sense A、Sense B	连接采样电阻到地，以控制负载电流
2、3	4、5	Out 1、Out 2	A 桥输出、通过此两脚到负载的电流由引脚 Sense A 监控
4	6	V_S	负载驱动供电引脚，该引脚和地之间必须连接一个 100nF 无感电容
5、7	7、9	Input 1、Input 2	A 桥信号输入，兼容 TTL 逻辑电平
6、11	8、14	Enable A、Enable B	使能输入，兼容 TTL，低(0)禁能 A 桥或 B 桥，高(1)使能 A 桥或 B 桥
8	1、10、11、20	GND	地
9	12	V_{SS}	逻辑供电，该引脚到地必须连接一个 100nF 电容
10、12	13、15	Input 3、Input 4	B 桥信号输入，兼容 TTL 逻辑电平
13、14	16、17	Out3、Out4	B 桥输出，通过此两脚到负载的电流由引脚 Sense B 监控
—	3、18	N. C.	无连接

表 10-8　L298N 逻辑电平真值表

引脚			电动机状态
Input 1	Input 2	Enable A	
		0	停止
1	0	1	顺时针
0	1	1	逆时针
0	0	1	停止
1	1	1	刹停

2. L298N 主要特点

1）工作电压高，最高工作电压可达 46V。

2）输出电流大，瞬间峰值电流可达 3A，持续工作电流为 2A；额定功率为 25W。

3）内含两个 H 桥的高电压大电流全桥式驱动器，可以用来驱动直流电动机和步进电动机、继电器线圈等感性负载；L298N 芯片可以驱动一台两相步进电动机或四相步进电动机，也可以驱动两台直流电动机。

4）采用标准逻辑电平信号控制；具有两个使能控制端，在不受输入信号影响的情况下允许或禁止器件工作；其输入端可以与单片机直接相连，从而很方便地受单片机控制。

5）有一个逻辑电源输入端，使内部逻辑电路部分在低电压下工作；可以外接检测电阻，将变化量反馈给控制电路。

10.2.3 温控直流电动机的PWM调速控制器仿真实例

温控直流电动机的PWM调速控制器仿真实例（视频）

温控直流电动机的PWM调速控制器仿真实例（PPT）

任务要求：采用单片机设计直流电动机PWM调速控制器，具体实现功能如下。

1）采用按键控制PWM调速等级，等级设为4个。

2）当温度超过25℃时，电动机停止。此时，按下按键无法起动电动机。当温度低于25℃时，则可通过按键起动电动机。

3）LCD显示温度和速度等级。

1. 温控直流电动机的PWM调速控制器硬件设计

（1）设计方案　直流电动机采用5V无刷直流电动机，采用L298N驱动芯片进行驱动，采用2个按键实现PWM加速、减速。DS18B20温度传感器测量温度，LCD1602显示温度和速度等级。直流电动机控制器设计方案如图10-14所示。

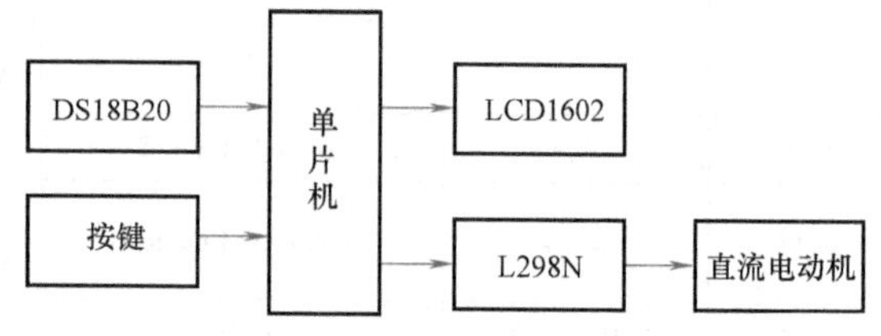

图10-14　直流电动机控制器设计方案

（2）仿真电路　AT89C52单片机的P1.3、P1.4连接L298N的IN1和IN2输入引脚，P1.5连接L298N的ENA使能引脚。L298N的输出端Out1和Out2连接电动机，两个按键分别接至P3.2、P3.3引脚。DS18B20连接P1.7；LCD1602数据口接到P2口，RS、R/$\overline{W}$和E连接P1.0~P1.2。仿真电路图如图10-15所示。

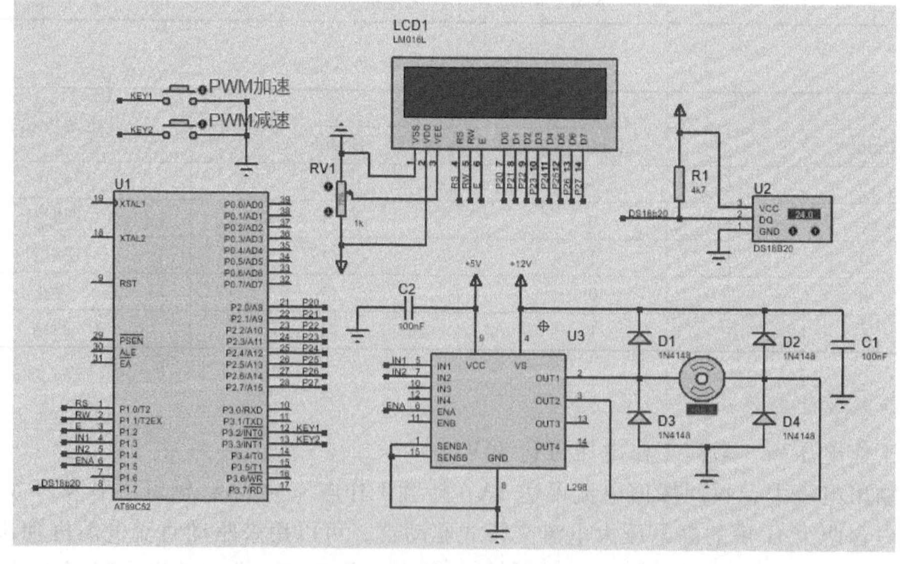

图10-15　温控直流电动机的PWM调速控制器仿真电路图

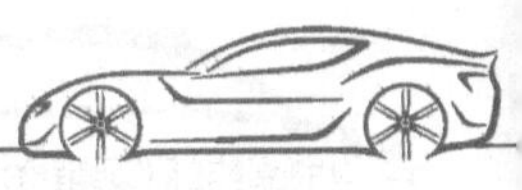

说明：在Proteus中单击“P”按钮挑选元器件AT89C52、L298（驱动）、IN4148（二极管）、BUTTON（按键）、MOTOR-DC（直流电动机）、DS18B20、LM016L（代替LCD1602）、POT-HG（电位器）、RES（电阻）、CAP（电容）。查找IN4148（二极管）界面如图10-16所示。

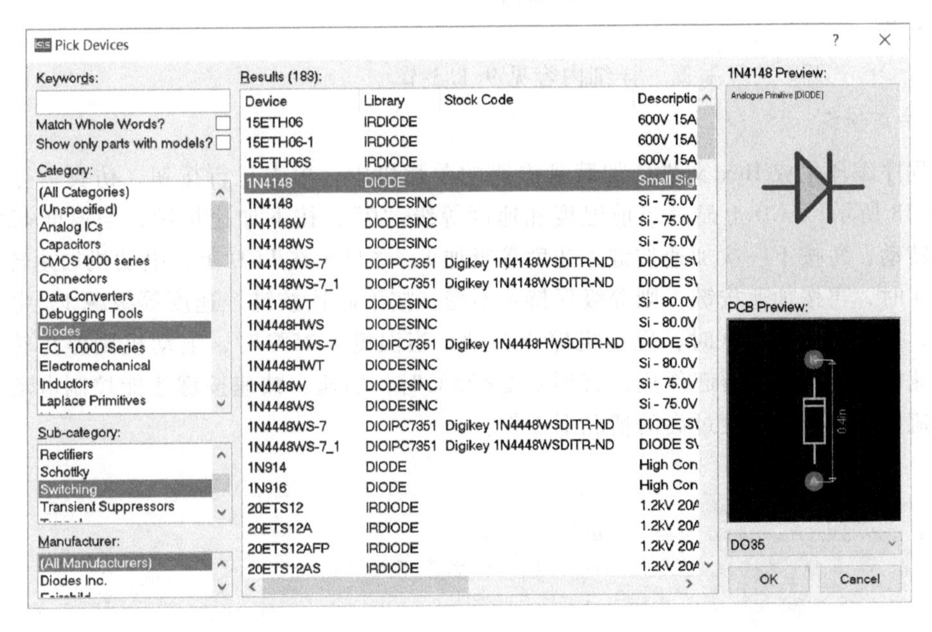

图10-16　查找IN4148界面

注：当电动机的绕组通电后再断电时，绕组两端会产生一个比电源电压高、极性与电源电压相反的反向电压，即感应电动势。这个反向电压就会加在电动机上，使电动机击穿烧坏。因此，电路中的二极管D1～D4可以将感应电动势所产生的高压和电流释放，以保护电动机。

2. 温控直流电动机的PWM调速控制器软件设计

在实现过程中的关键环节有：

（1）电动机的PWM调速　电动机的调速可以采用PWM调速方法，原理为：在1个周期内的高电平时间为t，周期为T，则电动机两端的平均电压为

$$U=\frac{t}{T}V_{CC}=\alpha V_{CC} \tag{10-1}$$

式中，α为占空比，$\alpha=t/T$；V_{CC}为电源电压。

电动机的转速与电动机两端的电压成比例，由式（10-1）可知，电动机两端电压和占空比成正比，因此，电压的转速就和占空比成正比，占空比越大，电动机转得越快。

在本例中，周期设为50ms，高电平High_num为5ms、15ms、25ms、35ms，占空比即为10%、30%、50%、70%。占空比示意图如图10-17所示。

T0定时器定时1ms中断，在中断服务函数中累计进入中断的次数，小于Hign_num，使ENA=1，电动机转动，否则ENA=0，电动机停止转动。

(2) 按键处理　采用外部中断处理两个按键。$\overline{INT0}$ 中断控制电动机加速，$\overline{INT1}$ 中断控制电动机减速。

(3) LCD1602 初始化及显示　详细内容见 3.5 节。

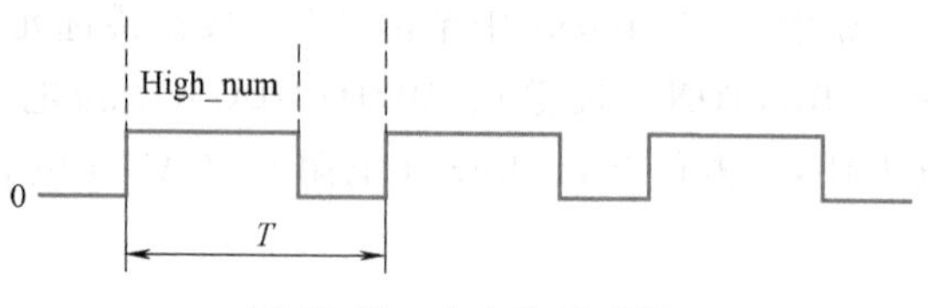

图 10-17　占空比示意图

(4) DS18B20 温度采集　详细内容见 9.1.3 节。

3. 仿真运行

将程序编译生成 Hex 文件，加载到电路的单片机中，单击运行按钮，仿真运行效果图如图 10-18 所示。LCD 上显示当前温度和速度等级“0”，按下加速按键，当温度<25℃时，电动机转动，每按下一次加速按键，速度等级加 1，并显示在 LCD 上，电动机加速转动，当等级为 4 时，再按加速按键，则等级保持 4 不变；按下减速按键，速度等级减 1，电动机减速转动，速度等级减到 0 时，电动机停止转动。当温度≥25℃时，电动机则停止转动，此时，加速、减速按键不再起作用；直到温度<25℃时，加速、减速按键才能控制电动机的加减速；避免电动机在温度过高的情况下工作。

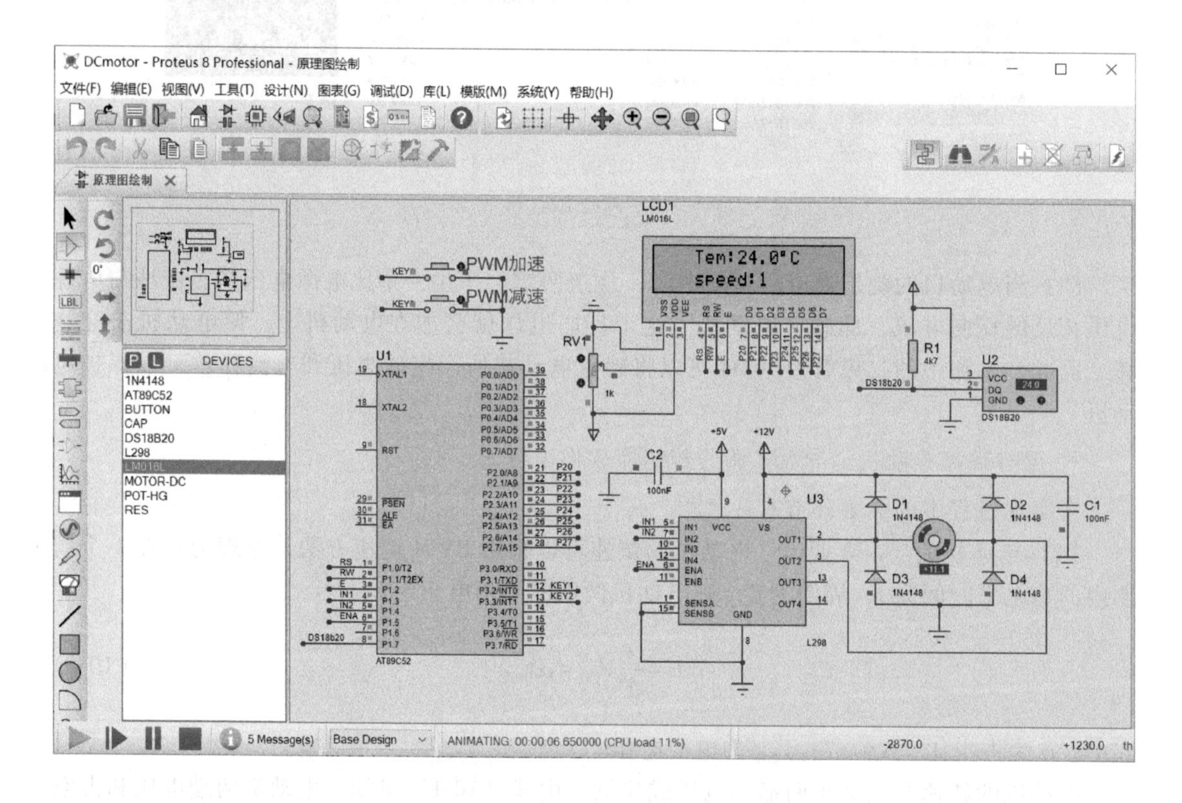

图 10-18　PWM 调速控制器仿真运行效果图

10.2.4　直流电动机转速测量仿真实例

任务要求：采用单片机测量直流电动机的转速并在 LCD 上显示。

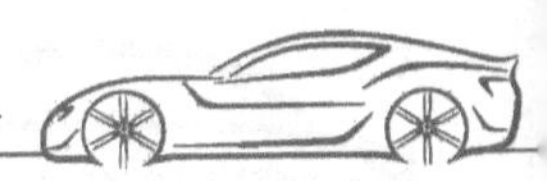

1. 直流电动机转速测量硬件设计

(1) 设计方案　采用光电测量或霍尔测量直流电动机的转速，将转速在 LCD1602 上显示。设计方案如图 10-19 所示。

(2) 仿真电路　本设计采用光电传感器测量转速，电动机转动 1 圈，光电晶体管产生 1 个脉冲信号，经 LM393 比较器，产生 1 个比较规则的脉冲信号，送入 AT89C52 单片机的 P3.3 引脚。LCD1602 数据端接到 P2 口，RS、R/$\overline{W}$ 和 E 连接 P3.0～P3.2。仿真电路图如图 10-20 所示。

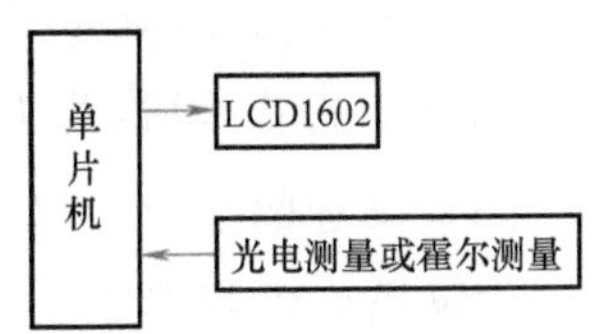

图 10-19　直流电动机转速测量设计方案

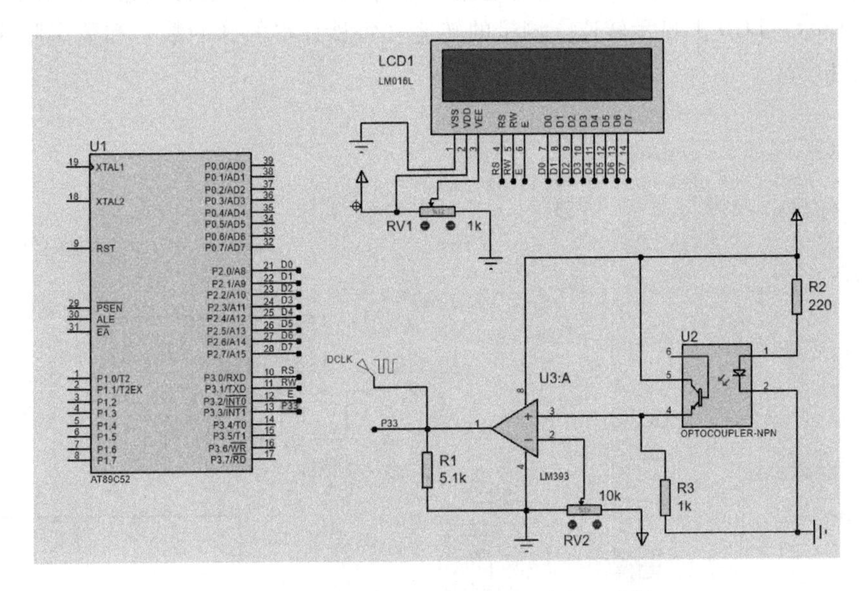

图 10-20　直流电动机转速测量仿真电路图

直流电动机转速测量仿真实例（视频）

直流电动机转速测量仿真实例（PPT）

说明：在 Proteus 中单击“P”按钮挑选元器件 AT89C52、OPTOCOUPLER-NPN（光电晶体管）、LM393（运放）、LM016L（代替 LCD1602）、POT-HG（电位器）、RES（电阻）。光电晶体管产生的脉冲信号在仿真中用直流脉冲源代替，单击 Proteus 软件左侧工具栏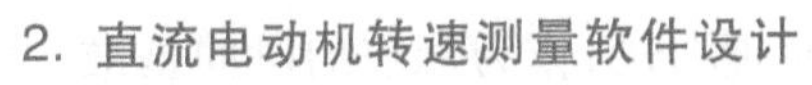快捷按钮，选择“DCLOCK”。双击如图 10-21 所示数字时钟发生器属性界面中的“DCLK”，在弹出的参数设置对话框中选择“Digital Types”中的“Clock”，在“Timing”中，修改频率参数“Frequency (Hz)”为“560”，这个频率代替电动机的转速频率，可修改。

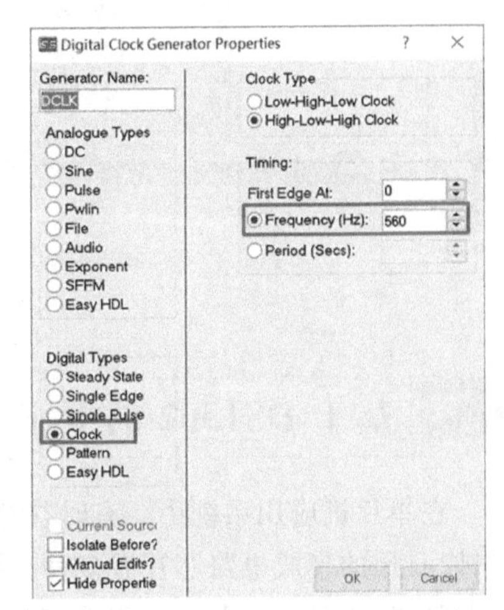

图 10-21　数字时钟发生器属性界面

2. 直流电动机转速测量软件设计

直流电动机的转速通过光电晶体管转换成了脉冲信号，每转动 1 圈产生 1 个脉冲，因此，只需测量每秒钟的脉冲个数就可测出电动机的转速。关键环节如下：

（1）电动机的转速测量　通过单片机的 $\overline{\text{INT1}}$ 引脚 P3.3 接收脉冲信号，下跳沿触发，每来 1 个脉冲，在中断服务函数中累计 1 次。

（2）定时器 1s 的定时　采用定时器 T1，方式 1，1 次定时时间为 50ms。定时器溢出 1 次为 50ms，溢出 20 次为 1s。

（3）转速的显示　T1 定时 1s 后，读出 $\overline{\text{INT1}}$ 累计的脉冲个数 num，将其拆分成个、十、百、千位显示在 LCD 上。

3. 仿真运行

将程序编译生成 Hex 文件，加载到电路的单片机中，单击运行按钮，仿真运行效果图如图 10-22 所示。LCD 上显示转速。测量的转速（每秒计得的脉冲数）和数字脉冲源 DCLK 的设置频率相同。

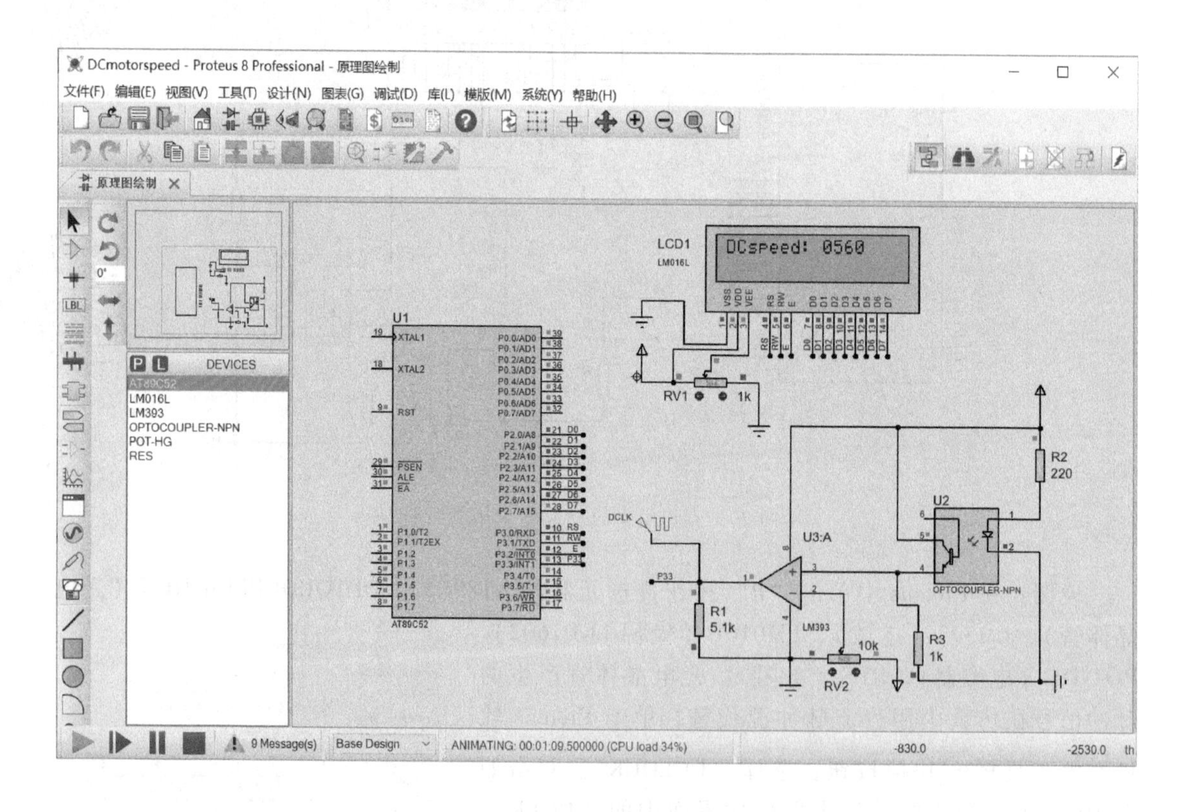

图 10-22　直流电动机转速测量仿真运行效果图

10.3 基于 DS1302 的电子钟设计

在单片机应用系统中，有时往往需要一个实时的时钟/日历作为测控的时间基准。实时时钟/日历的集成电路芯片有多种，设计者只需选择合适的芯片即可。本节介绍时钟/日历芯片 DS1302 的功能、特性，以及与单片机的硬件接口设计及软件编程，在程序设计中采用的结构体。

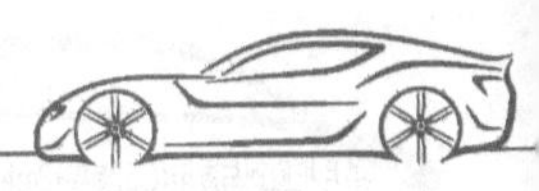

10.3.1　DS1302 简介

1. DS1302 引脚及功能

（1）引脚　DS1302 是由美国 DALLAS 公司推出的具有涓细电流充电能力的低功耗实时时钟芯片，可以用单片机写入时间或读取当前的时间数据，广泛应用于电话、便携式仪器等产品，实物图如图 10-23 所示，引脚分布图如图 10-24 所示，引脚功能见表 10-9。

图 10-23　DS1302 实物图

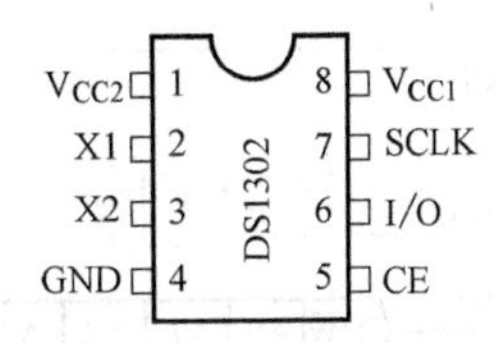

图 10-24　DS1302 引脚分布图

表 10-9　DS1302 引脚功能

引脚名称	功能	描述
V_{CC2}	主电源输入	接系统电源
X1、X2	晶振	外接 32.768kHz 晶振
GND	接地	接地
CE(RST)	使能引脚	0,禁止读写;1,使能读写;内含 40kΩ 下拉电阻
I/O	数据输入/输出	内含 40kΩ 下拉电阻
SCLK	同步串行时钟输入	内含 40kΩ 下拉电阻
V_{CC1}	备用电源输入端	常接 2.7~3.5V 电源,通常接备用电池。当 $V_{CC2}>V_{CC1}+0.2V$ 时,芯片由 V_{CC2} 供电,当 $V_{CC2}<V_{CC1}$ 时,芯片由 V_{CC1} 供电 不方便接备用电池时,可以接大容量的电解电容,若接 10μF 左右的电容,则掉电后可维持 1min 左右时间 若掉电后不需要维持运行,该引脚可以悬空

（2）DS1302 芯片的主要功能　包含一个实时时钟（RTC）/日历，提供秒、分、时、日期、月、星期和年等信息，对于少于 31 天的月份，月末日期会自动调整，包括对闰年的修正。通过配置 AM/PM（上午/下午模式）标志决定采用 24 小时格式或 12 小时格式。有效补偿到 2100 年。

1）具有 31B 的 8 位数据静态 RAM，可以当作外扩的 EEPROM 一样使用来存储数据。

2）工作电压在 2.0~5.5V 范围内可以正常工作。

3）供电电压是 5V 时，兼容标准的 TTL 电平标准，可以直接和单片机进行通信。

4）功耗很低，保持数据和时钟信息时功率小于 1mW，具有可选的涓细电流充电能力。

5）读写时钟或 RAM 的数据有单字节和多字节（时钟突发）两种传送方式。

2. DS1302 的读/写时序

（1）DS1302 写时序　当单片机需要往 DS1302 写入数据时，需要指定往 DS1302 哪个地址里写入什么内容，因此，写操作需要2个字节完成，第1个字节由单片机向DS1302写入地址信息，第2个字节写入内容。

具体时序为：CE（RST）拉高，在SCLK的上升沿，I/O口的1位地址数据写入DS1302，8个脉冲后地址信息写完，在第9个脉冲开始写入数据，8个脉冲后数据信息写完，CE（RST）变为低电平。数据传输时，低位在前，高位在后。DS1302写时序如图10-25所示。

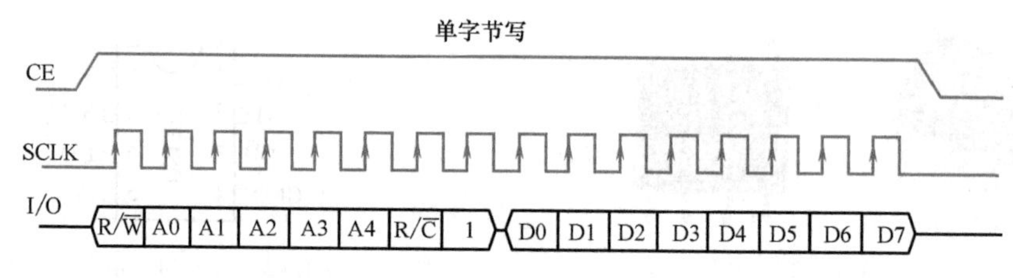

图10-25　DS1302写时序

写1个字节的地址信息和数据信息的时序相同，所以先写1个字节的函数“Write_Ds1302_Byte（uchar temp）”，再写一个往哪个地址里写入什么数据的函数“Write_Ds1302（uchar address，uchar dat）”，参考程序如下：

```
void Write_Ds1302_Byte(uchar temp)              //写一个字节函数
{
  uchar i;
    for(i=0;i<8;i++)                            //写1个字节
    {
        DAT=temp&0x01;                          //获取低位数据,低位在前,高位在后
        temp>>=1;                               //右移一位
        CLK=1;                                  //DS1302在上升沿采样数据
        CLK=0;
    }
}

void Write_Ds1302(uchar address,uchar dat)      //在地址address里写入数据dat
{
    RST=0;
    CLK=0;                                      //准备
    RST=1;                                      //开始
    Write_Ds1302_Byte(address);                 //写入地址
    Write_Ds1302_Byte(dat);                     //写入数据
    RST=0;                                      //恢复
}
```

（2）DS1302读时序　当单片机需要从DS1302读出数据时，需要指定读取哪个地址里的内容，因此，读操作也需要2个字节完成，第一个字节由单片机向DS1302写入地址信息，第二个字节读取该地址里的内容。

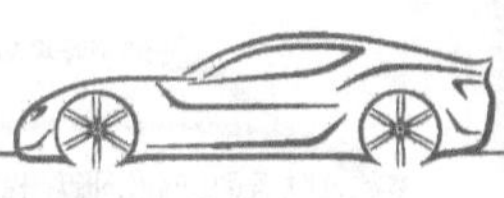

具体时序为：CE（RST）拉高，在SCLK的上升沿，I/O口的1位地址数据写入DS1302，8个脉冲后的下跳沿DS1302输出数据，单片机在上升沿读取I/O口的1位数据，8个脉冲后，单片机读完数据信息，CE（RST）变为低电平。数据传输时，低位在前，高位在后。DS1302读时序如图10-26所示。

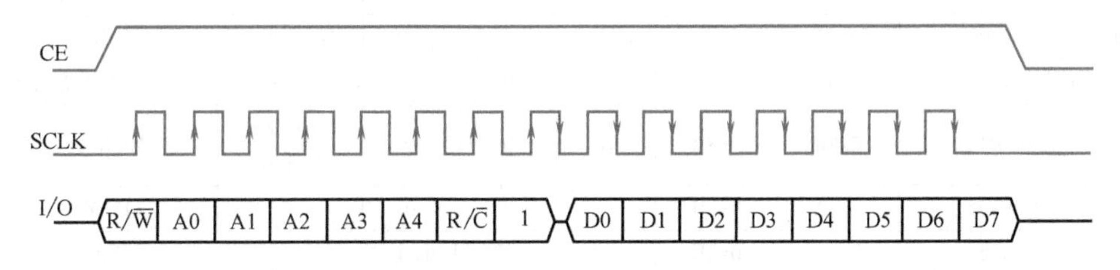

图10-26　DS1302读时序

读数据函数参考程序如下：

```
uchar Read_Ds1302(uchar address)        //读地址 address 里的内容
{
    uchar i,temp=0x00;
    RST=0;
    CLK=0;
    RST=1;
    Write_Ds1302_Byte(address);         //写入要读取的地址,上升沿写入
    for(i=0;i<8;i++)                    //读取该地址的内容,一字节
    {
        temp>>=1;                       //右移一位,最先读入的位移至 temp 的最低位
        if(DAT)
            temp|=0x80;                 //读入的一位数据放于 temp 的最高位
        CLK=1;                          ///上升沿单片机读数据,先读低位
        CLK=0;
    }
    RST=0;
    DAT=0;
    return(temp);                       //返回相应值
}
```

3. DS1302的内部寄存器

DS1302主要寄存器（片内各时钟/日历寄存器以及其他的功能寄存器）及各位内容见表10-10。通过向寄存器写入命令字实现对DS1302的操作，例如写入初始时刻，读出当前时间等操作。DS1302里秒分时日月星期年寄存器存放的是时间数据的BCD码。

4. DS1302的读/写操作

（1）设置日历时间命令字（写操作）　单片机对DS1302的读/写操作，都必须由单片机先向DS1302写入一个命令字（8位）发起，命令字格式及各位功能见表10-11。

表 10-10　DS1302 主要寄存器及各位内容

寄存器名(地址)	命令字		读取寄存器的各位内容							
	写	读	D7	D6	D5	D4	D3	D2	D1	D0
秒寄存器(0x00)	0x80	0x81	CH	SEC 的十位			SEC 的个位			
分寄存器(0x01)	0x82	0x83	0	MIN 的十位			MIN 的个位			
小时寄存器(0x02)	0x84	0x85	12/24	0	AP	HR 的十位	HR 的个位			
日寄存器(0x03)	0x86	0x87	0	0	DATE 的十位		DATE 的个位			
月寄存器(0x04)	0x88	0x89	0	0	0	MONTH 的十位	MONTH 的个位			
星期寄存器(0x05)	0x8A	0x8B	0	0	0	0	DAY 的个位			
年寄存器(0x06)	0x8C	0x8D	YEAR 的十位				YEAR 的个位			
写保护寄存器(0x07)	0x8E	0x8F	WP	0	0	0	0			
涓细电流充电寄存器(0x08)	0x90	0x91	TCS	TCS	TCS	TCS	DS	DS	RS	RS
时钟突发寄存器(0x3E)	0xBE	0xBF								

注：1. CH：时钟暂停位；1，振荡器停止，DS1302 为低功耗方式；0，时钟开始工作。

2. AP：小时格式设置位；0，上午模式（AM）；1，下午模式（PM）。

3. WP：0，允许写入；1，禁止写入。

4. TCS：1010，允许使用涓细电流充电寄存器，其他状态都禁止使用。

5. DSDS：=01，选择一个二极管；=10，选择 2 个二极管；=11 或 00，涓流充电器被禁止。

6. RSRS：=01，R1=2kΩ；=10，R2=4kΩ；=11，R3=8kΩ；=00，不选择任何电阻。

DS 和 RS 的配置可以控制 V_{CC2} 对 V_{CC1}（可充电电池）的充电电流。

例如：DSDS：=01，RSRS：=01 最大充电电流为

$$I_{MAX}=(5.0-V_{Si})/R=(5.0-0.7)\text{V}/2\text{k}\Omega=2.2\text{mA}$$（V_{Si} 为硅管的正向导通压降）。

表 10-11　DS1302 的命令字格式及各位功能

位序号	D7	D6	D5	D4	D3	D2	D1	D0
格式	1	RAM/$\overline{CK}$	A4	A3	A2	A1	A0	RD/$\overline{W}$
功能	1:必须为 1 0:禁止写入	1:读写 RAM 0:读写时钟/日历数据	读/写单元的地址					1:对 DS1302 读操作 0:对 DS1302 写操作

【例 10-2】 设置秒寄存器的初始值的命令字。

在 DS1302 使用时，需要先设置时钟寄存器的初始时间。所以，要设置秒寄存器的初始值，就需要先往秒寄存器里写入命令字，然后再往里写入秒的初始值。命令字各位取值见表 10-12。写秒命令字为 0x80。

表 10-12　DS1302 的写秒寄存器命令字各位取值

位序号	D7	D6	D5	D4	D3	D2	D1	D0
格式	1	RAM/$\overline{CK}$	A4	A3	A2	A1	A0	RD/$\overline{W}$
功能	1:必须为 1 0:禁止写入	1:读写 RAM 0:读写时钟/日历数据	读写单元的地址					1:对 DS1302 读操作 0:对 DS1302 写操作
取值	1	0	0	0	0	0	0	0

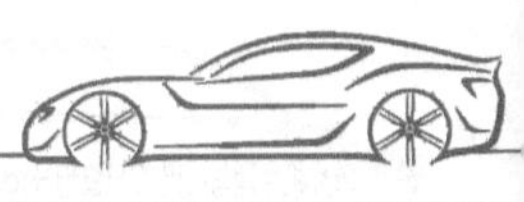

同理，可得到分、时、日、月、星期和年的命令字为 0x82、0x84、0x86、0x88、0x8A 和 0x8C。其中秒单元的地址为 00000，分单元的地址为 00001，时单元的地址为 00010，日单元的地址为 00011，月单元的地址为 00100，星期单元的地址为 00101，年单元的地址为 00110。

把这些命令字放在数组 write_rtc_address 里。

uchar code write_rtc_address [7] = {0x80, 0x82, 0x84, 0x86, 0x88, 0x8A, 0x8C};

//写秒、分、时、日、月、星期、年命令字

【例 10-3】 给 DS1302 写入初始时间为 2021 年 7 月 13 日 6 时 59 分 55 秒、星期二。

分析： DS1302 当前时间是按照秒、分、时、日、月、星期和年的顺序依次存放，并读取的，所以给其写入初始值时，也需按照这个顺序依次写入，要写入的初始值的顺序应该为 55 秒 59 分 6 时 13 日 7 月、星期二、2021 年。将这些初始值存于数组 init_timer [ ] 里：

uchar init_timer[7] = {0x55,0x59,0x06,0x13,0x07,0x02,0x21};

【解】 把数组里的初始值写入 DS1302 的函数代码如下：

```
void Set_RTC(uchar * ptimer)                //写入秒、分、时、日、月、星期和年的初始值
{
    uchar i, * p;
    Write_Ds1302(0x8E,0x00);                //打开写允许
    p = write_rtc_address;                  //取命令字首地址
    for(i = 0;i<7;i++)
    {
        Write_Ds1302( * p,ptimer[i]);       //写入年、月、日、时、分、秒和星期的初始值
        p++;
    }
    Write_Ds1302(0x8E,0x80);                //关闭写允许
}
/****************初值为 55 秒 59 分 6 时 13 日 7 月,星期二,2021 年*****************/
uchar init_timer[7] = {0x55,0x59,0x06,0x13,0x07,0x02,0x21};
Set_RTC(init_timer);
```

注：DS1302 的时间寄存器定义的存放顺序并不是日常习惯使用的“年、月、日、时、分、秒和星期”的顺序，而是“秒、分、时、日、月、星期和年”，所以，每当读取或写入时间的时候要清楚知道数组的第几个元素表示什么意思，否则就很容易出错，程序可读性也不强。所以可以用结构体将这一组彼此相关的数据做一个封装。

【例 10-4】 以结构体形式编写设置 DS1302 秒、分、时、日、月、星期和年的函数。

分析： 定义一个结构体，将时间按年、月、日、时、分、秒和星期的顺序放到结构体中，使用时就按常用的这个顺序写入初始值就可以了。

【参考程序】

```
struct sTime
{
    unsigned int   year;                    //定义年
    unsigned char mon;                      //定义月
    unsigned char day;                      //定义日
    unsigned char hour;                     //定义小时
    unsigned char min;                      //定义分
    unsigned char sec;                      //定义秒
    unsigned char week;                     //定义星期
};
/**********************写秒、分、时、日、月、星期和年函数**********************/
void Set_RTC(struct sTime  * time)          //写入初始日历时间
{
    uchar i, * p;
    uchar buf[8];
    Write_Ds1302(0x8E,0X00);                //打开写允许
    p=write_rtc_address;                    //写地址
    buf[7] = 0;
    buf[6] = time->year;
    buf[5] = time->week;
    buf[4] = time->mon;
    buf[3] = time->day;
    buf[2] = time->hour;
    buf[1] = time->min;
    buf[0] = time->sec;
    for(i=0;i<7;i++)                        //写入年、月、日、时、分、秒和星期
    {
        Write_Ds1302( * p,buf[i]);          //第1个参数是写命令字,第2个参数是初值
        p++;
    }
    Write_Ds1302(0x8E,0x80);                //关闭写允许
}
/*******************初值为2021年7月13日6时59分55秒,星期二***************/
struct sTime code init_timer[7] = { 0x21,0x07,0x13,0x06,0x59,0x55,0x02 };            //写初值
Set_RTC( &init_timer);
```

(2) 读DS1302当前时间命令字(读操作)

【例10-5】 读秒寄存器当前值的命令字。

若需要读出时钟寄存器秒的当前时刻的值，则需要先写入读秒寄存器的命令字，再读秒寄存器的值。

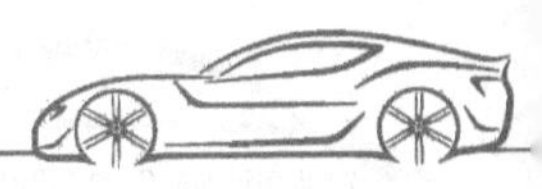

读秒寄存器的命令字各位取值见表 10-13，命令字为 0x81。

表 10-13 DS1302 的读秒寄存器命令字各位取值

位序号	D7	D6	D5	D4	D3	D2	D1	D0
格式	1	RAM/$\overline{CK}$	A4	A3	A2	A1	A0	RD/$\overline{W}$
功能	1:必须为 1 0:禁止写入	1:读写 RAM 0:读写时钟/日历数据	读写单元的地址					1:对 DS1302 读操作 0:对 DS1302 写操作
取值	1	0	0	0	0	0	0	1

【例 10-6】 获取 DS1302 的实时时间（秒、分、时、日、月、星期和年）的函数。

按照例 10-5 的读命令字的确定方法，可得到读秒、分、时、日、月、星期和年的命令字分别为 0x81、0x83、0x85、0x87、0x89、0x8B、0x8D。读时间代码如下：

```
code uchar read_rtc_address[7] = {0x81,0x83,0x85,0x87,0x89,0x8B,0x8D};//读命令字
uchar r_timer[7];
/************************ 读秒、分、时、日、月、星期、年 ************************/
void Read_RTC(uchar * ptimer)            //读取日历时间
{
    unsigned char i, * p;
    p=read_rtc_address;                  //读地址
    for(i=0;i<7;i++)                     //分 7 次读秒、分、时、日、月、星期和年
    {
        ptimer[i]=Read_Ds1302( * p);//读秒、分、时、日、月、星期和年数据存在 ptimer 里
        p++;
    }
}
```

需要获取当前时间时，只需写代码“Read_RTC (r_timer);”，就可以把从 DS1302 中读取的日历时间放在 r_ timer 数组中。若需显示，就把该数组里的内容分别取出显示即可。这里要注意 r_timer 数组中的日历是按照秒、分、时、日、月、星期和年的顺序存放的，与常用的顺序不同，使用时不是很方便，因此可以采用结构体的方式写读时间函数，按年、月、日、时、分、秒和星期的顺序使用。

【例 10-7】 以结构体形式读取 DS1302 日历时间的函数。

将时间按年、月、日、时、分、秒和星期的顺序放到结构体中。参考代码如下：

```
struct  sTime                            //时间结构体
{
    unsigned int  year;
```

```
    unsigned char mon;
    unsigned char day;
    unsigned char hour;
    unsigned char min;
    unsigned char sec;
    unsigned char week;
};
struct   sTime   bufTime;                                                         //结构体声明
code uchar read_rtc_address[7] = {0x81,0x83,0x85,0x87,0x89,0x8B,0x8D};            //读时间命令字

/**********************读秒、分、时、日、月、星期、年*************************/
void Read_RTC(struct sTime * time)       //读取日历时间
{
    unsigned char i, * p;
    unsigned char buf[8];
    p=read_rtc_address;                  //读命令字
    for(i=0;i<7;i++)                     //分7次读秒、分、时、日、月、星期、年
    {
        buf[i]=Read_Ds1302( * p);       //buf[0]~buf[6]里的顺序为秒、分、时、日、月、星期、年
        p++;
    }
    time->year = buf[6] + 0x2000;       //当前时间转换为结构体格式 time为结构体指针,赋值用->
    time->mon  = buf[4];
    time->day  = buf[3];
    time->hour = buf[2];
    time->min  = buf[1];
    time->sec  = buf[0];
    time->week = buf[5];
}
```

需要获取当前时间时，只需先定义一个放日历时间的结构体，然后调用读取当前时间的函数。使用“Read_ RTC （&bufTime）;”可以把从 DS1302 中读取的日历时间放在 bufTime 的结构体中。若需显示，就把该结构体里的内容分别取出显示即可。

【C 语言知识点】结构体

1）结构体的定义。结构体本身不是一个基本的数据类型，而是构造的，它的每个成员可以是一个基本的数据类型或者是一个构造类型，在使用之前必须先定义它。声明结构体变量的格式一般有 2 种。

① 声明结构体变量的格式 1：

struct 结构体名

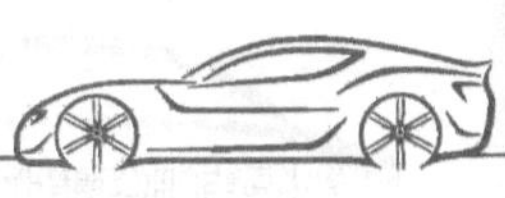

```
    {
        类型 1 变量名 1;
        类型 2 变量名 2;
        …
        类型 n 变量名 n;
    } 结构体变量名 1, 结构体变量名 2, …, 结构体变量名 n;
```

这种声明方式是在声明结构体类型的同时又用它定义了结构体变量，此时的结构名是可以省略的，但如果省略后，就不能在别处再次定义这样的结构体变量了。这种方式把类型定义和变量定义混在了一起，降低了程序的灵活性和可读性。因此并不建议采用这种方式，而是推荐用以下格式 2。

② 声明结构体变量的格式 2：

```
struct 结构体名
{
    类型 1 变量名 1;
    类型 2 变量名 2;
    …
    类型 n 变量名 n;
};
struct 结构体名  结构体变量名 1, 结构体变量名 2, …, 结构体变量名 n;
```

【例 10-8】 采用格式 2 构建时间的结构体。

```
struct sTime
{
    unsigned int    year;
    unsigned char mon;
    unsigned char day;
    unsigned char hour;
    unsigned char min;
    unsigned char sec;
    unsigned char week;
};
struct   sTime   bufTime; //定义结构体变量 bufTime
```

struct 是结构体类型的关键字，sTime 是这个结构体的名字，bufTime 就是定义了一个具体的结构体变量。

2）结构体的赋值。如果要给结构体变量的成员赋值，写法是：

```
bufTime. year = 0x2021;
bufTime. mon = 0x07;
```

3）结构体数组。数组的元素也可以是结构体类型，因此可以构成结构体数组，结构体数组的每一个元素都是具有相同结构类型的结构体变量。

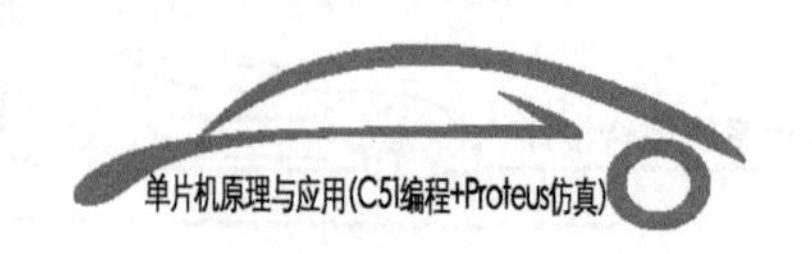

例如："struct sTime Time[3];"表示定义了一个结构体数组，这个数组的3个元素，每一个都是一个结构体变量。即Time[0]、Time[1]和Time[2]都具有sTime的数据结构，也就是都包含年、月、日等7个变量。结构体数组中的元素的成员如果需要赋值，可以写为：

```
Time[0].year=0x2021;
Time[0].mon=0x07;
```

4）结构指针变量。一个指针变量如果指向了一个结构体变量，就称为结构指针变量。结构指针是指向的结构体变量的首地址，通过结构体指针也可以访问这个结构体变量。

结构指针变量声明的一般形式如下：

```
struct sTime * pbufTime;
```

这里要特别注意的是，使用结构体指针对结构体成员的访问和使用结构体变量名对结构体成员的访问，其表达式有所不同。结构体指针对结构体成员的访问表达式为"pbufTime->year=0x2021;"或者是"(* pbufTime).year=0x2021;"，很明显前者更简洁，所以推荐使用前者。

10.3.2 基于DS1302的电子钟仿真实例

基于DS1302的电子钟仿真实例（视频）

基于DS1302的电子钟仿真实例（PPT）

任务要求：采用单片机设计一款简易电子钟。具体实现功能如下。

1）LCD上显示当前时间。

2）通过按键校准。

3）设置闹钟功能。

1. 电子钟硬件设计

（1）设计方案 采用DS1302时钟/日历芯片，将时间信息显示在LCD1602上。通过按键进行时间校准，通过蜂鸣器实现闹钟功能，设计方案如图10-27所示。

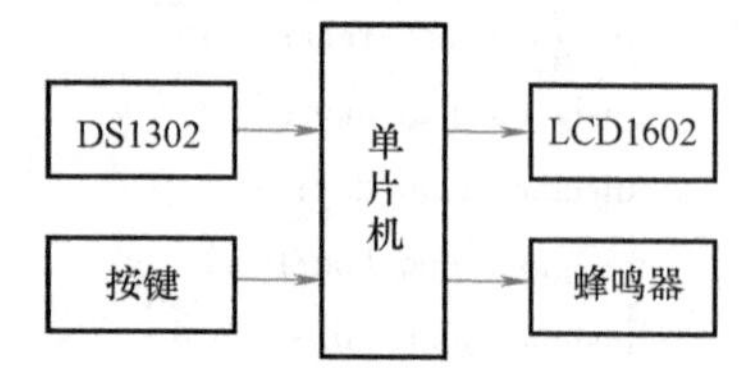

图10-27 基于DS1302的电子钟设计方案

（2）仿真电路 本设计中DS1302的RST、SCLK和I/O引脚连接至单片机的P1.5、P1.6和P1.7引脚；蜂鸣器接至P1.4引脚；采用3个按键，分别接至P3.2、P3.3和P3.4引脚，key1按键用于时间设置，按下一次调整年，再按下一次调整月，依次调整日、时、分和星期，key2按键用于数据加1操作，key3按键用于数据减1操作。LCD1602数据口接到P2口，RS、R/$\overline{W}$和E连接P1.0、P1.1和P1.2。电子钟仿真电路图如图10-28所示。

说明：在Proteus中单击"P"按钮挑选元器件AT89C52、LM016M（代替LCD1602）、RES（电阻）、BUTTON（按键）、BUZZER（蜂鸣器）、CAP-ELEC（电解电容）、CRYSTAL（晶振）、DS1302（日历芯片）、PNP（晶体管）、POT-HG（电位器）。

2. 电子钟软件设计

本例的电子钟实现的功能为：显示时间，初始值2021-07-12 6：59：55 星期一；按键

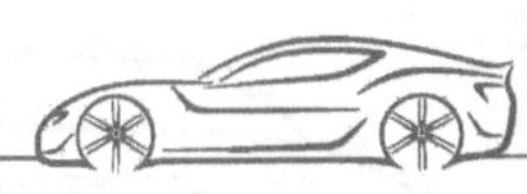

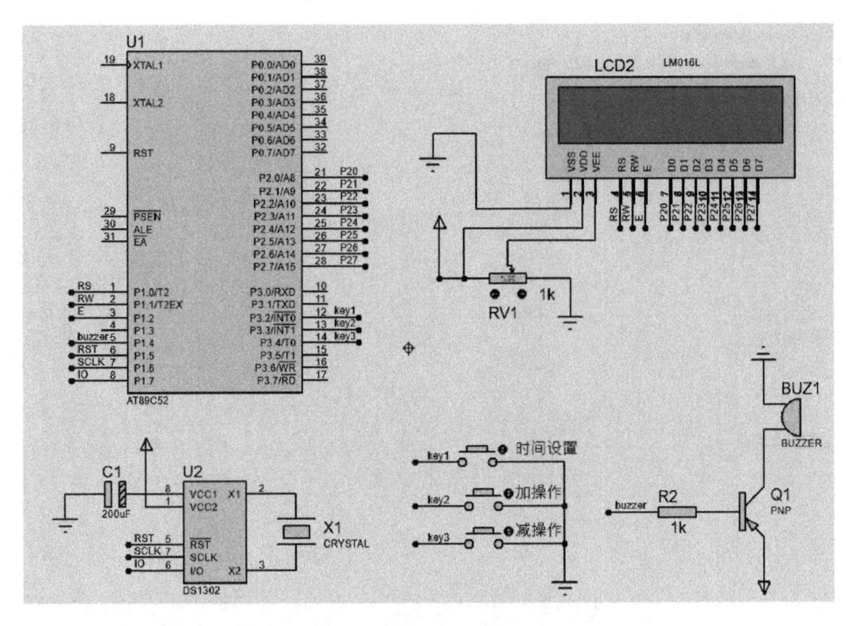

图 10-28　电子钟仿真电路图

key1 为功能键，选定要调整的时间，按键 key2、key3 控制年、月、日、分、时和星期的加减；闹钟方式为早上 7：00 响铃 3s。在实现过程中的关键环节如下：

1）在 LCD1602 的第一行显示年、月、日和星期，第二行上显示时、分、秒；把 LCD1602 的底层操作封装为 LCD1602. c 和 LCD1602. h 文件，具体参考 9. 2. 4 节。要进行时间调整，用到了 LCD1602 的光标功能，如果要修改哪一位的数字，就在 LCD1602 对应位置上进行光标闪烁。这里要注意，修改某一个参数时，最好只修改该位置上的数值，不要刷新整个屏幕，否则，光标会漂移。因为 LCD1602 每写一个字符，光标都要移动。

2）把 DS1302 的底层操作封装为 DS1302. c 和 DS1302. h 文件，对上层应用提供基本的实时时间的操作接口。定义一个结构体类型 sTime 用来封装日期时间的各个元素，又用该结构体定义了一个时间缓冲区变量 bufTime 来暂存从 DS1302 读出的时间和 bufTime1 设置时间时的设定值。

3）键盘采用动态扫描方式查询，key1 为时间调整按键，每按一次修改一个时间，日和星期一起修改，共有 5 个参数需要调整，设标志位 flag 标记修改的是哪个时间，为 1 时调整年，为 2 时调整月，为 3 时调整日和星期，为 4 时调整时，为 5 时调整分，秒不用调节。Key2 为数值增 1 按键，key3 为数值减 1 按键。定义一个变量 set_flag 来控制当前是否处于设置时间的状态，set_flag=0 时，说明没有进行时间调整，因此可以刷新整个液晶屏幕显示实时时间，set_flag=1 时，说明正进行时间调整，因此只刷新修改的时间，其他不变，等 5 个参数全部调整完后，复位 set_flag=0，再刷新整个屏幕。这样光标就在需要调整的位置闪烁。

3. 仿真运行

将程序编译生成 Hex 文件，加载到电路的单片机中，单击运行按钮，电子钟仿真运行效果图如图 10-29 所示。LCD1602 上显示初始时间，按下按键则可进行时间调整，7：00 蜂

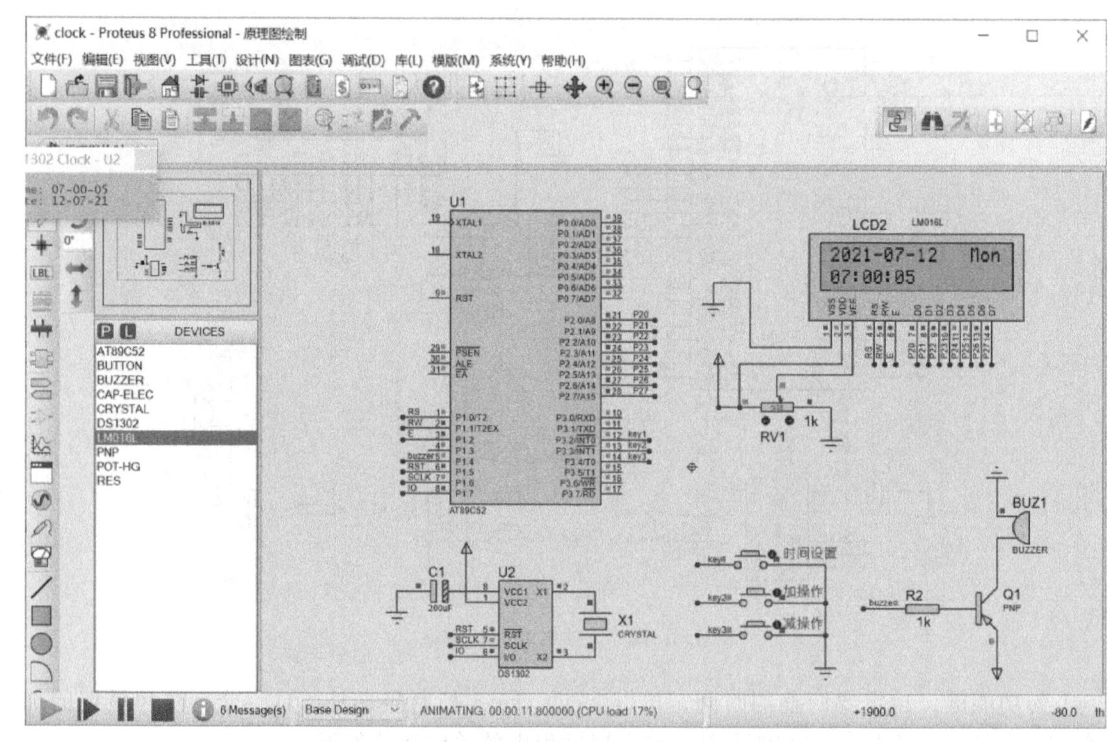

图 10-29 电子钟仿真运行效果图

鸣器响 3s 停止。

10.4 智能循迹避障车设计

智能循迹避障车是能够自动按照给定的路线进行路面探测、障碍检测和自动行驶的技术综合体。本节利用多种传感器设计一款具有自动寻迹、避障和测速功能的智能车。利用超声波实现测速和避障功能；利用红外传感器实现循迹功能。通过使用 Proteus 仿真软件完成电路的设计。

10.4.1 超声波测距原理

超声波是频率高于 20kHz 的声波，因其频率下限大约等于人的听觉上限而得名。超声波方向性好，穿透力强，具有较好的直射性和反射性，以及不易受光照、电磁波等外界因素影响的特性，作为一种传输信息的媒体，广泛应用于探伤、测距和测速等多个领域。因此，智能车、移动机器人等常利用超声波测距实现自动避障。

1. 超声波测距

超声波测距通常采用时间差测距法，测距原理如图 10-30 所示。

通过超声波发射器向某一方向发射超声波，在发射的同时开始计时，超声波在空气中传播时碰到障碍物就立即返回来，超声波接收器收到反射波就立即停止计时。距离计算公式为

$$S=\frac{\Delta tC}{2}$$

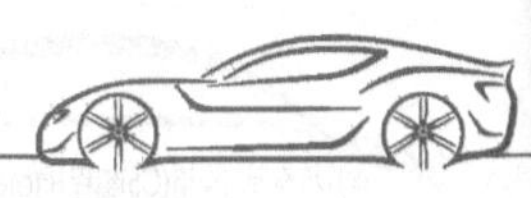

式中，C 为超声波在空气中的传播速度；Δt 为根据计时器记录的发射和接收回波的时间差；S 为发射点距障碍物的距离。

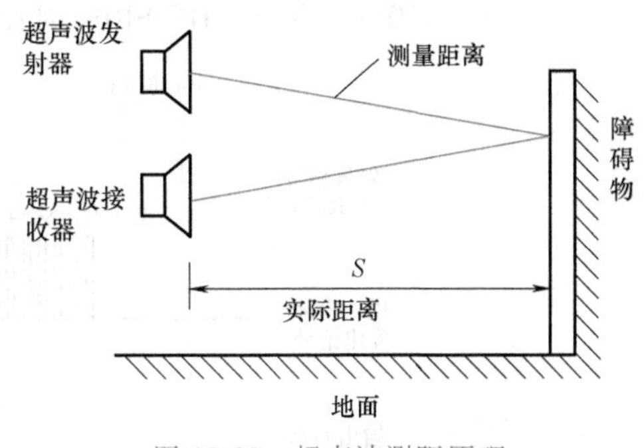

图 10-30　超声波测距原理

2. 超声波测距误差

虽然目前的超声波测距量程上能达到百米，但测量的精度往往只能达到厘米数量级。超声波测距的误差主要来源于温度的影响和时间检测误差。时间检测误差与所使用的计时设备有关，应尽量选用高精度的计时器。温度变化也是造成超声波测距误差的主要来源之一。

波的传播速度取决于传播媒质的特性，传播媒质的温度、压力和密度对声速都将产生直接的影响。对于测距而言，引起声速变化的主要原因是媒质温度的变化。因此在测距过程中，用15℃下的超声波在空气中的传播速度340m/s来计算不同温度环境下的超声测距的距离有很大的误差。为了提高测距精度，必须对超声波的速度进行温度补偿，用温度传感器等测温器件测得环境温度的数值，从而得到该环境下的超声波速度。超声波在空气中传播时，声速与温度的关系见表10-14。

表 10-14　声速与温度的关系

温度/℃	−30	−20	−10	0	10	20	30	100
声速/$m \cdot s^{-1}$	313	319	325	332	338	344	350	386

温度每升高1℃，声速增加约0.6m/s。若现场环境温度为 T，则超声波传播速度 C 的修正公式为

$$C = 331.45 + 0.607T \tag{10-2}$$

3. HC-SR04 超声波测距模块

本例中采用HC-SR04模块用于智能车避障，使智能车可以及时发现前方的障碍物，及时转向或停止，避开障碍物。

(1) HC-SR04 超声波测距模块外形及引脚　HC-SR04是非接触式距离感测模块，包括超声波发射器、接收器与控制电路，探测距离2~450cm，精度2mm左右，感应角度不大于15°，工作频率为40kHz，其外形图如图10-31所示。HC-SR04超声波测距模块引脚表见表10-15。

图 10-31　HC-SR04 外形图

表 10-15　HC-SR04 超声波测距模块引脚表

引脚名称	功能	使用方法
V_{CC}	电源+	接+5V
TRIG	触发端	输入高电平大于10μs的TTL脉冲信号，触发模块发射超声波
ECHO	接收端	该引脚输出高电平时间为测距的往返时间。使用时等待该引脚一有高电平输出就开定时器计时，当该引脚变为低电平时就读定时器的值，定时器的计时值即为此次测距的时间
GND	电源-	接地

（2）HC-SR04时序图　HC-SR04时序图如图10-32所示。

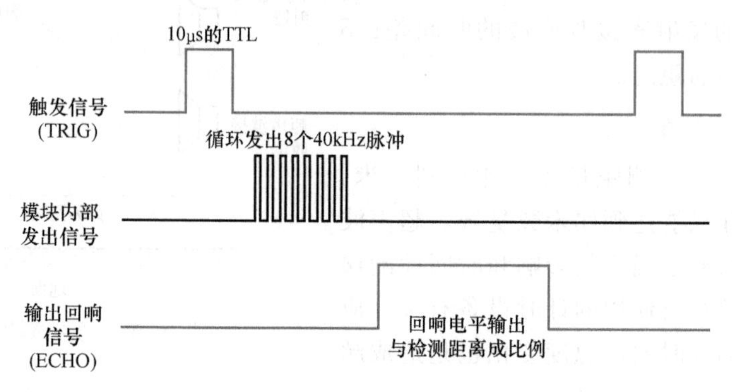

图10-32　HC-SR04时序图

根据时序图可知，给模块TRIG引脚提供一个10μs以上的脉冲触发信号，该模块内部就会发出8个40kHz的脉冲信号并检测回波。一旦检测到有回波信号，则输出回响信号ECHO。该回响信号的高电平宽度与所测的距离成正比。则单片机的工作过程为：

1）给TRIG引脚触发信号，即：TRIG引脚先拉低，然后给TRIG引脚一个至少10μs的高电平信号，然后再拉低。

2）当ECHO引脚为高电平时，启动定时器定时。

3）当ECHO引脚为低电平时，停止定时器定时，读取定时器计数值。

4）计算距离：

$$S=\frac{(\text{THx}\times256+\text{TLx})\times10^{-6}\times\text{超声波波速}}{2}\quad(\text{单位:m})\tag{10-3}$$

注：THx和TLx表示T0或T1的高8位和低8位。循环测量周期的时间为60ms以上，以防止发射信号对回响信号的影响。

10.4.2　红外循迹原理

1. 红外光

红外光是波长介于微波和可见光之间的电磁波，波长在760nm～1mm之间，是波长比红光长的非可见光。自然界中的一切物体，只要它的温度高于绝对零度（−273℃）就存在分子和原子的无规则运动，其表面就会不停地辐射红外线。虽然物体都辐射红外线，但是不同的物体的辐射强度是不一样的。

2. 红外探测法

智能车循迹指的是小车在白色地板上循黑线行走，通常采取的方法是红外探测法。红外探测法是利用红外线在不同颜色的物体表面具有不同的反射强度的特点，在小车行驶过程中不断地向地面发射红外光，当红外光遇到白色地板时会发生漫反射，反射光被装在小车上的接收管接收；如果遇到黑线，则红外光被吸收，小车上的接收管就接收不到反射的红外光。因此，单片机以是否接收到反射回来的红外光为依据来确定黑线的位置和小车的行走路线。

由于红外探测传感器发出的是红外光，常见光对它的干扰极小，且价格便宜，因而被广泛应用于智能车的循迹、避障以及其他物料检测、灰度检测等系统中。常用的红外探测元件

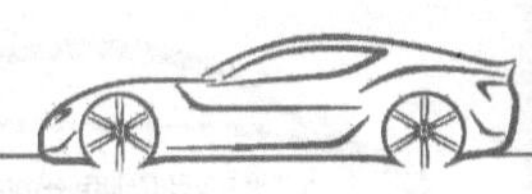

有集发射和接收于一体的红外对管，或者是发射管和接收管分立的红外管，如图 10-33 和图 10-34 所示。

图 10-33　红外对管

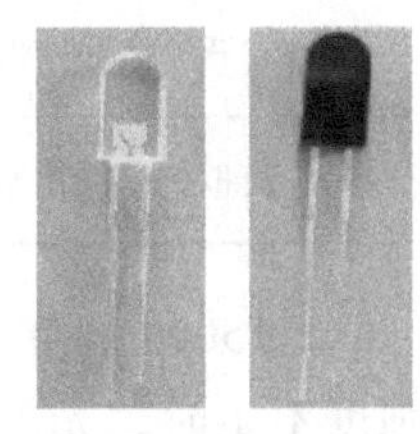

图 10-34　常见红外发射、接收管

图 10-34 中，无色透明的 LED 为发射管，通电后能够产生红外光，另一部分为黑色的接收管，接收管内部是一个具有红外光敏感特征的 PN 节，属于光电二极管，但是它只对红外光有反应。无红外光时，光电二极管不导通；有红外光时，光电二极管导通形成光电流，并且在一定范围内电流随着红外光强度的增强而增大。

3. TCRT5000 光电传感器模块

TCRT5000 光电传感器模块是基于 TCRT5000 红外光电传感器设计的一款红外反射式光电开关。检测反射距离为 1~25mm；比较器输出；驱动能力强，超过 15mA；配多圈可调精密电位器调节灵敏度；工作电压为 3.3~5V；可输出数字开关量和模拟量。其外形如图 10-35 所示，电路图如图 10-36 所示，引脚功能描述见表 10-16。

图 10-35　TCRT5000 光电传感器模块

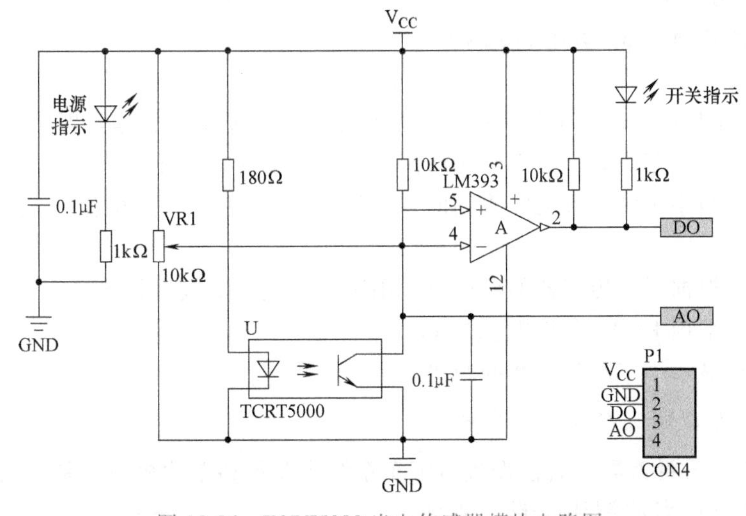

图 10-36　TCRT5000 光电传感器模块电路图

表 10-16　TCRT5000 光电传感器模块引脚功能描述

引脚名称	功能	描述
V_{CC}	电源+	3~5.5V，推荐工作电压为 5V
GND	电源-	接地

（续）

引脚名称	功能	描述
DO	TTL 开关信号输出端	无光，该引脚输出高电平“1”；有光，该引脚输出低电平“0”；该引脚可直接与单片机的 I/O 口连接
AO	模拟信号输出端	该引脚电压随着红外光强度的增强而减小。该引脚与单片机连接时，需接 A/D 转换器，转换为数字量与单片机接口

工作原理：TCRT5000 的红外 LED 不断发射红外线，当发射的红外线没有被障碍物反射回来或者反射强度不足时，光电晶体管截止，AO 引脚输出 V_{CC} 电源电压；同时 LM393 比较器的同相端为 V_{CC} 电源电压，反相端为电位器对 V_{CC} 电源电压的分压，设为 $V_{CC}/2$，此时，同相端电压高于反相端电压，比较器输出高电平，即 DO 引脚输出高电平；反之，当红外线的反射强度足够且同时被光电晶体管接收到时，光电晶体管导通，该支路电流在一定范围内随着红外光强度的增强而增大，AO 引脚输出电压在一定范围内随着红外光强度的增强而减小。LM393 比较器的同相端电压也减小，反相端仍为电位器对 V_{CC} 电源电压的分压，同相端电压低于反相端电压，比较器输出低电平，即 DO 引脚输出低电平。因此，DO 引脚输出的是 TTL 开关信号，AO 引脚输出的为模拟信号。

可利用 TCRT5000 光电传感器模块实现在白色地板上循黑线行走。传感器在黑线上方时，红外 LED 不断发射红外线，但因黑线的反射能力很弱，反射的红外光很少，光电晶体管截止，DO 引脚输出高电平“1”；传感器在白色地板上方时，红外 LED 不断发射红外线，但因白色地板的反射能力很强，反射的红外光使光电晶体管导通，DO 引脚输出低电平“0”。检测到白色地板时 DO 引脚输出低电平，检测到黑线时 DO 引脚输出高电平。这样单片机就可以通过检测 DO 引脚的电平来判断小车是在黑线上还是在白色地板上，进而完成相应的循迹、避障等功能。

10.4.3 智能循迹避障车仿真实例

智能循迹避障车仿真实例（视频）

智能循迹避障车仿真实例（PPT）

任务要求：采用单片机设计一款智能循迹避障车。具体实现功能如下。

1）当小车距离前方障碍物的距离小于阈值时，小车停止前进。

2）当小车的前方无障碍物时或距障碍物的距离大于阈值时，根据黑色轨迹循迹前行。

3）根据循迹传感器的反馈值采用不同的差速等级进行转弯。

4）采用 PWM 技术进行调速。

5）显示小车距障碍物的距离。

1. 智能循迹避障车硬件设计

（1）设计方案　智能循迹避障车系统主要包括单片机最小系统电路、循迹传感器电路、超声波测距电路、直流电动机驱动电路以及液晶显示电路等，设计方案如图 10-37 所示。采用 1 路超声波测小车前方障碍物距离，3 路循迹，小车采用 4 轮驱动，一侧的前后两个车轮共用一个电动机驱动，

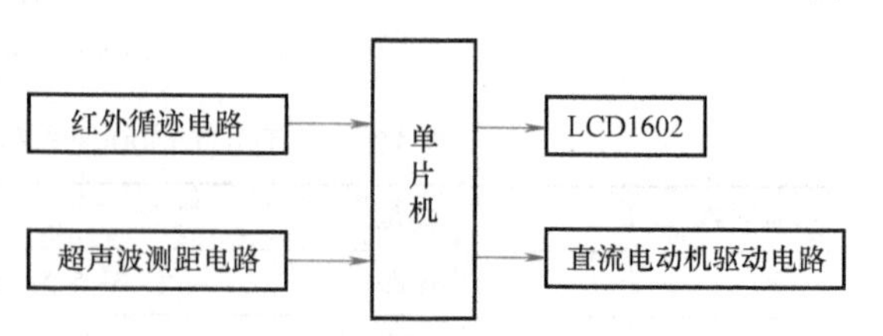

图 10-37　智能循迹避障车设计方案

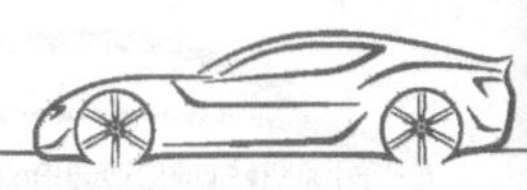

另一侧两个前后轮共用另一个电动机驱动。

（2）硬件电路图　本例采用 HC-SR04 超声波模块进行测距，TRIG、ECHO 引脚接至单片机的 P2.3 和 P2.4 引脚；LCD1602 数据端接到单片机 P0 口，RS、R/$\overline{W}$ 和 E 连接 P2.0~P2.2；红外循迹采用 TCRT5000 光电传感器模块，采用 3 路循迹，循迹模块的 TTL 电平输出端 DO 分别接至单片机的 P2.5~P2.7 引脚；电动机驱动采用 L298N，实现 2 个电动机驱动。L298N 的 IN1~IN4 分别接至单片机的 P1.0~P1.3，ENA 接至 P1.4，ENB 接至 P1.5，L298N 的 OUT1 和 OUT2 驱动左轮电动机，OUT3 和 OUT4 驱动右轮电动机。在仿真电路中，HC-SR04 模块用 SRF04 超声波模型代替，TCRT5000 光电传感器模块用光敏电阻 TORCH-LDR 模型代替，仿真电路图如图 10-38 所示。

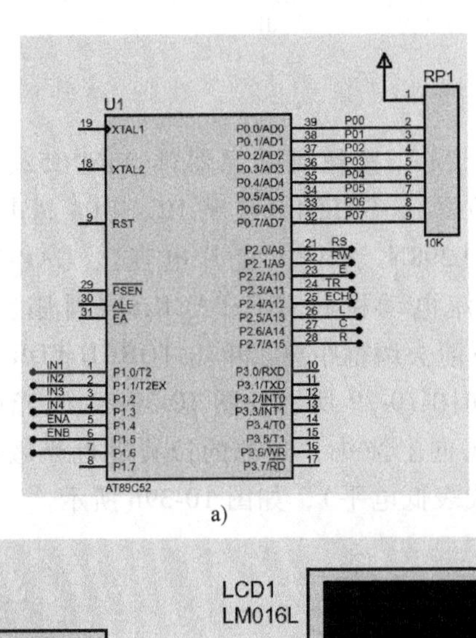

a)

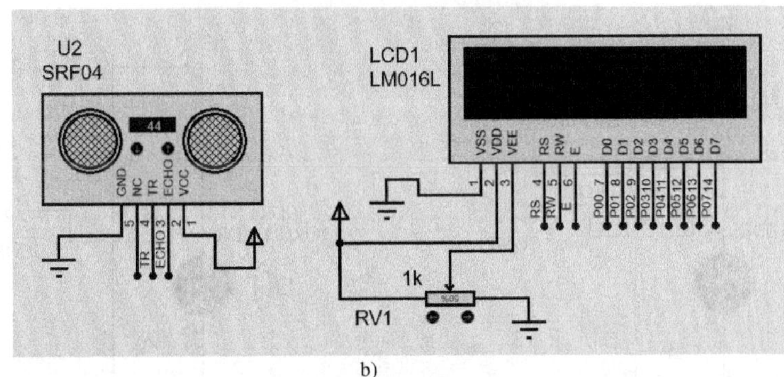

b)

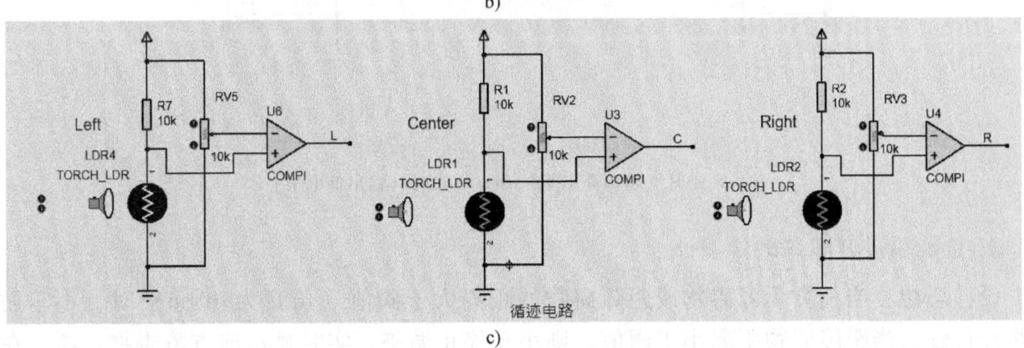

c)

图 10-38　智能循迹避障车仿真电路图

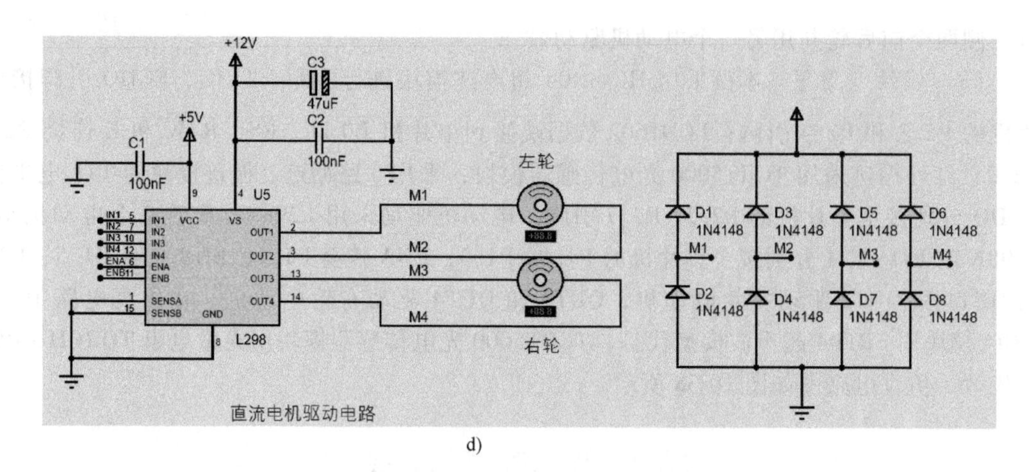

d)

图 10-38　智能循迹避障车仿真电路图（续）

说明：在 Proteus 中单击“P”按钮挑选元器件 AT89C52、LM016L（代替 LCD1602）、RES（电阻）、POT-HG（电位器）、SRF04（代替 HC-SR04 超声波模块），TORCH-LDR（代替 TCRT5000 光电传感器）、L298N、CAP（瓷片电容）、CAP-ELEC（电解电容）、COMPI（比较器）、MOTOR-DC（直流电动机）、RESPACK-8（排阻）、IN4148（二极管）。仿真 SRF04 时可单击模型中的上下箭头调整距离。单击 TORCH-LDR 模型中的上下箭头可调整光源的距离，仿真运行效果图如图 10-39 所示，图 10-39a 为无光照射时，比较器输出高电平（红色方框代表高电平），单击向上箭头，光源的位置靠近光敏电阻，表示有光照射时，比较器输出低电平（蓝色方框代表低电平），如图 10-39b 所示。

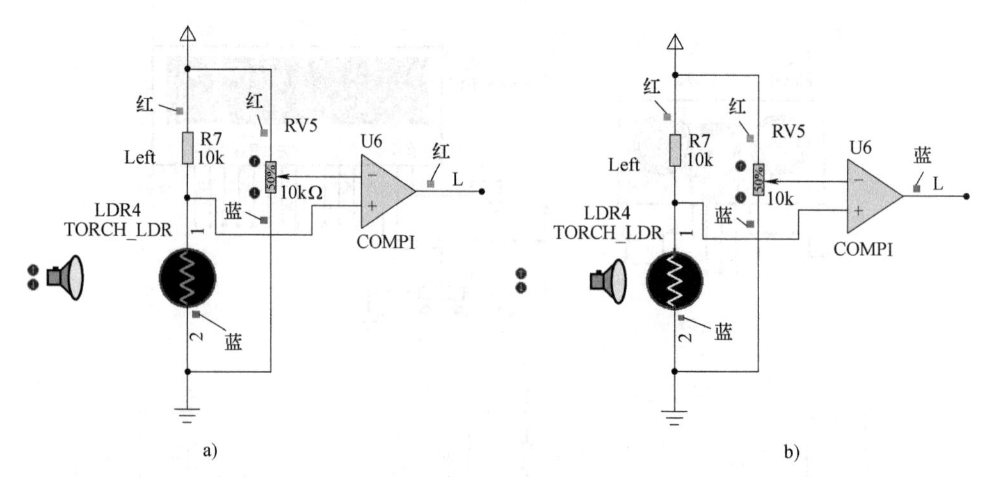

a)　　b)

图 10-39　TORCH-LDR 仿真运行效果图

a）无光时（输出高电平）　b）有光时（输出低电平）

2. 智能循迹避障车软件设计

设计思想：当前方无障碍物或距障碍物的距离大于阈值（仿真为 40cm）时，小车循黑线路径行驶，当距障碍物距离小于阈值，则小车停止循迹，实时显示前方障碍物距离。在实现过程中的关键环节如下。

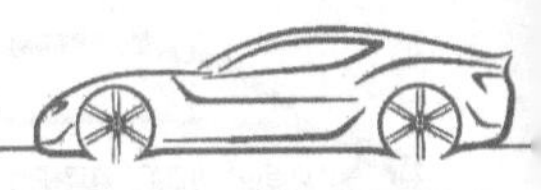

（1）超声波测距　根据超声波时序，编写超声波启动函数和超声波测距函数，采用定时器 T0 方式 1 计时从发送超声波到接收到反射波的时间，即小车到障碍物的往返时间。参考代码见 supersonic. c 和 supersonic. h 文件。

1）启动函数时序：P2. 3 接 TRIG 引脚，按照时序“P2. 3 = 1；15μs 延时；P2. 3 = 0；”启动发射超声波。

2）超声波测距：P2. 4 接 ECHO 引脚，按照时序“P2. 4 = 1；启动 T0；P2. 4 = 0；停止 T0；”T0 停止定时后，读取 T0 的值，按式（10-3）计算距离。

3）T0 中断服务函数：T0 从初值 0x0000 开始定时到溢出，最长定时为 65. 536ms，而选用的 HC-SR04 的探测距离为 2～450cm，最长需要时间约为 27ms，所以，一旦 T0 进入中断，则意味着超出测距范围，设标志位关闭测距。T0 初值可根据实际情况确定。

（2）电动机控制程序　采用 L298N 驱动 2 个电动机，一个电动机驱动左侧的前后两个车轮，另一个电动机驱动右侧前后两个车轮。L298N 控制方案见表 10-17。参考代码见 L298N. c 和 L298N. h 文件。

表 10-17　L298N 控制方案

左侧车轮				右侧车轮				
Input1	Input2	ENA	PWM1	Input3	Input4	ENB	PWM2	小车状态
1	0	1	100	1	0	1	100	直行
1	0	1	25	1	0	1	100	左转
1	0	1	100	1	0	1	25	右转
0	0	0	0	0	0	0	0	停止

采用 PWM 波调速，PWM 波的周期设为 20ms，PWM1 和 PWM2 分别表示左右侧电动机 PWM 波的高电平时间，用 PWM1 和 PWM2 的值控制 L298N 的 ENA 和 ENB 引脚输出高电平的时间，就可以实现 2 个电动机的 PWM 调速。修改 PWM1 和 PWM2 的值就可以改变占空比，数值越大，占空比越大。小车左转，右侧电动机的转速要大于左侧电动机的转速，左右两侧差速越大，转弯半径越小。同理，小车右转，左侧电动机的转速要大于右侧电动机的转速，左右两侧差速越大，转弯半径越小。采用 T1 产生 PWM 信号，方式 2，定时时间为 100μs，中断 200 次即为 20ms。

（3）红外循迹　3 路循迹分别为左侧循迹（L）、中间循迹（C）和右侧循迹（R）。循迹传感器 DO 引脚输出高电平，表示检测到的是黑线；输出低电平，表示检测到的是白色地板。根据 3 路循迹传感器的状态控制小车的行进方向，真值表见表 10-18。

表 10-18　3 路循迹传感器控制真值表

左侧循迹模块(L)	中间循迹模块(C)	右侧循迹模块(R)	小车状态
1	1	1	L、C 和 R 都在黑线上，强制停车
0	0	0	L、C 和 R 都不在黑线上，保持直行
0	1	1	C、R 在黑线上，右转
0	0	1	R 在黑线上，加速右转
1	1	0	L、C 在黑线上，左转
1	0	0	L 在黑线上，加速左转
0	1	0	C 在黑线上，直行

3. 仿真运行

将程序编译生成 Hex 文件，加载到单片机中，单击运行按钮。调整 SRF04 上下箭头，LCD1602 上显示距离随之改变，SRF04 上显示的 46，单位是 cm（厘米），LCD 上显示的单位是 m（米）。超声波测距及显示仿真运行效果图如图 10-40 所示。

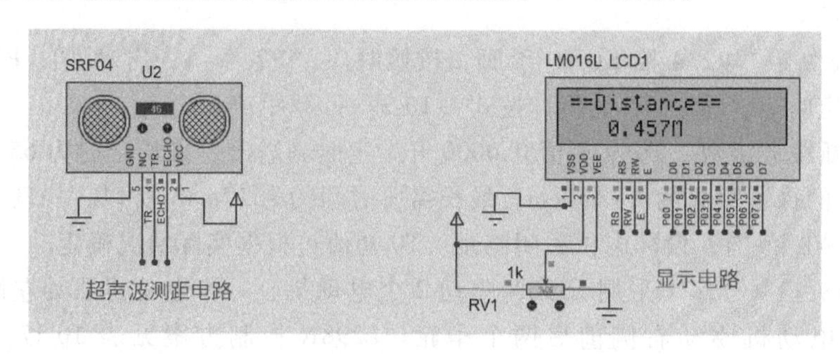

图 10-40　超声波测距及显示仿真运行效果图

调整 Left 循迹模块的光敏电阻 LDR4 的向上箭头，其他 2 个保持不变。则 3 路循迹输出电平为 L=0、C=1、R=1，电动机大角度右转，即占空比 PWM1=100、PWM2=50，循迹仿真运行效果图如图 10-41 所示。其他情况可自行仿真，占空比可根据实际情况调整。

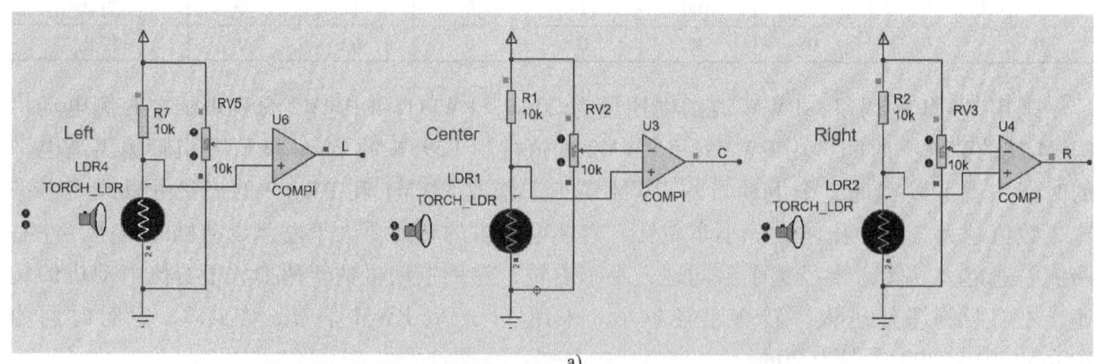

a)

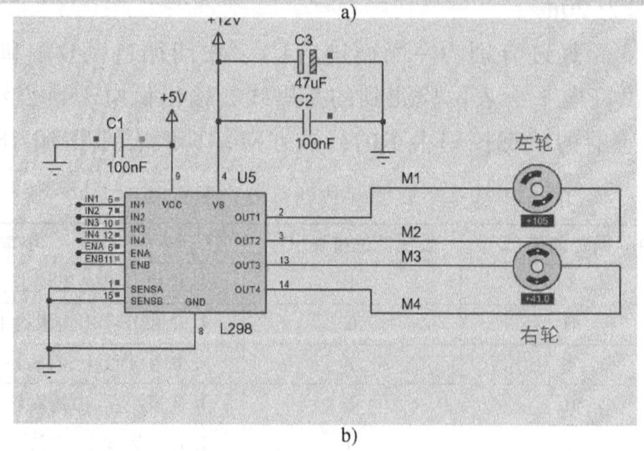

b)

图 10-41　循迹仿真运行效果图

a）循迹电路　b）直流电动机驱动电路

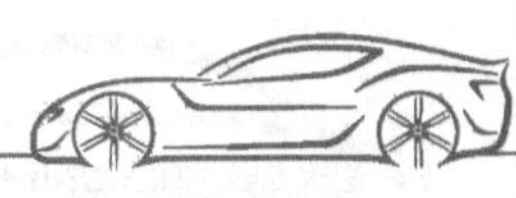

10.5 遥控机器人设计

红外遥控是利用红外线进行传递信息的一种控制方式，是目前使用最广泛的一种通信和遥控手段。红外遥控具有抗干扰能力强、电路简单、容易编码和解码、功耗小、成本低等特点。红外遥控在家电、智能玩具等小型电器装置上得到了广泛的应用。本节介绍一款基于NEC（日本电气电子公司）协议设计的红外遥控机器人。

10.5.1 红外遥控原理

1. 红外遥控系统组成

人的眼睛能看到的可见光按波长从长到短排列，依次为红、橙、黄、绿、青、蓝、紫。其中红光的波长范围为0.62~0.76μm，紫光的波长范围为0.38~0.46μm。比紫光波长还短的光叫紫外线，比红光波长还长的光叫红外线。红外遥控就是利用波长为0.76~1.5μm之间的近红外线来传送控制信号的。但是不利的是，红外光的发光源实在是太多了，太阳光是其中最强的一个光源，其他的如白炽灯、热系统中心（如散热器件），甚至人的身体等都可以看作是一个光源。实际上，只要有发热的物体，都会发出红外光。所以在发送端为便于传输、提高信号抗干扰能力且有效地利用带宽，通常需要将信号调制到适合信道和噪声特性的频率范围内进行传输，这就叫作信号调制。调制是用待发送信号去控制某个高频信号的幅度、相位或频率等参量变化的过程。在接收端要对接收到的信号进行解调，恢复出原来的信号。红外遥控是以调制的方式发射数据，就是把数据和一定频率的载波进行“与”操作，这样既可以提高发射效率又可以降低电源功耗。通过调制可以使红外光以特定的频率闪烁。调制载波频率一般在30~60kHz之间，大多数使用的是38kHz、占空比为1/3的矩形波。

红外遥控系统主要包括发射和接收两个部分，红外遥控系统示意图如图10-42所示。红外遥控器主要把按键的信号进行编码调制由红外LED发射；一体化红外接收头通过检波二极管接收红外信号，信号通过放大和解调等环节恢复出原来的低频信号。接收端的所有这些功能模块都集成为一个单一的电子器件（红外接收头）。最后由单片机解码出是哪个按键按下，具体进行什么操作。

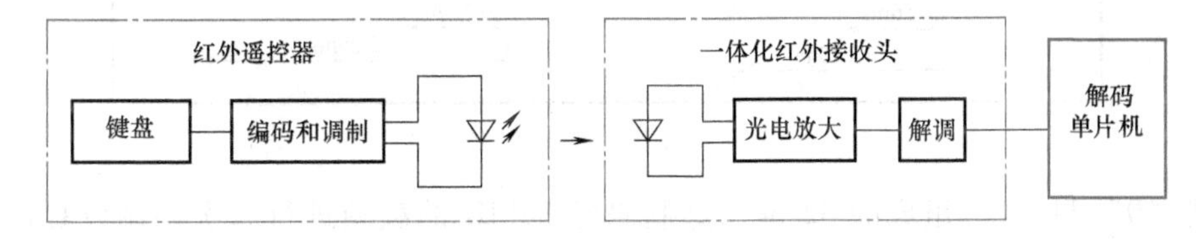

图10-42　红外遥控系统示意图

2. 遥控发射器及其编码

红外遥控器通常是一个带电池的手持装置。目前有多种芯片可以实现红外发射，芯片所用的晶振大多选用具有足够的耐物理撞击能力的陶瓷晶振。对该晶振进行分频得到38kHz的高频载波信号。为减少功耗，遥控器大多设计成没有按键按下时处于休眠状态，而有按键按下时才工作。红外线通过红外LED发射出去，红外LED内部构造与普通的LED基本相同，

只是材料和普通 LED 不同，在红外发射管两端施加一定电压时，它发出的是红外线而不是可见光。发射系统发射的信号可以根据需求选择不同的通信协议进行编码，各个生产商都设计了各自的通信协议，如 NEC 协议、ITT 协议、Nokia（诺基亚）NRC17 协议、索尼 SIRC 协议和飞利浦 RC-5 协议等。

下面以 NEC 协议为例说明编码原理（一般家庭用的 DVD（数字通用光盘）、VCD（数字视频光盘）和音响都使用这种编码方式）。

NEC 协议的特征：①使用 38kHz 载波频率；②引导码间隔是 9ms+4.5ms；③使用 16 位客户码；④使用 8 位数据码和 8 位取反的数据码。当发射器按键按下后，即有遥控码发出，所按的键不同，遥控编码也不同。

遥控编码是连续的 32 位二进制码，是按照 NEC 进行编码。先是引导码，引导码为载波发射 9ms，停止发射 4.5ms。接着是 16 位地址码（低 8 位地址码+高 8 位地址码），用地址码区别不同的设备，防止不同机种遥控码的互相干扰，也称用户码。最后是 16 位的数据码（8 位数据码+8 位数据码的反码）。码波形如图 10-43 所示。

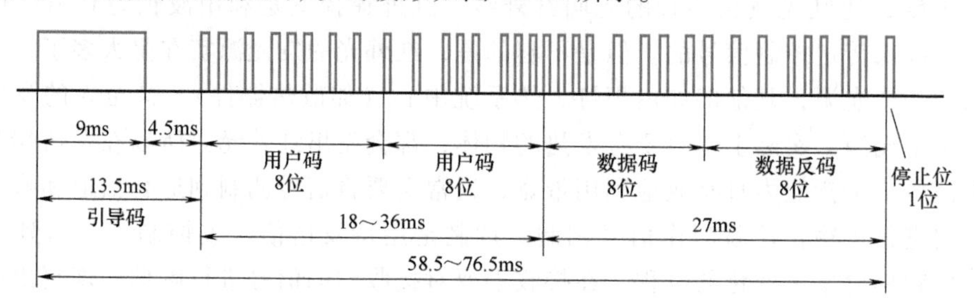

图 10-43　码波形

用户码或数据码中的每一个位可以是“1”，也可以是“0”。“0”和“1”利用脉冲的时间间隔进行区分。以脉宽为 0.56ms、间隔 0.565ms、周期为 1.125ms 的组合表示二进制的“0”；以脉宽为 0.56ms、间隔 1.690ms、周期为 2.25ms 的组合表示二进制的“1”。遥控码的“0”和“1”如图 10-44 所示。

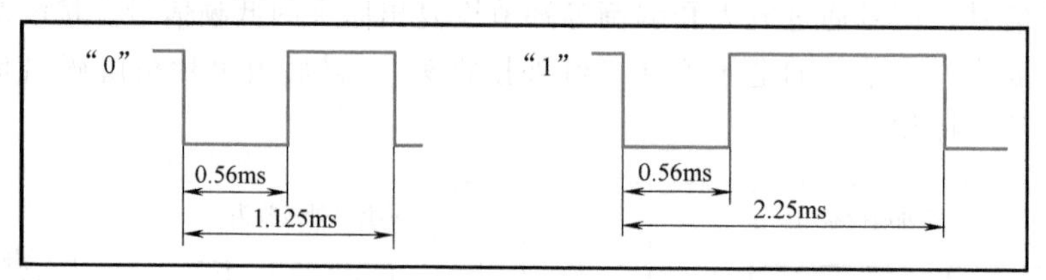

图 10-44　遥控码的“0”和“1”

上述“0”和“1”组成的 32 位二进制码经 38kHz 的载频进行二次调制以提高发射效率，达到降低电源功耗的目的。然后再通过红外 LED 产生红外线向空间发射。

按键输出有 2 种方式：一种是每次按键都输出完整的一帧数据，每发送一个字节的时间是 9~18ms，一个完整的编码发送时间大约在 45~63ms，与发送的“0”和“1”的个数有关。遥控器在按键按下后，周期性地发出同一种 32 位二进制码，周期约为 108ms，单一按键波形如图 10-45 所示。

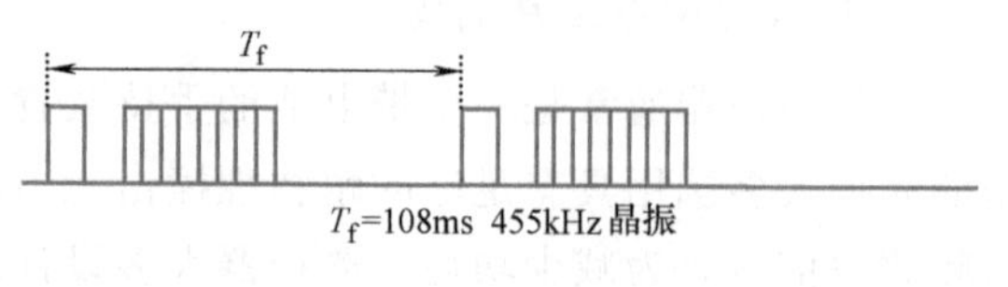

图 10-45　单一按键波形

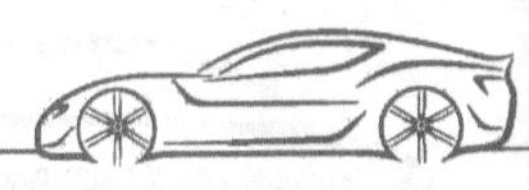

另一种是按下相同的按键，每发送完整的一帧数据后，再发送重复码，直到按键被松开。连续按键波形如图 10-46 所示，重复码波形如图 10-47 所示。

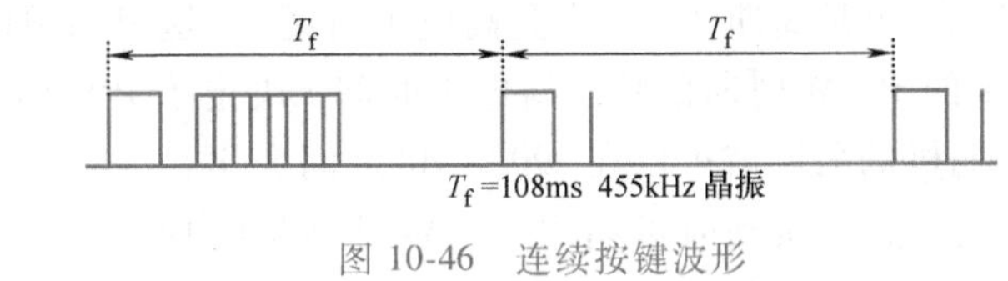

图 10-46　连续按键波形

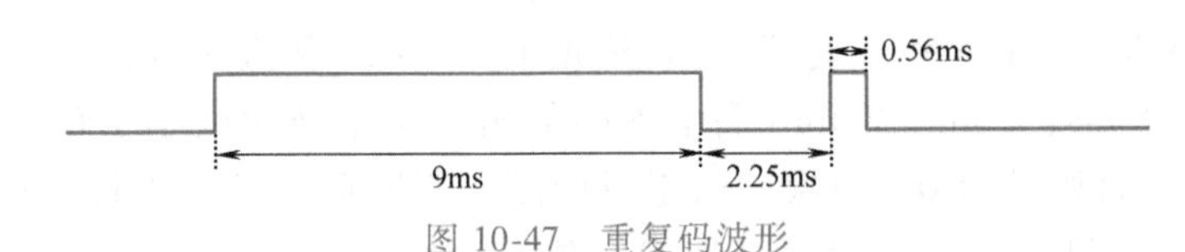

图 10-47　重复码波形

3. 遥控信号接收

接收电路可以使用一种集红外线接收和放大于一体的一体化红外线接收头，不需要任何外接元器件，体积和普通的塑封晶体管大小一样。接收器对外只有 3 个引脚：Out、GND、V_{CC}，与单片机接口非常方便。其外形及引脚如图 10-48 所示。

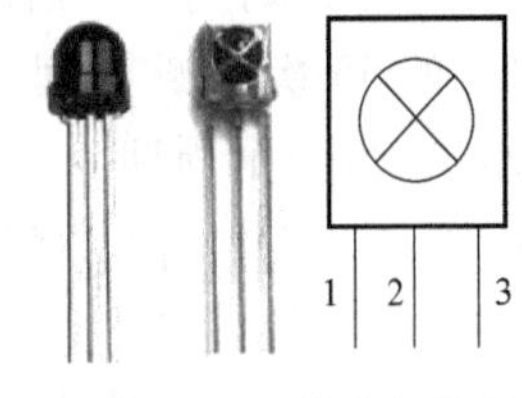

图 10-48　一体化红外线接收头外形及引脚

10.5.2　舵机工作原理

舵机英文称 Servo，也称伺服机。其特点是结构紧凑、易安装调试、控制简单、大扭力和成本较低等。舵机的主要性能取决于最大力矩和工作速度（一般是以 s/60°为单位）。它是一种位置伺服的驱动器，适用于那些需要角度不断变化并能够保持的控制系统。在机器人机电控制系统中，舵机控制效果是性能的重要影响因素。舵机外形图如图 10-49 所示。

图 10-49　舵机外形图

标准的舵机有 3 条引线，分别是电源线 V_{CC}（+5V）、地线（GND）和控制信号线（PWM），示意图如图 10-50 所示。舵机的控制信号是 PWM 信号，利用占空比的变化改变舵机的位置。舵机输出轴转角与输入信号脉冲宽度的关系是输入信号的高电平宽度在 0.5～2.5ms 变化时，舵机输出轴转角在-90°～90°（负号表示反转）变化。舵机输出轴转角与输入信号脉冲宽度的关系如图 10-51 所示。

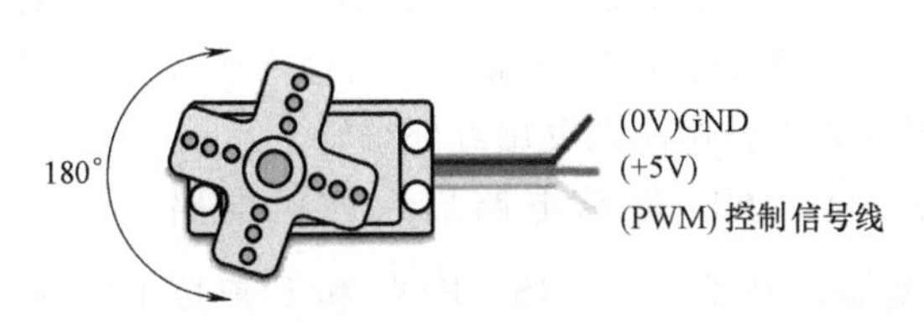

图 10-50　舵机引线示意图

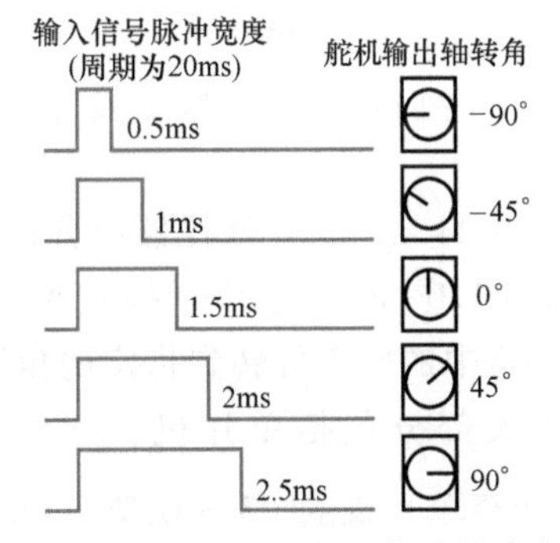

图 10-51　舵机输出轴转角与输入信号脉冲宽度的关系

通过舵机输出轴转角与输入信号脉冲宽度的关系可以看出，利用单片机系统实现对舵机输出轴转角的控制，就是利用单片机产生 PWM 脉冲信号输出到舵机的控制信号端。PWM 波主要由 2 个参数决定，一个是周期 T，一个是高电平时间 t。这里的周期 T 为 20ms，所以单片机首先要产生 20ms 的 PWM 周期信号；高电平时间 t 决定了 PWM 波的占空比，t 的取值范围为 0.5~2.5ms，舵机的角度就可以在-90°~90°之间变化。

控制一个舵机的角度，具体实现时可利用一个定时器 T0 中断的方式，定时器每 0.5ms 中断一次，中断 40 次即为 20ms。定义一个全局变量 count 来记录中断的次数，当中断达到 40 次时，全局变量重新清零。定义一个角度标志 jd，数值为 1、2、3、4、5，实现 0.5ms、1 ms、1.5 ms、2 ms、2.5ms 高电平的输出。当中断次数小于角度标志 jd 时，信号线输出高电平，否则输出 0。每次进入定时中断，判断此时的角度标志，进行相应的操作。比如此时为 5，则进入前 5 次中断期间，信号输出为高电平，即为 2.5ms 的高电平，剩下的 35 次中断期间，信号输出为低电平，即为 17.5ms 的低电平，这样总的时间是 20ms，为一个周期。

10.5.3 红外遥控机器人仿真实例

红外遥控机器人仿真实例（视频）

红外遥控机器人仿真实例（PPT）

任务要求：采用单片机设计一款红外遥控机器人。具体实现功能如下。

1）红外遥控器部分采用单片机和按键进行模拟；按下按键，在单片机一个 I/O 口线输出 38kHz 脉冲信号，模拟红外遥控器。

2）接收部分采用单片机进行解码，控制 1 个舵机的运动，包括直行、后退、左转 90°、右转 90°和停止。

3）LCD 显示机器人的运动状态。

1. 遥控机器人硬件设计

（1）设计方案 采用单片机为核心芯片，将机器人的运动状态显示在 LCD1602 上，通过遥控器上的按键控制机器人的行进方向。遥控器部分设计方案如图 10-52 所示，机器人部分设计方案如图 10-53 所示。

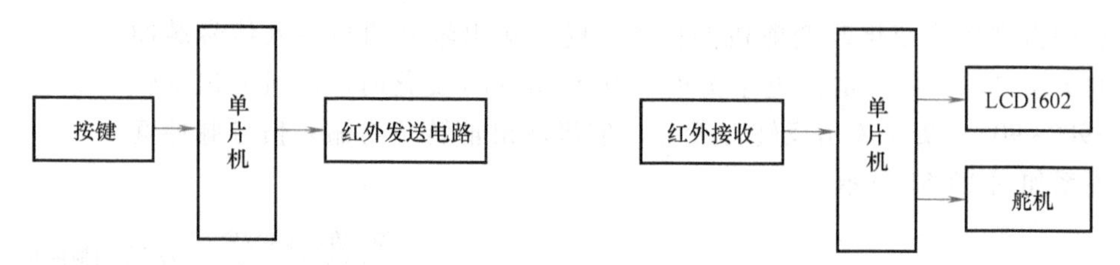

图 10-52 遥控器部分设计方案

图 10-53 机器人部分设计方案

（2）仿真电路图 遥控器部分包括单片机和 5 个按键以及红外发送部分。5 个按键连至单片机的 P1.0~P1.4 引脚，按照 NEC 协议格式，对 5 个按键进行编码，用这 5 个按键控制机器人电路中的舵机旋转到指定的角度。单片机 P2.3 引脚模拟发出红外编码。

机器人部分包括单片机、红外接收电路、LCD1602 显示电路以及舵机电路。红外 IRLINK 接至单片机的 P3.3 引脚，LCD1602 数据端接到 P2 口，RS、R/$\overline{W}$ 和 E 连接 P1.5~P1.7，1 个舵机模拟机器人的一个关节，接至 P1.0 引脚。仿真电路图如图 10-54 所示。

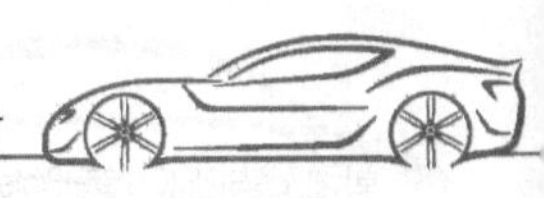

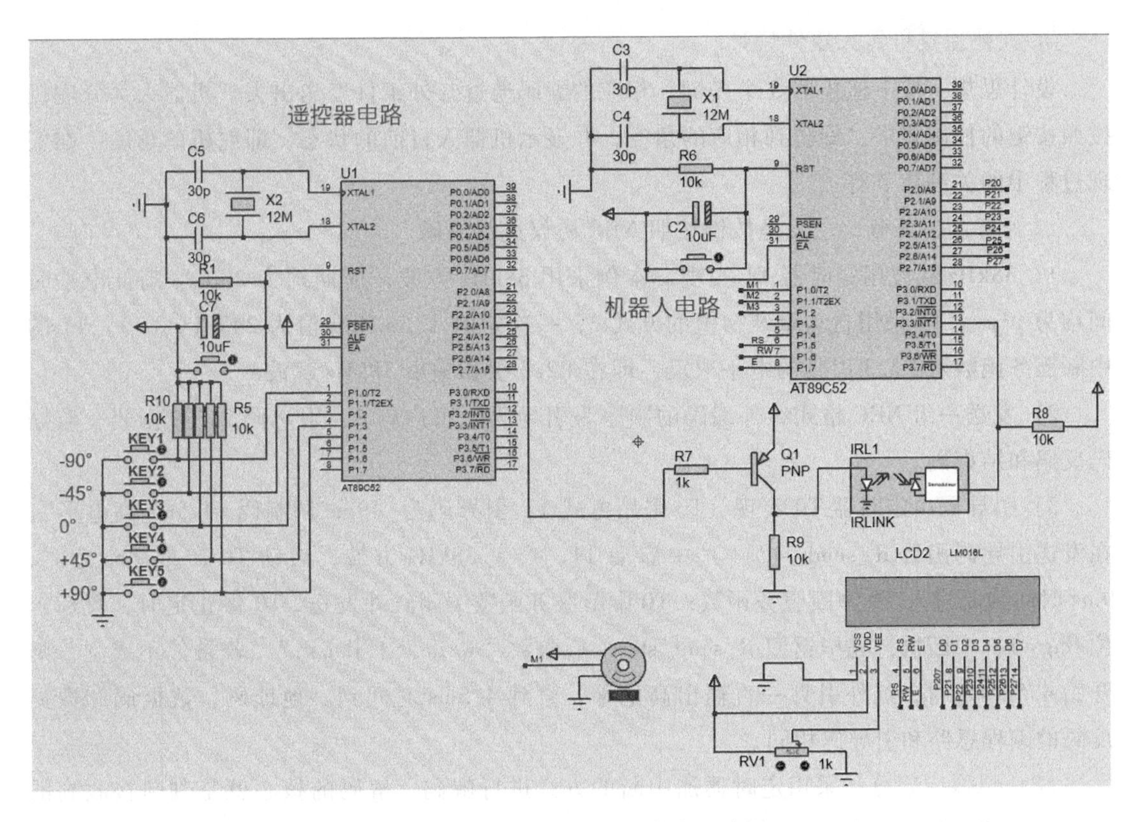

图 10-54　红外遥控机器人仿真电路图

红外发送和接收电路由 Proteus 仿真软件的红外组件“IRLINK”实现。

说明：在 Proteus 中单击“P”按钮挑选元器件 AT89C52、LM016L（代替 LCD1602）、RES（电阻）、BUTTON（按键）、CAP（瓷片电容）、CAP-ELEC（电解电容）、CRYSTAL（晶振）、PNP（晶体管）、POT-HG（电位器）、IRLINK（红外通信）、MOTOR-PWMSERVO（代替舵机）。双击舵机，弹出舵机参数对话框，参数设置如图 10-55 所示。

Edit Component

Part Reference: Hidden: | OK

Part Value: Hidden: | Help

Element: New | Cancel

Minimum Angle: -90.0 | Hide All

Maximum Angle: +90.0 | Hide All

Rotional Speed: 60 | Hide All

Minimum Control Pulse: 0.5m | Hide All

Maximum Control Pulse: 2.5m | Hide All

Other Properties:

Exclude from Simulation | Attach hierarchy module

Exclude from PCB Layout | Hide common pins

Exclude from Bill of Materials | Edit all properties as text

图 10-55　舵机参数设置

2. 红外遥控机器人软件设计

设计思想：按下遥控器5个按键，相应的编码通过红外组件发送出去。机器人部分舵机按照按键的控制要求，旋转到相应的角度，并显示机器人目前的状态，即舵机的角度。在实现过程中的关键环节有：

（1）遥控器部分　主要是按键按照NEC协议进行编码。

1）38kHz载波用定时器T1实现。本例采用38kHz方波，周期约为26μs，高低电平时间均为13μs。T1采用自动重装初值的方式2，一次定时13μs的初值为243（0xF3）。T1的中断服务函数对P2.3引脚的电平取反，即在P2.3引脚输出38kHz载波。

2）发送一组NEC格式红外编码的顺序为引导码、用户码1、用户码2、数据码、数据码反码和结束码。

3）引导码由定时器T0实现。T0采用方式1，引导码为“9ms调制码+4.5ms高电平”，在发送引导码函数R_send_start( )中启动T1，产生38kHz方波，启动T0产生9ms定时，9ms时间到既进入T0中断服务函数；T0中断服务函数关闭红外发送，T0停止定时，置标志位flag=1，中断执行完毕返回R_send_start( )函数“while（！flag);”，若条件不成立，则开始4.5ms定时，红外引脚一直输出高电平，直到4.5ms时间到。地址码、数据码和数据反码的编程思路和引导码相同。

（2）机器人部分　采用定时器加中断的方式进行解码。解码的核心就是判断接收到的信息是“0”还是“1”。“0”的时长为1.125ms，“1”的时长为2.25ms。

采用定时器T0方式2，定时256μs，T0中断服务函数实现红外接收脉冲变量IR_receive_time累加，采用P3.3引脚的$\overline{\text{INT1}}$接收红外信号，在中断服务函数中把该引脚接收到的脉冲时间，也就是IR_receive_time的值存入数组IR_receive_data[33]，一个完整的NEC编码包括一位引导码和32位数据，共由33个脉冲组成。在解码函数IR_code中，通过判断IR_receive_data[33]的时间的长短来判断接收到的是“0”还是“1”，“0”的时长为1.125ms，“1”的时长为2.25ms，将解码的数据存放在数组IR_receive_code[4]中。引导码不需要解码，实际解出的码有4个，IR_receive_code[0]和IR_receive_code[1]是地址码，IR_receive_code[2]是数据码，也就是遥控器发送过来按键的编码，IR_receive_code[3]是数据码的反码。

根据IR_receive_code[2]中的数据控制舵机旋转相应的角度并显示。

3. 仿真运行

将遥控器程序和机器人程序分别进行编译生成Hex文件，分别加载到2个单片机中，单击运行按钮。舵机初始位置为90°。按下KEY1，舵机旋转到-90°停止，LCD1602上显示“Angle：-90”；按下KEY2，舵机旋转到-45.7°停止，LCD1602上显示“Angle：-45”。红外遥控机器人仿真运行效果图如图10-56所示。仿真时舵机旋转角度有一定的误差，操作实物时根据实际情况具体调整。

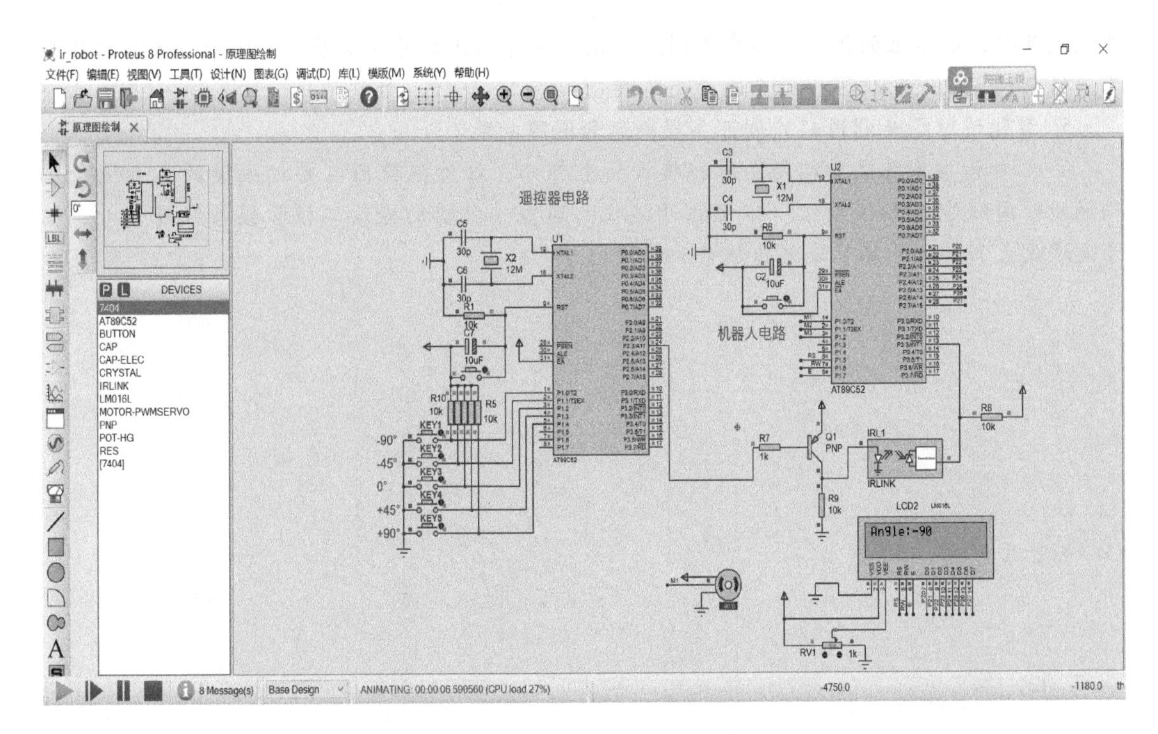

图 10-56　红外遥控机器人仿真运行效果图

本章小结

1. 步进电动机是将电脉冲信号转变为角位移或线位移的开环控制电动机。电动机的转速、停止的位置只取决于脉冲信号的频率和脉冲数。28BYJ-48 永磁式减速步进电动机的励磁方式有 3 种。

一相励磁：一个励磁周期顺序为 A-B-C-D（四相四拍）。

二相励磁：一个励磁周期顺序为 AB-BC-CD-AD（四相四拍）。

一-二相励磁：一个励磁周期顺序为 A-AB-B-BC-C-CD-D-AD（四相八拍）。

单片机只要按上述顺序依次输出各拍电平，则电动机正转；反向输出，则电动机反转。

2. 直流电动机是一种最常用的电能-机械能转换装置，旋转电枢式，即励磁绕组及其所包围的铁心组成的磁极为定子，带换向单元的电枢绕组和电枢铁心结合构成直流电动机的转子。

3. DS1302 是由美国 DALLAS 公司推出的具有涓细电流充电能力的低功耗实时时钟芯片，可以用单片机写入时间或读取当前的时间数据；提供秒、分、时、日期、月、星期和年等信息，对于少于 31 天的月份，月末日期会自动调整，包括对闰年的修正。通过配置 AM/PM 标志决定采用 24 小时格式或 12 小时格式，有效补偿到 2100 年。

4. 智能循迹小车在白色地板上循黑线行走，常采用红外探测法。利用红外线在不同颜色的物体表面具有不同的反射强度的特点，小车在行驶过程中不断地向地面发射红外光，红外光遇到白色地板时发生漫反射，反射光被装在小车上的接收管接收；如果遇到黑线，则红

外光被吸收，小车上的接收管接收不到红外光。单片机就是通过是否收到反射回来的红外光为依据来确定黑线的位置和小车的行走路线。

5. 智能避障小车利用超声波可实现测速和避障功能。

6. 红外遥控系统主要包括发射和接收两个部分，红外遥控器主要把按键的信号进行编码调制后由红外LED发射；一体化红外接收头通过接收器的检波二极管接收红外信号，信号通过放大和解调等环节恢复出原来的低频信号。

附录　MCS-51系列单片机指令表

助记符	功　能	说　明	对标志位影响				字节数	周期数
			P	OV	AC	Cy		
1. 数据传送指令(30条)								
MOV A,Rn	Rn→A	将寄存器的内容存入累加器	√	×	×	×	1	1
MOV A,direct	(direet)→A	将直接地址内容存入累加器	√	×	×	×	2	1
MOV A,@Ri	(Ri)→A	将间接地址内容存入累加器	√	×	×	×	1	1
MOV A,#data	data→A	将常数存入累加器	√	×	×	×	2	1
MOV Rn,A	A→Rn	将累加器的内容存入寄存器	×	×	×	×	1	1
MOV Rn,direct	(direct)→Rn	将直接地址内容存入寄存器	×	×	×	×	2	2
MOV Rn,#data	data→Rn	将常数存入寄存器	×	×	×	×	2	1
MOV direct,A	A→(direct)	将累加器内容存入直接地址	×	×	×	×	2	1
MOV direct,Rn	Rn→(direct)	将寄存器内容存入直接地址	×	×	×	×	2	2
MOV direct1,direct2	(direct2)→(direct1)	将直接地址2的内容存入直接地址1	×	×	×	×	3	2
MOV direct,@Ri	(Ri)→(direct)	将间接地址内容存入直接地址	×	×	×	×	2	2
MOV direct,#data	data→(direct)	将常数存入直接地址	×	×	×	×	3	2
MOV @Ri,A	A→(Ri)	将累加器内容存入某间接地址	×	×	×	×	1	1
MOV @Ri,direct	(direct)→(Ri)	将直接地址的内容存入某间接地址	×	×	×	×	2	2
MOV @Ri,#data	data→(Ri)	将常数存入某间接地址	×	×	×	×	2	1
MOV DPTR,#data16	data16→ DPTR	将16位的常数存入数据指针寄存器	×	×	×	×	3	1
MOV C ,bit	Bit→Cy	将直接地址的某位值存入进位C	×	×	×	√	2	1
MOV bit ,C	Cy→ Bit	将进位C的值存入直接地址的某位	×	×	×	×	2	2

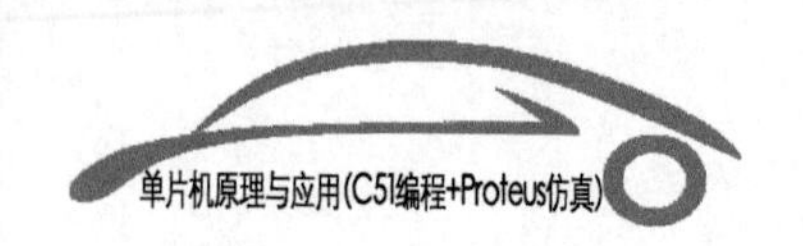

(续)

助记符	功　能	说　明	对标志位影响				字节数	周期数
			P	OV	AC	Cy		
1. 数据传送指令(30条)								
MOVC A,@A+DPTR	(A+DPTR)→A	累加器的值再加数据指针寄存器的值为其所指定ROM地址,将该地址的内容读入累加器	√	×	×	×	1	2
MOVC A,@A+PC	PC+1→PC (A+PC)→A	累加器的值加程序计数器的值作为其所指定ROM地址,将该地址的内容读入累加器	√	×	×	×	1	2
MOVX A,@Ri	(Ri)→A	将间接地址所指定外部RAM的内容读入累加器(8位地址)	√	×	×	×	1	2
MOVX A,@DPTR	(DPTR)→A	将数据指针所指定外部RAM的内容读入累加器(16位地址)	√	×	×	×	1	2
MOVX@Ri,A	A→(Ri)	将累加器的内容写入间接地址所指定的外部RAM(8位地址)	×	×	×	×	1	2
MOVX @DPTR,A	A→(DPTR)	将累加器的内容写入数据指针所指定的外部RAM(16位地址)	×	×	×	×	1	2
PUSH direct	SP+1→SP (direct)→(SP)	将直接地址内容压入堆栈区	×	×	×	×	2	2
POP direct	(SP)→(direct) SP-1→SP	从堆栈弹出内容存入该直接地址	×	×	×	×	2	2
XCH A,Rn	A←→Rn	将累加器的内容与寄存器的内容互换	√	×	×	×	1	1
XCH A,direct	A←→(direct)	将累加器的值与直接地址的内容互换	√	×	×	×	2	1
XCH A,@Ri	A←→(Ri)	将累加器的值与间接地址的内容互换	√	×	×	×	1	1
XCHD A,@Ri	A0~3←→(Ri)0~3	将累加器的低4位与间接地址的低4位互换	√	×	×	×	1	1
2. 算数运算类指令(24条)								
ADD A,Rn	A+Rn→A	将累加器与寄存器的内容相加,结果存回累加器	√	√	√	√	1	1
ADD A,direct	A+(direct)→A	将累加器与直接地址的内容相加,结果存回累加器	√	√	√	√	2	1
ADD A,@Ri	A+(Ri)→A	将累加器与间接地址的内容相加,结果存回累加器	√	√	√	√	1	1
ADD A,#data	A+data→A	将累加器与常数相加,结果存回累加器	√	√	√	√	2	1
ADDC A,Rn	A+Rn+Cy→A	将累加器与寄存器的内容及进位C相加,结果存回累加器	√	√	√	√	1	1
ADDC A,direct	A+(direct)+Cy→A	将累加器与直接地址的内容及进位C相加,结果存回累加器	√	√	√	√	2	1

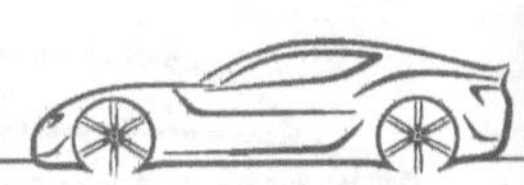

（续）

助记符	功 能	说 明	对标志位影响				字节数	周期数
			P	OV	AC	Cy		
2. 算数运算类指令(24条)								
ADDC A,@ Ri	A+(Ri)+Cy→A	将累加器与间接地址的内容及进位C相加,结果存回累加器	√	√	√	√	1	1
ADDC A,#data	A+data+Cy→A	将累加器与常数及进位C相加,结果存回累加器	√	√	√	√	2	1
SUBB A,Rn	A-Rn-Cy→A	将累加器的值减去寄存器的值减借位C,结果存回累加器	√	√	√	√	1	1
SUBB A,direct	A-(direct)-Cy→A	将累加器的值减直接地址的值减借位C,结果存回累加器	√	√	√	√	2	1
SUBB A,@ Ri	A-(Ri)-Cy→A	将累加器的值减间接地址的值减借位C,结果存回累加器	√	√	√	√	1	1
SUBB A,#data	A-data-Cy→A	将累加器的值减常数值减借位C,结果存回累加器	√	√	√	√	2	1
INC A	A+1→A	将累加器的值加1再存回累加器	√	×	×	×	1	1
INC Rn	Rn+1→Rn	将寄存器的值加1再存回寄存器	×	×	×	×	1	1
INC direct	(direct)+1→(direct)	将直接地址的内容加1再存回直接地址	×	×	×	×	2	1
INC @ Ri	(Ri)+1→(Ri)	将间接地址的内容加1再存回间接地址	×	×	×	×	1	1
INC DPTR	DPTR+1→DPTR	数据指针寄存器值加1再存回数据指针寄存器	×	×	×	×	1	2
DEC A	A-1→A	将累加器的值减1再存回累加器	√	×	×	×	1	1
DEC Rn	Rn-1→Rn	将寄存器的值减1再存回寄存器	×	×	×	×	1	1
DEC direct	(direct)-1→(direct)	将直接地址的内容减1再存回直接地址	×	×	×	×	2	1
DEC @ Ri	(Ri)-1→(Ri)	将间接地址的内容减1再存回间接地址	×	×	×	×	1	1
MUL AB	A * B→AB	将累加器的值与B寄存器的值相乘,乘积的低位字节存回累加器,高位字节存回B寄存器	√	√	×	0	1	4
DIV AB	A/B→AB	将累加器的值除以B寄存器的值,结果的商存回累加器,余数存回B寄存器	√	√	×	0	1	4
DA A	A进行十进制调整	将累加器A进行十进制调整	√	×	√	√	1	4
3. 逻辑运算类指令(35条)								
ANL A,Rn	A∧Rn→A	将累加器的值与寄存器的值做按位与运算,结果存回累加器	√	×	×	×	1	1

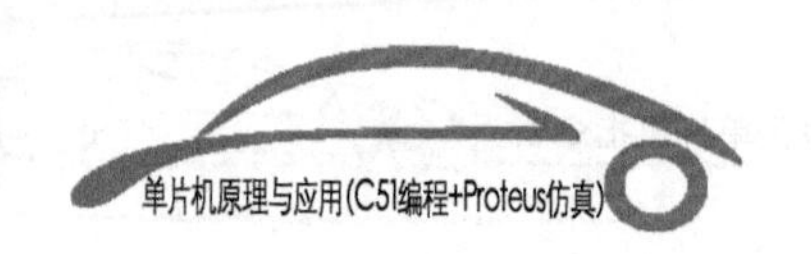

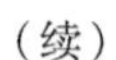
(续)

助记符	功　能	说　明	对标志位影响				字节数	周期数
			P	OV	AC	Cy		
3. 逻辑运算类指令(35条)								
ANL A,direct	A∧(direct)→A	将累加器的值与直接地址的内容做按位与运算,结果存回累加器	√	×	×	×	2	1
ANL A,@ Ri	A∧(Ri)→A	将累加器的值与间接地址的内容做按位与运算,结果存回累加器	√	×	×	×	1	1
ANL A,#data	A∧data→A	将累加器的值与常数做按位与运算,结果存回累加器	√	×	×	×	2	1
ANL direct,A	(direct)∧A→(direct)	将直接地址的内容与累加器的值做按位与运算,结果存回该直接地址	×	×	×	×	2	1
ANL direct,#data	(direct)∧data→(direct)	将直接地址的内容与常数值做按位与运算,结果存回该直接地址	×	×	×	×	3	2
ANL C,bit	Cy∧bit→Cy	将进位C与直接地址的某位做与运算,结果存回进位C	×	×	×	√	2	2
ANL C,/bit	Cy∧/bit→Cy	将进位C与直接地址的某位的反相值做与运算,结果存回进位C	×	×	×	√	2	2
ORL A,Rn	A∨Rn→A	将累加器的值与寄存器的值做按位或运算,结果存回累加器	√	×	×	×	1	1
ORL A,direct	A∨(direct)→A	将累加器的值与直接地址的内容做按位或运算,结果存回累加器	√	×	×	×	2	1
ORL A @ Ri	A∨(Ri)→A	将累加器的值与间接地址的内容做按位或运算,结果存回累加器	√	×	×	×	1	1
ORL A,#data	A∨data→A	将累加器的值与常数做按位或运算,结果存回累加器	√	×	×	×	2	1
ORL direct,A	(direct)∨A→(direct)	将直接地址的内容与累加器的值做按位或运算,结果存回该直接地址	×	×	×	×	2	1
ORL direct,#data	(direct)∨data→(direct)	将直接地址的内容与常数做按位或运算,结果存回该直接地址	×	×	×	×	3	2
ORL C,bit	Cy∨bit→Cy	将进位C与直接地址的某位做或运算,结果存回进位C	×	×	×	√	2	2
ORL C,/bit	Cy∨/bit→Cy	将进位C与直接地址的某位的反相值做或运算,结果存回进位C	×	×	×	√	2	2

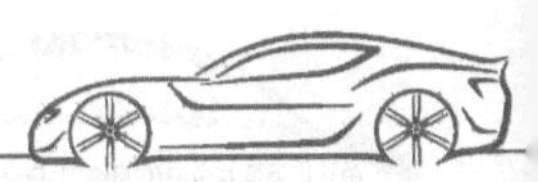

（续）

助记符	功　能	说　明	对标志位影响				字节数	周期数
			P	OV	AC	Cy		
3. 逻辑运算类指令(35条)								
XRL A,Rn	A⊕Rn→A	将累加器的值与寄存器的值做按位异或运算,结果存回累加器	√	×	×	×	1	1
XRL A,direct	A⊕(direct)→A	将累加器的值与直接地址的内容做按位异或运算,结果存回累加器	√	×	×	×	2	1
XRL A,@Ri	A⊕(Ri)→A	将累加器的值与间接地址的内容做按位异或运算,结果存回累加器	√	×	×	×	1	1
XRL A,#data	A⊕data→A	将累加器的值与常数做按位异或运算,结果存回累加器	√	×	×	×	2	1
XRL direct,A	(direct)⊕A→(direct)	将直接地址的内容与累加器的值做按位异或运算,结果存回该直接地址	×	×	×	×	2	1
XRL direct,#data	(direct)⊕data→(direct)	将直接地址的内容与常数的值做按位异或运算,结果存回该直接地址	×	×	×	×	3	2
CLR A	0→A	清除累加器的值为0	√	×	×	×	1	1
CLR C	0→Cy	清除进位C为0	×	×	×	√	1	1
CLR bit	0→bit	清除直接地址的某位为0	×	×	×	×	2	1
CPL A	/A→A	将累加器的值按位取反再存回累加器	√	×	×	×	1	1
CPL C	/Cy→Cy	将进位C的值取反再存回进位C	×	×	×	√	1	1
CPL bit	/bit→bit	将直接地址的某位值取反再存回该位	×	×	×	×	2	1
RL A	A循环左移一位	将累加器值循环左移一位再存回累加器	√	×	×	×	1	1
RLC A	A带进位C循环左移一位	将累加器含进位C循环左移一位再存回累加器	√	×	×	√	1	1
RR A	A循环右移一位	将累加器值循环右移一位再存回累加器	√	×	×	×	1	1
RRC A	A带进位C循环右移一位	将累加器含进位C循环右移一位再存回累加器	√	×	×	√	1	1
SWAP A	A半字节交换	将累加器的高4位与低4位内容交换	×	×	×	×	1	1
SETB C	1→Cy	进位C置1	×	×	×	√	1	1
SETB bit	1→bit	直接地址的某位置1	×	×	×	×	2	1
4. 控制转移类指令(22条)								
AJMP addr11	PC+2→PC Addr11→PC10~0	绝对跳转(2KB内)	×	×	×	×	2	2

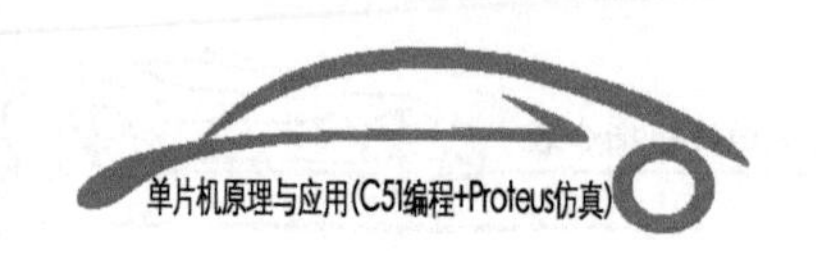

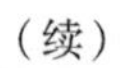
（续）

助记符	功　　能	说　　明	对标志位影响				字节数	周期数
			P	OV	AC	Cy		
4. 控制转移类指令(22 条)								
LJMP addr16	Addr16→PC	长跳转(64KB 内)	×	×	×	×	3	2
SJMP rel	PC+2→PC PC+rel→PC	短跳转(-128～+127)	×	×	×	×	2	2
JMP @ A+DPTR	(A+DPTR)→PC	跳至累加器的内容加数据指针所指的相关地址	×	×	×	×	1	2
JZ rel	PC+2→PC,若 A=0,则 PC+rel→PC	累加器的内容为 0,则跳至 PC+rel 所指相关地址	×	×	×	×	2	2
JNZ rel	PC+2→PC,若 A 不等于 0,则 PC+rel→PC	累加器的内容不为 0,则跳至 PC+rel 所指相关地址	×	×	×	×	2	2
JC rel	PC+2→PC,若 Cy=1,则 PC+rel→PC	若进位 C=1,则跳至 PC+rel 的相关地址	×	×	×	×	2	2
JNC rel	PC+2→PC,若 Cy=0,则 PC+rel→ PC	若进位 C=0,则跳至 PC+rel 的相关地址	×	×	×	×	2	2
JB bit,rel	PC+3→PC,若 bit=1,则 PC+rel→PC	若直接地址的某位为 1,则跳至 PC+rel 的相关地址	×	×	×	×	3	2
JNB bit rel	PC+3→PC,若 bit=0,则 PC+rel→PC	若直接地址的某位为 0,则跳至 PC+rel 的相关地址	×	×	×	×	3	2
JBC bit,rel	PC+3→PC,若 bit=1,则 0→bit,PC+rel→PC	若直接地址的某位为 1,则跳至 PC+rel 的相关地址,并将该位值清除为 0	×	×	×	×	3	2
CJNE A,direct,rel	PC+3→PC,若 A 不等于(direct),则 PC+rel→PC,若 A 小于(direct),则 1→Cy	将累加器的内容与直接地址的内容比较,不相等则跳至 PC+rel 所指的相关地址	×	×	×	√	3	2
CJNE A,#data,rel	PC+3→PC,若 A 不等于 data,则 PC+rel→PC,若 A 小于 data,则 1→Cy	将累加器的内容与常数比较,若不相等,则跳至 PC+rel 所指的相关地址	×	×	×	√	3	2
CJNE Rn ,#data, rel	PC+3→PC,若 Rn 不等于 data,则 PC+rel→PC,若 Rn 小于 data,则 1→Cy	将寄存器的内容与常数比较,若不相等,则跳至 PC+rel 所指的相关地址	×	×	×	√	3	2
CJNE@ Ri, #data,rel	PC+3→PC,若 Ri 不等于 data,则 PC+rel→PC,若 Ri 小于 data,则 1→Cy	将间接地址的内容与常数比较,若不相等,则跳至 PC+rel 所指的相关地址	×	×	×	√	3	2
DJNZ Rn,rel	Rn-1→Rn,PC+2→PC,若 Rn 不等于 0,则 PC+rel→PC	将寄存器的内容减 1,不等于 0 则跳至 PC+rel 所指的相关地址	×	×	×	×	2	2
DJNZ direct,rel	(direct)-1→(direct),PC+2→PC,若(direct)不等于 0,则 PC+rel→PC	将直接地址的内容减 1,不等于 0 则跳至 PC+rel 所指的相关地址	×	×	×	×	3	2

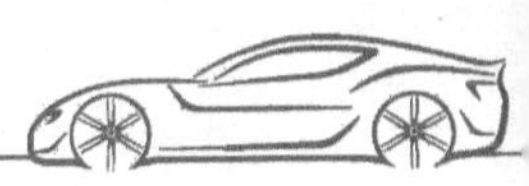

（续）

助记符	功　　能	说　　明	对标志位影响				字节数	周期数
			P	OV	AC	Cy		
4. 控制转移类指令(22条)								
ACALL addr11	PC+2→PC, SP+1→SP, PCL→(SP), SP+1→SP, PCH→(SP), addr11→PC10~0	子程序绝对调用：调用2KB ROM范围内的子程序	×	×	×	×	2	2
LCALL addr16	PC+3→PC, SP+1→SP, PCL→(SP), SP+1→SP, PCH→(SP), addr16→PC	子程序长调用：调用64KB ROM范围内的子程序	×	×	×	×	3	2
RET	(SP)→PCH, SP-1→SP, (SP)→PCL, SP-1→SP	从子程序返回	×	×	×	×	1	2
RETI	(SP)→PCH, SP-1→SP, (SP)→PCL, SP-1→SP	从中断子程序返回	×	×	×	×	1	2
NOP	空操作	无动作	×	×	×	×	1	1

参 考 文 献

[1] 张毅刚. 单片机原理及应用 [M]. 4版. 北京：高等教育出版社，2021.

[2] 宋雪松. 手把手教你学51单片机：C语言版 [M]. 2版. 北京：清华大学出版社，2020.

[3] 林立，张俊亮. 单片机原理及应用：基于Proteus和Keil C [M]. 4版. 北京：电子工业出版社，2018.

[4] 黄金杨，文丽. 基于Proteus单片机原理及应用 [M]. 广州：华南理工大学出版社，2016.

[5] 王连英，吴静进. 单片机原理及应用 [M]. 北京：化学工业出版社，2011.

[6] 郭天祥. 51单片机C语言教程 [M]. 2版. 北京：电子工业出版社，2018.

[7] 谢四连，王善伟，李石林. 单片机原理及应用项目化教程：C语言版 [M]. 北京：中国水利水电出版社，2016.

[8] 曾树华，张敏海. 单片机应用技术项目化教程 [M]. 北京：中国铁道出版社有限公司，2019.

[9] 周润景，蔡雨恬. PROTEUS入门实用教程 [M]. 2版. 北京：机械工业出版社，2011.